Unidades de Conservação no Brasil

O caminho da Gestão para Resultados

RiMa

2012

Unidades de Conservação no Brasil

O caminho da Gestão para Resultados

Organização

RiMa

2012

© 2012 dos autores

Fotos capa
Caminhante: Nemo Simas
Confecção de artesanatos: acervo da Floresta Nacional Sacará-Taquera e Reserva Biológica do Rio Trombetas
Cachoeira PESA – Parque Estadual da Serra Azul: Paulo Venere
Demais fotos: RiMa Editora

Unidades de conservação no Brasil: o caminho da Gestão para Resultados / Organizado por NEXUCS – São Carlos: RiMa Editora, 2012.

536 p. il.

ISBN – 978-85-7656-236-8

1. Unidades de conservação. 2. Gestão. 3. Ecologia. 4. Brasil. I. Título

COMISSÃO EDITORIAL
Dirlene Ribeiro Martins
Paulo de Tarso Martins
Carlos Eduardo M. Bicudo (Instituto de Botânica - SP)
Evaldo L. G. Espíndola (USP - SP)
João Batista Martins (UEL - PR)
José Eduardo dos Santos (UFSCar - SP)
Michèle Sato (UFMT - MT)

www.rimaeditora.com.br
Rua Virgílio Pozzi, 213 – Santa Paula
13564-040 – São Carlos, SP
Fone/Fax: (16) 3411-1729

www.semeia.org.br
Rua Viradouro, 63 – cj. 22 – Itaim-Bibi
04538-110 – São Paulo, SP
Fone: (11) 3078-1297

Gostaríamos de dedicar esta obra aos gestores de unidades de conservação de todo o Brasil com os quais tivemos a honra e o prazer de dividir momentos únicos de aprendizado, sem os quais não seria possível a construção deste conhecimento aqui compartilhado.

Em especial gostaríamos de agradecer a Estevão Marchesini que durante sua atuação como gestor do Parque Nacional do Caparaó (ICMBio – MG/ES) oportunizou e apoiou os primeiros passos da nossa equipe na construção do conhecimento sobre a gestão orientada para resultados em unidades de conservação.

Esta obra só foi possível porque tivemos o apoio e a confiança de diversos parceiros institucionais e órgãos gestores que viabilizaram as experiências e compartilharam com nossa equipe os erros e os acertos.

Um reconhecimento especial á GIZ (Cooperação Alemã para o Desenvolvimento) que acreditou desde sempre na proposta e apoiou de forma pioneira e corajosa o desenvolvimento das inovações gerenciais apresentadas.

Sumário

INTRODUÇÃO À GESTÃO PARA RESULTADOS

O PROGRAMA DE GESTÃO PARA RESULTADOS

FERRAMENTAS PARA AVALIAÇÃO DA EFETIVIDADE DA GESTÃO

REFLEXÕES QUE PODEM FAZER A DIFERENÇA

Prefácio

Ao avaliar a competitividade do turismo nas economias globais, o Fórum Econômico Mundial constatou que o Brasil é o país mais bem dotado de recursos naturais para o desenvolvimento de atividades turísticas. Se considerados outros quesitos, tais como estrutura da regulamentação, ambiente de negócios e infraestrutura, a posição brasileira cai para a 52ª colocação.

Por que acontece esse descompasso? Por que um país que foi recém-promovido ao posto de sexta economia mundial e é campeão de maravilhas naturais, grande parte delas protegidas na forma de unidades de conservação (UCs), tem tão pouca capacidade de usufruir do nosso potencial turístico de maneira responsável? Por que muitas pessoas ainda enxergam as nossas unidades de conservação como um entrave ao desenvolvimento e não como locais que podem conciliar conservação com ampliação das oportunidades de geração de renda e emprego para a população? Se somarmos energia, força, recursos financeiros e massa crítica, podemos fazer uma transformação no país e fazer das unidades de conservação um motivo de orgulho para todos.

Após dez anos vivenciando experiências práticas de gestão em unidades de conservação, com extremo rigor técnico e científico, Marcos Antônio Reis Araujo, Cleani Paraiso Marques e Rogério Fábio Bittencourt Cabral lançaram-se a campo para reconstituir os caminhos pelos quais as UCs se transformaram em instrumentos decisivos para a manutenção de áreas naturais fundamentais à biodiversidade mundial.

Nesse caminho, trazem contribuições importantes para o debate que aproxima a conservação do desenvolvimento.

Unidades de conservação no Brasil: o caminho da gestão para resultados nasce como uma oportunidade de sistematizar e semear o conhecimento adquirido pelos autores nessa iluminada trajetória de aprendizados.

Como uma verdadeira jornada rumo à mudança de paradigmas sobre a gestão de unidades de conservação no país, o livro percorre um caminho lógico desde o reconhecimento da importância das UCs como instrumentos de conservação da biodiversidade brasileira até as estratégias, abordagens e ferramentas que podem contribuir com o aumento da efetividade desses territórios no cumprimento de suas missões.

Na primeira parte do caminho, o livro lança um olhar crítico sobre a situação da conservação da biodiversidade, reforçando a importância das estratégias de conservação, uso sustentável e repartição dos benefícios associados à biodiversidade e, neste contexto, da gestão das áreas protegidas.

Continuando a caminhada, o segundo tópico do livro procura contextualizar no tempo e no espaço as experiências de utilização de áreas protegidas como estratégias para a conservação da biodiversidade, abordando os aspectos históricos das unidades de conservação no mundo e no Brasil.

No terceiro tópico do livro, a "trilha" mergulha na experiência brasileira de instituição do Sistema Nacional de Unidades de Conservação, reconhecendo suas conquistas, mas sinalizando os enormes desafios a serem enfrentados, detalhadamente, aqueles desafios relacionados à utilização do gigantesco potencial de uso público desses espaços privilegiados do "continente" brasileiro.

Na sua quarta etapa, apresenta aos leitores as bases ecológicas mais atuais para a seleção, desenho e gestão de unidades de conservação, oferecendo marcos conceituais fundamentais para as discussões sobre a efetividade desses territórios que estarão sendo conduzidas nas próximas etapas do caminho.

No seu quinto tópico, o livro convida os leitores a trilhar uma subida íngreme que, no entanto, promete uma visão privilegiada: as bases de um novo paradigma para a gestão das unidades de conservação, discutidas e apresentadas pelos modelos que traduzem o estado da arte da gestão mundial para o contexto das unidades de conservação.

Após a subida, o percurso no tópico seis apresenta aos leitores a experiência e o conhecimento produzidos pelos autores a partir da implementação de modelos de gestão orientados para resultados em unidades de conservação, reunindo metodologias, ferramentas e estudos de casos práticos das suas aplicações.

A penúltima parada dessa jornada faz uma análise crítica e abrangente das metodologias e ferramentas existentes para a avaliação da efetividade das unidades de conservação, reforçando sua importância como mecanismos balizadores do sucesso da caminhada que o livro propõe.

Finalmente, em seu capítulo derradeiro, a estrada convida os leitores a fazerem reflexões sobre os caminhos futuros a seguir na melhoria do desempenho das unidades de conservação, a partir das provocações e da sinalização de novas e desafiantes propostas.

Como em toda viagem, esperamos que a caminhada em si seja a mais agradável para o leitor. Para realizá-la, é preciso unir as perspectivas das diferentes esferas: pública, privada, federal, estadual, ONGs, jornalistas, formadores de opinião e indivíduos, e reconhecer que a excelência em gestão de UC é uma oportunidade enorme para trazer desenvolvimento social, econômico, cultural e ambiental para o Brasil. A excelência de gestão, em qualquer esfera, acontece em organizações que se sentem parte da sociedade e geram valor para esta. Nossas UCs precisam ser assim, ter valor e serem valorizadas.

Para que isso aconteça efetivamente, o Brasil de hoje necessita de uma profunda revisão dos paradigmas que regem a maneira pela qual o brasileiro reconhece e valoriza suas unidades de conservação.

Este livro serve para ajudar no aprofundamento e reflexão sobre o atual modelo de gestão dessas áreas. Por que não experimentar novos modelos de gestão? Aceitar que os parques brasileiros não podem ser um ponto de atração turística expressivo para o Brasil, mas reconhecer que Bariloche é uma fonte de renda importantíssima para a Argentina, é um equívoco. Aprender com soluções que têm se mostrado exitosas em outros lugares do mundo ou em outros setores, trazem contribuição para nosso amadurecimento no tema.

O Brasil tem potencial para gerar riqueza nestas áreas, trazer alegria para a sociedade do entorno e oportunidades de desenvolvimento. É essencial, para que isso aconteça, uma abordagem mais voltada à criação de parcerias. Cada setor tem um papel a desempenhar na agenda de conservação. Por exemplo, o setor público tem funções importantes e indelegáveis: regulamentar bem, monitorar bem, olhar o desempenho das terceirizações e nunca tentar substituir outros setores naquilo que fazem bem. O privado, ao ser incorporado nesta agenda, pode trazer gestão com menor custo e mais eficiência, investimento financeiro, objetividade no tratamento das questões, desburocratização, criação da marca "Unidade de Conservação do Brasil" como fator de atração de gente do mundo inteiro e aceleração do processo de geração de riqueza para a sociedade, entorno e setor turístico.

Somente a partir de novas percepções poderemos inovar na gestão, transformando as unidades de conservação em espaços educacionais, de cidadania e de inclusão social, em verdadeiros agentes de desenvolvimento e de produção de conhecimentos, em eficientes polos de investimento e geração de riquezas. Enfim, torná-los dignos das belezas e da sociobiodiversidade que se propõem a eternizar.

Instituto Semeia

A Biodiversidade: importância e ameaças

A biodiversidade e sua importância

1

Marcos Antônio Reis Araujo

O QUE É BIODIVERSIDADE?

Três bilhões e meio de anos de evolução resultaram na grande riqueza atual da vida em nosso planeta, tradicionalmente medida a partir do número de espécies de organismos vivos. Isso, no entanto, não expressa adequadamente a extraordinária variedade e complexidade da natureza. O conceito de biodiversidade, ou diversidade biológica, que representa a totalidade dos genes, espécies e ecossistemas de uma região, veio preencher essa lacuna (WRI et al., 1992), como mostra a Figura 1.1.

Segundo Heywood & Watson (1997), o termo diversidade biológica foi primeiramente definido por Norse e MacNamur, em 1980, e englobava dois conceitos correlatos: a diversidade genética (soma da variabilidade genética dentro da mesma espécie) e a diversidade ecológica (número de espécies existentes em uma comunidade). A forma contraída foi introduzida em 1985, por Walter Rosen, durante um encontro destinado ao planejamento do Fórum Nacional de Biodiversidade, que ocorreu no ano seguinte, em Washington, e se popularizou tremendamente a partir do livro publicado por Wilson & Peter em 1988.

A primeira definição a reconhecer os três principais componentes da biodiversidade (genes, espécies e ecossistemas) foi feita em 1986 e acabou por ser amplamente utilizada, sendo reconhecida no segundo artigo da Convenção sobre Diversidade Biológica, assinada durante a Rio-92 (Primack, 1999).

Figura 1.1 Níveis de diversidade biológica (Primack, 1999).

WRI et al. (1992) definem os níveis de biodiversidade da seguinte forma:

- **Diversidade genética** – É a totalidade de genes dentro das espécies. Isso engloba a variabilidade genética entre populações de uma mesma espécie e a variabilidade genética dentro de uma população. A diversidade genética facilita o estabelecimento da espécie em um novo hábitat e também a sua persistência num contexto de mudança do ambiente. Quando uma população de determinada espécie se extingue leva consigo genes únicos, que são a reserva adaptativa da espécie diante das mudanças ambientais, tais como as mudanças climáticas globais, provocadas pela intensificação do efeito estufa, previstas para meados do século XXI. Desse modo, populações de uma mesma espécie que ocupam ambientes distintos passam a constituir unidades genéticas importantes e merecedoras de proteção.

♦ **Diversidade de espécies** – É a variedade de espécies de uma região. Levantamentos realizados indicam que já foi descrito um total aproximado de 1,8 milhão de organismos diferentes (Heywood & Watson, 1997), como se pode ver na Figura 1.2. No entanto, a partir de estudos realizados em árvores das florestas tropicais, estima-se que existam na Terra de 10 a 30 milhões de espécies. Cerca de 15% delas são marinhas e o restante é terrestre.

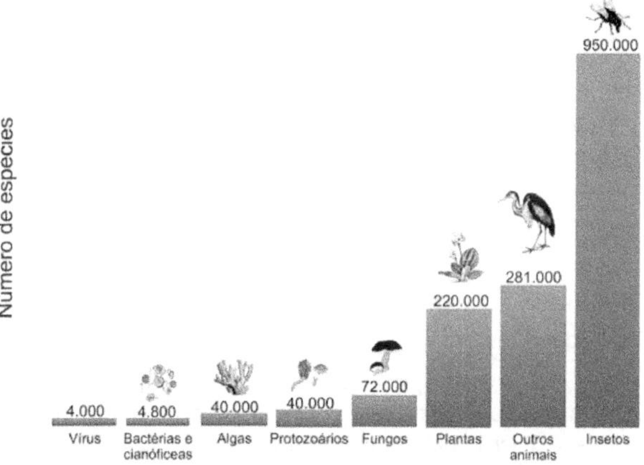

Figura 1.2 Número aproximado de espécies descritas (adaptado de Hunter-Jr, 1996).

♦ **Diversidade de comunidades e ecossistemas** – Comunidade é o conjunto de populações que vivem em determinada área, num determinado tempo. O conjunto de comunidades associadas a um ambiente físico denomina-se ecossistema. Esse nível de biodiversidade engloba a variedade de hábitats, de comunidades e de ecossistemas da paisagem de uma região. Engloba também a diversidade de interações. Frequentemente, cada uma das milhões de espécies existentes na Terra interage com outras mediante competição, predação, parasitismo e mutualismo, entre outros processos ecológicos. As espécies interagem também com o ambiente físico mediante processos de troca de energia e de elementos, como a fotossíntese, a respiração e os ciclos biogeoquímicos. Todas essas interações são componentes importantes da biodiversidade.

Alguns autores também consideram a diversidade cultural humana como um componente da biodiversidade. Tal diversidade manifesta-se na variedade de línguas e dialetos, nas crenças religiosas, nas práticas de manejo da terra, na arte, na música, na culinária, na estrutura social e em tantos outros atributos da sociedade humana. A diversidade cultural representa soluções ao problema da sobrevivência em determinados ambientes e ajuda os indivíduos a se adaptarem à variação do ambiente (WRI et al., 1992).

A biodiversidade no Brasil

O Brasil é um país predominantemente tropical, e isso tem forte influência em sua biodiversidade. Os trópicos compreendem a área do mundo localizada entre o Trópico de Câncer (latitude 23,5° N) e o Trópico de Capricórnio (latitude 23,5° S), cobrindo 40% da superfície do planeta. Na perspectiva ecológica, os trópicos compreendem a região delimitada pela isoterma de 20°C de temperatura média anual. Algumas das características peculiares das florestas tropicais, listadas por Montagnini & Jordan (2005), impõem enormes desafios à conservação e ao manejo dos ecossistemas tropicais:

- alta diversidade de espécies;
- alta frequência de polinização cruzada;
- ocorrência comum de mutualismo;
- alto índice de fluxo de energia na cadeia trófica;
- ciclo de nutrientes, relativamente curto.

A alta diversidade de espécies tem impressionado os cientistas desde longa data. Alfred Russel, H. Bates e Charles Darwin foram alguns dos naturalistas que reverenciaram a diversidade de espécies tropicais no século XIX. Diversas teorias têm sido propostas para explicar a alta diversidade de espécies nas latitudes tropicais. Entre elas, podemos mencionar: teoria do tempo, teoria da estabilidade climática, teoria da heterogeneidade espacial, hipótese da competição, hipótese da predação, hipótese da produtividade. Para uma descrição detalhada de teorias e hipóteses sobre a alta biodiversidade tropical, veja Ricklefs (2003); Bermingham et al. (2005); Dajoz (2005) e Townsend et al. (2006).

O Brasil é considerado o país de maior biodiversidade do planeta. Dada a sua dimensão continental e a grande variação geomorfológica e climática, abriga seis biomas terrestres: Amazônia, Cerrado, Pantanal, Mata Atlântica, Caatinga, Campos Sulinos e três grandes ecossistemas marinhos, que incluem oito ecorregiões marinhas (Brasil, 2010). Os ecossistemas que fazem parte do bioma amazônico ocupam cerca de 4,2 milhões de km², os do Cerrado abrangem em torno de 2 milhões de km², os da Mata Atlântica estendem-se por 1,1 milhão de km², os da Caatinga cobrem 844,4 mil km², os do Pampa 176,5 mil km² e os do Pantanal 150,4 mil km² (Figura 1.3) (IBGE, 2004). A alta diversidade em florestas tipicamente tropicais, como a Mata Atlântica e a Floresta Amazônica, pode ser avaliada pela riqueza de espécies arbóreas que varia de 100 a 300 espécies em apenas um hectare (ha) amostrado. Levando-se em conta espécies vegetais não arbóreas a riqueza pode variar de 300 a 900 espécies por ha. Incluindo-se animais e microrganismos estas estimativas alcançam números impressionantes, da ordem de 30 a 90 mil espécies por ha (Kageyama & Lepsch-Cunha, 2001).

Em relação ao número de espécies de plantas e fungos, a Mata Atlântica é o bioma mais diverso, com 19.355 espécies conhecidas. Em seguida, vêm Amazônia (com 13.317 espécies da flora), Cerrado (12.669), Caatinga (5.218), Pampa (1.964) e Pantanal (1.240) (Forzza, et. al., 2010 e 2011).

Figura 1.3 Representação dos biomas terrestres brasileiros (IBGE, 2004).

Informações detalhadas dos principais biomas brasileiros podem ser obtidas nas seguintes publicações: Laurance & Bierregaard, Jr., (1997); Bierregaard; Gascon et al. (2001); Garay & Dias (2001); Capobianco (2002); Oliveira & Marquis (2003); Franke et al. (2005); Galinho-Leal & Câmara (2005); Leal et al. (2005); Ab'Sáber (2006); Sano et al. (2008); Campanili & Schaffer (2010).

Até o presente momento, estima-se que tenha sido registrado no país um número de espécies que varia de 166,2 mil a 208,2 mil (Tabela 1.1), o que representa cerca de 11% das espécies conhecidas no mundo (Lewinsohn & Prado, 2005). Destas, 41.012 são espécies de fungos e plantas, sendo 18.932 (46,16%) endêmicas do país segundo o Catálogo de Plantas e Fungos do Brasil (Forzza et al., 2010 e 2011).

Tabela 1.1   Estimativas ou contagens do número de espécies descritas no Brasil e no mundo (simplificado a partir de Lewinsohn & Prado, 2005, e Forzza et al., 2010 e 2011).

Reino/Filo	Brasil conhecido	Mundo conhecido
Vírus	310 a 410	3.600
Monera (Bactérias Archaea)	800 a 900	4.310
Protoctista	7.650 a 10.320	76.100 a 81.300
• Oomycota	133	694
• Hyphochytridiomycota	4	24
• Labyrinthulomycota	4	42
• Chytridiomycota	93	793
• Myxomycota *sensu lato*	179	807
• Outros Protoctistas (protozoários)	3060 a 4.140	36.000
Plantas e fungos	41.012	264.000 a 279.400
• Fungos	3608*	70.600 a 72.000
• "Algas"	3.495*	37.700 a 42.900
• Bryophyta	1.521*	14.000 a 16.600
• Pteridophyta	1.176*	9.600 a 12.000
• "Gymnospermae"	26*	806
• Magnoliophyta (Angiospermas)[1]	31.183*	240.000 a 250.000
Animália	113.000 a 151.000	1.279.300 a 1.359.400
• "Invertebrados"	96.600 a 129.840	1.218.500 a 1.289.600
• Chordata	7.210 a 7.240	60.800
o Pisces	3.420	28.460
o Amphibia	775	5.504
o Reptilia	633	8.163
o Aves	1.696	9.900
o Mammalia	541	5.023
Total	166.245 a 208.172	1.697.600 a 1.798.500

* Dados a partir de Forzza (2010 e 2011).

A importância da biodiversidade

Grande parte do progresso humano derivou da exploração dos recursos biológicos. Os alimentos e muitos dos produtos farmacêuticos e medicinais vêm de plantas e animais silvestres ou domesticados (Chivian & Bernstein,

2008). A exploração dos recursos pesqueiros naturais representa um aporte de mais de 90 milhões de toneladas de alimento em todo o mundo. A medicina tradicional constitui a base de cuidado primário da saúde para 80% da população dos países em desenvolvimento, o que representa mais de três bilhões de pessoas. Só na medicina tradicional chinesa são usadas mais de cinco mil espécies da flora e da fauna. Nos Estados Unidos, um quarto das receitas médicas aviadas prescreve fármacos cujo princípio ativo é extraído de plantas. Mais de três mil antibióticos – o mais importante arsenal da medicina contra doenças infecciosas – provêm de microrganismos (WRI et al., 1992). Muitos animais são imprescindíveis nas pesquisas médicas, pois possibilitam o teste de novos medicamentos.

A diversidade biológica tem grande importância econômica para o Brasil. Em 2010, a safra nacional de grãos atingiu uma produção recorde de 149,5 milhões de toneladas (IBGE, 2010), o que representa aproximadamente 7,1% da produção mundial de grãos. Essa expressiva produção só foi possível graças aos programas de melhoramento genético. Segundo Mariante et al. (2009), a agricultura brasileira e a segurança alimentar do país são, em larga escala, dependentes de recursos genéticos. A atividade agropecuária tem uma participação de 5,9% no Produto Interno Bruto (PIB) e tem contribuído para o superávit da balança comercial brasileira nos últimos 10 anos. Em 2008 as exportações foram de US$ 59,9 bilhões, em 2009 de US$ 54,9 bilhões e em 2010 de cerca de US$ 62 bilhões. O país é o maior exportador mundial de carne bovina e o segundo maior de carne de frango. Novamente, os programas de melhoramento genéticos foram fundamentais para a obtenção desses resultados. O Programa das Nações Unidas para a Alimentação e Agricultura (FAO) estima que a produção de alimentos no mundo terá de aumentar em cerca de 70% até 2050 para suprir o crescimento da demanda global. Isto representará um aumento anual na produção de cereais de mais de um bilhão de toneladas e de 270 milhões de toneladas de carne (FAO, 2009). O Brasil tem um importante papel na segurança alimentar global, e a produtividade das culturas terá de aumentar mais ainda através dos programas de melhoramento genético e do manejo das culturas.

Outro aspecto ao qual só recentemente tem sido dada a atenção devida se refere ao fato de que a biodiversidade é um importante componente dos sistemas ecológicos, dos quais deriva uma série de bens e serviços que contribuem decisivamente para o bem-estar da humanidade. Entre eles, pode-se destacar: regulação do clima, dos fluxos hidrológicos e da composição química da atmosfera, ciclagem de nutrientes, formação do solo, controle da erosão, estocagem de água, controle biológico, produção de matérias-primas e alimentos, polinização, recursos genéticos (Daily, 1997; Dajoz, 2005). Em 1997, estimou-se que o valor anual dos serviços prestados pelos sistemas ecológicos globais era da ordem de US$ 33 trilhões de dólares. É uma estimativa média entre o valor mínimo de US$ 16 trilhões e máximo de US$ 54 trilhões. Para se ter uma ideia da magnitude desses números, o Produto Bruto Mundial nesse mesmo ano foi de cerca de US$ 18 trilhões (Constanza et al., 1997). Infelizmente, na maioria das vezes, o valor desses serviços não é captado pelo mercado e sequer é adequadamente comparado aos demais serviços gerados pela economia.

O papel essencial da biodiversidade nos mecanismos que garantem a vida no planeta

Os cientistas estimam que nosso planeta tenha aproximadamente 4,5 bilhões de anos. Os fósseis de bactérias mais antigos identificados datam de 3,5 bilhões de anos, época provável do surgimento da vida no planeta. O ser humano está presente sobre a Terra há somente dois ou três milhões de anos. Os primeiros ecossistemas eram constituídos por organismos heterotróficos anaeróbios, que viviam de matéria orgânica sintetizada por processos abióticos. A atmosfera continha, principalmente, nitrogênio, amônia, hidrogênio, monóxido de carbono, metano e vapor d'água, sendo que o oxigênio era ausente. Sua composição era, em grande parte, determinada pelos gases expelidos por vulcões (Odum, 1986).

O surgimento da fotossíntese, há aproximadamente dois bilhões de anos, permitiu um acúmulo gradual de oxigênio na atmosfera. Isso trouxe enormes mudanças na geoquímica do planeta, possibilitando a rápida expansão da vida e o desenvolvimento da célula eucariota (nucleada), que possibilitou a evolução de sistemas vivos maiores e mais complexos. Os primeiros organismos multicelulares apareceram há cerca de 700 milhões de anos, quando o teor de oxigênio já era de 8%. A partir de então, houve uma explosão evolutiva de novas formas de vida, como esponjas, corais, vermes, moluscos, algas, os ancestrais das plantas com sementes e os vertebrados. Estima-se que há 400 milhões de anos foram alcançados os níveis atuais de oxigênio verificados na atmosfera (Salgado-Labouriau, 1994). O início da vida na Terra e sua evolução criaram novos tipos de metabolismo que tiveram papel fundamental na modificação da atmosfera primitiva, até chegar à composição de gases existente hoje, ou seja, a vida é responsável pela vida.

As atividades humanas estão mudando diretamente a composição da atmosfera, em decorrência da emissão de gases traços e aerossóis, e indiretamente em razão de perturbações das características físicas, químicas e ecológicas do planeta, que, por sua vez, influenciam os índices de produção e perdas dos constituintes atmosféricos. O grande temor presente nos dias atuais – extinção em massa de espécies causada pelo homem – pode levar os ecossistemas ao colapso, tendo como consequência o colapso dos mecanismos que garantem a vida no planeta.

Crise da biodiversidade no século XXI

2

Marcos Antônio Reis Araujo

Pesquisas realizadas nos Estados Unidos demonstraram que as principais ameaças às espécies são: 1) redução e modificação do hábitat; 2) introdução de espécies exóticas; 3) poluição; 4) sobre-exploração; e 5) disseminação de doenças (Noss et al., 1997). No Brasil, as três primeiras causas são as que mais ameaçam a biodiversidade (Brasil, 2010). A alteração do hábitat é de longe a principal causa. Ela compreende a conversão total de ecossistema natural para um não natural, bem como a fragmentação e a mudança na composição, estrutura e funcionamento do ecossistema (degradação do hábitat). Com o processo de desenvolvimento alcançando todos os cantos do planeta, a fragmentação das paisagens naturais tomou proporções alarmantes e representa a principal ameaça para as espécies.

Fragmentação das paisagens naturais

A fragmentação tem sido apontada como a causa primária do declínio da biodiversidade, principalmente nas regiões tropicais (Turner, 1996). A primeira referência ao impacto negativo da fragmentação sobre as espécies foi feita em 1855, pelo fitogeógrafo suíço Alphonse de Candolle. Ele previu que a divisão de uma grande massa de terra em pequenas unidades levaria à extinção local de uma ou mais espécies e à preservação diferencial de outras (Noss & Cooperrider, 1984).

Segundo Fahrig (2003), o termo fragmentação é geralmente utilizado para descrever as mudanças que ocorrem quando um grande bloco de hábitat é incompletamente removido, resultando em pequenas parcelas (*patches*) de ecossistemas naturais isolados uns dos outros, em uma matriz de terras dominadas por pastagens, agricultura, silvicultura, mineração, cidades, etc. (Figura 2.1). A fragmentação do hábitat envolve uma redução da área original e o isolamento de manchas de florestas remanescentes (Gascon et al., 2001). Foi uma inovação conceitual adotada na ecologia durante a década de 1970, tendo sua origem na Teoria de Equilíbrio da Biogeografia de Ilhas (Haila, 2002).

Figura 2.1   Fragmentação da Mata Atlântica na região do município de Simonésia (MG). Os fragmentos florestais restantes estão circundados.

O processo de fragmentação tem como principais consequências (Fahrig, 2003):

1. Redução na quantidade do hábitat na paisagem (redução do hábitat).
2. Aumento do número de parcelas do hábitat.
3. Redução do tamanho das parcelas dos hábitats restantes na paisagem.
4. Aumento no isolamento dos hábitats restantes na paisagem.

Cada um desses quatro efeitos tem um impacto distinto sobre a biodiversidade. A fragmentação florestal reduz a área total coberta por uma floresta, o que pode resultar em extinção de algumas espécies. Além disso, expõe os organismos que permanecem nos fragmentos a condições ambientais diferentes, advindas dos ecossistemas circunvizinhos, o que tem sido denominado na literatura de "efeito de borda" (Saunders et al., 1991).

A fragmentação dos hábitats naturais provoca alterações nos padrões de migração e dispersão dos organismos, geralmente levando a uma redução no tamanho das populações e do *pool* gênico (Soulé, 1987). Com a redução do tamanho das populações, estas se tornam mais susceptíveis à extinção por problemas relacionados à estocasticidade demográfica, ambiental ou genética, como demonstrado na Figura 2.2.

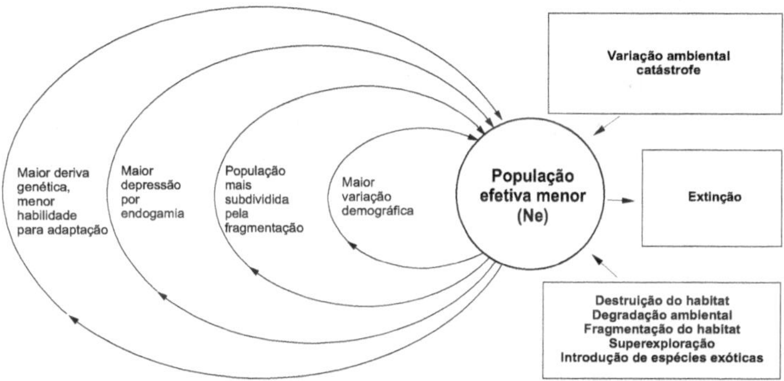

Figura 2.2 Vórtice de extinção local de uma espécie. Com a operação do vórtice de extinção, o tamanho da população diminui progressivamente e os efeitos negativos dentro do vórtice aumentam (Primack, 1999).

Esse tema tem sido muito abordado no Brasil, e estudos mais detalhados sobre o impacto da fragmentação de ecossistemas no país podem ser obtidos nas seguintes publicações: *Tropical forest remnants: ecology, management, and conservation of fragmented communities* (Laurance & Bierregaard, 1997); *Lessons from Amazonia: the ecology and conservation of fragmented forest* (Bierregaard et al., 2001); *Fragmentação de ecossistemas* (Rambaldi & Oliveira, 2003) e *Biologia da conservação: essências* (Rocha et al., 2006).

O efeito de borda

A área de contato entre o hábitat original e o entorno é conhecida como borda. O efeito de borda engloba uma série de consequências deletérias sobre a biota florestal, que resultam da interação entre dois ecossistemas adjacentes, quando esses são separados por uma transição abrupta. Numa floresta contínua, os hábitats de bordas são raros, tipicamente limitados por pequenas clareiras criadas por meandros de rios, por quedas de árvores ou outros distúrbios naturais. Segundo Murcia (1995), em paisagens drasticamente fragmentadas, as margens dos fragmentos florestais são abruptas, com uma transição repentina da floresta para os hábitats modificados (Figura 2.3).

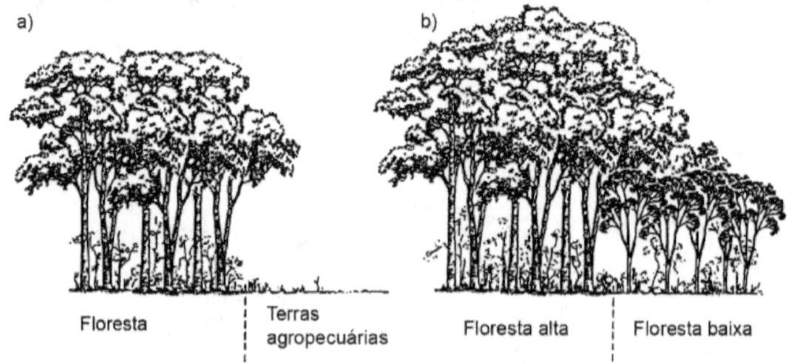

Figura 2.3 O contraste na estrutura do hábitat na interface entre (a) vegetação natural e as áreas agropecuárias adjacentes é usualmente bem maior do que entre (b) dois hábitats naturais adjacentes, gerando o chamado efeito de borda (Bennett, 2003).

Segundo Sauders et al. (1991), Laurance & Bierregaard (1997) e Lovejoy et al. (1986), as mudanças provocadas pelo efeito de borda podem ser agrupadas em três tipos:

1. **Mudanças abióticas**, que envolvem alterações nas condições ambientais, dada a proximidade de uma matriz estruturalmente diferente. Isso causa a modificação do microclima (temperatura, luminosidade, umidade, ventos).

2. **Mudanças biológicas diretas**, que levam a alterações na abundância e na distribuição das espécies, causadas diretamente pela modificação do microclima nas áreas próximas às bordas. Pode-se citar como exemplo a elevada mortalidade de árvores nas proximidades das bordas.

3. **Mudanças biológicas indiretas**, as quais envolvem alterações nos processos ecológicos, tais como predação, parasitismo, competição, herbivoria, polinização e dispersão de sementes.

Nas florestas tropicais do Brasil, tem-se registrado que o efeito de borda é um dos principais fatores que afetam as espécies em paisagens fragmentadas (Laurence, 1997; Laurance et al., 2002; Bierregaard et al., 2001). Segundo Gascom et al. (2001), os estudos realizados no país e em outras regiões do mundo "tem tornado claro que os efeitos de fragmentação do hábitat têm sido controlados por dois processos principais: os efeitos internos nos fragmentos ligados à formação de borda de floresta e a influência externa do hábitat matriz na dinâmica do fragmento. Este segundo processo inclui interação da paisagem num nível mais amplo de configuração do hábitat (porções, matriz, conectividade)".

A "crise de biodiversidade" no mundo

A história da diversidade global pode ser bem ilustrada por meio da diversidade de organismos marinhos, que constitui o grupo mais bem representado nos registros fósseis. No início da Era Paleozóica (há 600 milhões de anos), surgiu um grande número de animais multicelulares. O aumento da diversidade de animais marinhos prosseguiu até 430 milhões de anos atrás, estagnando-se por um período de 200 milhões de anos (Figura 2.4). A partir daí, a diversidade de animais marinhos voltou a crescer lentamente, até atingir a exuberância verificada nos dias atuais (Raup, 1982; Wilson, 1989; May et al., 1995).

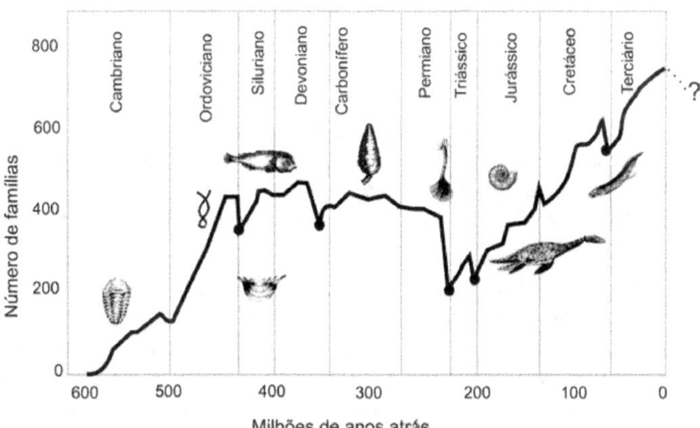

Figura 2.4 A diversidade biológica aumentou lentamente durante o tempo geológico, com interrupções decorrentes de extinções em massa, sobretudo no final do Ordoviciano, Devoniano, Permiano, Triássico e Cretáceo (baseada em Wilson, 1989).

A espécie humana evoluiu a partir dos últimos dois milhões de anos, período que coincide com a maior diversidade biológica já verificada na Terra. Em 2011, a população humana atingiu a casa de 7 bilhões de habitantes, expandindo sua influência por todas as partes do planeta e causando grande destruição dos ambientes naturais (Ehrlich, 1995).

A interferência antrópica sobre os ambientes naturais tem provocado a destruição dos hábitats, a introdução de espécies exóticas, a poluição e a sobre-exploração dos recursos naturais. Tudo isso tem contribuído para a perda gradativa da biodiversidade. A destruição de hábitats, principalmente nos trópicos, pode estar levando milhares de espécies à extinção a cada ano, ameaçando reduzir a diversidade biológica a um nível abaixo do verificado no fim da Era Mesozóica, há 65 milhões de anos (Wilson & Peter, 1988). Durante a primeira década do século XXI, cerca de 13 milhões de hectares de florestas foram convertidos anualmente em terras destinadas a outros usos. Esse valor representa uma diminuição de apenas 20% em relação à década de 1990, na qual se perdia anualmente 16 milhões de ha de florestas (FAO, 2010). Em cerca de 2,3 ± 0,7 milhões de hectares de florestas, podem ser identificados, a partir das imagens de satélite, sinais claros de degradação (Archard et al., 2002).

Extinção é um fenômeno natural no processo de evolução. A evolução da vida no planeta, ao longo de seus quatro bilhões de anos, foi abalada por cinco grandes episódios de extinção (Figura 2.4). O primeiro ocorreu há 450 milhões de anos (final do Ordoviciano), logo após a evolução das primeiras plantas terrestres. O segundo aconteceu há cerca de 350 milhões de anos (final do Devoniano) e foi responsável pela formação das florestas de carvão. O terceiro se deu há 250 milhões de anos (final do Permiano), e o quarto há cerca de 200 milhões (final do Triássico). O quinto ocorreu há cerca de 65 milhões de anos (final do Cretáceo) e especula-se que tenha sido causado pelo impacto de um meteorito gigante. Esse quinto evento, que levou à extinção dos dinossauros, marcou o fim do domínio dos répteis na Terra, abrindo o caminho para a evolução dos mamíferos (Leakey & Lewin, 1995; Raup, 1982).

No entanto, na atualidade, devido à ação do homem, as taxas de extinção são muito superiores às esperadas. Estima-se que as taxas atuais são de 100 a 1.000 vezes maiores do que a verificada ao longo de todo o período geológico (May et al., 1995; Myers, 2003). Alguns autores chegam a sugerir que essa taxa seja 10 mil vezes maior que a taxa natural (Dajoz, 2005). Os índices de extinção para os grupos das aves e dos mamíferos são mais elevados, na magnitude de duas a três ordens, do que os deduzidos a partir dos registros fósseis. Assim, espécies têm sido perdidas em um índice muito maior do que o de geração de novas espécies (Pimm & Raven, 2000; Frankham et al., 2002).

Em âmbito mundial, atualmente, estima-se que existam cerca de 20.000 espécies de animais em "status precário" de conservação. A Comissão de Sobrevivência de Espécies da União Mundial pela Natureza (IUCN) realizou a avaliação do status de conservação de cerca de 47 mil espécies e registrou, até 2010, 18.342 espécies de animais e plantas nas diversas categorias de ameaça de extinção (Vulnerável, Em Perigo, Criticamente em Perigo). Para os animais, foram registradas 9.618 espécies, sendo 707 extintas, 34 extintas na natureza e 8.877 classificadas nas diversas categorias de ameaça de extinção. Para as plantas foram 8.724 espécies, sendo 84 extintas, 29 extintas na natureza e 8.611 classificadas nas diversas categorias de ameaça de extinção (IUCN, 2010).

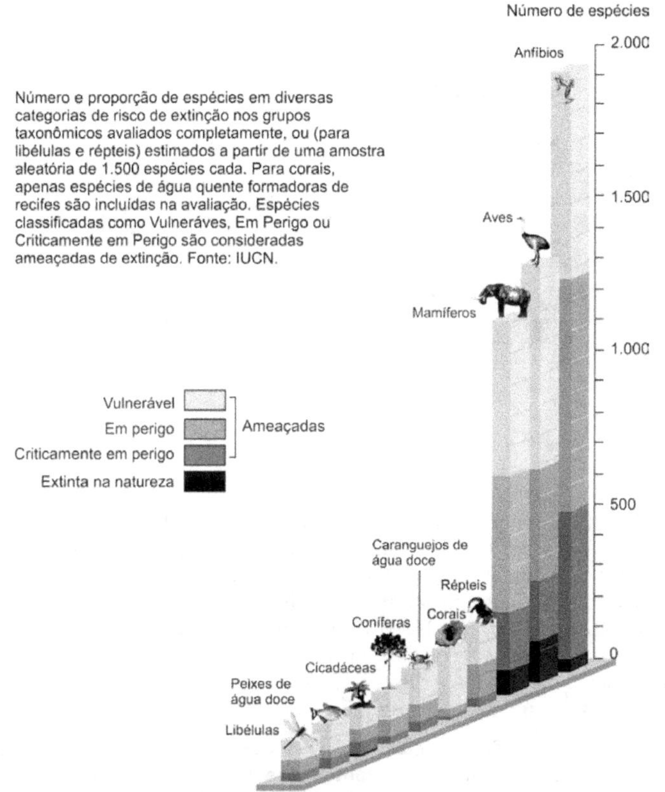

Figura 2.5 Número de espécies em cada categoria de risco de extinção para alguns táxons avaliados. (*Fonte:* SCDB, 2010.)

A grande perda mundial de genes, espécies e ecossistemas, verificada na atualidade, está gerando o que se tem denominado de "crise de biodiversidade". Ela já é considerada por alguns autores como o sexto evento de extinção em massa na história geológica do planeta. Porém, ao contrário dos eventos anteriores, a raça humana tem sido a grande responsável por essa tragédia biológica. A erosão de espécies é irreversível, e o grande temor é que ela venha causar um colapso dos ecossistemas e de seus processos ecológicos (Wilson & Peter, 1988; Ehrlich, 1988; Novacek, 2007).

A crise de biodiversidade no Brasil

A situação do Brasil em relação à conservação de biodiversidade é bastante desafiadora. Os diversos níveis de organização biológica estão sob forte pressão. Os biomas brasileiros já perderam uma parcela significativa de sua cobertura vegetal (Tabela 2.1).

Tabela 2.1   Percentual de cada bioma terrestre brasileiro desmatado até 2010.

Bioma	Área do bioma (km²)	% da área desmatada até 2010
Amazônia	4.196.943	9,5
Cerrado	2.036.448	48,5
Mata Atlântica	1.110.182	75,88
Caatinga	844.453	45,6
Pampa	176.496	53,98
Pantanal	150.355	15,18

Fonte: Área do Bioma – IBGE (2004); Área desmatada – Ibama (2010 e 2011) e Roma (2007).

Em 2010, em média 41% do território nacional estava alterado por uso humano. A Mata Atlântica, que apresenta elevado grau de endemismo de suas espécies, já perdeu 75,8% de sua cobertura original (Figura 2.6). O Pampa, o Cerrado e a Caatinga também já sofreram um intenso processo de antropização (Tabela 2.1). No período de 2005 a 2010, foram registrados mais de 110 mil focos de queimadas por ano no Brasil, sendo que em 2005 atingiu-se a impressionante cifra de 255 mil focos (INPE, 2010). Nesse período os focos de queimada somaram 860 mil.

Como consequência, a lista oficial de espécies da fauna brasileira ameaçada de extinção vem registrando constante aumento. Em 1968 eram 45 espécies, em 1973, 86 espécies, em 1989, 207 espécies e em 2004, 627 espécies ameaçadas de extinção, sendo 419 de vertebrados e 208 de invertebrados (Machado et al., 2008). Como os processos de construção das diversas listas não foram semelhantes, uma simples comparação não é recomendável. A lista de 2004 apresentou consideráveis aperfeiçoamentos em relação às anteriores no que se refere ao processo de construção em si e também pela inclusão de grupos não contemplados anteriormente, como os peixes e os invertebrados aquáticos (Machado et al., 2008). Mas mesmo assim pode ter-se uma ideia da dimensão que o problema está tomando.

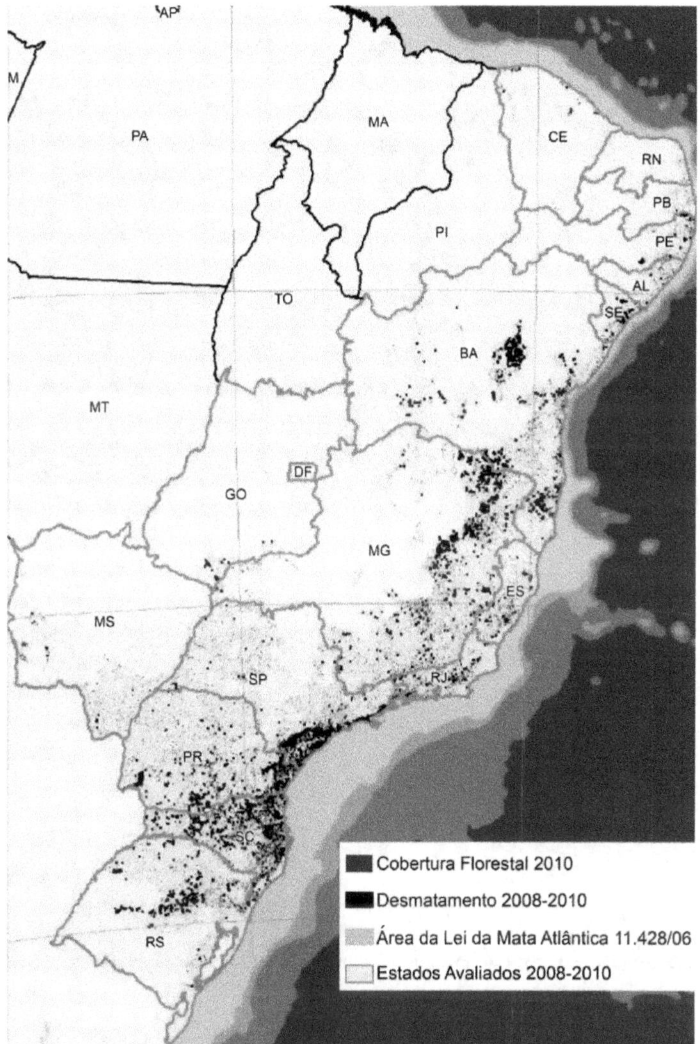

Figura 2.6 Comparação entre a área de distribuição original do Bioma Mata Atlântica e os remanescentes florestais mapeados no ano 2010. (Fundação SOS Mata Atlântica e INPE, 2011.)

Tabela 2.2 Número de espécies ameaçadas por grupo taxonômico e por categoria de ameaça (Machado et al., 2008).

Grupos Taxonômicos	Categorias de Ameaça[1]					Total
	EX	EW	CR	EN	VU	
Aves	2	2	24	47	85	160
Mamíferos	–	–	18	11	40	69
Répteis	–	–	6	5	9	20
Anfíbios	1	–	9	3	3	16
Peixes	–	–	35	38	81	154
Total de Vertebrados	**3**	**2**	**92**	**104**	**218**	**419**
Hemicordados	–	–	–	1	–	1
Equinodermos	–	–	2	1	16	19
Insetos	2	–	24	22	48	96
Aracnídeos	–	–	3	2	10	15
Diplópodos	–	–	–	–	4	4
Moluscos	–	–	1	20	19	40
Crustáceos	–	–	–	2	8	10
Annelida	2	–	–	2	2	6
Cnidária	–	–	–	2	3	5
Porífera	–	–	3	6	2	11
Onychophora	–	–	–	1	–	1
Total de Invertebrados	4	–	33	59	111	208
Total Geral	7	2	125	163	330	627

[1]**Legenda:** EX: Extinto; EW: Extinto na natureza; CR: Criticamente em perigo; EN: Em perigo; VU: Vulnerável.

Em nível estadual, algumas unidades da federação publicaram suas listas estaduais de espécies ameaçadas de extinção. Como exemplo pode-se citar o Paraná (1995, 2004), Minas Gerais (1995), São Paulo (1998), Rio de Janeiro (1998), Rio Grande do Sul (2002), Espírito Santo (2005) e Pará (2008).

A lista oficial de espécies ameaçadas da flora reconhece 472 espécies ameaçadas de extinção e indica outras 1.079 como espécies insuficientemente conhecidas de alta prioridade para a pesquisa (Brasil, 2010). Pelo menos 510 espécies de plantas, aves, mamíferos répteis e anfíbios da Mata Atlântica estão oficialmente ameaçadas de extinção (Tabarelli et al., 2005). Como a maioria dos biomas encontra-se bastante antropizada, mais de 1000 espécies de plantas e animais estão classificadas em alguma categoria de ameaça de extinção e pode-se inferir que a diversidade genética também está sendo fortemente afetada.

Unidades de Conservação: sua importância e sua história no mundo e no Brasil

Unidades de conservação: importância e história no mundo   3

Marcos Antônio Reis Araujo

Um dos grandes objetivos da criação de unidades de conservação é a manutenção de áreas naturais da forma menos alterada possível. Essas unidades são componentes vitais de qualquer estratégia para a conservação de biodiversidade. Servem como refúgio para as espécies que não podem sobreviver em paisagens manejadas e como áreas onde os processos ecológicos podem continuar sem grande interferência humana. São elementos importantes para a continuidade da evolução natural e, em muitas partes do mundo, para uma futura restauração ecológica (Carey et al., 2000; Bruner et al., 2001).

As unidades de conservação, internacionalmente denominadas áreas protegidas, são conceituadas pela IUCN como "uma área de terra e/ou mar especialmente dedicada à proteção e manutenção da diversidade biológica e de seus recursos naturais e culturais associados e manejada através de instrumentos legais ou outros meios efetivos" (IUCN, 1994).

Cifuentes et al. (2000) relatam que as contribuições das unidades de conservação para o bem-estar da sociedade incluem:

♦ Manutenção de processos ecológicos essenciais, que dependem de ecossistemas naturais.

♦ Preservação da diversidade de espécies e da diversidade genética, que poderá vir a sustentar os avanços futuros da biotecnologia nos campos da medicina, agricultura e silvicultura.

♦ Manutenção da capacidade produtiva dos ecossistemas.

♦ Preservação de características históricas e culturais de importância para estilos de vida de populações tradicionais.

♦ Salvaguarda de hábitats críticos para a sobrevivência de espécies.

♦ Fornecimento de oportunidades para o desenvolvimento de comunidades locais, investigação científica, educação, capacitação, recreação e turismo.

♦ Provisão de bens e serviços ambientais.

♦ Manutenção de fontes de inspiração humana e de orgulho nacional.

História das unidades de conservação no mundo

A separação entre o homem e a natureza começou no período Neolítico e se aprofundou ao longo de nossa história, atingindo seu ápice a partir da Revolução Industrial. A religião e a ciência moderna contribuíram para intensificar essa separação, estabelecendo para o homem o papel de domínio sobre a criação. A partir do modelo mecanicista, a ciência encarava a natureza como uma máquina e, pelos poderes da razão, tal máquina seria decifrada e utilizada para alimentar o progresso.

Ao longo do século XVIII, intensificaram-se as teorias que condenavam a visão da natureza como máquina e o sentimento de superioridade da espécie humana em relação a ela. Na literatura, o romantismo valorizou uma relação imediata, pessoal e afetiva com a natureza. Os poetas românticos ingleses tiraram a natureza selvagem do limbo de isolamento para torná-la algo belo, admirável e divino. Na Europa, o que restava da "natureza selvagem" foi transformado em lugar da descoberta da alma humana, do imaginário do paraíso perdido, do refúgio e da intimidade, da beleza e do sublime (Diegues, 1994; Garrard, 2006).

O rápido crescimento das cidades industriais reforçou a revalorização da natureza. O adensamento demográfico e a proliferação de ambientes insalubres, promíscuos e "feios" contribuíram para gerar um sentimento antiagregativo, induzindo uma atitude de contemplação dos espaços naturais, lugar de reflexão e de isolamento espiritual.

Os Estados Unidos da América (EUA) foram muito importantes para a criação, evolução e difusão do moderno conceito de áreas protegidas. Isto ocorreu em estreita ligação com a história do país. O ideal americano de liberdade e vida independente nasceu no início da formação dos Estados Unidos. O país era uma terra de fartura, com pastagens, florestas naturais e animais de caça que pareciam inesgotáveis. As políticas governamentais de meados do século XIX, tais como o *Homestead Act* de 1862 e o *Desert Land Act*, encorajaram a ocupação do oeste visando aproveitar os abundantes recursos do país, convertendo rapidamente os EUA numa sociedade agrícola (Cortner & Moote, 1999).

Após a guerra civil (1861-1865), o país experimentou um período de enorme crescimento e industrialização. Proprietários de ferrovias e industriais se tornaram extremamente ricos, poderosos e passaram a explorar impiedosamente os recursos naturais, além de corromper os legisladores. A riqueza desses "barões do roubo", como eles vieram a ser conhecidos, concentrou o poder político, bem como o poder econômico, nas mãos de poucos. A nação cresceu, bem como os impactos, e a devastação se generalizou por todos os seus cantos. No final do século XIX, a caça comercial se tornou extremamente comum, e muitos animais selvagens foram dizimados. Caçadores matavam milhares de bisões por dia, às vezes levando como troféu apenas as línguas e os cascos. Os pombos passageiros que no passado pareciam inesgotáveis foram mortos aos milhões (Cortner & Moote, 1999).

Apesar de os primeiros escritos conservacionistas que alertavam para o perigo da destruição dos recursos naturais terem surgido no início do século XIX, eles tiveram pouca repercussão naquele momento. Em romances como *Os Pioneiros* e *A Pradaria*, James F. Cooper descreveu o valor moral, espiritual e estético das áreas selvagens e lamentou a sua destruição imprevidente. Quem primeiramente previu a necessidade de proteção em longo prazo dos ambientes naturais foi George Catlin, advogado, pintor e estudioso da cultura indígena, no início do século XIX. Em uma série de expedições às grandes planícies do norte, ele concluiu que o rápido massacre dos búfalos, a deterioração da cultura indígena e o desaparecimento das paisagens primitivas representavam grande perda para a cultura americana. Para preservar tais características, que estavam se perdendo, Catlin sugeria a criação do que denominou "Parque Nação", no qual homens e animais conviveriam em toda a sua rusticidade e beleza natural (Diegues, 1994).

Como relatado, em meados do século XIX, os Estados Unidos encontravam-se em meio a um processo de distribuição de terras. Grandes parcelas de terras públicas eram privatizadas e tinham o acesso público restringido. O *Homestead Act* autorizava qualquer cidadão a requerer a propriedade de até 70 ha de terras devolutas que tivesse cultivado. Isso intensificou a corrida para a ocupação de terras devolutas no oeste americano, deixando em seu rastro enorme devastação ambiental. Em 1890, a maioria das terras devolutas governamentais haviam sido apropriadas e transformadas em paisagens cultivadas (Diegues, 1994).

Essa situação de degradação ambiental generalizada recebeu duras críticas dos integrantes do Transcendentalismo, movimento literário, político e filosófico que nasceu nos Estados Unidos em torno das ideias do filósofo americano Ralph Waldo Emerson (1803-1882) (Emerson, 2005) e de Henry David Thoreau (1817-1862), seu mais importante seguidor. O movimento transcendental caracterizava-se por certo misticismo panteísta. Ele difundia a ideia de que a natureza teria outros usos, além do fornecimento de recursos naturais. Tais ideias animaram a reflexão sobre a condição humana e foram reconhecidas como fundamentais para o nascimento de um conceito peculiar de *wilderness* (área selvagem), predominante nos Estados Unidos, segundo o qual a natureza selvagem somente poderia ser protegida quando separada do convívio humano (Diegues, 2000).

Henry Thoreau respaldou-se na teoria filosófica, literária e artística para perceber as áreas selvagens como um bem americano, um atributo da nova nação, que a fazia superior às áreas totalmente colonizadas da Europa. Thoreau era um grande crítico do modernismo e reconhecia uma conexão orgânica entre o homem e a natureza. Sua obra baseava-se na existência de um ser universal, transcendente, no interior da natureza (Diegues, 1994). Um de seus escritos mais famosos foi *Walden*, ou *A Vida nos Bosques* (Thoreau, 2007), cujo personagem desenvolvido é o de um sábio obstinado que se afasta do alvoroço da vida civilizada para descobrir as verdades fundamentais da existência humana (Garrard, 2006). Suas ideias se tornaram a base do movimento preservacionista americano e influenciam o movimento ambientalista até os dias atuais.

Publicações posteriores contribuíram para reforçar a necessidade de uma revisão da relação homem/natureza. Os livros *A Origem das Espécies* (1859) e *A Descendência do Homem* (1871), de Charles Darwin, e *Man and Nature*, de George Marsh (1864), ajudaram a influenciar a mudança de visão sobre a natureza. A obra de Darwin derrubou o dogma vigente de que o homem era uma criação especial de Deus, situando-se acima do mundo natural (Diegues, 1994). Por sua vez, a obra de Marsh foi pioneira em analisar os impactos negativos de nossa civilização sobre o meio ambiente. Ele alertava que a onda destruidora da natureza ameaçava a existência do homem sobre a Terra. A mesma ciência que havia caracterizado a natureza como uma simples máquina começava também a valorizá-la a partir da visão dos naturalistas.

Assim, em meados do século XIX, nasceu uma concepção de proteção da natureza baseada na criação de espaços reservados separados do convívio humano, cujo uso seria controlado pelo poder público. Essa concepção teve como marco histórico a criação do Parque Nacional de Yellowstone, em 1872, primeiro parque nacional americano e considerado um marco referencial para as unidades de conservação modernas.

O termo *parque nacional* foi escolhido porque a palavra parque significava uma área colocada sob proteção para o lazer da população e a palavra *nacional* era usada para descrever uma área de propriedade da nação e administrada pelo governo nacional (Amend & Amend, 1995).

Parque Nacional de Yellowstone: o marco conceitual das unidades de conservação modernas

A criação do Parque Nacional de Yellowstone, em março de 1872, marca o nascimento do conceito de unidades de conservação modernas. A partir das leis de criação do parque e posteriormente do Serviço Nacional de Parques dos Estados Unidos (NPS), em 1916, consolidaram-se as bases conceituais para a criação e o manejo de parques nacionais, que tiveram forte influência no mundo inteiro (Miller, 1980). São elas:

a) separação da colonização, ocupação ou venda;

b) algo para benefício e desfrute do público e cujo uso público se dê de maneira a não provocar a deterioração para as gerações futuras;

c) espaço depositário de recursos naturais e históricos em seu estado natural;

d) livre do uso comercial;

e) manejo voltado para a conservação dos recursos naturais.

As primeiras descrições da região de Yellowstone destacando suas belezas naturais chegaram às áreas já colonizadas dos Estados Unidos por volta de 1807, com John Colter. No entanto, uma exploração mais sistemática da região só ocorreu a partir de 1870. Durante uma expedição a Yellowstone, os exploradores decidiram buscar mecanismos que garantissem a proteção das maravilhas naturais da região contra a exploração destrutiva e separar esses recursos para uso e desfrute público. Eles não queriam que as experiências devastadoras de colonização, observadas na maior parte do oeste americano, viessem a ocorrer na região de Yellowstone (Miller, 1980).

A origem da ideia de criação do Parque Nacional de Yellowstone envolve-se em grande polêmica. Para alguns historiadores, a ideia foi inspirada por altruísmo: abrir mão de uma porção do território nacional em favor de todas as gerações. Outros, porém, acreditam que a ideia do parque foi fortemente influenciada pelos interesses comerciais das empresas ferroviárias (Sellars, 1997).

Alguns historiadores afirmam que a ideia de criação do Parque de Yellowstone surgiu em torno de uma fogueira de acampamento, na noite de 19 de setembro de 1870, quando um grupo de entusiastas da natureza fazia o levantamento das belezas naturais da região, sob a direção do general Henry Washburn.

Schrader (1951) relata em detalhes essa história:

> "Durante as primeiras décadas do século XIX, as áreas circunvizinhas do rio Yellowstone, no oeste dos Estados Unidos, eram somente frequentadas pelos índios e ocasionalmente por aventureiros e caçadores brancos. Muitas lendas e histórias da região, de natureza estranha e encantada, dos repuxos periódicos e das nascentes de água fervente, eram contadas por esses e chegavam exageradamente aos ouvidos das populações, nos pontos mais civilizados. Isso resultou em uma investigação oficial para apurar a veracidade do que se propalava a respeito.
>
> Foi apenas em 1870 que se organizou uma expedição de reconhecimento àquelas regiões, para onde se dirigiu por longas jornadas. Ao chegar ao local de interesse, montou-se um acampamento-sede, de onde partiriam outras excursões para explorar os pontos de maior interesse. No fim de cada uma, à noite, os membros do grupo se reuniam para o descanso à beira de um fogo aceso, comentando sobre as belezas que a cada dia se deparavam aos seus olhos.
>
> Cada qual estava interessado em tentar obter para uso particular as concessões de terra que se fizessem e já entre si estudavam a partilha. Foi quando o advogado de nome Cornélio Hedges propôs que uma região como aquela, com tantos encantos e fenômenos naturais sem igual noutra parte do país, em vez de servir para o uso de poucos particulares, fosse organizada e reservada de maneira a ser utilizada para prazer e admiração de todos os cidadãos, não só daquela geração como das que se sucedessem.
>
> A ideia encontrou apoio entre os demais, que então concordaram em empenhar-se junto às autoridades para a realização daquela genial proposta. Eles desenvolveram uma campanha tão eficiente, que já em 1872, por ato do Congresso Norte-Americano, ficava estabelecido o Parque Nacional de Yellowstone como local de recreio para uso público e privilégio nacional ao qual todos teriam igual acesso."

Já para outros historiadores, a ideia de criação do Parque de Yellowstone nada teve de altruísmo e estava ligada aos interesses comerciais das empresas ferroviárias. Desde o início do século XIX, os americanos tinham o hábito de realizar turismo em regiões selvagens e de grande beleza cênica. As cataratas do Niágara, por exemplo, já eram, desde 1825, facilmente acessíveis à população de Nova York. Muitas dessas áreas selvagens foram, posteriormente, transformadas em parques nacionais. Por sua vez, a criação dos parques ajudou a incrementar ainda mais a atividade turística.

A região de Yellowstone, com suas belezas naturais, apresentava grande potencial para o desenvolvimento do turismo. Após a guerra civil americana, a Companhia Ferroviária do Pacífico Norte planejava estender seus trilhos para o território do Estado de Montana. A partir daí, a chegada até a região de Yellowstone seria fácil, e a construção da via férrea não demandaria grandes investimentos. Por outro lado, garantiria à Pacífico Norte o monopólio no transporte de turistas para a região, cujos relatos despertavam grande curiosidade do público (Sellars, 1997).

O potencial turístico da região de Yellowstone logo chamou a atenção de Joy Cooke, um dos proprietários da Companhia Ferroviária do Pacífico Norte. Em 1870, ele se reuniu com Nathaniel P. Langford, político e empresário de Montana, encarregando-o de organizar a expedição Washburn-Doane, para explorar a região de Yellowstone e divulgar suas belezas naturais por toda a costa leste dos Estados Unidos. Além disso, Joy Cooke teria sido um dos grandes lobistas para a aprovação do projeto de lei de criação do parque, no qual se determinava que as terras fossem públicas (Sellars, 1997).

Posteriormente, a convergência entre os interesses das companhias ferroviárias e dos preservacionistas resultou na criação de novos parques nacionais, tais como Sequoia, Yosemite, Mount Ranier e Glacier. Para impulsionar o turismo, as companhias ferroviárias financiaram a construção de todas as estruturas de apoio ao turismo nos parques então criados (Sellars, 1997).

Independentemente da origem, no entanto, a ideia de parque nacional, marcado pela exclusão dos moradores dessas áreas, consolidou-se nos Estados Unidos e se espalhou rapidamente para o mundo inteiro.

O papel dos parques nacionais na construção da identidade nacional americana

Desde sua independência, a nação americana ressentia-se da falta de grandes realizações de seu povo e da ausência de uma herança artística e literária. Isso dificultava o estabelecimento de uma identidade nacional para os americanos, que não tinham, como os europeus, uma admirável herança cultural, constituída de castelos, de belíssimas catedrais e de um grande acervo artístico.

Assim, as maravilhas naturais começaram a substituir, no imaginário do povo americano, as realizações humanas encontradas na Europa. As belezas naturais tornaram-se motivo de orgulho de todos e, desse modo, contribuíram para a construção de uma identidade nacional. Enfim, era possível dizer que o país possuía coisas mais grandiosas que a Europa. Por isso, quando se propunha a criação de um parque nacional para proteger uma das maravilhas nacionais, logo se obtinha o apoio da sociedade. Isso ajuda a explicar por que a ideia de parque nacional se consolidou tão fortemente nos Estados Unidos (Runte, 1997).

A consolidação das unidades de conservação nos Estados Unidos

No final do século XIX, consolidaram-se duas correntes distintas de conservação do mundo natural: a corrente preservacionista e a corrente de conservação dos recursos naturais.

A corrente de conservação dos recursos naturais começou com o desenvolvimento do setor industrial madeireiro americano e com a atuação de sua principal entidade, a Associação Florestal Americana (*American Forestry Association* – AFA), fundada em 1875. Devido à atuação da AFA, em 1876 a Secretaria Executiva do Ministério de Agricultura incorporou as atividades florestais. Em conjunto, estas duas agências lideraram os esforços para a criação das primeiras reservas florestais no oeste americano e para a regulamentação da exploração florestal. Um primeiro personagem importante dessa história foi Bernhard Eduard Fernow, um engenheiro florestal alemão que emigrou para os Estados Unidos em 1876 (Ioris, 2008).

Até essa data, a silvicultura era praticamente desconhecida nos Estados Unidos. As ideias de Fernow, de que a produção florestal deveria ser tratada como uma lavoura a ser reproduzida tão logo fosse realizada a sua colheita, tiveram forte influência sobre a AFA, que começou a difundir a ideia de que a madeira e outros recursos florestais deveriam ser disponibilizados de maneira econômica e racional, a defender a necessidade de criação de reservas florestais e de regulamentações para a sua exploração. Devido a esse contexto, sancionou-se em 1891 o Decreto de Reservas Florestais, que permitiu ao presidente da República transformar áreas de florestas em reservas públicas. No entanto, esse decreto só propiciava a demarcação das reservas (Ioris, 2008).

Após o trabalho inicial de Fernow, a liderança dos esforços de modernização do setor florestal americano na década de 1890 foi assumida por Gifford Pinchot (1865-1946), um engenheiro florestal com formação na Escola Francesa de Florestas, em Nancy, onde adquiriu conhecimento dos modelos florestais da França, da Alemanha e da Suíça. Em 1896, como secretário da Comissão das Florestas Nacionais do Congresso norte-americano, Pinchot produziu um relatório no qual descrevia a precariedade em que se encontravam as reservas florestais no país. Também recomendava que as terras reservadas de domínio público, criadas conforme o Decreto de 1891, deveriam ser designadas para usos futuros e, deste modo, "contribuir para a economia da Nação". Em função disso, em 1898 o Congresso norte-americano aprovou o Decreto de Administração Florestal, o qual definiu que as reservas florestais seriam destinadas para a exploração madeireira, mineração e criação de gado. Também estabeleceu as bases para a gerência das reservas e autorizou fundos para a sua administração (Ioris, 2008).

Pinchot sintetizou a proposta da corrente conservacionista. Sua essência era o uso adequado e criterioso dos recursos naturais. A natureza, para ele, compunha-se somente de recursos naturais, que deveriam ser usados para prover um grande bem para o maior número de pessoas por um longo período. A abordagem da gestão dos recursos naturais de Pinchot e de outros líderes conservacionistas refletia uma filosofia utilitarista. Os recursos são, em primeiro lugar, para serem utilizados. Escreveu Pinchot: "O primeiro grande fato sobre a conservação é que ela é um suporte para o desenvolvimento. O primeiro dever da raça humana sobre o material é controlar o uso da terra e tudo que nele está". A natureza era vista como subserviente aos desejos e necessidades humanas.

A proposta preservacionista foi sintetizada por John Muir (1838-1914), que fez das concepções filosóficas de Henry David Thoreau a base para sua ação política. Ele defendia uma concepção organicista, na qual o fundamento do respeito à natureza era o seu reconhecimento como parte de uma comunidade criada por Deus, à qual nós humanos também pertencíamos. Para ele, não somente os animais, mas as plantas e até as rochas e a água, eram fagulhas da "alma divina" que permeava a natureza. A essência de sua tese era a reverência à natureza no sentido de apreciação estética e espiritual das regiões selvagens (*wilderness*). Pretendia proteger a natureza selvagem contra o desenvolvimento moderno, industrial e urbano que a degradava (Diegues, 1994).

Para John Muir, o contato íntimo com a natureza trazia as pessoas para junto de Deus. Assim, visitar florestas primitivas e campos de altitude com esse objetivo era moralmente superior a usá-los para a exploração de madeira ou como áreas de pastagem para o gado (Callicott, & Nelson, 1988; Callicott, 1990). Tal visão valorizava o estabelecimento de áreas protegidas, onde a natureza poderia ser preservada em estado razoavelmente intacto. Muir tornou-se um dos grandes expoentes do preservacionismo nos Estados Unidos, fundando, em 1892, o *Sierra Club*, organização que ainda hoje divulga intensamente as ideias preservacionistas. Sua obra pode ser contemplada em detalhes em Muir (1991).

As correntes de preservação e de conservação dos recursos naturais ganharam, igualmente, espaço na política de Estado americana. Em 1890, depois de uma intensa campanha, Muir teve atendido o seu pleito de criação do Parque Nacional de Yosemite, na Califórnia. Por outro lado, como mencionado, a partir de 1891 as ideias defendidas pela corrente de conservação dos recursos resultaram na criação das primeiras florestas nacionais americanas.

No início do século XX, a devastação de populações de pássaros na Flórida resultou em grande comoção pública. Por esse motivo, o então presidente Theodore Roosevelt estabeleceu, em 1903, o primeiro refúgio de vida silvestre, na Ilha do Pelicano, sob administração do Bureau of Biological Survey. Em 1940, esse órgão foi transformado no U. S. Fish and Wildlife Service.

No final do século XIX, as atitudes e políticas relacionadas ao uso dos recursos naturais haviam mudado dramaticamente nos Estados Unidos. O país vivia a denominada Era do Progresso, que foi um período de intensas reformas que ocorreu entre 1890 e 1920. Respondendo por mudanças trazidas pela industrialização, os progressistas defendiam uma ampla reforma econômica, política, social e moral. Entre essas reformas estavam à melhoria nas fábricas, regulação do trabalho infantil, eleição direta para senadores, extensão do voto às mulheres, criação do imposto de renda, controle sobre o uso dos recursos naturais baseado em pressupostos científicos. Alguns nomes de destaque desse período foram Theodore Roosevelt, William Taft, Woodrow Wilson, Franklin Delano Roosevelt (Cortner & Moote, 1999). Durante a Era do Progresso se consolidou a noção de conservação do mundo natural, entendida como o manejo científico de ambientes naturais e seus recursos, cujo objetivo era a maximização dos benefícios estéticos, educacionais, recreacionais e econômicos para a sociedade como um todo (Diegues, 2000).

Assim, no alvorecer do século XX, os Estados Unidos haviam delineado uma política de proteção de áreas naturais. Sob o domínio do poder público, encontravam-se áreas destinadas à produção sustentável de recursos naturais (florestas nacionais), áreas destinadas a conciliar a preservação da natureza com o desenvolvimento do turismo (parques) e áreas destinadas à proteção de determinadas espécies (refúgios de vida silvestre).

Em 1905, Pinchot conseguiu que a administração das reservas florestais fosse transferida do Ministério do Interior para o Ministério da Agricultura, com o nome de Bureau de Florestas, sendo ele seu primeiro diretor. Em 1907, Roosevelt organizou uma Conferência de Governo para tratar da conservação dos recursos naturais do país, marcando definitivamente a inclusão de teorias conservacionistas/preservacionistas na política pública americana (Oelschlaeger, 1991). Nesse ano, o Bureau de Florestas teve seu nome alterado para Serviço Florestal e todas as reservas florestais passaram a ser denominadas de florestas nacionais. Nesse momento, o Serviço Florestal já dispunha de 150 florestas nacionais, das quais 134 haviam sido criadas entre 1905 e

1907, totalizando cerca de 70 milhões de hectares (Ioris, 2008). Em 1916, foi criado o Serviço Nacional de Parques dos Estados Unidos, sendo colocados sob sua administração 15 parques nacionais e 25 monumentos nacionais.

O movimento conservacionista gerado no seio da Era do Progresso gerou resultados impressionantes durante todo o século XX. Agências profissionais foram estabelecidas para manejar as reservas florestais, os parques nacionais, as terras públicas e os recursos hídricos. Foram estabelecidos controles para a caça da fauna silvestre, para a pesca e para o uso das pastagens nas terras públicas. Florestas foram regeneradas, escolas para formar um quadro de profissionais para gestão dos recursos naturais e de cientistas foram criadas (Cortner & Moote, 1999).

Evolução da gestão nas unidades de conservação dos Estados Unidos

A gestão de áreas protegidas é uma ideia recente, tendo evoluído bastante nos últimos 100 anos. O objetivo dos defensores das primeiras unidades de conservação era o de salvar áreas naturais da degradação provocada pelo desenvolvimento. Supunha-se que designar uma área como unidade de conservação e proibir a construção de estradas, a caça, a extração de madeira e outras atividades degradantes garantiria sua preservação. Desenhar uma linha ao redor de uma área, deixá-la sozinha, inibindo as atividades antrópicas em seu interior, era a filosofia dominante (Sellars, 1997).

A necessidade de planejar cuidadosamente o desenvolvimento do turismo nos parques foi identificada em 1914, por Mark Daniels, primeiro superintendente-geral dos parques nacionais americanos. Na maior parte da década de 1920, as atenções dos gestores estiveram voltadas para a administração do turismo. A partir de 1928, George Wright identificou a necessidade de um departamento dentro do Serviço Nacional de Parques para monitorar os impactos sobre a vida silvestre que poderiam estar acontecendo nos ecossistemas que compunham os parques. Ele organizou um pequeno grupo de indivíduos para começar um levantamento sistemático por todo o país e tinha como meta clara o estabelecimento de uma política de manejo para a vida silvestre.

A iniciativa de Wrigth foi a primeira ação ampla e profunda de pesquisas científicas voltadas para embasar a gestão dos recursos naturais. O sucesso alcançado foi tal, que inspirou o Serviço de Parques a estabelecer sua Divisão de Pesquisa de Vida Selvagem. Com essa iniciativa, promoveu-se uma consciência ecológica no Serviço de Parques, e questionou-se seriamente o foco utilitarista voltado para a recreação que dominava a instituição desde que fora criada (Nash & Hendee, 2002).

Em 1934, Bem H. Thompson, biólogo da Divisão de Vida Silvestre, alertava, com base em pesquisas, para a necessidade de o Serviço de Parques melhorar a gestão dos mesmos, dando também mais atenção ao entorno. Ele listava alguns parques onde populações de diversas espécies já se encontravam em declínio. Já naquela época, a Sociedade Ecológica Americana e o Serviço Nacional de Parques haviam identificado que a proteção da vida silvestre necessitaria de áreas-núcleo (parques, refúgios, santuários) e de uma atenção especial às áreas de entorno. Em 1936, era patente a necessidade de restringir a construção de estruturas turísticas nos parques e, em 1942, foi demonstrada a necessidade de se definir a capacidade-suporte para o número de turistas nas áreas protegidas (Nash & Hendee, 2002).

A percepção de que as unidades de conservação necessitavam de gestão mais eficiente fortaleceu-se ainda mais a partir das contribuições de Robert Marshall para o documento intitulado "Plano Nacional para as Florestas Americanas". Conhecido como "Relatório Copeland", esse documento apresentava uma seção em que se discutiam o uso excessivo das áreas de *camping* e também a necessidade de educar os turistas para que praticassem um turismo de baixo impacto.

Em 1937, Marshall, como chefe da Divisão de Recreação do Serviço Florestal Americano, fez uma viagem a uma área protegida da Serra Nevada, na Califórnia, acompanhado de membros da instituição *Sierra Club*. Ele notou diversos impactos em áreas altamente visitadas, o que fez com que solicitasse ao presidente do *Sierra Club*, o professor Joel Hildebrand, a organização de uma comissão que pudesse apresentar ao Serviço Florestal recomendações acerca da gestão das áreas silvestres. Uma das questões apresentadas por Marshall para ser discutida na comissão era a possibilidade de zoneamento das áreas silvestres. O produto da comissão representou um novo momento para a gestão das áreas protegidas. Reconheceu-se que a recreação era um dos valores associados às áreas protegidas e que, para manter sua condição primitiva, deveria ser regulada e restringida (Nash & Hendee, 2002).

Em 1963, o relatório do Conselho Consultivo sobre o Manejo da Vida Silvestre (Relatório Leopold) questionou o foco fortemente voltado para o desenvolvimento do turismo que ainda reinava no Serviço Nacional de Parques. Propôs que a meta para os parques americanos deveria representar a "América Primitiva". Esse enfoque se tornou ponto central nas políticas dos órgãos gestores de áreas protegidas americanas e predominou até a década de 1980, quando se percebeu que o objetivo de conservar a "América Primitiva" não era possível nem desejável. Impossível porque não havia informações sobre muitas características dos ecossistemas pré-coloniais; indesejável porque, na verdade, os ecossistemas não são imutáveis. A partir de então, buscou-se o objetivo de manter os processos naturais que geram e mantêm a biodiversidade através da abordagem ecossistêmica que será discutida posteriormente no livro (Morsello, 2001; Agee. & Johnson, 1988; Cole & Yung, 2010).

A história da proteção da natureza no mundo pós-Yellowstone

A ideia de parque nacional teve grande apelo e se espalhou rapidamente pelo mundo. Inspirados na experiência americana, diversos países criaram seus parques nacionais: o Canadá, em 1885; a Nova Zelândia, em 1894; a Austrália e a África do Sul, em 1898; o México, em 1898; e a Argentina, em 1903.

As primeiras reservas de caça na África foram criadas em 1892. O movimento africano favorável aos parques nacionais seguiu o modelo americano e foi liderado pelos belgas, no Congo, e pelos colonizadores ingleses e alemães, no sul da África. A partir de 1907, inicia-se no continente africano a criação de reservas que contavam com um aparato de fiscalização e nas quais os moradores foram deslocados de seu interior. Os belgas criaram, em 1925, o Parque Alberto, bem alinhado à proposta americana, retirando todas as pessoas da área. Depois de 1933, surgiram os grandes parques nacionais, como Kagera, em 1934; Garamba, em 1938; Tsavo, em 1948; Serengeti, em 1951; e as grandes reservas de caça, como Gorongoza, em 1935.

Paralelamente ao nascimento da concepção de áreas protegidas, começava a tornar-se prática corrente a realização de grandes reuniões internacionais para o debate de assuntos científicos, o intercâmbio de informações, o conhecimento mútuo entre os pesquisadores e a proteção de determinados grupos de animais. Tais eventos fortaleciam o movimento internacional em favor da criação de unidades de conservação.

Em 1883, foi assinada, em Paris, uma convenção internacional para a proteção das focas no Estreito de Behring. Em 1884, realizou-se em Viena o I Congresso Internacional de Ornitologia e, em 1895, uma convenção para tratar das aves úteis à agricultura (Acot, 1990). Em 1900, realizou-se, em Londres, a Conferência Internacional para Proteção dos Animais Selvagens Africanos, tendo em vista que os elefantes e rinocerontes vinham sofrendo uma carnificina por meio da caça. A proteção da natureza, de modo geral, foi discutida em 1905, no II Congresso Internacional de Arte Pública da Associação Literária e Artística Internacional.

Em 1910, durante o VIII Congresso Internacional de Zoologia, o suíço Paul Sarasin solicitou a formação de um comitê para planejar a criação de uma Comissão Internacional para a Proteção da Natureza. O comitê organizou, em 1913, uma conferência internacional sobre a temática da proteção à natureza, realizada em Berna, na Suíça. Nesse congresso, foi constituída uma comissão consultiva permanente para a proteção da natureza (Acot, 1990). Em 1914, a Suíça criou o seu parque nacional, voltado estritamente para a realização de pesquisas científicas de longo prazo, em um ambiente sem interferência humana.

A Primeira Guerra Mundial interrompeu temporariamente os esforços iniciados por Paul Sarasin. Em 1923, realizou-se, em Paris, o I Congresso Internacional para a Proteção da Natureza, no qual Sarasin apresentou um relatório muito preocupante sobre a proteção mundial da fauna selvagem. O congresso foi importante para articular uma instituição internacional dedicada à proteção da natureza. Em 1928, foi fundado o Ofício Internacional para a Proteção da Natureza (OIPN), que funcionava como uma agência central de documentação e coordenação, visando apoiar o movimento internacional de defesa da natureza. Em 1931, aconteceu o II Congresso Internacional para a Proteção da Natureza (Acot, 1990; Franco, 2002).

Nas primeiras décadas do século XX, a terminologia utilizada para designar as unidades de conservação era muito confusa. Um mesmo nome era utilizado para designar áreas com diferentes objetivos de manejo, principalmente no continente africano (Quintão, 1983). Muitas vezes, os objetivos de gestão eram até conflitantes entre si. Como não havia critérios padronizados, cada país adotava uma terminologia, de acordo com suas características culturais, o que trazia grande confusão quando se analisava a proteção à natureza em escala internacional.

A primeira tentativa de padronizar uma terminologia para unidades de conservação foi realizada em Londres, em 1933, por meio da Convenção para a Preservação da Fauna e da Flora em Estado Natural. Essa convenção recomendou quatro categorias para as unidades de conservação, definindo claramente seus objetivos. As categorias propostas foram: parque nacional, reserva natural restrita, reserva de fauna e flora e reserva com proibição de coleta e de caça.

A proposta de padronização da terminologia para as unidades de conservação no continente americano ocorreu em Washington, em 1940, com a Convenção para a Proteção da Flora, da Fauna e das Belezas Cênicas dos Países da América. O objetivo do evento era discutir as experiências das nações ali reunidas, os resultados da Convenção de Londres de 1933 e os parâmetros para os acordos internacionais que envolvessem a conservação da natureza.

Foram adotadas quatro categorias para as unidades de conservação: Parque Nacional, Reserva Nacional, Monumento Natural, Reserva Restrita de Regiões Virgens. Em seu artigo 1º, a Convenção assim as definiu:

"1. Entender-se-á por Parques Nacionais:

As regiões estabelecidas para a proteção e conservação das belezas cênicas naturais e da flora e fauna de importância nacional, das quais o público pode aproveitar-se melhor ao serem postas sob a superintendência oficial.

2. Entender-se-á por Reservas Nacionais:

As regiões estabelecidas para a conservação e utilização, sob a vigilância oficial, das riquezas naturais, nas quais se protegerão a flora e a fauna tanto quanto compatível com os fins para os quais essas reservas são criadas.

3. Entender-se-á por Monumentos Naturais:

As regiões, os objetos ou as espécies vivas de animais ou plantas, de interesse estético ou valor histórico ou científico, aos quais é dada proteção absoluta, com o fim de conservar um objeto específico ou uma espécie determinada de flora ou fauna, declarando uma região, um objeto ou uma espécie isolada monumento natural inviolável, exceto para a realização de investigações científicas devidamente autorizadas ou inspeções oficiais.

4. Entender-se-á por Reservas de Regiões Virgens:

Uma região administrada pelos poderes públicos onde existem condições primitivas naturais de flora, fauna, habitação e transporte, com ausência de caminhos para o tráfico de veículos e onde é proibida toda exploração comercial."

O Brasil aderiu à Convenção de Washington em 1940 e a ratificou em 1948 (Decreto Legislativo nº 3/1948). Sua entrada em vigor se deu em 26 de novembro de 1965, isto é, três meses após o depósito do instrumento brasileiro de ratificação junto à União Pan-americana. A Convenção foi então promulgada pelo presidente da República em 1966.

Em 1948, um congresso internacional foi realizado no Castelo de Fontainebleau, na França, sob patrocínio da Unesco e do governo francês. Sua finalidade era coordenar os trabalhos de cooperação internacional no campo da proteção da natureza. Participaram 33 países, entre os quais o Brasil. Nesse congresso, foi criada a União Internacional para a Proteção da Natureza (IUPN), que, em 1956, teve sua denominação alterada para União Internacional para a Conservação da Natureza e Recursos Naturais. Nesse período, já se concebia o termo conservação com um objetivo mais amplo, que envolvia proteção e uso racional dos recursos naturais. Atualmente, seu nome foi alterado para União Mundial pela Natureza (IUCN).

Em 1959, uma resolução da 27ª sessão do Conselho Econômico e Social das Nações Unidas reconhecia que os parques nacionais e reservas equivalentes eram fatores importantes para o uso racional dos recursos naturais e solicitava a elaboração de uma lista de parques nacionais no mundo. Em resposta, a partir de 1960, foi criada, no âmbito da IUCN, a Comissão de Parques e Áreas Protegidas (CNPPA – *Commission National Parks and Protected Areas*), com o objetivo de promover e monitorar os parques nacionais e outras áreas, bem como dar orientação para a gestão e a manutenção dessas áreas. A CNPPA passou a patrocinar conferências internacionais que se tornaram norteadoras das políticas mundiais para áreas protegidas. Foram realizados cinco importantes congressos mundiais de parques: em 1962, em Seatlle e, em 1972, em Yellowstone, nos Estados Unidos; em 1982, em Bali, na Indonésia; em 1992, em Caracas, na Venezuela; e em 2003, em Durban, na África do Sul.

A CNPPA organizou a primeira Lista Mundial de Parques e Reservas Equivalentes, apresentada no Congresso Mundial de Parques realizado em Seattle, em 1962. Nesse Congresso, ocorreu também um debate sobre a nomenclatura apropriada para designar os diversos tipos de áreas protegidas identificadas no mundo (Phillips, 2004).

Um novo conceito para parques nacionais foi estabelecido na 10ª Assembleia da IUCN, realizada em Nova Delhi, na Índia, em 1969. A Assembleia recomendou que o termo parque nacional fosse utilizado para áreas que atendessem às seguintes características:

Uma área relativamente extensa:

1. onde um ou mais ecossistemas não estejam materialmente alterados pela exploração e ocupação humana, onde espécies de plantas e animais, sítios geomorfológicos e hábitats sejam de especial interesse científico, educacional e recreativo ou contenham paisagens naturais de grande beleza;

2. onde a mais alta autoridade competente do país tenha tomado medidas no sentido de prevenir ou eliminar, na medida do possível, a exploração ou a ocupação de toda a área e mantenha efetivamente os aspectos ecológicos, geomorfológicos ou estéticos que justificaram o estabelecimento da referida área;

3. onde se permita a entrada de visitantes sob condições especiais, para fins de inspiração, educativos, culturais e recreativos.

Para tentar ordenar a terminologia confusa utilizada para designar as unidades de conservação em nível internacional, Ray Dasmann, ecólogo sênior da IUCN, escreveu um documento que propunha um sistema de classificação para essas áreas, sugerindo seis categorias (Dasmann, 1972). Sua proposta foi amplamente debatida no II Congresso Mundial de Parques, que ocorreu em 1972, em Yellowstone. Tornou-se clara a necessidade de se desenvolver tal sistema de classificação. A definição de parque nacional proposta em Nova Delhi também foi ratificada nesse Congresso.

Paralelamente às iniciativas da IUCN em relação à temática das áreas protegidas, no final da década de 1960 e início dos anos de 1970, ocorreram vários eventos que ajudaram a consolidar a ideia conservacionista no mundo e a modificar a visão a respeito das unidades de conservação. Entre eles, pode-se destacar:

1. A Conferência da Biosfera, realizada em Paris, em 1968, que abordou o uso e a conservação mais racional da biosfera, discutiu assuntos como a poluição do ar e da água, os desmatamentos, o excesso de monoculturas e a drenagem de áreas alagadas. Como resultado da Conferência, foi criado, em 1971, o programa "Homem e Biosfera" (MaB – *Man and the Biosphere*). Tratava-se de um programa de cooperação científica internacional, visando investigar as interações entre o homem e seu meio. Buscava-se compreender os mecanismos dessa convivência, procurando avaliar as repercussões das ações humanas sobre os ecossistemas mais representativos do planeta. O programa "Homem e Biosfera" atuou em duas linhas de ação simultâneas:

   ♦ Pesquisas científicas para o melhor entendimento do que está provocando o aumento progressivo da degradação ambiental no planeta.

   ♦ A concepção de um inovador instrumental de planejamento – as Reservas da Biosfera – para combater os efeitos dos citados processos de degradação, promovendo a conservação da natureza e o desenvolvimento sustentável. A primeira reserva da biosfera foi decretada em 1976. Em 2011, registraram-se no mundo cerca de 580 reservas da biosfera distribuídas em 114 países

2. Em 1971, foi assinada na cidade de Ramsar, às margens do Mar Cáspio, no Irã, a Convenção sobre Zonas Úmidas de Importância Internacional, que ficou conhecida como Convenção Ramsar. A drástica redução das populações de aves aquáticas e de seus habitats foi uma das motivações originais para seu estabelecimento. Com o passar dos anos, a Convenção foi ampliando sua preocupação aos demais aspectos referentes ao uso racional e à conservação das zonas úmidas. A Unesco é a depositária da conferência, e a IUCN desempenha o papel de Secretaria Permanente da Convenção.

3. A Conferência das Nações Unidas sobre o Meio Ambiente Humano, realizada em Estocolmo, em junho de 1972, representou um marco

no ambientalismo mundial (Brito, 2000). No cenário internacional, duas correntes opostas travavam acirrado debate: os defensores do crescimento a qualquer preço, que encaravam a questão ambiental como um obstáculo colocado ao desenvolvimento econômico dos países do Hemisfério Sul, e os catastrofistas, que apregoavam o esgotamento dos recursos naturais do planeta. Para evitar o pior, eles defendiam a necessidade de limitar o crescimento demográfico e econômico. Os participantes dessa reunião tiveram o bom senso de não dar razão a nenhuma das duas partes, procurando aproveitar as contribuições positivas de ambas. O resultado foi uma proposta intermediária, conhecida na época como ecodesenvolvimento, mais tarde rebatizada de desenvolvimento sustentável (Sachs, 1998).

4. Em novembro de 1972, foi assinada em Paris, sob os auspícios da Unesco, a Convenção para a Proteção do Patrimônio Mundial, Cultural e Natural. Entende-se por patrimônio natural as formações físicas, biológicas e geológicas excepcionais, hábitats de espécies animais e vegetais ameaçadas e áreas que tenham valor científico, de conservação ou estético.

Todos esses eventos contribuíram fortemente para que a questão da proteção da natureza ganhasse cada vez mais importância na agenda internacional. Em 1975, a Comissão de Parques e Áreas Protegidas – CNPPA/ IUCN, atendendo à demanda do Congresso de Parques de 1972, iniciou seus trabalhos, visando estabelecer definitivamente um sistema internacional de classificação para as áreas protegidas. O trabalho foi liderado por Kenton Miller e sua versão final foi publicada em 1978. Ele trouxe clareza a respeito da terminologia para as categorias de manejo e tornou-se um guia da IUCN para esse fim (Phillips, 2004). Foram propostas dez categorias de manejo:

I – Reserva Científica/Reserva Natural Restrita.

II – Parque Nacional.

III – Monumento Natural/Monumento Nacional.

IV – Reserva de Conservação da Natureza/Reserva Natural Manejada/Santuário de Vida Silvestre.

V – Paisagem Protegida.

VI – Reserva de Recursos Naturais.

VII – Reserva Antropológica.

VIII – Área Natural Manejada com Finalidade de Utilização Múltipla.

IX – Reserva da Biosfera.

X – Sítio Natural de Patrimônio Mundial.

Em pouco tempo, porém, sentiu-se a necessidade de se aprimorar ainda mais o sistema de classificação das áreas protegidas. Em 1984, a CNPPA estabeleceu uma nova força-tarefa com essa finalidade. Conduziu-se, então, amplo debate, primeiro entre seus membros e depois com as partes externas interessadas. Em 1990, uma proposta foi encaminhada pela força-tarefa aos membros da CNPPA: que o novo sistema fosse construído com base nas categorias de I a V propostas em 1978 e que as demais categorias fossem extintas. A proposta foi encaminhada para aprovação pela Assembleia Geral da IUCN realizada em Perth, na Austrália, em novembro de 1990.

A IUCN encaminhou a proposta para discussão no III Congresso Mundial de Parques, que se realizou em Caracas, na Venezuela, em 1992. Após os debates, os participantes do congresso recomendaram que o sistema fosse composto por seis categorias, cuja definição se basearia nos seguintes objetivos de manejo: a) investigação científica; b) proteção de zonas silvestres; c) preservação de espécies e da diversidade genética; d) manutenção dos serviços ambientais; e) proteção de características naturais e culturais; f) turismo e recreação; g) educação; h) utilização sustentável dos recursos derivados dos ecossistemas naturais; i) manutenção de atributos culturais e tradicionais. Cada categoria de manejo foi planejada para produzir um determinado conjunto de benefícios.

Finalmente, em 1994, o novo sistema de classificação das unidades de conservação foi sancionado pela Assembleia Geral da IUCN realizada em Buenos Aires, na Argentina (Tabela 3.1).

Tabela 3.1 Categorias de manejo de unidades de conservação propostas pela IUCN.

Categoria	Denominação	Objetivo principal de manejo:
I	Reserva Natural Estrita/Área Silvestre	Com fins científicos ou com fins de proteção da natureza.
II	Parque	Para conservação de ecossistemas e com fins de recreação.
III	Monumento Natural	Para a conservação de características naturais específicas.
IV	Santuário de Vida Silvestre	Para a conservação de hábitats e/ou para satisfazer as necessidades de determinadas espécies.
V	Paisagem Terrestre/Marinha Protegida	Para conservação de paisagens terrestres e marinhas com fins recreativos.
VI	Área Protegida com Recursos Manejados	Para uso sustentável dos ecossistemas naturais.

Fonte: IUCN (1994)

Em junho de 1992, realizou-se, no Rio de Janeiro, a Conferência das Nações Unidas sobre Desenvolvimento e Meio Ambiente, conhecida como Rio-92 ou Eco-92. A Rio-92 foi o maior encontro intergovernamental de alto nível já realizado no planeta. Contou com representantes de 180 países, incluindo 105 chefes de Estado. Dali surgiram documentos importantes, como a Declaração do Rio, que incorporou, simultaneamente, os direitos ao desenvolvimento e a um meio ambiente saudável, e as convenções sobre Diversidade Biológica, Mudanças Climáticas, Declaração sobre as Florestas e a Agenda 21 (Sachs, 1998).

Como resultado de todas as iniciativas descritas anteriormente, em 2011, a lista de áreas protegidas das Nações Unidas registrou cerca de 120 mil unidades, cobrindo uma área de 18 milhões de km^2 ou 1,8 bilhão de ha (Figura 3.1), o que equivale a 12,2% da superfície terrestre. Se acrescentarmos cerca de 3,9 milhões de km^2 de terra e os 100 mil km^2 de oceanos que são cobertos por áreas protegidas, cujas datas de criação não são conhecidas, o montante de área protegida sobe para mais de 21 milhões de km^2 ou 2,1 bilhões de ha (UNEP & WCMC, 2011).

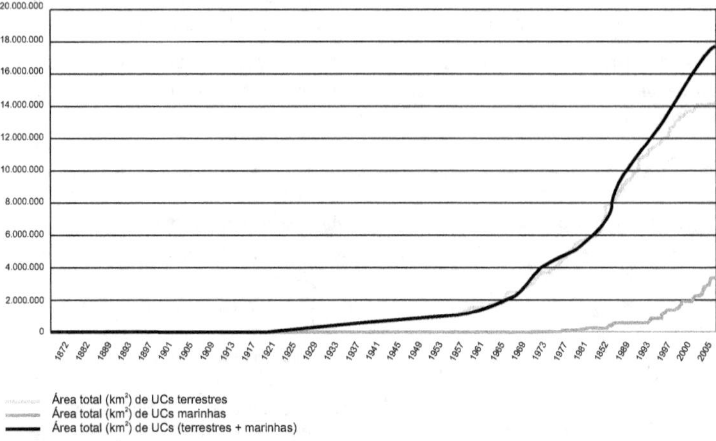

Figura 3.1 Valor cumulativo para a área ocupada pelas UCs no período de 1872 a 2008 (UNEP & WCMC, 2011).

Unidades de conservação na América Latina: o papel de Kenton Miller[1]

O americano Kenton Miller teve grande influência na política de conservação adotada nos países da América Latina. Ele envolveu-se com a região em 1962, quando trabalhou numa proposta de planejamento para o Parque Nacional de Canaina, na Venezuela. Isso fazia parte de seu mestrado na Universidade de Washington. Em 1968, após o término de seu doutorado, Miller retornou à América Latina como funcionário da FAO, auxiliando na elaboração de vários planos de manejo para UCs.

Kenton Miller rapidamente percebeu que, na América Latina, a conservação deveria ser reconhecida como uma ferramenta para o desenvolvimento. O Peru, por exemplo, havia estabelecido um sistema nacional de parques entre 1966 e 1969, como parte dos esforços empreendidos por agências internacionais de desenvolvimento voltados para o desenvolvimento regional. Desse modo, estabelecer um vínculo estreito entre conservação e desenvolvimento promoveria ganhos para ambos os lados: os planos de conservação poderiam absorver muitas das metas nacionais, e os planos nacionais de desenvolvimento poderiam suportar muitos dos objetivos que a conservação se propunha alcançar. Era uma parceria "ganha-ganha" e uma estratégia a ser adotada na conjuntura socioeconômica e política da América Latina naquele momento.

Tal estratégia, entretanto, demandaria grande profissionalismo e forte embasamento científico. Somente assim se sustentaria no conturbado cenário político da época. Os programas de conservação deveriam ser compreensíveis e apresentar ampla gama de benefícios tangíveis em nível nacional, tais como: proteção de bacias hidrográficas, manejo de recursos naturais, educação, turismo e recreação. Também deveriam incluir a proteção de espécies e ecossistemas. Era importante decidir, *a priori* e sistematicamente, como o sistema nacional de conservação seria constituído e que critérios seriam utilizados para a seleção de áreas a serem incluídas no sistema. Reforçava-se a importância de que os programas nacionais de conservação fossem construídos com base em informações biogeográficas cientificamente aceitas.

Desse modo, as propostas de conservação derivadas da ciência teriam maior credibilidade por parte dos governos nacionais. Além disso, reforçava-se a importância de classificar cada unidade de conservação na categoria de manejo apropriada. Cada categoria de manejo (parque, reserva biológica, monumento natural, floresta nacional) serviria para um fim específico. Uma

---

1. Este tópico foi elaborado com base em Foresta (1991).

área classificada em uma categoria de manejo inadequada não proveria o máximo de benefícios possíveis.

Miller reforçou a necessidade de sistematização. Cada nação deveria possuir uma estratégia articulada de conservação biológica e cada política seria explicitamente documentada; cada unidade de conservação possuiria sua documentação, explicitando como contribuiria com as metas nacionais de conservação e como deveria ser manejada (plano de manejo).

A partir de 1969, Kenton Miller teve a oportunidade de difundir e praticar suas ideias amplamente. Tornou-se professor no Instituto Interamericano de Cooperação para Agricultura (IICA), na Costa Rica, e a partir daí pôde difundir com sucesso suas ideias por toda a América Latina. Nesse ano, o IICA recebeu a visita de Nelson Rockefeller, um dos patrocinadores da instituição. Miller sugeriu a elaboração de um projeto para incrementar a proteção da natureza na América Latina. A sugestão foi aceita pela Fundação Rockefeller, que solicitou sua apresentação. Depois de elaborado, recebeu a denominação de Projeto Regional de Manejo de Áreas Silvestres. A Organização das Nações Unidas para a Agricultura e Alimentação (FAO) foi copatrocinadora e o Programa das Nações Unidas para o Desenvolvimento (PNUD) deu o suporte necessário.

Sob a direção de Kenton Miller, planos de sistemas nacionais de unidades de conservação foram elaborados para Cuba, Colômbia, Equador, Costa Rica e Chile. A experiência chilena foi publicada em 1976 e tornou-se referência para a América Latina (Thelen & Miller, 1976). No entanto, para a frustração de Miller, até meados da década de 1970, o Brasil ainda não havia se envolvido em esforços mais sistemáticos de proteção da natureza. Dada a sua extensão territorial e a importância de seus biomas, a ausência do Brasil representava importante lacuna na estratégia de conservação da América Latina. A Amazônia brasileira, por exemplo, tinha apenas uma grande unidade de conservação.

Após a conferência de Estocolmo, porém, a posição do Brasil começou a mudar. O país solicitou à FAO assistência para modernizar sua indústria florestal. Com a concordância da FAO, foi então elaborado o Projeto de Desenvolvimento e Pesquisa Florestal (PRODEPEF – PNUD/FAO/IBDF/BRA – 45). O projeto deveria realizar uma avaliação da indústria florestal no Brasil, desenvolver usos comerciais para espécies ainda não utilizadas e conduzir inventários florestais. Aproveitando a oportunidade, a FAO recomendou que fosse avaliada também a necessidade de proteção à natureza no Brasil, recomendação aceita pelo país.

A FAO solicitou a Kenton Miller que coordenasse essa atividade como complemento do Projeto Regional de Manejo de Áreas Silvestres. Ele aceitou prontamente e sugeriu que as ações começassem pela Amazônia brasileira, convidando Gary Wetterberg para desenvolver o trabalho. O esforço resultou no documento "Uma Análise de Prioridades em Conservação da Natureza na Amazônia", que representou um marco no planejamento de unidades de conservação no Brasil (descrito em detalhes no próximo capítulo).

A partir dessa experiência, surgiram os Planos do Sistema de Unidades de Conservação do Brasil, etapas I e II, publicados, respectivamente, em 1979 e 1982, pelo Instituto Brasileiro de Desenvolvimento Florestal (IBDF). Uma das bases para esse plano foi o trabalho de Thelen & Miller (1976). Além disso, Kenton Miller ministrou inúmeros treinamentos para os técnicos do Instituto Brasileiro do Desenvolvimento Florestal (IBDF). Seu livro *Planificacion de Parques Nacionales para el Ecodesarrollo en Latinoamerica* (Miller, 1980) foi a base dos primeiros roteiros para elaborar planos de manejo propostos no Brasil. Desse modo, pode-se verificar que os trabalhos de Miller serviram de pilar para uma estratégia de criação e gestão de unidades de conservação no nosso país.

Evolução na abordagem da relação entre parques e populações nativas

No I Congresso Mundial de Parques, realizado em 1962, em Seattle, nos Estados Unidos, predominou a visão tradicional dos parques, voltada para a preservação de paisagens naturais para o lazer e o turismo. Segundo essa visão, "para que uma área pudesse ser designada como parque nacional ou reserva equivalente, esta deveria estar sob ampla proteção legal, que a resguardasse da exploração de seus recursos naturais ou de qualquer outro dano ocasionado pelo homem".

A recomendação do Congresso ia, claramente, no sentido da proteção, visando à manutenção da integridade das áreas protegidas. Até então, os parques eram estabelecidos sem muita preocupação com os impactos negativos sofridos pelas populações locais. A opinião e os direitos dos povos indígenas e das comunidades locais eram totalmente desconsiderados (Phillips, 2003). No entanto, não se podia negar a realidade vivida pelos parques nacionais em amplas regiões do mundo, onde conflitos com as populações tradicionais começavam timidamente a aparecer.

Na 11ª Assembleia Geral da IUCN, realizada em 1972, em Banff, no Canadá, o princípio do zoneamento foi incorporado na definição de parques nacionais aprovada anteriormente, em Nova Delhi, em 1969. O avanço mais importante da incorporação do zoneamento ao conceito de parque nacional foi o reconhecimento de que comunidades humanas com características culturais específicas faziam parte desses ecossistemas. Foram definidas as seguintes zonas:

♦ Zonas Naturais Protegidas: Zona de Proteção Integral, Zona Primitiva ou Silvestre, Zona de Manejo de Recursos.

♦ Zonas Antropológicas Protegidas: Zona de Interesse Especial, Zona de Ambiente Natural com Culturas Humanas Autóctones, Zonas com Antigas Formas de Cultivo.

♦ Zonas Protegidas de Interesse Arqueológico ou Histórico: Zona de Interesse Arqueológico, Zona de Interesse Histórico.

A partir do III Congresso Mundial de Parques, realizado em Bali, em 1982, a situação tornou-se favorável ao tratamento dos interesses das comunidades locais e dos povos indígenas. Ao contrário dos dois primeiros congressos, houve forte influência de profissionais ligados às áreas protegidas nos países em desenvolvimento. Foi estabelecida a visão de que a viabilidade, em longo prazo, de áreas protegidas, tais como os parques, dependeria de sua capacidade de integração ecológica, social e econômica com a área de entorno. Maiores benefícios econômicos deveriam fluir dessas áreas para as comunidades de entorno.

Bali representou um divisor de águas, fazendo uma ligação estreita entre unidades de conservação e questões do desenvolvimento. Após o congresso de Bali, deu-se maior importância aos temas relacionados às populações, ao desenvolvimento, aos grupos indígenas e às comunidades locais. A partir daí, essa nova visão veio se fortalecendo. No Congresso Mundial de Parques realizado em Caracas, na Venezuela, em 1992, ela ganhou grande importância. Em documento preparatório para o Congresso, Stephan Amend e Thora Amend registravam que 85,9% dos parques nacionais na América Latina tinham populações residentes em seu interior, o que reforçava a necessidade de discutir essa temática no evento (Amend & Amend, 1995).

Em 1997, a Comissão Mundial de Áreas Protegidas da União Mundial pela Natureza (IUCN) realizou uma conferência denominada "As Áreas Protegidas no Século XXI: de Ilhas a Redes", em que foram identificados os principais desafios a serem enfrentados pelas UCs no século XXI. Entre eles se destacam: 1) mudar o enfoque das UCs de "ilhas" para "redes"; 2) fazer com que as áreas protegidas sejam manejadas por, para e com as comunidades locais, e não contra elas; 3) aumentar os padrões de gestão e capacitação para enfrentar os desafios identificados.

No V Congresso, realizado em Durban, na África do Sul, em 2003, os desafios identificados em 1997 dominaram as discussões. Pavimentou-se, de forma definitiva, o caminho para o desenvolvimento da gestão participativa das áreas protegidas e para a incorporação dos direitos e opiniões das populações locais.

Ao longo do período compreendido entre os cinco congressos mundiais de parques, surgiram algumas tendências que apontam para uma nova direção na maneira de gerir as unidades de conservação. Tais tendências têm sido definidas como o novo paradigma para as UCs e estão listadas na Tabela 3.2.

Tabela 3.2 O velho e o novo paradigma para a gestão de áreas protegidas – Phillips (2003).

Tema	Como as UCs eram	Como as UCs são agora
Objetivos	– Designadas para a conservação. – Estabelecidas principalmente para a proteção da vida silvestre e de cenários espetaculares. – Manejadas principalmente para os visitantes e turistas. – Valorizadas como ambientes selvagens. – Relacionadas com a proteção.	– Mantidas também com objetivos sociais e econômicos. – Estabelecidas, muitas vezes, por razões científicas, econômicas e culturais. – Turismo como um meio de contribuir com a economia local. – Valorizadas pela importância cultural dos "ambientes selvagens". – Mantidas também para restauração e reabilitação.
Administração	– Administradas pelo governo central	– Administradas por muitos parceiros.
População local	– Planejadas e manejadas contra a população local. – Manejadas sem consideração às opiniões locais.	– Manejadas com ou para a população local e, em alguns casos, pela mesma população local. – Manejadas para atender às necessidades das populações locais.
Contexto mais amplo	– Planejadas separadamente. – Manejadas como "ilhas".	– Planejadas como parte de sistemas nacionais, regionais ou internacionais. – Desenvolvidas como "redes" (núcleos estritamente protegidos, com zonas de amortecimento e interligadas por corredores verdes).
Percepções	– Consideradas principalmente como um patrimônio nacional. – Consideradas somente sob a ótica do interesse nacional.	– Consideradas também como um patrimônio da comunidade. – Consideradas também como de interesse internacional.
Técnicas de manejo	– Manejadas de forma reativa dentro de uma escala de tempo limitada. – Manejadas de forma burocrática.	– Geridas de forma adaptativa. – Geridas com sensibilidade política.
Capacidade de manejo	– Geridas por cientistas e especialistas em recursos naturais. – Dirigida por especialistas.	– Geridas por indivíduos dotados de múltiplas capacidades. – Geridas levando-se em consideração os saberes locais.
Finanças	– Financiadas pelo Tesouro Nacional.	– Financiadas por múltiplas fontes.

Fonte: Phillips (2003).

Essas novas tendências podem ser embrionariamente identificadas no Brasil a partir das conquistas socioambientais incorporadas na Lei 9.984/2000, que estabeleceu o Sistema Nacional de Unidades de Conservação (SNUC). Entre elas podemos destacar a exigência de conselhos consultivos/deliberativos e de consulta pública para a criação de alguns tipos de UCs e a valorização das unidades de uso sustentável. A discussão aprofundada do significado e da aplicação do novo paradigma para as unidades de conservação poderá vir a ajudar no aprimoramento da gestão participativa, das consultas públicas para a criação de UCs e na resolução dos conflitos gerados pela sobreposição de unidades de conservação com terras indígenas e com territórios ocupados por populações tradicionais.

Unidades de conservação no Brasil: a história de um povo em busca do desenvolvimento e da proteção da natureza

Marcos Antônio Reis Araujo

Ao longo da história brasileira, muitas vozes se levantaram contra a exploração predatória dos recursos naturais. A preocupação de alguns intelectuais com a degradação ambiental consolidou-se ao longo do século XIX, tendo José Bonifácio de Andrade um papel de destaque na condenação dessa atitude predatória. A grande motivação para defender o ambiente natural era sua importância para a construção nacional. Os recursos naturais representavam grande trunfo para o progresso futuro do país, devendo ser utilizados de forma inteligente e cuidadosa.

A criação do Parque Nacional de Yellowstone, nos Estados Unidos, em 1872, abriu uma nova frente de batalha para os brasileiros preocupados com a proteção da natureza: a criação de parques nacionais no Brasil. No entanto, os cenários político, econômico, social e cultural permaneceram desfavoráveis para a concretização desse ideal por um longo período. Por mais de meio século, diversas personalidades lutaram em prol dos parques nacionais, pleito só atendido em na década de 1930. A partir da criação do Parque Nacional do Itatiaia, em 1937, uma nova geração de conservacionistas trabalhou, arduamente, pela consolidação e ampliação das unidades de conservação no Brasil. As gerações atuais têm uma grande dívida para com esses visionários do passado.

Muito se avançou, mas é preciso ter em mente que muito ainda precisa ser feito, sobretudo no que tange à expansão das unidades de conservação, à representatividade dos ecossistemas e à busca da excelência na gestão das unidades de conservação.

Fim do Período Imperial: a primeira proposta para a criação de unidades de conservação no Brasil

O primeiro a propor a criação de parques nacionais no Brasil foi o engenheiro André Rebouças (1838-1898). Juntamente com seu irmão Antônio, era proprietário da Companhia Florestal Paranaense, primeira companhia privada especializada no corte de madeiras a ter autorização para funcionamento no Brasil. Inspirado na iniciativa norte-americana, Rebouças sugeriu, em 1876, dois locais para a concretização de sua ideia: a ilha do Bananal, no rio Araguaia, e as Sete Quedas, no rio Paraná. Ele já vislumbrava o progresso que o turismo advindo da criação dos parques poderia trazer para aquelas regiões. Também alegava a importância dessa iniciativa para a posteridade:

> "A geração atual não pode fazer melhor doação às gerações vindouras do que conservar intactas, livres do ferro e do fogo, as duas mais belas ilhas do Araguaia e do Paraná. Daí a centenas de anos poderão os nossos descendentes ir ver os espécimes do Brasil tal qual Deus os criou; encontrar reunidos no norte e no sul os mais belos representantes de uma fauna variadíssima e, principalmente, de uma flora que não tem rival no mundo" (Rebouças, *in* Souza, 1936).

Entretanto, como dissemos, as condições políticas, sociais, econômicas e culturais vigentes durante o Período Imperial e o da Primeira República (1889-1930) não eram favoráveis à concretização das propostas de André Rebouças. Ao contrário, conjugavam em favor da expansão econômica com a degradação da natureza. Os portugueses que se deslocaram para o Brasil vieram em busca de riqueza. Essa, porém, não seria obtida com trabalho, mas sim com ousadia. De nossa herança lusitana, veio nossa ânsia de prosperidade sem custo, de riquezas fáceis. Nossos antepassados buscaram extrair dos solos enormes benefícios, sem maiores sacrifícios e sem preocupação com o futuro (Holanda, 1995; Pádua, 2002).

Desse modo, os diversos ciclos econômicos vivenciados no Brasil até os dias atuais tiveram, invariavelmente, a degradação ambiental e a malversação dos recursos naturais como alguns de seus resultados, como mostra a Figura 4.1.

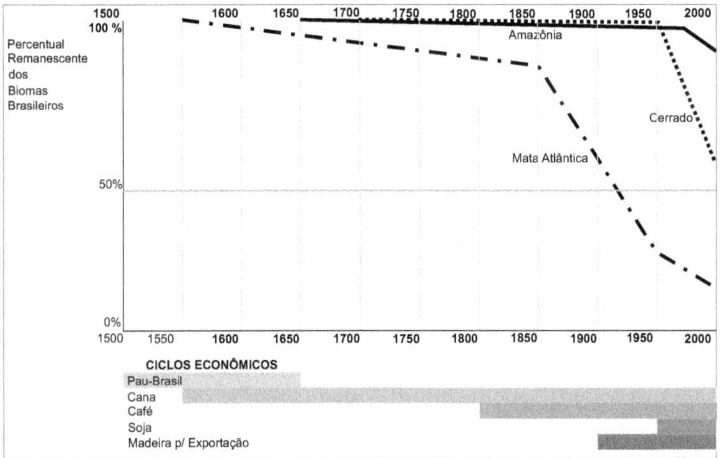

Figura 4.1 Redução da cobertura vegetal nos biomas do Cerrado, da Amazônia e da Mata Atlântica durante os diversos ciclos econômicos (WWF, 1999).

A política fundiária do país também estimulava a degradação ambiental. A Resolução Imperial nº 17, de 1822, aboliu o sistema das sesmarias, vigente durante o período colonial. Surgiu, a partir daí, um período extralegal, sem qualquer regulamentação sobre as terras públicas, que abriu a oportunidade para sua apropriação por cerca de 30 anos. Intensificou-se, assim, a avalanche de ocupação de terras. Somente em 1850, a Lei Imperial sobre Terras nº 601 veio disciplinar essa matéria, reconhecendo o direito de posse sobre terras ocupadas por posseiros após 1822, quando o sistema de sesmarias foi extinto (Garcia, 1958). A Lei 601 impôs uma condição primordial para a legalização da posse: as terras deveriam estar cultivadas.

Durante esse período de ausência de regulamentação sobre as terras públicas, o café consolidou-se como o grande produto agrícola brasileiro, o que estimulou ainda mais a grilagem de terras. A partir do Estado do Rio de Janeiro, as culturas expandiram-se para o Vale do Paraíba e para a região da Zona da Mata mineira. Por toda parte, o café foi substituindo a natureza (Mendonça & Pires, 2002).

Por meio de inúmeros artifícios fraudulentos, milhares de hectares de terras públicas foram legalizados por grileiros. Nessas terras, expandiu-se a lavoura cafeeira e, em volta dessas lavouras, instalou-se grande especulação imobiliária, que contribuiu de forma decisiva para a remoção da cobertura vegetal na região Sudeste do Brasil (Dean, 2000).

Primeira República (1889-1930) – a luta em prol da criação de unidades de conservação se intensifica

A sugestão de Rebouças, em 1876, para criar unidades de conservação no Brasil ainda não se concretizara durante a Primeira República. No início do período republicano, a economia brasileira estava organizada de acordo com o modelo primário-exportador, ou seja, o país mantinha sua produção voltada para o fornecimento de artigos primários, destinados a abastecer o mercado externo. O poder político e econômico estava concentrado nas mãos das oligarquias ligadas à agroexportação, as quais não se disporiam a reservar áreas para a proteção da natureza em detrimento da possibilidade de expansão das atividades econômicas.

A Primeira República também representou o coroamento do liberalismo no Brasil, materializado a partir da Constituição de 1891. O Estado Liberal restringia-se, em essência, à manutenção da ordem pública, da liberdade, da propriedade e da segurança individual. A Constituição garantia aos estados total autonomia e aos proprietários rurais, poder ilimitado sobre suas propriedades. Em consonância com os ideais liberais, o direito de propriedade alcançava sua plenitude, não se admitindo intervenção estatal no modo pelo qual os proprietários rurais exploravam os recursos naturais em suas terras. Qualquer legislação destinada a controlar a exploração dos recursos naturais não era bem vista pela oligarquia dominante.

Para piorar a situação, o Brasil encontrava-se em grave crise política e financeira. Em 1898, o país estava à beira da bancarrota financeira. Assim, nesse ambiente de crise generalizada, regido por um Estado que não admitia intervencionismo sobre o direito de propriedade e no qual o poder político e econômico estava concentrado nas mãos das oligarquias ligadas à agroexportação, a discussão a respeito da proteção à natureza não tinha como prosperar. O século XIX e a primeira década da República encerram-se sem qualquer avanço em direção ao estabelecimento de unidades de conservação no Brasil.

Entretanto, a degradação da natureza começava a despertar o espírito e o clamor conservacionista em uma parcela maior da população. Surgia mais uma geração de intelectuais (autores de livros, professores, profissionais liberais e técnicos vinculados ao serviço público) e de cientistas que ecoaram suas vozes chamando a atenção para o problema do desflorestamento e para a necessidade de regulamentação para proteger as florestas.

No alvorecer do século XX, o jornalista Euclides da Cunha (1866-1909) publicou os ensaios "Fazedores de desertos" e "Entre as ruínas", nos quais descrevia as imensas pilhas de lenhas estocadas ao longo das faixas de servidão das ferrovias e as encostas completamente erodidas por causa do abandono das lavouras de café, após estas terem promovido o completo esgotamento do solo. A classe média urbana, alertada por essas publicações, censurava os fazendeiros e diretores das ferrovias por terem provocado tais problemas, assim como os funcionários do governo, que o haviam permitido (Dean, 2000).

Nesse mesmo período, o governo de São Paulo buscou modernizar suas instituições para incrementar o desenvolvimento econômico do Estado. Dentro dessa visão, o melhor aproveitamento dos recursos naturais era um fator estratégico. Deu-se, então, início a um processo de contratação de diversos cientistas e técnicos para as instituições estaduais. Alguns se tornaram importantes lideranças na luta pela conservação de nossos recursos naturais. Entre eles destacam-se Alberto Loefgren (1964-1918), Orville Derby (1851-1915), Herman von Ihering (1850-1930) e Edmundo Navarro de Andrade (1881-1941) (Dean, 2000).

O botânico sueco Alberto Loefgren veio para o Brasil em 1874, ingressando no governo paulista a partir de 1886. Ele iniciou uma campanha por um código florestal, pelos parques nacionais e em favor da criação do serviço nacional de florestas. Inspirou a comemoração do primeiro Dia da Árvore no Brasil, que ocorreu em Araras, em 1902. Sob sua influência, o governo federal estabeleceu uma estação biológica no Itatiaia, área que se tornou, na década de 1930, o primeiro parque nacional brasileiro (Dean, 2000; Franco, 2002).

Herman von Ihering foi o fundador e diretor do Museu Paulista até 1915. Ele criticava a dilapidação de nossos recursos naturais e defendia que essa situação só poderia mudar com uma atuação firme do Estado, a partir do estabelecimento de reservas florestais e da promoção de uma silvicultura racional (Franco, 2002). Edmundo Navarro, engenheiro agrônomo de formação, dedicou-se à tarefa de reflorestamento na Companhia Paulista de Ferrovias e tornou-se uma das maiores autoridades mundiais no plantio do eucalipto.

A destruição dos recursos florestais começava, mesmo que timidamente, a ter repercussão no meio político. Em 1907, a mensagem presidencial dirigida ao Congresso pelo presidente Afonso Pena (1847-1909)contemplava essa questão: "Conforme determinastes acham-se em preparo as bases de um projeto de lei de águas e florestas. Em tempo hei de submetê-las à vossa esclarecida consideração" (Andrade, 1950). Provavelmente, a crise econômica e a instabilidade política impediram que o governo federal levasse adiante essas discussões.

Em 1912, Luis Felipe Gonzaga de Campos (1856-1925) editou o livro *Mapa Florestal Brasileiro*, no qual demonstrava o estado crítico em que se encontravam as formações florestais em muitas regiões do país. O principal objetivo da obra era oferecer uma base para os primeiros estudos visando à criação de reservas florestais. Mencionava que o Serviço Florestal seria criado no momento adequado dentro do Ministério da Agricultura, Indústria e Comércio.O Código Civil de 1916 (Lei 3.071), de certa forma, também contribuía para a devastação dos recursos naturais. Inspirado no código civil francês, editado após a revolução francesa, reforçava a percepção de que a propriedade da terra era plena e absoluta, podendo o proprietário fazer o que bem entendesse. Em 1911 também foi criado o Horto Florestal do Rio de Janeiro com a finalidade de produzir e distribuir mudas de espécies florestais e frutíferas.

Também nesse mesmo ano, o presidente Hermes da Fonseca (1855-1923) cria, através do Decreto nº 8.843, uma reserva florestal no Acre localizada entre o rio Acre e o rio Purus. A justificativa para sua criação "era que a devastação desordenada das matas estava produzindo em todo o país efeitos sensíveis e desastrosos, salientando-se entre eles alterações na constituição climática de varias zonas e no regime das águas pluviais e das correntes que delas dependem e reconhecendo que é da maior e mais urgente necessidade impedir que tal estado de coisa se estenda ao Território do Acre, mesmo por tratar-se de região onde, como igualmente em toda a Amazônia, há necessidade de proteger e assegurar a navegação fluvial e, consequentemente, de obstar que sofra modificação o regime respectivo hidrográfico". Em seu art. 3º, o decreto demonstra a opção pelo modelo americano, determinando "que se nas áreas da reserva florestal existir moradores, fica-lhes concedido o prazo de 12 meses, a contar desta data, para exibirem seus títulos de posse, cuja legitimidade será verificada perante a justiça federal". Em seu § 1º determina que, "reconhecida a legitimidade dos títulos, o Governo providenciará oportunamente para a aquisição das terras, por acordo amigável ou desapropriação". No entanto, esta reserva florestal não foi implantada, figurando apenas no papel.

Por volta de 1913, Alberto Lofgren sugeriu a transformação da região do Itatiaia num parque nacional. Nesse mesmo ano, José Hubmayer proferiu uma conferência na Sociedade de Geografia do Rio de Janeiro em que defendeu arduamente essa ideia. De acordo com seus argumentos, o Parque Nacional do Itatiaia seria:

> "sem igual no mundo, estaria quase às portas desta bela capital, oferecendo, aos cientistas e estudiosos, riquíssimos elementos para as suas pesquisas, aos convalescentes, pelo trabalho exaustivo nas barulhentas cidades, um retiro ideal para sua reconstituição física e mental e, aos excursionistas e curiosos, uma infinidade de atrativos" (Hubmayer, 1913 *in* Barros, 1952).

Alberto Torres: um dos grandes pensadores do Brasil no início do século XX

Após 1910, foram publicados os trabalhos do advogado e jornalista Alberto de Seixas Martins Torres (1865-1917), considerado um autor de especial relevância no pensamento brasileiro. Suas obras mais importantes foram *A Organização Nacional* e *O Problema Nacional Brasileiro*, que exerceram grande influência na constituição do ambiente político-intelectual do Brasil a partir da década de 1920 e se tornaram uma das bases para a defesa de nossos recursos naturais.

Torres foi ministro da Justiça (1896-1897), governador do Rio de Janeiro (1898-1900) e ministro do Supremo Tribunal Federal (1901-1909). Em 1909, desiludido com o sistema constitucional brasileiro, desligou-se da magistratura para publicar seus ensaios (Skidmore, 2000). Crítico ferrenho do liberalismo, argumentava que esse sistema limitava o âmbito da ação estatal, quando, na verdade, caberia ao Estado atuar como órgão central de todas as funções sociais, exercendo o papel de coordenação, harmonização e regência. O Estado deveria estender sua ação sobre todas as esferas de atividades, como instrumento de proteção, apoio, equilíbrio e cultura. A nação brasileira deveria ser criada pelo Estado, não cabendo a este atuar apenas de forma reguladora, como competia ao Estado em uma nação desenvolvida (Souza, 2005).

Em 1915, Alberto Torres escreveu uma obra denominada *As Fontes da Vida no Brasil*, na qual argumentava em favor do conservacionismo com uma perspectiva diferente dos cientistas de sua época. O objetivo era alertar as elites dirigentes do país e conclamá-las a uma política séria de aproveitamento e, em certos casos, de defesa do nosso duplo e imenso patrimônio natural: o hidrográfico e o florestal. Algumas passagens dessa obra se assemelham aos modernos manifestos ecológicos. Denunciava o autor:

> "Os brasileiros são, todos, estrangeiros na sua terra, que não aprenderam a explorar sem destruir e que têm devastado, com um descuido, de que as afirmações dos meus trabalhos dão ainda um pálido reflexo."

Em outra passagem da obra, afirmou:

> "Na Europa, a experiência estabeleceu, há longo tempo, os costumes do reflorestamento e da conservação das matas, severamente policiados, e regulou-se o corte das madeiras e da lenha. Entre nós, onde as matas exercem vital função, não só nenhum esforço se faz por conservá-las, mas propagam, ao contrário, os governos a necessidade de incrementar a expansão econômica do país, para realizar a obra, tão vaidosa quanto ilusória, de engrandecimento e de emulsão econômica."

Alberto Torres defendia uma revisão constitucional. Nela haveria espaço para a defesa do solo, das riquezas nacionais do país e para todas as medidas necessárias no sentido de preservar as fontes de riqueza ainda virgens e de assegurar a conveniente exploração, conservação e reparação das que estivessem em uso.

Na década de 1930, sob inspiração de suas ideias, surgiu a Sociedade dos Amigos de Alberto Torres, visando reunir sugestões para a Constituinte de 1934, e a Sociedade dos Amigos das Árvores, para combater o rápido desaparecimento de nossas florestas. Na década de 1950, as ideias de Torres também inspiraram o desenvolvimento da Doutrina de Segurança Nacional pelos ideólogos da Escola Superior de Guerra.

A *belle époque*

Belle époque é a expressão que designa o clima intelectual, cultural e artístico do período que vai aproximadamente de 1880 até o fim da Primeira Guerra Mundial, em 1918, e que teve sua principal expressão na capital francesa. Com seus cafés-concertos, balés, operetas, livrarias, teatros, *boulevards* e sua alta-costura, Paris era considerada o centro produtor e exportador da cultura mundial. Para a elite brasileira, era um referencial de vida: ir a Paris ao menos uma vez por ano era quase uma obrigação. O Teatro de Manaus, construído no final do século XIX, durante o período áureo da borracha, demonstra muito bem esse clima. A maioria dos detalhes nesse teatro tentava lembrar a Europa. A pintura do teto no salão principal representa a Torre Eiffel, dando ao público dos espetáculos a sensação de estar sentado sob ela.

Enquanto nos Estados Unidos as belezas naturais foram importantes na formação da identidade nacional – o que reforçou o apoio da sociedade americana aos parques nacionais –, no Brasil, o "chique" era parecer-se com a França. Não tínhamos claramente formada uma identidade nacional e, portanto, não havia, entre a elite, motivação para apoiar a preservação de nossas belezas naturais.

Provavelmente, por causa do clima intelectual, cultural e artístico vigente durante a *belle époque*, não se tenha registrado, nas primeiras duas décadas do século XX, nenhum movimento importante em favor da proteção da natureza no Brasil. Somente alguns cientistas e alguns escritores levantaram essa bandeira.

Década de 1920: o país entra em ebulição. A proteção da natureza registra um pequeno avanço

A década de 1920 foi um período de grande efervescência política, social e cultural no Brasil. Nossas elites viam a Europa como um modelo a ser seguido pelo país, imbuindo-se de suas filosofias, abraçando sua literatura e celebrando seus grandes homens. O mundo literário e artístico limitava-se a imitar os estilos europeus e tinha pouco espaço para a originalidade. A Primeira Guerra Mundial constituiu um choque para essas elites e abriu o caminho para que as ideias nacionalistas pregadas por Alberto Torres avançassem.

Assim, na década de 1920 era nítida a preocupação de discutir a identidade e os rumos da nação brasileira. Todos tinham algo a dizer – políticos, militares, empresários, trabalhadores, médicos, educadores, artistas e intelectuais. Como deveria ser o Brasil moderno? Através da literatura, das artes plásticas, da música e mesmo de manifestos, os artistas e intelectuais modernistas buscaram compreender a cultura brasileira e sintonizá-la com o contexto internacional.

O ano de 1922 foi marcante. Alguns acontecimentos simbólicos foram significativos para as transformações que a sociedade brasileira iria sofrer no futuro. Em fevereiro, realiza-se a Semana de Arte Moderna, que desencadeia a revolução estética; em março, a fundação do Partido Comunista delineia uma nova etapa na organização política da classe operária brasileira e, em julho, irrompe a primeira revolução tenentista, com o levante no Forte de Copacabana. A partir desses acontecimentos, o coro de críticos intelectuais aumentou. Os intelectuais iniciaram uma reflexão profunda sobre diversos aspectos da sociedade brasileira. Alguns grupos preocupavam-se com o patrimônio cultural, outros com as reformas educacionais necessárias, outros com o reordenamento do arcabouço jurídico-institucional do Estado e outros ainda com a dilapidação de nossos recursos naturais e com a proteção da natureza no Brasil (Franco, 2002).

Entre os intelectuais dos anos 20 cujas análises visavam à definição de novos rumos para o país, incluíam-se Oliveira Viana, Gilberto Amado, Pontes de Miranda. Eles escreveram ensaios que foram publicados em 1924 em uma coletânea organizada por Vicente Licínio Cardoso, chamada *À Margem da História da República*. Na base de seu ideário estava o pensamento político de Alberto Torres.

No campo da conservação da natureza, a escassez de combustível verificada durante a Primeira Guerra Mundial alertou para necessidade do uso mais racional dos recursos naturais e confirmou o acerto das ideias de Alberto Torres. O governo precisava tomar alguma providência. Em 1920, a mensagem presidencial dirigida ao Congresso pelo presidente Epitácio Pessoa (1865-1942) destacava:

> "A necessidade de preservar e restaurar o revestimento florestal da República deve ser uma de nossas maiores preocupações. Quem viaja pelo interior do Brasil não pode deixar de sentir-se revoltado com as devastações, que observa por toda parte e estão a reclamar medidas severas de repressão. A economia florestal aponta-nos uma riqueza imensa a explorar. A indústria de papel, de resinas, das tinturas, dos curtumes, dos móveis, das construções civis, do fornecimento de pos-

tes, lenha, dormentes etc., sem falar nas exportações de madeiras finas ou de lei, são fontes de comércio a desenvolver e coordenar. É, pois, urgente a decretação de leis que protejam todos os tesouros, regulando não só a arborização de terras e sua conservação, como a exploração de madeiras, a extração de ervas e a própria seringueira.

[...]

Dos países cultos dotados de matas e ricas florestas, o Brasil é, talvez, o único que não possui um Código Florestal" (Andrade, 1950; Urban, 1998).

Em 1921, com o Decreto Legislativo nº 4.421, criou-se o Serviço Florestal Brasileiro como uma seção especial do Ministério da Agricultura, Indústria e Comércio. Nesse diploma legal, surgem as primeiras referências aos parques nacionais. Entre as incumbências do Serviço Florestal, constava a de estudar e propor ao governo as melhores situações para o estabelecimento dos parques nacionais. Em seu artigo 37, o Decreto definia que seriam criados parques nacionais em locais caracterizados por acidentes topográficos notáveis, grandiosos, belos e encerrando florestas virgens típicas que deveriam ser perpetuamente conservadas.

No entanto, o Serviço Florestal só foi regulamentado em 1925, começando a funcionar de fato em 1926. Apesar de incumbido de tratar da questão dos parques nacionais e da política florestal, dedicou-se apenas às funções de produção de mudas, reflorestamento e aos estudos da flora brasileira relacionados à sistemática e à dendrologia. A partir das mensagens presidenciais enviadas ao Congresso no período de 1923 a 1926, fica claro que a demora no início da atuação do Serviço Florestal se deveu à falta de recursos financeiros, ou seja, à crônica crise fiscal vivenciada ciclicamente pelo Tesouro Nacional desde o início da República.

Nessa década, também despontou uma nova geração de conservacionistas, na qual podemos destacar: o botânico Alberto José Sampaio (1881-1946), Armando Magalhães Corrêa (1889-1944), Cândido de Mello Leitão (1886-1946), todos funcionários do Museu Nacional, Frederico Carlos Hoehne (1882-1959), diretor do Instituto Butantã, e Gonzaga de Campos, funcionário do Ministério da Agricultura. A eles coube levar adiante as primeiras lutas em favor da conservação travadas por Alberto Torres, Loefgren, Ihering, Hubmayer e Euclides da Cunha, entre outros.

Quando a década de 1920 chegou ao seu final, ainda não se tinha conseguido estabelecer unidades de conservação no Brasil. Mas as bases que permitiriam que isso viesse a ocorrer já haviam sido lançadas.

A Era Vargas – 1930-1945: finalmente temos unidades de conservação

O sistema oligárquico foi a base política da Primeira República (1889-1930). O poder era controlado por uma aliança entre as oligarquias paulista e mineira, que se expressava no revezamento de representantes desses dois estados na Presidência da República. Na década de 1920, essa longa hegemonia começou a ser contestada com mais vigor por outros grupos oligárquicos, que dominavam estados como Rio de Janeiro, Rio Grande do Sul e Bahia e estavam descontentes com seu afastamento das principais decisões políticas do governo. Nas eleições presidenciais de 1922, esses grupos lançaram o nome de Nilo Peçanha contra o candidato situacionista Artur Bernardes. A derrota da oposição abriu caminho para uma crise militar que deu origem ao movimento tenentista. Às vésperas das eleições presidenciais de 1930, uma nova frente de estados oposicionistas se formou, agora com apoio da oligarquia mineira, e lançou a candidatura de Getúlio Vargas.

A campanha presidencial de 1930 transcorreu em meio às suspeitas de manipulações ainda mais intensas do que as usuais. Como era esperado, venceu o candidato oficial, Júlio Prestes. Contestando os resultados dessa eleição, Getúlio Dornelles Vargas (1882-1954) liderou um golpe militar que sepultou a Primeira República, governando o país até 1945. Toda a efervescência intelectual da década de 1920 encontra, então, a oportunidade de materializar-se.

A revolução de 1930 representou a implantação de uma nova concepção de Estado no Brasil. Decretou o fim da velha ordem liberal, lançando as bases para a implantação de um Estado social, consolidado com a Constituição de 16 de julho de 1934. Atribui-se ao Estado a missão de buscar a igualdade e a justiça social. Para atingir essa finalidade, era preciso intervir na ordem econômica e social, no sentido de contemplar os menos favorecidos. A preocupação maior desloca-se da liberdade para a igualdade; o individualismo do Estado Liberal é substituído pela preocupação com o bem comum, com o interesse público. Se na vigência do liberalismo o indivíduo não queria a ação do Estado, passa a exigi-la com a instauração do Estado social. A sociedade quer subvenção, financiamento, escola, saúde, moradia, transporte, proteção ao patrimônio histórico, ao meio ambiente e os mais diversos tipos de interesses difusos e coletivos (Di Pietro, 2002).

O regime revolucionário exercitou, em toda a sua plenitude, as funções e atribuições dos poderes Executivo e Legislativo, concomitantemente. O artigo 1º do Decreto nº 19.398, de 11 de novembro de 1930, que institui o Governo Provisório da República dos Estados Unidos do Brasil, determinou:

> "O Governo Provisório exercerá discricionariamente, em toda a sua plenitude, as funções e atribuições não só do Poder Executivo, como também do Poder Legislativo, até que, eleita a Assembléia Constituinte, estabeleça essa a reorganização constitucional do país."

Amparado nesse Decreto e sob uma ideologia nacionalista, o Governo Provisório iniciou intensa atividade legislatória, na qual a defesa dos recursos naturais recebeu atenção especial. No período entre maio de 1933 e outubro de 1934, foi promulgada uma série de códigos regulamentando as expedições científicas e o uso dos recursos naturais. Dentre esses, merecem destaque os códigos das águas, das minas, das florestas e de caça e pesca.

O Código Florestal é de especial interesse para a temática de unidades de conservação. Em 1931, foi criada uma subcomissão, ligada ao Ministério da Justiça, com o objetivo de elaborar uma proposta de Código Florestal. Dela faziam parte Augusto de Lima, parlamentar que teve destaque na criação do Serviço Florestal, José Mariano Filho, entomologista e defensor do patrimônio histórico colonial, e Luciano Pereira da Silva, procurador jurídico do Serviço Florestal Brasileiro e relator da subcomissão. Nesse mesmo ano, a proposta do Código Florestal foi publicada no *Diário Oficial*, para receber sugestões.

Diversos cientistas, como Alberto Sampaio, do Museu Nacional, além de legisladores e juristas famosos, enviaram sugestões à proposta, o que obrigou o governo a estender o prazo para a sua discussão. O projeto definitivo instituindo o código florestal foi concluído em 1933 e transformado em lei em janeiro de 1934, por meio do Decreto nº 23.793/1934. Ele começava a refletir a nova concepção do Estado social, limitando o direito de propriedade, subordinando-a ao interesse social, assim expresso em seu artigo 1º:

> "Art. 1º – As florestas existentes no território nacional, consideradas em conjunto, constituem bem de interesse comum a todos os habitantes do país, exercendo-se os direitos de propriedade com as limitações que as leis, em geral, e especialmente este Código estabelecem."

O Código reconheceu as florestas como tema de interesse público e atribuiu ao Estado a responsabilidade em manejar e proteger os recursos florestais. Em seu artigo 3º, classificou as florestas em: protetoras, remanescentes, modelo e de rendimento. Em seu artigo 5º, previu que fossem declaradas remanescentes as que formassem os parques nacionais, estaduais e municipais.

Com um histórico de degradação ambiental e de malversação dos recursos naturais, os proponentes do Código Florestal optaram, a princípio, por uma proposta de parque nacional inspirada no modelo suíço, que era mais restritivo do que o norte-americano. A comissão responsável pela elaboração do anteprojeto do Código Florestal brasileiro assim se manifestou em relação aos parques nacionais:

> "Alguns países admitem certas atividades do homem nos parques nacionais. Outros, porém, os declaram intangíveis, entregues em absoluto às forças naturais. Tal é o parque suíço situado no cantão de Graunbunden, na parte mais baixa do Vale do Engadine, nos Alpes.
>
> Nesse tipo de parque, as reservas são totais, isto é, se destinam à conservação integral de todos os animais e de todas as plantas que vivem no território e onde a natureza possa desenvolver-se livremente, sem ser perturbada pela interferência do homem.
>
> O anteprojeto preferiu esse tipo para os parques nacionais que forem criados, por ser o único meio de conservar para as gerações vindouras trechos da natureza virgem do Brasil.
>
> Se a Suíça, que é um país de território insignificante, pôde atingir aquele elevado escopo, reservando uma área de 140 quilômetros quadrados para o seu parque nacional, o Brasil, com seu imenso território, ainda possuindo vários milhões de quilômetros quadrados completamente despovoados, poderá criar vários parques, em zonas características, sem sacrifício de espécie alguma.
>
> Nesses futuros parques, como no suíço, os visitantes não poderão afastar-se dos caminhos e estradas oficiais e deverão lembrar-se, enquanto estiverem em visita, que ali não é permitido nem a caça, nem a pesca, nem arrancar plantas, nem colher flores, nem retirar espécimes, seja de que variedade for; isso porque o parque nacional é um verdadeiro santuário, onde cada planta, cada flor ou animal goza da mais absoluta segurança.
>
> A administração pública, por sua vez, nas estradas e caminhos que abrir dentro dos parques, se limitará ao estritamente necessário, fazendo observar disposições técnicas, de forma que os caminhos de acesso não quebrem os efeitos da perspectiva natural da paisagem, mesmo porque esses parques não visam atrair turistas, antes constituem verdadeiras instituições científicas, onde a natureza em seu estado selvagem pode ser conservada e estudada."

Apesar da sugestão da comissão, os decretos de criação dos primeiros parques nacionais davam grande ênfase ao desenvolvimento do turismo. A expectativa era de que os parques nacionais brasileiros repetissem o mesmo sucesso dos parques americanos no desenvolvimento do turismo. No entanto, nos Estados Unidos já havia condições favoráveis para o desenvolvimento do turismo quando seus primeiros parques nacionais foram estabelecidos.

Finalizando o arcabouço legal, a Constituição de 16 de julho de 1934, em seu artigo 10, encarregava o governo da proteção das "belezas naturais e monumentos de valor histórico ou artístico". Com o Código Florestal e a nova Constituição, estava definitivamente esboçada a base legal para a criação de unidades de conservação no Brasil.

A Primeira Conferência Brasileira de Proteção à Natureza

Em abril de 1934, realizou-se no Rio de Janeiro a Primeira Conferência Brasileira de Proteção à Natureza, evento convocado pela Sociedade de Amigos das Árvores, tendo como relator Alberto Sampaio. O principal objetivo da Conferência foi o de pressionar o governo a cumprir as medidas conservacionistas recém-aprovadas no Código Florestal de 1934 e a criar o Sistema de Parques Nacionais (Franco & Drummond, 2009).

O discurso de abertura da Conferência foi realizado por Leôncio Corrêa, presidente da Sociedade. Ele alertava para a imensa devastação das matas em todas as regiões do país, enfatizando a necessidade de sua conservação. Seu discurso apresentava duas linhas de argumentação: em uma delas, o mundo natural era valorizado como recurso econômico a ser explorado racionalmente, na outra, como objeto de culto e fruição estética. As duas concepções de proteção natural, vigentes nos Estados Unidos desde o final do século XIX e defendidas por Gifford Pinchot e John Muir, respectivamente, permearam a Conferência e foram aglutinadas num projeto comum, de feição nacionalista e cientificista (Franco, 2002).

Alberto Sampaio apresentou uma nota informando sobre os congressos relacionados à temática de proteção da natureza ocorridos no mundo no período entre 1884 e 1933. Isso demonstrava o grau de informação da comunidade científica brasileira sobre o que ocorria no mundo em relação à proteção da natureza e também sua preocupação em buscar referências que viessem a definir e legitimar esse conceito (Franco, 2002).

Um artigo de Roquete Pinto publicado no Relatório da Conferência informava que o mais completo projeto brasileiro sobre a temática dos parques nacionais havia sido apresentado por Alberto Sampaio, em 1931. O Relatório citava ainda que, por ocasião da Convenção Internacional do Turismo, reunida por iniciativa do Touring Clube do Brasil, em 1931, no Rio de Janeiro, um engenheiro de nome Cerqueira Rodrigues recomendara a criação de alguns parques nacionais: Amazônia, Paulo Afonso, Iguaçu, Tijuca e Vila Bela, no Paraná.

A criação do primeiro parque nacional no Brasil

Em 14 de junho de 1937, com base legal consolidada e mobilização de alguns setores da sociedade, foi criado, no Rio de Janeiro, o Parque Nacional do Itatiaia, primeira unidade de conservação federal brasileira. Abrangendo uma área de 11.943 ha, foi instituído nas terras da Estação Biológica de Itatiaia, mantida desde 1914 pelo Jardim Botânico do Rio de Janeiro. Seu objetivo era incentivar a pesquisa científica, oferecer lazer às populações urbanas e proteger a natureza. Num primeiro momento, o parque ficou sob a guarda do Jardim Botânico.

Em janeiro de 1939, foi criado o Parque Nacional de Foz do Iguaçu e, em novembro, o da Serra dos Órgãos. Para dar suporte à administração das unidades de conservação, o Serviço Florestal havia sido reorganizado em 1938. Neste novo arranjo, o Serviço Florestal tornou-se responsável por várias funções, como a proteção das florestas, fiscalização e conservação, silvicultura e organização dos parques nacionais e das reservas florestais. Foi criada a Seção de Parques Nacionais. Finalmente, os clamores em prol da proteção à natureza no país foram ouvidos. A década de 1930 encerra-se com a criação dos primeiros parques nacionais brasileiros.

O papel de Alberto José Sampaio

Alberto Sampaio era natural de Campos dos Goytacazes, no Rio de Janeiro. Entrou para o Museu Nacional em 1905 e em 1912 tornou-se professor-chefe de Botânica. Sua produção científica e militância foram importantes para o estabelecimento de unidades de conservação no Brasil. Seu projeto era institucionalizar medidas de conservação da natureza, articulando-as ao projeto de nacionalidade de Torres, no qual a natureza ocupava um lugar estratégico (Franco, 2002). Para Sampaio, o trabalho do Serviço Florestal seria essencial para que o país garantisse uma posição de destaque entre os maiores produtores de madeira do mundo e, ao mesmo tempo, conservasse suas essências nativas (Franco, 2002). Em 1931, fundou a Sociedade dos Amigos das Árvores, para lutar contra o rápido desaparecimento das florestas brasileiras.

Em 1934, Alberto Sampaio publicou a *Phytogeografia do Brasil*. Na obra, delineia seu conceito de proteção à natureza, mostrando-se fortemente influenciado pelas ideias de Alberto Torres. Ele defendia a necessidade de conhecer melhor as regiões florísticas do Brasil, para que a proteção se desse com conhecimento de causa. A proteção da natureza deveria garantir a conservação das matas com a implementação de unidades de conservação e o incremento da produção, a partir do uso de métodos racionais (Franco, 2002).

Em 1935, publicou a obra *Biogeografia Dinâmica*, na qual apresentou um programa efetivo para a proteção da natureza. Para Sampaio, naquele momento, a necessidade de proteção da natureza já havia despertado a atenção de setores importantes da sociedade brasileira. Era preciso, então, formular um programa efetivo, que garantisse sua realização (Franco, 2002).

Embora seja ainda pouco reconhecido, Sampaio teve papel importante na institucionalização de políticas relativas à proteção da natureza no Brasil. Além de sua intensa produção literária, participou de forma incisiva na discussão do Código Florestal e na realização da Primeira Conferência Brasileira de Proteção à Natureza.

Pensamento geopolítico brasileiro na década de 1930 e a ocupação do território nacional

A geopolítica tem por fim auxiliar a formulação da política estratégica nacional. Ela visa fornecer elementos que possibilitem, dentro de uma estratégia global de planejamento, dotar o país de certo poder, auxiliando-o a desempenhar papel de realce na arena internacional (Miyamoto, 1995). Na década de 1930, o pensamento geopolítico brasileiro começa a se consolidar através dos trabalhos de Mário Travassos (1891-1973), Everardo Backheuser (1879-1951) e Lysias Rodrigues (1896-1957), que tiveram influência na política de ocupação do território nacional, principalmente das regiões Centro-Oeste e Norte.

Mário Travassos, capitão do Exército, publicou em 1933 o livro *Projeção Continental do Brasil* e posteriormente o livro *Introdução à Política de Comunicações Brasileiras*, nos quais traçou os grandes rumos que deveriam ser seguidos para se levar o Brasil à posição de maior potência sul-americana (Mattos, 1975). Travassos preconizava a necessidade de adoção, pelos poderes públicos, de uma estratégia de interiorização política, econômica e demográfica atenuadora do vazio populacional (Freitas, 2004). A partir dessas publicações o pensamento geopolítico brasileiro passou a influenciar a estratégia de desenvolvimento nacional. O desenvolvimento nacional exigia, essencialmente, uma política de interiorização, de valorização da enorme massa continental, particularmente da Amazônia e do Centro-Oeste, carentes de uma infraestrutura de transportes, comunicações e povoamento. As obras de Mário Travassos e Everardo Backheuser tiveram, durante as décadas de 1930, 1940 e 1950, influência na formação das elites civis e militares do Brasil. Nasce delas o ideário do Brasil potência; num primeiro momento uma potência sul-americana e posteriormente uma potência mundial (Matos, 1975).

Influenciada pelo pensamento geopolítico brasileiro, a Era Vargas iniciou a ocupação, em ampla escala, das regiões Centro-Oeste e Norte. Nessa época, a área economicamente explorada do Brasil não passava de 23% de sua superfície total. Getúlio Vargas lançou, então, o movimento denominado "Marcha para o Oeste". Em julho de 1943, realizou-se uma expedição para explorar a Serra do Roncador e as cabeceiras do rio Xingu, no Mato Grosso. Prevista para durar dois anos, a Expedição Roncador-Xingu abriu 1.500 quilômetros de picadas e navegou por cerca de mil quilômetros nos rios da região, identificando pontos para o estabelecimento de núcleos de povoamento. Em outubro do mesmo ano, o governo criou a Fundação Brasil Central, cujo objetivo era implantar os núcleos de povoamento identificados pela expedição Roncador-Xingu, que deram origem a 34 vilas e cidades. Inicia-se, assim, a saga de ocupação intensiva em direção à Amazônia, que teria no futuro forte impacto sobre a conservação dos recursos naturais e, consequentemente, sobre a criação de unidades de conservação.

Durante os governos de Vargas, a Amazônia foi vista como uma área-problema que necessitava integra-se ao resto do país. Em 10 de outubro de 1940, Getúlio pronunciou o "Discurso do Rio Amazonas", em Manaus, no qual ele mostrou que problemas tais como o povoamento da área, o cultivo racional e um convênio com nações limítrofes mereciam atenção do governo central a fim de que houvesse um desenvolvimento na região e ela se engajasse no "movimento de reconstrução nacional" (Oliveira, 1983). Em função disso, ele tentou desenvolver diversas políticas desenvolvimentistas para a Amazônia, mas a falta de recursos era o fator limitador. A oportunidade surgiu através de uma parceria com os Estados Unidos. Com a ocupação dos seringais malaios pelos japoneses, o fornecimento de borracha aos aliados teve uma redução de 97%.

O presidente Vargas, aproveitando a situação, firmou, em 1942, os "Acordos de Washington", cujo objetivo era atender às demandas de borracha por parte das forças aliadas por meio de um grande esforço de produção de látex na Amazônia. Um aparato institucional foi montado para atender a esses acordos. Surgiu o Banco de Crédito da Borracha, o Serviço Especial de Saúde Pública (SESP – atualmente Fundação Nacional de Saúde), a Comissão Administrativa do Encaminhamento de Trabalhadores para a Amazônia e mais algumas instituições vinculadas a esse esforço. Esse episódio ficou conhecido como a "Batalha da Borracha", que mobilizou entre os anos de 1942 e 1945 cerca de 100 mil imigrantes nordestinos, através de alistamento compulsório para a exploração da borracha na Amazônia. Esses imigrantes foram denominados na época de soldados da borracha. Calcula-se que 40 mil tenham morrido nesse período. Apesar do grande esforço, os resultados foram decepcionantes, pois a produção evoluiu de 10,7 mil toneladas em 1941 para apenas 21 mil toneladas em 1944 e 18,9 mil toneladas em 1945 (Oliveira, 1983). Encerrado o conflito mundial e com a volta da oferta da borracha asiática, a produção extrativa da Amazônia entra em crise novamente (Lourenço, 2001), mas os imigrantes e seus descendentes que continuaram na atividade iriam ter um papel decisivo no movimento ambiental brasileiro na década de 1980. Atendendo à reivindicação dos geopolíticos brasileiros citados anteriormente, nesse período Vargas também criou três Territórios Federais na Amazônia: o do Amapá, o do rio Branco (atual Roraima) e do Guaporé (atual Rondônia), o que propiciava uma atuação mais direta do governo central nas áreas de fronteira (Oliveira, 1983).

O Instituto Nacional do Pinho

Em 1942 foi criado o Instituto Nacional do Pinho – INP (Decreto nº 4.813). Num primeiro momento ele atuou para regular o preço da madeira produzida e exportada pelo país, função na qual obteve grande sucesso. Em 1949, foi determinado que metade de sua renda fosse aplicada em silvicultura, o que levou o Instituto a implantar oito estações experimentais. Essas estações mais tarde foram transformadas em Florestas Nacionais. Apesar dos esforços empreendidos, a madeira produzida no Brasil não era competitiva e, no final de década de 1940, a indústria madeireira brasileira enfrentou grandes problemas para vender a sua produção no mercado externo, o que gerou uma severa crise nesse setor. A reversão desse quadro dependia do desenvolvimento da pesquisa científica e da promoção de treinamento técnico especializado. O INP atuou muito nessa linha, mas não foi suficiente. Em 1948, o INP lançou o Anuário Brasileiro de Economia Florestal (ABEF), que visava reportar as atividades do Instituto e as pesquisas florestais em curso no Brasil e em outros países. Essa publicação se tornou a principal fonte de informações sobre o conhecimento científico produzido a respeito das questões florestais naquele período (Ioris, 2008).

Um passo importante no sentido de ampliar os conhecimentos técnicos e científicos sobre as florestas e acerca dos métodos de exploração de seus recursos foi solicitar a colaboração dos técnicos da Organização das Nações Unidas para a Alimentação e Agricultura (FAO). A parceria com a FAO visava desenvolver estudos sobre economia florestal e teve início por volta de 1950. No entanto, em linha com a diretriz de interiorização da economia do país, os estudos que realizou não foram conduzidos nas florestas do sul Brasil, mas na Amazônia, visando ao melhoramento da produção madeireira regional (Ioris, 2008). Este tópico e suas repercussões será abordado em detalhes posteriormente.

Unidades de conservação no período de 1945 a 1964

O início da década de 1940 foi marcado pela Segunda Guerra Mundial. O Brasil declara guerra à Alemanha e todas as atenções do país se voltam para o esforço bélico. Com o final da guerra e a derrota dos regimes autoritários na

Alemanha e na Itália, ficou insustentável a manutenção de um regime ditatorial no Brasil. Getúlio deixa o governo em outubro de 1945; são convocadas eleições e o marechal Eurico Gaspar Dutra (1883-1974) é eleito para o período de janeiro de 1946 a janeiro de 1951. Inicia-se um novo período democrático no país, tornando necessária a elaboração de uma nova constituição.

Com todas as atenções voltadas para a guerra e depois para a redemocratização do país, a criação de novas unidades de conservação avançou pouco. Em 1945, é criado o primeiro refúgio da vida silvestre, o de Sooretama, no Espírito Santo. Em 1946, cria-se a Floresta Nacional do Araripe-Apodi, a primeira dessa categoria no país, abrangendo os estados do Ceará, Pernambuco, Piauí e Rio Grande do Norte. Em 1948, é criado o Parque Nacional de Paulo Afonso, estendendo-se por 17 mil hectares na Bahia, Alagoas e Pernambuco. Acabou extinto em 1968, como consequência da construção da hidrelétrica de mesmo nome.

Estando patente o fracasso da "Batalha da Borracha" ao final de Segunda Guerra Mundial, os constituintes de 1946 deram mais um passo em direção à ocupação intensiva da região amazônica. Em seu artigo 199, previu o estabelecimento de incentivos fiscais com o objetivo de desenvolver a Amazônia. Esse artigo, originado de uma emenda apresentada pelo deputado amazonense Leopoldo Perez, obrigava a União, os estados e os municípios da região a aplicarem, por intermédio do governo federal, 3% de sua renda tributária, durante 20 anos consecutivos, na execução de um Plano de Valorização Econômica da Amazônia (Oliveira, 1983).

Em 1948, foi promulgado o Decreto Legislativo nº 3, que aprovou a Convenção para a Proteção da Flora e da Fauna e das Belezas Cênicas Naturais dos Países da América, já mencionado anteriormente. Em 1950, em virtude das dificuldades verificadas na implementação do Código Florestal, da crise da indústria madeireira e da continuada degradação dos recursos florestais do país, foi enviado ao Congresso Nacional o Projeto Daniel de Carvalho, que contemplava a proposta de um novo diploma legal para normatizar adequadamente a proteção do patrimônio florestal brasileiro. A proposta desse novo Código Florestal passou por longo período de discussão no Congresso, sendo sancionada somente em 1965.

Na década de 1950, importantes transformações ocorreram na estrutura político-econômica do Brasil. Concentrado na região Sudeste do país, houve grande crescimento do setor industrial e da população urbana. A região amazônica continuava a ser mera fornecedora de matérias-primas, com grande potencial de recursos naturais, e que precisava ser incorporada à economia do país (Lourenço, 2001). Nesse ano, o Banco de Crédito da Borracha foi transformado no Banco de Crédito da Amazônia (BCA)

Eleito por ampla maioria, Getulio Vargas reassume a Presidência do Brasil para o período de janeiro de 1951 a janeiro de 1954. Em 1952, através do Decreto nº 31.672, o presidente criou o Instituto de Pesquisas da Amazônia (INPA), instituição que tem tido enorme importância na geração de conhecimento da região e que abrigou o consultor da FAO que desempenhou importante papel na definição de UCs na região durante a década de 1970, como será posteriormente abordado. Em 1953, Getúlio regulamentou o artigo 199 da Constituição Federal, delimitando a Amazônia Legal, e instituiu o Plano de Valorização Econômica da Amazônia (PVEA), no qual a utilização dos recursos florestais já aparecia como prioridade. O PVEA pode ser considerado o primeiro plano de desenvolvimento para a região e para conduzi-lo foi criada a Superintendência do Plano de Valorização Econômica da Amazônia (SPVEA). O plano visava promover a construção de infraestrutura, o desenvolvimento da produção agrícola e da produção florestal e o aproveitamento dos recursos minerais. O Primeiro Plano Quinquenal da Amazônia (1955-60) reforçava a diretriz do PVEA estabelecendo entre os seus objetivos o levantamento dos recursos florestais e a realização de pesquisas visando à exploração florestal (Oliveira, 1983).

Em 1951, com a assinatura do "Programa de Extensão em Assistência Técnica", a FAO iniciou a colaboração com o governo brasileiro. A parceria com a FAO refletiu um redirecionamento na política de exportação madeireira, que começou a ser orientada para as madeiras tropicais pesadas (*hardwood*), e não mais sobre as espécies do Sul, que não apresentavam mais competitividade no mercado externo. O principal objetivo da cooperação era realizar estudos e inventários florestais visando subsidiar um programa governamental para desenvolvimento de uma indústria madeireira regional na Amazônia. A equipe deveria produzir informações sobre os temas: exploração madeireira e transporte; indústria madeireira, serrarias e preparação de técnicos; e potencial comercial e distribuição da madeira. Após um diagnóstico inicial que durou um ano, o primeiro relatório produzido afirmava que na região amazônica não existia, na prática, uma verdadeira exploração florestal nos moldes minimamente aceitáveis para esse setor. Apesar da precariedade constatada, a equipe da FAO ressaltou a existência de um grande potencial para melhoramento da indústria madeireira na região (Ioris, 2008).

Eles apresentaram um plano de trabalho dividido em dois tópicos. O primeiro estabelecia um programa de curto prazo para melhoria imediata do sistema de produção madeireira existente, compreendendo medidas como a introdução de serrarias mecânicas e a realização de cursos de capacitação para os profissionais ligados à indústria madeireira. Foi proposta também a criação do Centro de Tecnologia da Madeira, proposta esta que se concretizou em 1957 na cidade de Santarém sob jurisdição da SPVEA. O segundo tópico era de mais longa duração. Incluía uma série de inventários florestais para avaliar as áreas mais favoráveis ao desenvolvimento da indústria madeireira, a implantação de estações de pesquisa para o estudo de silvicultura tropical e a instalação de um projeto piloto para produção de polpa para fabricação de papel. Os estudos florestais extensivos seriam conduzidos em cooperação com técnicos brasileiros para determinar cientificamente as características ecológicas e o potencial madeireiro, antes que fossem elaboradas as políticas de desenvolvimento florestal. Os estudos de longa duração começaram a ser desenvolvidos em 1953 e se estenderam até 1961, sendo realizados em dez microrregiões do estado do Pará, duas do estado do Amazonas e uma do Amapá. Os estudos realizados pelos técnicos da FAO estabeleceram as bases para a produção do conhecimento científico sobre a floresta amazônica, que, no final da década de 1960, orientaram as políticas florestais traçadas e a criação de UCs na região (Ioris, 2008).

Com o lema "50 anos em 5", o mineiro Juscelino Kubitschek (1902-1976) foi eleito presidente para o período de janeiro de 1956 a janeiro de 1961. Um dos primeiros atos do presidente foi a criação do Conselho de Desenvolvimento Econômico, encarregado de traçar a estratégia de desenvolvimento para o país. O Conselho formulou o que ficou conhecido como Plano de Metas, considerado o mais completo e coerente conjunto de investimentos até então planejados para a economia brasileira. O plano contemplava pesados investimentos em cinco principais áreas: energia, transporte, alimentação, indústria de base e educação. Grande parte desses investimentos seria realizada na área de distribuição do bioma da Mata Atlântica, principalmente no Estado de São Paulo, vindo coroar o processo histórico de degradação ambiental a que esse bioma foi submetido desde o descobrimento do Brasil.

A construção da nova capital federal na região Centro-Oeste buscava aumentar a integração do território nacional, lançando as bases para a ocupação mais efetiva do interior do país. Destaca-se, nesse período, a construção das rodovias Belém-Brasília (1960) e Cuiabá–Porto Velho–Rio Branco no Acre (1961), representando mais um passo na ocupação intensiva da região amazônica. Como resultado dessas ações, a população da região Norte cresceu 500% em uma década, saltando de 1 milhão, em 1950, para 5 milhões de habitantes em 1960. A partir daí, esse crescimento intensificou-se cada vez mais (Becker, 2004).

Preocupado com a degradação ambiental que viria em consequência da execução do Plano de Metas, um grupo de conservacionistas criou, em 1958, a Fundação Brasileira para a Conservação da Natureza (FBCN). Essa entidade teve importante papel na luta pela criação de unidades de conservação durante as décadas de 1960, 1970 e 1980.

A década de 1950 não apresentou grandes progressos na criação de unidades de conservação, mas marcou definitivamente o desenvolvimento econômico do país, empreendendo passos importantes para a modernização da economia e para a ocupação das regiões Centro-Oeste e Norte. Em 1959, foram estabelecidos apenas três parques nacionais: Aparados da Serra, no Rio Grande do Sul e Santa Catarina; Araguaia (Ilha do Bananal), em Tocantins; e Ubajara, no Ceará. Em janeiro de 1961, antes de deixar o governo, Juscelino cria os Parques Nacionais das Emas e Chapada dos Veadeiros, em Goiás.

Jânio Quadros (1917-1992) foi eleito presidente para o período de janeiro de 1961 a janeiro de 1965. No entanto, permaneceu pouco tempo no poder, renunciando em agosto do primeiro ano de mandato. No pouco tempo em que permaneceu na Presidência, criou os Parques Nacionais do Caparaó, em Minas Gerais e Espírito Santo; Sete Cidades, no Piauí; São Joaquim, em Santa Catarina; Tijuca, no Rio de Janeiro; e Sete Quedas, no Paraná.

Jânio gostava muito do Conselho Florestal Federal, por isso aceitou a criação de tantas unidades em tão pouco tempo. Em novembro de 1961, sob o regime parlamentarista, criam-se os Parques Nacionais de Brasília, no Distrito Federal, de Monte Pascoal, na Bahia, e a Floresta Nacional de Caxiuana, no Pará. Essa Floresta Nacional foi fruto das recomendações dos estudos conduzidos pela FAO.

A renúncia de Jânio Quadros gerou um impasse sobre a sucessão. A cúpula militar não aceitava a posse de João Goulart (1919-1976). Como solução para o impasse, o sistema de governo passou de presidencialista para parlamentarista e João Goulart tomou posse, com poderes limitados, em setembro de 1961. O primeiro Gabinete foi chefiado por Tancredo Neves (1910-1985). No entanto, ele permaneceu pouco tempo no posto, renunciando em junho de 1962 para concorrer nas eleições de outubro.

O Gabinete foi reformulado e começou a realizar mudanças na estrutura administrativa do governo (Fausto, 2004). No âmbito dessas mudanças, em outubro de 1962, através da Lei Delegada nº 9, o Ministério da Agricultura foi reorganizado: o Serviço Florestal foi extinto e substituído pelo Departamento de Recursos Naturais Renováveis (DRNR). O regimento do departamento foi aprovado em 1963 e criava a seção de Parques Nacionais. Essa lei também determinava que o DRNR devesse, no prazo de 90 dias, apresentar um anteprojeto de revisão do Código Florestal.

No período de 1961 a 1964, o Brasil envolve-se em uma crise global. A economia entra em fase de profunda estagnação e há uma radicalização do processo político-ideológico, que culminaria com o golpe militar, em março de 1964.

O papel da Escola Superior de Guerra (ESG) na modernização da sociedade, da economia e no processo de interiorização do desenvolvimento

Em 1948 foi criada a Escola Superior de Guerra – ESG. Nesta instituição o pensamento geopolítico brasileiro começou a se estruturar em bases realísticas e científicas. Desde sua fundação, a ESG vinha formulando sua Doutrina de Segurança Nacional – DSN, que é uma técnica de planejamento estratégico, destinada inicialmente para o uso no campo da política de segurança nacional em tempos de guerra, mas que foi estendida a todos os setores de atividades do país (Becker & Egler, 2010). Após a Segunda Guerra Mundial, vários oficiais superiores das Forças Armadas foram treinados no *National War College* (Centro de Treinamento do Alto Escalão do Exército Norte-americano). Ao retornarem, criaram a Escola Superior de Guerra e começaram a desenvolver a Doutrina de Segurança Nacional, cujo principal objetivo era o de garantir metas de segurança visando implantar uma geopolítica para todo o Cone Sul do Continente Americano, capaz de bloquear o perigo expansionista do comunismo internacional.

Com a DSN, a geopolítica se tornou uma doutrina explícita, sendo ao mesmo tempo uma justificativa e um instrumento da estratégia e da prática do Estado brasileiro. Segundo Becker & Egler (2010):

> "as premissas do projeto geopolítico não foram determinadas pela geografia do país nem se resumiram à apropriação física do território. O marco do novo projeto foi a intencionalidade do domínio do vetor científico-tecnológico moderno para o controle do tempo e do espaço, entendido pelas Forças Armadas como condição para a constituição do Estado Nação na nova era mundial, e para a modernização acelerada da sociedade e do espaço nacional necessária para alcançar o crescimento econômico e projeção internacional".

Em concordância com os objetivos do projeto, a estratégia do governo concentrou as suas forças em três componentes: 1) a implantação da fronteira científico-tecnológica na região Sudeste do país, especialmente no eixo Rio-São Paulo; 2) a rápida integração de todo o território nacional, implicando a incorporação definitiva da Amazônia; 3) a projeção do país na arena internacional. De acordo com Becker & Egler (2010), a DSN tratava-se de uma perspectiva nacional de um país subdesenvolvido com vistas a acelerar o seu desenvolvimento e alcançar um novo *status* segundo o modelo corrente nos países desenvolvidos (Figura 4.2).

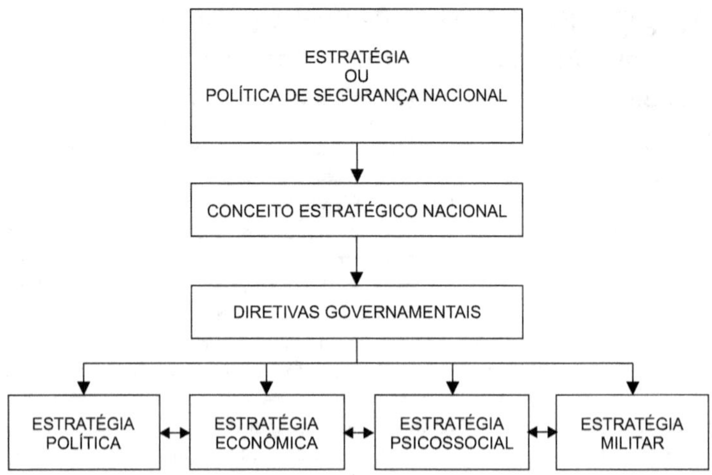

Figura 4.2 A Doutrina de Segurança Nacional como uma estratégia.
(Fonte: Becker & Egler, 2010.)

A ESG influenciou as decisões do governo desde sua criação, mas foi a partir de 1964 que sua influência se tornou mais marcante. Com o golpe militar, a Doutrina de Segurança Nacional foi transferida para a prática governamental, passando a influenciar fortemente as decisões governamentais, principalmente nos três componentes citados anteriormente. Em relação às unidades de conservação, o mais importante é o componente 2, que se referia à ocupação do interior do país, em especial da região amazônica. A modernização econômica acelerada resultou numa gama enorme de impactos ambientais que, por sua vez, levou ao estabelecimento paulatino da política ambiental no país.

O chefe da Revolução, e primeiro presidente do novo regime, Humberto de Alencar Castelo Branco (1897-1967), e seus principais assessores, Golbery do Couto e Silva (1911-1987), Ernesto Geisel (1907-1996), Juarez Távora (1898-1975) e Cordeiro de Farias (1901-1981), haviam pertencido aos quadros da ESG e foram participantes ativos na formulação da DSN, principalmente Golbery do Couto e Silva, que foi um dos expoentes do pensamento geopolítico brasileiro nas décadas de 1950 a 1970. O ideário de Brasil potência passaria a ser perseguido ativamente.

Unidades de conservação no período do regime militar – 1964 a 1985

Em 31 de março de 1964, ocorre o golpe militar. O presidente João Goulart é deposto, assumindo a presidência o general Humberto de Alencar Castello Branco, que liderou o golpe. Logo no início do regime militar, é lançado o Plano de Ação Econômica do Governo para o período 1964-1966. Para dar suporte ao plano, foi posta em curso uma ampla reforma e modernização da administração pública federal. Colocando em prática a Doutrina de Segurança Nacional (DSN) e com o objetivo de atenuar os desníveis regionais, o governo militar devotou grande atenção ao desenvolvimento do interior do país. O presidente Castello Branco institui a "Operação Amazônia" (1965-1967), por meio da qual se definiu a estratégia para a introdução de um modelo de desenvolvimento econômico na região da Amazônia Legal. Daí resultou a montagem efetiva de um aparato institucional cujos objetivos eram a ocupação, o desenvolvimento e a integração da parte Norte do Brasil ao restante do país. Na avaliação dos militares era necessário fortalecer a ação federal na região, vistos os perigos que representava para a segurança nacional a existência de uma vasta extensão territorial praticamente vazia em termos populacionais (Oliveira, 1983).

A base dessa estratégia foi a realização de obras de infraestrutura (construção de rodovias) e a concessão de incentivos fiscais e de crédito para empreendimentos produtivos. A Emenda Constitucional nº 18, de dezembro de 1965, estendeu para a região amazônica todos os incentivos fiscais, os favores creditícios e demais vantagens concedidas pela legislação à região Nordeste do Brasil. Com resultados muito aquém dos desejados, em 1966, a Superintendência do Plano de Valorização Econômico da Amazônia (SPVEA) foi substituída pela Superintendência de Desenvolvimento da Amazônia (SUDAM). O Banco de Crédito da Amazônia foi transformado em Banco da Amazônia (BASA), o que fez com que ele adquirisse mais poderes e mais recursos. Foi criada a Zona Franca de Manaus e sua respectiva Superintendência. A área de abrangência da Amazônia Legal foi redefinida, passando a englobar integralmente os estados do Acre, Amapá, Amazonas, Mato Grosso, Pará, Rondônia e Roraima, e parcialmente os estados do Tocantins (98%), Maranhão (79%) e Goiás (0,8%). Representa, atualmente, 59% do território brasileiro, distribuída por 775 municípios, onde viviam, em 2000, 20,3 milhões de pessoas (12,32% da população nacional), sendo 68,9% desse contingente em zona urbana.

A SUDAM elaborou o I Plano Quinquenal de Desenvolvimento (I PQD), para o período 1967-1971. A prioridade do plano era a implementação da infraestrutura de transporte, daí surgindo o asfaltamento da rodovia Belém-

Brasília e a viabilização da rodovia Cuiabá-Porto Velho. No elenco das linhas básicas do PQD também constavam o levantamento dos recursos naturais e a diversificação do extrativismo. Para o governo, a economia da borracha era de baixa rentabilidade, tinha alta dependência do Estado e não produzia os efeitos de ocupação necessários à integração da Amazônia à economia do país. Para programar a nova estratégia de desenvolvimento planejada era necessário atrair, para a região, empresários do sul do Brasil que desenvolvessem, com base nos incentivos fiscais, novos empreendimentos produtivos (Allegretti, 2002). Isso veio ter grande repercussão nas décadas seguintes.

Em setembro de 1965, foi promulgada a Lei nº 4.771, instituindo o novo Código Florestal, que previu a criação de parques nacionais, florestas nacionais e reservas biológicas. Em 1967, promulgou-se a Lei 5.197 (Lei de Proteção à Fauna), que proibiu a caça no país e previu a criação de reservas biológicas e os parques de caça federais. O Artigo 41 do Código Florestal estabelecia que as agências governamentais de crédito deveriam dar prioridade aos projetos de reflorestamento e designava o Conselho Monetário Nacional para regulamentar a concessão de empréstimos aos programas privados de reflorestamento. Um ano depois, setembro de 1966, o governo federal criou e sancionou a Lei de Incentivos Fiscais (Lei nº 5.106), que oferecia incentivos para empreendimentos florestais e permitia deduzir 50% do imposto de renda devido, no caso de investimentos feitos em projetos de reflorestamento (Ioris, 2008).

Provavelmente como reflexo do novo Código Florestal e da entrada em vigor da Convenção para a Proteção da Flora, da Fauna e das Belezas Cênicas dos Países da América, o Ministério da Agricultura instituiu, em 1966, uma comissão para propor medidas objetivando a implantação de uma efetiva política de parques nacionais no Brasil. Os membros da comissão percorreram mais de 30 mil quilômetros do território brasileiro, inspecionando todos os parques nacionais sob jurisdição do Ministério da Agricultura. Produziu-se, assim, o primeiro diagnóstico abrangente sobre a situação das unidades de conservação no país, abordando as temáticas de administração, de pessoal, da situação fundiária, de materiais e pesquisas. Propôs princípios básicos para a criação de parques nacionais e para o zoneamento, além de um anteprojeto de lei para disciplinar e uniformizar as atividades de pesquisa, administração e turismo nos parques (IBDF, 1969).

Em fevereiro de 1967, dando prosseguimento ao processo de reforma da administração pública federal, foi criado o Instituto Brasileiro de Desenvolvimento Florestal (IBDF). Entidade autárquica, integrante da administração descentralizada do Ministério da Agricultura, o IBDF encampou o Departamento de Recursos Naturais Renováveis, o Conselho Florestal Federal, o Instituto Nacional do Pinho e o Instituto Nacional do Mate. Criado para dar suporte aos projetos de reflorestamento conduzidos pela iniciativa privada, o IBDF foi designado também para formular e executar as políticas florestais e as relativas às unidades de conservação, tornando-se responsável, simultaneamente, por ambas (florestal e de conservação) em todo o território nacional (Ioris, 2008). A criação do IBDF como uma autarquia representava um esforço de descentralização e modernização vigente na época e, de certa forma, muito inovador. A administração indireta, à qual pertenciam as autarquias, deveria ser um contraponto à rigidez da administração direta do governo, marcada pela ineficácia. As autarquias deveriam, em tese, permitir maior eficiência na implantação das políticas públicas.

No entanto, não foi o que aconteceu com o IBDF. Em 1969, técnicos do Programa das Nações Unidas para o Desenvolvimento (PNUD) e do Programa das Nações Unidas para a Agricultura e a Alimentação (FAO) produziram um relatório que destacava a necessidade de fortalecimento do IBDF, que se encontrava alarmantemente desprovido de pessoal, especialmente quadros com formação técnica. O orçamento limitado, a falta de recursos humanos e de materiais e a difícil integração entre os funcionários dos diferentes órgãos emperravam a máquina administrativa (Urban, 1998).

Em março de 1967, assume a Presidência o general Arthur da Costa e Silva (1899-1969), que representava a vitória da linha dura do regime militar. Em outubro de 1969, é empossado como presidente o general Emílio Garrastazu Médici (1905-1985), indicando o ápice da linha dura. Durante o governo Médici, o desenvolvimento das regiões Norte e Nordeste foi o tema prioritário. Em setembro de 1970, o presidente lança seu primeiro documento de planejamento, denominado "Metas de Base para a Ação do Governo", que abrangeu o biênio 1970-1971 (D'Araujo & Castro, 2004). A década de 1970 caracteriza-se por uma atuação ainda mais marcante do governo federal na Amazônia, sob o signo da segurança nacional.

Por ironia, a seca do Nordeste, um fenômeno natural, acabou por acelerar a ocupação da Amazônia. Em 1970, uma seca devastadora abateu-se sobre o sertão nordestino. O presidente Médici foi pessoalmente inspecionar a situação e ficou profundamente chocado com os milhares de flagelados que rumavam para as cidades litorâneas. Após discutir o problema com seus ministros, concluiu que o Nordeste, tendo em vista seus escassos recursos naturais, tinha excesso de população. Como era impossível transferir para lá novos recursos, optou por tirar de lá o excesso populacional e transferi-lo para a Amazônia (Skidmore, 1988).

Sob o lema "Integrar para Não Entregar", Médici criou, em julho de 1970, o Programa de Integração Nacional – PIN (Decreto-Lei n° 1.106/1970). O objetivo do PIN era acelerar a inserção das regiões Norte e Nordeste na economia nacional, melhorar as condições para a expansão do capital e minimizar a crise de desemprego no Nordeste e no Centro-Sul, assentando em projetos de colonização os migrantes dessas duas regiões. Nesse programa, previu-se a construção imediata das rodovias Transamazônica (BR 230), Cuiabá-Santarém (BR 163), Manaus-Porto Velho (BR 319) e a Perimetral Norte (BR 210). Com a Transamazônica, procurava-se resolver os problemas da seca no Nordeste e do vazio populacional da Amazônia, que despertava o temor de o Brasil vir a perder essa região. Nas palavras do presidente Médici, o objetivo era transferir "homens sem terra do Nordeste para terras sem homens da Amazônia". Num período de apenas 5 anos foram construídos cerca de 12 mil km de estradas e um sistema de comunicação baseado em micro-ondas que abrangia mais de 5 mil km (Becker & Egler, 2010).

Para complementar o PIN, foi lançado, em 1971, o Programa de Redistribuição de Terras (Proterra). Esse programa representava uma tentativa de reorientar a estratégia de desenvolvimento regional da Amazônia Legal, que havia dado ênfase à concentração de incentivos fiscais no setor industrial, basicamente confinado nas áreas urbanas. Pretendia-se, com isso, beneficiar o setor agrícola. O PIN previa que uma faixa de terra de até 10 km nas margens das rodovias a serem construídas seria reservada para fins de colonização e reforma agrária, prioritariamente para nordestinos. Previa-se o assentamento de 100 mil famílias de colonos num período de 5 anos através da criação de agrovilas ao longo das rodovias citadas anteriormente. Foi um período de farta concessão de incentivos fiscais e isenções a empresários dos setores agrário e industrial (Lourenço, 2001).

O PIN também financiou inúmeras atividades relacionadas à produção do conhecimento técnico e científico sobre os recursos naturais na região amazônica. Inicialmente, em outubro de 1970, o governo criou, sob a supervisão da SUDAM, uma Comissão para conduzir um extensivo levantamento aeroradargramétrico, mapeando topografia, geologia, vegetação, solo e depósitos minerais na região amazônica, o qual foi desenvolvido através do projeto Radar da Amazônia (Projeto Radam) (Iores, 2008).

Após o lançamento do Radam, o governo federal também promoveu um vasto inventário dos recursos florestais no país por meio do Projeto de Pesquisa e Desenvolvimento Florestal (PRODEPEF), que foi criado a partir de um acordo firmado em 1971 entre o governo brasileiro e o Programa de Desenvolvimento das Nações Unidas (PNUD), tendo a FAO como agência executora e o IBDF como agência governamental parceira (Projeto PNUD/FAO/IBDF/BRA-45). Os principais objetivos do PRODEPEF eram fortalecer técnica e institucionalmente o IBDF e disponibilizar uma vasta gama de informações sobre o potencial florestal no Brasil para dar suporte ao planejamento nacional de desenvolvimento florestal. Além de gerar uma base de dados sobre os recursos florestais para dar suporte ao projeto de modernização da indústria florestal, especialmente a produção madeireira, esses levantamentos visavam à definição de áreas a serem destinadas como reservas florestais. A equipe que conduziu esses levantamentos elaborou a proposta para a criação da Floresta Nacional do Tapajós e do Parque Nacional da Amazônia (Iores, 2008).

O primeiro Plano Nacional de Desenvolvimento – I PND, criado para o período 1972-1974, enfatizou os objetivos do PIN e do Proterra. Suas metas para a Amazônia buscavam a integração física, a ocupação humana e o desenvolvimento econômico.

Como mencionado anteriormente, em junho de 1972, foi realizada a Conferência de Estocolmo, durante a qual o ideário de Brasil como potência emergente fez com que ficássemos do lado do crescimento a qualquer preço. No entanto, após o evento, algumas medidas concretas em favor da proteção ambiental foram tomadas. Com o impacto político da Conferência de Estocolmo e o estado crítico de degradação ambiental de algumas áreas do país, o governo criou, em 1973, a Secretaria Especial do Meio Ambiente (Sema).

Como legados do governo Médici, foram criados o Parque Nacional da Serra da Bocaina, no Rio de Janeiro; a Reserva Biológica de Cará-Cará, no Mato Grosso; o Parque Nacional da Serra da Canastra, em Minas Gerais; o Parque Nacional da Amazônia e a Floresta Nacional Tapajós, no Pará; e a Reserva Biológica de Poço das Antas, no Rio de Janeiro. O Projeto Radam, em execução, também havia identificado diversas áreas nas quais se sugeria a criação de unidades de conservação.

O presidente Ernesto Geisel (1907-1996) assumiu o governo em 1974, pouco tempo depois do primeiro choque do petróleo, no qual o preço passou de US$ 3 por barril para US$ 12 por barril. Isso trouxe impacto brutal sobre a economia brasileira. Os resultados do processo de colonização da Amazônia pretendidos pelo PIN foram considerados aquém do desejado e, além disso, o novo presidente não era muito entusiasta do projeto da Transamazônica (D'Araujo & Castro, 2004). Tendo em vista as dificuldades econômicas geradas a partir do choque do petróleo, o governo optou por adotar uma estratégia mais seletiva para o desenvolvimento da Amazônia.

Em vez de um processo de colonização, em ampla escala, ao longo da rodovia Transamazônica, a proposta era desenvolver somente algumas áreas prioritárias da região. Foi então criado o Polamazônia – Programa de Polos Agropecuários, Agroindustriais, Florestais e Minerais, em áreas prioritárias da Amazônia, no qual se definiram 15 polos de desenvolvimento na região (Lei nº

74.607, de 09/1974). Esse diploma legal também recomendava, em seu artigo 5º, a criação de parques nacionais, reservas biológicas, florestas nacionais e parques indígenas em cada polo de desenvolvimento definido. Com recursos do Polamazônia, Gary Wetterberg, especialista americano em manejo de áreas protegidas, foi chamado para auxiliar no planejamento de um sistema de unidades de conservação na Amazônia, tópico que será objeto de análises mais detalhadas posteriormente. Em 1975, foi lançado o Programa de Desenvolvimento dos Cerrados (Polocentro). Nesses polos, os recursos públicos e privados foram concentrados em projetos de pecuária extensiva de grande escala, atividades madeireiras, mineração e projetos hidrelétricos (Lourenço, 2001).

No final de 1974, foi lançado o II Plano Nacional de Desenvolvimento – II PND. Foi a primeira vez que um plano governamental adotou, explicitamente, uma política de controle da poluição industrial e de preservação do meio ambiente (D'Araujo & Castro, 2004). O Plano propunha como objetivo nacional "atingir o desenvolvimento sem deterioração da qualidade de vida e, em particular, sem devastar o patrimônio nacional de recursos naturais". Determinava ainda que "o Brasil deveria defender o seu patrimônio de recursos naturais sistemática e pragmaticamente".

Em referências específicas à Amazônia, o II PND demandava uma "imediata designação de Parques Nacionais, Florestas Nacionais, Reservas Biológicas", como parte da política nacional de desenvolvimento. A revisão de metas do II PND para o período de 1977 a 1979 incluiu como objetivos: "criar parques nacionais e reservas biológicas; executar os estudos e pesquisas para a elaboração do Plano do Sistema de Parques Nacionais e os planos de manejo para os parques e reservas". Como meta específica, previu-se a criação de 18,5 milhões de hectares de parques nacionais e reservas biológicas na Amazônia, conforme recomendações do estudo "Uma Análise de Prioridades em Conservação da Natureza na Amazônia". Para o resto do país, foi estipulada a meta de cinco milhões de hectares (IBDF & FBCN, 1892).

Em 1974 foram criadas a Floresta Nacional do Tapajós e o Parque Nacional da Amazônia, as duas primeiras unidades de conservação federais estabelecidas na região. A criação das duas unidades antecipava os principais objetivos do II Plano de Desenvolvimento da Amazônia (PDAM II), que sucedeu o PIN em 1974 e foi implementado entre 1975 e 1979. O plano orientou uma política florestal para a região amazônica que promovesse, simultaneamente, a conservação e o manejo dos recursos florestais. A Flona Tapajós foi criada para ajudar a promover a modernização da indústria madeireira regional, implantando um modo de exploração florestal conduzido sob os princípios científicos do manejo florestal (Iores, 2008).

Uma análise de prioridades em conservação da natureza na Amazônia: marco do planejamento de UCs no Brasil[1]

Por sugestão de Kenton Miller, Gary Wetterberg foi contratado para auxiliar no planejamento de um sistema de unidades de conservação na Amazônia. Ele acumulara vasta experiência na América Latina e havia trabalhado na proposta do sistema nacional de UCs da Colômbia, sob a coordenação de Miller.

Wetterberg iniciou seu trabalho no Brasil em 1975, alocado no Instituto Nacional de Pesquisas da Amazônia (INPA), em Manaus. Deveria avaliar as necessidades de conservação biológica da Amazônia e elaborar um conjunto detalhado de recomendações que pudesse ser implementado. Nesse período, como frisado anteriormente, a bacia central do Amazonas representava grande lacuna na cobertura de unidades de conservação na América do Sul. Na época, as áreas naturais com potencial para criação de UCs, em sua maioria, haviam sido recomendadas pelo Projeto Radam Brasil e se caracterizavam por serem áreas marginais, sem potencial econômico conhecido. Havia mais de 80 áreas indicadas para a criação de unidades de conservação.

Quando chegou ao Brasil, Wetterberg logo percebeu que a passividade e a falta de direção caracterizavam os esforços de conservação biológica e que era necessário, urgentemente, mudar tal situação. Qualquer proposta a ser elaborada deveria permitir ao IBDF ter uma posição proativa na alocação das UCs e não apenas esperar que terrenos marginais fossem indicados para a conservação. Além disso, a cúpula da administração pública brasileira era dominada por tecnocratas de alto nível, o que exigiria que as propostas de conservação fossem bem elaboradas, apoiadas em sólida base científica, para convencê-los a implantá-las. Do contrário, seria impossível defendê-las.

Sua tarefa era gigantesca. O conhecimento científico a respeito das florestas tropicais era muito escasso naquele período. Em especial, conhecia-se pouco sobre a diferenciação regional da Amazônia. Sabia-se que, nas florestas tropicais, a composição de espécies variava muito de um lugar para o outro, mas esse conhecimento ainda não estava bem sistematizado. Os sistemas biogeográficos propostos para o planeta, como o de Udvardy, ajudavam pouco, pois suas escalas eram grosseiras para planejar a conservação biológica na Amazônia.

Wetterberg não se deixou abater e encarou com afinco sua tarefa. Era necessário articular o pouco conhecimento existente em uma sólida base para

---

1. Tópico elaborado com base em Foresta (1991).

traçar as políticas de conservação na Amazônia. Ele conseguiu realizar isso brilhantemente. Articulou importantes teorias ecológicas elaborando uma refinada base para a sua proposta de conservação. Muitos colaboraram com ele, entre os quais Ghilelean Prance, Tomas Levejoy e Maria Tereza Jorge Pádua.

Prance havia proposto uma nova classificação fitogeográfica para a Amazônia, dividindo-a em oito regiões. Nas conversas com Wetterberg, ele argumentava que ao menos uma porção de cada província fitogeográfica deveria ser protegida, antes que fosse alterada pelo processo de desenvolvimento. Refletindo sobre esse argumento, Wetterberg concluiu que a fitogeografia de Prance seria o núcleo científico de sua proposta de conservação. Dada a escassez de conhecimento sobre a biota amazônica e a rapidez com que a ocupação humana estava ocorrendo, as prioridades de conservação seriam a salvaguarda de amostras representativas de cada biótopo conhecido.

Cabia, porém, perguntar: dentro de cada região fitogeográfica, qual critério seria utilizado para selecionar a área a ser protegida? Para tal, ele utilizou a Teoria dos Refúgios, proposta inicialmente por Haffer (1969) e Vanzoline (1970) e posteriormente complementada por outros autores. Segundo essa teoria, durante as oscilações climáticas do Pleistoceno (últimos 2,5 milhões de anos), nos períodos mais secos, grande parte da Amazônia teria sido ocupada por Cerrados e mesmo por Caatinga. A floresta úmida ficou retraída em ilhas (refúgios), nas regiões onde haveria maior concentração de chuvas e nas beiras de rios. Aí, então, a fauna e a flora, insuladas, separadas em populações distintas, puderam diferenciar-se.

Desse modo, a mesma espécie teria ficado dividida em diversos refúgios separados por barreiras ecológicas (Cerrado e Caatinga), sendo submetida a diferentes condições de sobrevivência. Quando as condições climáticas voltaram a ser as mesmas, as barreiras ecológicas desapareceram e as matas originais retomaram o território perdido. As populações, separadas por longos períodos, voltaram a conviver. No entanto, em muitos casos, já havia passado tempo suficiente para que ocorresse a evolução de novas espécies.

Prováveis refúgios do Pleistoceno na Amazônia foram propostos por Haffer (1969; 1974), com base na distribuição de pássaros; por Vanzolini (1970), com base na distribuição de lagartos; por Prance (1973), com base em evidências botânicas; e por Brown (1975), tendo por base a distribuição de borboletas. De acordo com Wetterberg, os refúgios propostos, especialmente onde eles se sobrepõem ou se juntam, seriam lugares que possuem atualmente, ou possuíram em passado recente, alta probabilidade de ocorrência de espécies endêmicas.

Assim, as áreas de primeira prioridade para a conservação biológica na Amazônia seriam aquelas consideradas por mais de um autor como refúgios do Pleistoceno. As áreas de segunda prioridade seriam aquelas que mais provavelmente representam diversas formações vegetais e talvez um refúgio do Pleistoceno. Já as áreas de terceira prioridade incluiriam todos os outros parques e reservas indicados pelo projeto Radam, pelo IBDF, pela Sema, entre outras fontes, e não incluídos nos outros dois critérios.

Definidas as prioridades de conservação biológica, cabia estabelecer como essas áreas seriam desenhadas, ou seja, quais seriam sua forma e tamanho. Wetterberg resolveu essa questão recorrendo à Teoria da Biogeografia de Ilhas, a partir de um trabalho publicado por Terborgh (1975). Segundo esse autor, para as aves das terras baixas de florestas ombrófilas na região neotropical, uma área de 259 mil ha seria necessária para reduzir as taxas de extinção a menos de 1% por século. A UC deveria ter, de preferência, uma forma aproximadamente circular. Assim, Wetterberg tomou esse número como referência para a área-núcleo da unidade de conservação e sugeriu também uma zona de amortecimento de 10 km.

Como a Teoria da Biogeografia já despertava grande controvérsia, ele reconheceu também a importância das pequenas reservas na preservação de grupos de espécies com distribuição restrita, bem como de micro-hábitats únicos. Sugeriu que, para representar cada região fitogeográfica, fossem preservadas três grandes unidades de conservação de cada região. Essas seriam unidades de conservação de 500 mil ha cada uma, constituídas de uma área-núcleo de 259 mil ha e de uma faixa-tampão de 10 km². Também deveriam ser criadas 24 unidades menores de 100 mil ha, para preservar micro-hábitats únicos.

Como mencionado anteriormente, Wetterberg conseguiu articular, brilhantemente, um sofisticado embasamento científico para suas propostas. A Biogeografia de Prance mostrava as regiões que deveriam ser representadas no sistema de áreas protegidas, a Teoria dos Refúgios indicava as melhores áreas para serem protegidas dentro de cada região e a Teoria da Biogeografia de Ilhas fornecia o embasamento para se proporem o tamanho e a forma das UCs. Hoje, a Teoria dos Refúgios vem sendo fortemente criticada (Nelson, 1990; Bush & Oliveira, 2006), mas naquela época representava o melhor conhecimento científico então disponível.

Plano do Sistema de Unidades de Conservação do Brasil – etapas I e II

Em 1979 e 1982, o IBDF e a Fundação Brasileira para a Conservação da Natureza (FBCN) propuseram o Plano do Sistema de Unidades de Conservação do Brasil – etapas I e II. Esses planos foram baseados no documento preliminar da Comissão de Parques e Áreas Protegidas da IUCN – que definia objetivos, critérios e categorias para as áreas protegidas –, no documento de

Thelen & Miller (1976) e no estudo de Análise de Prioridades em Conservação da Natureza na Amazônia. A partir de então, novos critérios técnico-científicos passaram a reger a criação de UCs.

Lançada em 1979, a etapa I do plano visava: a) escolher, por meio de critérios técnico-científicos, e inventariar, em nível nacional (particularmente na Amazônia), as áreas de potencial interesse para a criação de unidades; b) identificar as lacunas e as áreas protegidas de maior importância do sistema de parques; c) rever a conceituação geral, principalmente no que se referia aos objetivos de manejo e às categorias de manejo, precisando-os e aumentando-os, se aconselhável.

A etapa I propunha novas categorias de manejo para as UCs no Brasil, discutindo o significado de cada categoria e os critérios para enquadrar em uma delas uma determinada área. Realizou, também, uma análise de lacunas para as áreas protegidas existentes, planejadas ou indicadas para Amazônia, em relação às diversas classificações biogeográficas existentes, como Rizzini (1963), Udvardy (1975), aos refúgios do Pleistoceno, etc.

Nessa primeira etapa, foram estudadas, a partir de expedições de campo, 34 áreas potenciais para a criação de novas unidades de conservação na Amazônia. Dessas, 13 se converteram em propostas de criação de UCs. Das 13 áreas propostas, nove foram rapidamente estabelecidas. Em 1979, surgem os Parques Nacionais do Pico da Neblina e Pacaás Novos, em Rondônia, e da Serra da Capivara, no Piauí, além das Reservas Biológicas de Trombetas, no Pará, do Jaru, em Rondônia, e do Atol das Rocas. Em 1980, são criados os Parques Nacionais do Jaú, no Amazonas, e do Cabo Orange, no Amapá, e as Reservas Biológicas do Lago Piratuba, no Amapá, e de Una, na Bahia. Em 1981, criam-se os Parques Nacionais de Lençóis Maranhenses, no Maranhão, e do Pantanal Mato-Grossense, no Mato Grosso (IBDF & FBCN, 1982).

Em 1982, veio a proposta da etapa II do Plano do Sistema de Unidades de Conservação do Brasil, dando continuidade ao anterior e estendendo o estudo para todo o território nacional. Nessa etapa, 30 novas áreas foram propostas para a criação de unidades de conservação. Esses dois documentos representaram a primeira tentativa de se organizar um sistema nacional de unidades de conservação no país.

Em 1979, foi promulgado o Decreto nº 84.017, que instituiu o Regulamento dos Parques Nacionais, diploma legal que definiu claramente os objetivos dos parques nacionais. Tendo por base a proposição da IUCN, introduziu a exigência de plano de manejo e de zoneamento nos parques nacionais (Quintão, 1983).

Em 1981, foi promulgada a Lei nº 6.938, que instituiu a Política Nacional do Meio Ambiente. Essa lei previu também a criação de Áreas de Proteção

Ambiental (APA), de Reservas e Estações Ecológicas e Áreas de Relevante Interesse Ecológico. As APAs e as Estações Ecológicas foram disciplinadas pela Lei nº 6.902 de 1981 e as Reservas Ecológicas e as Áreas de Relevante Interesse Ecológico pelo Decreto nº 89.336 de 1984.

Em 1984, foi criada mais uma Floresta Nacional na Amazônia, a Flona do Jamari em Rondônia. Ela foi criada como medida mitigadora dos impactos da obra de pavimentação da rodovia BR-364, no trecho Porto Velho-Rio Branco, financiada pelo Banco Interamericano de Desenvolvimento (BID), que tinha como condicionante o desenvolvimento do Projeto de Proteção do Meio Ambiente e das Comunidades Indígenas (PMACI) (Ioris, 2008).

Unidades de conservação no período de 1985 a 2011

Em 1985, com a redemocratização política, os movimentos sociais se organizam em todo o país. Nesse ano, foi criado o Conselho Nacional dos Seringueiros, que simbolizou um movimento de resistência das populações locais da Amazônia à expropriação da terra (Becker, 2004). Segundo Santilli (2005), os últimos anos da década de 1980 marcam o nascimento do socioambientalismo brasileiro, que foi fruto de alianças estratégicas entre o movimento social e ambientalistas.

A partir de 1986, surgem diversas Organizações Não-governamentais (ONGs) com atuação marcante em favor da conservação do meio ambiente e do estabelecimento de unidades de conservação no Brasil. Entre elas, podemos destacar a Fundação SOS Mata Atlântica, criada em São Paulo, em 1986; a Fundação Pró-Natureza (Funatura), em Brasília, em 1986; a Fundação Biodiversitas, em Belo Horizonte, em 1989; a Fundação O Boticário de Proteção à Natureza, em Curitiba, em 1990; o Instituto Socioambiental (ISA), em São Paulo, em 1994. No início de 2011, registravam-se no país milhares de organizações não-governamentais dedicadas à preservação do meio ambiente e à defesa de movimentos sociais. O Grupo de Trabalho Amazônico (GTA), fundado em 1992, reunia no início de 2011 cerca de 602 entidades filiadas, entre ONGs e movimentos sociais. A Rede Mata Atlântica reunia no início de 2011 cerca de 300 entidades filiadas.

A Constituição de 1988 consagrou a questão ambiental. Em seu artigo 225, determina que "todos têm direito ao meio ambiente ecologicamente equilibrado, bem de uso comum do povo e essencial à sadia qualidade de vida, impondo-se ao Poder Público e à coletividade o dever de defendê-lo e preservá-lo para as presentes e futuras gerações". A Floresta Amazônica brasileira, a Mata Atlântica, a Serra do Mar, o Pantanal Mato-Grossense e a Zona Costeira são elevados à categoria de patrimônio nacional.

Por outro lado, a degradação ambiental da Amazônia Legal decorrente da estratégia de sua integração à economia do país começava a despertar a atenção. Os investimentos governamentais em infraestrutura e em atividades mínero-metalúrgicas, associados a incentivos fiscais e financeiros ao setor privado, resultaram em espantosa taxa de crescimento econômico da Amazônia Legal nas décadas de 1970 e 1980. Em 1970, seu Produto Interno Bruto (PIB) era de cerca de US$ 8,5 bilhões (em dólares de 1998) e em 1996 atingiu US$ 53,5 bilhões, também em dólares de 1998. Em consequência, o desmatamento elevou-se tremendamente, atingindo uma cifra média, no período de 1977 a 1988, de 21.000 km², o que provocou grande impacto na opinião pública nacional e internacional. A partir de então, a taxa anual de desmatamento na Amazônia apresentou, por certo período, uma tendência de alta (Figura 4.3), o que influenciou fortemente o estabelecimento de programas de conservação no Brasil.

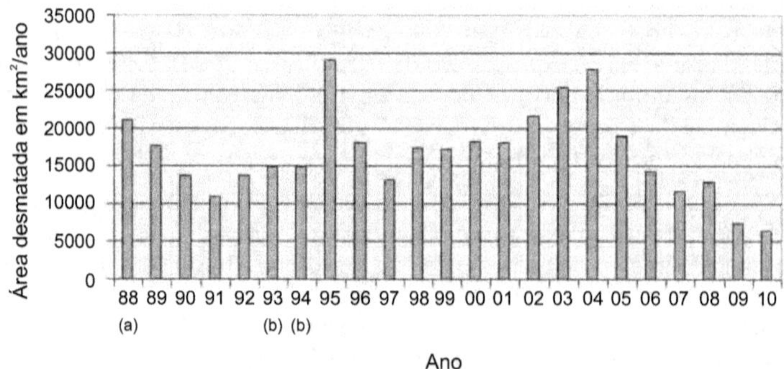

Figura 4.3 Desmatamento anual na Amazônia Legal no período de 1988 a 2010. (a) Média entre 1977 e 1988; (b) Média entre 1993 e 1994 (Fonte: Prodes, 2011).

Reagindo à comoção nacional e internacional provocada pelas altas taxas de desmatamento da região amazônica verificadas até 1988, o governo do presidente José Sarney lançou em setembro daquele ano o Programa de Defesa do Complexo de Ecossistemas da Amazônia Legal, conhecido como Programa Nossa Natureza. O objetivo era propor medidas capazes de conciliar o desenvolvimento econômico com a conservação do meio ambiente.

A análise do governo indicou que deveria haver uma única instituição para gerir a política de conservação dos recursos naturais renováveis do país. Em fevereiro de 1989, foi criado então, através da Lei nº 7.735, o Instituto Brasileiro do Meio Ambiente e dos Recursos Naturais Renováveis (Ibama), a partir da fusão do Instituto Brasileiro do Desenvolvimento Florestal (IBDF), da Secretaria Especial do Meio Ambiente (Sema), da Superintendência do Desenvolvimento da Pesca (Sudepe) e da Superintendência da Borracha (Sudhevea). Repetindo a experiência de criação do IBDF, a fusão de órgãos foi realizada sem uma preparação prévia.

Em dezembro de 1988, o destacado líder seringueiro Chico Mendes foi assassinado, com intensa repercussão nacional e internacional. O trabalho de Chico Mendes e dos seringueiros será abordado em detalhes no tópico abaixo. Em 1989, surgiu na Amazônia um dos grandes marcos do socioambientalismo brasileiro representado pela Aliança dos Povos da Floresta, que reuniu os povos indígenas e as populações tradicionais. Sua articulação começou em 1987 com uma participação ativa de Chico Mendes e o apoio de aliados nacionais e internacionais. A Aliança dos Povos da Floresta defendia o modo de vida dessas populações, que estava ameaçado pelo desmatamento e pela exploração predatória dos recursos naturais advindos da abertura de grandes rodovias que permitiram a migração de milhares de colonos e agricultores para a região, na qual implantavam grandes fazendas agropecuárias (Santilli, 2005). Segundo essa autora:

> "O socioambientalismo foi construído com base na ideia de que as políticas públicas ambientais devem incluir e envolver as comunidades locais, detentoras de conhecimentos e de práticas de manejo ambiental. Mais do que isso, desenvolveu com base na concepção de que, em um país pobre e com tantas desigualdades sociais, um novo paradigma de desenvolvimento deve promover não só a sustentabilidade ambiental – ou seja, a sustentabilidade das espécies, ecossistemas e processos ecológicos – como também a sustentabilidade social – ou seja, deve contribuir também para a redução da pobreza e das desigualdades sociais e promover valores como a justiça social e equidade."

Em relação às décadas anteriores, a de 1980 foi generosa para a conservação. Surgiram mais 14 parques nacionais, 15 florestas nacionais, 3 áreas de proteção ambiental, 21 estações ecológicas, 16 reservas biológicas e 6 reservas ecológicas sob jurisdição federal.

O papel de Chico Mendes no surgimento das Reservas Extrativistas

Francisco Alves Mendes Filho (Chico Mendes) nasceu em 15 de dezembro de 1944, na colocação Pote Seco do Seringal Porto Rico, localizado na cidade de Xapuri, no Acre, e se tornou uma importante liderança em defesa da Amazônia em meados da década de 1980. Foi assassinado na sua cidade natal no dia 22 de abril de 1988, tornando-se um mártir na defesa da Amazônia. Uma de suas mais importantes colaboradoras e que contribuiu para que ele se transformasse em símbolo de luta pacífica em defesa da Amazônia, conhecido em todo o mundo, foi a antropóloga Mary Allegretti (Grecchi, 2008). Mary relata detalhadamente a luta empreendida pelos seringueiros e por Chico Mendes contra a ocupação de suas terras e, mais tarde, em prol da defesa da Amazônia e da criação das Reservas Extrativistas em sua tese de doutorado (Allegretti, 2002), a qual foi utilizada para a construção deste tópico. Moro (2011) também produziu uma excelente obra sobre a vida desse importante personagem, bem como Weiss (2008), que reuniu dezenas de depoimentos de pessoas que conviveram com Chico Mendes, nas quais fica demonstrado um pouco das ideias e da vida dessa importante personalidade do movimento socioambiental.

Aos nove anos, Chico Mendes começou a acompanhar seu pai como aprendiz de seringueiro, visto que nos seringais não existiam escolas. Seu pai se indignava tremendamente pelo fato dos seringais não possuírem escolas, nem um mísero posto de saúde para atendê-los. O interesse dos patrões era manter sua mão de obra completamente analfabeta, assim podiam fraudar as contas que os mantinham praticamente escravos (Moro, 2011).

Em 1958, com 14 anos de idade, ele conheceu um senhor que se apresentou como Euclides Pranchão, denominação dada em homenagem às pranchas de borracha, longas e quadradas como o corpo desse senhor. Como Chico Mendes havia demonstrado grande interesse em aprender a ler e escrever, Euclides Pranchão se prontificou a alfabetizá-lo. Chico procurava uma explicação para a injustiça que lhe cabia viver dentro do modelo de exploração da borracha vigente e o convenceu a deixá-lo passar os finais de semana em sua casa para que que ele lhe desse aulas. Sua alfabetização demorou cerca de seis anos. Além de alfabetizá-lo, Euclides Pranchão o introduziu nos fundamentos do marxismo, dando a Chico uma identidade e uma visão de mundo. Euclides Pranchão na verdade era Euclides Fernandes Távora, filho de família abastada de Fortaleza e havia sido tenente do exército. Ele aderiu à Coluna Prestes (1925-1927), pois acreditava que o comunismo parecia a única alternativa para acabar com o abismo que separava ricos e pobres no Brasil (Moro, 2011).

No final da década de 1960, Chico Mendes não se conformava com a situação vivida pelos seringueiros e escrevia constantes cartas ao presidente da República, denunciando que era proibido aos seringueiros ter escolas e que o analfabetismo permitia que os patrões os roubassem todos os meses. A conclusão da BR 317, que ligava Rio Branco à Brasileia, passando por Xapuri, permitiu que muitos seringueiros vendessem a borracha diretamente, sem passar pelo patrão. Chico estimulava os companheiros a fazer esse tipo de venda da borracha que era literalmente proibida pelos patrões (Moro, 2011).

Com a transformação do Banco de Crédito da Borracha no Banco da Amazônia (Basa), passou-se a exigir, dos donos dos seringais, o pagamento dos empréstimos realizados a eles. Com isso, muitos foram à falência. Para evitar o prejuízo, o banco passou a intermediar a venda dos seringais para empresários do sul do país, que após a compra das terras passaram a desenvolver projetos agropecuários com a derrubada de extensas áreas florestais (Allegretti, 2002).

A partir de 1973 foram realizadas diversas missões com grandes empresários à região amazônica para visitarem projetos de desenvolvimento regional que constituíam oportunidades para uso de incentivos fiscais (D'Araujo & Castro, 2004). Nesse ambiente, o governador do Acre, Wanderley Dantas (1971-1974), iniciou uma campanha de divulgação da "fertilidade das terras acreanas" aos empresários do sul do país, visando atraí-los para projetos agropecuários no Acre (Allegretti, 2002). Um dos *slogans* da campanha para atrair investidores para o Acre gabava-se da região ser "um novo Canaã, sem as secas do nordeste nem as geadas do Paraná". Entre 1972 e 1976, mais de cinco milhões de hectares passaram de terra devoluta a propriedades privadas (Moro, 2011). Isso foi o estopim para o início dos conflitos de terra no estado. O depoimento de Chico Mendes no 3º Congresso Nacional da Central Única dos Trabalhadores (CUT), realizado três meses antes de seu assassinato, relatava os conflitos da década de 1970 (César, 2010):

> "De 1970 a 1975 chegaram os fazendeiros do sul que, com o apoio dos incentivos fiscais da Sudam, compraram mais de 6 milhões de hectares de terra, espalhando centenas de jagunços pela região, expulsando e matando posseiros e índios, queimando os seus barracos, matando, inclusive, mulheres e animais.
>
> [...]
>
> Entre 1070 e 1975, apenas na região de Xapuri e de Brasileia, 10 mil famílias de seringueiros foram expulsas de sua casa. Dessas, aproximadamente 4 mil mudaram para cidades vizinhas, engrossando o cinturão de miséria já existente na região."

Júlio Barbosa Aquino, em depoimento sobre Chico Mendes compilado por Weiss (2008) relata um pouco a história daquele tempo:

> "Com a falência dos seringais, foram abertas as portas da nossa região para a venda dos seringais para grandes proprietários de terras dos sul

e do sudeste do país. E os sulistas, que a gente chamava de paulistas, vieram...

No início da década de 70, os paulistas começaram a comprar os seringais na Amazônia. A questão dos seringais traz junto a abertura das estradas na Amazônia, como a BR-364.

[...]

Foi o tempo dos grandes empates. O primeiro aconteceu no Acre em 1974, o segundo em 1975, ambos antes da criação do primeiro sindicato no estado.

O sindicato no Acre surgiu dos empates, não foi criado para organizar os empates, os sindicatos foram fruto dos empates. Foi em função dos conflitos que estavam acontecendo na região que houve a necessidade de se criarem os sindicatos."

Por causa desses conflitos e por interferência da Igreja Católica, a Confederação Nacional dos Trabalhadores na Agricultura (Contag) instalou uma delegacia para cuidar da região do Acre e Rondônia, cujo primeiro delegado foi João Maia da Silva Filho. O objetivo da vinda da Contag era criar os sindicatos, organizar as federações e depois se retirar. Por causa dos discursos de João Maia, Chico deixou Xapuri e mudou-se para um seringal nas proximidades Brasileia, onde poderia participar das aulas de formação sindical dadas pelo delegado da Contag (Moro, 2011). A organização sindical no Acre começou por Brasileia, em 1975. Em 21 de dezembro de 1975, com a presença de 890 pessoas, foi criado o Sindicato dos Trabalhadores Rurais de Brasileia. Chico Mendes aceitou o convite para ser secretário da instituição. Em 1977, Wilson Pinheiro foi eleito presidente do sindicato de Brasileia e veio a se destacar como uma das mais importantes lideranças sindicais do estado até 1980, quando foi assassinado. Posteriormente, Chico retornou a Xapuri para ajudar na organização sindical. Em 9 de abril de 1977, com a presença de 302 pessoas, foi fundado o Sindicato dos Trabalhadores Rurais de Xapuri (STRX) (Allegretti, 2002). No entanto, como nesse ano ele foi eleito vereador da cidade pelo MDB, não participou diretamente da administração do STRX.

Empatar (empatar, no linguajar amazônico, quer dizer impedir) as derrubadas passou a ser uma modalidade de organização que caracterizou a resistência dos seringueiros à expulsão de suas posses, a partir daquele momento. Parar o desmatamento foi a forma que encontraram para pressionar pelo reconhecimento do direito a uma indenização, conforme definia o Estatuto da Terra. Foi nos anos seguintes, depois de avaliarem as consequências dessas primeiras iniciativas, que os empates passaram a ter o objetivo consciente de interromper a derrubada da floresta (Allegretti, 2002). O movimento de resistência dos seringueiros através dos empates foi intenso durante as décadas de 1970 e 1980. Segundo César (2010), Pedro, o pai de Marina Silva, costumava contar para a filha a seguinte história sobre como eram os empates no início de 1970:

> "Nóis levava o teçado (facão), a espingarda, trazia aquele povo todinho, quinze, vinte homens, as vêis mais. Eles trabalhavam tudo com motosserra, uns brocando o mato fino, outros derrubando de motosserra aquela picada, e a gente chegava e dizia: cêis para o serviço. Eles aceitavam, pegavam as coisa e ia pa estrada. Na nossa área nunca houve violência, mas em outras houve. Marina era garota quando fiz esses empates, ela estava em casa ainda."

O depoimento de Cecília Mendes, tia de Chico Mendes, dado a Weiss (2008) também nos transmite muito bem essa realidade:

> "Quando me casei, morei no Seringal Porto Rico, depois vivemos em duas colocações do Santa Fé por quase 20 anos, e de lá viemos pra cá, para o Cachoeira, em 1969. Desde maio de 69 que nós estamos aqui. Eu vi como a luta começou. A luta dos empates começou de 70 pra frente e seguiu até o ano de 88, quando mataram o Chico. Depois eu não acompanhei mais, mas disseram que a luta continuou em outros lugares, do mesmo jeito, com todo mundo se unindo como Chico gostava. Aqui a luta começou quando quiseram comprar o Cachoeira. Quando quiseram comprar, não, ainda compraram uma parte, só não deram conta de entrar. A gente teve que fazer greve muito grande, um empate doido, mas entrar eles não entraram. Eu lembro bem da confusão daquela época. A gente passou três meses no Empate do Cachoeira. Um monte de gente. Era empatar, empatar, empatar; era gente aqui e pra acolá, até que vencemos.
>
> [...]
>
> Daqui até Rio Branco era tudo seringal. Hoje em dia, onde não teve resistência, não tem uma árvore em pé. É de dar dó! A gente só vê castanheiras secas no meio do pasto."

A Contag atuou tanto na intermediação dos conflitos entre seringueiros e fazendeiros quanto na regularização das relações de trabalho entre seringalistas e seringueiros. No primeiro caso, o seringueiro foi definido como posseiro e, no segundo, como parceiro. Definir o seringueiro como posseiro significava aplicar o Estatuto da Terra (Lei 4.504/1964), o que implicava reconhecer o direito à indenização por benfeitorias existentes na área onde morava e preferência na aquisição de uma parcela de terra ou na legitimação da posse. Com base nesses princípios, a Contag atuou nos conflitos, primeiro assegurando que os seringueiros ameaçados de expulsão recebessem indenização pelas benfeitorias existentes na colocação e, em seguida, realizando acordos com fazendeiros visando à distribuição de lotes aos seringueiros que moravam nos seringais que haviam sido vendidos. No entanto, aos poucos foi ficando claro que a solução encontrada para reconhecer os direitos de posse não se aplicava adequadamente à realidade vivida pelos seringueiros, principalmente pelo fato de ter sido elaborada pensando na utilização agrícola da terra e não extrativista. E os seringueiros não tinham a intenção de se transformar em agricultores. Essa convicção cresceu principalmente depois que foram realizados os primeiros acordos. Quando a indenização a ser paga pelo fazendeiro era acordada no sentido de que ele destinasse parte da área na forma de lotes aos seringueiros, estes poderiam atingir até 55 ha, o que inviabilizava a produção extrativista. Os primeiros seringueiros, ao aceitarem essa proposta, acabaram vendendo seus lotes e indo para a cidade (Allegretti, 2002). O jornalista Elson Martins relata, em depoimento compilado por Weiss (2008), o porquê do fracasso da destinação de lotes seringueiros e como eles ganharam força para lutar a fim de manter seu modo de vida tradicional:

> "Desde a falência dos seringais, os extrativistas viviam como autônomos, ainda com a presença de algum patrão, mas sem as duras e antigas regras. Agora eles podiam ter um pequeno roçado, criar animais e caçar. O homem da floresta não queria virar agricultor. Para ele era importante o fato de que na floresta não existissem cercas. Era espaço coletivo, com três estradas de seringa – com 150 árvores em cada uma – formando pétalas em torno da colocação. Essas estradas ou pétalas cruzavam com a do vizinho sem nenhum conflito. Quando os sulistas começaram a cortar a floresta e a colocar cercas impedindo a livre perambulação dos seringueiros, veio a consciência dos ameaçados: se a floresta era de todos, tinha que ser defendida por todos.

> O Mutirão contra a Jagunçada, organizado em setembro de 1979, com a participação de oito sindicatos criados no Acre, foi exemplar. As famílias da BR 317, trecho Rio Branco-Boca do Acre, no estado do Amazonas, que sofriam nas mãos de um bando de jagunços, viram os agressores correndo com medo. Wilson Pinheiro comandou um empate com 300 sindicalistas

> [...]

> Encorajado pelo sucesso do empate, Wilson mandou recado aos fazendeiros: 'Daqui pra frente não vamos deixar derrubar nenhuma árvore no Acre'."

No período em que Chico Mendes era vereador do Movimento Democrático Brasileiro (MDB) em Xapuri, ele apoiava fortemente a iniciativa dos empates. Embora militasse no Partido Revolucionário Comunista (PRC), em meados da década de 1970, as únicas opções partidárias eram a Arena e o MDB e, obviamente, ele optou por este último para se candidatar. Em 1980, ele saiu do MDB e foi um dos fundadores do Partido dos Trabalhadores (PT) no Acre. Com a morte de Wilson Pinheiro em 1980, até então a principal liderança sindical do Acre, Chico Mendes assumiu o seu lugar, se convertendo rapidamente na maior liderança sindical do estado. Essa condição se consolidou após ser eleito presidente do STR de Xapuri, em 1º de maio de 1983, função que desempenhou até seu assassinato em 1988. Foi na condição de presidente do Sindicato dos Trabalhadores Rurais de Xapuri que Chico Mendes desenvolveu, a partir de 1983, sua liderança junto aos seringueiros de outras regiões da Amazônia e que culminou com o movimento pelas Reservas Extrativistas. Durante todo esse período, Chico Mendes foi um forte incentivador e participante de muitos empates em prol da manutenção dos seringais acreanos (Allegretti, 2002).

Segundo essa autora, no segundo semestre de 1984 o PMDB estava organizando inúmeros encontros em todo o país para discutir o programa de governo do novo presidente Tancredo Neves. Num desses encontros, a questão indígena foi tratada, mas a questão dos seringueiros não esteve em pauta em nenhum deles. Foi nesse contexto que surgiu a ideia, por parte de Mary Allegretti, de realizar um encontro nacional, em Brasília, que pudesse dar visibilidade ao que estava ocorrendo na região e viabilizar o encaminhamento de propostas que estavam sendo discutidas pelos sindicatos. A ideia foi apresentada a Chico Mendes e pouco depois aprovada, sendo ele, através do Sindicato Rural de Xapuri, um dos maiores incentivadores do encontro.

A proposta de realização do Encontro Nacional mobilizou seringueiros em toda a Amazônia, com o argumento central de que os seringueiros faziam parte de uma classe de trabalhadores que enfrentava muitas dificuldades e era pouco conhecida no país. Em setembro de 1985, os organismos dos trabalhadores responsáveis pelo encontro estavam bem articulados: o STR de Xapuri do Acre, a Associação de Seringueiros e Soldados da Borracha de Rondônia, a Comissão Pastoral da Terra e a Contag. Reuniões preparatórias foram realizadas durante os seis meses que antecederam o encontro, e documentos foram produzidos com as principais propostas de cada região. O resumo das demandas dos seringueiros em relação à questão fundiária estava em duas propostas: impedir o desmatamento dos seringais e regularizar as posses de forma a assegurar a continuidade da atividade extrativista da borracha. Dentre os encontros preparatórios, pode-se destacar o que ocorreu em Ariquemes, em Rondônia, entre agosto e setembro de 1985, porque foi ali que surgiu, pela primeira vez, a ideia de uma área reservada para os seringueiros, que seria oficialmente denominada, no Encontro Nacional, de Reserva Extrativista (Resex). A proposta foi inicialmente apresentada pelos seringueiros do município de Jaru, que assim se manifestaram na reunião:

> "[...] assim como também existem muitas coisas que nós devíamos ter um direito [...] quer dizer, que os índios têm direito a uma área, reserva florestal dos índios, e o seringueiro também devia ter uma reserva florestal para os seringueiros, porque lá nós temos terra, o Jaru é uma área que tem terra em abundância para dar para os seringueiros, para os índios e para os colonos" (Allegretti, 2002).

Finalmente, em outubro de 1985, na Universidade de Brasília, com representantes dos estados do Acre, Amazonas, Rondônia, e Pará, e entidades das sociedades civis nacionais e internacionais, foi realizado o primeiro Encontro Nacional dos Seringueiros da Amazônia (ENS). As propostas que emergiram teriam profundas repercussões no futuro da Amazônia. No dia 17 de outubro, último dia do evento, o documento final do 1º Encontro Nacional dos Seringueiros da Amazônia foi lido por Chico Mendes e aprovado por todos os participantes. Muito além das expectativas, o 1º Encontro Nacional dos Seringueiros havia produzido, pelo menos, cinco resultados concretos: (I) a criação de uma entidade representativa da categoria, o Conselho Nacional dos Seringueiros (CNS), atualmente denominado Conselho Nacional das Populações Extrativistas; (II) uma política de atuação, expressa no documento final do Encontro; (III) uma proposta específica de reforma agrária – a criação de Reservas Extrativistas; (IV) o estabelecimento das bases para o surgimento de um movimento social reunindo sindicatos e entidades de classe em quatro estados da Amazônia (Acre, Rondônia, Amazonas e Pará); e (V) uma metodologia de ação política – a aliança com outros segmentos da sociedade, especialmente pesquisadores e cientistas (Allegretti, 2002).

Após o Encontro Nacional dos Seringueiros, Chico Mendes foi conquistando grande projeção nacional e internacional. O primeiro passo na direção da projeção internacional foi a aproximação das ONGs internacionais propiciada pela participação de Steve Schwartzman, pesquisador do *Environmental Defense Fund* (EDF) de Washington (EUA), no Encontro Nacional. Esta entidade lutava contra a postura dos grandes bancos internacionais, que realizavam empréstimos para projetos nos países em desenvolvimento sem dar a devida atenção aos enormes impactos ambientais que estes projetos causavam. Um dos projetos que chamou muita atenção da EDF foi o Polo Noroeste, em Rondônia, financiado pelo Banco Mundial, que causou extrema destruição da cobertura vegetal naquele Estado.

Sua vinda estabeleceu os passos iniciais do que mais tarde se transformou em uma rede nacional e internacional de apoio à proposta dos seringueiros. Como eram pouco ouvido no Acre e mesmo no Brasil, Chico Mendes compreendeu que precisa de parcerias para que as reinvidicações dos seringueiros fossem atendidas. Aliou-se, então, aos ecologistas americanos que lutavam para que os projetos de desenvolvimento financiados pelos grandes bancos internacionais, notadamente o Banco Mundial e Banco Interamericano de Desenvolvimento, não promovessem a destruição das florestas tropicais, o que ia de encontro com a necessidade dos seringueiros (Moro, 2011).

Essa parceria deu frutos e, em 1987, Chico Mendes foi indicado para o Prêmio Global 500 da ONU, por meio de Robert Lamb e de Mostafá Tolba, diretor-executivo do Programa das Nações Unidas para o Meio Ambiente (PNUMA). Ao mesmo tempo, nos EUA, as entidades ambientalistas também estavam indicando seu nome para o prêmio de maior prestígio, concedido pessoalmente por Ted Turner, na ocasião o dono da CNN. Assim, em 1987, ele recebeu esses dois importantes prêmios ambientais internacionais (Moro, 2011). Com esses prêmios começou a conquistar uma projeção nacional também.

Marina Silva, companheira de luta de Chico Mendes e mais tarde ministra do Meio Ambiente, relatou o seguinte depoimento a Weiss (2008):

> "O Chico tinha contatos no Rio de Janeiro como o [Alfredo] Sirkis, o [Carlos] Minc, a Rosa Roldán, a Lucélia Santos, o [Fernando] Gabeira; em São Paulo ele conversava com o Lula, o [José] Genoíno, o Fábio Feldman; e ainda Mary Allegretti, de Curitiba. Essas pessoas trouxeram um novo olhar, um novo significado para a luta originada do exemplo das lutas camponesas que aconteciam no Sul, Sudeste e no Nordeste.
>
> Inicialmente a luta era de resistência contra a expulsão da terra. Só que não se queria a terra da maneira tradicional, apenas para a agricultura. A gente queria a terra com o mato, com a floresta, com os rios e os igarapés. Quando o Chico, em conversas com pessoas de fora, entendeu que o Movimento poderia ter outra dimensão, passou a falar de reforma agrária específica pra Amazônia, e que na Amazônia não se deveria repetir os modelos usados em outras regiões."

No entanto, em 1988, os conflitos com os fazendeiros foram se intensificando, principalmente com Darly Alves, que se dizia proprietário do seringal Cachoeira, e, em consequência, as ameaças à vida de Chico Mendes ficaram mais fortes. Infelizmente, no dia 22 de dezembro de 1988 as ameaças se concretizaram e Chico Mendes foi assassinado na porta de sua casa, deixando esposa (Ilzamar Mendes) e dois filhos pequenos (Sandino e Elenira). A morte de Chico Mendes causou uma grande comoção internacional.

> "Chico talvez nem soubesse o que queria dizer ecologia e muito menos holocausto ecológico quando começou sua romaria pela floresta, para organizar a peãozada dos seringueiros. Primeiro, no Sindicato dos Trabalhadores Rurais e, mais tarde, para criar o PT.
>
> Nessas caminhadas pela mata, ele acabou juntando numa bandeira só a luta ecológica, a luta sindical e a luta partidária, porque sabia que elas são indissociáveis: uma alimenta a outra no mesmo ciclo da vida na floresta. E, feito o inimaginável naquele tempo para defender as mesmas lutas, sob a mesma bandeira, Chico liderou a união dos índios, ribeirinhos e seringueiros na grande Aliança dos Povos da Floresta" (Luiz Inácio Lula da Silva *apud* Weiss, 2008).

Em função de toda essa luta capitaneada por Chico Mendes e por muitos outros líderes seringueiros, como Wilson Pinheiro, em 23 de janeiro de 1990, foi criada a Reserva Extrativista (Resex) do Alto Juruá, no Acre, com 506 mil ha. Em 30 de janeiro de 1990, é editado o Decreto nº 98.897, que normatiza as Reservas Extrativistas. Posteriormente, em março surgiram as Resex Chico Mendes no Acre, com 970 mil ha, Rio Cajari no Amapá, com 481 mil ha, e Rio Ouro Preto em Rondônia, com 204 mil ha.

O Brasil chegou a julho de 2011 com 83 Reservas Extrativistas, abrangendo uma área de 13,9 milhões de ha. Uma categoria de manejo semelhante que surgiu logo após as Resex foi a das Reservas de Desenvolvimento Sustentável (RDS); em julho de 2011 eram 27 unidades protegendo uma área de cerca de 11 milhões de ha. Marina Silva, cuja biografia foi publicada por César (2010), foi importante companheira de luta de Chico Mendes e tornou-se mais tarde senadora da República e ministra do Meio Ambiente. Referindo-se ao legado de Chico Mendes, ela proferiu as seguintes palavras:

> "Uma das principais heranças deixadas por Chico e o movimento dos seringueiros daquele período foi o exemplo de que as questões social e ambiental caminham juntas, ainda mais quando se trata da realidade brasileira. Nenhum movimento social brasileiro expôs com tanta clareza essa interseção" (Marina Silva *apud* Santilli, 2005).

A década de 1990

Na década de 1990, houve um grande fortalecimento da temática das unidades de conservação no Brasil. A partir de 1991, começou a ser executado o Programa Nacional do Meio Ambiente – PNMA I. Seu planejamento se deu no período de 1987 a 1989 e sua fase I durou de 1991 a 1998, contemplando investimentos da ordem de US$ 170 milhões de dólares em três componentes: 1) fortalecimento institucional, **2) unidades de conservação** e 3) proteção de ecossistemas. O componente de unidades de conservação contou com cerca de US$ 44 milhões de dólares, que foram investidos em 30 unidades de conservação federais e em uma estadual. Entre as ações executadas, podemos destacar: elaboração de planos de ação emergencial para 19 UCs, elaboração de seis planos de manejo e revisão de outros oito planos, implantação de infraestrutura necessária ao funcionamento de 26 UCs, levantamento fundiário e demarcação dos limites de seis UCs e criação da escola móvel do Ibama para treinamento de técnicos que atuavam nas UCs.

Em 1991, foi estabelecida a Reserva da Biosfera da Mata Atlântica, primeira dessa categoria no Brasil. Posteriormente, foram criadas as Reservas da Biosfera do Cerrado, em 1994; do Pantanal, em 2000; da Caatinga e da Amazônia Central, em 2001; e da Serra do Espinhaço, em 2005.

Em junho de 1992, realizou-se, no Rio de Janeiro, a Conferência das Nações Unidas sobre Desenvolvimento e Meio Ambiente, conhecida como Rio-92 ou Eco-92. A origem dessa conferência foi a publicação, em 1987, do relatório intitulado "Nosso Futuro Comum", produzido pela Comissão Mundial sobre Meio Ambiente e Desenvolvimento. O relatório popularizou o conceito de desenvolvimento sustentável.

A Rio-92 foi o maior encontro intergovernamental de alto nível já realizado no planeta. Contou com representantes de 180 países, incluindo 105 chefes de Estado. Como relatado, dali surgiram documentos importantes, como a Declaração do Rio, que incorporou, simultaneamente, os direitos ao desenvolvimento e a um meio ambiente saudável, e as convenções sobre Diversidade Biológica, Mudanças Climáticas, a Declaração sobre as Florestas e a Agenda 21 (Sachs, 1998).

A Convenção sobre a Diversidade Biológica, que entrou em vigor em dezembro de 1993, representa um marco importante e um compromisso histórico. As nações se comprometeram a conservar a diversidade biológica, a utilizar adequadamente os recursos biológicos e a repartir equitativamente os benefícios gerados pelo uso dos recursos genéticos. Seu artigo 8 aborda a conservação *in situ* e determina que:

> "Cada parte contratante deve, na medida do possível e conforme o caso: (a) estabelecer um sistema de áreas protegidas ou áreas onde medidas especiais precisem ser tomadas para conservar a diversidade biológica; (b) desenvolver, se necessário, diretrizes para a seleção, estabelecimento e administração de áreas protegidas ou áreas onde

medidas especiais precisem ser tomadas para conservar a diversidade biológica; (c) regulamentar ou administrar recursos biológicos importantes para a conservação da diversidade biológica, dentro ou fora de áreas protegidas, a fim de assegurar sua conservação e utilização sustentável; (d) promover a proteção de ecossistemas, hábitats naturais e manutenção de populações viáveis de espécies em seu meio natural; (e) promover o desenvolvimento sustentável e ambientalmente sadio em áreas adjacentes às áreas protegidas, a fim de reforçar a proteção dessas áreas."

A CDB foi ratificada pelo Congresso Nacional em 1994 através do Decreto Legislativo nº 2/94. No âmbito da Eco-92, foi instituído o Programa Piloto para Proteção das Florestas Tropicais do Brasil – PPG7 (Decreto Federal nº 563). O programa foi proposto na reunião de cúpula do grupo dos sete países industrializados (G7), em Houston, no Texas, em 1990. O chanceler alemão Helmut Kohl solicitou a criação de um programa-piloto que colaborasse para reduzir as taxas de desmatamento das florestas tropicais brasileiras. Representantes do governo brasileiro, do Banco Mundial e da Comissão Europeia trabalharam para delinear um programa e, em dezembro de 1991, a proposta foi aprovada pelo G7 e pela Comissão Europeia, sendo que os primeiros projetos começaram a ser implementados em 1995.

O programa era composto por um conjunto de projetos integrados do governo federal e da sociedade civil. Teve o objetivo de implementar um modelo de desenvolvimento sustentável em florestas tropicais brasileiras, ou seja, otimizar os benefícios ambientais oferecidos pelos ecossistemas, de modo consistente com os objetivos de desenvolvimento do Brasil. Representou uma tentativa de implantação de um modelo de desenvolvimento endógeno na Amazônia Legal. O PPG7 contou com recursos de US$ 340 milhões, financiados pela União Europeia, Canadá, França, Alemanha, Itália, Japão, Estados Unidos e Reino Unido. Representa a maior doação multilateral para a conservação do meio ambiente em um único país. Segundo Santilli (2005), ele também pode ser considerado o maior programa socioambiental brasileiro.

A primeira fase do PPG7 incluiu atividades destinadas à melhoria da gestão de unidades de conservação e de uso sustentável dos recursos naturais, tais como: implantação e operação de parques e reservas, florestas nacionais, reservas extrativistas e demarcação de terras indígenas; zoneamento ecológico-econômico; monitoramento e vigilância; controle e fiscalização; fortalecimento institucional de órgãos estaduais de meio ambiente; manejo de recursos naturais; reabilitação de áreas degradadas; educação ambiental e projetos demonstrativos. Em seu período inicial, concentrou seus esforços na Amazônia. Só a partir de 1997 começou a discutir um subprograma para a região da Mata Atlântica.

Em 1994, com o objetivo de implementar a Convenção sobre Diversidade Biológica, o governo brasileiro criou o Programa Nacional da Diversidade Biológica (Pronabio). O financiamento do programa ocorreu por meio de dois mecanismos paralelos: um em nível governamental, representado pelo Projeto de Conservação e Utilização Sustentável da Diversidade Biológica Brasileira (Probio), e outro vinculado à iniciativa privada, representado pelo Fundo Brasileiro para a Biodiversidade (Funbio).

O Probio teve início em 1996, com recursos de US$ 10 milhões do Fundo para o Meio Ambiente Mundial (GEF/Banco Mundial) e de US$ 10 milhões do Tesouro Nacional. Trata-se do mecanismo governamental de auxílio técnico e financeiro à implementação do Pronabio. Foi coordenado pelo Ministério do Meio Ambiente (MMA), em parceria com o Conselho Nacional de Desenvolvimento Científico e Tecnológico (CNPq), que era responsável pela gestão administrativa, contratando os subprojetos e liberando recursos. A partir do Probio, foi executado o subprojeto "Avaliação e Ações Prioritárias para a Conservação da Biodiversidade" para todos os biomas brasileiros. Esse documento passou, mais tarde, a ser uma importante base para a criação de unidades de conservação.

O Funbio foi criado em 1995 como uma associação civil sem fins lucrativos. Tem o objetivo geral de complementar as ações governamentais para a conservação e o uso sustentável da diversidade biológica do país. Foi concebido como um mecanismo de longo prazo destinado a assegurar recursos para projetos prioritários de conservação e uso sustentável da biodiversidade. Originou-se das negociações entre o governo brasileiro e o Banco Mundial/GEF para criar um fundo fora da esfera governamental, capaz de atrair a iniciativa privada, visando apoiar iniciativas que contribuam para a implantação dos compromissos firmados pelo Brasil, quando de sua adesão à Convenção sobre Diversidade Biológica.

Hoje é consenso que as paisagens que apresentam um padrão que promove a conectividade para as espécies, comunidades e processos ecológicos são elementos-chave na conservação da natureza (Bennett, 2003; Crooks & Sanjayan, 2006; Hilty et al., 2006). Com base nessas premissas, em 1996, foi proposto o projeto "Corredores Ecológicos". A lei do SNUC define os corredores ecológicos como "porções de ecossistemas naturais ou seminaturais, ligando unidades de conservação que possibilitem entre elas o fluxo de genes e o movimento da biota, facilitando a dispersão de espécies e a recolonização de áreas degradadas, bem como a manutenção de populações que demandam, para sua sobrevivência, áreas com extensão maior que aquela das unidades individuais".

O projeto parte da visão de que as áreas protegidas são a base de qualquer estratégia regional de conservação da biodiversidade, mas isoladamente não são adequadas para esse fim. Representa uma evolução no paradigma de conservação da biodiversidade no Brasil, passando da visão de "ilhas biológicas" para a visão de "corredores biológicos". Originalmente, foram identificados e propostos sete corredores biológicos no Brasil, sendo cinco na região amazônica, abrangendo cerca de 1,5 milhão de km², e dois na Mata Atlântica, englobando em torno de 20 milhões de hectares. São eles: 1) Corredor da Amazônia Central; 2) Corredor Norte da Amazônia; 3) Corredor Oeste da Amazônia; 4) Corredor Sul da Amazônia; 5) Corredor Sul dos Ecótonos Sul Amazônicos; 6) Corredor Central da Mata Atlântica; e 7) Corredor Sul da Mata Atlântica ou Corredor da Serra do Mar (Ayres et al., 2005). Dos sete corredores propostos, o PPG7 elegeu dois para o seu financiamento: o Corredor Central da Amazônia e o Corredor Central da Mata Atlântica, nos estados da Bahia e do Espírito Santo. O Corredor Central da Amazônia encontra-se relativamente intacto, com alto grau de conectividade, enquanto o Corredor Central da Mata Atlântica se mostra altamente fragmentado, com mínima conectividade entre os fragmentos florestais, sendo que apenas uma pequena porção da área abrangida se encontra legalmente protegida. A execução do projeto iniciou-se em 2003 e diversas atividades foram realizadas (Ibama, 2007; Lima 2008).

Também em 1996, o geógrafo Kleber Alves publicou um amplo diagnóstico das unidades de conservação federais que ele vinha elaborando desde 1988. Nesse trabalho ele abordou as unidades existentes até então, o pessoal lotado em cada uma delas, a situação fundiária, a existência e grau de atualização dos planos de manejo e a situação orçamentária das UCs. O autor assim se expressou: "Sou de opinião que a situação do que hoje consideramos Sistema Federal de Unidades de Conservação há muito deixou de ser preocupante: é alarmante" (Alves, 1996).

Em 1998, o governo brasileiro se comprometeu com a proteção de 10% do bioma Amazônia em UCs de proteção integral, tópico que será detalhado abaixo.

Unidades de conservação no alvorecer do século XXI

A primeira década do século XXI foi a mais generosa em relação às unidades de conservação. Em 2000, com a aprovação da Lei nº 9.985, instituiu-se o Sistema Nacional de Unidades de Conservação, que será abordado mais detalhadamente no próximo capítulo.

Em agosto de 2002 foi lançada a Política Nacional da Biodiversidade (Decreto nº 4.339), cujo objetivo geral é a promoção, de forma integrada, da conservação da biodiversidade e da utilização sustentável de seus componentes, com a repartição justa e equitativa dos benefícios derivados da utilização dos recursos genéticos, de componentes do patrimônio genético e dos conhecimentos tradicionais associados a esses recursos. Ela é composta por 20 princípios, 7 componentes, 9 diretrizes gerais, 27 objetivos principais e 285 objetivos específicos. O Componente 2 – Conservação da Biodiversidade, engloba diretrizes destinadas à conservação *in situ* e *ex situ* de variabilidade genética, de ecossistemas, incluindo os serviços ambientais, e de espécies, particularmente daquelas ameaçadas ou com potencial econômico, bem como diretrizes para implementação de instrumentos econômicos e tecnológicos em prol da conservação da biodiversidade. A segunda diretriz desse componente se relaciona à Conservação de Ecossistemas em Unidades de Conservação e conta com dez objetivos específicos:

- ◆ Apoiar e promover a consolidação e a expansão do Sistema Nacional de Unidades de Conservação da Natureza – SNUC, com atenção particular para as unidades de proteção integral, garantindo a representatividade dos ecossistemas e das ecorregiões, a oferta sustentável dos serviços ambientais e a integridade dos ecossistemas.

- ◆ Promover e apoiar o desenvolvimento de mecanismos técnicos e econômicos para a implementação efetiva de unidades de conservação.

- ◆ Apoiar as ações do órgão oficial de controle fitossanitário com vistas a evitar a introdução de pragas e espécies exóticas invasoras em áreas no entorno e no interior de unidades de conservação.

- ◆ Incentivar o estabelecimento de processos de gestão participativa, propiciando a tomada de decisões com participação da esfera federal, da estadual e da municipal do Poder Público e dos setores organizados da sociedade civil, em conformidade com a Lei do SNUC.

- ◆ Incentivar a participação do setor privado na conservação *in situ*, com ênfase na criação de Reservas Particulares do Patrimônio Natural – RPPN, e no patrocínio de unidade de conservação pública.

- ◆ Promover a criação de unidades de conservação de proteção integral e de uso sustentável, levando-se em consideração a representatividade, conectividade e complementaridade da unidade para o SNUC.

- ◆ Desenvolver mecanismos adicionais de apoio às unidades de conservação de proteção integral e de uso sustentável, inclusive pela remuneração dos serviços ambientais prestados.

- ◆ Promover o desenvolvimento e a implementação de um plano de ação para solucionar os conflitos devidos à sobreposição de unidades de conservação, terras indígenas e de quilombolas.

♦ Incentivar e apoiar a criação de unidades de conservação marinhas com diversos graus de restrição e de exploração.

♦ Conservar amostras representativas e suficientes da totalidade da biodiversidade, do patrimônio genético nacional (inclusive de espécies domesticadas), da diversidade de ecossistemas e da flora e fauna brasileira (inclusive de espécies ameaçadas), como reserva estratégica para usufruto futuro.

Em 2002, também foi lançado oficialmente o Programa Áreas Protegidas da Amazônia (Arpa) (Lemos de Sá, 2002). Suas raízes datam de 1995, quando a Rede WWF lançou um programa para promover a proteção de no mínimo 10% das florestas do planeta, com o apoio do Programa das Nações Unidas para o Meio Ambiente (PNUMA) e da União Mundial para a Natureza (IUCN). Em 1998, o WWF formou uma aliança com o Banco Mundial para promover a conservação e o uso sustentável das áreas florestais que incluía, entre suas metas, a implementação de unidades de conservação (UCs). Como relatado, nesse mesmo ano, o governo brasileiro comprometeu-se com a proteção de 10% do bioma Amazônia em UCs de proteção integral. Dessa conjunção de fatores surgiu então, em 2002, o Arpa, que foi lançado oficialmente, pelo presidente Fernando Henrique Cardoso, durante a Rio+10, em Joanesburgo. O Arpa é um programa do governo federal, cuja duração prevista inicialmente era de dez anos, destinado a proteger uma amostra representativa da diversidade biológica no bioma Amazônia. A meta a ser alcançada é a proteção, por meio de unidades de conservação, de 50 milhões de hectares até 2012. A previsão de aplicação de recursos é da ordem de 400 milhões de dólares.

O Programa foi desenhado para ser executado em três fases interdependentes e contínuas em um horizonte de tempo de dez anos, que tem por desafio apoiar a proteção de 50 milhões de hectares de florestas na Amazônia por meio do suporte à consolidação de unidades de conservação já existentes e à criação, implementação e consolidação de novas unidades. Esta meta será alcançada através de três objetivos específicos:

♦ Apoiar a criação, nas esferas federal, estadual e municipal, de 37,5 milhões de hectares de unidades de conservação de uso sustentável (reservas extrativistas e reservas de desenvolvimento sustentável) e de proteção integral (parques, reservas biológicas e estações ecológicas).

♦ Apoiar a consolidação e a gestão das unidades de conservação criadas no âmbito do programa e de outros 12,5 milhões de hectares em unidades de conservação pré-existentes.

♦ Desenvolver mecanismos capazes de acessar, gerar e gerenciar os recursos financeiros necessários à manutenção das unidades de conservação, incluindo o estabelecimento e gestão de um fundo fiduciário de capitalização permanente (FAP – Fundo de Áreas Portegidas) cujo rendimento será usado para financiar perpetuamente os custos de manutenção e proteção das unidades de conservação consolidadas pelo Programa Arpa.

Com um atraso de três anos, a 1ª fase do programa se encerrou em dezembro de 2009. Durante esta fase foram criadas 44 novas UCs, que abrangem uma área de aproximadamente 24 milhões de hectares, e apoiadas outras 18 UCs preexistentes, que abrangem 8,5 milhões de hectares. Os recursos investidos foram de aproximadamente R$ 100 milhões e o Fundo de Áreas Protegidas foi capitalizado em cerca de US$ 37 milhões.

Em junho de 2003, a divulgação de projeção de aumento de 40% na taxa de desmatamento para o período 2001-2002 na Amazônia Legal levou o governo federal a instituir um Grupo de Trabalho Interministerial (GTI) com o objetivo de propor medidas e coordenar ações que resultassem na diminuição das taxas anuais de desmatamento registradas na região. Coordenado pela Casa Civil da Presidência da República e composto por 13 ministérios, o GTI elaborou o Plano de Ação para a Prevenção e Controle do Desmatamento na Amazônia Legal (PPCDAM). Lançado em 15 de março de 2004, o plano estava estruturado em três eixos temáticos: 1) Ordenamento Fundiário e Territorial, 2) Monitoramento e Controle e 3) Fomento a Atividades Produtivas Sustentáveis. Entre 2004 e 2008, podem-se destacar alguns dos avanços obtidos pelo Plano de Ação:

♦ Homologação de 10 milhões de hectares de Terras Indígenas.

♦ Criação de cerca de 3,9 milhões de hectares de Projetos de Assentamentos Sustentáveis (assentamentos extrativistas, projetos de desenvolvimento sustentável e assentamentos florestais).

♦ Criação de 25 milhões de hectares de áreas protegidas federais e outros 25 milhões de áreas protegidas estaduais.

♦ Planejamento do Zoneamento Ecológico Econômico (ZEE) da região da rodovia BR-163, no estado do Pará.

♦ Implementação do Sistema de Detecção do Desmatamento em Tempo Real (DETER/INPE/MCT).

♦ Aumento das áreas florestais certificadas pelo FSC (*Forest Stewardship Council*) de 300 mil para 3 milhões de hectares.

♦ Estabelecimento de base legal para a gestão de florestas públicas e as concessões privadas, por meio da Lei de Gestão de Florestas Públicas (Lei nº 11.284/2006).

♦ Criação, através da Lei nº 11.284/06, do Serviço Florestal Brasileiro, responsável pelo planejamento e monitoramento das florestas públicas, inclusive a gestão de contratos de concessão florestal.

Em outubro de 2003 também foi elaborada a primeira versão do Plano Amazônia Sustentável – PAS. Este plano compreende um conjunto de objetivos e diretrizes estratégicas, elaborados a partir de um diagnóstico atualizado da Amazônia contemporânea e de seus desafios. O Plano oferece estratégias de desenvolvimento econômico com sustentabilidade ambiental e inclusão social. Os princípios metodológicos do desenvolvimento do PAS fundamentaram-se na participação dos diversos setores da sociedade regional e nacional em um processo para promover a produção sustentável na região amazônica. O Plano reconhece a importância da tecnologia avançada, da implantação de um novo padrão de financiamento, da gestão ambiental e dos instrumentos de ordenamento territorial, assim como da inclusão social e cidadania. O Plano Amazônia Sustentável agrupa suas estratégias em quatro eixos temáticos:

♦ Ordenamento Territorial e Gestão Ambiental;

♦ Produção Sustentável com Inovação e Competitividade;

♦ Infraestrutura para o Desenvolvimento; e

♦ Inclusão Social e Cidadania.

Em 2004, diante da adoção do Programa de Trabalho sobre Áreas Protegidas da CDB (Decisão VII/28), aprovado na COP-7, o Ministério do Meio Ambiente e organizações da sociedade civil brasileira assinaram um protocolo de intenções objetivando construir e implementar uma política abrangente para as áreas protegidas no Brasil. O resultado do trabalho foi o Plano Nacional de Áreas Protegidas (PNAP), lançado em 2006 através do Decreto nº 5.758, que define princípios, diretrizes, objetivos e estratégias para o Brasil estabelecer um sistema abrangente de áreas protegidas, ecologicamente representativo e efetivamente manejado, integrando paisagens terrestres e marinhas mais amplas até 2015. O PNAP é composto por quatro eixos temáticos:

Eixo Temático 1: Ações diretas de planejamento, seleção, estabelecimento, fortalecimento e gestão do sistema nacional de unidades de conservação

O eixo prevê ações relacionadas ao fortalecimento do Sistema Nacional de Unidades de Conservação, não só buscando sua ampliação no âmbito da abordagem ecossistêmica, mas também a efetividade da gestão dessas áreas e sua contribuição para a redução da perda de biodiversidade. É detalhado em 4 objetivos para as áreas terrestres e 5 para as marinhas que espelham resultados a serem alcançados até 2015.

Eixo temático 2: Governança, participação, equidade e repartição de benefícios

Prevê ações relacionadas: (I) à participação dos povos indígenas, comunidades quilombolas e locais na gestão das unidades de conservação e outras áreas protegidas, (II) ao estabelecimento de sistemas de governança, (III) à repartição equitativa dos custos e benefícios, bem como a integração entre unidades de conservação, áreas protegidas, redução da taxa de perda de biodiversidade e redução da pobreza. O eixo também apresenta 5 objetivos para as áreas terrestres e 2 para as marinhas, e o horizonte de suas ações estende-se até 2010.

Eixo temático 3: Capacidade institucional

Ações relacionadas ao fortalecimento da capacidade institucional do Sistema Nacional de Unidades de Conservação, considerando as ações políticas, recursos necessários e responsáveis para que as unidades de conservação possam ser implementadas de forma efetiva; prevê, ainda, o estabelecimento de uma estratégia nacional de educação e de comunicação para as unidades de conservação. Este eixo também é detalhado em 5 objetivos, e estes possuem como horizonte a concretização das ações propostas até 2012.

Eixo temático 4 – Normas, avaliação e monitoramento

Ações relacionadas à avaliação e monitoramento do Sistema Nacional de Unidades de Conservação da Natureza, bem como ao monitoramento e avaliação da implementação do Plano Nacional de Áreas Protegidas. Para alcançar os resultados esperados, é dividido em 5 objetivos com horizonte de concretização de seus resultados até 2010.

Em 2004, a Valor Natural, ONG localizada em Minas Gerais, iniciou o trabalho de implementação do Corredor Ecológico da Mantiqueira, atividade detalhadamente descrita por Hermann (2011).

No final de 2006, em resposta à Decisão VI/26 da COP-6, a Comissão Nacional de Biodiversidade (Conabio), através da Resolução nº 3, aprova as metas nacionais de biodiversidade para 2010, dentre as quais consta a meta 2.1, de que pelo menos 30% do bioma Amazônia e 10% dos demais biomas e da Zona Costeira Marinha estivessem efetivamente conservados por unidades de conservação do SNUC em 2010. Infelizmente, o país ainda não conseguiu atingir essas metas. Em julho de 2011, o MMA registrou os seguintes resultados para a percentagem de cada bioma protegido em unidades de conservação: Amazônia – 26,3%; Mata Atlântica – 9,4%; Cerrado – 8,1%; Caatinga – 7,4%; Pampa: – 3,3%; Pantanal – 2,9%; e a Área Marinha – 1,4% (Cadastro Nacional de UCs, em 25 de julho de 2011).

Em 2007, o governo Lula lançou o Decreto nº 6.040, que institui a Política Nacional de Desenvolvimento Sustentável dos Povos e Comunidades Tradicionais (PNPCT). Essa política visa incentivar a produção, industrialização, comercialização e consumo da produção extrativista, da agricultura familiar, das comunidades tradicionais e dos povos indígenas. O objetivo do governo com essa iniciativa é mostrar que o mercado não madeireiro, representado principalmente pela indústria do extrativismo, é economicamente viável e, com isso, evitar o desmatamento na Amazônia.

Em abril de 2007, por meio da Medida Provisória 366, o governo dividiu o Ibama e criou o Instituto Chico Mendes de Conservação da Biodiversidade (ICMBio), que passou a gerir todas as unidades de conservação federais e a agenda das espécies ameaçadas. Posteriormente, a medida provisória foi convertida na Lei nº 11.516/2007. A ideia da criação de uma entidade para cuidar das unidades de conservação data da década de 1940. Nos anos recentes, um dos grandes promotores dessa ideia foi o eminente ambientalista Paulo Nogueira-Neto. Ele defendia com toda convicção a necessidade de criação do Instituto Brasileiro de Unidades de Conservação (Ibuc). Ele relata que fez gestões a respeito disso com o presidente Fernando Henrique Cardoso em junho de 2002 e posteriormente manteve contato permanente com o ministro do Meio Ambiente para tentar levar esse projeto em frente. No Congresso Brasileiro de Unidades de Conservação que ocorreu em Fortaleza, em outubro do mesmo ano, Nogueira-Neto defendeu vigorosamente a tese da criação do novo Instituto. Em novembro de 2002, em visita à senadora Marina Silva, ele tentou convencê-la da necessidade de criação do Ibuc e em seguida fez a mesma coisa com membros da equipe de transição do novo governo. Em março de 2004, em audiência com a ministra Marina Silva, Nogueira-Neto voltou a defender a divisão do Ibama e a criação do Ibuc. Em 25 de abril de 2007, em audiência com João Paulo Capobianco, secretário executivo do MMA, voltou a reforçar a necessidade de criação do Ibuc, fato que enfim se tornou realidade dois dias depois (Nogueira-Neto, 2010).

Em 2008, através do Decreto nº 6.527, o governo instituiu, no âmbito do Banco Nacional de Desenvolvimento Econômico e Social (BNDES), o Fundo Amazônia, que se destina a receber doações para a realização de aplicações não reembolsáveis em ações de prevenção, monitoramento e combate ao desmatamento e de promoção da conservação e do uso sustentável no bioma amazônico, contemplando as seguintes áreas:

I – gestão de florestas públicas e áreas protegidas;

II – controle, monitoramento e fiscalização ambiental;

III – manejo florestal sustentável;

IV – atividades econômicas desenvolvidas a partir do uso sustentável da floresta;

V – Zoneamento Ecológico e Econômico, ordenamento territorial e regularização fundiária;

VI – conservação e uso sustentável da biodiversidade; e

VII – recuperação de áreas desmatadas.

O Fundo recebeu, em 2009, um aporte inicial de aproximadamente US$ 107 milhões do governo da Noruega. Posteriormente, o governo da Noruega se comprometeu a realizar doações do mesmo valor nos anos de 2010 e 2011. No contrato está previsto que poderão ser realizadas doações adicionais. Em 2010, a Alemanha, através de seu Banco de Desenvolvimento KfW, se comprometeu a doar até 21 milhões de euros ao Fundo (BNDES, 2011). Dentre os projetos apoiados pelo Fundo, pode-se destacar o da Fundação Amazonas Sustentável, que investe fortemente nas unidades de conservação de uso sustentável do estado do Amazonas e o Programa Áreas Protegidas da Amazônia (Arpa).

Como relatado, a primeira década do século XXI foi extremamente favorável para a criação de UCs. Só no Sistema Federal de UCs foram criadas 127 unidades abrangendo uma área de 37,5 milhões de ha. Destas, 51 unidades se localizam na Amazônia e cobrem uma área de 35,6 milhões de ha. Grande parte desse ambiente favorável à criação de UCs na Amazônia foi propiciado pelo Programa Arpa.

Segundo Veríssimo et al. (2011), até 2010 as unidades de conservação na Amazônia Legal somavam 117,45 milhões de ha, sendo 61,05 milhões de ha em UCs federais e 56,4 milhões de ha em UCs estaduais. As unidades de conservação de uso sustentável correspondiam a 62,2% das áreas ocupadas por UCs (federais mais estaduais), enquanto as de proteção integral totalizavam 37,8%. A criação das unidades de conservação ocorreu de forma mais intensa entre 2003 e 2006, quando foram estabelecidos 48,7 milhões de ha.

Deste modo, como resultado da atuação de dezenas de personalidades ilustres de nossa história, da mobilização dos diversos atores sociais, da legislação, dos planos e programas elaborados, chegamos ao alvorecer do século XXI com cerca de 855 unidades de conservação sob jurisdição federal e estadual, protegendo uma área de 149,3 milhões de ha, o que equivale a 17,5% do território nacional. A título de comparação, a área total protegida no Brasil equivale a soma da área dos países Portugal, Espanha, França e Alemanha. Descontando-se as sobreposições entre as unidades, a área protegida é de 136,8 milhões de ha, o que equivale a 16,1% do território nacional (Tabela 4.1). Nessa tabela não estão computadas as cerca 804 Reservas Particulares do Patrimônio Natural que protegiam, em 2009, cerca de 600 mil ha nem as 83 unidades de conservação municipais que protegiam, em maio de 2011, 554 mil ha.

Tabela 4.1 Unidades de conservação no Brasil em julho de 2011.

Categoria	Número	Área (ha)
Proteção Integral Federal		
Estação Ecológica	31	6.923.000
Reserva Biológica	29	3.868.900
Parque Nacional	67	25.205.300
Monumento Natural	3	11.300
Refúgio de Vida Silvestre	7	201.900
Subtotal	**137**	**36.243.400**
Uso Sustentável Federal		
Área de Proteção Ambiental	32	10.014.400
Área de Relevante Interesse Ecológico	16	44.800
Floresta Nacional	65	16.345.300
Reserva Extrativista	59	12.270.800
Reserva de Desenvolvimento Sustentável	1	64.400
Subtotal	**173**	**38.739.700**
Total UCs Federais	**310**	**74.983.100**
Proteção Integral Estadual		
Estação Ecológica	54	4.662.700
Reserva Biológica	20	1.346.600
Monumento Natural	14	69.000
Parque Estadual	172	9.414.200
Refúgio de Vida Silvestre	8	163.500
Subtotal	**268**	**15.395.500**
Uso Sustentável Estadual		
Área de Proteção Ambiental	175	32.741.500,0
Área de Relevante Interesse Ecológico	24	44.500
Floresta Estadual	28	13.364.500
Reserva de Desenvolvimento Sustentável	26	10.920.000
Reserva Extrativista	24	1.652.100,0
Subtotal	**277**	**58.722.600,0**
Total de UCs Estaduais	**545**	**74.378.600,0**
Total UCs brasileiras (Federais e Estaduais)	**855**	**149.361.700,0**
Área total das UCs descontadas as sobreposições	**–**	**136.821.500**

Departamento de Áreas Protegidas do MMA – Cadastro Nacional de Unidades de Conservação – CNUC (www.mma.gov.br/cadastro_uc). Atualizado com dados até 25 de julho de 2011.

A contribuição das unidades de conservação para a economia nacional

Um estudo realizado por Medeiros et al. (2011), sobre a contribuição das unidades de conservação brasileiras para a economia nacional, mostra números impressionantes. O estudo apresenta os resultados de análises sobre o impacto e o potencial econômico de cinco, dos diversos bens e serviços provisionados pelas unidades de conservação, para a economia e para a sociedade brasileira. São eles: produtos florestais, uso público, carbono, água e repartição de receitas tributárias. Suas principais constatações estão reproduzidas abaixo:

♦ "O conjunto de serviços ambientais avaliados nesse estudo gera contribuições econômicas que, quando monetizadas, superam significativamente o montante que tem sido destinado pelas administrações públicas à manutenção do Sistema Nacional de Unidades de Conservação da Natureza (SNUC).

♦ Somente a produção de madeira em tora nas Florestas Nacionais e Estaduais da Amazônia, oriundas de áreas manejadas segundo o modelo de concessão florestal, tem potencial de gerar, anualmente, entre R$ 1,2 bilhão e R$ 2,2 bilhões, mais do que toda a madeira nativa atualmente extraída no país.

♦ A produção de borracha, somente nas 11 Reservas Extrativistas identificadas como produtoras, resulta em R$ 16,5 milhões anuais; já a produção de castanha-do-pará tem potencial para gerar, anualmente, R$ 39,2 milhões, considerando apenas as 17 Reservas Extrativistas analisadas. Nos dois casos, esses ganhos podem ser ampliados significativamente, caso as unidades de conservação produtoras recebam investimentos para desenvolver sua capacidade produtiva.

♦ A visitação nos 67 Parques Nacionais existentes no Brasil tem potencial para gerar entre R$ 1,6 bilhão e R$ 1,8 bilhão por ano, considerando as estimativas de fluxo de turistas projetadas para o país (cerca de 13,7 milhões de pessoas, entre brasileiros e estrangeiros) até 2016, ano das Olimpíadas.

♦ A soma das estimativas de visitação pública nas unidades de conservação federais e estaduais consideradas pelo estudo indica que, se o potencial das unidades for adequadamente explorado, cerca de 20 milhões de pessoas visitarão essas áreas em 2016, com um impacto econômico potencial de cerca de R$ 2,2 bilhões no referido ano.

♦ A criação e manutenção das unidades de conservação no Brasil impediram a emissão de pelo menos 2,8 bilhões de toneladas de carbono, com um valor monetário conservadoramente estimado em R$ 96 bilhões.

♦ No que tange aos diferentes usos da água pela sociedade, 80% da hidroeletricidade do país vem de fontes geradoras que têm, pelo menos, um tributário a jusante de unidade de conservação; 9% da água para consumo humano é diretamente captada em unidades de conservação e 26% é captada em fontes a jusante de unidades de conservação; 4% da água utilizada em agricultura e irrigação é captada de fontes dentro ou a jusante de unidades de conservação.

♦ No Brasil, 14 estados aprovaram legislação específica para a aplicação do ICMS Ecológico em seus territórios. Os critérios para os repasses aos municípios e seus respectivos cálculos podem variar em cada caso, e a presença de uma unidade de conservação é um critério adotado na definição desses valores. Quanto maior a extensão e o número de áreas protegidas no município, maior é o montante repassado de ICMS ecológico ao município. Em 2009, o mecanismo ICMS ecológico garantiu a transferência anual de mais de R$ 400 milhões para as administrações municipais como compensação pela presença dessas áreas protegidas em seus territórios" (Medeiros et al., 2011).

O Sistema Nacional de Unidades de Conservação e Seus Desafios

Sistema Nacional de Unidades de Conservação da Natureza (SNUC)

5

Marcos Antônio Reis Araujo

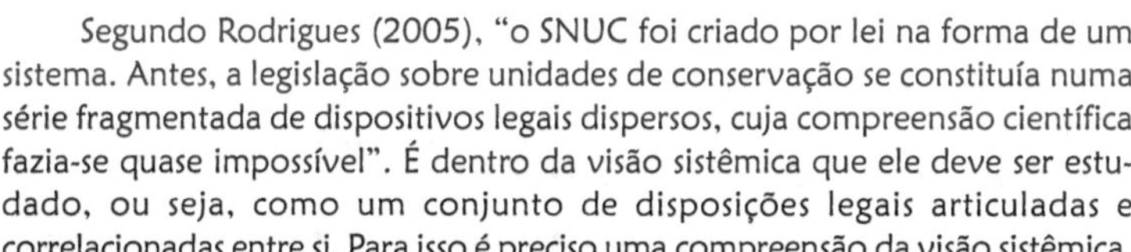

Segundo Rodrigues (2005), "o SNUC foi criado por lei na forma de um sistema. Antes, a legislação sobre unidades de conservação se constituía numa série fragmentada de dispositivos legais dispersos, cuja compreensão científica fazia-se quase impossível". É dentro da visão sistêmica que ele deve ser estudado, ou seja, como um conjunto de disposições legais articuladas e correlacionadas entre si. Para isso é preciso uma compreensão da visão sistêmica.

Entendendo as bases conceituais da abordagem sistêmica

De acordo com a abordagem sistêmica, as propriedades de um sistema, são propriedades do todo que nenhuma das partes possui. Elas surgem das interações e das relações entre as partes.

Até a era medieval predominava a visão de mundo cujas bases eram a filosofia aristotélica e a teologia cristã. Era uma visão centrada no organicismo que concebia o mundo como um organismo vivo, espiritual e orientado para um fim. A partir do século XVI, com a fundação da ciência moderna, promoveu-se uma alteração radical nessa visão de mundo. O físico e astrônomo Galileu Galilei (1564-1642) lançou as bases para uma nova concepção da natureza: o mecanicismo. O mecanicismo, ao contrário do organicismo, vê a natureza como um mecanismo cujo funcionamento se regia por leis precisas e rigorosas. À maneira de uma máquina, o mundo era composto de peças ligadas entre si que funcionavam de forma regular e poderiam ser reduzidas às leis da mecânica.

Posteriormente, o filósofo francês René Descartes (1596-1650) propôs o método analítico, que consiste em quebrar os fenômenos complexos em partes menores a fim de compreender o comportamento do todo a partir das propriedades das suas partes. Para Descartes, o universo material, incluindo os seres vivos, era uma máquina e poderia, em princípio, ser entendido completamente analisando-o em termos de suas partes menores. A visão mecanicista se consolidou com o trabalho de Isaac Newton (1643-1727) *Princípios Matemáticos de Filosofia da Natureza*, no qual demonstrou toda a mecânica newtoniana, fazendo com que a máquina do mundo se tornasse a metáfora dominante da era moderna. A biologia logo aderiu ao mecanicismo. Seus grandes feitos no século XIX, tais como a teoria das células, o início da embriologia e da microbiologia moderna, contribuíram para estabelecer a concepção mecanicista como um firme dogma também entre os biólogos (Capra, 2010).

Uma primeira oposição ao paradigma mecanicista surgiu no final do século XVIII. Ela partiu do movimento romântico na arte, na literatura e na filosofia e teve como expoentes os poetas William Blake (1757-1827), na Inglaterra, Goethe (1749-1832), na Alemanha, e o filósofo Immanuel Kant (1724-1804), também na Alemanha. Um abalo mais forte na hegemonia do paradigma mecanicista ocorreu nas três primeiras décadas do século XX em virtude das descobertas proporcionadas pela física quântica. A física quântica mostrou que não há partes, em absoluto. Aquilo que denominamos parte é apenas um padrão numa teia inseparável de relações (Capra, 2010).

Nessa época, uma forte oposição ao mecanicismo também se consolidou na biologia. Ela foi representada pela biologia organísmica. Para os biólogos organísmicos, embora as leis da física e da química sejam aplicadas aos organismos, elas são insuficientes para a plena compreensão do fenômeno da vida. Ross Harrison (1870-1959), um de seus expoentes, explorou a concepção de organização, que gradualmente substituiu a noção de função em fisiologia. Essa mudança de função para organização representou uma primeira mudança do pensamento mecanicista para o pensamento sistêmico. Posteriormente, o bioquímico Lawrence Henderson (1878-1942) usou o termo sistema para denotar os organismos vivos. Daí em diante, um sistema passou a significar *um todo integrado cujas propriedades essenciais surgem das relações entre suas partes, e pensamento sistêmico, a compreensão de um fenômeno dentro do contexto de um todo maior.* As ideias anunciadas pelos biólogos organísmicos ajudaram a dar à luz um novo modo de pensar – a abordagem sistêmica. De acordo com essa abordagem, *as propriedades de um sistema são propriedades do todo, que nenhuma das partes possui. Elas surgem das interações e das relações entre as partes* (Capra, 2010).

A emergência da abordagem sistêmica representou uma profunda revolução na história do pensamento científico ocidental. Como visto, no paradigma cartesiano ou mecanicista se acreditava que, em qualquer sistema complexo, o comportamento do todo podia ser analisado em termos das propriedades de suas partes. A ciência sistêmica mostra que os sistemas complexos não podem ser compreendidos pela análise. As propriedades das partes não são propriedades intrínsecas, mas só podem ser entendidas dentro do contexto do todo mais amplo. A análise significa isolar alguma coisa a fim de entendê-la; o pensamento sistêmico significa colocá-la no contexto de um todo mais amplo. Uma das características-chave da abordagem sistêmica foi a mudança das partes para o todo (Capra, 2010).

Histórico sobre a Lei do Sistema Nacional de Unidades de Conservação da Natureza (SNUC)[1]

No Brasil, até meados da década de 1970, a criação de UCs obedecia a critérios eminentemente estéticos ou respondia a circunstâncias políticas favoráveis. Não havia uma forma de planejamento mais abrangente. Pádua & Quintão (1984) relatam que as unidades de conservação brasileiras, criadas de 1937 a meados da década de 1970, não seguiram critérios técnicos e científicos, muito menos a ideia de um sistema. Isso é denominado de planejamento *ad hoc*, definido como qualquer planejamento de áreas protegidas baseado exclusivamente em questões de uso da terra, sem levar em consideração – e com igual prioridade – a conservação da biodiversidade em todos os níveis (Pressey et al., 1993; Pressey, 1994; Soulé & Terborgh, 1999).

Essa realidade só começou a mudar a partir de 1976, com a elaboração do documento *Uma Análise de Prioridades para a Conservação da Natureza na Amazônia* (Wetterberg et al., 1976) e com a posterior proposição do Plano do Sistema de Unidades de Conservação do Brasil – etapas I e II. Esses planos, no entanto, não foram convertidos em uma legislação abrangente sobre o Sistema Nacional de Unidades de Conservação. Os instrumentos legais que normatizavam as áreas protegidas eram dispersos e fragmentados.

Em 1986, foi realizado em Caracas, na Venezuela, o Encontro Internacional sobre Planejamento de Sistemas Nacionais de Áreas Silvestres Protegidas. Neste evento foram identificados os principais problemas relacionados ao planejamento, que dificultam o manejo eficiente de sistemas de áreas protegidas na América Central e no Caribe: a) falta de estruturação e de manejo sistêmico; b) falta de respaldo legal dos sistemas existentes; c) falta de definição dos

---

1. Tópico elaborado com base em Mercadante (2001).

objetivos de conservação; d) duplicidade ou deficiência de categorias de manejo; e) falta de correspondência entre os objetivos primários de conservação e as categorias de manejo atualmente existentes nos países; f) falta de concordância entre as características dos terrenos protegidos e os requerimentos das categorias de manejo em que tinham sido declarados; g) falta de critérios adequados para a seleção de áreas a proteger; h) falta de sistemas adequados de classificação da diversidade natural de cada país (Moore & Ormázabal, 1988). Esse encontro serviu como uma das bases para o delineamento de um sistema nacional de unidades de conservação no Brasil.

Em meados da década de 1980, o Brasil era um dos três países da América do Sul que ainda não haviam dado início à tramitação de uma lei sobre seus sistemas nacionais de unidades de conservação. Devido a essa situação, em março de 1986, através da resolução nº 10, o Conselho Nacional de Meio Ambiente (Conama) criou uma comissão especial com o objetivo de elaborar um anteprojeto de lei que dispunha sobre unidades de conservação. A comissão era composta pelo almirante Ibsen de Gusmão Câmara, representante da Fundação Brasileira para Conservação da Natureza (FBCN); José Pedro de Oliveira Costa, representante do governo de São Paulo; e Roberto Lange, representante da Associação de Defesa e Educação Ambiental. Posteriormente, através da resolução nº 19, o Conama solicitou ao presidente da República que encaminhasse para o Congresso Nacional o anteprojeto de lei mencionado.

Em 1988, com a promulgação da Constituição Federal, o inciso III § 1º determina: "definir, em todas as unidades da Federação, espaços territoriais e seus componentes a serem especialmente protegidos, sendo a alteração e a supressão permitidas somente através de lei, vedada qualquer utilização que comprometa a integridade dos atributos que justifiquem sua proteção".

Nessa conjuntura, no âmbito do Programa Nacional de Meio Ambiente (PNMA) em 1988, o Instituto Brasileiro de Desenvolvimento Florestal (IBDF) tomou uma iniciativa para estabelecer uma legislação abrangente sobre essa temática. Encomendou a elaboração de um anteprojeto de lei para instituir o Sistema Nacional de Unidades de Conservação, a Fundação Pró-Natureza (Funatura). Essa organização não-governamental era dirigida por Maria Tereza Jorge Pádua, uma das principais autoras das duas etapas do Plano do Sistema de Unidades de Conservação do Brasil, elaboradas em 1979 e 1982 e relatadas anteriormente no Capítulo 4.

Para realizar a tarefa, a Funatura recorreu ao auxílio de consultores de grande experiência, como almirante Ibsen de Gusmão Câmara, que se tornou o principal redator do anteprojeto, Ângela Tresinari, Miguel Milano, José Pedro Costa, Jesus Delgado, César Victor do Espírito Santo e Maurício Mercadante, no apoio técnico ao grupo.

Em 1989, após diversas reuniões de trabalho e três seminários de discussão com a sociedade civil (dois em São Paulo e um em Brasília), a Funatura entregou a proposta de anteprojeto de lei ao Ibama, autarquia que sucedeu o IBDF. No triênio seguinte, o anteprojeto de lei foi intensamente discutido internamente, sendo posteriormente aprovado pelo Conama, com poucas modificações, e encaminhado à Casa Civil da Presidência da República.

Em maio de 1992, foi encaminhado ao Congresso Nacional, como projeto de lei (PL), pelo então presidente Fernando Collor. Recebeu o nº 2.892/92 e foi encaminhado à Comissão de Defesa do Consumidor, Meio Ambiente e Minorias (CDCMAM) para apreciação. Em dezembro do mesmo ano, o deputado Fábio Feldmann assumiu sua relatoria. No segundo semestre de 1994, o Ministério do Meio Ambiente realizou um *workshop* sobre unidades de conservação, no qual foi discutido o primeiro substitutivo ao Projeto de Lei 2.892/92.

O substitutivo de Fábio Feldmann introduziu profundas modificações no texto original, gerando grande polêmica. Maurício Mercadante, assessor legislativo encarregado de auxiliar Feldmann a elaborar seu parecer, assim resumiu a polêmica gerada na época:

> "De um lado, temos os que eu chamo de conservacionistas; de outro lado, os que podem ser denominados de socioambientalistas. Os primeiros crêem que, para conservar a natureza, é necessário separar áreas naturais e mantê-las sem qualquer tipo de intervenção antrópica (salvo as de caráter técnico e científico, no interesse da própria conservação). As populações que vivem dentro e no entorno da área protegida representam uma ameaça à conservação e devem ser removidas da área e controladas. O Estado deve manter total e exclusivo controle sobre o processo de criação e manejo das áreas protegidas. Já os socioambientalistas (entre os quais me incluo, e digo isso para que fique claro que meu ponto de vista é absolutamente parcial), embora reconheçam que conciliar a conservação com as demandas crescentes das comunidades por recursos naturais seja um desafio, entendem que as possibilidades de conservação são mais efetivas quando se trabalha junto com a comunidade local. A criação de uma área protegida deve ser precedida de uma ampla consulta à sociedade e sua gestão deve ser participativa. Uma concepção mais flexível de área protegida facilita a solução de conflitos, a negociação de acordos e o apoio da comunidade local às propostas de proteção da natureza. É preciso atrair, valorizar e apoiar o trabalho do produtor rural e da iniciativa privada em favor da conservação" (Mercadante, 2001).

No entanto, no final de 1994, o deputado Feldmann recuou e entregou uma proposta mais afinada com a que havia sido enviada ao Congresso pelo Poder Executivo. Em 1995, com o afastamento de Fábio Feldmann para assumir a Secretaria de Meio Ambiente de São Paulo, a relatoria do PL 2.892/92 foi assumida pelo deputado Fernando Gabeira. Foram, então, realizadas audiências públicas em todas as regiões do país (Cuiabá, Macapá, Curitiba, São Paulo, Rio de Janeiro e Salvador). Gabeira, além de resgatar a proposta mais avançada de Feldmann, acrescentou novas propostas sugeridas nas consultas públicas.

No final de 1996, Fernando Gabeira apresentou seu substitutivo para ser votado na CDCMAM, mas manobras do governo impediram que a votação ocorresse. Em 1996, em resposta às inovações propostas por Gabeira e com a finalidade de defender o modelo tradicional de UCs, foi constituída a Rede Nacional Pró-Unidades de Conservação. Durante o ano de 1997, o impasse prevaleceu e a tramitação do Projeto de Lei do SNUC não avançou. No primeiro semestre de 1998, buscou-se romper esse impasse. Entidades conservacionistas e socioambientalistas se reuniram para tentar encontrar uma proposta de consenso junto ao SNUC. Os conservacionistas conseguiram incluir importantes reivindicações, que foram aceitas pelo relator.

Em maio de 1999, o deputado Gabeira negociou a inclusão do projeto na pauta da CDCMAM. O governo mais uma vez manobrou, propondo apresentar o seu projeto, o que de fato ocorreu no mês de junho daquele ano. As modificações propostas pelo governo foram aceitas pelo relator e o projeto foi aprovado no dia 9 de junho, na CDCMAM, e no dia 10, no plenário da Câmara, sendo então encaminhado ao Senado. O Projeto de Lei do SNUC foi finalmente aprovado no dia 21 de junho de 2000 e sancionado pelo presidente em julho do mesmo ano.

Assim, depois de uma década tramitando no Congresso Nacional, foi promulgada a Lei do SNUC. O longo debate com a sociedade permitiu que importantes conquistas defendidas pelos socioambientalistas fossem incorporadas à lei do SNUC (Santilli, 2005) e representou a inclusão das tendências verificadas no novo paradigma para as UCs, discutidas no tópico "Evolução na abordagem da relação entre parques e populações nativas".

O Sistema Nacional de Unidades de Conservação da Natureza (SNUC)

Um Sistema de Unidades de Conservação é definido como "o conjunto organizado de áreas naturais protegidas que, *planejado, manejado e gerenciado como um todo*, é capaz de viabilizar os objetivos nacionais de conservação" (Milano, 1988). As palavras que se destacam nesse conceito são: planejado, manejado e gerenciado como um todo. Isso reforça a abordagem sistêmica do conjunto de unidades de conservação. O artigo 8º da Convenção sobre Diversidade Biológica requer que os países signatários estabeleçam um sistema de áreas protegidas, ou áreas onde medidas especiais sejam tomadas para conservar a diversidade biológica.

Como relatado, em 2000, foi promulgada a Lei nº 9.985, que instituiu o Sistema Nacional de Unidades de Conservação (SNUC). Essa lei estabelece critérios e normas para criação, implantação e gestão das unidades de conservação. O SNUC é composto pelo conjunto das unidades de conservação federais, estaduais e municipais que estejam de acordo com o disposto na lei. Os objetivos nacionais de conservação estabelecidos no artigo 4º do SNUC que devem nortear as ações das entidades envolvidas na gestão ambiental são os seguintes:

I. contribuir para a manutenção da diversidade biológica e dos recursos genéticos no território nacional e nas águas jurisdicionais;

II. proteger as espécies ameaçadas de extinção em âmbito regional e nacional;

III. contribuir para a preservação e a restauração da diversidade de ecossistemas naturais;

IV. promover o desenvolvimento sustentável a partir dos recursos naturais;

V. promover a utilização dos princípios e práticas de conservação da natureza no processo de desenvolvimento;

VI. proteger as paisagens naturais e pouco alteradas de notável beleza cênica;

VII. proteger as características relevantes de natureza geológica, geomorfológica, espeleológica, arqueológica, paleontológica e cultural;

VIII. proteger e recuperar recursos hídricos e edáficos;

IX. recuperar ou restaurar ecossistemas degradados;

X. proporcionar meios e incentivos para atividades de pesquisa científica, estudos e monitoramento ambiental;

XI. valorizar econômica e socialmente a diversidade biológica;

XII. favorecer condições e promover a educação e interpretação ambiental, a recreação em contato com a natureza e o turismo ecológico;

XIII. proteger os recursos naturais necessários à subsistência de populações tradicionais, respeitando e valorizando seu conhecimento e sua cultura e promovendo-as social e economicamente.

Com base em características específicas, foram criados pelo SNUC dois grupos de unidades de conservação distintos: as Unidades de Proteção Integral e as Unidades de Uso Sustentável. Cada grupo reúne diversas categorias de manejo para as UCs. No primeiro grupo, as restrições de uso são muito grandes, pois essas unidades têm por objetivo básico preservar a natureza. Admite-se apenas o uso indireto de seus recursos naturais, ou seja, a realização de atividades que fazem uso da natureza sem, no entanto, causar alterações significativas de seus atributos naturais. Podem-se citar, como exemplo, as pesquisas científicas e a visitação pública controlada, com finalidade educativa e de lazer. O grupo de Proteção Integral engloba as seguintes categorias de manejo:

    I. Estação Ecológica

    II. Reserva Biológica

    III. Parque Nacional

    IV. Monumento Natural

    V. Refúgio de Vida Silvestre

O segundo grupo, denominado de Unidades de Uso Sustentável, apresenta menores restrições de uso, pois seu objetivo básico é compatibilizar a conservação da natureza com o uso sustentável de parcela de seus recursos naturais. Engloba as seguintes categorias de manejo:

    I. Área de Proteção Ambiental

    II. Área de Relevante Interesse Ecológico

    III. Floresta Nacional

    IV. Reserva Extrativista

    V. Reserva de Fauna

    VI. Reserva de Desenvolvimento Sustentável

    VII. Reserva Particular do Patrimônio Natural

Analisando os dados do Cadastro Nacional de Unidades de Conservação, atualizados até 25 de julho de 2011, pode-se verificar a composição do SNUC (Tabela 5.1). Nessas análises, as UCs municipais foram desconsideradas por representar uma pequena área protegida, bem como as Reservas Particulares do Patrimônio Natural. No SNUC, considerando as UCs federais e estaduais, predominam as seguintes categorias de manejo: 1) Áreas de Proteção Ambiental, com 207 unidades e 28,6% da área protegida; 2) Parques, com 239 unidades que representam 23,2% da área protegida; 3) Florestas, com 93 unidades e 18,9% da área protegida; 4) Reservas Extrativistas, com 83 unidades e 9,3% da área protegida; e 5) Reserva de Desenvolvimento Sustentável; com 27 unidades e 7,4% da área protegida.

Tabela 5.1   Número de unidades, área protegida e o percentual representado por cada categoria de manejo proposta no SNUC.

Categoria de manejo	Nº de UCs	Área total (ha)	Percentual
Estação Ecológica	85	11.585.700	7,8
Reserva Biológica	49	5.215.500	3,5
Parque Nacional/Estadual	239	34.619.500	23,2
Monumento Natural	17	113.300	0,1
Refúgio de Vida Silvestre	15	365.400	0,2
Área de Proteção Ambiental	207	42.755.900	28,6
Área de Relevante Interesse Ecológico	40	89.300	0,1
Floresta Nacional/Estadual	93	29.709.800	19,9
Reserva Extrativista	83	13.922.900	9,3
Reserva de Desenvolvimento Sustentável	27	10.984.400	7,4
Total	855	149.361.700	100

Fonte: Departamento de Áreas Protegidas do MMA – Cadastro Nacional de Unidades de Conservação – CNUC (www.mma.gov.br/cadastro_uc). Atualizado com dados até 25 de julho de 2011.

No entanto, apesar da grande área protegida por unidades de conservação no Brasil, o SNUC não vem cumprindo satisfatoriamente os objetivos previstos no artigo 4 listados anteriormente. Nenhuma das categorias de manejo vem cumprindo a contento importantes objetivos de manejo, os quais deveriam alcançar. A visitação nos Parques está muito aquém do potencial apresentado, o que compromete o alcance do objetivo XII do SNUC. A grande maioria das Florestas não produz produtos e subprodutos florestais, o que compromete o alcance do objetivo IV; as Reservas Extrativistas e as Reservas de Desenvolvimento Sustentável não vêm dando as respostas que as populações tradicionais esperavam em termos de renda e melhoria da qualidade de vida, o que compromete o alcance dos objetivos IV, XI e XIII. A imensa dificuldade no provimento do quadro de servidores necessários para a boa gestão das unidades e de financiamento das infraestruturas e dos programas de gestão, como será demonstrado no próximo tópico, compromete o alcance dos objetivos de proteção previstos nos objetivos I, II, III, VI, VII, VIII, IX e X do SNUC.

Além disso, pode-se afirmar que, após dez anos de promulgação da lei do SNUC, o país ainda não conseguiu administrar suas unidades de conservação como um sistema, ou seja, como um conjunto integrado visando ao alcance dos objetivos nacionais de conservação. A contribuição de cada unidade e de cada categoria de manejo ainda é planejada de forma isolada e inflexível, o que vai contra a proposta de abordagem sistêmica. Utilizando-se uma abordagem sistêmica se terá muito mais flexibilidade para definir a contribuição de cada unidade de conservação para o alcance dos objetivos nacionais de conservação. Como exemplo, a contribuição de cada parque nacional para promover a recreação em contato com a natureza e o turismo ecológico poderá ser definida com maior facilidade. De antemão já se tem como pressuposto que alguns parques terão papel mais importante nessa questão e que outros parques terão papel de maior importância para a manutenção da diversidade biológica e dos recursos genéticos. O conjunto das unidades permitirá alcançar os objetivos nacionais de conservação, sendo que cada unidade contribuirá de forma diferenciada para cada objetivo. Quando esse ponto for alcançado, então, se estará de fato gerindo as unidades de forma sistêmica.

O grande desafio de financiar o SNUC

Apesar da importante contribuição do SNUC para a economia nacional, relatada anteriormente, os desafios para o seu financiamento são enormes. Segundo um estudo realizado pelo Ministério do Meio Ambiente (Brasil, 2009), levando-se em conta apenas as UCs federais e estaduais, o pleno funcionamento do SNUC demandará recursos para cobrir os custos recorrentes de cerca de R$ 904 milhões anualmente, sendo R$ 543,2 milhões para o sistema federal e R$ 360,8 milhões para os sistemas estaduais. Dos R$ 904 milhões demandados para cobrir os custos recorrentes, R$ 574,9 milhões se referem a despesas com pessoal, R$ 139 milhões com a administração, R$ 93 milhões com equipamentos e R$ 97,1 milhões com os programas de gestão.

Os investimentos necessários serão da ordem de 1,79 bilhão de reais, sendo R$ 611 milhões em investimentos em infraestrutura e planejamento no sistema federal e R$ 1,18 bilhão nos sistemas estaduais.

O atual quadro de servidores no SNUC também precisa de um acréscimo expressivo. É estimada a necessidade de um quadro mínimo de 19 mil pessoas no sistema, sendo 13 mil apenas para atividades de campo, em UCs federais e estaduais. O sistema federal conta com aproximadamente 2.400 servidores entre analistas ambientais, administrativos, técnicos e servidores terceirizados dedicados às mais diversas funções. As estimativas do MMA indicam a necessidade de cerca de 9.400 servidores que gerariam uma despesa anual de R$ 373,5 milhões. Para os sistemas estaduais não foi possível estimar o número de servidores disponíveis, mas a necessidade foi estimada em 9.700 servidores, sendo 66% de pessoal de campo.

Para se ter a dimensão do desafio, em 2008 as UCs federais receberam apenas R$ 331,6 milhões, sendo R$ 316 milhões do orçamento federal e o restante de compensação ambiental e de cooperação internacional. No período de 2001 a 2008, a receita do Ministério do Meio Ambiente revertida ao SNUC aumentou 16,35%, enquanto a área somada das UCs federais teve uma expansão de 78,46% (Figura 5.1). Essa mesma situação é verificada em diversos estados da federação.

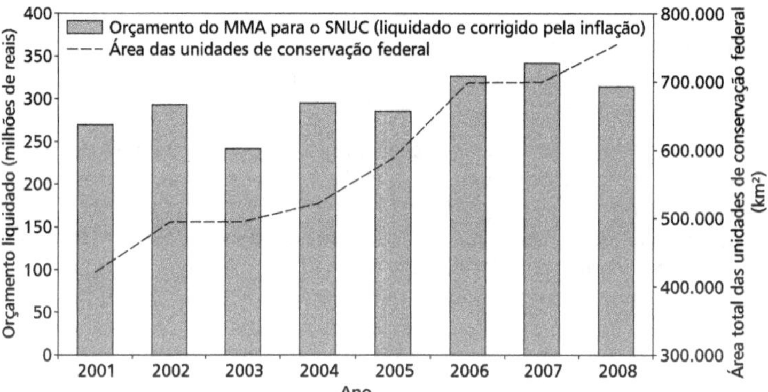

Figura 5.1 Evolução da área protegida (km²) e do orçamento do MMA para o SNUC no período de 2001 a 2008.

Para os estados do Rio de Janeiro, Minas Gerais, Espírito Santo, Paraná e Rio Grande do Sul, estudo semelhante foi realizado por Freitas & Camphora (2009) e, para o sistema federal, por Muanis et al., 2009.

O desafio da modernização gerencial dos órgãos públicos encarregados da gestão das unidades de conservação

Como já foi dito anteriormente, as unidades de conservação no Brasil estiveram subordinadas ao Serviço Florestal (1938 a 1962), ao Departamento de Recursos Naturais Renováveis – DRNR (1962 a 1967), ao Instituto Brasileiro do Desenvolvimento Florestal – IBDF (1967 a 1989), ao Instituto Brasileiro do Meio Ambiente e dos Recursos Naturais Renováveis – Ibama (1989 até 2007) e ao Instituto Chico Mendes de Conservação da Biodiversidade – ICMBio (2007 até o momento de finalização desta edição). As áreas de proteção ambiental e as estações ecológicas estiveram subordinadas à Secretaria Especial do Meio Ambiente (Sema) de 1981 a 1989, quando passaram à subordinação do Ibama e posteriormente ao ICMBio.

A história das instituições responsáveis pela gestão das unidades de conservação mostra que a extinção e a criação de novos órgãos não solucionam o problema. O IBDF foi criado como uma autarquia, no âmbito da reforma administrativa de 1967. As autarquias eram a aposta do governo federal para implantar uma gestão moderna e ágil. No entanto, os resultados obtidos ficaram aquém do esperado. Como será relatado posteriormente, o ambiente institucional em que operam os órgãos públicos no Brasil não é favorável à obtenção de bons resultados. Novos órgãos são criados, mas as velhas práticas de gestão são reproduzidas. Não são empreendidos esforços no sentido de criar uma cultura organizacional voltada para resultados.

O grande desafio neste alvorecer do século XXI será o de modernizar a gestão dos órgãos responsáveis pelas unidades de conservação, fazendo com que avancem em direção à gestão pela qualidade. Só assim vai-se garantir, de fato, uma efetiva conservação de nossa biodiversidade. A partir do tópico Introdução à Gestão para Resultados desta publicação, serão listados alguns modelos e ferramentas que podem ajudar os órgãos gestores de nossas UCs a vencer o desafio da modernização gerencial.

Estudo de caso 5.1

O Desafio do uso público nas Unidades de Conservação Brasileiras

Herbert Pardini

"Sou capaz de sacrificar 20 hectares de floresta para que 20, 30 mil pessoas tenham contato com estes ambientes e disseminem na sociedade a importância da conservação e da adoção de hábitos mais sustentáveis." Esta frase, dita por um chefe de unidade de conservação brasileira na região amazônica, revela a importância dada ao uso público. Entretanto, este cenário ainda não é encontrado na maior parte das unidades. Ao contrário, o uso público é na maioria das vezes um grande desafio para os gestores. A sociedade, principalmente aquela vizinha à unidade, cobra retorno financeiro e econômico, compensações, alternativas para minimizar o "impacto" causado pela criação da UC. Os operadores turísticos (agentes, guias, condutores) cobram melhores condições de trabalho, com ampliação da oferta de serviços, estruturas de apoio e de áreas destinadas à visitação. Os turistas criam uma imagem de lugar cenográfico, paradisíaco, de beleza natural extrema, o que gera uma expectativa elevada e nem sempre correspondida, uma vez que os acessos são muitas vezes precários, faltam informações, as estruturas de apoio são incipientes ou inexistentes. A equipe gestora da unidade (em geral, muito reduzida) acredita em princípios de sustentabilidade, entende que a comunidade do entorno deve ser inserida, é refém das questões fundiárias mal resolvidas, dos planos de manejo que pouco orientam quanto ao manejo da visitação, da falta de recursos para investimento em estruturas de apoio, da pouca experiência na gestão de atividades ao ar livre e de operações turísticas.

Antes do avanço desta análise é necessário desmistificar o termo uso público. O termo associado, em geral, ao visitante a lazer ou turismo exclui, na maioria das vezes, os pesquisadores, voluntários, fornecedores, prestadores de serviços externos e o usuário que vai à unidade com outros objetivos. A motivação, independente de qual seja, pressupõe o uso e exige que sejam definidos procedimentos internos para sua gestão. Entende-se aqui que o uso público remete a todo uso que não aquele voltado especificamente à gestão da unidade e realizado pelo seu quadro de colaboradores, sejam eles concursados, contratados ou terceirizados, respeitando-se as especificidades e dinâmica de cada atividade realizada.

Outro aspecto diretamente relacionado ao uso público em unidades de conservação remete aos paradigmas desenvolvimento x conservação, emprego x manutenção da biodiversidade, sustentados por empreendimentos privados (principalmente os extrativistas), por políticos populistas e desinformados, por sindicatos trabalhistas, entre outros formadores de opinião. Tal situação tem feito com que a cada dia as unidades de conservação sejam pressionadas a dar retornos à sociedade, sendo responsabilizadas até mesmo pela estagnação econômica de municípios e estados brasileiros. Os paradigmas só são quebrados quando a população entende que em vez de utilizar o "ou" ela pode utilizar o "e". Que a conservação de ecossistemas e da biodiversidade influencia diretamente a qualidade de vida, pode gerar ocupação e renda, fortalecer os vínculos da população com o local em que vive; valorizar o patrimônio material e imaterial, reposicionar trabalhadores em funções onde serão mais valorizados tanto financeiramente quanto moralmente. Assim, o fomento ao uso público, além de aproximar a sociedade das unidades de conservação, contribui para a quebra de paradigmas. Ao tomar contato com as unidades, turistas e moradores passam a entender a importância da conservação, compreendem os benefícios que são gerados, se apropriam de modo benéfico do bem público e disseminam uma imagem positiva deste tipo de iniciativa. Para isso, as unidades devem estar preparadas para lidar com este desafio.

O turismo é comumente visto como a salvação para municípios que não possuem indústrias, oportunidades de geração de ocupação e renda, contam com atrativos naturais e histórico-culturais mesmo que de pouca relevância, possuem unidades de conservação. O turismo considerado por alguns teóricos como a "Indústria sem Chaminés", com toda sua capilaridade, tem o poder de envolver diversos segmentos da economia, gerando ocupação e renda. Os efeitos da atividade para as economias locais devem ser analisados dentro do contexto em que estão inseridos. Muitas cidades reconhecidamente turísticas não possuem no turismo sua principal fonte de geração de receita. Apesar de o turismo ocupar muitas pessoas, as taxas de informalidade são altas, gerando pouca arrecadação em impostos, estabelecendo relações trabalhistas frágeis e, muitas das vezes, a atividade econômica se encontra perdida em um labirinto chamado sazonalidade de onde nem sempre consegue fugir.

Independente destas características que muitas vezes romantizam o turismo como solução de todos os problemas, é fato que esta atividade pode se tornar uma das principais alternativas para o desenvolvimento regional sustentável. Alternativa, pois para se tornar um destino turístico não basta querer ou possuir algumas características que comparativamente são relevantes, é importante haver vocação e ser competitivo. E para ser competitivo deve contar com bons profissionais, com infraestrutura básica e de apoio à visitação, com rede de serviços em quantidade e qualidade satisfatórias, com equipamentos turísticos (restaurantes, hotéis, agências) que atendam às necessidades da demanda, com produtos turísticos diferenciados, seguros e que ofereçam uma experiência de visitação compatível com a expectativa dos visitantes, com estratégias de comunicação e marketing bem definidas, com visibilidade e posicionamento adequados para o mercado e estar no imaginário das pessoas no momento da escolha do local para onde se pretende viajar. Mesmo que o destino possua características que o diferenciem dos demais, principalmente em relação aos atrativos, pode não encontrar capital humano com características empreendedoras ou mesmo talento e aptidão para lidar com o público, por exemplo. Assim, o turismo deve ser encarado como mais uma possibilidade e não como a única saída.

Outro ponto importante remete ao "desenvolvimento regional". O turismo pode amplificar seus efeitos positivos ao possibilitar espontaneamente que o visitante se desloque pelo espaço, consumindo serviços e produtos, deixando nos locais por onde passa o dinheiro que movimenta a economia, mesmo que informal, como colocado anteriormente. O efeito positivo é percebido ainda em atividades que não necessariamente estão ligadas diretamente ao serviço turístico, mas de forma complementar contribui para a qualidade da entrega, como, por exemplo, produtores rurais que comercializam seus produtos para os restaurantes, artesãos que abastecem as lojas, oficinas mecânicas que realizam a manutenção de veículos de operadoras turísticas, etc. Além disso, as características da atividade turística permitem que em um mesmo dia o turista durma, se alimente e visite atrativos em três, quatro municípios, o que pode prejudicar a qualidade da experiência, mas que contribui com a divisão da receita. Outro aspecto remete às melhorias urbanas e estruturais que visam ampliar as condições de recepção do turista e que tornam as cidades mais bonitas, mais agradáveis, com melhor qualidade de vida para seus moradores.

Na conjuntura do desenvolvimento regional, a palavra "sustentável" aparece como a regra de um jogo. Adotar princípios de sustentabilidade significa que o crescimento econômico deve ser buscado, mas não a qualquer custo, que o respeito à legislação ambiental deve ser condição básica para a abertura e operação de empreendimentos, assim como o desenvolvimento de atividades. Pressupõe que a conservação e proteção dos recursos naturais e da paisagem são fundamentais para a sustentabilidade econômica e financeira dos negócios, que a inserção da população e o incentivo à qualificação e aos pequenos investimentos socializa as oportunidades de concorrência no mercado, tornando mais equilibradas as chances de participar nos benefícios gerados.

Neste contexto, as unidades de conservação podem contribuir efetivamente para o desenvolvimento do turismo nas regiões em que estão inseridas. Mas, assim como as unidades de conservação não têm como único objetivo de criação o fomento ao uso público, o destino turístico não pode delegar exclusivamente às unidades a responsabilidade de promover o turismo na região.

Algumas unidades de conservação no Brasil, com destaque para os parques, são os principais elementos de atração de visitantes para a sua respectiva região. Este fato é ainda mais evidente quando o nome da unidade se confunde com o nome do destino, ou vice-versa. Muitas vezes. pela falta de elementos que materializam a existência das unidades, o usuário vai ao destino, até mesmo à unidade, sem saber o que está dentro dela. Tal situação faz com que o turista vá à região e perceba muitas vezes que o entorno é tão atrativo e interessante quanto a unidade em si. As unidades de conservação (abertas à visitação) tenderão a ser sempre a oferta principal, o grande ímã que atrai o visitante, mas o entorno deve oferecer oferta complementar. Depositar apenas nos parques, monumentos naturais, Reservas Particulares do Patrimônio Natural (RPPNs), as expectativas em torno da atividade turística de uma região é de extrema fragilidade. É como se sustentar em apenas um apoio, indo ao chão caso este seja removido.

Esta realidade percebida principalmente em regiões com características rurais, em áreas remotas, deprimidas economicamente, aumenta a pressão sobre as unidades de conservação no sentido de que estas deem um retorno à sociedade a partir do uso público. Tal pressão passa pela abertura de novas portarias, desenvolvimento de novas atividades, autorização para uso de novas áreas, adequação e implementação de estruturas, investimentos em segurança, atendimento a emergências e interpretação ambiental, disponibilidade de recursos humanos para suporte à visitação, entre outros. Em contrapartida, encontram-se unidades com grande limitação de pessoal (quantidade), sem perspectivas de investimento e com limitada experiência em manejo da visitação.

Metáforas como efeito cascata ou efeito bola de neve passam então a caracterizar o uso público na maioria das unidades de conservação brasileiras. Na impossibilidade de oferecer condições mínimas de visitação, as unidades ou estão fechadas, ou oferecem uma frustrante experiência ao visitante. As unidades fechadas passam a lidar com atividades de visitação irregulares e/ou com a pressão para abertura. As unidades abertas, mas sem condições de manejo do usuário, não conseguem controlar ou dimensionar o fluxo, correm grande risco de arcar com as consequências de incidentes, acidentes, danos à vida, ao meio ambiente e ao patrimônio causados pela falta de pessoal ou mesmo de mecanismos de gestão. Os operadores e usuários se sentem insatisfeitos e, muitas vezes, decepcionados. O mercado deixa de oferecer o destino. Os investimentos realizados pela iniciativa privada não geram os resultados esperados, pois não existe demanda de visitantes. O poder público muitas vezes também deposita todas as suas expectativas apenas no potencial das unidades de conservação e não se empenha em estimular investimentos junto à oferta complementar do destino, não promove corretamente a região e culpa os gestores da unidade pela paralisia ou inoperância do turismo no município. E assim, de forma contínua, o círculo vicioso da má gestão, do amadorismo, do conformismo, do paternalismo, se perpetua. A imagem da unidade de conservação é cada vez mais negativa, pois "atrasa", "engessa" o desenvolvimento da região. A falta de perspectivas "justifica" atividades irregulares no interior da unidade. Os objetivos de criação da unidade relacionados ao uso público não são alcançados. A população tem seu acesso aos ambientes naturais restringido. Perde-se a oportunidade de utilizar o uso público como grande ferramenta de sensibilização, conscientização, disseminação de informações, adoção de hábitos mais saudáveis e sustentáveis junto aos visitantes.

Comparar uma unidade de conservação a um negócio causa arrepios em muitas pessoas. O conceito econômico da palavra pode mesmo, a princípio, não estar diretamente associado aos objetivos de criação de áreas protegidas. Pois todo negócio é uma atividade econômica com o objetivo de gerar lucro. O lucro, sinteticamente, é o retorno positivo de um investimento, ou seja, debitados os custos fixos e variáveis, as despesas e os investimentos para implantação e operação, o que sobra é o lucro. Sendo assim, a analogia com uma unidade de conservação passa a ser válida. Muitos irão dizer que uma unidade não deve ser, nem nunca será, sustentável economicamente. Esta opinião é discutível, pois se deve considerar o contexto político e econômico brasileiro, assim como a prioridade que é dada às questões ambientais neste país. Esperar que o poder público faça investimentos em centenas de unidades de conservação para que estas possam minimamente cumprir com as funções de fiscalização, educação ambiental, pesquisa, uso público, etc. é muito pouco produtivo. Enquanto se espera esse tipo de destinação dos recursos o que se vê são as unidades sem as condições mínimas de operação.

Da mesma forma que a gestão do *negócio* unidade de conservação possui suas especificidades, os lucros obtidos não serão necessariamente dividendos, mas, sim, um número maior de pesquisas realizadas, funções ocupadas por profissionais competentes, visitantes satisfeitos, unidade com imagem positiva perante a sociedade. Mesmo o lucro econômico, resultante de compensações ambientais, de usos conflitantes no interior da unidade, da arrecadação de portarias, da oferta de serviços, será muito bem-vindo, uma vez que poderá resolver questões fundiárias (indenizações), poderá ser revertido para investimento na própria unidade, na expansão da mesma ou na criação de outras.

Ao se comparar a gestão de uma unidade de conservação a um negócio, ou a uma empresa, pressupõe-se que ela só alcançará os lucros se possuir objetivos, metas e ações bem definidas. O planejamento só alcançará sucesso se os colaboradores forem qualificados e competentes. É sensível o avanço gerencial das áreas protegidas públicas (principalmente federais) nos últimos anos com a contratação de profissionais com escolaridade de nível superior e com a ênfase no planejamento estratégico, como será visto no tópico sobre Gestão para Resultados. É perceptível também o avanço quanto às questões relacionadas à visitação. O usuário continua sendo um "problema", principalmente nas unidades que não possuem condições de gerenciar a visitação, mas sua presença também é vista de forma positiva, em relação à educação ambiental e às oportunidades de ocupação e renda que podem ser geradas para as comunidades do entorno. Entretanto, deixando de lado as dificuldades estruturais e operacionais, percebe-se um despreparo desses profissionais ao lidar com o público e o manejo do uso público. Os gestores das unidades participam de capacitações constantes, buscam qualificações, mas em relação ao uso público, ainda impera o "Achismo". Mal que está presente também em outras esferas do poder público e da iniciativa privada no Brasil, haja vista o desperdício do potencial turístico brasileiro quando comparado a outros países.

Um bom exemplo para a afirmativa acima se dá na apresentação pública dos estudos que nortearão a elaboração dos Planos de Manejo. A caracterização física e biótica é ouvida com atenção, mas pouquíssimas contribuições são dadas. A caracterização socioeconômica já recebe um pouco mais de contribuições, uma vez que aparentemente envolve temas mais populares. Já a caracterização do uso público é a que mais recebe comentários, críticas, sugestões, etc. Obviamente, o assunto por si só desperta interesse e curiosidade, uma vez que influenciará diretamente a relação com a sociedade, mas o que se verifica é a percepção de que o uso público consiste apenas em O Que Fazer? Onde Fazer? e Quem Pode Fazer? Não são considerados os estudos, a análise do contexto em que a unidade está inserida, o aspecto mercadológico, tampouco o aspecto operacional e gerencial do que está sendo proposto. É fato que esta situação é perpetuada por estudos inconsistentes e pela generalização das propostas. Raramente uma proposta de implementação de trilha virá acompanhada com informações como: tipo de público, tipo de uso, características de manejo, pontos a serem observados na manutenção, aspectos interpretativos, proposta preliminar de traçado com pontos de interesse definidos, estruturas mínimas que deverão ser implementadas tendo em vista as características do terreno, o perfil do público e o interesse do visitante, entre outras.

Então não se pode culpar aqui apenas os gestores das unidades de conservação pelo baixo aproveitamento do uso público nas unidades de conservação. Em geral recebem documentos pouco consistentes. Ao mesmo tempo não possuem competências específicas para analisar a coerência dos mesmos e solicitar melhorias. E diante deste panorama o que se veem são gestores preocupados com O QUÊ e não com o COMO. E o desconhecimento sobre o "O quê" faz com que não se chegue ao "Como". E na dúvida é mais fácil proibir. Assim, observa-se em várias unidades uma série de restrições ao uso público apenas pelo fato de os gestores não saberem como gerenciá-las. A falta de recursos financeiros e humanos limitará sempre o trabalho de gestão, mas tal situação poderia ser compensada pela qualificação dos gestores para trabalharem com o uso público, a partir do conhecimento das boas práticas e das referências normativas para operação de muitas atividades ao ar livre. Vale destacar que neste quesito o Brasil é referência mundial. Somam-se ao conhecimento técnico a criatividade e a disposição para o trabalho, uma vez que sem elas nada acontece.

Outra situação importante refere-se ao Zoneamento da Unidade. Este tema pode ser observado de vários prismas, todos eles diretamente relacionados ao uso público. Primeiramente, nem sempre os levantamentos da coordenação de uso público durante a elaboração do Plano de Manejo são satisfatórios, o que acaba restringindo as possibilidades de uso. Outra situação está relacionada aos objetivos de conservação e proteção que serão sempre superiores ao de uso público. O que a princípio é óbvio, pois está se falando de unidades de conservação e áreas protegidas. Entretanto, pode-se buscar um equilíbrio um pouco maior. Até porque, uma zona de uso extensivo que envolva uma trilha, por exemplo, não terá mais que cinco metros de largura, o que não corresponde a praticamente nada em relação a uma zona primitiva que terá milhares de hectares. Outro aspecto ainda relacionado ao zoneamento que deve ser considerado é a incompatibilidade entre uso e características da zona. Um bom exemplo seria uma trilha que recebe grande fluxo de visitantes, com diferentes perfis etários e de interesse, com condicionamento físico variável, acompanhados ou não de guias e/ou condutores. Mesmo sem conhecer a trilha ou local em que está inserida, percebe-se pela descrição acima que se trata de uma trilha não primitiva, ou seja, exige melhorias que a tornem mais segura e façam com que os interesses de diferentes públicos sejam atendidos. Mas o que se nota é que a trilha acaba recebendo as características da zona de contato, muitas vezes uma zona primitiva ou de recuperação, o que se torna contraditório e amplia as chances de ocorrência de eventos indesejáveis, como incidentes e acidentes, por exemplo.

Cabe ainda um comentário acerca dos modelos ou referências de gestão que tendem a ser replicados para outras unidades de conservação. A boa prática sugere que se tome como exemplo aquilo que é positivo, que obteve sucesso. E, assim, unidades de conservação bem-sucedidas[2] em relação ao uso público servem como referência para as demais. O que pode ser benéfico, por um lado, pode também gerar problemas. Muitas vezes as comparações não consideram: (i) que entre as unidades mais bem-sucedidas estão áreas protegidas com mais 60 anos de criação, ou seja, a maioria da população do entorno já nasceu convivendo com a presença da mesma, o que minimiza os discursos sobre o fato de a unidade estar limitando o desenvolvimento local ou regional, (ii) que unidades de conservação em áreas urbanas de cidades médias e grandes possuem muitos tipos de pressão externa, mas na maioria das vezes não são tidas como a única alternativa de geração de renda, principalmente por meio do turismo, (iii) as competências do gestor da unidade e de sua equipe para resolver os problemas que surgem com ousadia e criatividade, uma vez que o sucesso da gestão está diretamente ligado ao potencial dos recursos humanos envolvidos, (iv) o contexto político, as prioridades de investimentos que são dadas a uma ou outra região do país, (v) o contexto espacial, que envolve principalmente o tamanho das unidades de conservação, as limitações quanto ao acesso e controle de todas as áreas, (vi) a visibilidade alcançada pela unidade e a presença da mesma no imaginário das pessoas, podendo ser identificadas a partir apenas de uma formação rochosa, um rio ou uma cachoeira, por exemplo. Literalmente, o que deu certo em um lugar pode não dar em outro. Novamente voltamos ao "Como fazer" e não somente ao "O que fazer".

A proposta de formação de mosaicos e corredores ecológicos pode também ser estendida às propostas de gestão conjunta do uso público entre unidades de conservação que possuam algum tipo de relação entre si. O conceito de ilha, de isolamento, que não se aplica às unidades quando falamos de comunidades do entorno, de biodiversidade, etc., vale também para o turismo e, consequentemente, para o uso público. A proposta de gestão do uso público deve ultrapassar não só os limites físicos da unidade, como também as esferas administrativas públicas e privadas.

Talvez a primeira frase deste texto seja um pouco radical, não se propõe que grandes intervenções na paisagem sejam realizadas apenas para atender às necessidades do uso público. Mas alternativas devem ser encontradas para a compatibilização do uso e da conservação. O usuário da unidade deve ser

---

2. Entende-se aqui como "bem-sucedidas" as unidades que possuem um número expressivo de visitantes (estando entre as que mais recebem), que possuem oferta de atrativos e atividades que atenda a diferentes públicos, que possuem infraestrutura de apoio à visitação, que contem com oferta de serviços, que consigam mensurar e controlar o fluxo de visitantes em seu interior, que utilizem efetivamente o potencial para uso público que possuem, etc.

visto de forma positiva, sua presença deve ser benéfica. Ao se promover o contato da sociedade com áreas naturais protegidas, crianças podem estar planejando seu futuro como biólogos, turismólogos, geógrafos, geólogos, educadores físicos, entre outras atividades profissionais que serão diretamente responsáveis pela conservação da biodiversidade no planeta. Jovens ávidos por informação podem entender melhor como o sistema em que estão inseridos funciona, as relações de causa e efeito, como os impactos e consequências de atitudes do dia a dia podem influenciar seu presente e futuro, compreender que o ar puro das montanhas pode ser mais interessante que o ar condicionado dos *shopping centers*. Os adultos podem rever hábitos de consumo, podem se sentir estimulados a manter uma vida mais saudável, mais ativa, podem dedicar parte de seu tempo também às questões ambientais. Os idosos, com toda a experiência e conhecimento acumulados ao longo da vida, poderão dedicar seu tempo a ações voluntárias, à elaboração de projetos e captação de recursos, servindo de exemplo para os mais jovens.

A cultura de vida ao ar livre favorece o bem-estar e a qualidade de vida, aproxima as famílias, fortalece os vínculos de amizade, desperta nas pessoas o sentimento de respeito, admiração, carinho, valorização, em relação ao lugar que é visitado, bem como em relação às pessoas que vivem ou viveram no local. Assim como a função educativa e recreativa, o uso público permite que as unidades de conservação alcancem sua função social.

As Bases Ecológicas para Seleção, Desenho e Gestão de UCs e de Seu Entorno

A seleção e o desenho de unidades de conservação 6

Marcos Antônio Reis Araujo

O processo de estabelecimento de uma unidade de conservação pode ser dividido em duas fases: a seleção ou identificação da área e o seu desenho (*design*), ou seja, a definição de seu tamanho e forma. Nos últimos anos, inúmeras teorias e abordagens têm sido utilizadas para embasar os esforços de conservação da biodiversidade. Entretanto, ainda não se pode contar com uma teoria completa, que possa explicar a manutenção da biodiversidade em um período de tempo ecologicamente relevante. Isso torna a seleção e o desenho das novas unidades de conservação um desafio ainda maior.

Identificação da área a ser protegida

Nessa fase, procura-se identificar áreas-chave, com potencial para serem incluídas no sistema de unidades de conservação. Até meados do século XX, a escolha de áreas para a criação de unidades de conservação embasava-se principalmente em critérios estéticos, havendo pouca influência de critérios biológicos (Groves, 2003). Aos poucos, a seleção de áreas passou a ser influenciada pela emergente ciência ecológica.

Nos Estados Unidos, a aplicação de critérios biológicos e de princípios científicos para identificar potenciais áreas a serem protegidas começou na década de 1920, mais especificamente com os trabalhos de um comitê da Sociedade Ecológica Americana, dirigido por Victor Shelford (Noss et al., 1999). Embora cenários espetaculares pudessem ser preservados, a nova perspectiva ecológica recomendava a preservação de grandes áreas representativas das diversas comunidades bióticas. Além desse critério, a necessidade de hábitats para espécies que deveriam ser preservadas também era usada como um importante parâmetro na seleção de áreas a serem protegidas (Shafer, 1999; Groves, 2003).

No Brasil, isso só aconteceu bem mais tarde. Para Drummond (1997b), nota-se em documentos de época que os idealizadores dos primeiros parques nacionais brasileiros davam ênfase maior a outros fatores que não a integridade de paisagens e ecossistemas: lazer, atração de turistas nacionais e estrangeiros e programas de pesquisas científicas. A dimensão do lazer das populações urbanas do Sudeste brasileiro era fato proeminente na preocupação dos que criaram os primeiros parques. Na década de 1950, Wanderbild Barros, técnico do Serviço Florestal, recomendava como critério principal para a identificação de potenciais áreas destinadas à criação de parques nacionais o excepcionalismo existente na superfície a ser resguardada. Segundo ele, "a topografia, a geologia, os ambientes florofaunianos, os acidentes criados pela natureza em seu longo processo evolutivo constituem os fundamentos para a criação de parques nacionais" (Barros, 1952). No início da década de 1970, a identificação de potenciais áreas para a criação de unidades de conservação foi realizada no âmbito do Projeto Radam (1968-1978). O principal critério utilizado para a indicação de áreas era a ocorrência de fenômenos geológicos e geomorfológicos singulares, bem como a falta de aptidão econômica do local. Um grande número de UCs criadas na Amazônia foram indicações do Projeto Radam. Só um pouco mais tarde é que critérios técnico-científicos começaram a ser utilizados para embasar a escolha de tais áreas.

Atualmente, a identificação de áreas potenciais para a conservação baseia-se, sobretudo, na distribuição de espécies ou na distribuição de hábitats e ecossistemas (Franklin, 1993; Orians, 1993; Groves, 2003). Critérios como raridade, área (extensão do hábitat), grau de ameaça por impactos antrópicos, valor educacional, recreacional, científico, recursos culturais, importância para a vida silvestre e representatividade também são empregados (Ishihata, 1999). A representatividade, ou seja, a capacidade de englobar amostras de todos os tipos de ambientes naturais de um país ou de suas espécies é tida como uma das características essenciais em qualquer Sistema Nacional de Unidades de Conservação (Noss & Cooperrider, 1994). Um estudo realizado em 2010 demonstrou que, das 825 ecorregiões terrestres avaliadas, apenas 56% tem 10% ou mais de sua área protegida. Entre as nações há uma grande variação na proteção: apenas 45%, dos 236 países e territórios avaliados, tinham mais de 10% de sua área terrestre protegida, e apenas 14% tinham mais de 10% de sua área marinha protegida (Secretariado da CDB, 2010). Além da representatividade, outro grande objetivo do sistema de reservas identificado é garantir a persistência das espécies por um longo tempo.

Utilizando a distribuição de espécies como critério, podem ser identificadas áreas com alta concentração de espécies (critério de riqueza), áreas com alta concentração de espécies com distribuição restrita (critério de endemismo), áreas com alta concentração de espécies ameaçadas de extinção (critério de ameaça) e áreas que apresentem espécies-símbolo, geralmente de grande porte, que sensibilizam o público em geral. O critério distribuição de hábitats parte do pressuposto de que, conservando trechos significativos dos principais ambientes de uma região, a maioria das espécies e de suas complexas interações estará também sendo preservada.

Um esforço de identificação, em âmbito global, de áreas importantes para proteção da biodiversidade, com base no critério distribuição de espécies, é representado pelo estudo de Myers (1988). Ele observou que as espécies de plantas estão concentradas em algumas áreas do globo com alto grau de riqueza e endemismo. Estudos posteriores também demonstraram essa característica para os vertebrados. Descobriu-se que 60% das espécies de plantas e de animais estão concentradas em apenas 1,4% da superfície do planeta.

Myers notou que muitas das áreas de alta riqueza de espécies também apresentam as maiores taxas de destruição de hábitat. Combinando os critérios de riqueza, endemismo e ameaça, ele propôs, então, o conceito de *hotspots*, que são áreas com elevada concentração de espécies endêmicas e níveis extremamente altos de destruição de hábitats (Myers et al., 2000; Jenkins & Pimm, 2006). Os *hotspots* tornaram-se uma das primeiras propostas de priorização de áreas para a conservação da biodiversidade em nível global. Esse conceito foi adotado pela ONG norte-americana *Conservation International* para o estabelecimento de prioridades em seus programas de conservação (Mittermeier et al., 1999). Atualmente, já foram determinados 34 *hotspots* no mundo inteiro. A grande crítica a essa proposta é que os *hotspots* são áreas extremamente amplas, não ficando claro o que fazer dentro delas.

Outro esforço que se pode destacar é o trabalho *Análise Global de Lacunas*, realizado por Rodrigues et al. (2003). Nesse estudo, analisou-se o grau de representação de espécies de vertebrados nas áreas protegidas do mundo. Os autores concluíram que a rede mundial de áreas protegidas estava longe de atingir uma cobertura completa das espécies. Segundo eles, cerca de 1.310 espécies não estão protegidas por UCs em nenhum local de sua área de distribuição, sendo os anfíbios os menos protegidos.

No Brasil, alguns estudos também identificaram áreas que deveriam ser protegidas, utilizando como critério de seleção a distribuição de espécies. Dentre eles, podemos citar o trabalho de Wetterberg et al. (1976), que propuseram, para a região amazônica, priorizar as áreas com alta concentração de espécies endêmicas (centros de endemismo), identificadas como "áreas de refúgios do

Pleistoceno", já citadas anteriormente. As áreas apontadas como de alta prioridade para a criação de novas unidades de conservação foram aquelas que mais de um autor considerou como "refúgio do Pleistoceno". Muitas das UCs criadas na Amazônia derivam desse estudo.

A partir de 1990, o uso da distribuição das espécies como critério para identificar áreas prioritárias à conservação ganhou força no Brasil. Isso se deu com *workshops* destinados a definir áreas prioritárias para a conservação da biodiversidade. Nesses eventos, um grupo de pesquisadores e conservacionistas identifica uma lista de áreas prioritárias para a conservação, tendo por base critérios como endemismo, riqueza de espécies, riqueza de espécies raras ou ameaçadas e presença de fenômenos geológicos ou geoquímicos de especial interesse. Os táxons utilizados nessas análises geralmente são anfíbios, répteis, aves, mamíferos, peixes, plantas. A principal crítica a essa metodologia diz respeito aos resultados finais, pois a falta de informações e o conhecimento desigual dos diversos grupos biológicos gerariam, na verdade, um mapa de conhecimento da biodiversidade regional e não uma síntese das áreas consideradas de alta prioridade para a conservação (Ferreira, 1999; Maddock & Plessis, 1999).

Em 2005, o mapa de áreas prioritárias foi atualizado, o qual foi aprovado pela Portaria MMA nº 9, de 23 de janeiro de 2007. As novas áreas prioritárias foram reconhecidas para efeito da formulação e implementação de políticas públicas, programas, projetos e atividades voltados à conservação *in situ* da biodiversidade, utilização sustentável de componentes da biodiversidade, repartição de benefícios derivados do acesso a recursos genéticos e ao conhecimento tradicional associado. Ao final do esforço de atualização, o número de áreas prioritárias para a conservação, uso sustentável e repartição de benefícios da biodiversidade brasileira subiu de 900, identificadas no processo de 1998-2000, para 2.684. Desse total, 1.123 são áreas já protegidas por unidades de conservação ou terras indígenas, sendo que as demais 1.561 constituem novas áreas propostas – apontando, portanto, as lacunas existentes segundo as novas prioridades de conservação identificadas. A distribuição das áreas prioritárias para a conservação é de 825 áreas para a Amazônia, o que representa 80% de sua área, 579 para a Mata Atlântica, 420 para o Cerrado, 238 para a Caatinga, 50 para o Pantanal, 74 para o Pampa, 506 para a Zona Costeira e 102 para a Zona Marinha (Brasil, 2007). Nesse novo mapa, além dos critérios biológicos, foram levadas em consideração as demandas das comunidades tradicionais.

Outros estudos utilizando a distribuição de espécies para identificar possíveis áreas destinadas à criação de unidades de conservação foram realizados para o Cerrado e a Mata Atlântica. No caso do Cerrado, um estudo envolvendo 67 espécies de aves, de mamíferos e de árvores ameaçadas de extinção ou endêmicas desse bioma constatou que 20% dessas espécies não estão protegidas pelas unidades de conservação; outras 33 espécies (49,2%) estão presentes nas unidades de conservação, mas em três delas situam-se abaixo da meta estipulada de ocorrência (Machado et al., 2004). Áreas de distribuição das espécies não protegidas deveriam ser consideradas nos estudos para a proposição de novas UCs. Estudo semelhante para a Mata Atlântica, envolvendo 104 espécies de vertebrados terrestres endêmicos ou ameaçados de extinção, constatou que 57 espécies (54,8%) não estão presentes nas unidades de conservação de proteção integral desse bioma (Paglia et al., 2004).

O segundo critério para identificar potenciais áreas para a criação de UCs é a distribuição de hábitats, de ecossistemas ou de paisagens. Seu pressuposto básico é que a conservação de toda a variação das condições ecológicas encontradas em uma determinada área levará também à conservação de grande maioria das espécies e de suas complexas interações. Alguns autores têm indicado esse método como único meio eficaz para a seleção de áreas prioritárias em regiões onde a biodiversidade é pouco conhecida, como é o caso de regiões tropicais (Franklin, 1993).

Entre os estudos baseados na distribuição de ecossistemas visando subsidiar a identificação de áreas prioritárias para conservação, podemos destacar a análise de lacuna realizada por Fearnside & Ferraz (1995) para a Amazônia brasileira. Esse estudo adotou como base o mapa de vegetação do Brasil produzido pelo Projeto Radam e considerou os estados como unidades geográficas de análise. Assim, em cada estado foram identificados os tipos de vegetação a serem protegidos não incluídos no sistema de unidades de conservação. Eles deveriam ser considerados prioritários na criação de novas unidades. A principal crítica a essa metodologia foi considerar os estados da federação como unidades geográficas de análise, já que são unidades políticas e não biogeográficas.

Podem-se citar também trabalhos de análises de lacunas utilizando a vegetação como alvo de conservação para o Espírito Santo (Mota, 1991), Rio Grande do Sul (Zanini & Guadagnin, 2000) e Minas Gerais (Araújo, 2004). No caso do Brasil, destacamos Ferreira (1999; 2001), que realizou estudo para identificar áreas prioritárias para a conservação da biodiversidade a partir da representatividade das unidades de conservação e dos tipos de vegetação nas ecorregiões da Amazônia brasileira, e Silva e Dinnout (2001), que realizaram estudo semelhante para a Mata Atlântica e os Campos Sulinos.

As análises do Sistema Nacional de Unidades de Conservação realizadas no início da década de 2000 demonstram que ele não havia sido estabelecido segundo critérios de representatividade biogeográfica. Como era esperado, predominaram critérios estéticos como beleza cênica, potencial turístico e potencial para pesquisas científicas (Dourojeanni & Pádua, 2001; Antongiovanni et al., 2002). A identificação e a seleção de áreas a serem protegidas ainda enfatizam a escolha individual e independente dessas áreas. Discussões sobre a combinação de um grupo de áreas que, em conjunto, cumpram os objetivos de conservação ainda são raras.

Ainda existe uma grande polêmica sobre qual critério utilizar na identificação de áreas para a criação de novas unidades de conservação – distribuição de espécies ou distribuição de hábitats. No entanto, Mackinnon (1997) demonstrou que uma boa estratégia de conservação é o estabelecimento de um sistema nacional de UCs que represente todos os maiores tipos de hábitats dentro de cada zona biogeográfica, sendo complementado por outras áreas destinadas a representar hábitats ou espécies que não foram contempladas no critério anterior. A Indonésia é citada como país que planejou seu sistema de UCs norteado por essa concepção.

Desenho das unidades de conservação

Até o final da década de 1960, o desenho (tamanho e forma) de uma unidade de conservação criada com o objetivo de proteger determinada espécie era definido com base em suas necessidades de hábitat. O desenho baseava-se na identificação de hábitats apropriados para a espécie-alvo, na elucidação das interações obrigatórias com outras espécies que necessitavam ser mantidas e em considerações de tamanho populacional necessário para evitar a depressão por endogamia (Simberloff, 1986). Os estudos autoecológicos eram a chave para se chegar à proposta final da forma e do tamanho da unidade. Dadas às particularidades de cada espécie, era muito difícil construir regras gerais para guiar o desenho das unidades de conservação.

No Brasil, como as unidades de conservação criadas até essa data não se baseavam em critérios biológicos, e sim em critérios estéticos e na excepcionalidade das áreas a serem protegidas, os estudos autoecológicos não eram mencionados como base para o desenho das unidades de conservação. A partir de meados da década de 1970, a discussão a respeito do desenho das unidades de conservação foi dominada pela Teoria de Equilíbrio da Biogeografia de Ilhas (TEBI), de MacArthur & Wilson (1963; 1967).

A Teoria de Equilíbrio da Biogeografia de Ilhas

Há séculos, as ilhas fascinam os biólogos. Um dos aspectos mais interessantes da biogeografia insular diz respeito ao número de espécies. Johann R. Forster, naturalista do navio Capitão Cook, que realizou a segunda expedição pelo Hemisfério Sul entre 1772 e 1775, notou que o número de espécies em uma ilha era dependente de sua circunferência, ou seja, ilhas maiores tinham mais espécies.

Proposta por MacArthur & Wilson (1963; 1967), a Teoria de Equilíbrio da Biogeografia de Ilhas (TEBI) representou uma tentativa de fundir a biogeografia e a ecologia e transformá-las em uma ciência matemática. Eles deduziram sua teoria, em parte, dos padrões de distribuição de espécies de formigas que Wilson encontrara nas ilhas da Melanésia, que ficam entre o nordeste da Austrália, Nova Zelândia e a Papua Nova Guiné, e, originalmente, tentavam explicar a relação espécie-área verificada nas ilhas oceânicas (Quammen, 2008).

Após terminar o mestrado em matemática, Robert MacArthur (1930-1972) voltou-se à ecologia. Chegou à universidade de Yale em 1953, para um programa de doutorado sob orientação de G. Evelyn Hutchinson (1903-1991), limnologista que começou a aliar a ecologia com a matemática. Seu trabalho de dissertação sobre a estrutura comunitária e a divisão de nichos das diferentes espécies de passeriformes, publicado em 1958, se tornou um clássico. Ele percebeu que a ciência dos ecossistemas devia se aventurar para além da mera descrição. Devia encontrar padrões mais amplos no mundo natural e, desses padrões, extrair princípios gerais. Devia medir, contar e fazer cálculos abstratos, destacando assim o essencial do contingente. Devia construir modelos matemáticos que funcionassem de modo tão útil quanto uma régua de cálculo, devia ser suficientemente vigorosa e audaciosa para fazer previsões. Devia propor teorias (Quammen, 2008).

Em 1960, depois de alguns anos na Universidade da Pensilvânia, aceitou um cargo de professor na universidade de Princeton. Foi nessa época que conheceu e começou a trocar ideias com Edward O. Wilson, especialista na biologia de formigas. Wilson tinha acabado de retornar de um longo período de trabalho de campo nos trópicos e havia reunido grandes coleções de formigas da Nova Guiné, da Austrália, da ilha de Nova Caledônia e das Novas Hébridas em Fiji. Assim como MacArthur, ele estava interessado em mais do que descrever fenômenos da história natural. Com a cabeça e o livro de anotações de campo cheio de dados sobre formigas, Wilson começou a perceber padrões. Por exemplo: o número de espécies de formigas em uma ilha tendia a estar correlacionado de perto com o tamanho da ilha. Em sua visita às Ilhas Trinidad e Tobago notou que Trinidad é grande e continha mais espécies de formigas do que Tobago, que é uma pequena ilha. Wilson comentou com MacArthur que achava que a biogeografia poderia ser transformada em uma ciência analítica rigorosa. Havia regularidades notáveis no rol de dados que ninguém jamais explicara. A relação espécies-área, por exemplo. Mais especificamente, a proporção recorrente para a qual Philip Darlington (1904-1983) havia chamado a atenção: se uma área diminui dez vezes, há um decréscimo de aproximadamente 50% na diversidade de espécies dessa área. Entre espécies de formigas da Ásia e das ilhas do Pacífico, Wilson notara outro tipo de padrão. Espécies mais recentes pareciam ter origem nas grandes extensões de terra da Ásia e da Austrália, de onde teriam se dispersado para ilhas mais longínquas. À medida que essas espécies dispersas colonizavam lugares pequenos e remotos como Fiji, pareciam suplantar as espécies nativas mais antigas, que haviam chegado antes. Espécies novas chegam continuamente, espécies antigas são extintas continuamente – e o efeito final era nem perda nem ganho de espécies de formigas. Aos olhos de Wilson, isso pareceu algum tipo de equilíbrio natural (Quammen, 2008).

MacArthur e Wilson fizeram uma verdadeira imersão na noção de um equilíbrio biogeográfico em 1961 e 1962. Esquadrinharam os dados de Wilson sobre formigas da Melanésia. Buscaram padrões de distribuição entre espécies de aves nas Filipinas, Indonésia e Nova Guiné e extraíram das obras publicadas de Ernest Mayr (1904-2005) e outros. Aludiram à enumeração de espécies de besouros e de répteis em várias ilhas das Antilhas feita por Darlington e dissecaram o caso de Krakatoa, a respeito do qual havia registros históricos de recolonização de espécies animais desde a grande explosão da ilha. Leram os artigos de Frank Preston (1896-1989) sobre a distribuição canônica de frequência e raridade, achando-o essencialmente em conformidade com seus próprios pontos de vista. Segundo Preston (1962), o número de espécies de uma localidade relaciona-se à sua área da seguinte forma:

$$S = cA^z$$

em que:
S = número de espécies
A = área da ilha em km²
c = constante
z = inclinação da relação linear entre S e A

MacArthur e Wilson se convenceram de que as espécies que uma ilha perde durante certo período de tempo em circunstâncias normais são em número quase igual ao das que a ilha ganha com o tempo. O resultado é uma estabilidade dinâmica. O número de espécies residentes permanece inalterado, ao passo que, com uma espécie substituindo a outra, a lista de identidades muda continuamente (Quammen, 2008).

Mas, afinal, que processos ecológicos explicam a relação espécie-área? Essa questão foi debatida longamente. A explicação mais aceita para essa relação é a de diversidade de hábitats, ou seja, quando a área aumenta, aumenta a diversidade de hábitats e de recursos, o que permite suportar maior número de espécies (Wilcox, 1980). Embora reconhecendo o papel da diversidade de hábitat em controlar a ocorrência das espécies, MacArthur e Wilson sugeriram a seguinte explicação: o número de espécies em uma ilha representa o balanço entre extinção e colonização. Essa teoria pressupõe que as comunidades atinjam um equilíbrio dinâmico, no qual o número de espécies resulta da combinação de duas taxas distintas: a taxa de imigração, que traz novas espécies para a ilha, e a taxa de extinção, que remove espécies da ilha. A taxa de extinção é dependente do tamanho da ilha, enquanto a taxa de imigração depende de sua distância até o continente mais próximo (Figura 6.1). A teoria postula que o número de espécies aumenta com a área da ilha, porque ilhas maiores suportam populações maiores, que seriam menos susceptíveis à extinção.

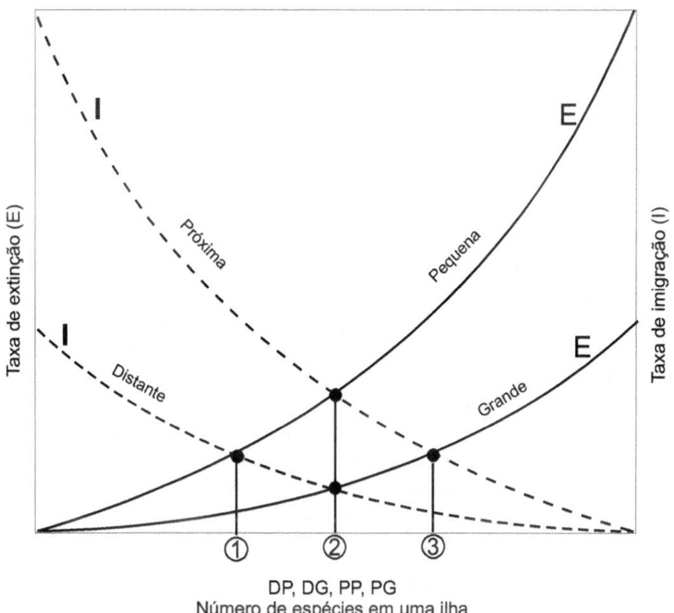

Figura 6.1 Interpretação gráfica da teoria da biogeografia de ilhas. As ilhas grandes e próximas do continente (PG) têm mais espécies do que as pequenas situadas à mesma distância do continente (PP). O tamanho (G ou P) afeta a taxa de extinção, enquanto a distância do continente (D ou P) interfere na taxa de imigração (modificado de Hunter, 1996)

Em 1966, o jovem pós-graduando Daniel Simberloff, sob orientação de Wilson, concebeu o primeiro teste experimental da teoria do equilíbrio nos mangues da Flórida. As previsões da TEBI se confirmaram e o projeto rendeu o doutorado a Simberloff. Publicaram três artigos a respeito na revista *Ecology*, pelos quais ganharam um prêmio da Sociedade Ecológica Americana. Discretamente, o trabalho foi ganhando renome entre outros ecólogos e biogeógrafos, pois conferia validade empírica à teoria do equilíbrio. Graças ao experimento de Simberloff, a teoria ganhou credibilidade por sua aplicação aos mangues e seus partidários começaram a vislumbrar uma grande variedade de outros experimentos possíveis (Quammen, 2008).

Estudos posteriores confirmaram a relação espécie-área para ilhas oceânicas, assim como para hábitats isolados, como cavernas, hábitats úmidos, campos de altitude e fragmentos florestais. De forma geral, uma redução de dez vezes na área de um hábitat leva a uma diminuição de 50% no número de espécies (Diamond, 1975). A TEBI foi um sucesso estupendo em conquistar mentes e corações. Nos últimos 30 anos, definiu uma importante estrutura de pesquisa e debate no mundo da ecologia profissional (Quammen, 2008).

Aplicando a TEBI ao desenho das unidades de conservação

Estudos sobre o número de espécies nas chamadas ilhas "continentais" (*land-bridge*) revelaram um fenômeno interessante. *Land-bridge* é uma denominação dada às ilhas que foram conectadas ao continente na época do Pleistoceno, quando o nível do mar era cerca de 100 m mais baixo do que no período atual. Presumivelmente, naquele tempo, essas ilhas continham um número de espécies similar ao do continente. Aparentemente, após o isolamento, elas perderam espécies, em razão de um fenômeno denominado de "relaxamento" (Diamond, 1973; Terborgh, 1974). Os cientistas logo fizeram uma analogia entre as ilhas continentais e os fragmentos de hábitat terrestres isolados pelas atividades antrópicas desenvolvidas a seu redor. Assim, em grande número de pesquisas a TEBI foi tomada como base para compreender e prever as consequências da fragmentação florestal (Gascon et al., 2001).

Em 1975, Diamond publicou um artigo intitulado *O dilema das ilhas: lições de estudos biogeográficos modernos para o delineamento de reservas naturais*, que se tornou uma de suas obras mais conhecidas e desencadeou uma grande polêmica dentro da ecologia. Diamond acreditava que MacArthur e Wilson haviam desencadeado uma revolução científica. Um dos aspectos dessa revolução foi uma maior conscientização do fato de que a insularidade pode ocorrer em condições naturais nos continentes: um topo de montanha, um lago, um trecho de bosque cercado por pradaria. À medida que a humanidade vai desmembrando a paisagem natural do mundo, os pedaços vão se tornando ilhas. Uma reserva natural, por definição, seria uma ilha de proteção e relativa estabilidade em um oceano de perigos e mudanças. Assim, a dinâmica dos parques e reservas poderia ser descrita e prevista pela TEBI.

Com base na TEBI, alguns autores começaram a propor regras para orientar o desenho (tamanho e forma) das unidades de conservação (Terborgh, 1974; Willis, 1974; Wilson & Willis, 1975; Diamond, 1975; May, 1975). Para eles, o número de espécies em um fragmento de hábitat natural dependerá de seu tamanho e de sua proximidade de outros fragmentos (fontes de potenciais colonizadoras). Após a proposta feita por esses autores de utilizar a TEBI como ferramenta para a conservação, houve intenso debate ressaltando sua importância e significância em prever a riqueza de espécies em fragmentos de hábitats e explicar os mecanismos responsáveis pelos padrões observados (Gascon et al., 2001).

As regras propostas por Diamond (1975) para o desenho de áreas protegidas, ilustradas na Figura 6.2, foram incorporadas à estratégia mundial para a conservação (IUCN, 1980), tendo o seguinte enunciado:

A. grandes reservas são melhores que pequenas reservas;

B. uma única grande reserva é melhor que um conjunto de pequenas reservas com a mesma área total da grande reserva;

C. reservas próximas são melhores que reservas distantes;

D. reservas agrupadas próximas são melhores que reservas dispostas em linha;

E. reservas conectadas por corredores são melhores que reservas não conectadas;

F. reservas circulares são melhores que reservas alongadas.

No Brasil, como já foi dito, as regras descritas acima foram utilizadas no estudo *Análise de Prioridades em Conservação da Natureza na Amazônia*, para embasar a proposição relativa ao tamanho e à forma das unidades de conservação a serem criadas na Amazônia.

A regra número dois (B) propõe que uma única reserva grande seria capaz de conservar um número maior de espécies do que um conjunto de reservas menores que totalizassem a mesma área, o que gerou uma grande polêmica, conhecida por SLOSS (*single large or several small*). Essa polêmica começou em 1976, quando Dan Simberloff e Lawrence Abele publicaram um curto artigo na revista *Science* externalizando sua preocupação com a recente moda de biogeografia aplicada (Simberloff & Abele, 1976a). O que mais os inquietava era a proposição de princípios puros de delineamento de reservas a partir da teoria de MacArtthur e Wilson. No final de 1971, Simberloff havia retornado à mesma área de trabalho nos mangues da Flórida e realizado uma série de experimentos. Os resultados obtidos foram contraditórios. Uma única grande ilha de mangue nem sempre abrigava mais espécies que várias pequenas ilhas. Ele encontrou um caso em que quatro fragmentos divididos apresentavam um total de espécies maior que a ilha original. Assim, para eles, a teoria não fora ainda suficientemente testada para justificar uma aplicação tão segura. E esse princípio mais básico – de que reservas naturais deveriam consistir nas maiores áreas possíveis – poderia não ser correto. Não decorria necessariamente da teoria. Alguns dos mesmos princípios citados em prol de uma única opção grande também poderiam ser mencionados para apoiar a opção de várias pequenas reservas. Tudo era prematuro, advertia os autores. Dados de pesquisas realizadas por eles contestavam a generalização de que uma ilha grande é sempre mais rica do que duas pequenas (Quammen, 2008).

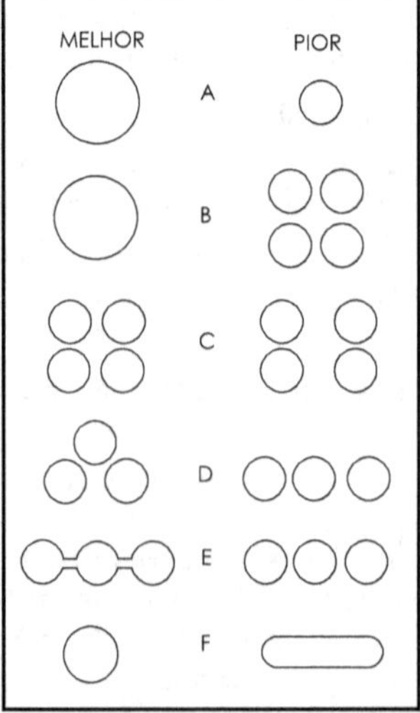

Figura 6.2 Regras propostas para orientar o desenho de unidades de conservação (Diamond, 1975).

Diversos autores se pronunciaram sobre o assunto (Diamond, 1976; Terborgh, 1976; Simberloff & Abele, 1976; 1982; Whitcomb, et al., 1976; Gilbert, 1980; Higgs & Usher, 1980; Soulé & Simberloff, 1986), o que reforçou enormemente a polêmica. Numa tentativa de encerrar o debate acerca do tamanho das unidades de conservação, Soulé & Simberloff (1986), que no passado foram opositores na controvérsia do SLOSS, concluíram que grandeza e multiplicidade são critérios essenciais no estabelecimento de um sistema de unidades de conservação. Hoje, poucos discordam que precisamos de grandes unidades de conservação e de uma porção de unidades menores.

A discussão sobre o tamanho das unidades de conservação

Como relatado, durante os últimos anos do século XX, grande parte dos esforços para modelar e prever as consequências do processo de fragmentação tomou por base os pressupostos da Teoria de Equilíbrio da Biogeografia de Ilhas. A maioria dos autores supunha que as unidades de conservação funcionavam como ilhas e, a partir dessa analogia, houve grande discussão a respeito de qual seria o tamanho ideal.

Belovsky (1987) estimou que em apenas 22% dos parques do mundo seria possível esperar a sobrevivência de grandes espécies de carnívoros (10 a 100 kg) por um período de 100 anos. Segundo ele, nenhuma dessas espécies deverá persistir por um período de 1000 anos. Para os grandes herbívoros, o prognóstico é um pouco melhor. No entanto, para a persistência dos grandes mamíferos (> 50 kg) em um tempo evolucionário (10^5 a 10^6 anos), estimou-se que são necessárias reservas bem maiores do que as existentes.

Grumbine (1990) demonstrou que, para a maioria das áreas protegidas do mundo, cujo tamanho é de 100.000 ha ou menos, a proteção das espécies de grandes carnívoros e herbívoros está garantida por um pequeno tempo (décadas). Em longo prazo (séculos), nenhuma dessas áreas é capaz de suportar populações mínimas viáveis dessas espécies.

Newmark (1987; 1995) demonstrou a vantagem das grandes UCs, a partir da análise de populações de mamíferos em 14 parques situados no oeste dos Estados Unidos, onde cerca de 30 espécies são extintas. Observou que os índices de extinção têm sido muito baixos ou nulos em parques com áreas acima de 1.000 km² (100.000 ha) e muito altos em parques com extensões abaixo desse valor.

No Brasil, Santos-Filho (1995) concluiu que a fragmentação de ecossistemas é um dos problemas cruciais em conservação. Em seu estudo envolvendo uma amostra de 393 unidades de conservação brasileiras, constatou que predominavam unidades pequenas e que mamíferos grandes, como carnívoros, onívoros e herbívoros, teriam um pequeno número de populações viáveis, pequenos efetivos totais das espécies, grau relativamente elevado de endogamia e perda acentuada de heterozigose após 100 gerações.

Tomando como exemplo o estado do Espírito Santo, estima-se que somente as UCs da Mata Atlântica com mais de 20 mil ha poderiam sustentar populações viáveis (Ne = 500 indivíduos) para cinco espécies de mamíferos com peso superior a 1 kg (Chiarello, 2000). No caso do Cerrado brasileiro, recomendou-se que, para manter populações geneticamente viáveis de espécies de grande porte e elementos do topo da cadeia alimentar, as unidades de conservação deveriam ter, no mínimo, 80 mil ha e ser idealmente maiores que 300 mil ha (Fonseca, 1996).

No entanto, a utilização da TEBI para justificar a opção por grandes UCs foi contestada por diversos autores, como McCoy (1983), Boecklen & Gotelli (1984) e Zimmerman & Bierregaard (1986). Eles demonstraram que os dados autoecológicos das espécies são mais importantes do que a simples relação espécie-área. Além disso, estudos recentes mostram que os impactos negativos da fragmentação da paisagem sobre a riqueza de espécies em determinado fragmento são explicados mais pelo efeito de borda e pela configuração da paisagem (conectividade, presença e tipo da matriz de hábitat) do que pela Teoria da Biogeografia de Ilhas (Mesquita et al., 1999; Gascon et al., 1999; Gascon et al., 2001; Laurance et al., 2002; Lindenmayer & Franklin, 2002).

Segundo Desouza et al. (2001), a riqueza de espécies em um fragmento é determinada por diversos processos ecológicos. Ao contrário do que ocorre em um sistema baseado em ilhas oceânicas, a fragmentação do hábitat pode produzir três possíveis resultados: diminuição, aumento ou manutenção do número de espécies na comunidade em questão. A Figura 6.3 demonstra que as possíveis consequências da fragmentação são bem mais complexas do que é possível prever a partir da TEBI.

Um dos dogmas que surgiram em função da TEBI é o de que fragmentos pequenos – e, por consequência, as pequenas UCs – são menos prioritários para a conservação. Mas trata-se de um dogma, e não de uma generalização que pode ser amplamente aceita (Scarano, 2006). Diversos autores argumentam que as pequenas reservas podem incluir maior variedade de hábitats e, assim, capturar maior número de espécies. Podem ainda ajudar a evitar extinções decorrentes de catástrofes naturais. Se ocorressem queimadas, doenças ou outras catástrofes naturais capazes de destruir toda uma UC, ainda restariam outras UCs em outros locais.

Enquanto os grandes fragmentos são importantes para a manutenção da biodiversidade e de processos ecológicos em larga escala, os pequenos remanescentes cumprem diversas funções extremamente relevantes ao longo da paisagem.

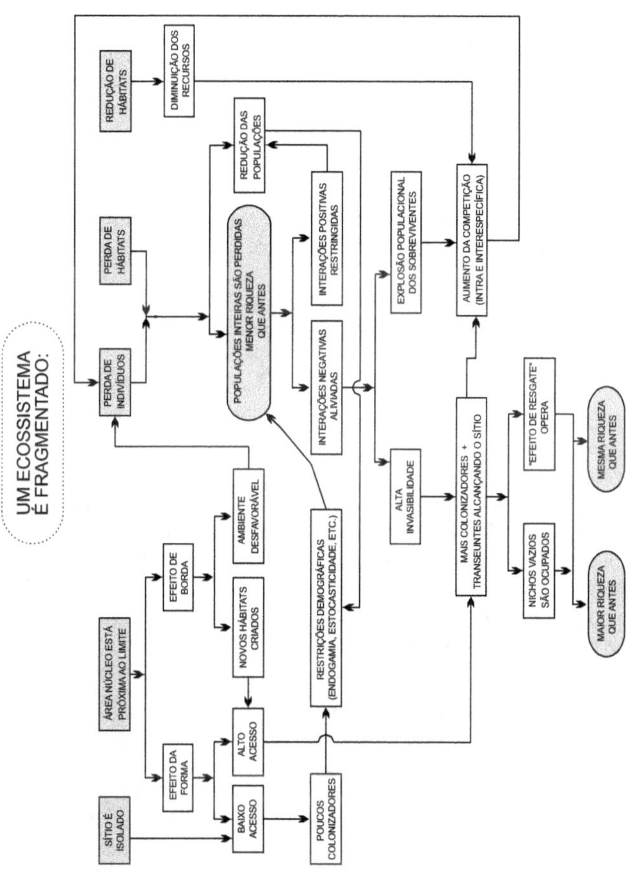

Figura 6.3 Processos ecológicos determinando a riqueza de espécies após a fragmentação. Os boxes na cor cinza na parte superior do esquema apresentam os efeitos imediatos causados pela fragmentação do hábitat. Os boxes ovais em cinza representam os três possíveis impactos da fragmentação do ecossistema registrados sobre a riqueza de espécies (Desouza et al., 2001).

Dentre elas, pode-se mencionar seu papel de estabelecer ligação (*stepping stones*) entre grandes áreas, de auxiliar no aumento do nível de heterogeneidade da matriz de hábitat e de servir de refúgio para espécies que requerem ambientes particulares só encontrados nessas áreas (Shafer, 1990; 1995; Turner & Corlett, 1996; Forman, 1999).

Devido às diversas falhas constatadas, a TEBI não tem sido utilizada para embasar a definição de tamanho e forma das UCs. Os principais fatores (a área e o isolamento) apontados por essa teoria como controladores da riqueza de espécies em ilhas não se mostram completamente válidos em paisagens fragmentadas (Forman, 1999; Lomolino, 2000). O conhecimento a respeito da autoecologia, em especial a história de vida das espécies muito vulneráveis à extinção ou muito importantes no ecossistema, volta a assumir importante papel no embasamento das decisões relativas ao desenho das UCs (Noss & Cooperrider, 1994).

O percentual do território nacional a ser englobado pelas UCs

A definição do percentual de território a ser protegido tem gerado amplo debate científico (Groves, 2003). Nos Congressos Mundiais de Parques realizados em 1982 e 1992, foi proposto o percentual de 10% (Mcneely, 1993). O relatório da Comissão Mundial de Desenvolvimento e Meio Ambiente propôs 12% (CMMAD, 1988; Noss, 1996). No entanto, Soulé & Sanjayan (1998) argumentam que tais percentuais carecem de amparo científico. Na verdade, os percentuais mínimos dependem de cada situação, podendo variar de 25% a 75%. Como meta política para estimular o incremento dos sistemas nacionais de áreas protegidas, é válido o percentual de 10%, que vem sendo usado na definição da política de conservação da biodiversidade em diversos países.

A meta de 12% proposta pela Comissão Mundial de Desenvolvimento e Meio Ambiente foi alcançada. As unidades de conservação cobrem aproximadamente 12,2% da superfície global. Existem cerca de 120 mil unidades de conservação no planeta, protegendo 21 milhões de km². No entanto, o objetivo de proteger pelo menos 10% de cada uma das regiões ecológicas do mundo está longe de ser cumprida. Das 825 ecorregiões terrestres, apenas 56% tem 10% ou mais de sua área protegida (SCDB, 2010). Em 2005, análises realizadas por Chape et al. (2005) demonstraram que a América Central apresentava 25,6% de sua área protegida; a América do Sul apresentava 22,1% de sua área protegida; a América do Norte, 17,8%; a África Central e Ocidental, 10,1%; a Europa, 12,4%; o sudeste da Ásia, 16%. No início da década de 2000, mereciam destaque alguns países da América do Sul e da América Central, que apresentavam percentuais mais elevados de áreas protegidas: Venezuela, com 22% (Ministerio del Medio Ambiente del Colômbia, 1998); Belize, com 48%; Guatemala, com 26%; Costa Rica, com 25%; e Panamá, com 29% (CCAD, 2002). O Brasil apresenta cerca de 16,1% de seu território protegido.

A Teoria de Metapopulações e a Ecologia de Paisagem como substitutos da Teoria da Biogeografia de Ilhas

Como os fragmentos de ecossistemas naturais não se comportam como ilhas oceânicas, a teoria de metapopulações integrada com a ecologia de paisagem veio substituir a da biogeografia de ilhas como "ferramenta" para a conservação (Hanski, 1997; Thrall, 2000).

A metapopulação é definida como um conjunto de populações conectadas por indivíduos que se movem entre elas (Hanski & Gilpin, 1996). Num hábitat fragmentado, quando os indivíduos podem se deslocar entre os fragmentos com a mesma facilidade com que se deslocam dentro de cada fragmento, temos uma única população da espécie em questão. Quando os indivíduos se movem livremente dentro dos fragmentos, mas o movimento entre eles é mais difícil (embora não impossível), temos um conjunto de populações bem diferenciadas, porém conectadas, o que se define como metapopulação. A subpopulação em cada fragmentação pode variar em tamanho. A extinção local pode ser evitada por imigrantes ocasionais que chegam dos fragmentos vizinhos, fenômeno denominado de efeito de resgate (*rescue effect*). Esse efeito é um dos responsáveis por uma das principais características de metapopulações: a proporção de fragmentos ocupados é relativamente constante através do tempo, embora exista a possibilidade de populações em fragmentos individuais serem extintas com relativa frequência (Hanski & Ovaskainen, 2000). A biologia de metapopulações já é utilizada para auxiliar no desenho de sistemas regionais de áreas protegidas (Etienne & Heesterbeec, 2000; Cabeza & Moilanen, 2001; Cabeza et al., 2004).

Por sua vez, a ecologia de paisagem é o estudo de como a composição e a configuração espacial dos hábitats em uma paisagem influenciam os padrões e os processos ecológicos. A paisagem é definida como uma área de terra heterogênea, composta por um conjunto de ecossistemas que interagem entre si (Forman & Godron, 1986). A importância da ecologia de paisagem para a proteção da diversidade biológica está no fato de que um grande número de espécies não é confinado a um simples hábitat, mas se move entre hábitats ou vive em áreas de bordas, onde dois hábitats se encontram. Para essas espécies, o padrão de ocorrência de tipos de hábitats em uma escala regional é de grande importância. Em função disso, nos últimos anos a aplicação da ecologia de paisagens na conservação cresceu tremendamente (Turner, 1989; Turner et al., 2001; Gutzwiller, 2002; Bissonette & Storch, 2002; Lindenmayer & Fischer, 2006).

A integração da ecologia da paisagem com a teoria de metapopulações fez com que os fragmentos de hábitat fossem colocados dentro de um contexto mais realista, formado por paisagens heterogêneas, que influenciam a dinâmica das populações e a diversidade de comunidades fragmentadas (Metzger, 1999; With, 2004). As populações locais de uma metapopulação ocorrem em parcelas de hábitat (*patchs*) que são imersas em um mosaico complexo, composto por parcelas de outros hábitats, corredores, bordas, etc. A manutenção de uma espécie em uma paisagem fragmentada resultará do equilíbrio entre o processo de extinção local, que depende da área e da qualidade do hábitat, e das possibilidades de recolonização, que dependerão da conectividade dos fragmentos (Wiens, 1996a; 1996b; Moilanen & Hanski, 2006).

Recentemente, a partir da teoria de metapopulações, evoluiu a teoria de metacomunidades, definida como um conjunto de comunidades locais que são ligadas pela dispersão (Holyoak et al., 2005). Essa teoria procura explicar os padrões de biodiversidade verificados em ampla escala espacial. As teorias de metapopulações, de metacomunidades e a ecologia de paisagens reforçam a necessidade de gerir as unidades de conservação e manejar seus recursos naturais, levando-se em conta a paisagem em que se inserem. Para garantir a conservação da biodiversidade no longo prazo, será necessário um esforço de planejamento da paisagem no entorno da UC. Incrementar a heterogeneidade e a conectividade da paisagem no entorno das UCs deve ser um dos objetivos a serem buscados.

A gestão das unidades de conservação à luz da Abordagem Ecossistêmica 7

Marcos Antônio Reis Araujo

A gestão de UCs à luz da ciência do século XX

Como relatado no Capítulo 3, o objetivo dos defensores das primeiras unidades de conservação nos Estados Unidos era o de salvar áreas naturais da degradação provocada pelo desenvolvimento. O pressuposto básico era o de que designar uma área como unidade de conservação e proibir a construção de estradas, a caça, a extração de madeira e outras atividades degradantes garantiriam sua preservação (Sellars, 1997). Além disso, os conservacionistas da Era do Progresso estavam preocupados com os resíduos, a destruição e a ineficiência que eles viam na utilização dos recursos naturais. Utilizando-se das mais recentes pesquisas científicas, eles esperavam eliminar a má utilização através da eficiente gestão dos recursos naturais nas unidades como as Florestas Nacionais. Conflitos entre demandantes concorrentes de recursos deviam ser resolvidos por especialistas científicos através do cálculo dos benefícios materiais e não através da luta política. Uma ciência racional, neutra, baseada em fatos foi apresentada como a base adequada para a administração das agências ambientais, bem como uma forma de resolver os problemas sociais (Cortner & Moote, 1999).

O profissionalismo passou a ser simbolizado pelo perito neutro que toma decisões exclusivamente com base em estudos empíricos e métodos de medição e que não é influenciado de forma marcante pela ideologia política. A crença de que decisões relativas à utilização dos recursos naturais deveriam ser confiadas aos peritos permeou as agências ambientais e as escolas de formação de profissionais ligadas à gestão ambiental e à gestão de unidades de conservação, e ainda é muito marcante até os dias atuais. O predomínio da opinião dos especialistas teve profundas consequências em relação ao papel do público no que tange aos assuntos políticos. Os peritos tomam a decisão, encobrindo o papel do cidadão. Sob a alegação de profissionalismo e objetividade, os especialistas transmitem uma imagem de que não estão comprometidos com a política ou com as decisões que envolvem valores e definições a respeito do interesse público. O público tornou-se um objeto a ser estudado, manejado, e convertido para a posição defendida pelos especialistas. Segundo Cortner & Moote (1999), como resultado, muitas vezes os especialistas desconsideram a opinião pública, supondo que:

> "(...) opinião pública é de boa qualidade quando concorda com os seus próprios pontos de vista e de má qualidade, quando isso não acontece. A lógica é esta: se os especialistas são bem informados, o público está mal informado. Dar ao público mais informações vai fazer com que ele concorde com a opinião dos especialistas. Mas, e se mesmo depois de serem informados, o público ainda não concordar? Raramente os especialistas concluem que o público tem um ponto de vista diferente igualmente digno de consideração".

Além disso, durante grande parte do século XX os recursos naturais e as unidades de conservação foram geridos sob a égide do paradigma do equilíbrio ecológico (Christensen, 1988; Meffe et al, 2002). Paradigma é um modelo mental, uma visão de mundo que reflete as nossas crenças e os pressupostos mais básicos sobre a condição humana. O paradigma aceito estrutura as questões dignas de atenção científica e define os processos pelos quais estas questões são examinadas (Kuhn, 2000).

Desde a Antiguidade e, sobretudo, depois dos trabalhos do naturalista Carl von Linne (1707-1778), dito Lineu, acreditava-se na existência de mecanismos de regulação e de equilíbrio das comunidades (Egerton, 1973). Lineu deu a essa ideia o seu primeiro nome: "*Oeconomia Naturae*" ou "economia da natureza" (Wu, 1995). A noção lineana de economia da natureza baseava-se numa disposição muito sábia dos seres naturais instituída pelo "soberano criador". Lineu acreditava na existência de uma repartição ou de um equilíbrio que seria providencial para os seres vivos na superfície do globo. Posteriormente, em 1832, Charles Lyell (1797-1875) publicou sua obra *Princípios de Geologia*. Na abordagem da questão biológica, Lyell substituiu a metafísica da "providência divina" pelas causas materiais (Acot, 1990). No entanto, a noção de equilíbrio continuou e era corroborada por diversas evidências.

Muitos ecossistemas demonstram características consistentes por longos períodos de tempo. A persistência dessas características por um longo tempo induziu os cientistas a acreditarem na existência de um estado de equilíbrio. A teoria do clímax climático, proposta pelo botânico americano Frederick Edward Clements (1874-1945) por volta de 1916, representa o ápice do paradigma do equilíbrio. Para Clements, a distribuição, a estrutura e o funcionamento dos ecossistemas são determinados principalmente pelo clima. O ecossistema, quando maduro (clímax), é estável, fechado, regulado internamente e se comporta de forma determinística. Após um distúrbio, o ecossistema segue, inexoravelmente, em direção à instância final no desenvolvimento comunitário – a comunidade clímax –, mediante o processo de sucessão ecológica (Talbot, 1997). A ideia básica do paradigma do equilíbrio é que, sob um determinado conjunto de condições físicas, como temperatura e pluviosidade, há um limite máximo para o número de espécies que podem coexistir e formar uma comunidade estável (Futuyma, 1992). O processo de sucessão ecológica caminha em direção à comunidade clímax que, por sua vez, permanece estável por longos períodos de tempo. Distúrbios como fogo, inundações, pestes, eram vistos como acontecimentos que retardavam o processo de sucessão, fazendo com que ele retornasse a estágios anteriores e, por isso, deveriam ser evitados através de medidas de manejo adequadas (Meffe et al., 2002).

Sob a égide do paradigma do equilíbrio, qualquer unidade da natureza seria, por si só, conservável, pois os sistemas naturais eram considerados fechados, estáticos e fixos. Qualquer unidade da paisagem poderia servir adequadamente para o estabelecimento de uma unidade de conservação e se manteria, por si só, em equilíbrio. *De certa forma, a gestão delas sob esse paradigma seria uma tarefa relativamente simples. As áreas naturais, se deixadas sozinhas, sobreviveriam indefinidamente. O desafio de mantê-las seria uma questão simples, resumindo-se a delimitar áreas a serem preservadas e a manter os distúrbios, principalmente os incêndios, do lado de fora.* Questões relacionadas à escala espacial, aos padrões da paisagem, à heterogeneidade e aos processos ecossistêmicos não eram abordadas (Sousa, 1984; Pickett et al., 1992; Barrett & Barrett, 1997; Christensen, 1997; Meffe et al, 2002). *A estratégia de manejo é a de "não me toque/mantenha distância".*

A mudança: a gestão de UCs à luz da ciência do século XXI

Para desespero dos gestores, constatou-se que muitas das ações de manejo estavam, na verdade, contribuindo para acelerar a degradação dos recursos naturais que se pretendia conservar nas unidades de conservação. Análises mais aprofundadas dessas questões demonstraram que as rígidas estratégias científicas e tecnologias de manejo estavam falhando porque elas pressupunham que os sistemas ecológicos estão próximos ao equilíbrio e apresentam constância de relações. Outro motivo apontado para a falha era que essas estratégias não atentavam para relações complexas entre variáveis que levam a uma inerente imprevisibilidade nos sistemas ecológicos (Botkin, 1992; Gunderson, 2000; Berkes & Folke, 2000; Berkes et al., 2006). Apesar de a teoria clementsiana ter sido rejeitada pelos ecologistas já na década de 1940, sua retórica continua moldando o discurso ambientalista e a gestão de recursos naturais até os dias atuais (Garrard, 2006).

Na década de 1980, o foco da gestão das unidades de conservação começou a mudar. Três temas surgiram cada vez mais integrados. Uma preocupação com a saúde dos ecossistemas, a preferência pela gestão na escala da paisagem e de modo descentralizada, e um novo tipo de participação do público que passou a integrar o processo de tomada de decisão. No início de 1990, surgiu a filosofia do manejo de ecossistemas ou abordagem ecossistêmica. O Relatório do Conselho Nacional de Pesquisas, da Sociedade Ecológica Americana e da Sociedade Americana dos Engenheiros Florestais, conclamou todos a aplicarem novas abordagens ecológicas para o estudo e para a gestão dos recursos naturais. Em 1994, dezoito agências federais adotaram uma nova abordagem, denominada de gestão de ecossistemas, como base para a condução de sua política (Cortner & Moote, 1999).

O surgimento da Ciência Pós-Normal

Na mesma linha crítica de abordagem descrita acima, Funtowicz & Ravetz (1997) argumentam que o método científico e o conhecimento técnico esotérico dos especialistas, no sentido de serem tais conhecimentos acessíveis somente aos especialistas que dominam seus jargões ao longo de um demorado e seletivo processo de formação, sobrepuseram-se a todas as outras modalidades de conhecimento. Foram destituídas de sua autoridade a experiência do senso comum e as habilidades herdadas que os povos usavam para viver e fazer coisas. Por uma tradição derivada do iluminismo do século XVIII, a racionalidade subjacente às decisões públicas deve obrigatoriamente se apresentar como científica. Assim, intelectuais que dominam o estilo científico passaram a ser encarados como autoridades supremas, detentoras e provedoras de sabedoria prática. Disseminou-se universalmente a suposição de que a *expertise* científica é o componente crucial da tomada de decisões concernentes à natureza e à sociedade. Essa posição ainda é predominante no campo da gestão de unidades de conservação no Brasil. Somente depois do surgimento da corrente socioambiental é que esse panorama começou a mudar lentamente.

Segundo esses mesmos autores, os problemas atuais de saúde e meio ambiente, dentre outros, têm características comuns que os distinguem dos problemas científicos tradicionais. Sua escala é planetária e seu impacto, de longa duração. Os fenômenos são novos, complexos, variáveis e, com frequência, mal compreendidos. Dados sobre seus efeitos e dados para determinar as linhas de base de sistemas "não perturbados" mostram-se totalmente inadequados. Em geral, a ciência não fornece teorias bem fundamentadas em experimentos para explicar e prever esses problemas novos. Com base nesses aportes científicos tão incertos, decisões políticas devem ser tomadas, e, na maioria das vezes, com certa urgência. Assim sendo, as políticas destinadas a solucionar os problemas de meio ambiente não podem ser determinadas à luz de predições científicas, tendo de se apoiar mais fortemente apenas em cálculos políticos.

Funtowicz & Ravetz (1997) chamam a estratégia de resolução de problemas adequada a esse contexto de complexidade, incerteza e urgência na tomada de decisões de Ciência Pós-Normal. A função essencial de controle de qualidade e avaliação crítica não pode mais ser desempenhada por um corpo restrito de especialistas. O diálogo sobre a qualidade e a formulação de políticas deve ser estendido a todas as partes afetadas pela questão, que formam o que os autores chamam de "comunidade ampliada dos pares". O conceito de Ciência Pós-Normal vem aos poucos influenciando o manejo de ecossistemas (Laplante, 2005) e consequentemente das unidades de conservação.

A gestão de unidades de conservação sob o paradigma do não equilíbrio

Os fatos relatados acima levaram a uma mudança de paradigma. Surgiu, então, o paradigma do não equilíbrio. Ele enfatiza que as comunidades são muito mais abertas, estão em estado de constante fluxo, usualmente sem uma estabilidade no longo prazo e são aleatoriamente afetadas por uma série de fatores, como padrões climáticos globais, que se originam fora da própria comunidade (Sprugel, 1991; Pickett & Thompson, 1978; Pickett et al., 1992; Picket & Rogers, 1997). A visão de equilíbrio ou balanço da natureza foi substituída pela visão de fluxo da natureza (Meffe et al., 2002). Assim, consolidou-se a visão de que os ecossistemas presentes dentro das unidades de conservação são sistemas em não equilíbrio. As implicações disso para a gestão de unidades de conservação são:

♦ Uma parcela da natureza não será facilmente conservada em uma reserva isolada de seu entorno, *devendo a matriz ser, obrigatoriamente, incorporada aos planos de manejo.*

♦ As unidades de conservação não se manterão em um estado de equilíbrio. *Elas experimentarão distúrbios naturais e também distúrbios antrópicos e, provavelmente, como resultado, estarão em permanente estado de mudança.*

O paradigma do não equilíbrio demonstra que as UCs não terão sucesso em conservar a biodiversidade simplesmente por se tentar protegê-las das influências antrópicas. Elas serão afetadas por distúrbios e influências a partir do hábitat matriz (incluindo influências antrópicas), o que resultará em mudanças na composição de espécies, nos índices e no curso dos processos naturais. E essa dinâmica precisará ser incorporada à sua gestão. O conhecimento ecológico acumulado aponta no sentido de uma abordagem centrada na gestão integrada da paisagem (Bensusan, 2001).

O surgimento da Abordagem Ecossistêmica

O novo entendimento dos sistemas naturais, o reconhecimento da importância de distúrbios naturais periódicos nos ecossistemas, dos múltiplos estados de equilíbrio possíveis à ascensão da disciplina da biologia da conservação, e as mudanças sociais e econômicas que ocorreram em meados do século XX promoveram uma mudança de visão nas agências de manejo dos recursos naturais e das unidades de conservação em várias partes do mundo, o que resultou na adoção da abordagem denominada Manejo de Ecossistemas ou Manejo Ecossistêmico (Hobbs et al., 2010). Isso representa a abordagem centrada na gestão integrada da paisagem relatada acima. Nos Estados Unidos, essa abordagem surgiu e começou a se consolidar na década de 1980 (Agee & Johnson, 1988; Franklin, 1997). Em 1996, a Sociedade Ecológica Americana publicou um documento propondo as bases científicas para o Manejo de Ecossistemas (Christensen et al., 1996). Em meados da década de 1990 já haviam sido identificados 619 locais onde abordagem ecossistêmica era adotada (Yaffee et al., 1996).

Posteriormente, durante a Quinta Conferência das Partes da Convenção sobre Diversidade Biológica (COP-5/CDB) realizada em maio de 2000 em Nairóbi, no Quênia, optou-se pela adoção da Abordagem Ecossistêmica (Decisão V/6) no âmbito da CDB. O Órgão Subsidiário de Assessoramento Científico, Técnico e Tecnológico da CDB (SBSTTA) definiu em sua nona reunião, que aconteceu em novembro de 2003, em Montreal, no Canadá, o "Enfoque por Ecossistemas como uma estratégia de gestão integrada da terra, água e recursos vivos que promove a conservação e o uso sustentável de forma equitativa". Salientou que a aplicação desse enfoque ajudará a alcançar os objetivos da CDB. Sua aplicação se baseia no uso de metodologias científicas apropriadas centradas nos níveis de organização biológica, os quais compreendem os processos, as funções e as interações essenciais entre os organismos e seu meio ambiente. Reconhece que os seres humanos, com sua diversidade cultural, são um componente integrante de muitos ecossistemas (SBSTTA, 2003). Para apoiar a aplicação dessa decisão, a IUCN produziu, em 2003, o documento *Usando o Enfoque Ecossistêmico para Implementação da Convenção sobre Diversidade Biológica: questões-chave e estudos de caso* (Smith & Maltby, 2003).

A maioria dos proponentes do Manejo Ecossistêmico concorda que seu objetivo primordial é a sustentabilidade nas dimensões ecológica e socioeconômica. Seus defensores consideram a sustentabilidade social e ecológica como interdependentes, pois a sustentabilidade das comunidades humanas depende da manutenção da sustentabilidade ecológica, e a sustentabilidade ecológica depende do comportamento humano. Os seres humanos são considerados parte integrante dos ecossistemas que habitam e usam, pois os seres humanos são afetados por eles e ao mesmo tempo os afetam. Entre as definições para manejo de ecossistemas também se pode destacar a da *Interagency Ecosystem Management Task Force apud* Cortner & Moote (1999):

> "O objetivo do Manejo de Ecossistemas é restaurar e manter a saúde, a produtividade e a diversidade biológica dos ecossistemas e da qualidade geral de vida através de uma gestão dos recursos naturais que é totalmente integrada aos objetivos sociais e econômicos."

A abordagem ecossistêmica se baseia em 12 princípios que estão descritos abaixo (Unesco, 2000):

1. Os objetivos de manejo dos solos, dos recursos hídricos e dos recursos biológicos devem ser definidos pela sociedade.

2. A gestão dos ecossistemas deve ser descentralizada até o nível apropriado mais baixo, conforme o tema abordado.

3. Os gestores dos ecossistemas devem levar em consideração os efeitos atuais e potenciais de suas atividades sobre os ecossistemas vizinhos e sobre outros ecossistemas.

4. Devido aos potenciais benefícios derivados da gestão, é preciso compreender e administrar o ecossistema dentro do contexto econômico no qual ele está inserido.

5. A conservação das estruturas e do funcionamento dos ecossistemas deve ser o objetivo prioritário da abordagem ecossistêmica.

6. Os ecossistemas devem ser administrados dentro dos limites de seu funcionamento.

7. A abordagem ecossistêmica deve ser implementada nas escalas espaciais e temporais apropriadas.

8. Devido às diferentes escalas temporais e aos atrasos que caracterizam os processos ecossistêmicos, os objetivos de gestão devem ser estabelecidos em longo prazo.

9. A gestão deve reconhecer que as mudanças nos ecossistemas são inevitáveis.

10. A abordagem ecossistêmica deve buscar o equilíbrio apropriado entre a conservação e a utilização sustentável da biodiversidade.

11. O enfoque ecossistêmico deve considerar todas as informações relevantes, incluindo os conhecimentos, as inovações e as práticas das comunidades científica, indígena e local.

12. O enfoque ecossistêmico deve envolver todos os setores relevantes da sociedade e todas as disciplinas científicas pertinentes.

Ainda segundo a Unesco (2000), para a aplicação dos doze princípios da abordagem ecossistêmica as seguintes orientações operacionais devem ser observadas:

♦ Dar atenção prioritária às relações funcionais da biodiversidade nos ecossistemas.

♦ Promover a distribuição justa e equitativa dos benefícios advindos dos serviços ambientais prestados pela biodiversidade nos ecossistemas.

♦ Utilizar práticas de gestão adaptativas.

♦ Aplicar as medidas de gerenciamento na escala apropriada para o tema que está sendo abordado, descentralizando a gestão até o nível mais baixo, conforme a necessidade.

♦ Assegurar a cooperação intersetorial.

Para embasar a aplicação da abordagem ecossistêmica, no final do século XX começou a aplicação da Teoria da Complexidade na abordagem dos problemas relacionados ao manejo dos recursos naturais e, consequentemente, das unidades de conservação. A Teoria da Complexidade foi desenvolvida a partir de ideias-chave que surgiram na economia, na física, na biologia e nas ciências sociais e contribui com novos conceitos para abordar as questões relacionadas à sustentabilidade ambiental (Norberg & Cumming, 2008).

Como relatado, à medida que o entendimento científico sobre os processos ecológicos evoluiu, a ideia de que a dinâmica dos ecossistemas é complexa, não linear, e muitas vezes imprevisível, ganhou proeminência. Constatou-se que, em vez de seguir uma progressão inevitável para um derradeiro ponto final (comunidade clímax), alguns ecossistemas podem ocorrer em um número variado de estados dependendo das condições ecológicas (Gunderson, 2000; Waltner-Toews et al., 2008; Berkes et al, 2006).

Um sistema simples pode ser adequadamente compreendido utilizando-se uma única perspectiva e um modelo analítico padrão derivado da mecânica newtoniana. Em contraste, os sistemas complexos frequentemente têm uma série de atributos não observados nos sistemas simples, tais como a não linearidade, a incerteza, a existência de propriedades emergentes, a influência da escala e a auto-organização. Soluções matemáticas para equações não lineares não dão uma simples resposta numérica. Ao invés disso, produzem uma grande coleção de valores que satisfazem a equação. A solução não produz um simples equilíbrio, mas muitos equilíbrios, algumas vezes referidos como estados estáveis ou domínios de estabilidade, cada um tendo seus próprios limiares. Sistemas Complexos se organizam em torno de um ou de vários possíveis estados de equilíbrio ou atratores. Quando as condições mudam, os *loops* de retroalimentação (*feedbacks*) tendem a mantê-lo no seu estado corrente. Num certo nível de mudança das condições (limiar), o sistema pode mudar muito rapidamente ou mesmo catastroficamente. Quando tais mudanças podem ocorrer, e o estado dentro do qual o sistema estará, raramente pode ser previsto (Berkes et al, 2006).

Para lidar com essas novidades foram propostos novos conceitos. Um que se destaca é o conceito de Resiliência. É definido como a soma de distúrbios que um sistema pode absorver sem provocar mudanças no seu estado atual (Holling, 1973). Em outras palavras, resiliência é medida pela quantidade de distúrbios que podem ser absorvidos antes de o sistema redefinir sua estrutura devido à mudança em variáveis e em processos-chave que controlam o seu comportamento (Gunderson & Holling, 2002).

Uma forma de representar os estados do sistema é a utilização de um diagrama representado por uma bola e uma bacia. O ponto de estabilidade no sistema é representado como o fundo da bacia. O estado atual do sistema é representado pela posição da bola. A bola tende a rolar para o fundo da bacia, para o ponto mais estável. Se o sistema é perturbado, ele (bola) vai afastar-se temporariamente a partir desse ponto estável, mas acabará voltando ao estado original (Figura 7.1) (Resilience Alliance, 2007).

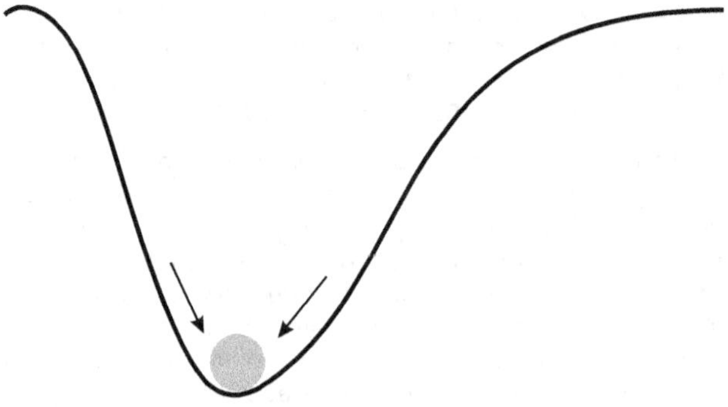

Figura 7.1 Diagrama demonstrando o estado de equilíbrio de um sistema.

No entanto, frequentemente há mais de um ponto estável ou um estado de equilíbrio. Como exemplo, podemos considerar um ecossistema de savana com dois possíveis estados de equilíbrio ou pontos de estabilidade: um estado dominado por gramíneas e poucos arbustos e outro totalmente dominado por arbustos (Figura 7.2).

Figura 7.2 Possíveis estados de equilíbrio para um ecossistema de savana.

Cada um desses estados de equilíbrio tem uma bacia associada. O estado de equilíbrio do sistema depende de qual bacia atratora predomina no momento. Num momento é possível que predomine a bacia na qual o ecossistema se configura como dominado quase completamente por gramínea (Figura 7.3).

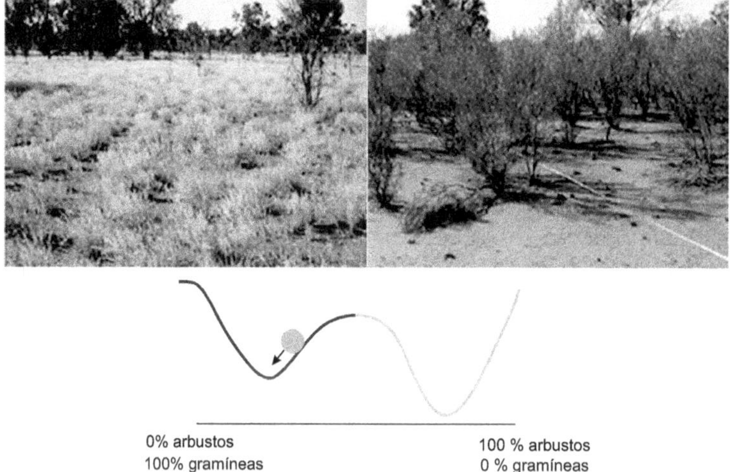

Figura 7.3 Ecossistema de savana cujo estado de equilíbrio é dominado por gramínea. (Fonte: Resilience Alliance, 2007.)

Pode-se mudar, através do pastoreio e do uso do fogo, o estado de equilíbrio no qual predominam as gramíneas. Colocam-se inicialmente poucas cabeças de gado que comem um pouco da gramínea, o sistema se desloca do seu equilíbrio, mas ainda predomina o estado dominado pelas gramíneas. Se o gado for removido, a savana tende a retornar ao seu estado com predomínio de gramíneas (a bola se desloca do fundo do vale na Figura 7.3, mas posteriormente retorna à posição original). Mas e se um monte de grama é comido e incêndios são frequentes? Então, o sistema pode ultrapassar o limitar das diferentes bacias e passar para o estado em que predominam os arbustos. Mesmo se o gado for removido e os incêndios cessarem, o sistema tenderá a permanecer nessa bacia, na qual o estado de equilíbrio é dominado por arbustos e ausência de gramíneas (Figura 7.4). A largura e profundidade das bacias dizem o quão difícil pode ser passar de uma bacia (estado de equilíbrio) para outra. Como a bacia do estado do sistema dominado por arbustos é mais profunda, mais difícil será reverter o sistema para o estado anterior. Este estado possui maior resiliência, ou seja, é capaz de absorver maior quantidade de distúrbios sem mudar seu estado de equilíbrio. A presença de múltiplos estados (múltiplos equilíbrios) e a transição entre eles têm sido descritas para outros sistemas ecológicos como os recifes de corais e lagos (Folke et al., 2004).

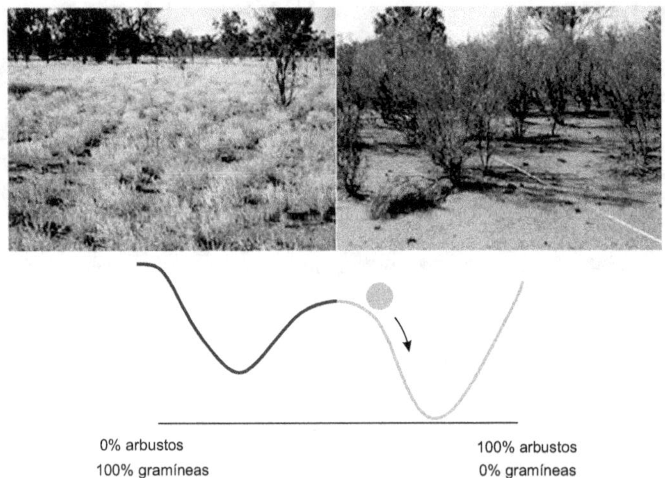

Figura 7.4 Ecossistema de savana cujo estado de equilíbrio é dominado por arbustos. (Fonte: Resilience Alliance, 2007.)

A teoria da Complexidade reconhece que o objeto de trabalho são Sistemas socioecológicos complexos e imprevisíveis, nos quais os subsistemas ecológicos, sociais e econômicos estão fortemente integrados e se influenciam mutuamente (Berkes & Folke, 2000; Berkes et al., 2006). Eles devem ser manejados como um todo. Estudos de longa duração realizados na região do Serengueti, na África, por Sinclair et al. (2008) validam essa visão. É sob essa perspectiva que as unidades de conservação devem começar a ser manejadas (Figura 7.5). A estratégia de gestão dos recursos naturais nas UCs deve evoluir do padrão "não me toque/mantenha distância" para a proposta de gestão participativa e de gestão da resiliência do sistema.

Os objetivos de manejar a resiliência e a governança nos sistemas socioecológicos podem ser agrupados em três grandes categorias: 1) manter esses sistemas dentro de uma configuração particular de estado de equilíbrio que possibilitará a continuidade no provimento de bens e serviços em níveis desejáveis; 2) prevenir que o sistema se mova para uma configuração indesejável, a partir da qual será muito difícil ou mesmo impossível reverter a situação e; 3) mover o sistema de um estado menos desejável para uma configuração mais desejável (Waltner-Toews, 2008). Além de sua aplicação na gestão de unidades de conservação (Cole & Yung, 2010), a teoria da complexidade vem sendo aplicada na silvicultura (Puettmann, et al., 2009) e na restauração ecológica (Hobbs & Suding, 2009).

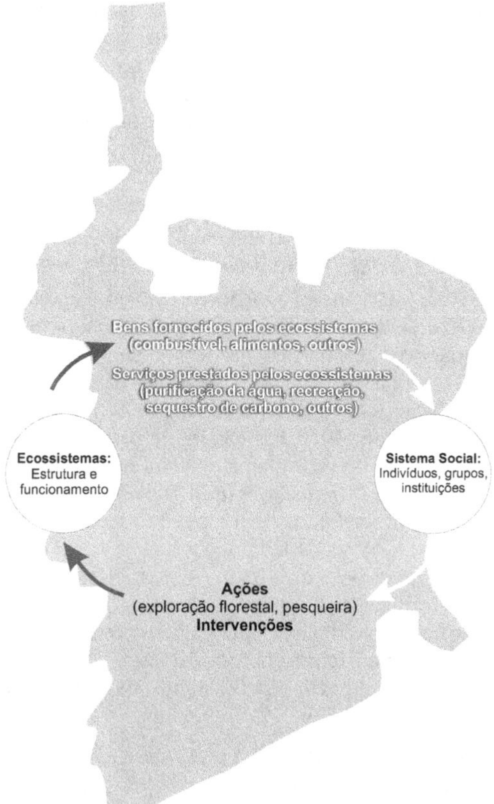

Figura 7.5 Unidade de conservação de uso sustentável vista como um sistema socioecológico. O domínio econômico está inserido dentro do sistema social.

O Manejo Adaptativo

A Abordagem Ecossistêmica está intimamente relacionada ao Manejo Adaptativo ou Gestão Adaptativa (Agee, 1996). O Manejo Adaptativo assume que as surpresas são inevitáveis, que os conhecimentos sempre serão incompletos e que as interações entre os seres humanos e os ecossistemas estarão sempre em evolução (Lee, 1993; Norton, 2005; Waltner-Toews, 2008; Moran & Ostrom, 2009). O manejo adaptativo é um método integrado, multidisciplinar para o manejo dos recursos naturais. Ele é adaptativo porque reconhece que os recursos naturais a serem manejados estão mudando e por isso os gestores devem responder ajustando as ações conforme a situação muda. Há e sempre haverá incerteza e imprevisibilidade nos ecossistemas manejados e ambos, sistema natural e sistema social, experimentarão novas situações e sofrerão influências mútuas por causa das ações de manejo. Surpresas são inevitáveis. Aprendizado ativo é o caminho através do qual a incerteza é enfrentada. O Manejo Adaptativo reconhece que as políticas devem satisfazer objetivos sociais e devem ser continuamente modificadas e ser flexíveis para se adaptarem a essas surpresas (Lee, 1993; Waltner-Toews, 2008).

A Gestão Adaptativa encara as ações de manejo como hipóteses, sendo elas tratadas aproximadamente como um "experimento científico." O processo de manejo adaptativo incluiu alta incerteza, desenvolve e avalia hipóteses ao redor de um conjunto de resultados desejáveis para o sistema e estrutura suas ações para avaliar e testar essas hipóteses (Lee, 1993; Waltner-Toews, 2008). No início do processo de gestão formula-se um plano com hipóteses claras sobre o comportamento do ecossistema que está sendo objeto do manejo e se definem os resultados a serem alcançados. O plano é executado e constantemente avaliado. Se os resultados esperados estão sendo alcançados, há uma indicação de que as hipóteses iniciais podem estar corretas e as ações de manejo devem continuar como proposto. Se os resultados esperados não foram alcançados e, em consequência, as hipóteses não se confirmaram, deve-se rever a hipótese de trabalho e implementar os ajustes necessários no plano (Agee, 1996) (Figura 7.6). O manejo adaptativo propicia o aprendizado e com isso possibilita que futuras decisões se beneficiem de uma melhor base de conhecimentos.

Recentemente, alguns autores têm proposto a evolução para o Co-Manejo Adaptativo, que pode ser definido como um arranjo institucional de longo prazo que permite às partes interessadas compartilhar responsabilidade no manejo de um sistema específico de recursos naturais e aprender a partir de suas ações (Armitage et al., 2007). Para esses autores, o Co-Manejo Adaptativo pode representar uma importante inovação na governança dos recursos naturais sob condições de mudança, incerteza e complexidade. Suas características-chave são o foco no aprender fazendo, integração de diferentes tipos de conhecimentos (tradicional e científico), colaboração e partilha de poder entre as comunidades e os níveis estadual e nacional e a flexibilidade no manejo. Suas propostas vão ao encontro do que o movimento socioambiental brasileiro apregoa, como pode ser constatado na obra de Diegues (2000).

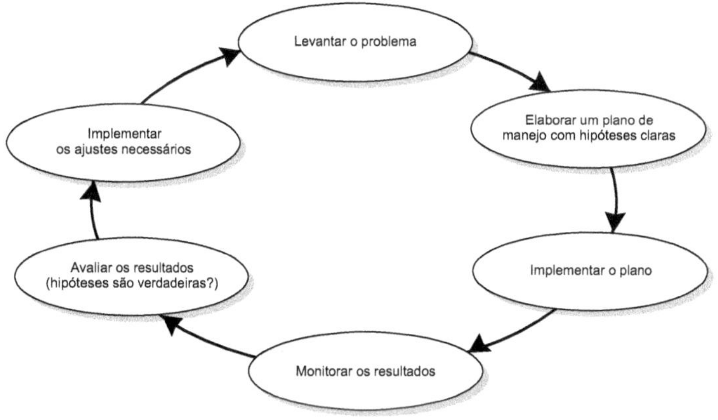

Figura 7.6 Ciclo do manejo adaptativo.

Como colocar o Manejo Adaptativo em prática numa UC

Para implementação do Manejo Adaptativo é necessário estabelecer hipóteses sobre o sistema socioecológico que está sendo manejado. Uma maneira de vislumbrar isto é através da modelagem (Waltner-Toews, 2004). De modo geral, um modelo pode ser compreendido como sendo "qualquer representação simplificada da realidade". A modelagem constitui-se em um importante instrumento para analisar as características e investigar as mudanças nos sistemas ambientais. A modelagem de sistemas ambientais pode ser considerada como um importante instrumento dentro dos procedimentos metodológicos da pesquisa científica, pois a construção de modelos a respeito dos sistemas ambientais representa a expressão de uma hipótese científica, que necessita ser avaliada como sendo o enunciado teórico sobre o sistema ambiental focalizado (Christofoletti, 1999).

Através do modelo é possível levantar hipóteses sobre como se relacionam o sistema socioeconômico e o sistema ecológico e como eles se influenciam mutuamente. A partir das hipóteses levantadas com a modelagem é possível propor ações de gerenciamento (manejo) dos sistemas ecológicos e socioeconômicos que façam com que esses sistemas se situem na configuração desejável (Figura 7.7).

O primeiro passo é elaborar um diagnóstico dos sistemas ecológicos e socioeconômico. Depois se elabora um diagrama de como os ecossistemas da unidade de conservação responderão às pressões e às ações do sistema socioeconômico das comunidades residentes ou das comunidades de entorno. O digrama deverá descrever a hipótese sobre o comportamento do ecossistema que está sendo manejado. Num primeiro momento, para começar a entender o sistema pode-se construir um diagrama linear como o demonstrado na Figura 7.8.

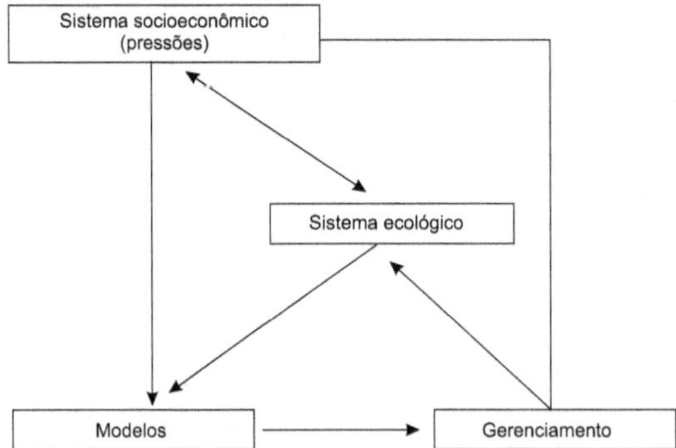

Figura 7.7 Modelagem de um sistema socioecológico como base para implementação do Manejo Adaptativo. (Modificado de Gomes & Varriale, 2004.)

Como discutido anteriormente, os sistemas socioecológicos não seguem uma dinâmica linear. Então, se for possível, deve-se construir um mapa sistêmico (diagrama) utilizando-se a linguagem sistêmica (Figura 7.9). Esse processo de construção deve ser realizado, de forma participativa, com a equipe da unidade e com os atores sociais envolvidos com a unidade, pois os possíveis estados dos ecossistemas e do sistema socioeconômico e as relações entre eles precisam ser bem compreendidos. Na Figura 7.9, R significa enlaces reforçadores, ou seja, processos de crescimento (*feedback*) positivo ou negativo, com comportamento tipicamente exponencial. B significa enlaces de balanceamento que são responsáveis pelo equilíbrio, ou limites ao crescimento. Para maior entendimento da linguagem sistêmica e da construção de mapas sistêmicos veja Andrade et al. (2006). Essa abordagem sistêmica foi utilizada pelo autor em diversos planos de manejo de parques no estado de Minas Gerais.

A utilização da linguagem sistêmica permite alcançar um maior nível de aprendizado. Permite também um questionamento dos modelos mentais, ou seja, das ideias profundamente arraigadas nas mentes dos gestores que influenciam seu modo de encarar o mundo e suas atitudes, que acabam por impedir uma visão mais ampla da realidade e a busca de soluções sustentáveis e definitivas (Senge, 1995; Senge, 1997; Andrade et al., 2006).

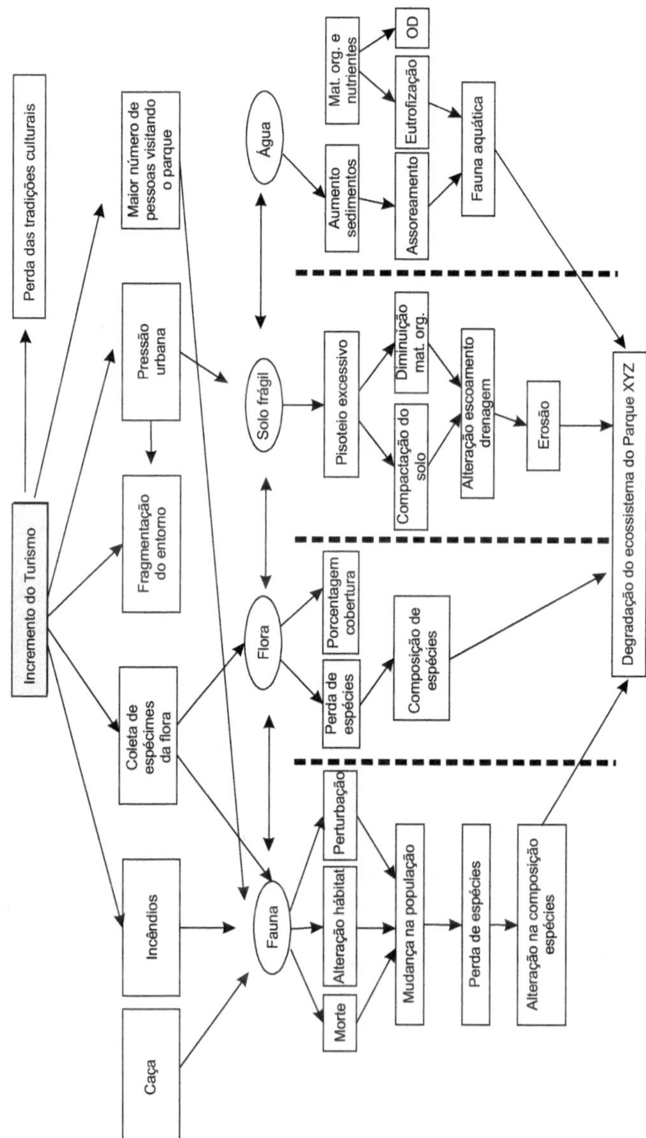

Figura 7.8 Diagrama mostrando como o sistema socioeconômico, representado pelo turismo, afeta o sistema ecológico de um parque.

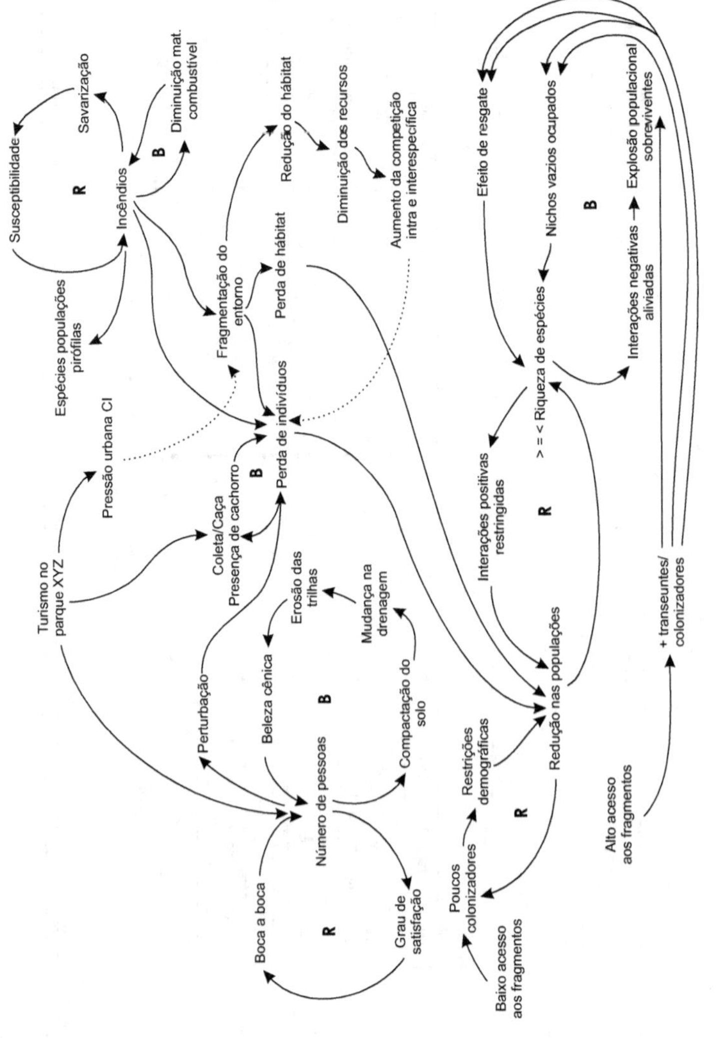

Figura 7.9 Diagrama sistêmico de como o sistema socioeconômico, representado pelo turismo, afeta o sistema ecológico de um parque.

Outra vantagem é que o mapa sistêmico pode facilmente ser traduzido para a linguagem matemática, permitindo a construção de modelos que propiciarão a simulação do gerenciamento da unidade de conservação e a verificação dos possíveis efeitos sobre o sistema socioecológico em estudo antes mesmo de se aplicarem as ações de manejo. A realização da simulação de forma participativa com todas as partes interessadas permite um forte aprendizado e o comprometimento com as decisões de gerenciamento acordadas (Belt, 2004).

A partir da análise do diagrama, serão definidas as ações de gerenciamento (manejo) da unidade de conservação, que por sua vez serão agrupadas nos programas de manejo ou programas temáticos. Durante a execução futura das ações de gerenciamento será verificado se os resultados esperados estão sendo alcançados e, consequentemente, se a hipótese de trabalho é verdadeira. Caso a hipótese não se confirme, será possível, por meio de nova análise do diagrama, verificar em qual ponto a hipótese de trabalho está equivocada e, consequentemente, aprender mais sobre o funcionamento do sistema socioecológico sob gestão.

As unidades de conservação e as mudanças climáticas

Para uma grande parcela da comunidade científica não há dúvidas de que o clima do planeta está mudando em função das emissões antropogênicas de gases do efeito estufa. Há também um crescente consenso de que, se a temperatura global não aumentar mais do que 2°C, a integridade do planeta poderá ser mantida e muitas consequências potencialmente graves das mudanças climáticas evitadas.

As unidades de conservação fornecem os hábitats naturais menos perturbados e, consequentemente, são a melhor esperança de uma resposta natural através da continuidade do processo evolutivo. Para conservar a biodiversidade num ambiente de mudança climática, não bastará mais gerir as unidades de conservação de forma isolada. A gestão terá de ocorrer no nível da paisagem, procurando integrar as áreas protegidas com os elementos não protegidos da matriz, bem como buscando uma maior coordenação nas escalas espacial e temporal. Nessas condições, o manejo irá exigir mais recursos, mais gente, mais conhecimento, maior capacidade de articulação, flexibilidade e adaptação. Integrar a gestão das UCs com a gestão da paisagem ao seu redor vai ser o grande desafio para minimizar a potencial perda de biodiversidade advinda das mudanças climáticas (Hannah & Salm, 2005). Estas prescrições coincidem com as relatadas acima, apregoadas pelo paradigma do não equilíbrio e com a proposta de abordagem ecossistêmica.

Estudo de caso 7.1

Aplicação da abordagem ecossistêmica: gestão ambiental de atividades rurais no entorno de unidades de conservação visando à proteção da biodiversidade

Geraldo Stachetti Rodrigues, Izilda Aparecida Rodrigues, Edmar Ramos de Siqueira, André Campos Botelho, Raone Beltrão Mendes, Janaína Mendonça Pereira, Túlio Dias, Eduardo Jorge Maklouf de Carvalho, Marcos Corrêa Neves, Nelson Gabriel Domingues, Cláudio César de Almeida Buschinelli

Do conflito entre produção e conservação

A gestão ambiental das atividades rurais é uma prioridade para minimizar o presente processo de acentuada perda de diversidade biológica observada em todo o mundo, uma vez que a maior parte da biodiversidade terrestre do planeta ocorre em sistemas agrícolas e florestais intensiva ou extensivamente explorados em atividades produtivas (Pimentel et al., 1992; Rodrigues, 2001). Como demonstrado no Capítulo 2, entre os impactos negativos da expansão e intensificação da agricultura, a fragmentação e o isolamento dos hábitats naturais, em uma matriz de paisagem inadequada para muitas espécies, representam as mais importantes pressões sobre a biodiversidade (Laurance et al., 2002; Silva et al., 2008; Pardini et al., 2010).

É para se contrapor a essas pressões que o Sistema Nacional de Unidades de Conservação enfatiza, entre seus objetivos, a manutenção da diversidade biológica, a proteção de espécies ameaçadas, a preservação e restauração de ecossistemas naturais, tudo isso para promoção do desenvolvimento sustentável (Araújo, 2007, p. 91). Produzir em bases sustentáveis é também o desafio da agricultura na presente fase de expansão econômica global, com adoção de tecnologias e práticas de manejo que garantam ambiente saudável, segurança alimentar com eficiência econômica e justo compartilhamento dos benefícios sociais. A conservação da biodiversidade é parte inseparável desse desafio (Campanhola et al., 1998), que confronta máxima proteção da complexidade ecológica (os hábitats naturais e as áreas de preservação) e máxima produção de recursos exportáveis (os agroecossistemas e as cadeias produtivas agropecuárias).

Amalgamando a evolução teórica descrita no Capítulo 7 para culminar com o manejo adaptativo, E. Odum (1969) propôs uma elegante formulação desse conflito entre produção e preservação, ao comparar aspectos da estrutura e do funcionamento de ecossistemas em estágios iniciais da sucessão ecológica e em ecossistemas desenvolvidos, i.e., no estágio de equilíbrio dinâmico característico dos hábitats naturais. É correto estender essa comparação para agroecossistemas, de um lado, e ecossistemas clímax, de outro; cada qual representando os extremos antagônicos de produzir ou preservar. Para Odum, reconhecer as bases ecológicas desse conflito é um primeiro passo na busca de uma solução de compromisso em favor da biodiversidade, qual seja: estender ecossistemas em estágios avançados de sucessão no mosaico da paisagem agrícola. O desafio metodológico a enfrentar, foco do presente capítulo, é a organização dos interesses sociais dos diferentes atores, visando ao manejo adaptativo.

Assim, postula-se – na paisagem mista agrícola, promover a conservação e a recuperação de remanescentes de hábitats naturais e sua conectividade, em meio às parcelas produtivas agropecuárias, representa a melhor estratégia para proteção da biodiversidade (Rodrigues, 1999). Este postulado deve reconhecer, em termos práticos, que os hábitats naturais (inseridos ou não em unidades de conservação) serão afetados por distúrbios e influências geradas desde a matriz produtiva rural, que causarão mudanças na composição de espécies e nos processos naturais; uma dinâmica que, portanto, deve ser incorporada ao manejo (agrícola e de conservação) (Araújo, 2007, p. 115). E, tendo o manejo por foco, admite uma premissa de ação pela qual, ao diversificar a paisagem (i.e., promover o que se denomina 'diversidade gama'), todos os níveis de biodiversidade serão favorecidos, implicando, também, grande simplificação de objetivos para definição de políticas de fomento e controle (comanejo adaptativo), tanto das atividades produtivas quanto das medidas de conservação, em alcance local e regional.

Uma abordagem metodológica para gestão ambiental de atividades rurais e manejo de agroecossistemas

Perseguindo esses objetivos, um procedimento integrado de gestão ambiental de atividades rurais vem sendo desenvolvido pela Embrapa Meio Ambiente e seus parceiros, aplicável à organização de redes sociais para o desenvolvimento sustentável, partindo de estabelecimentos rurais para alcançar a escala de territórios (Rodrigues et al., 2006). Idealizado para promover o desempenho produtivo agropecuário, o sistema denominado APOIA-NovoRural[1]

---

1. Sistema de Avaliação Ponderada de Impacto Ambiental de Atividades do Novo Rural (Rodrigues & Campanhola, 2003).

integra 62 indicadores em cinco dimensões de sustentabilidade (i. Ecologia da paisagem, ii. Qualidade ambiental, iii. Valores socioculturais, iv. Valores econômicos e v. Gestão e administração). A abordagem metodológica tem sido exercitada em territórios no entorno de unidades de conservação, para promoção da gestão ambiental das atividades rurais e para ampliação da conectividade da paisagem, visando à conservação da biodiversidade.

Segundo esta abordagem, a análise de desempenho ambiental dos estabelecimentos rurais provê fundamentos para elaboração de planos de manejo para Unidades de Conservação de Uso Sustentável, no que concerne aos impactos das atividades agropecuárias, como realizado na Área de Proteção Ambiental da Barra do Rio Mamanguape, PB (Rodrigues et al., 2008). Já no tocante a Unidades de Conservação Integral, os procedimentos de gestão ambiental podem favorecer a recomendação de ações de recuperação e restauração de áreas alteradas no entorno, promovendo a conectividade da paisagem e a extensão de corredores ecológicos que podem, por sua vez, contribuir para a conservação de espécies ameaçadas, como executado na Estação Biológica de Caratinga, MG (Pereira et al., 2010).

Nessa linha de intervenção, seja com ações voltadas ao desenvolvimento territorial, seja em atendimento às demandas de cadeias produtivas rurais, motivam-se os produtores a compreenderem o caráter sistêmico de suas práticas de manejo e a ponderarem sobre a adoção de recomendações de gestão visando à sustentabilidade. Uma importante hipótese de trabalho nesse sentido emerge da análise do universo de estudos realizados segundo essa abordagem, com mais de 180 unidades produtivas estudadas, incluindo desde comunidades tradicionais e produtores familiares até grandes empreendimentos agropecuários (Rodrigues et al., 2010). Observa-se nessa análise que, segundo a concepção sistêmica do APOIA-NovoRural, a dimensão Ecologia da paisagem tem se mostrado a principal determinante da sustentabilidade, uma constatação que traz pouca surpresa. Mais interessante é que a dimensão Gestão e administração, à primeira vista pouco determinante das condições de desempenho ambiental, permeia o conjunto dos indicadores e promove a sustentabilidade de forma integrada.

A se confirmar essa hipótese, inclusive em ações de gestão ambiental territorial no entorno de unidades de conservação, explicam-se os benefícios e a motivação para que os produtores se dediquem à conservação da paisagem e proteção da biodiversidade. E vantagens, então, podem se estender às próprias unidades de conservação, em seus objetivos de convivência com as comunidades locais, educação para a conservação e valorização dos recursos naturais.

De um estudo sobre a "Efetividade do Manejo de Áreas Protegidas", realizado para um conjunto de unidades de conservação estaduais em São

Paulo (Faria, 2007), observa-se que oito dos trinta e seis indicadores (ou ~22%) são imediatamente implicados nos procedimentos de gestão ambiental preconizados no APOIA-NovoRural, quais sejam: a. Programa de capacitação, b. Monitoramento e retroalimentação, c. Plano de manejo (existência e implementação), d. Ameaças às unidades, e. Forma predominante de uso do entorno, f. Compatibilidade de usos com objetivos da unidade, g. Apoio e participação comunitária, h. Apoio e/ou relacionamento interinstitucional. Isso reforça o valor dos procedimentos de gestão ambiental propostos e sua especial aplicabilidade no entorno de unidades de conservação.

Essa estratégia de gestão ambiental territorial tem sido exercitada[2] de forma a integrar, de um lado, arranjos produtivos locais designados para agroenergia (na forma apresentada em Rodrigues et al., 2009) e, de outro, os interesses de conservação da biodiversidade priorizados pelas gerências de unidades de conservação participantes da pesquisa.

Com essas considerações, estrutura-se o presente capítulo em mais quatro seções. A próxima seção apresenta brevemente a abordagem metodológica utilizada no sistema APOIA-NovoRural e introduz quatro estudos de caso de gestão ambiental para conservação da biodiversidade, em áreas de ocorrência de culturas energéticas. Depois, de forma rápida, os principais resultados e implicações desses estudos de caso são apresentados. O capítulo termina com uma discussão sobre o método e suas aplicações, voltadas à compensação devida aos produtores rurais pela proteção da biodiversidade e por outros serviços ecossistêmicos obtidos das áreas naturais preservadas nos espaços rurais.

Análise de sustentabilidade para gestão ambiental de atividades rurais – estudos de caso para conectividade da paisagem agrícola

Com o objetivo de integrar procedimentos de gestão ambiental em estabelecimentos rurais dedicados ao setor agroenergético, visando à proteção da biodiversidade e conectividade da paisagem em territórios rurais no entorno de unidades de conservação, cinco etapas são executadas:

1. Verificação do contexto de expansão da cultura energética em foco (soja, eucalipto, cana-de-açúcar e palma-de-óleo), buscando áreas de interesse no entorno de unidade de conservação, onde haja oportunidade de concertação institucional de acordo com os objetivos do Probio II.[2]

---

2. Projeto componente "Bioenergia e conservação da biodiversidade" do PROBIO II (Projeto Nacional de Ações Integradas Público-Privadas para a Biodiversidade), Fundo Mundial para o Meio Ambiente – GEF (via Banco Mundial), sob coordenação da Secretaria de Biodiversidade e Florestas, Ministério do Meio Ambiente.

2. Realização de eventos de concertação institucional via processos consultivos com atores sociais, instituições governamentais e do setor privado, nos territórios de interesse selecionados (que corresponde à proposição de hipóteses para as ações de manejo, como descrito no Capítulo 7).

3. Refinamento e extensão da rede institucional, definição das parcerias, formulação de convênios e concepção de subprojetos de alcance local, para realização de estudos de gestão ambiental para conservação da biodiversidade, em estabelecimentos rurais de referência, nos territórios selecionados.

4. Diálogo de engajamento dos produtores de referência, levantamentos de campo, formulação de relatórios de gestão ambiental, focando possibilidades de ampliação da conectividade da paisagem no âmbito territorial, visando à conservação/restauração da biodiversidade (que corresponde à avaliação do manejo e implementação de ajustes, segundo descrito no Capítulo 7).

5. Consolidação metodológica da abordagem, conforme variedade de contextos regionais analisados e transversalidade das instituições envolvidas, visando à transferência e multiplicação como procedimento recomendado para ações de manejo de unidades de conservação, no que concerne à gestão ambiental do meio rural de entorno.

O sistema de indicadores APOIA-NovoRural (Figura 7.10) é empregado para atender aos seguintes objetivos: (i) analisar indicadores de sustentabilidade para gestão ambiental de estabelecimentos rurais e (ii) organizar a gestão territorial para extensão de corredores ecológicos no entorno de unidades de conservação. O sistema integra um conjunto de matrizes multiatributo, com escala normalizada entre 0 e 1, e linha de base de adequação ambiental modelada em 0,7. Os indicadores são quantitativamente levantados em vistoria de campo realizada com instrumentação analítica e dados gerenciais dos estabelecimentos, obtidos em diálogo com o produtor rural/responsável pelo estabelecimento.

Para os indicadores da dimensão Ecologia da paisagem, técnicas de geoprocessamento (com auxílio de GPS, mapas e imagens de satélite) são aplicadas na composição de croquis dos estabelecimentos estudados, incluindo acessos, limites e infraestrutura, assim como bases para os cálculos de usos agrícolas da terra e fisionomia dos hábitats naturais. Indicadores relacionados à qualidade da água e do solo são obtidos em análises de campo e laboratório. Alguns indicadores de qualidade da água (O_2, pH, condutividade, turbidez) têm sido analisados rotineiramente no campo com sondas multiparâmetro Horiba (U-10/U-50). Nitrato e fosfato têm sido analisados com colorímetro de campo Merck RQFlex. Coliformes fecais têm sido estimados com fitas de cultura Tecnobac (AlphaTecnoquímica).

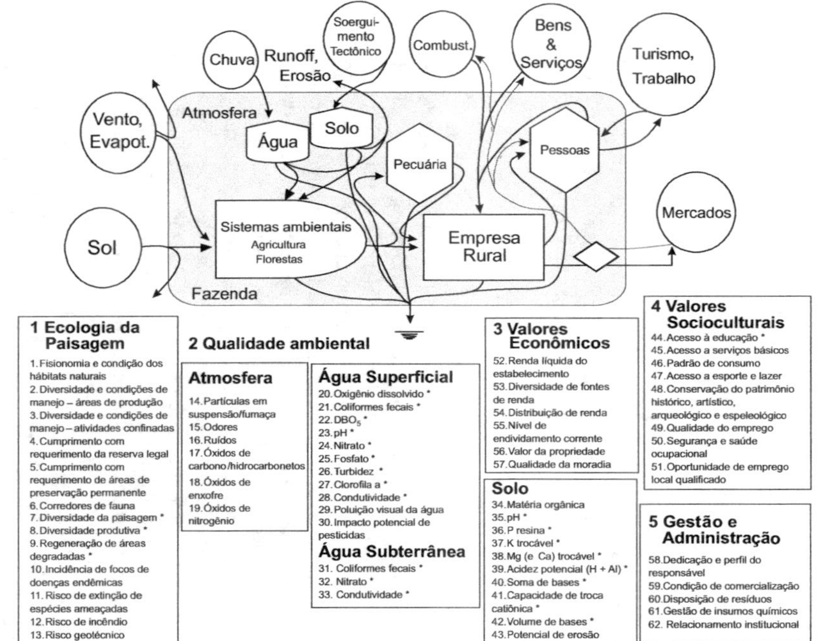

Figura 7.10 Inserção das dimensões de sustentabilidade para integração de indicadores do sistema APOIA-NovoRural, segundo enfoque sistêmico de um estabelecimento rural. Fontes externas de matéria e energia são associadas a estoques internos, unidades ambientais e produtivas da fazenda representada no modelo, que, de um lado, exporta produtos e recebe a devida compensação dos mercados e, de outro, conecta-se via fluxos de reciclagem, retroalimentação e controle. APOIA-NovoRural – Sistema de Avaliação Ponderada de Impacto Ambiental de Atividade do Novo Rural.

Amostras de água são trazidas ao laboratório para determinação de demanda bioquímica de oxigênio (DBO) e de clorofila em espectrofotômetro HACH. Amostras de solo são rotineiramente enviadas a laboratórios de referência para análise de macronutrientes. Seguindo-se às avaliações de campo, Relatórios de Gestão Ambiental são emitidos individualmente e em caráter de sigilo de informações aos produtores rurais, enfatizando recomendações de práticas e tecnologias para promoção da gestão ambiental nos estabelecimentos estudados.

Estudos de caso têm sido realizados visando englobar a variedade de condições socioambientais, tecnológicas, de manejo e de políticas setoriais observadas nas principais cadeias produtivas agroenergéticas (i.e., soja, eucalipto, cana-de-açúcar e palma-de-óleo), em regiões de interesse para conservação da biodiversidade e recuperação de áreas alteradas, preferencialmente no entorno de Unidades de Conservação Integral. Esses estudos representam ampla variedade de condições ambientais, nos mais diferentes biomas, estruturados sob diversos arranjos institucionais, envolvendo parcerias públicas e privadas, em estabelecimentos rurais das mais variadas escalas, níveis tecnológicos e de capitalização, conforme resumido na Tabela 7.1.

Unidades de conservação e áreas de estudo

a. Reserva Florestal Agropalma: o Grupo Agropalma consiste em cinco agroindústrias dedicadas ao cultivo de palma-de-óleo e à produção de óleo de palma, palmiste e derivados, com sede corporativa no município de Tailândia e operações em Acará e Moju, além de refinaria e planta industrial de produção de biodiesel em Belém, estado do Pará. O empreendimento envolve 107 mil hectares de terras, sendo 36% desta área ocupada com cultivos de palma, 60% com hábitats naturais e reservas florestais e o restante com infraestrutura e uso múltiplo, correspondendo à maior empresa brasileira do setor. Uma característica diferencial do Grupo Agropalma é a prioridade dirigida à certificação de suas operações produtivas e às condições de trabalho dos seus colaboradores, o que determinou a base de consideração para a presente análise de sustentabilidade, qual seja, a transição e o rearranjo institucional promovidos para obtenção de certificações de reconhecimento internacional. Desde 2002, os certificados obtidos incluem a ISO 9001 (gestão da qualidade), ISO 14001 (gestão ambiental) OHSAS 18001 (segurança, higiene e saúde do trabalho) e ISO 22000 (segurança alimentar), além da série de certificados relacionados à produção orgânica, realizada em aproximadamente 4.000 ha de palma. Os certificados orgânicos incluem o selo EcoSocial, IBD – Instituto Biodinâmico, Bio Suisse, NOP/USDA (National Organic Program of the United States) e JAS (Japan Agricultural Standard). O Grupo também é signatário da Roundtable on Sustainable Palm Oil (RSPO), prevendo certificação em 2011.

Tabela 7.1 Atividades de campo e estudos de caso realizados junto ao projeto "Bioenergia e Conservação da Biodiversidade" (Probio II), ano base 2010.

Unidade de conservação	Localidade e bioma	Parcerias institucionais	Estudo de caso – estabelecimento rural de referência (área), data-base dos trabalhos de campo e cultura energética em foco
Reserva Florestal Agropalma	Tailândia (PA) Floresta ombrófila equatorial (Amazônia)	Grupo Agropalma, Embrapa Amazônia Oriental	**Fazenda Agropalma** (107 mil ha) 27-30/07/2010 Palma-de-óleo (dendê)
Parque Estadual da Serra do Cabral	Buenópolis e Joaquim Felício (MG) Cerrados e campos rupestres	Instituto Estadual de Florestas (IEF), EPAMIG, Embrapa Milho e Sorgo, Gerência do PESCabral	**Fazenda Riacho dos Cavalos** (120 ha), 06/08/2010 **Fazenda Vitória** (5700 ha), 07/08/2010 Integração pecuária floresta/ eucalipto
RPPN Fazenda Bulcão	Aimorés/ Resplendor (MG) Floresta Estacional Atlântica	IEF, Projeto de Recuperação de Áreas Degradadas do Médio Rio Doce (ITTO)	**Fazenda Vargem Alegre** (131 ha) 18/08/2010 Restauração ecológica (APP fluvial)
Refúgio de Vida Silvestre Mata do Junco	Capela (SE) Floresta ombrófila tropical (Mata Atlântica)	Embrapa Tabuleiros Costeiros, SEMARH, ADEMA, INCRA (SE), SEMA-Capela, Assentamento José Emídio dos Santos, Gerência do RVS_Mata-do-Junco	**Lote Sr. Osvaldo Neto** (6,6 ha) 22/09/2010 Cana-de-açúcar
Exercício preparatório na Amazônia	Paragominas (PA) Floresta ombrófila equatorial (Amazônia)	Embrapa Amazônia Oriental, Projetos MP02 Embrapa – Plantio Direto e Integração Lavoura-Pecuária-Florestas	**Fazenda Rio Grande** (927 ha) 29/09/2010 **Fazenda Mogi-Guaçu** (10.000 ha) 30/09/2010 Soja/milho; iLPF (soja/milho/feno)

b. Parque Estadual da Serra do Cabral (PESCabral)/RPPN Fazenda Bulcão: os estudos de caso sobre a cultura do eucalipto e a conservação da biodiversidade dirigiram-se à região de duas unidades de conservação em Minas Gerais, o PESCabral e os estabelecimentos de referência (i) Fazenda Vitória e (ii) Fazenda Riacho dos Cavalos; e a RPPN Fazenda Bulcão e o estabelecimento de referência (iii) Vargem Alegre. A Fazenda Vitória localiza-se no município de Buenópolis, no meio norte do estado de Minas Gerais, na por-

ção superior da Serra do Cabral, a 1250 metros de altitude, em uma área de relevo suave-ondulado entremeado por picos rochosos e veredas, nos limites da porção sudoeste do PESCabral. A Fazenda Riacho dos Cavalos localiza-se no município de Joaquim Felício, no meio norte do estado de Minas Gerais, a 750 metros de altitude, em uma área de relevo suave-ondulado, dentro do limite de 10 km da área de influência do PESCabral. A Fazenda Vargem Alegre localiza-se a nordeste do município de Resplendor, a leste do estado de Minas Gerais, próximo à divisa com o Espírito Santo, na região do médio curso do rio Doce, 200 metros de altitude, em uma área de relevo suave-ondulado. O estabelecimento participa do programa de fomento e recuperação florestal do IEF, motivo de sua inclusão no projeto.

c. Refúgio de Vida Silvestre Mata do Junco (RVSMJ): os estudos de caso sobre a cultura da cana-de-açúcar e a conservação da biodiversidade dirigiram-se à interface entre os lotes do Assentamento José Emídio dos Santos (INCRA-SE), que mantêm áreas com a cultura, e o RVSMJ, no município de Capela, região dos tabuleiros costeiros de Sergipe. A unidade de conservação corresponde a uma porção da Reserva Legal do assentamento e traz especial relevância por abrigar uma população de macaco guigó (*Callicebus coimbrai*), considerada uma das espécies de primatas mais ameaçadas em todo o continente americano.

d. Paragominas: com vistas a iniciar a concertação institucional para o estudo de caso sobre a soja e a conservação da biodiversidade na região amazônica, dois estabelecimentos de referência foram analisados, ambos dedicados à produção de grãos (inclusive soja), um em sistema de plantio direto e outro em sistema de integração lavoura-pecuária-florestas. Esses estudos de caso não compõem a amostra apresentada no presente texto, por terem se fiado em abordagem metodológica alternativa, por demanda dos projetos parceiros dessa iniciativa.

Os estudos de caso abordados até o presente no projeto "Bioenergia e Conservação da Biodiversidade" não visam representar o setor agroenergético em variedade de impactos ambientais observáveis, a depender de contextos ambientais locais ou relativos às culturas associadas. O que se busca é, tão somente, verificar a aplicabilidade metodológica em casos de referência, seja quanto às especificidades dos ambientes locais e das cadeias produtivas, seja quanto às demandas dos produtores e das gerências das unidades de conservação envolvidas, conforme as respectivas concertações institucionais e áreas de relevante interesse selecionadas. É nesses termos que os resultados desses estudos são apresentados e discutidos no presente ensaio.

Dimensões de desempenho ambiental, sustentabilidade e conservação da biodiversidade – o papel da gestão e administração

Os procedimentos gerenciais e as ações de manejo implementadas nos estabelecimentos rurais estudados, bem como seus reflexos nas condições de trabalho no campo, nas iniciativas de treinamento e capacitação de trabalhadores, nas rotinas de controle produtivo e ambiental, nas condições de manejo das áreas de produção e delimitação das áreas de hábitats naturais observadas para qualificação da sustentabilidade, foram detalhados em Relatórios de Gestão Ambiental, submetidos aos produtores. Com base nesses contextos, a análise dos indicadores do sistema APOIA-NovoRural resultou em índices de desempenho para as diversas dimensões consideradas e em índices integrados de sustentabilidade, conforme apresentado para o conjunto de estudos de caso, na Figura 7.11.

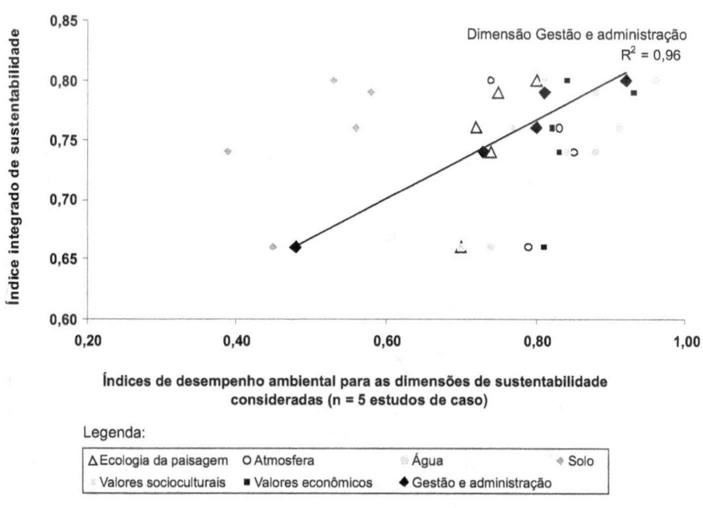

Figura 7.11 Resultados de cinco estudos de caso realizados junto ao projeto "Bioenergia e Conservação da Biodiversidade" (Probio II), com base no sistema APOIA-NovoRural, apresentando a distribuição dos índices de desempenho ambiental para as diferentes dimensões consideradas e os índices integrados de sustentabilidade associados. Destaque para a dimensão Gestão e administração, principal determinante da sustentabilidade nos estabelecimentos rurais da amostra.

Tem-se observado que as principais deficiências de desempenho ambiental, em se considerando o presente conjunto de estudos de caso, estão relacionadas à Qualidade do solo. Vale frisar que os indicadores associados a essa dimensão têm apresentado marcante evolução em certos casos, no sentido da correção da acidez potencial, do aumento de disponibilidade de macronutrientes e da conservação do conteúdo de matéria orgânica, mas essas tendências não têm sido suficientes, ainda, para caracterizar solos que possam ser considerados de alta fertilidade.

Para o restante das dimensões de sustentabilidade analisadas, os índices de desempenho mostraram-se acima da linha de base preconizada no método APOIA-NovoRural, exceção somente para a Gestão e administração, em apenas um caso (Figura 7.11). Ressalta-se que as características apontadas pelo resultado das análises não são extrapoláveis ao setor agroenergético como um todo, pois a amostra é pequena e a seleção dos estabelecimentos rurais participantes dos estudos apresenta um viés, já que foi realizada com base em indicações dos parceiros locais da pesquisa.

Por outro lado, importantes diferenças têm sido documentadas nos levantamentos de campo, a depender do contexto tecnológico e das práticas de manejo adotadas nas diversas culturas. Dentre os indicadores que tenderam a apresentar índices de desempenho abaixo da linha de base cita-se a diversidade produtiva, especialmente nos estabelecimentos de maior porte. O risco de incêndio aparece como preponderante na cultura da cana-de-açúcar, enquanto tem sido alvo de importantes ações de prevenção e controle nas áreas de produção de eucalipto. Os indicadores de qualidade das águas apontaram excelente estado de conservação, à exceção da área de assentamento rural, onde descargas domésticas e uso inadequado têm imposto contaminação biológica e poluição visual, merecendo ações de controle.

À parte esses pontos, os indicadores de desempenho ambiental atestaram importantes contribuições nas diferentes dimensões de sustentabilidade, como, por exemplo, aqueles relativos à qualidade das águas em geral, a ações preventivas e corretivas de controle de incêndios, à recomposição e regularização das áreas de reserva definidas no Código Florestal, à segurança econômica dos produtores, a iniciativas de certificação, recuperação de áreas degradadas, gestão de resíduos e de insumos químicos, entre muitos outros.

Propostas de solução para os problemas específicos observados foram recomendadas nos relatórios de gestão ambiental oferecidos aos produtores, que incluem referência a planos de gestão da paisagem e recomposição de corredores ecológicos, baseados na observação das classes de declives, do estado da vegetação natural e das áreas de produção, visando à regularização ambiental dos estabelecimentos rurais e sua interface com as unidades de conservação (Figura 7.12).

Figura 7.12 Modelo digital de elevação para a porção sul do Parque Estadual da Serra do Cabral (Buenópolis, MG), formulado para subsidiar o planejamento da gestão da paisagem junto ao projeto "Bioenergia e Conservação da Biodiversidade" (Probio II).

Esses instrumentos de gestão ambiental representam valiosa contribuição aos produtores rurais, para sua tomada de decisão quanto à adoção de inovações tecnológicas, práticas de manejo e capacidade de investimentos, visando à sustentabilidade e à possibilidade de contribuir para a ampliação da conectividade da paisagem e a conservação da biodiversidade. Com efeito, conforme se observa na Figura 7.11, para o conjunto de estudos de caso realizados na presente pesquisa, confirma-se a hipótese anteriormente levantada de que instrumentos dirigidos à gestão e administração, como estes descritos no presente ensaio, são preponderantes para o desempenho ambiental dos estabelecimentos rurais.

Gestão ambiental e compensação pelos serviços ecossistêmicos colhidos nas áreas de conservação da biodiversidade em estabelecimentos rurais

Um dos principais propósitos da abordagem relatada no presente estudo, para a gestão ambiental de estabelecimentos rurais, com foco na ampliação da conectividade da paisagem, é conciliar o conflito entre a realização de atividades agropecuárias e a conservação da biodiversidade. Acessoriamente, como forma de melhor representar as condições observadas no campo e gerir esses objetivos antagônicos, busca-se a formulação de um indicador que permita associar ações e estados ambientais favoráveis à conservação da biodiversidade, de um lado, e a sustentabilidade agrícola, desde o ponto de vista privado, do produtor rural, de outro.

Assim enunciado, esse objetivo soa como uma redundância à extensa literatura disponível sobre indicadores de biodiversidade (Duelli & Obrist, 2003), mas a questão que falta endereçar é sobre o papel da biodiversidade para interesses eminentemente privados. Em outras palavras, busca-se um indicador que permita responder objetivamente à simples questão: qual vantagem, para além da satisfação pessoal e hedônica, pode perceber o produtor rural que dedique esforços e recursos para ampliar a conectividade da paisagem e para proteger a biodiversidade?

Por egoísta que possa parecer, essa questão se reveste de toda legitimidade, dadas as pressões competitivas do mercado invariavelmente avaro ao qual os produtores rurais se submetem.

Há uma variedade de técnicas e conceitos a integrar em tal indicador de *biodiversidade para sustentabilidade agrícola*. Há os componentes de caráter tipicamente públicos a atender, que resultam simultaneamente vantajosos para os interesses privados dos produtores, como aqueles relativos à qualidade do ambiente e à disponibilidade de recursos naturais, já sobejamente regulados e padronizados em instrumentos da legislação ambiental. Há também os componentes que emprestam valor de oportunidade aos espaços rurais, para atividades não-agrícolas potenciais geradoras de renda, tipicamente descritos como 'natureza' (Machado, 2004) e exploráveis como bens de interesse turístico, por exemplo, mas que mantêm um caráter que é público, o da beleza cênica.

E há as métricas de integridade e estabilidade da paisagem (dominância, "lacunaridade", contágio, dimensão fractal, limiar de percolação, etc.) associadas a geotecnologias de diagnóstico e monitoramento (Frohn, 1998), que embora também de caráter público, influem em interesses privados ligados à prevenção de riscos (erosão, enchentes, deslizamentos, etc.), ao controle natural de pragas, à ocupação do espaço e à logística de produção. Todos estes aspectos mencionados aparecem, em certa medida, inseridos entre os indicadores da abordagem de gestão ambiental aqui revista e, sem dúvida, influenciam a sustentabilidade dos estabelecimentos rurais – mas permanecem de valor pouco tangível para o produtor rural.

Todos esses conceitos e componentes da diversidade biológica e da paisagem representam interesses eminentemente sociais, e cabe aos produtores rurais zelar por eles, mesmo sem perceber um valor privado imediato. Daí o interesse em um indicador de *biodiversidade para sustentabilidade agrícola*, que organize esses conceitos em uma lógica que permita internalizar valores e custos ao preço final dos produtos, ou a outras formas de compensação, proporcionais às áreas naturais de proteção da biodiversidade efetivamente preservadas nos estabelecimentos rurais.

Assim, para valorar a genuína recompensa devida aos produtores pelos serviços ecossistêmicos colhidos pela sociedade nas áreas rurais, pode-se partir da medida do desempenho ambiental, como exemplificado no presente trabalho, e da produção agropecuária resultante, tomando esse custo de oportunidade como base para valorar compensações. O formato de eventuais compensações resta a debater, seja na forma de remunerações proporcionais, isenções fiscais, serviços técnicos e de infraestrutura, ou outros incentivos. O que um indicador de *biodiversidade para sustentabilidade agrícola* poderá prover é a fundamentação objetiva, para elaboração de uma "taxa de conversão para serviços ambientais" (p.ex., Medeiros et al., 2007).

Conscientizar os agricultores das vantagens e a eles oferecer os meios e métodos para o desenvolvimento de uma agricultura sustentável são os mais efetivos caminhos para que a agricultura seja promotora da biodiversidade. É possível avançar para sistemas produtivos nos quais os principais impactos ensejem aumento da estabilidade dos agroecossistemas e as principais consequências sejam o aumento da diversidade de culturas, modos de vida, ecossistemas e seres vivos em meio ao ambiente agrícola, e na extensão das paisagens naturais das unidades de conservação.

Introdução à Gestão para Resultados

Uma breve história sobre a gestão de unidades de conservação no Brasil

8

Marcos Antônio Reis Araujo
Rogério F. Bittencourt Cabral
Cleani Paraiso Marques

A partir da Revolução Industrial, sobretudo depois da Segunda Guerra Mundial, as transformações nas paisagens naturais se intensificaram sensivelmente. Para resguardar porções naturais de seus territórios, os países têm criado unidades de conservação. Entretanto, apenas decretar uma porção do território nacional como unidade de conservação não é suficiente para protegê-la. Essas áreas continuam sofrendo diversas ameaças à sua biodiversidade, como exploração de recursos naturais e impactos advindos de transformações das paisagens do entorno. Daí a necessidade de aprimorar a gestão ou manejo dessas unidades para que elas possam cumprir a missão para a qual foram criadas.

Ao esclarecer uma arraigada confusão conceitual sobre o termo *manejo* e recuperar parte da história dos instrumentos de gestão de unidades de conservação no Brasil, esperamos contribuir para a construção de uma visão crítica e, dessa forma, para o contínuo aprimoramento desse conhecimento.

Manejo ou gestão das unidades de conservação?

Na literatura referente às unidades de conservação, encontramos grande número de definições para o termo *manejo*. Reproduzimos uma delas a seguir:

> "O conjunto de ações e atividades necessárias ao alcance dos objetivos de conservação de áreas protegidas, incluindo as atividades fins, tais como proteção, recreação, educação, pesquisa e manejo dos recursos, bem como as atividades de administração ou gerenciamento" (Ibama & GTZ, 1996).

O termo manejo de UCs está consagrado em toda a América Latina. Para alguns autores, porém, isso gera confusão, visto que ele se relaciona principalmente à manipulação dos recursos naturais, como manejo de fauna, manejo florestal, manejo de solos, dentre outros. O gerente de uma UC realiza uma gama enorme de atividades, que vão bem além do manejo de recursos naturais (De Faria, 2002). Para nós, o termo manejo é inadequadamente delimitado apenas aos recursos naturais, pois manejar significa, no contexto organizacional, administrar ou gerenciar. De acordo com o Dicionário da Língua Portuguesa (Ferreira, 2009), manejar é governar com as mãos, manusear, administrar, dirigir, já manejo é sinônimo de administração, gerência e direção.

Para muitos, ferramentas essenciais da gestão de UCs – Planos e Programas, por serem de Manejo – são vistas de forma segmentada e descontextualizada, ocasionando entendimentos e aplicações muitas vezes restritas ou inadequadas pelo fato de não se integrarem ao ciclo da gestão das organizações.

A desconexão constatada entre os instrumentos de gestão – Planos e Programas de Manejo – em relação ao dia a dia das unidades de conservação é fundada, na nossa avaliação, originalmente nesse desentendimento generalizado sobre o caráter prático e objetivo que a administração de organizações como unidades de conservação exigem e sobre o papel que os instrumentos de apoio à administração precisam desempenhar nesse contexto.

Esse entendimento equivocado e amplamente disseminado prejudica a compreensão clara da dimensão gerencial de uma unidade de conservação, limitando ou compartimentalizando saberes, competências, atividades e fluxos, quando na verdade eles precisam ser integrados para que possam dar conta da complexa realidade com a qual lidamos.

Queremos dizer com isto que o Plano de Manejo de uma UC pode também ser chamado de Plano de Gestão, como é o caso do Sistema Estadual de Unidades de Conservação do estado do Amazonas, ou Plano de Administração, sem que, com isso, sua função seja alterada.

A partir deste momento usaremos indiscriminadamente os dois termos – manejo e gestão – para traduzir o desafio de administrar essas organizações que são alvo dos nossos estudos e reflexões.

Breve histórico da gestão de unidades de conservação no Brasil

As diretrizes gerais que embasam a gestão de unidades de conservação no Brasil têm forte influência americana. No final da década de 1960 e início da década de 1970, diversos técnicos brasileiros ligados a essa temática viajaram para os Estados Unidos, para intercâmbio de experiências. Um dos marcos iniciais de normatização da gestão de UCs no Brasil foi o documento intitulado "Política e Diretrizes dos Parques Nacionais do Brasil". Ele foi produzido e publicado em 1970 pelo diretor do Departamento de Pesquisa e Conservação da Natureza do Instituto Brasileiro de Desenvolvimento Florestal (IBDF), o engenheiro agrônomo Alceo Magnanini, e tinha o objetivo de servir como roteiro básico de ação para o pessoal empregado nos parques nacionais (Magnanini, 1970). Na apresentação do referido documento, o presidente do IBDF já dava a dimensão da obra referindo-se a ela com as seguintes palavras:

> "O livro será o *vademecum* [livro de referência de uso muito frequente] dos conservacionistas, dos administradores, dos estudantes de ciência florestal, dos zeladores, dos amigos da natureza e, até, de visitantes mais atentos e interessados."

Segundo o autor, a base de sua obra foi o documento produzido pelo Serviço Nacional de Parques dos Estados Unidos: "Compilation of the Administrative Policies for the National Parks and National Monuments", publicado em 1967, a legislação brasileira e a Portaria 141/1968 do presidente do IBDF que, no seu artigo 7, definia as funções dos parques nacionais. No documento ele aborda como deveria ser elaborado o zoneamento dos parques nacionais e as normas para manejo, que incluíam normas para o manejo dos recursos, para uso ou utilização dos recursos e para o desenvolvimento das instalações. Ele detalhou as normas nos diversos capítulos da publicação, que abordavam respectivamente:

- Política sobre o manejo dos recursos.
- Política sobre o manejo da fauna.
- Política sobre o manejo das terras e das águas.
- Política sobre os Planos Diretores.
- Política sobre o uso dos recursos.
- Política sobre o uso pelos visitantes.
- Política sobre o uso e manejo nas zonas de proteção integral.
- Política sobre o desenvolvimento dos Parques Nacionais.

♦ Política sobre pesquisas.

♦ Política sobre acampamentos.

Boa parte das proposições de Magnanini acabou se cristalizando na cultura de gestão de unidades de conservação no Brasil. Para demonstrar essa percepção podemos citar como exemplo a questão do fogo em UCs. A prevenção e combate ao fogo é uma das atividades em que os órgãos gestores de unidades de conservação mais se destacam e em que se realizam grandes investimentos, apesar de diversos autores discutirem a importância do fogo natural em biomas, como Cerrado (Ledru, 2002; Miranda et al., 2002). Nos tópicos 2.5 e 2.6 de sua publicação Magnanini refere-se a esse tema da seguinte forma:

> **"2.5 – Fogo**. Há certa controvérsia, ou, melhor dito, ainda não dispomos de suficientes estudos ecológicos sistematizados sôbre a questão do fogo natural e sua influência sôbre flora e a fauna nativas. Enquanto os conhecimentos ainda se ressentirem de estudos conclusivos e embora se possa reconhecer no fogo natural uma causa também natural para certos ambientes nas áreas de campos, cerrados e caatingas, é preferível e aconselhável que se limitem as queimadas onde elas se manifestem, seja quais forem as suas causas.
>
> **2.6 – Contrôle do fogo**. Qualquer foco de fogo, qualquer que seja a sua causa, deve ser localizado, controlado e extinto."

Outra referência histórica importante para o direcionamento da gestão das unidades de conservação pode ser localizado em 1979, com a promulgação do Decreto nº 84.017, que aprovou o regulamento dos parques nacionais, a elaboração do plano de manejo como documento orientador da gestão dos parques passa a ser oficialmente exigida. Posteriormente, essa exigência foi estendida a todas as categorias de manejo.

Instrumentos de gestão integrados em um modelo

A lei nº 9.985/2000 que instituiu o SNUC e o Decreto nº 4.340/2002 que o regulamentou estabelecem dois instrumentos obrigatórios para apoiar a gestão de uma unidade de conservação:

♦ Plano de Manejo que contemple o diagnóstico, o zoneamento e os programas de manejo.

♦ Conselho Gestor de acordo com as categorias das unidades de conservação.

Esses e vários outros instrumentos de apoio à gestão das UCs, alguns apresentados em outros capítulos deste livro, apesar de possuírem objetivos, funções e particularidades, precisam ser vistos e compreendidos de forma sistêmica para que a dimensão gerencial das unidades de conservação possa ser mais coerentemente compreendida.

A integração desses instrumentos em um modelo de gestão, que represente a dimensão gerencial desse tipo de organização, é fundamental para evitar que analistas e gestores bem intencionados se percam em uma infinidade de técnicas, muitas vezes interessantes, mas pouco oportunas e, por vezes, redundantes.

Ao longo deste livro alguns modelos serão discutidos para contribuir com a construção do conhecimento sobre a administração de áreas protegidas e, dessa forma a possibilitar a visão integrada da gestão das UCs, tais como:

♦ Ciclo PDCA.

♦ Ciclo de Gestão e Avaliação da Comissão Mundial de Áreas Protegidas da União Mundial para a Natureza.

♦ Modelo de Excelência em Gestão Pública.

Para Maximiano (2004), gerenciar ou administrar é um processo dinâmico de tomar decisões e realizar ações que compreendem cinco processos interligados: 1) planejamento; 2) organização; 3) liderança que engloba outros processos de gestão de pessoas; 4) execução; e 5) controle (Figura 8.1).

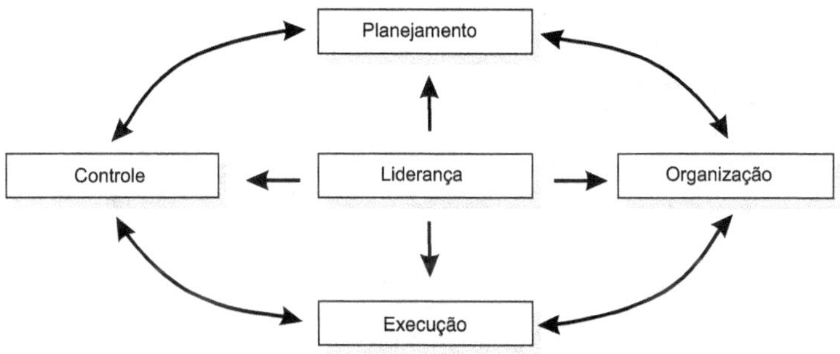

Figura 8.1 Principais funções do processo de gestão (Maximiano, 2004).

De acordo com esse mesmo autor, as definições para os principais processos administrativos ou de gestão são:

♦ Planejamento – É a ferramenta para administrar as relações com o futuro. É o processo de definir objetivos, atividades e recursos.

♦ Organização – É o processo de definir e dividir o trabalho e os recursos necessários para realizar os objetivos. Implica atribuir responsabilidades e autoridades a pessoas e grupos. O resultado desse processo denomina-se estrutura organizacional.

♦ Execução – É o processo de realizar atividades e consumir recursos para atingir objetivos.

♦ Controle – É o processo de assegurar a realização dos objetivos e de identificar a necessidade de modificá-los. Controlar consiste em comparar atividades realizadas com atividades planejadas, para possibilitar a realização dos objetivos.

♦ Liderança – É o processo de trabalhar com pessoas para assegurar a realização de objetivos. É um processo complexo que compreende diversas atividades de administração de pessoas, tais como coordenação, direção, motivação, comunicação e participação no trabalho em grupo.

Com a intenção de fortalecer a integração dos principais instrumentos de gestão das UCs, podemos utilizar as cinco funções propostas por Maximiano (2004) para compreender as funções e os momentos de cada instrumento no ciclo de gestão, conforme a Figura 8.2.

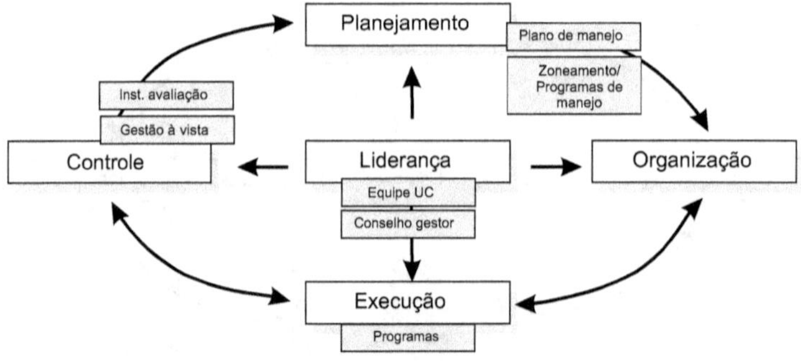

Figura 8.2 Integração dos instrumentos de gestão de UCs.

Avaliamos que precisamos avançar em todos os processos ou funções da gestão propostos por Maximiano (2004). Com quadro de pessoal reduzido, poucos recursos financeiros, baixo conhecimento gerencial, as equipes das UCs acabam se envolvendo na execução de um turbilhão de atividades e não conseguem sistematizar e demonstrar os resultados alcançados. A baixa capacidade gerencial aliada à falta de um planejamento, minimamente estratégico, leva à perda de foco e, consequentemente, à não obtenção de resultados, à baixa eficácia da gestão, à frustração e à desmotivação dos servidores.

O plano de manejo de unidades de conservação

A gestão de unidades de conservação no Brasil tem, no processo de planejamento, um importante pilar. O principal instrumento de gestão de uma UC é o denominado Plano de Manejo ou Gestão, que define quais os resultados significativos a serem buscados no horizonte de planejamento, as iniciativas estratégicas, estabelece o planejamento das atividades e onde elas podem ser realizadas (zoneamento). O plano de manejo propõe, também, como deve ser a organização do trabalho na UC e como deve ser realizado o controle de sua implementação.

O plano de manejo é definido na lei do SNUC como documento técnico mediante o qual, com fundamento nos objetivos gerais de uma unidade de conservação, se estabelece o seu zoneamento e as normas que devem presidir o uso da área e o manejo dos recursos naturais, inclusive a implantação das estruturas físicas necessárias à gestão da unidade. Os dois principais produtos gerados no plano de manejo são o zoneamento e os programas de manejo. O plano tem por objetivos:

- Levar a unidade de conservação (UC) a cumprir os objetivos estabelecidos na sua criação.

- Definir objetivos específicos de manejo, orientando a gestão da UC.

- Promover o manejo da UC orientado pelo conhecimento disponível e/ou gerado.

- Estabelecer a diferenciação e a intensidade de uso por meio de zoneamento, visando à proteção de seus recursos naturais e culturais.

- Estabelecer normas específicas regulamentando a ocupação e o uso dos recursos da Zona de Amortecimento (ZA) e dos Corredores Ecológicos (CE), visando à proteção da UC.

♦ Promover a integração socioeconômica das comunidades do entorno com a UC.

♦ Orientar a aplicação dos recursos financeiros destinados à UC.

O primeiro plano de manejo concebido na América Latina foi o do Parque Nacional de Canaima, na Venezuela, elaborado em 1962. Em meados da década de 1970, já haviam sido elaborados mais de 50 planos de manejo (Miller, 1980). Guias publicados pela FAO, como "Planificación de parques nacionales – guía para a preparación de planes de manejo para parques nacionales", serviam de referência. O primeiro plano de manejo elaborado no país foi o do Parque Nacional de Brasília, em 1976.

A partir de 1990, o Ibama começou a desenvolver roteiros para orientar a elaboração desses planos. Em 1991, técnicos da Diretoria de Ecossistemas do Ibama desenvolveram um roteiro simplificado para sua elaboração. Em 1992, uma nova proposta de roteiro foi elaborada. No entanto, os planos de manejo resultantes mostraram-se complexos e caros. Em 1995, o Programa Nacional de Meio Ambiente (PNMA) previu o investimento de 44 milhões de dólares em 31 unidades de conservação, exigindo um plano de manejo para a aplicação desses recursos. A partir dessa demanda, como o roteiro anterior era complexo, caro e demorado, foi proposta a elaboração do Plano de Ação Emergencial (PAE). O PAE era uma versão muito simplificada do roteiro de 1992, na qual não se previa elaborar nem mesmo o zoneamento da UC. Em 1996, um novo roteiro para a elaboração do plano de manejo foi proposto. Baseado nas experiências de 1992 e no PAE, o processo de planejamento deveria ser:

♦ **Contínuo:** os conhecimentos gerados evoluem simultaneamente durante a implementação do plano, embasando futuras revisões do planejamento.

♦ **Gradativo:** o grau de manejo da área dependerá da profundidade dos conhecimentos gerados.

♦ **Flexível:** possibilidade de serem revisadas informações em um plano, sempre que se dispuser de novos dados, sem a necessidade de proceder à revisão integral do documento.

♦ **Participativo:** sua elaboração envolve a participação de vários segmentos da sociedade.

De acordo com o nosso roteiro proposto, o plano de manejo deveria ser elaborado em diferentes fases, assim caracterizadas:

- ◆ **Fase 1:** baseado nas informações já disponíveis e em visitas à UC e sua Zona de Amortecimento, para maior conhecimento da realidade local. Não envolveria a geração de dados primários.
- ◆ **Fase 2:** baseado numa Avaliação Ecológica Rápida (AER), na qual seriam realizados levantamentos de campo.
- ◆ **Fase 3:** baseado em pesquisas mais detalhadas, identificadas na fase 2, que subsidiassem o posterior manejo dos recursos naturais e culturais.

Em 2002, o Ibama reviu novamente o roteiro para elaboração do plano de manejo. As características do processo de planejamento permaneceram, mas eliminou-se a elaboração do plano por fases. As revisões do plano seriam realizadas à medida que novos conhecimentos se tornassem disponíveis. As atividades de manejo foram organizadas por áreas estratégicas dentro da unidade e em sua zona de amortecimento do Roteiro Metodológico (Ibama, 2002). Em 2001, foi produzido o Roteiro Metodológico para Gestão de Áreas de Proteção Ambiental (APAs); em 2003, o Roteiro Metodológico para Elaboração de Planos de Manejo para as Florestas Nacionais; e, em 2004, o Roteiro Metodológico para elaboração de Planos de Manejo para Reservas Particulares do Patrimônio Natural (RPPNs).

Os Planos de Manejo ou Gestão orientam e, muitas vezes, desdobram-se em planejamentos anuais mais detalhados – orçamentos refinados, prazos ajustados, equipes definidas e métodos estabelecidos –, definindo as principais operações a serem realizadas no período. Esse instrumento de planejamento de atividades é algumas vezes denominado Plano Operativo Anual (POA) e organiza as atividades a serem executadas por programas ou áreas de manejo.

O zoneamento

O zoneamento é um instrumento de ordenamento territorial. Seu objetivo é organizar espacialmente uma UC em parcelas, denominadas zonas, que demandam distintos graus de proteção e intervenção, contribuindo para que a unidade cumpra seus objetivos específicos de manejo. Sugere-se que as zonas de menor grau de intervenção sejam envolvidas por zonas onde a interferência é permitida, havendo uma graduação de uso (Ibama, 2002).

Tabela 8.1 Zonas propostas para as Unidades de Proteção Integral.

Zona	Definição
Zona Intangível	É aquela em que o primitivismo da natureza permanece da forma mais preservada possível, não se tolerando quaisquer alterações humanas, representando o mais alto grau de preservação. Funciona como matriz de repovoamento de outras zonas nas quais já são permitidas atividades humanas regulamentadas. Essa zona é dedicada à proteção integral de ecossistemas, garantindo a evolução natural.
Zona Primitiva	É aquela na qual tenha ocorrido pequena ou mínima intervenção humana, contendo espécies da flora e da fauna ou fenômenos naturais de grande valor científico. Deve possuir características de transição entre a Zona Intangível e a Zona de Uso Extensivo. O objetivo geral do manejo é preservar o ambiente natural e, ao mesmo tempo, facilitar as atividades de pesquisa científica e de educação ambiental, permitindo formas primitivas de recreação.
Zona de Uso Extensivo	É constituída, em sua maior parte, por áreas naturais, podendo apresentar algumas alterações humanas. Caracteriza-se como uma transição entre a Zona Primitiva e a Zona de Uso Intensivo. O objetivo do manejo é a manutenção de um ambiente natural com mínimo impacto humano, apesar de oferecer acesso mais fácil ao público para fins educativos e recreativos.
Zona de Uso Intensivo	É constituída por áreas naturais ou alteradas pelo homem. O ambiente é mantido o mais próximo possível do natural, devendo conter: centro de visitantes, museus, outras facilidades e serviços. O objetivo geral do manejo é o de facilitar a recreação intensiva e a educação ambiental, em harmonia com o meio.
Zona Histórico-Cultural	É aquela onde são encontradas amostras do patrimônio histórico/cultural ou arqueopaleontológico, que serão preservadas, estudadas, restauradas e interpretadas para o público, servindo à pesquisa, à educação e ao uso científico. O objetivo geral do manejo é o de proteger sítios históricos ou arqueológicos, em harmonia com o meio ambiente.
Zona de Recuperação	Contém áreas consideravelmente antropizadas. A zona provisória, uma vez restaurada, será incorporada novamente a uma das zonas permanentes. As espécies exóticas introduzidas deverão ser removidas e a restauração deverá ser natural ou naturalmente induzida. O objetivo geral de manejo é deter a degradação dos recursos ou restaurar a área. Essa zona permite uso público somente para ações educacionais.
Zona de Uso Especial	É aquela que contém áreas necessárias à administração, manutenção e serviços da unidade de conservação, abrangendo habitações, oficinas e outros. Essas áreas serão escolhidas e controladas de forma a não conflitar com seu caráter natural e devem localizar-se, sempre que possível, na periferia da unidade de conservação. O objetivo geral de manejo é minimizar o impacto da implantação das estruturas ou os efeitos das obras no ambiente natural ou cultural da unidade.

Tabela 8.1 Zonas propostas para as Unidades de Proteção Integral (*continuação*).

Zona	Definição
Zona de Uso Conflitante	É constituída por espaços localizados dentro de uma unidade de conservação, cujos usos e finalidades, estabelecidos antes da criação da unidade, conflitam com os objetivos de conservação da área protegida. São áreas ocupadas por empreendimentos de utilidade pública, como gasodutos, oleodutos, linhas de transmissão, antenas, captação de água, barragens, estradas, cabos óticos e outros. Seu objetivo de manejo é contemporizar a situação existente, estabelecendo procedimentos que minimizem os impactos sobre a unidade de conservação.
Zona de Ocupação Temporária	São áreas dentro das unidades de conservação onde ocorrem concentrações de populações humanas residentes e as respectivas áreas de uso. Zona provisória, uma vez realocada à população, será incorporada a uma das zonas permanentes.
Zona de Superposição Indígena	Contém áreas ocupadas por uma ou mais etnias indígenas, superpondo partes da UC. São áreas subordinadas a um regime especial de regulamentação, sujeitas a negociação caso a caso entre a etnia, a Funai e o Ibama. Zona provisória, uma vez regularizadas as eventuais superposições, será incorporada a uma das zonas permanentes.

Fonte: Ibama, 2002.

Programas de manejo

Os programas de manejo ou programas temáticos agrupam as atividades afins que buscam o cumprimento dos objetivos da unidade de conservação. Em outras palavras, os programas de manejo constituem os processos (conjuntos de atividades) de que uma unidade de conservação necessita para cumprir sua missão.

De acordo com o roteiro para elaboração dos planos são propostos os seguintes programas de manejo para as unidades de conservação de proteção integral (Ibama & GTZ, 1996):

1. Programa de Conhecimento: o objetivo primordial é proporcionar subsídios mais detalhados para a proteção e ao manejo ambiental. Está relacionado aos estudos, às pesquisas científicas e ao monitoramento ambiental, a serem desenvolvidos na unidade de conservação, que subsidiem preferencialmente o manejo. Suas atividades e normas devem orientar as áreas temáticas das investigações científicas e também os pesquisadores, visando obter os conhecimentos necessários ao melhor manejo da unidade.

2. Programa de Uso Público: tem por objetivo ordenar, orientar e direcionar o uso da unidade de conservação pelo público, promovendo o conhecimento do meio ambiente como um todo e, principalmente, do Sistema Nacional de Unidades de Conservação, situando a unidade e seu entorno. Deverá também prever ações no que diz respeito à recepção e atendimento ao visitante.

3. Programa de Integração com a Área de Influência: o objetivo é proteger a unidade de conservação a partir de ações propostas para sua Zona de Amortecimento, de forma a minimizar impactos sobre a UC, bem como evitar a sua insularização mediante ações de manejo. A execução desse programa requer a integração com a população da área de influência, envolvendo os dirigentes locais, as comunidades civis organizadas, as comunidades tradicionais e moradores das circunvizinhanças, a partir de ações propostas para reduzir ou amortizar os impactos sobre a unidade de conservação.

4. Programa de Manejo do Meio Ambiente: visa eminentemente à proteção dos recursos naturais englobados pela unidade, além dos recursos culturais, quando couber. O maior objetivo é garantir a evolução natural dos ecossistemas ou de suas amostras, biocenoses e a manutenção da biodiversidade, de tal maneira que esses recursos possam servir à ciência em caráter perpétuo.

5. Programa de Operacionalização: o objetivo é garantir a funcionalidade da unidade de conservação, fornecendo a estrutura necessária ao desenvolvimento dos outros programas.

Diante do quadro de escassez de recursos humanos e financeiros do nosso país, propôs-se que a gestão das UCs se dê de forma gradativa (Ibama & GTZ, 1996). Num primeiro momento, devem ser priorizadas ações visando minimizar os impactos sobre a biodiversidade, fortalecer a proteção da UC e buscar a integração com as comunidades vizinhas. Numa segunda etapa, deve-se aprofundar o conhecimento da biodiversidade da área e, numa terceira, tratar do manejo específico de espécies que necessitem de tais medidas.

Avaliação crítica dos planos de manejo

Esse importante instrumento deveria definir, orientar e apoiar a construção do modelo de gestão das unidades ao estabelecer o método, os instrumentos e as diretrizes para que elas sejam gerenciadas. Entretanto, ao considerarmos a realidade do conjunto de unidades de conservação brasileiras, a maioria delas ainda não conta com plano de manejo ou não o utiliza de forma efetiva para orientar o manejo da unidade.

Apesar de duas décadas de esforços e proposições de roteiros visando guiar a elaboração dos planos de manejo, esses ainda não alcançaram um formato ideal. Via de regra, têm recebido muitas críticas (Pádua, 2011). Milano (1997) ressalta a baixa qualidade e a mínima utilização dos planos de manejo que foram desenvolvidos recentemente no Brasil. Dourojeanni (2003) destaca como defeito comum nos planos de manejo, elaborados no país, a grande desproporcionalidade entre a parte descritiva, que é muito extensa, e as partes analíticas e propositivas, muito breves, genéricas e de escassa utilidade prática. Ressalta, ainda, a falta de realismo desses planos, em geral feitos para um mundo ideal, sem limitações de recursos financeiros nem humanos.

O principal problema que constatamos nos roteiros, nos processos e nos planos de manejo, elaborados em todo o Brasil, é o desalinhamento em relação ao propósito e aos desafios da unidade. Todo e qualquer plano de manejo precisa responder a questões cruciais para a existência e o desempenho da unidade. Todos os mecanismos e atividades previstas para a elaboração do plano precisam se orientar e procurar responder a essas questões.

Em outras palavras, o que temos visto pelo Brasil afora são grupos de especialistas e pesquisadores empreendendo avaliações rápidas, inventários e diagnósticos que nem sempre contribuem para as questões cruciais. Equipes gestoras das UCs, elaborando e detalhando estratégias e planejamentos, que não contribuem para as soluções das questões cruciais levantadas.

Era como se uma unidade de proteção integral do bioma cerrado, que vem "sofrendo" recorrentes queimadas, investisse seus parcos recursos para apoiar estudos sobre a limnologia dos cursos d´água. Não queremos dizer com isso que estudos limnológicos não sejam importantes, mas que, no caso hipotético dessa unidade, a questão crucial que precisaria ser investigada e refletida pela sua gestão, e consequentemente pelos seus instrumentos de gestão – Planos e Programas de Manejo –, deveria passar pelas causas, efeitos, dinâmica e estratégias relacionadas ao fogo na área da unidade.

A reflexão que consideramos estrutural para a efetividade dos instrumentos de gestão de UCs no Brasil, entre eles o Plano de Manejo, é o seu propósito e sua abordagem estratégica. Reconhecemos que existem diversas melhorias a serem trabalhadas nos seus critérios de elaboração (roteiros), na forma como são elaborados (equipe própria *versus* consultorias) e nos seus conteúdos, mas nada disto será suficiente se não repensarmos a integração do Plano de Manejo no ciclo de gestão da organização e se o Plano não se orientar para responder às questões cruciais da unidade de conservação.

Conclusão

Nos demais capítulos deste livro estarão sendo apresentados e discutidos diversos instrumentos e metodologias utilizadas para apoio à gestão das UCs no Brasil, entretanto, reiteramos nosso ponto de vista de que uma análise crítica coerente da gestão das UCs no Brasil e, por consequência, dos instrumentos de apoio à gestão, só é possível a partir do entendimento sistêmico da gestão.

Conversando com gestores de UCs de todos os cantos do país podemos constatar que, no alvorecer do século XXI, a gestão de unidades de conservação no Brasil ainda é realizada de forma precária e sem foco em resultados. O aprofundamento desses temas e o desafio da "profissionalização da gestão de UCs" são as contribuições que este livro se propõe a oferecer.

Um novo olhar sobre as unidades de conservação 9

Marcos Antônio Reis Araujo
Rogério F. Bittencourt Cabral
Cleani Paraiso Marques

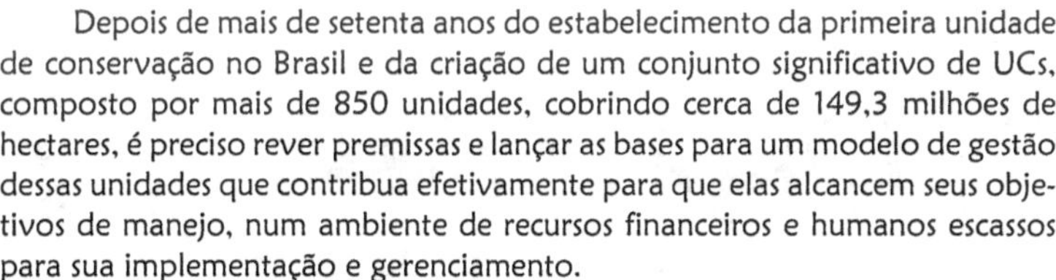

Depois de mais de setenta anos do estabelecimento da primeira unidade de conservação no Brasil e da criação de um conjunto significativo de UCs, composto por mais de 850 unidades, cobrindo cerca de 149,3 milhões de hectares, é preciso rever premissas e lançar as bases para um modelo de gestão dessas unidades que contribua efetivamente para que elas alcancem seus objetivos de manejo, num ambiente de recursos financeiros e humanos escassos para sua implementação e gerenciamento.

Gerenciando as unidades de conservação como espaços organizacionais

No Brasil, as unidades de conservação são conceituadas na Lei que institui o Sistema Nacional de Unidades de Conservação (SNUC) como um "espaço territorial e seus recursos ambientais, incluindo águas jurisdicionais com características naturais relevantes, legalmente instituído pelo poder público, com objetivos de conservação e limites definidos, sob regime especial de administração, ao qual se aplicam garantias adequadas de proteção" (Lei nº 9.985/ 2000). No entanto, nem o estabelecimento do marco legal, nem as incipientes iniciativas federais e estaduais de estruturação desses territórios têm logrado êxito na missão de fazê-los cumprir seus objetivos de conservação para os quais foram estabelecidos.

Para fazer com que esses espaços territoriais cumpram adequadamente os seus objetivos de manejo é preciso ampliar a visão sobre o conceito de unidades de conservação proposto na Lei do SNUC. Esses espaços territoriais também devem ser vistos como espaços organizacionais, ou seja, uma unidade de conservação é uma organização que precisa produzir resultados para a sociedade (Figura 9.1). Uma organização pode ser entendida como um agrupamento planejado de pessoas com o propósito de alcançar um ou mais objetivos que se traduzem, de forma geral, no fornecimento de bens e serviços (Moresi, 2001). Toda organização existe com a finalidade de fornecer alguma combinação de bens e serviços a seus usuários ("clientes"). Os bens e serviços proporcionados pelas unidades de conservação variam de acordo com a categoria de manejo à qual pertencem. De modo geral, são os recursos naturais preservados, os recursos naturais utilizados sustentavelmente, a recreação ambiental, as pesquisas científicas, assim como a manutenção dos serviços ecossistêmicos, tais como regulação do clima, proteção dos recursos hídricos, ciclagem de nutrientes, polinização, controle de pragas, dentre vários outros serviços.

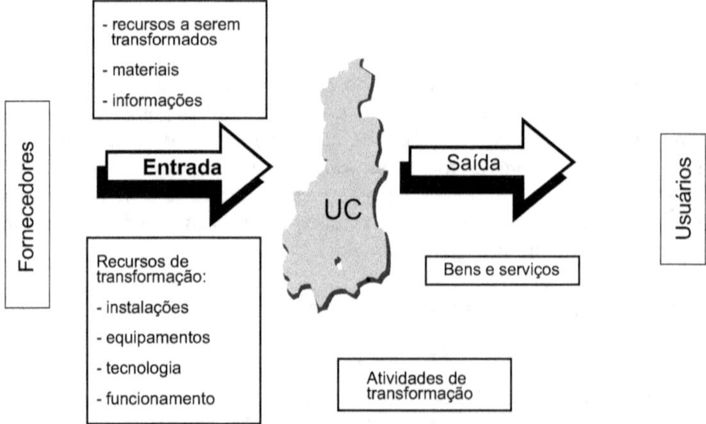

Figura 9.1 Unidades de conservação gerenciadas como espaços organizacionais.

Os usuários das unidades de conservação são são os segmentos da sociedade beneficiados pelos bens e serviços fornecidos: a sociedade em geral, o governo, o órgão gestor, as comunidades locais, os pesquisadores, as prefeituras de municípios do entorno, os visitantes e as partes interessadas na manutenção de serviços ecossistêmicos. A visão das unidades de conservação como organizações abre caminho bastante promissor, pois o campo de conhecimento da administração, em especial da administração pública, oferece uma vasta gama de teorias, abordagens, metodologias e ferramentas que permite administrar esses espaços de forma mais eficiente e eficaz.

Em decorrência da adoção da abordagem organizacional para compreensão e gerenciamento das unidades da conservação, precisamos reconhecer que as UCs, assim como qualquer organização, submete-se a uma equação gerencial básica. Elas recebem insumos como recursos financeiros, instalações, equipamentos, informações, servidores e devem transformar esses insumos em bens e serviços com maior valor agregado para seus usuários ou beneficiários. A criação de valor de forma sustentada para os grupos de interesse é o objetivo primordial de qualquer organização, ou seja, elas existem para criar valor para seus usuários. Quanto mais eficiente e eficaz são os processos de transformação, mais bens e serviços com valor agregado são oferecidos aos beneficiários. Por outro lado, quanto mais ineficientes e ineficazes são os processos de transformação, maiores são as perdas de insumos e menor é a qualidade dos bens e serviços ofertados pela organização à sociedade e aos seus beneficiários. Qualquer organização que não consegue combinar seus insumos de forma otimizada para gerar serviços e produtos de que a sociedade necessita é ambientalmente inadequada e socialmente injusta.

As organizações vistas como Sistemas

A Teoria Geral de Sistemas (TGS), desenvolvida por volta de 1950 pelo biólogo alemão Ludwig von Bertalanffy (1901-1972), influenciou profundamente as ciências, inclusive a administração. A TGS afirma que os sistemas devem ser estudados globalmente, envolvendo todas as interdependências de suas partes. Os sistemas não podem ser compreendidos apenas pela análise separada e exclusiva de cada uma de suas partes (Chiavenato, 2000).

De acordo com a abordagem sistêmica, qualquer organização, seja ela uma escola, um posto de saúde ou uma unidade de conservação, é considerada um sistema aberto e dinâmico em constante interação com seu ambiente. É concebida como um sistema sociotécnico estruturado sobre dois subsistemas (Figura 9.2):

- ♦ Subsistema social: composto por todas as pessoas que trabalham e interagem com a organização – gerentes, trabalhadores, comunidades –, com suas habilidades e atitudes, com todos os seus relacionamentos, necessidades, valores, crenças, compreensões a respeito do trabalho e da organização.

- ♦ Subsistema técnico: compreende as tarefas a serem desempenhadas, as instalações físicas, os equipamentos e instrumentos utilizados, as utilidades e técnicas operacionais, o ambiente físico e a maneira como está disposto, bem como a duração da operação das tarefas.

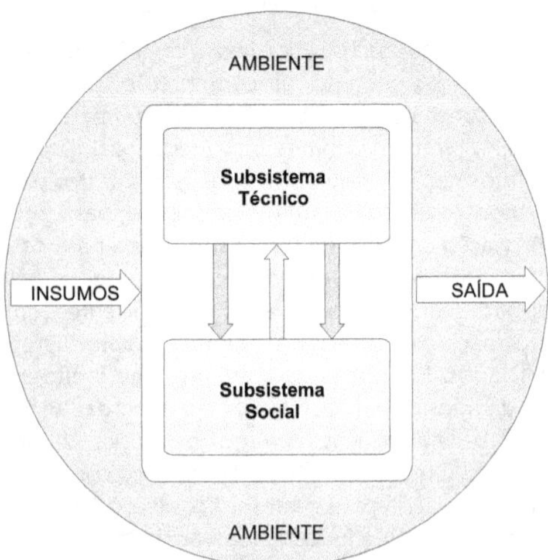

Figura 9.2 Inter-relacionamento dos subsistemas social e técnico no contexto organizacional (Moresi, 2001).

O subsistema técnico é responsável pela eficiência potencial da organização, cabendo ao subsistema social transformar a eficiência potencial em eficiência real. Os dois subsistemas se inter-relacionam, influenciam-se mutuamente e são interdependentes. Daí não ser possível definir uma organização apenas como um sistema técnico ou apenas como um sistema social, ou seja, eles não podem ser considerados separadamente. Qualquer mudança em um subsistema trará, inevitavelmente, consequências para o outro (Moresi, 2001).

A gestão de unidades de conservação no Brasil ainda se concentra fortemente nos aspectos relacionados ao subsistema técnico. Praticamente nada é relatado em relação ao subsistema social e à cultura organizacional. Uma análise dos *Anais* dos seis Congressos Brasileiros de Unidades de Conservação, realizados no período de 1997 a 2009, mostrou que, dos cerca de 730 trabalhos apresentados, menos de 2% abordam as UCs como espaços organizacionais e os problemas relacionados ao subsistema social.

Isso representa um grande paradoxo, pois no Brasil a baixa efetividade da gestão é, em boa parte, explicada por problemas no subsistema social:

cultura organizacional não voltada para resultados, baixa valorização e reconhecimento dos servidores – o que gera forte desmotivação –, conflitos entre membros das equipes e destes com as comunidades, baixa proatividade e capacidade de inovação. Por causa disso, mesmo as UCs bem implantadas, que contam com pessoal técnico e equipamentos suficientes, não estão produzindo os resultados esperados.

Os pilares dos resultados em qualquer organização

A obtenção de resultados satisfatórios, em qualquer organização, depende de três elementos básicos: liderança, conhecimento técnico e conhecimento gerencial (Campos, 2009), como mostra a Figura 9.3. A ausência de qualquer um desses elementos compromete a obtenção de bons resultados.

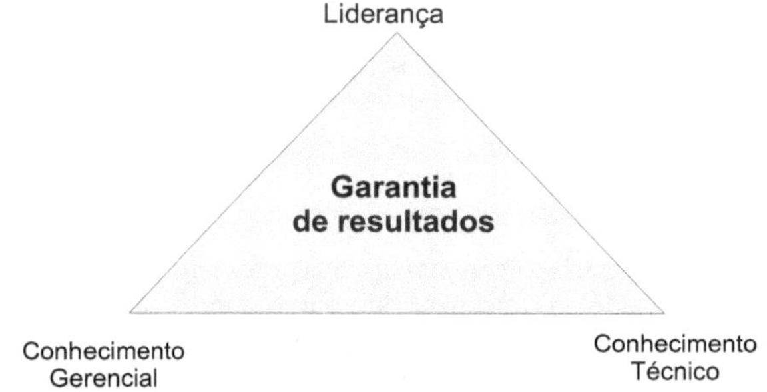

Figura 9.3 Fatores de garantia de resultados (Campos, 2009).

Os processos de seleção e formação dos gestores de unidades de conservação *enfatizam apenas o conhecimento técnico*, restringindo-se à abordagem de temáticas como legislação ambiental, educação ambiental, uso público, fiscalização, plano de manejo, gestão participativa, prevenção e combate de incêndios, etc. É claro que esses conteúdos são muito importantes para o desenvolvimento da competência dos gestores, mas não são suficientes.

Se os três elementos – liderança, conhecimento técnico e conhecimento gerencial – não forem abordados de forma equilibrada, não se conseguirá que as unidades de conservação cumpram seus objetivos de forma adequada. Infelizmente, o processo de formação dos gestores de unidades de conservação tem pecado no sentido de oferecer poucas oportunidades de desenvolvimento das competências, tanto gerenciais como de liderança.

O conhecimento gerencial diz respeito à compreensão e ao uso de métodos e ferramentas de gerenciamento para manter e melhorar os resultados da unidade de conservação e será abordado nos demais capítulos deste livro.

O elemento liderança é um dos mais debatidos na literatura gerencial da atualidade. Ela é a força básica por trás de qualquer processo de mudança bem-sucedido em uma organização. Entretanto, defini-la não é uma tarefa fácil. A definição mais corrente refere-se à capacidade de influenciar pessoas ou grupos (Cavalcanti et al., 2005). O líder é alguém que desenvolve uma ideia e influencia as pessoas a executá-la, apesar dos obstáculos. A capacidade de liderança é o requisito mais importante para o gestor de qualquer organização. De modo geral, podemos observar que, no Brasil, bons técnicos ou destacados militantes ambientais produzem resultados muito aquém do esperado, quando elevados à condição de gestores nos órgãos ambientais do país. Uma das causas é que essas pessoas, muitas vezes, não possuem capacidade de liderança.

Para John Kotter, renomado especialista nessa temática, as empresas vivem hoje um déficit de liderança sem precedentes. Sem ela, as organizações ficam estagnadas, perdem o rumo e acabam sofrendo graves consequências (Kotter, 2000). No setor público, o déficit de liderança é mais grave ainda, o que dificulta muito o enfrentamento dos grandes desafios impostos a essas organizações na atualidade.

No setor ambiental, o agravamento dos problemas ambientais globais, a premente necessidade de crescimento do país e o incremento das demandas da sociedade por qualidade ambiental exigem líderes visionários, articuladores, empreendedores e alinhados com os princípios da moderna gestão pública no comando dos órgãos gestores das políticas ambientais. Do contrário, não será possível enfrentar satisfatoriamente a situação de extrema complexidade que se delineia. Para Campos (2009), "o conhecimento que é extraído das informações, pela prática da análise, aliado a uma liderança que faça acontecer são o verdadeiro poder de qualquer organização".

Em nossas unidades de conservação e em seus órgãos gestores, precisamos de pessoas que criem uma visão de futuro capaz de superar os desafios impostos e influenciem os colaboradores a transformar essa visão de futuro em realidade. A gestão moderna, profissional, voltada para a excelência no desempenho é perfeitamente possível em nossas unidades de conservação. O que ainda falta são lideranças capazes de transformar essa possibilidade em realidade.

As organizações possuem uma cultura própria

O entendimento da cultura organizacional torna-se um elemento vital para melhoria na gestão das unidades de conservação. A cultura organizacional é o conjunto de hábitos, crenças, valores e tradições, interações e relacionamentos sociais típicos de cada organização. Representa a maneira tradicional e costumeira de pensar e fazer as coisas, compartilhada por todos os membros da organização. Representa, ainda, as normas informais e não escritas que orientam o comportamento dos membros da organização no dia a dia e que direcionam suas ações para a realização dos objetivos organizacionais (Chiavenato, 2000). De acordo com Luz (2003), a cultura organizacional influencia o comportamento de todos os indivíduos e grupos dentro da organização. Ela impacta o cotidiano da organização – suas decisões, as atribuições da sua equipe, as formas de recompensas e punições, o estilo de liderança adotado, o processo de comunicação, dentre outros. Nesse sentido, acaba reforçando o comportamento de seus membros, determinando o que deve ser seguido e o que deve ser evitado.

Muitos aspectos da cultura organizacional são percebidos com facilidade e são denominados aspectos formais ou abertos, enquanto outros são de difícil percepção e são denominados aspectos informais ou ocultos. Tal como num iceberg, os aspectos formais ficam na parte visível e envolvem as políticas e diretrizes, métodos e procedimentos, objetivos, estrutura organizacional e a tecnologia adotada. Os aspectos informais ficam ocultos na parte inferior do iceberg e envolvem percepções, sentimentos, atitudes, valores, interações informais e normas grupais implícitas. Os aspectos informais são mais difíceis de compreender e interpretar, como também de mudar ou sofrer alterações (Figura 9.4) (Chiavenato, 2000).

A cultura organizacional vigente nas unidades de conservação e nos órgãos gestores reflete a cultura burocrática patrimonialista do setor público brasileiro. Não há foco em resultados. Não há preocupação em atender adequadamente aos usuários, ou aumentar a produtividade, ou reduzir os custos para a sociedade. Boa parte dos resultados que a sociedade brasileira espera do seu conjunto de unidades de conservação irá depender de uma mudança na cultura das instituições gestoras.

Portanto, para uma unidade de conservação alcançar plenamente seus objetivos de manejo, não basta introduzir métodos e ferramentas de gestão atuais, é indispensável decifrar sua cultura e a de seu órgão gestor e identificar até que ponto as novas práticas de gestão questionam a cultura organizacional estabelecida. Quando o questionamento é grande, a cultura estabelecida certamente reagirá por meio dos conhecidos movimentos de resistência à mudança apresentados pelas pessoas da organização. Nesse caso, o esforço de mudança exigirá investimentos na ressignificação da cultura organizacional.

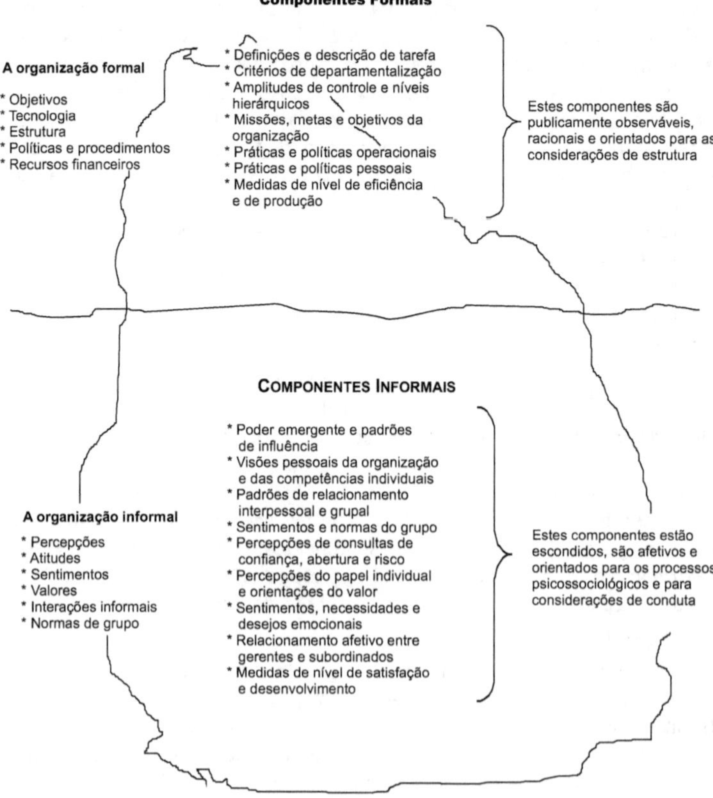

Figura 9.4 O iceberg da cultura organizacional (Cury, 1995).

Precisamos, portanto, reconhecer que toda mudança implica uma revisão de modelo mental e a assimilação de novos paradigmas. Só obteremos uma gestão satisfatória de nossas unidades de conservação se houver mudanças nas concepções, percepções e no comportamento das pessoas que nela trabalham, e em seu órgão gestor (Foguel & Souza, 1980). Para uma unidade de conservação alcançar plenamente seus objetivos de manejo, será necessário forjar uma nova cultura, na qual estejam profundamente arraigados os fundamentos da excelência em gestão.

A gestão para resultados em unidades de conservação

10

Marcos Antônio Reis Araujo
Rogério F. Bittencourt Cabral
Cleani Paraiso Marques

A Gestão para Resultados é uma abordagem de gestão que busca definir os resultados certos e fazê-los acontecer. No contexto das unidades de conservação, esta abordagem é considerada atual e necessária por permitir o questionamento da cultura organizacional, estabelecida historicamente nos órgãos gestores responsáveis pelas UCs, e por disponibilizar ao conjunto de gestores brasileiros um arsenal de metodologias e ferramentas gerenciais que apoiem a mudança do modelo mental.

A abordagem da gestão para resultados pressupõe uma lógica objetiva, conforme apresentada na Figura 10.1. É necessário identificar seus principais usuários, levantar quais são suas necessidades, incorporar estas informações no processo de formulação estratégica, definir as metas a serem alcançadas em termos de bens e serviços a serem ofertados aos diversos usuários e, a partir de então, gerenciar os seus processos internos (programas de manejo) visando ao alcance das metas e à consequente satisfação dos usuários.

Aplicando os métodos e ferramentas da qualidade para incrementar os resultados das unidades de conservação

A palavra *qualidade* é empregada como atributo de bens ou serviços que satisfazem os usuários. É vasta a bibliografia sobre o tema e várias conceituações têm sido propostas. No contexto desta publicação, todavia, é mais conveniente dar à palavra *qualidade* uma definição simples e abrangente como a proposta por Juran: a adequação ao uso (Juran, 1991).

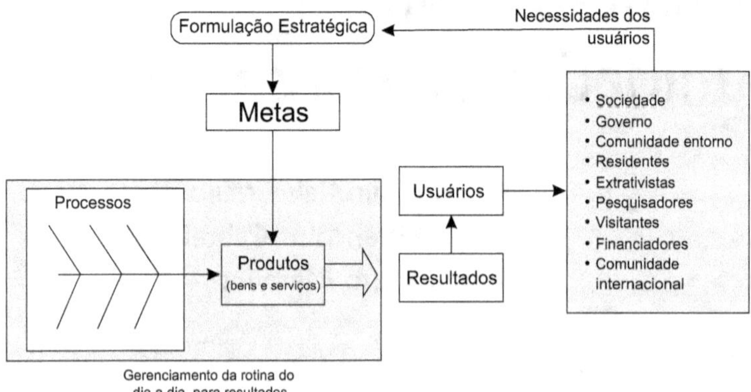

Figura 10.1 Sistema de gestão para resultados (modificado de INDG TecS, 2005).

Os clientes das empresas e os usuários dos serviços públicos têm desejos, expectativas e necessidades que devem ser atendidos e essa compreensão evidencia a abordagem da qualidade como característica dos produtos e serviços fornecidos pelas organizações. Entretanto, a qualidade também pode ser compreendida como o modo pelo qual as organizações são geridas, resultando na contínua geração de bens e serviços compatíveis com as necessidades e expectativas dos usuários, buscando a plena satisfação dos diversos públicos envolvidos com a unidade de conservação (Moura, 2003), ou seja, a qualidade como abordagem para a gestão, conforme ilustrado na Figura 10.2. A gestão pela qualidade constitui uma metodologia consistente e adequada para apoiar a orientação da gestão das organizações para resultados.

Precisamos reconhecer que não se trata de sinônimos e que existem diferenças conceituais e metodológicas nas duas abordagens – gestão para resultados e gestão pela qualidade. Como exemplo, uma organização poderia, a partir da abordagem da gestão pela qualidade, melhorar seus processos e seus produtos de forma significativa. Entretanto, se esses produtos não forem necessitados ou desejados pela sociedade, podemos dizer que a organização não está efetivamente orientada para resultados.

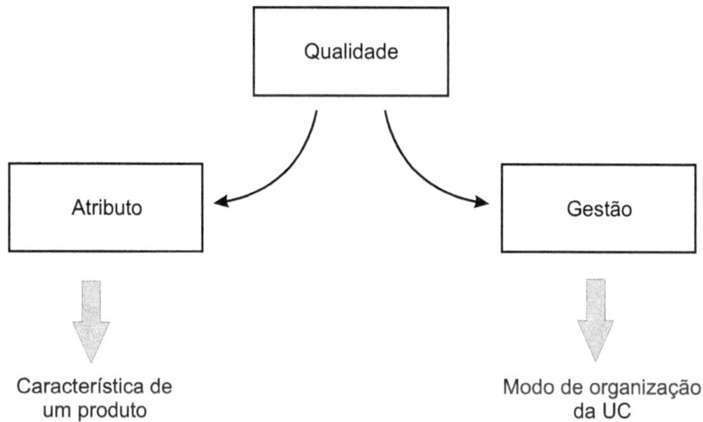

Figura 10.2 Qualidade como atributo de um produto e como modo de organização de uma instituição (Moura, 2003).

PDCA: o método básico da gestão pela qualidade

O ciclo PDCA é um método de gestão que pode contribuir efetivamente para a melhoria da administração das unidades de conservação. Representa a base para o manejo adaptativo descrito anteriormente e foi desenvolvido por Walter Shewart (1891-1967), um dos pioneiros da qualidade na década de 1920, tendo sido amplamente utilizado e divulgado por Willian Deming (1900-1993), a partir da década de 1950.

O ciclo PDCA orienta a sequência de atividades para gerenciar uma tarefa, um programa de manejo ou a UC como um todo (Figura 10.3 e Tabela 10.1). As quatro letras identificam as etapas do ciclo: P – Planejamento; D – Desenvolvimento (execução); C – Checagem e A – Ação corretiva. No gerenciamento de uma tarefa, ou da UC como um todo, deve-se girar o PDCA sistematicamente, ou seja, planejar, executar o planejamento, verificar se os resultados planejados foram alcançados e, em caso negativo, agir corretivamente; em caso positivo, padronizar aquilo que funcionou e desafiar os resultados obtidos propondo melhorias para os próximos ciclos de gestão baseados no PDCA.

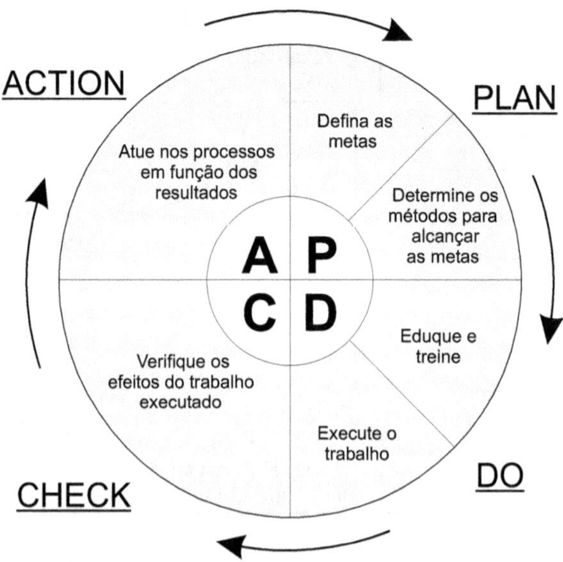

Figura 10.3 Ciclo PDCA – ferramenta básica da qualidade.

Tabela 10.1 Atividades a serem realizadas em cada etapa do ciclo PDCA.

P **PLAN**	• Definir os objetivos e as metas a serem atingidas. • Definir os meios/métodos a serem usados (plano de ação).
D **DO**	• Comunicar o planejamento e treinar as pessoas. • Executar as ações conforme o planejado. • Registrar os resultados.
C **CHECK**	• Verificar se as metas planejadas foram alcançadas. • Verificar a ocorrência de desvios em relação às metas.
A **ACTION**	• Analisar o que pode ser feito para melhorar os resultados alcançados.

Adaptado de Moura, 2003.

A aplicação da metodologia proposta pelo PDCA, para melhorar o desempenho das unidades de conservação, precisa considerar a experiência e o conhecimento da equipe sobre os passos da metodologia e as ferramentas de suporte que são utilizadas em cada etapa. É recomendável que a metodologia seja aplicada inicialmente em processos e desempenhos mais simples, que permitam que a equipe possa desenvolver a competência para a utilização do método e das ferramentas.

Para as equipes já capacitadas na metodologia, sua aplicação deve priorizar os processos ou programas de manejo que apresentam os piores resultados e que sejam relevantes para que a UC cumpra os seus objetivos. Esses critérios de seleção dos processos ou programas, que receberão uma intervenção planejada e sistemática de melhoria, objetivam concentrar os esforços e os recursos da equipe gestora em aspectos relevantes para a realidade da UC.

Vejamos, na prática, como o PDCA pode ser utilizado para a melhoria da gestão de uma UC no contexto de um programa de manejo ou processo da unidade.

A primeira etapa do ciclo PDCA é o planejamento (P). Nessa etapa, é preciso refletir sobre quais são os objetivos (resultados) a serem alcançados pelo programa de manejo em análise e quais são seus principais problemas, isto é, os resultados indesejados. Em uma unidade de proteção integral, os problemas na área de proteção podem ser, por exemplo, elevada pressão de caça, extração de espécimes da flora, ocorrência de incêndios florestais criminosos. O conceito de problema para a gestão pela qualidade é a diferença entre os resultados esperados e os resultados obtidos. Sempre que essa situação é constatada para a qualidade, temos um problema. Reconhecer e conhecer adequadamente o problema que buscamos solucionar é uma das etapas mais importantes do processo de solução. Sempre que possível devemos isolar o problema que escolhemos, tratar prioritariamente e levantar a maior quantidade de informações possíveis sobre ele, tais como: padrão de ocorrência, frequência, sazonalidade, envolvidos, sintomas, prejuízos causados, dentre diversas outras informações que nos ajudem a conhecer melhor o problema que nos propomos a solucionar.

Para cada resultado indesejado identificado (problema), deve-se estabelecer um indicador (item de controle que monitore o desempenho que objetivamos melhorar) a ser acompanhado e uma meta a ser alcançada. Nessa etapa, o estabelecimento de uma meta de melhoria é um passo fundamental, pois gerenciar é atingir metas (Campos, 2002). A meta deve conter um objetivo, um valor e um prazo no qual será cumprida. Um resultado indesejado, por exemplo, pode ser os incêndios florestais dentro da área da UC. O indicador pode ser o número de incêndios ou a área queimada no interior da UC. Definida a situação atual, deve-se estabelecer a meta a ser atingida – por exemplo: nenhum incêndio florestal no interior da UC, no ano de 2014, ou uma diminuição de X% no número de incêndios no interior da UC no mesmo ano. As metas devem ser desafiadoras, mas alcançáveis, para não gerar desmotivação.

Para propor medidas visando alcançar a meta, é necessário levantar informações e analisar o problema de forma mais detalhada. Uma ferramenta de qualidade conhecida como Análise de Pareto nos dá a dimensão de como essa atividade é importante. Segundo a regra de Pareto, 80% dos efeitos de um problema podem ser sanados atacando-se somente 20% de suas causas. Por isso, devemos buscar identificar as poucas causas fundamentais do problema, ou seja, aquelas que atacadas poderão eliminar o problema ou a maior parte dos seus efeitos. O levantamento dessas causas, no entanto, é uma atividade que deve ser feita com muito cuidado e debate. Ferramentas como tempestade de ideias (*brainstorming*) e diagrama de causa e efeito, descritas no final do capítulo, podem ser utilizadas.

Após a identificação das principais causas do problema, elabora-se um plano de ação para eliminá-las. É importante definir medidas eficazes, simples e de baixo custo. Estabelecer um bom plano de ação para toda meta de melhoria que se queira atingir é um dos segredos do bom gerenciamento (Campos, 2002). O plano de ação pode utilizar a ferramenta 5W2H para orientar a sua elaboração, como ilustrado na Figura 10.4.

O QUÊ (WHAT)	QUEM (WHO)	QUANDO (WHEN)	ONDE (WHERE)	POR QUÊ (WHY)	COMO (HOW)	QUANTO (HOW MUCH)

Figura 10.4 Modelo de plano de ação simplificado.

Seguindo o exemplo dos incêndios no interior de uma UC, na coluna "O Quê" devem ser listadas as atividades (ações) que deverão ser realizadas para eliminar as causas da ocorrência de incêndios, como conscientizar os proprietários do entorno, disponibilizar técnicas alternativas ao uso do fogo, implantar 3 km de aceiros, treinar uma brigada de combate a incêndios, estabelecer o sistema de detecção e alerta de incêndios, etc. É recomendável que a ação a ser realizada seja representada por um verbo e que esteja no infinitivo. Na coluna "Quem" deve-se determinar o responsável pelo cumprimento de cada atividade. Um ditado popular diz que "cachorro que tem dois donos morre de fome". Assim, cada atividade do plano de ação deve ter um responsável, mesmo que a atividade seja executada por uma equipe, do qual será cobrado o cumprimento no prazo estipulado (coluna "Quando"). Na coluna "Quanto" deve-se estabelecer a previsão de custo de cada atividade. Uma das vantagens de usar os planos de ação para todos os programas de manejo da UC é que, a partir da coluna "Quanto", pode-se estimar o orçamento anual demandado pela unidade.

Em resumo, a obtenção de bons resultados é facilitada pela observação da seguinte sequência durante o processo de planejamento (Campos, 2002):

1. Estabelecer com clareza aonde se quer chegar (meta, resultado, etc.) com seu item de controle (indicador).
2. Levantar informações sobre o tema em questão.
3. Verificar as causas que estão impedindo de alcançar o resultado pretendido (análise).
4. Propor ações contra cada causa importante (plano de ação).

A segunda etapa do ciclo PDCA é o desenvolvimento ou execução do plano de ação elaborado (D). A equipe responsável pelo programa de manejo em questão precisa conhecer os desafios que estarão sendo buscados para que possa se envolver na execução das atividades listadas no plano. A execução, portanto, pressupõe a capacitação e o envolvimento da equipe responsável na metodologia PDCA e nas escolhas que foram realizadas para melhorar o desempenho do programa de manejo. O envolvimento e a capacitação são sobremaneira facilitados se a equipe responsável é envolvida desde os primeiros passos do planejamento – definição do problema – e se participam efetivamente, também, das etapas posteriores de monitoramento e aprendizado. Nesse ponto precisamos lembrar que, no caso das unidades de conservação brasileiras, a equipe responsável pelos programas de manejo ou processos, que precisa ser envolvida na sua gestão, inclui os analistas ou servidores do órgão gestor, mas também o efetivo de terceirizados, contratados, estagiários e/ou voluntários que integram a força de trabalho dessas organizações.

A terceira etapa é a Checagem (C) ou Monitoramento, na qual se compara o resultado obtido pela execução do plano de ação com o resultado planejado (meta). O uso de ferramentas gráficas, como a ilustrada abaixo, auxilia muito nessa etapa. Na Figura 10.5, as metas são representadas pela linha pontilhada e os resultados pelas barras, que normalmente assumem coloração verde quando a meta é alcançada e vermelha quando não é alcançada. Digamos que a meta é de nenhum incêndio florestal no interior da UC. Qualquer valor acima de zero significa que a meta não foi alcançada e a barra assume a cor vermelha. Esse modelo de gráfico de acompanhamento de metas pode ser usado para monitorar os resultados estratégicos e operacionais a serem alcançados por uma UC ou por sistemas de UCs.

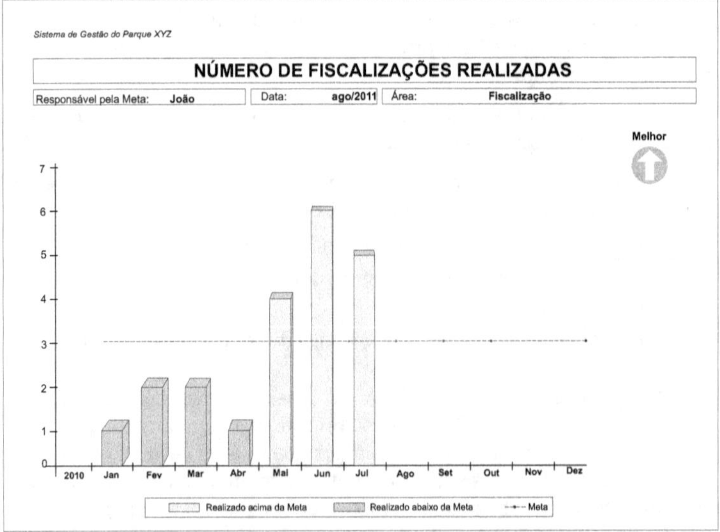

Figura 10.5 Gráfico de Acompanhamento de Metas comparando os resultados planejados (linha pontilhada) com os resultados obtidos (barras).

Todos os gráficos representando resultados relevantes da unidade de conservação devem ser reunidos em um único painel, formando o chamado quadro ou painel de gestão à vista. O painel de gestão à vista é uma poderosa ferramenta de estímulo à obtenção de resultados, já que dá visibilidade às metas assumidas pela equipe, permitindo sua comparação com os resultados alcançados. Outro aspecto é que tal sistematização gera condições para um diálogo produtivo entre os membros da equipe, permitindo a identificação imediata dos resultados indesejáveis, criando oportunidade de ajustes nos processos e na maneira como as pessoas atuam sobre as atividades.

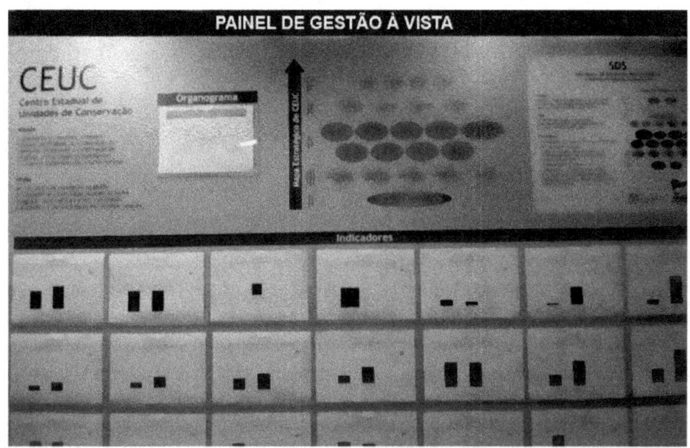

Figura 10.6 Painel de Gestão à Vista do Centro Estadual de Unidades de Conservação do Estado do Amazonas (CEUC).

A quarta etapa do ciclo PDCA é a Ação (A) ou Aprendizado. Nessa etapa analisam-se os desvios encontrados e, se o resultado esperado (meta) não está sendo alcançado, retorna-se à atividade de análise do problema para verificar se realmente foram identificadas suas principais causas. A partir da identificação de outras variáveis (ou causas) que estejam contribuindo para a ocorrência do problema, elabora-se, então, um novo plano de ação. Se o resultado esperado foi alcançado, padronizam-se as atividades propostas no plano de ação e treinam-se os funcionários. No nosso exemplo, se um incêndio florestal no interior da UC ocorrer no ano de 2012, a meta não será alcançada. Em vista disso, será preciso analisar por que aquele incêndio ocorreu e verificar por que as ações previstas no plano de ação não foram suficientes para evitá-lo.

À medida que os gestores e os demais técnicos vão se familiarizando com o uso do PDCA como metodologia de gestão e das ferramentas que apoiam sua aplicação, ele deve ser estendido a outros programas de manejo e à gestão da UC como um todo.

Box 10.1 – Tempestade de Ideias (*brainstorming*)

Trata-se de uma ferramenta relativamente simples, que permite o levantamento de um máximo de ideias sobre um determinado tema, num curto espaço de tempo. Essa técnica deve ser praticada pela equipe responsável pela gestão ou pela melhoria de um programa de manejo. Sua aplicação gera ideias para a melhoria de qualquer programa de manejo da unidade.

Procedimentos:

◆ Determinar o tema, que pode ser as causas de um problema, as alternativas de solução, etc.

◆ Fazer com que cada participante ofereça uma ideia sobre o assunto. Os participantes não deverão fazer qualquer comentário sobre as ideias dos colegas. As ideias deverão ser registradas em uma ficha de cartolina, papel ou quadro. O importante é que todos os participantes da sessão de *brainstorming* tenham acesso e acompanhem as ideias propostas pela equipe.

◆ Continuar o processo até que se esgotem as ideias sobre o assunto, ou seja, até que todos os participantes não tenham mais nenhuma contribuição. Em alguns casos pode ser útil estabelecer um tempo limite para a sessão de geração de ideias.

◆ Iniciar a análise das ideias propostas, procurando, em caso de dúvidas, esclarecer com o proponente a intenção e o entendimento adequado de cada contribuição.

◆ Ideias iguais devem ser fundidas, as semelhantes são agrupadas e aquelas consideradas absurdas ou inadequadas devem ser eliminadas. Sempre em sintonia com a visão do grupo de participantes.

◆ Como resultado final da sessão de tempestade de ideias espera-se um conjunto coerente e criativo de propostas sobre um determinado tema, construído de forma participativa e dinâmica.

Box 10.2 – Diagrama de Causa e Efeito

O Diagrama de Causa e Efeito (Figura 10.7) foi desenvolvido pelo professor Kaoru Ishikawa (1915-1989), com o objetivo de facilitar a análise de problemas, possibilitando a ordenação mais adequada e racional desses problemas, e a busca das causas que estão produzindo os efeitos não desejados. Esse diagrama é utilizado quando é necessário identificar, explorar e priorizar todas as causas possíveis de um problema (ex: caça excessiva na área de uma UC). As etapas para a construção de um Diagrama de Causa e Efeito são:

♦ Escrever o problema em análise no retângulo "Problema", no canto esquerdo da Figura 10.7.

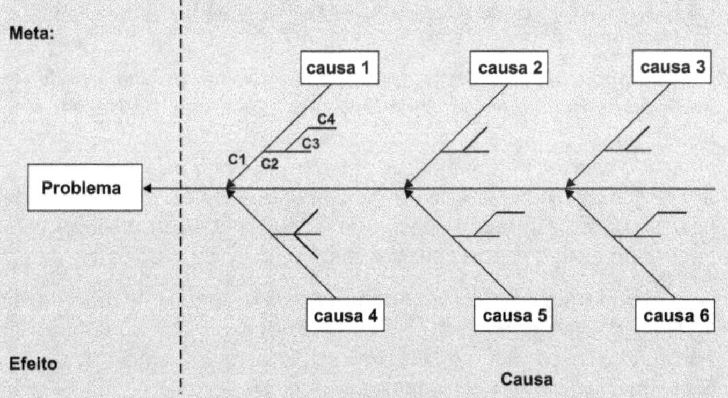

Figura 10.7 Diagrama de Causa e Efeito.

♦ Em seguida escrever as causas primárias (C1) que provocam o problema em estudo, identificadas, por exemplo, a partir da tempestade de ideias, nos retângulos "causas 1" e "causas 2".

♦ Escrever as causas secundárias (C2) que afetam as primárias. Se necessário, realizar outra rodada de tempestade de ideias. A determinação das causas fundamentais pode ser realizada mediante um sistema de pontuação. Cada participante da equipe irá pontuar as causas secundárias, usando a escala de valoração 5, 3 e 1. Para forçar uma priorização de causas, cada participante poderá dar somente três notas 5, três notas 3 e três notas 1. As causas que obtiverem maior pontuação são as prioritárias a serem trabalhadas. Se necessário, as causas terciárias referentes às causas secundárias priorizadas poderão passar por um processo de priorização semelhante ao realizado anteriormente.

O Diagrama de Causa e Efeito tem como resultado uma lista de causas fundamentais responsáveis pelo resultado indesejado em estudo. De posse dessa lista, o responsável pela unidade de conservação elabora um plano de ação visando eliminar essas causas. No ano seguinte, a partir do giro do PDCA, será verificado se o plano de ação obteve os resultados desejados.

Box 10.3 – Cinco Por Quês

Para identificar as causas fundamentais de um problema pode ser usada a ferramenta denominada Cinco Por Quês, que consiste em uma abordagem reflexiva e provocadora sobre um determinado problema buscando rastrear as causas raízes. A ferramenta se baseia na compreensão de que problemas são, na verdade, oriundos de uma cadeia de causalidade (causas interligadas) que precisa ser explicitada para que possamos intervir no nível que possibilitará a eliminação destes problemas.

Procuram-se explicações sistêmicas para os problemas evitando-se aquelas explicações baseadas em eventos. As explicações sistêmicas ou estruturais são aquelas que, além de viabilizarem a efetiva solução do problema, promovem o aprendizado organizacional.

Para utilizar a Técnica dos Cinco Porquês basta que um grupo de pessoas envolvidas e, com conhecimento do problema em questão, promova uma reflexão honesta e objetiva orientada pelas cinco perguntas:

1. Por que estamos tendo o problema em estudo? (Nesta etapa, determinam-se as causas primárias.)

2. Por que estamos tendo a causa primária identificada? (Nesta etapa, determinam-se as causas secundárias para cada causa primária.)

3. Por que estamos tendo essa causa secundária? (Nesta fase, determinam-se as causas terciárias (C3) para as causas secundárias.)

Recomenda-se repetir esse exercício até o quinto *por quê*, se necessário.

Box 10.4 – 5W2H

5W2H ou 4Q1POC é uma ferramenta utilizada para o planejamento e o acompanhamento da implementação de ações propostas.

O planejamento resulta das respostas às seis perguntas:

What (O quê): Qual a ação que vai ser tomada?

When (Quando): Quando a ação será realizada?

Who (Quem): Quem será o responsável pela implementação?

Where (Onde): Onde a ação será desenvolvida (abrangência)?

Why (Por quê): Por que foi definida tal ação (resultado esperado)?

How (Como): Como a ação vai ser tomada/implementada (passos da ação)?

How much (Quanto): Quais os recursos necessários para implementar a ação?

A ferramenta de planejamento busca garantir a implementação das soluções consensadas, possibilitando ainda o acompanhamento da execução. Assegura que as ideias, soluções e inovações saiam do papel e se materializem. Para que a ferramenta cumpra seus objetivos é importante atentar para algumas dicas:

- Defina um responsável geral pela coordenação e implementação do Plano de Ação.
- É recomendável que cada ação a ser realizada seja representada por pelo menos um verbo e que esteja no infinitivo.
- Nos casos em que a ação for executada por uma equipe ou por mais de uma pessoa, é importante definir apenas um responsável que será a referência no planejamento para sua execução.
- O estabelecimento do prazo para a execução das atividades deve conter, no mínimo, o prazo final para conclusão da ação e deve ser coerente com a urgência e a capacidade da organização, além de considerar a lógica temporal que pressupõe a execução de ações concatenadas no tempo.
- A definição dos requisitos de onde as ações serão executadas pode ser relevante quando as atividades precisam ocorrer em uma lógi-

ca no espaço, caso contrário esse campo pode não ser útil no momento do planejamento.

♦ A resposta à pergunta "Por que executar tal atividade" deve orientar a reflexão sobre a real necessidade da atividade e sobre o resultado esperado. É comum, ao refletirmos sobre a importância de uma atividade, a mesma ser desconsiderada ou substituída por outra atividade.

♦ No espaço destinado ao "Como" devemos descrever os passos necessários para a execução da atividade em um nível de detalhamento que seja adequado a compreensão de quem irá executar.

♦ A estimativa dos recursos necessários à execução da atividade é estabelecida no campo "Quanto" e normalmente, se concentra nos recursos financeiros ou orçamentários que precisam ser acessados ou contratados. É comum desconsiderarmos aqueles recursos já disponíveis, como hora da equipe envolvida, equipamentos já existentes, etc.

Box 10.5 – Análise de Pareto

A análise de Pareto é uma ferramenta de reflexão, análise e priorização capaz de apoiar os gestores na seleção e abordagem dos problemas de forma mais estruturada e inteligente.

A designação "Diagrama de Pareto" se deve ao economista italiano Vilfredo Pareto (1848-1923). Ele observou que, relativamente, poucos cidadãos retinham a maior parte da riqueza no sistema econômico italiano do final do século passado.

Na década de 1950, o especialista em Qualidade Dr. Joseph M. Juran (1904-2008) notou que a observação de Pareto era verdadeira não somente na economia, mas também numa variedade de situações gerenciais. Juran formulou o "princípio de Pareto": quando uma série de fatores individuais contribui para algum efeito global, relativamente poucos desses itens serão responsáveis pela maior parte do efeito.

Juran sugeriu que os poucos itens responsáveis pela maioria do efeito fossem chamados de "poucos vitais", distinguindo-os dos numerosos outros fatores que também operam (os "muitos triviais").

A análise de Pareto deve ser utilizada quando for preciso ressaltar a importância relativa entre vários problemas ou situações, no sentido de:

- identificar, entre vários problemas, os mais significativos de um processo;
- escolher um ponto de partida para a solução de um problema;
- avaliar o comportamento de um problema, analisando os dados antes e depois.

Avançando na implementação da gestão para resultados: trilhando o caminho da gestão de classe mundial nas unidades de conservação

Marcos Antônio Reis Araujo
Rogério F. Bittencourt Cabral
Cleani Paraiso Marques

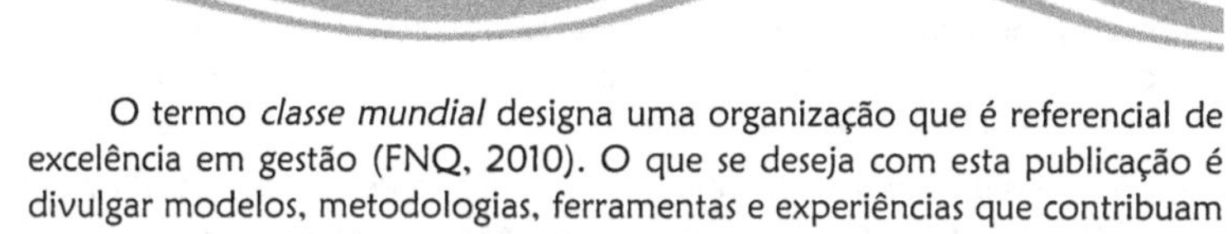

O termo *classe mundial* designa uma organização que é referencial de excelência em gestão (FNQ, 2010). O que se deseja com esta publicação é divulgar modelos, metodologias, ferramentas e experiências que contribuam para tornar a gestão das unidades de conservação brasileiras um referencial de excelência em gestão. Para empreender essa visão é necessário inicialmente selecionar um quadro referencial que nos permita conceituar e avaliar a excelência da gestão e, posteriormente, utilizar esse quadro referencial para orientar e balizar os esforços de melhorias no sistema de gestão da UC.

Propomos adotar o Modelo de Excelência em Gestão Pública (MEGP) desenvolvido pelo Ministério do Planejamento, Orçamento e Gestão do governo federal como um modelo genérico e conceitual que oferece às organizações públicas um referencial para sua nobre e necessária caminhada de melhoria do serviço público brasileiro.

Avaliamos que a caminhada apenas começou e que serão necessários pelo menos dez anos de muito trabalho duro, muito aprendizado e, principalmente, muita vontade política para que se possa alcançar o patamar da gestão de classe mundial em nossas UCs.

Desde o início da década de 1990, já estava claro que um dos maiores desafios do setor público brasileiro era de natureza gerencial. Isso estimulou a busca de um novo modelo de gestão pública, que fosse focado em resultados e orientado para o cidadão (Brasil, 2009). Foi proposto, então, o Modelo de Excelência em Gestão Pública para guiar as organizações públicas em busca de transformação gerencial rumo à excelência e, ao mesmo tempo, permitir avaliações comparativas de desempenho entre organizações públicas brasileiras e estrangeiras, com empresas estrangeiras e demais organizações do setor privado. Dessa forma, esse modelo permite uma comparação da efetividade de gestão de unidades de conservação do mundo inteiro.

O termo *excelência* é usado para denotar distinção e perfeição. Os modelos de excelência são usados para apresentar o mais alto nível, o estado da arte de como organizar e gerir instituições (Moura, 2003).

O Modelo de Excelência em Gestão foi originalmente desenvolvido nos Estados Unidos. Em meados da década de 1980, em razão da forte concorrência dos produtos japoneses, tornou-se premente para a indústria americana a necessidade de melhorar a qualidade de seus produtos e de aumentar a produtividade de suas empresas. O governo norte-americano instituiu um grupo de trabalho com a missão de analisar uma série de organizações bem-sucedidas, consideradas "ilhas de excelência", e descobrir o que as diferenciava das demais organizações. Com essa informação, seria possível estabelecer um conjunto de normas para orientar as organizações americanas, de modo a torná-las mais competitivas (FNQ, 2007).

As análises tiveram como resultado o chamado Relatório Mackinsey. Ele identificou características e valores vigentes na cultura dessas organizações, seguidos pelas pessoas que as compunham, em todos os níveis hierárquicos. Os valores englobam conceitos, filosofias e crenças gerais que estão acima das práticas cotidianas e que as organizações respeitam e empregam na busca por melhores resultados. Eles foram considerados os fundamentos para a formação de uma cultura de gestão voltada para resultados.

A partir desses valores, foram desenvolvidos modelos de uma cultura organizacional voltada para a qualidade, com critérios muito específicos. Os fundamentos foram desdobrados em requisitos e agrupados por critérios, dando origem, em 1987, ao Prêmio *Malcolm Baldrige National Quality Award* (Prêmio Nacional da Qualidade dos Estados Unidos). A iniciativa foi tão bem-sucedida, que logo outros países criaram seus prêmios nacionais de qualidade.

Em 1991, em função da abertura econômica, o governo federal lançou o Programa Brasileiro de Qualidade e Produtividade (PBQP). Seu objetivo era promover a qualidade e a produtividade, visando aumentar a competitividade dos bens e serviços produzidos no país. Uma das medidas foi a criação da Fundação para o Prêmio Nacional da Qualidade (FPNQ), que gerencia o prêmio de mesmo nome. A premiação é um processo de reconhecimento das organizações e práticas de gestão que, de forma alinhada ao modelo de excelência, conseguem demonstrar inquestionavelmente a melhoria dos seus resultados. Esse processo de avaliação e premiação precisa ser muito dinâmico, pois, à medida que novos valores de gestão de organizações excelentes são desenvolvidos e identificados, os fundamentos da excelência precisam passar por atualizações (FNQ, 2007).

Concomitantemente, foi lançado, na esfera pública, o Programa de Qualidade e Participação na Administração Pública (PQAP), concebido com o objetivo de introduzir práticas gerenciais voltadas para a melhoria da qualidade do serviço público. A partir de 1998, o PQAP transformou-se no Programa de Qualidade no Serviço Público (PQSP) e, em 2005, passou a chamar-se Programa Nacional de Gestão Pública e Desburocratização (Gespública), que está ligado ao Ministério do Planejamento, Orçamento e Gestão. Nesse contexto, o governo adaptou o Modelo de Excelência em Gestão para a realidade das organizações públicas, passando a denominá-lo Modelo de Excelência em Gestão Pública, e também criou o Prêmio da Qualidade do Governo Federal, que se inspirou fortemente no PNQ, e em 2003 passou a se chamar Prêmio Nacional da Gestão Pública.

O Modelo de Excelência em Gestão Pública foi concebido a partir da premissa de que a "administração pública tem de ser excelente sem deixar de considerar as particularidades inerentes à sua natureza pública". O modelo não se propõe a fazer concessões para a administração pública ou para as unidades de conservação, mas procurou entender e considerar as especificidades inerentes à natureza pública das organizações sem abrir mão do compromisso de que a administração pública e, consequentemente, a gestão das unidades de conservação têm de ser excelentes e eficientes.

Esses prêmios de qualidade avaliam e analisam os sistemas de gestão das organizações participantes com base em critérios de excelência. Tais critérios agrupam requisitos necessários para se implantar uma cultura de gestão voltada para a obtenção de resultados excepcionais. Desse modo, a avaliação busca verificar o grau de desempenho da organização com base nos fundamentos de excelência, que são valores identificados nas organizações de sucesso e que servem de referencial para as demais organizações (FNQ, 2010).

Os critérios de excelência que compõem o Modelo de Excelência em Gestão Pública são: 1) Liderança; 2) Estratégias e planos; 3) Cidadãos; 4) Sociedade; 5) Informações e conhecimento; 6) Pessoas; 7) Processos; 8) Resultados.

A Figura 11.1 representa graficamente como os oito critérios interagem para formar o Modelo de Excelência em Gestão Pública, que funciona como importante instrumento para avaliação, diagnóstico e orientação de qualquer tipo de organização do setor público.

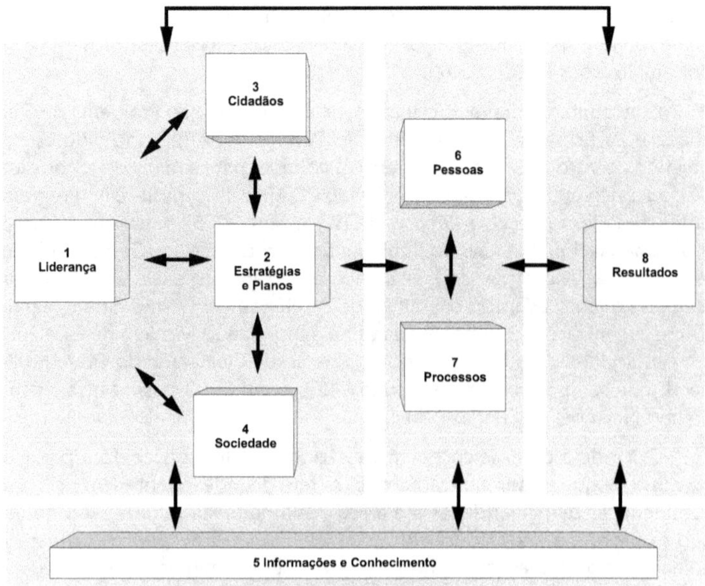

Figura 11.1 Representação gráfica do Modelo de Excelência em Gestão (Brasil, 2009).

O Modelo de Excelência em Gestão Pública também adota a lógica do Ciclo de Gestão ou PDCA, discutido no capítulo anterior. Os quatro primeiros critérios formam um bloco que pode ser denominado de planejamento. Por meio da liderança da alta administração, que focaliza as necessidades dos cidadãos-usuários e os anseios da sociedade, são planejados os serviços/produtos e os processos da organização, de forma a melhor atender a esse conjunto de necessidades, levando-se em conta os recursos disponíveis (Brasil, 2009).

O segundo bloco de critérios, equivalente à execução (D) do ciclo PDCA, é composto pela gestão de pessoas e de processos e representa a execução do planejamento, ou seja, o espaço onde as ações transformam objetivos e metas em resultados. São as pessoas, capacitadas e motivadas, que operam esses processos e fazem com que cada um deles produza os resultados esperados.

Os resultados da organização constituem o bloco de controle, pois servem para acompanhar a satisfação dos cidadãos-usuários, o orçamento e as finanças, a gestão das pessoas, a gestão de fornecedores e das parcerias institucionais, bem como o desempenho dos serviços/produtos e dos processos organizacionais. Finalmente, o sistema de informação e análise representa a "inteligência da organização" e a base de sustentação das ações planejadas e executadas em cada um dos blocos anteriores. Esse é o bloco de tomada de decisão e ação com base nas análises críticas realizadas (Brasil, 2009) e equivale ao Aprendizado do ciclo PDCA.

O modelo não é prescritivo, ou seja, não estabelece como a organização deve executar suas práticas de gestão, e sim quais os critérios de excelência para a definição do que deve ser feito em cada aspecto da gestão e os resultados a serem alcançados.

O modelo contribui também para explicitar uma contundente relação de causa e efeito, na qual o alcance dos resultados pela organização (Critério 8 – Resultados) é consequência direta da sua competência e criatividade para implementar as práticas gerenciais estabelecidas nos critérios anteriores. Ou seja, reforça o entendimento muitas vezes esquecido de que a excelência não se constitui em um feito milagroso, mas na competência de fazer o que precisa ser feito cada dia melhor.

Box 11.1 – Os princípios e fundamentos da excelência

O Modelo de Excelência em Gestão Pública parte da premissa de que é preciso ser excelente sem deixar de ser público. Portanto, deve estar alicerçado em fundamentos próprios da gestão de excelência contemporânea e condicionado aos princípios constitucionais próprios da natureza pública das organizações. Os princípios constitucionais que devem reger a gestão pública encontram-se no Artigo 37 da Constituição Federal e, de acordo com Brasil (2009), são os seguintes:

♦ **Legalidade:** estrita obediência à lei; nenhum resultado poderá ser considerado bom, nenhuma gestão poderá ser reconhecida como de excelência à revelia da lei.

♦ **Impessoalidade:** não fazer distinção de pessoas. O tratamento diferenciado restringe-se apenas aos casos previstos em lei. A cortesia, a rapidez no atendimento, a confiabilidade e o conforto são requisitos de um serviço público de qualidade e devem ser dispensados a todos os usuários, indistintamente. Em se tratando de organização pública, todos os usuários são preferenciais, todos são pessoas importantes.

♦ **Moralidade:** pautar a gestão pública por um código moral. Não se trata de ética (no sentido de princípios individuais, de foro íntimo), mas de princípios morais de aceitação pública.

♦ **Publicidade:** ser transparente, dar publicidade aos fatos e dados. Essa é uma forma eficaz de indução do controle social.

♦ **Eficiência:** fazer o que precisa ser feito, com o máximo de qualidade, ao menor custo possível. Não se trata de redução de custo de qualquer maneira, mas de buscar a melhor relação entre qualidade do serviço e qualidade do gasto.

Esses princípios constitucionais representam os principais norteadores da gestão pública. Em conjunto com os fundamentos descritos a seguir, constituem a base de sustentação do Modelo de Excelência em Gestão Pública. Os fundamentos da gestão pública de excelência não são leis, normas ou técnicas, e sim valores que precisam ser paulatinamente internalizados, até se tornarem definidores da gestão de uma organização. À medida que forem transformados em orientadores das práticas de gestão, tornar-se-ão, gradativamente, hábitos e, por fim, valores inerentes à cultura organizacional. Os fundamentos da excelência são (Brasil, 2009):

1. **Pensamento Sistêmico:** entendimento das complexas relações de interdependência existentes entre os elementos que constituem a organização (políticas, pessoas, processos, cultura, etc.) e da organização com o ambiente externo em que se situa.

2. **Aprendizado Organizacional:** o desenvolvimento das capacidades individuais e coletivas de uma organização para solucionar problemas cada vez mais complexos é o resultado esperado do aprendizado organizacional. Incentivar a criação e o compartilhamento de conhecimento sobre o "negócio" da organização é um fundamento vital para o seu sucesso;

3. **Cultura da Inovação:** propiciar um ambiente favorável à criatividade, à experimentação e à adoção de novas alternativas que façam frente aos velhos problemas da administração pública brasileira;

4. Liderança e Constância de Propósitos: a liderança é o motor da gestão, orienta, motiva e se compromete com os resultados sustentáveis da organização e com o desenvolvimento da cultura da excelência e a defesa dos direitos públicos.

5. Orientação por Processos e Informações: adoção da abordagem de processos para compreensão e organização do conjunto das atividades da organização de forma que agreguem valor para as partes interessadas, sendo que a tomada de decisões e a execução de ações devem ter por base a medição e análise do desempenho, e não os achismos.

6. Visão de Futuro: o rumo de uma organização e a constância de propósitos que a mantém nessa direção. Está diretamente relacionada à capacidade de construir um imaginário coletivo desejado que dê coerência ao processo decisório e que permita à organização antecipar-se às necessidades e expectativas dos cidadãos e da sociedade.

7. Geração de Valor: o objetivo de qualquer organização é criar valor tangível e intangível de forma sustentada para todas as partes interessadas.

8. Comprometimento com as Pessoas: construir relações saudáveis com as pessoas para melhorar a qualidade nas relações de trabalho e criar condições que favorecem o comprometimento das pessoas e, consequentemente, o seu desempenho.

9. Foco no Cidadão e na Sociedade: não perder de vista que todas as ações e organizações públicas têm por objetivo o atendimento às necessidades dos cidadãos e da sociedade,

10. Desenvolvimento de Parcerias: construir sinergias com outras organizações por meio do estabelecimento de relações de confiança e apoio.

11. Responsabilidade Social: assegurar às pessoas a condição de cidadania com garantia de acesso aos bens e serviços essenciais e, ao mesmo tempo, tendo por princípio gerencial a preservação da biodiversidade e dos ecossistemas naturais.

12. Controle Social: participação das partes interessadas no planejamento, acompanhamento e avaliação das atividades da Administração Pública e na execução das políticas e dos programas públicos.

13. Gestão Participativa: atitude gerencial da alta administração que busca o máximo de cooperação das pessoas.

Utilizando o Modelo de Excelência para avaliar e melhorar a gestão de unidades de conservação

Uma das principais funções de um modelo é oferecer uma estrutura (*framework*) que permita avaliar e comparar o desempenho das organizações.

O Núcleo para Excelência em Unidades de Conservação (NEXUCS) vem fazendo uma escolha metodológica em relação ao modelo a ser utilizado para apoiar suas intervenções. A adoção do Modelo de Excelência em Gestão Pública (MEGP) para avaliar e melhorar a gestão de unidades de conservação é realizada de forma muito consciente em relação aos seus benefícios e suas limitações.

As justificativas, as vantagens e desvantagens são apresentadas em detalhes no Capítulo 23 (Utilizando o MEGP para avaliar a efetividade da gestão das UCs). O MEGP utiliza oito critérios para avaliar as práticas de gestão e os resultados de forma alinhada aos princípios constitucionais e aos fundamentos da excelência.

Os critérios agrupam os requisitos necessários para implantar uma cultura de gestão voltada para a obtenção de resultados excelentes. O Programa de Gestão Pública e Desburocratização (GesPública) disponibiliza três instrumentos de avaliação que apresentam grau crescente de complexidade. A intenção é permitir que as organizações progridam de instrumento à medida que ocorram as melhorias de gestão (Figura 11.2):

♦ Instrumento para Avaliação da Gestão Pública – IAGP 250 pontos.

♦ Instrumento para Avaliação da Gestão Pública – IAGP 500 pontos

♦ Instrumento para Avaliação da Gestão Pública – IAGP 1000 pontos

O Instrumento para Avaliação da Gestão Pública – 250 pontos é adequado para as unidades de conservação que estão iniciando a autoavaliação de sua gestão. Esses instrumentos são atualizados periodicamente e podem ser obtidos gratuitamente, a partir da Internet, no *site* do Ministério do Planejamento, Orçamento e Gestão. O Instrumento para Avaliação da Gestão Pública – 500 pontos utiliza uma escala de pontuação de 0 a 500. Deve ser utilizado pelas unidades de conservação que já realizaram pelo menos dois ciclos de avaliação com o Instrumento de 250 pontos. Já o Instrumento de Avaliação da Gestão Pública – 1000 pontos usa uma escala de pontuação de 0 a 1000, sendo que 1000 pontos equivalem à plena aplicação dos princípios e conceitos de excelência em gestão pública.

A progressão da pontuação das unidades de conservação nos instrumentos de avaliação retrata a evolução do seu desempenho, possibilitando inclusive comparações com outros tipos de organizações.

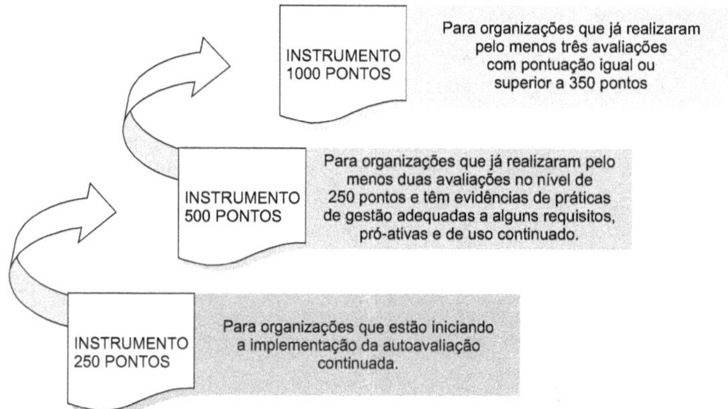

Figura 11.2 Evolução na utilização dos instrumentos de avaliação.

Nos setores mais gerencialmente maduros, as organizações com resultados próximos ou superiores a 700 pontos são consideradas "classe mundial", ou seja, detentoras de práticas empreendedoras caracterizadas pela inovação, criatividade, alto grau de resolutividade em relação às necessidades e expectativas dos seus cidadãos e capacidade de otimizar a aplicação dos seus recursos, conseguindo fazer cada vez mais com menos (Brasil, 2009).

A avaliação da gestão de uma unidade de conservação deve começar com o Instrumento de 250 pontos. A primeira avaliação estabelece o "marco zero" da gestão da UC em relação ao Modelo de Excelência em Gestão Pública. O primeiro passo da autoavaliação é a descrição de cada prática de gestão que tenha relação com o requisito dos critérios de práticas de gestão (critérios 1 a 7).

As práticas de gestão são todas as atividades executadas sistematicamente com a finalidade de gerenciar uma organização, materializadas nos padrões de trabalho. A descrição da prática de gestão é um exercício trabalhoso, mas oferece à equipe da UC envolvida uma ótima oportunidade de compartilhar informações e conhecimentos sobre o funcionamento da unidade. A descrição da prática deve responder, no mínimo, às seguintes perguntas: a) o que é feito; b) em que setores ou envolvendo que pessoas; c) com que periodicidade; d) há quanto tempo (Brasil, 2009).

Exemplo da descrição de uma prática de gestão relativa ao critério estratégias e planos:

> O Parque Nacional XYZ assegura que suas estratégias sejam compartilhadas e compreendidas pelos servidores, fazendo reuniões da Direção Geral com os servidores, de forma a debater e divulgar as propostas elaboradas no seminário final de planejamento. Todas as coordenações promovem reuniões de desdobramento. O documento de consolidação do Planejamento Estratégico fica disponibilizado na biblioteca da UC. Além disso, a visão, a missão e os valores são divulgados nos treinamentos relacionados e, por meio de comunicação visual, em murais por toda a UC. Por fim, é passado um questionário para avaliar o entendimento dos aspectos estratégicos pelos funcionários da unidade. Essa prática é realizada anualmente, desde 2006.

O conjunto de práticas de gestão sistematizadas durante a autoavaliação dá à organização a oportunidade de refletir sobre sua realidade e de construir, com base em dados e fatos, e não em opiniões, um estado futuro desejado, que ela possa atingir com algum esforço, em determinado horizonte temporal (Brasil, 2009).

Os resultados da UC são avaliados de acordo com os requisitos estabelecidos no critério 8 do MEGP. A equipe da UC precisa agrupar e consolidar os principais desempenhos da unidade relacionados aos cidadãos-usuários, sociedade, orçamentos, pessoas e processos. Estes resultados são avaliados quanto à relevância, tendência e nível atual e, desta forma, é estabelecida a pontuação da UC neste critério.

Avaliar a gestão de uma organização pública significa verificar o grau de aderência de seus processos gerenciais em relação ao MEGP, referencial do Programa Nacional da Gestão Pública e Desburocratização (GesPública), concomitantemente com a análise crítica dos resultados demonstrados pela unidade de conservação.

Nessa avaliação são identificados os pontos fortes e as oportunidades de melhoria da organização. As oportunidades são aqueles aspectos gerenciais menos desenvolvidos em relação ao modelo e que, portanto, devem ser objeto de melhoria.

O processo de autoavaliação deve, obrigatoriamente, ser participativo e, ao final, deve representar um consenso da organização sobre a qualidade da sua gestão naquele momento (Brasil, 2009). Com base nos resultados dessa autoavaliação, a UC seleciona as mais relevantes oportunidades de melhorias para elaborar seu Plano de Melhoria da Gestão (Brasil, 2009). A implementação do Plano de Melhoria da Gestão e a realização de nova autoavaliação, para acompanhar o desempenho, configuram o ciclo de melhoria da gestão ou Avaliação Continuada. A unidade de conservação pode escolher aderir formalmente ao Gespública (Figura 11.3), procurando o Núcleo do seu estado, encaminhando os resultados da autoavaliação e solicitando uma validação externa dos resultados obtidos. O Programa emite um certificado de nível de gestão em nome da UC, com validade de um ano e três meses, prazo no qual a UC deverá implementar algumas melhorias e realizar nova autoavaliação.

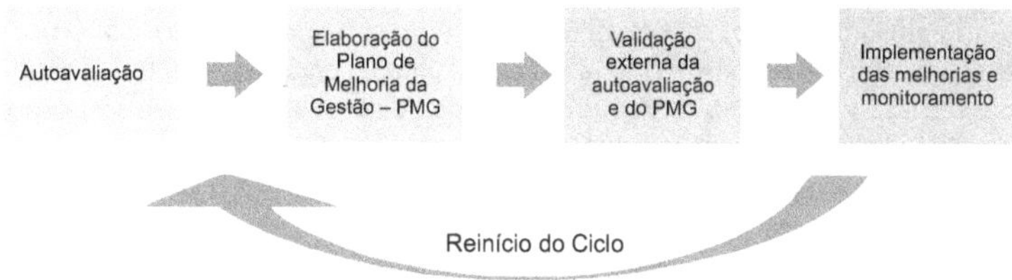

Figura 11.3 Etapas da melhoria contínua da gestão (Brasil, 2009).

Esses ciclos anuais de autoavaliação, elaboração e implementação do plano de melhoria aumentam a capacidade da equipe gestora de refletir sobre a UC, fortalecem o desenvolvimento da cultura da excelência e viabilizam o genuíno aprendizado organizacional. Quando a organização avaliar que o seu sistema de gestão atingiu um grau de maturidade em relação ao MEGP, ela poderá optar por participar do processo de reconhecimento e premiação à excelência do Prêmio Nacional da Gestão Pública (Instrumento de 1000 pontos).

Estudo de caso 11.1

Utilizando uma abordagem sistêmica para explicar por que as unidades de conservação são precariamente geridas no Brasil

Marcos Antônio Reis Araujo

Como será demonstrado nos Capítulos 20 a 22, a maioria das unidades de conservação brasileiras apresenta média efetividade de gestão. Para identificar as possíveis causas desse grau de efetividade, Araújo (2004) avaliou a gestão de sete Unidades de Conservação de Proteção Integral em Minas Gerais, em relação aos critérios de excelência que compõem o Modelo de Excelência em Gestão Pública. Foi utilizado, na época, o Instrumento de 500 pontos, pois ainda não existia o de 250. Os resultados obtidos pelas unidades de conservação foram baixos. A que obteve melhor avaliação recebeu 35 pontos em 500. Isso significava que as UCs encontravam-se em estágios ainda preliminares de desenvolvimento de práticas de gestão, sendo que os resultados alcançados por elas não decorriam de práticas de gestão implementadas. As primeiras avaliações realizadas nas UCs pelo Programa de Gestão para Resultados, apresentadas no Capítulo 12, também revelaram pontuações baixas.

Por que motivo, quando avaliadas em relação aos critérios de excelência em gestão, as UCs apresentam um desempenho baixo, ou seja, apresentam gestão tão precária? A literatura consultada indica várias respostas, tais como: falta de vontade política e de prioridade do governo, falta de pessoal e de recursos financeiros, ausência de instrumentos adequados de planejamento, como planos de manejo, e falta de articulação dos órgãos federais (Pádua, 1997; WWF, 1999; Brito, 2000; Dourojeanni & Pádua, 2001). Entretanto, tais alegações podem ser consideradas simplistas, pois carecem de uma avaliação mais aprofundada que permita realmente identificar as causas fundamentais da precariedade na gestão de UCs no Brasil.

Freitas (2003) demonstrou que as UCs de Minas Gerais com mais recursos humanos, financeiros e materiais não eram necessariamente as que apresentavam melhores resultados nos quesitos por ele analisados. Rocha (2002) demonstrou que a carência de recursos financeiros para a indenização de terras a serem desapropriadas não constituía, no seu estudo, o maior problema que afetava a questão da regularização fundiária nos parques nacionais. Outro estudo também demonstrou que os principais programas e projetos nacionais na área de meio ambiente – como o Fundo Nacional do Meio Ambiente

(FNMA), o Programa Nacional do Meio Ambiente (PNMA), o Programa Piloto para a Proteção das Florestas Tropicais do Brasil (PPG7) e o Programa Nacional da Biodiversidade (Pronabio) – apresentavam sérios problemas administrativos e operacionais e grande dificuldade na obtenção de resultados positivos, mesmo envolvendo grande soma de recursos financeiros (Herrmann, 1999). Desses estudos, constatou-se que a existência de recursos humanos, materiais e financeiros não garante automaticamente um bom desempenho. Outras explicações para o baixo desempenho das unidades de conservação deveriam ser buscadas.

Araújo (2004) propôs um novo arcabouço interpretativo para o fraco desempenho gerencial das unidades de conservação no Brasil. Esse arcabouço utiliza uma abordagem sistêmica e explora uma cadeia complexa de fatores que se influenciam mutuamente e acabam por contribuir para o baixo desempenho verificado. Ele tem como pano de fundo o contexto cultural brasileiro e a cultura organizacional vigente em nossa administração pública. As unidades de conservação são organizações e, desse modo, sofrem forte influência do ambiente institucional em que estão inseridas. Há, nesse ambiente institucional, características que contribuem fortemente para o baixo desempenho da gestão das UCs, sendo necessária uma perfeita compreensão dessas características para a implementação de um programa de melhoria do desempenho gerencial de nossas UCs.

O contexto cultural brasileiro e a administração pública como pano de fundo para a compreensão da realidade gerencial das unidades de conservação

A interdependência da organização (microssistema) em relação ao meio social em que se integra (macrossistema) é o fundamento básico do moderno enfoque das organizações como sistemas abertos (Cury, 2000). Partindo-se da visão sistêmica, as unidades de conservação constituem subsistemas de um sistema maior. A UC é um subsistema dentro do órgão gestor, que é um subsistema de um ministério ou secretaria estadual, que é um subsistema da administração pública brasileira, que, por sua vez, é um subsistema dentro da sociedade brasileira. Desse modo, a gestão das unidades de conservação e seu consequente desempenho são moldados por uma gama variada de fatores, que vão desde a cultura brasileira até a cultura organizacional vigente no órgão gestor, passando pela cultura organizacional do setor público. Entender esse ambiente é de fundamental importância para o planejamento de ações visando incrementar a efetividade das unidades de conservação.

O contexto cultural brasileiro

A princípio, podemos imaginar que o contexto cultural brasileiro não tem qualquer relação com a gestão de nossas unidades de conservação, principalmente com o baixo desempenho gerencial. Mas isso não é a realidade. As características de gestão de uma organização são mais bem compreendidas a partir do entendimento da cultura e da textura social local (Wood & Caldas, 1997). Existe uma relação muito clara entre o desempenho de qualquer organização e sua cultura. Como a cultura organizacional carrega muito da cultura nacional, a compreensão de nossas raízes torna-se um ponto crucial no gerenciamento de nossas organizações (Freitas, 1997).

Vários autores têm demonstrado como os traços culturais brasileiros influenciam a gestão organizacional e, consequentemente, seu desempenho (Wood & Caldas, 1997; Junquilho & Melo, 1999; Johann, 2004). Eles partem da premissa de que os traços básicos da cultura de um país estão presentes no imaginário das organizações locais, influenciando as teorias, as práticas administrativas, os comportamentos dos membros da organização e os relacionamentos deles entre si e com pessoas de fora da organização. As organizações e os fenômenos nela observados não só estariam condicionados pelas raízes culturais do país como seriam expressões atuais dessa cultura (Moreira, 2001).

Barros & Prates (1996; 1997) propuseram um modelo demonstrando como os traços da cultura brasileira influenciam a gestão organizacional, constituindo o que denominaram estilo brasileiro de administrar. Eles identificaram traços culturais como: a concentração de poder, o personalismo, a postura de espectador, o evitar conflito, o paternalismo, a lealdade às pessoas, o formalismo e a flexibilidade, que têm forte impacto em nossas organizações.

Em essência, o personalismo relaciona-se à tendência de fazer da importância ou da necessidade pessoal do indivíduo a referência maior para a decisão, desconsiderando-se ou colocando em segundo plano as necessidades da comunidade (Freitas, 1997). O membro do grupo valoriza mais as necessidades do líder e dos outros membros do grupo do que as necessidades de um sistema maior no qual está inserido (Barros & Prates, 1996). Esse traço tem sua origem na família brasileira, em que a autoridade máxima estava centrada de forma inquestionável no pai. Esse pátrio poder não se exercia apenas no âmbito das relações privadas, mas se estendia para além do recinto doméstico. Ainda hoje, muitas vezes, o gestor público prioriza o atendimento de projetos de interesse de seu padrinho político em detrimento de outros que trarão maior eficiência e eficácia à sua organização.

Nossa estrutura social é baseada na desigualdade e no grande distanciamento do poder. Em países que apresentam maior proximidade do poder, os processos decisórios tendem a ser mais participativos e existe mais cooperação entre chefes e subordinados. Já em países com alta distância do poder, como é o caso do Brasil, os dirigentes tendem a tomar decisões de forma autocrática e paternalista (Freitas, 1997). Por outro lado, o forte traço autoritário do colonizador resultou na dependência. O resultado é que o brasileiro se acostumou a uma postura de espectador, sempre dependente de algo ou de alguém que o leve e o conduza (Freitas, 1997). A postura de espectador tem como principais vertentes o mutismo e a baixa consciência crítica e, por consequência, a baixa iniciativa, a pouca capacidade de realizar por autodeterminação e a transferência das dificuldades para as lideranças (Barros & Prates, 1996).

O formalismo corresponde ao grau de discrepância entre o prescritivo e o descritivo, entre o poder formal e o poder efetivo, entre a impressão que nos é dada pela Constituição, pelas leis e regulamentos, organogramas e estatísticas, e os fatos e práticas reais do governo e da sociedade. O formalismo está presente em nossa tendência de aceitar e provocar a discrepância entre o formal e o real, entre o dito e o feito (Freitas, 1997).

Todos esses traços culturais agem sobre os diversos componentes do sistema de gestão: na formulação de estratégias, no processo decisório, no processo de liderança, no processo de coesão organizacional, no processo de inovação e mudança e nos processos motivacionais (Barros & Prates, 1996), consequentemente, têm forte impacto nos resultados organizacionais. No setor público, em que a modernização gerencial ocorre lentamente, o impacto dos traços culturais brasileiros sobre os resultados organizacionais é ainda mais forte (Junquilho & Melo, 1999). Os traços descritos acima contribuem para gerar uma cultura organizacional oposta à necessária para a obtenção da excelência em gestão. Nossos traços culturais estão em franca oposição aos fundamentos da excelência vistos no capítulo anterior.

Não havendo ações firmes, buscando implantar uma cultura voltada para a excelência, a tendência natural provocada pelo pano de fundo cultural brasileiro é que as organizações públicas caminhem para uma situação de baixo desempenho. Isso pode ser claramente observado ao longo de toda a história dos órgãos gestores das unidades de conservação no Brasil.

O contexto da administração pública brasileira

No mundo, a administração pública evoluiu a partir de três modelos básicos: 1) a administração pública patrimonialista; 2) a administração pública burocrática; e 3) a administração pública gerencial.

O patrimonialismo pode ser definido sinteticamente como a confusão entre o que é público e o que é privado. Num sentido amplo, tem servido para designar a cultura de apropriação daquilo que é público pelo privado (Martins, 1997). No patrimonialismo, o aparelho do Estado funciona como uma extensão do poder do soberano, e seus auxiliares, servidores, possuem *status* de nobreza real. Em consequência, a corrupção e o nepotismo são inerentes a esse tipo de administração. No momento em que o capitalismo e a democracia tornaram-se dominantes, o mercado e a sociedade civil se distinguiram do Estado e a administração patrimonialista tornou-se uma excrescência. Surge, então, a administração pública burocrática.

A burocracia como forma organizacional surgiu na segunda metade do século XIX, na época do Estado liberal, como forma de combater a corrupção e o nepotismo patrimonialista. Constituem princípios orientadores do seu desenvolvimento: a profissionalização, a ideia de carreira, a hierarquia funcional, a impessoalidade, o formalismo, em síntese, o poder racional-legal. A qualidade fundamental da administração pública burocrática é a efetividade no controle dos abusos; seu defeito, a ineficiência, a autorreferência, a incapacidade de voltar-se para o serviço aos cidadãos vistos como usuários.

No final da década de 1970, emergiu a proposta da administração pública gerencial. Quatro fatores socioeconômicos foram identificados como os principais responsáveis pela crise do Estado contemporâneo: 1) a crise econômica mundial desencadeada a partir do primeiro choque do petróleo, em 1973; 2) a crise fiscal, quando os governos não tinham mais como financiar seus déficits; 3) a ingovernabilidade, com muito a fazer, poucos recursos e pressões dos beneficiários dos serviços públicos que não queriam perder o que consideravam conquistas; e 4) a globalização e todas as transformações tecnológicas que mudaram a lógica do setor produtivo e afetaram profundamente o Estado.

Com menos recursos e mais déficits, os governos tiveram de diminuir gastos com pessoal e aumentar a eficiência de suas ações. Esse aumento de eficiência significava uma profunda modificação no modelo burocrático, classificado como lento e excessivamente apegado a normas. A tentativa de reforma do aparelho do Estado passa a ser orientada, predominantemente pelos valores da eficiência e qualidade na prestação de serviços públicos e pelo desenvolvimento de uma cultura gerencial nas organizações voltada para o desempenho (Rezende, 2004). A reforma gerencial teve início na década de 1980, principalmente no Reino Unido, Nova Zelândia, Austrália e países escandinavos. Nos anos de 1990, essa reforma se estendeu aos Estados Unidos e ao Brasil, onde esse modelo ainda é incipiente na administração pública.

Sob o pano de fundo cultural descrito no tópico anterior, evoluiu a administração pública brasileira, que deve ser compreendida a partir de suas heranças patrimonialistas. Esse legado político-cultural é baseado na histórica falta de uma divisão clara entre poder público e atividade privada e na concepção de que o Estado tem a função de atender aos interesses pessoais, em detrimento da qualidade dos serviços prestados ao cidadão. Pouco dessa situação alterou-se com a Proclamação da República, em 1889. Até os anos de 1930, nossa administração pública caracterizava-se por uma burocracia pouco profissionalizada. A lógica clientelista e patrimonialista fazia com que a administração pública constituísse um espaço útil para trocar cargos por votos, sem qualquer esforço mais amplo para a implementação de elementos de racionalidade e, sobretudo, desempenho (Rezende, 2004).

A trajetória modernizante da administração pública no Brasil representa uma tentativa de substituição da administração patrimonial pela burocrática e tem sido marcada por descontinuidade e contradições político-administrativas do Estado. A implementação do Estado intervencionista da era Vargas (1930) marca o advento de uma nova administração pública. O Departamento do Serviço Público (DASP), criado em 1938, promoveu uma revolução na administração, empregando tecnologia administrativa de ponta e profissionalizando o serviço público, segundo o mérito. Um segundo período de modernização administrativa ocorreu a partir de 1967, sob a vigência do regime militar. Com a Nova República, em 1986, ocorreu um acentuado processo de deterioração da administração pública, tendo em vista, principalmente, o efeito deletério da política patrimonialista sobre a administração pública (Jaguaribe, 1989).

No Brasil, a administração burocrática não foi capaz de extirpar o resquício patrimonialista que sempre a vitimou, representado pelo clientelismo, por meio do qual os postos públicos eram cativos de clientelas de grupos políticos e/ou econômicos (Rezende, 2004). Segundo esse autor, em meados da década de 1990, a burocracia pública brasileira representava um caso típico de baixíssimo desempenho, marcado por precária articulação entre as funções de formulação e implementação das políticas públicas e por um crônico problema de gestão fiscal.

Para tentar reverter essa situação, foi elaborado, em 1995, o Plano Diretor de Reforma do Estado, que buscou implementar a reforma gerencial na administração pública brasileira. Essa tentativa mostra-se ainda muito incipiente, e a disseminação e uso do Modelo de Excelência em Gestão representam uma forma de operacionalizar a administração pública gerencial.

Em síntese, a cultura de nossa administração pública ainda combina traços patrimonialistas e burocráticos. Como consequência do forte traço patrimonialista, temos nos órgãos responsáveis pelas unidades de conservação, muitas vezes, gestores sem preparo técnico e gerencial e sem capacidade de liderança. Com essas características, é impossível a qualquer organização implantar uma gestão voltada para a excelência no atendimento a seus usuários.

Além disso, as organizações públicas detêm algumas especificidades que exercem grande influência nos processos de mudança, na postura dos recursos humanos, na formação dos valores e das crenças organizacionais (Rossetto, 1999). Tais especificidades são potencializadas pelo traço patrimonialista de nossa administração pública e, como consequência, dificultam ainda mais a adoção de novos métodos de trabalho e a criação de uma cultura voltada para a excelência.

Dentre essas especificidades, podemos destacar a presença de dois corpos funcionais com características nitidamente distintas: um permanente e outro não permanente. O corpo permanente é composto pelos funcionários de carreira, cujos objetivos e cultura foram formados no seio da organização; o corpo não permanente é composto por administradores políticos que seguem objetivos externos e mais amplos aos da organização (Rossetto, op. cit). O conflito entre eles é acentuado pela alta rotatividade do corpo não permanente, que muda, no mínimo, a cada novo mandato. Como consequência, temos um dos pontos que mais diferenciam a organização pública: a descontinuidade administrativa, que tem as seguintes implicações (Rosseto, 1999):

♦ Projetos de curto prazo – cada governo só privilegia projetos que possa concluir em seu mandato, para ter retorno político.

♦ Duplicação de projetos – cada novo governo inicia novos projetos, muitas vezes quase idênticos, reivindicando a autoria para si.

♦ Conflito entre os objetivos do corpo permanente e do não permanente, o que pode gerar pouco empenho em relação aos procedimentos que vão contra interesses corporativos – ciência de que a chefia logo será substituída.

♦ Administração feita por pessoas com pouco conhecimento da história e da cultura da organização e, muitas vezes, sem o preparo técnico necessário – predomínio de critérios políticos em detrimento da capacidade técnica ou administrativa dos nomeados.

Mas como a cultura brasileira e a cultura da administração pública afetam o desempenho gerencial das unidades de conservação?

Os órgãos gestores das unidades de conservação são um subsistema subordinado à administração pública brasileira, que por sua vez é um subsistema da sociedade brasileira. Desse modo, o modelo de gestão de tais órgãos é fortemente moldado pelos subsistemas anteriores. Sofre influência do pano de fundo cultural brasileiro e da administração patrimonialista e burocrática vigente no setor público.

Parte significativa dos cargos de chefia nos órgãos gestores e nas UCs são de recrutamento amplo (cargo em comissão). O preenchimento desses cargos, geralmente, se dá por critérios de relações pessoais, e não em função da capacidade ou do comprometimento com a obtenção de resultados. Muitas vezes, os escolhidos não têm o preparo necessário à função. Outra consequência é que os gestores não têm estabilidade no cargo e, para continuar, passam a priorizar o agrado ao padrinho político ou ao chefe imediato, em vez de se preocuparem com a eficiência e eficácia organizacional.

A alta rotatividade verificada nos cargos gerenciais leva à descontinuidade administrativa, que tem como resultado a perda da memória institucional, do aprendizado organizacional, da clareza de qual missão, políticas e orientações estratégicas a instituição deveria ter (Brose & Pereira, 2001). São privilegiados os projetos de curto prazo, cujos "louros políticos" podem ser auferidos pela administração que os implantou. A perda da memória e do aprendizado organizacional impede que a instituição promova a melhoria contínua de seus processos. Pádua (1997) faz o seguinte comentário em relação ao Ibama: "Os cargos de direção são em geral preenchidos por critérios políticos e não por profissionais gabaritados, o que significa um enorme perigo e uma grande irresponsabilidade, pois desses homens e mulheres depende a preservação *in situ* dos biomas do país..."

De forma geral, os órgãos gestores das UCs não possuem estratégias definidas e não são formulados planos e diretrizes para o longo prazo. São privilegiados planos de curto prazo que possam dar retorno político para os ocupantes dos cargos de recrutamento amplo, ou seja, usa-se o cargo para projetos pessoais. Não existem indicadores de desempenho nem referenciais comparativos para balizar melhorias na gestão. Os órgãos gestores não se preocupam em estimular o desenvolvimento de seus servidores e não procuram promover um ambiente que conduza a excelência no desempenho. Não há preocupação em estruturar, implementar e gerenciar os principais processos da organização, visando melhorar o desempenho e melhor atender aos usuários. Em suma, não se verificam as condições necessárias para a obtenção de resultados, o que explica perfeitamente o baixo desempenho gerencial apresentado pelas unidades de conservação brasileiras.

O modelo de gestão das unidades de conservação reproduz o de seu órgão gestor. Verifica-se a ausência de políticas e diretrizes, de plano formal de trabalho, de padrões de procedimento, de padrões de desempenho, de monitoria e avaliação, uma alta rotatividade dos gerentes, com consequente perda da memória e do aprendizado organizacional. Não se verifica nenhuma característica que possa levar a um desempenho minimamente aceitável (Figura 11.4).

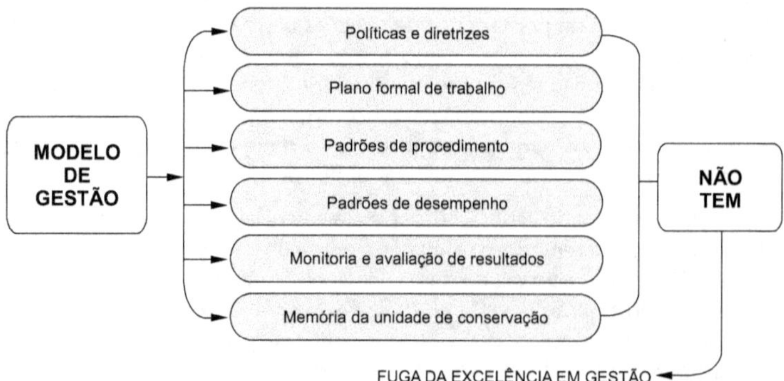

Figura 11.4 Características do modelo de gestão integral das UCs que levam ao baixo desempenho gerencial (Freitas, 2003).

Em síntese, o baixo desempenho gerencial das unidades de conservação brasileiras pode ser sinteticamente explicado da seguinte forma: as UCs são um subsistema do órgão gestor, que por sua vez é um subsistema da administração pública brasileira. A administração pública brasileira sofre forte influência de traços da cultura brasileira, como o personalismo, a concentração de poder, o formalismo, a postura de expectador, que reforçam seu caráter burocrático e patrimonialista.

Por influência da gestão pública burocrática e patrimonialista, verifica-se, nas UCs e nos órgãos gestores, falta de clareza da missão da instituição, inexistência de visão e de estratégias, falta de um plano formal de trabalho, de padrões de desempenho, de sistema de monitoria e avaliação de resultados.

Os funcionários estão altamente desmotivados, e o clima organizacional é de insatisfação generalizada. Desse modo, as UCs encontram-se inseridas em um ambiente bastante desfavorável à obtenção de um desempenho gerencial satisfatório (Figura 11.5).

A única forma de reverter essa situação é estabelecer, nas unidades de conservação e em seus órgãos gestores, uma nova cultura organizacional, voltada para resultados, internalizando paulatinamente os fundamentos da excelência descritos no Capítulo 11. Isso só ocorrerá a partir da pressão da sociedade por melhor desempenho gerencial dessas instituições.

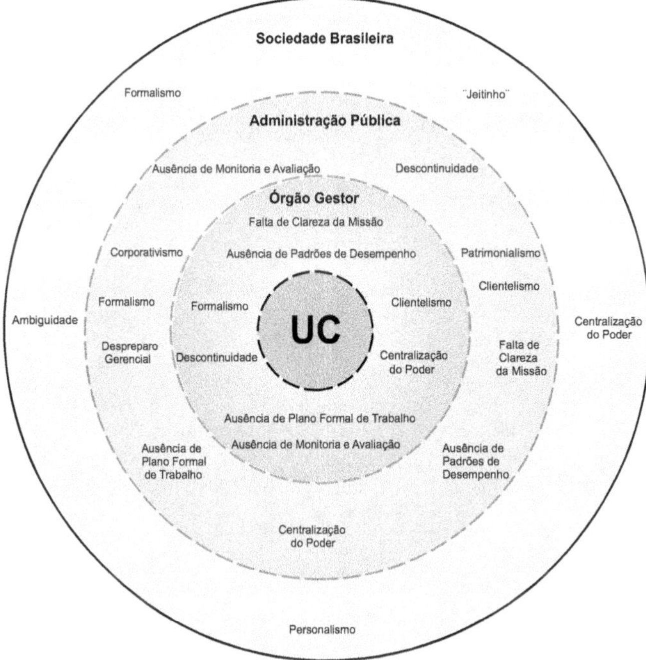

Figura 11.5 Ambiente institucional no qual as UCs estão inseridas.

O Programa de Gestão para Resultados

Programa de Gestão para Resultados (PGR): uma estratégia de educação continuada para a implementação da gestão de excelência em unidades de conservação participantes do Programa Áreas Protegidas da Amazônia (Arpa) 12

Cleani Paraiso Marques

Rogério F. Bittencourt Cabral

Marcos Antônio Reis Araujo

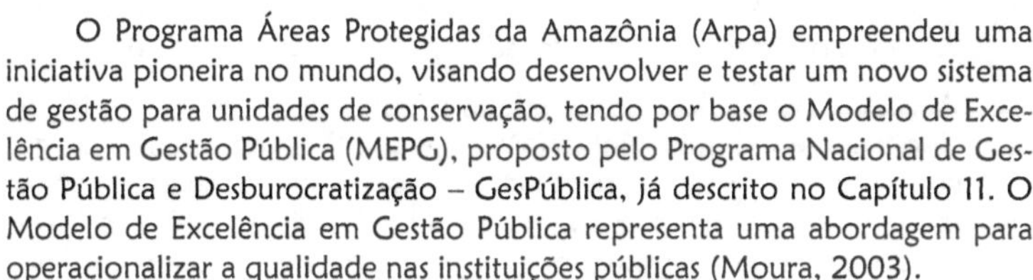

O Programa Áreas Protegidas da Amazônia (Arpa) empreendeu uma iniciativa pioneira no mundo, visando desenvolver e testar um novo sistema de gestão para unidades de conservação, tendo por base o Modelo de Excelência em Gestão Pública (MEPG), proposto pelo Programa Nacional de Gestão Pública e Desburocratização – GesPública, já descrito no Capítulo 11. O Modelo de Excelência em Gestão Pública representa uma abordagem para operacionalizar a qualidade nas instituições públicas (Moura, 2003).

Em novembro de 2006, apoiado pela Cooperação Técnica Alemã no Brasil (GTZ), atualmente Cooperação Alemã para o Desenvolvimento (GIZ), o Arpa iniciou a implementação de um Programa de Educação Continuada visando à implementação do Modelo de Gestão para Resultados ou Programa de Gestão para Resultados (PGR) em unidades de conservação apoiadas.

Em sua concepção, o PGR objetivava apoiar as unidades de conservação, selecionadas a partir de critérios preestabelecidos, a implementar práticas de gestão orientadas para resultados visando à sua consolidação – um grande desafio, considerando a complexidade do ambiente amazônico e as particularidades de cada área protegida.

A estratégia de capacitação teve o objetivo de apoiar a sistematização da gestão nas unidades de conservação participantes, buscando com isso a otimização dos investimentos financeiros, humanos e materiais realizados pelos governos federal e estadual e pelo Programa Arpa. A proposta era que as unidades de conservação fossem capazes de converter recursos em resultados efetivos, implementando um processo de gestão que conferisse foco às ações e que permitisse o acompanhamento dos desempenhos relevantes, promovendo o aprendizado contínuo.

O Modelo de Excelência em Gestão Pública e o Programa de Gestão para Resultados

Como relatado no Capítulo 11, o Modelo de Excelência em Gestão Pública (MEGP) oferece uma estrutura simples e coerente para analisar e avaliar os sistemas de gestão das organizações públicas com base em critérios de excelência. Esses critérios agrupam os requisitos necessários para se construir um sistema de gestão orientado para a obtenção de resultados relevantes. Como esperado, o MEGP e os critérios de excelência estão alicerçados em um conjunto de princípios e fundamentos organizacionais que combinam a legalidade e a importância social do serviço público, com ênfase no desempenho e nos resultados da iniciativa privada. Desse modo, a avaliação com o apoio do MEGP, ao verificar o grau de desempenho da organização com base nos critérios de excelência, tem por objetivo maior a promoção e disseminação de princípios e fundamentos da excelência, que norteiam a formação de uma cultura organizacional orientada para a sociedade e para a busca de resultados.

Até o final de 2008, os critérios de excelência que compunham o Modelo de Excelência em Gestão Pública (MEGP) eram: 1) liderança; 2) estratégias e planos; 3) cidadãos e sociedade; 4) informações e conhecimento; 5) gestão de pessoas; 6) gestão de processos; 7) resultados. No ciclo de 2009, o MEGP foi alterado, passando a contar com oito critérios, com a separação do critério (3) em dois critérios distintos: Cidadãos e Sociedade.

O PGR estabeleceu como referência, para o desafio de aprimorar a gestão das unidades de conservação participantes, o MEGP do GesPública, em razão de ser um modelo adequado à realidade pública, alinhado ao estado da arte da administração pública e capaz de contribuir com a formação de uma nova cultura gerencial. Tudo isso tendo em vista o objetivo de promover uma integração de esforços e alinhamento de metodologias na direção da melhoria dos resultados de que a sociedade brasileira necessita.

O Programa ARPA selecionou sete (7) unidades de conservação de proteção integral distribuídas em quatro (4) estados para a participação no PGR em sua 1ª turma, sendo apenas uma estadual, a saber:

- Parque Nacional de Anavilhanas (AM) – Instituto Chico Mendes de Conservação da Biodiversidade – ICMBio (federal).
- Parque Nacional do Jaú (AM) – ICMBio (federal).
- Reserva Biológica de Piratuba (AP) – ICMBio (federal).
- Parque Nacional do Cabo Orange (AP) – ICMBio (federal).
- Parque Nacional Montanhas de Tumucumaque (AP) – ICMBio (federal).
- Reserva Biológica de Trombetas (PA) – ICMBio (federal).
- Parque Estadual do Cantão (TO) – Instituto Natureza do Tocantins – Naturatins (estadual).

Em 2009, foi iniciado o trabalho com um segundo grupo de UCs (2ª turma), conforme segue:

- Estação Ecológica Maracá (RR) – ICMBio (federal).
- Reserva Biológica Uatumã (AM) – ICMBio (federal).
- Reserva Biológica Jaú (RO) – ICMBio (federal).
- Parque Nacional da Serra da Cutia (RO) – ICMBio (federal).
- Parque Nacional do Viruá (RR) – ICMBio (federal).
- Reserva Extrativista Cazumbá Iracema (AC) – ICMBio (federal).
- Reserva de Desenvolvimento Sustentável Uacari (AM) – Centro Estadual de Unidades de Conservação da Secretaria de Estado do Meio Ambiente e Desenvolvimento Sustentável – CEUC/SDS (estadual).
- Parque Estadual Corumbiara (RO) – Secretaria de Estado do Desenvolvimento Ambiental – SEDAM (estadual).

O Programa possuía três objetivos:

- Possibilitar o aprendizado e aplicação de conhecimentos adequados a um gerenciamento competente das UCs, garantindo-lhes o cumprimento dos seus objetivos conforme previstos no SNUC.

♦ Implementar modelo de gestão com foco em resultados, tendo por referência os fundamentos e critérios da excelência que compõem o MEGP (GesPública).

♦ Potencializar o trabalho em equipe na UC, criando condições para o desenvolvimento de competências profissionais alinhadas a uma gestão voltada para resultados.

Para a consecução desses objetivos, o PGR adotou uma metodologia de intervenção organizacional, considerando a realidade das unidades de conservação das suas equipes e do arranjo institucional no qual estão inseridas, para assegurar a promoção do necessário aprendizado de todos os atores envolvidos. Foram utilizadas as seguintes estratégias de intervenção organizacional:

♦ Capacitação: Atividades de treinamento em que as ferramentas e as metodologias de gestão foram disponibilizadas às equipes das unidades de conservação.

♦ Consultorias: Atividades de acompanhamento e assessoria *on the job* às equipes das unidades de conservação, em que as ferramentas e metodologias de gestão foram efetivamente aplicadas na realidade de cada unidade com o apoio e orientação da equipe de Consultores.

♦ *Coaching*: Acompanhamento do desempenho das pessoas estratégicas para o desempenho da UC, orientando, avaliando e aconselhando com a intenção de promover a prontidão pessoal para a implementação das melhorias na gestão.

♦ Tutoria a distância: orientações, esclarecimentos e apoio à gestão da unidade de conservação pela equipe de Consultores durante a implementação do Programa.

A execução do PGR ocorreu em três etapas: diagnóstico, gestão estratégica e gestão de processos, além do aspecto comportamental que foi trabalhado de maneira transversal aos outros conteúdos, visando apoiar as lideranças e suas equipes na implementação de práticas de gestão que potencializassem seu desempenho.

Na etapa de Diagnóstico, realizou-se a autoavaliação da gestão das UCs a partir do instrumento do GesPública de 250 pontos e a apreciação do perfil das lideranças. A autoavaliação desafiou as equipes das UCs para a reflexão sobre a necessidade de melhorias na gestão, e a apreciação do perfil mobilizou as pessoas das unidades para um estado de prontidão necessário ao processo de aprendizagem e à implementação do programa.

A segunda etapa teve como foco a Gestão Estratégica. Nessa etapa foi realizado o planejamento estratégico das UCs, com a definição da missão, visão de futuro, dos valores e dos objetivos estratégicos. O rumo definido foi representado através de uma ferramenta denominada mapa estratégico, que estabelece uma relação causal entre os objetivos e resultados em dimensões que consideram a conservação da biodiversidade, o relacionamento com os grupos de interesse, o alinhamento dos processos (programas) internos da unidade e a prontidão das pessoas e das tecnologias relevantes para os resultados. A metodologia escolhida para desdobrar e monitorar a estratégia foi o *Balanced Scorecard* ou BSC (Kaplan & Norton, 2004; 2008). Essas ferramentas estão descritas detalhadamente no Capítulo 14.

A sistematização da gestão estratégica teve como desafio a mudança do paradigma de planejamento com base nas necessidades para um foco em resultados efetivos. Estabelecer foco, definir metas e criar um sistema para acompanhar esses resultados demandou análise, debate e o estabelecimento de consensos em relação àquilo que se gostaria de fazer, àquilo que é necessário e àquilo que é possível realizar, partindo dos recursos disponíveis.

Na terceira etapa, a Gestão dos Processos objetivou apoiar as UCs nos esforços de reconhecimento das suas atividades mais críticas – considerando as escolhas estratégicas e os resultados mais relevantes – e a estruturação de um sistema simples e efetivo para o planejamento, execução, monitoramento e melhoria dessas atividades. Ao desenvolver a competência da equipe para mapear os principais processos da UC, através de fluxogramas, e disponibilizar ferramentas adequadas para a sua gestão, o PGR objetivou melhorar de forma significativa o desempenho operacional da UC, contribuindo, dessa forma, para sua consolidação.

O aspecto comportamental foi trabalhado de maneira transversal às três etapas, visando criar condições organizacionais propícias à implementação das práticas e ações gerenciais, através do desenvolvimento das suas equipes de trabalho.

A Apreciação do Perfil Individual das lideranças, a Pesquisa de Clima Organizacional, as atividades de *Coaching* e as reuniões com as equipes para análise da situação atual da gestão de pessoas foram algumas das ferramentas utilizadas no programa para apoiar o desenvolvimento da prontidão das equipes das UCs para a gestão orientada para resultados.

Embora o PGR tenha escolhido intencionalmente o foco na implementação de práticas de gestão referentes aos critérios do MEGP de *Estratégias e Planos e Processos*, por apostar na potencialização do desempenho a partir dessas abordagens, os outros critérios do Modelo de Excelência também foram trabalhados, com a adoção de novas práticas ou a melhoria de práticas de gestão já utilizadas.

As intervenções executadas para apoiar o trabalho comportamental promoveram o fortalecimento das *Lideranças* nas equipes de trabalho das UCs, além de criar condições para que os grupos possam diagnosticar a situação atual da gestão de *Pessoas* e identificar ações de melhoria relacionadas também a essa dimensão da gestão.

As reflexões sobre a estratégia das UCs levaram necessariamente a uma revisão e, em alguns casos, um reposicionamento da unidade perante a *Sociedade* e os *Cidadãos*. A análise crítica dos principais processos exigiu a construção e melhoria de práticas relacionadas ao atendimento aos *Cidadãos*.

Todas as melhorias e inovações introduzidas na gestão foram sistematizadas (*Informação e Conhecimento*) e, obviamente, elas impactaram mais ou menos os *Resultados* das UCs. Dessa forma, todos os critérios do MEGP foram abordados de alguma maneira com as intervenções propostas pelo PGR.

Resultados obtidos pela 1ª turma do PGR

Na primeira autoavaliação da gestão das UCs, utilizando-se como referência o Modelo de Excelência em Gestão Pública, realizada no final de 2006, as pontuações obtidas foram muito baixas (Figura 12.1). Os resultados da autoavaliação revelaram que as UCs tinham poucas práticas de gestão implementadas, sem nenhuma ou com pouca evidência de monitoramento dessas práticas. Os resultados, apesar de existirem, ainda não podiam ser demonstrados. Isso caracterizava estágios muito preliminares de desenvolvimento das práticas de gestão, não se podendo considerar que os resultados decorriam das práticas implementadas.

O destaque na primeira autoavaliação foi a unidade 6, que alcançou 99 pontos de 250 possíveis. As demais UCs situaram-se na faixa de 66 a 79 pontos. Como era de se esperar, foram identificadas muitas oportunidades de melhoria da gestão em todos os critérios do MEGP.

Após a autoavaliação em 2006, o PGR concentrou suas atividades de apoio à gestão das UCs na elaboração de um sistema de gestão estratégica, na gestão de processos e no desenvolvimento de equipe, cujos resultados impactavam todos os critérios do MEGP.

Como pode ser constatado na Figura 12.1, os resultados obtidos em uma nova autoavaliação, realizada no final de 2007, demonstraram melhorias significativas em todas as unidades participantes. Em termos percentuais, as UCs evoluíram entre 65% (unidade 4) e 165% (unidade 7).

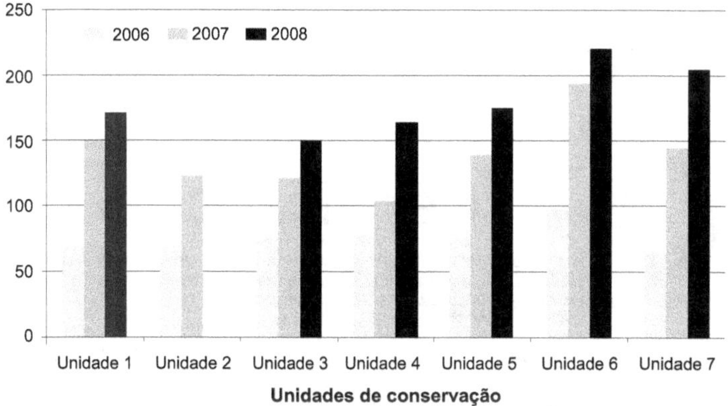

Figura 12.1 Pontuação obtida pelas UCs no instrumento do GesPública de 250 pontos nos anos de 2006, 2007 e 2008. (Fonte: PGR.)

A unidade de conservação 4 foi a que apresentou a menor evolução no período de 2006 a 2007. Uma das análises realizadas apontou para uma crise de liderança vivenciada pela equipe da UC que comprometeu a implementação da maior parte das melhorias planejadas. Ao longo do Programa essa dificuldade foi analisada e trabalhada junto com a equipe e com o órgão gestor, e a UC recuperou o terreno perdido e encerrou o PGR no mesmo patamar das demais.

Durante 2008, o PGR continuou a apoiar a implementação de melhorias nas práticas de gestão, o que contribuiu para elevar a pontuação obtida na terceira autoavaliação realizada em meados do ano. O incremento foi menor do que o verificado em 2007. Esse fato já era esperado, pois, à medida que as práticas de gestão mais básicas vão sendo desenvolvidas pelas unidades de conservação, é necessário um esforço muito maior por parte das equipes das UCs para a disseminação, a continuidade e o refinamento dessas práticas, que são essenciais para a viabilização dos resultados.

Seis UCs participantes do PGR tiveram sua autoavaliação realizada em 2008, validadas por examinadores do Programa Nacional de Gestão Pública e Desburocratização – GesPública, e receberam um certificado de reconhecimento do nível de gestão (Figura 12.2). As equipes das UCs identificaram diversas melhorias no seu dia a dia em função do PGR, indo desde a melhoria no relacionamento interno da equipe até a maior aproximação com os órgãos gestores. Entretanto, como um Programa de Gestão para Resultados, o

PGR não pode se furtar ao desafio de apresentar resultados concretos como consequência das melhorias introduzidas na forma de gerir a unidade. Dois estudos de caso apresentados neste livro relatam essas melhorias.

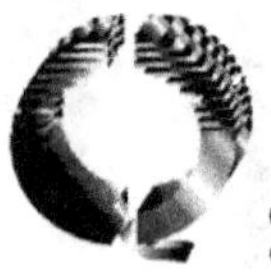

Figura 12.2 Certificado de reconhecimento do nível de gestão recebido do GesPública pela Rebio do Rio Trombetas.

Um resultado promissor que teve a contribuição inequívoca do PGR foi a iniciativa realizada pelo Instituto Chico Mendes de Conservação da Biodiversidade apoiada pela GIZ e pelo Programa Arpa de considerar, no processo de elaboração dos planos de manejo do Parque Nacional Montanhas do Tumucumaque, do Parque Nacional do Cabo Orange e da Reserva Biológica do Lago Piratuba, as ferramentas e métodos de gestão utilizados durante o PGR. Essa experiência mostrou resultados muito interessantes e comprovou que a utilização consciente e disciplinada, pelas UCs, de um pequeno conjunto de práticas de gestão (estratégia e processos) desempenha importante papel na elaboração e na implementação dos planos de manejo.

Resultados obtidos pela 2ª turma do PGR

No final de 2010, as UCs que participaram da 2ª turma do PGR atingiram um nível de pontuação que variou de 84,9 (unidade 3) a 123,3 pontos (unidade 7) (Figura 12.3). Na classificação proposta pelo GesPública elas se encontram na faixa de pontuação 1 e nas posições média e alta.

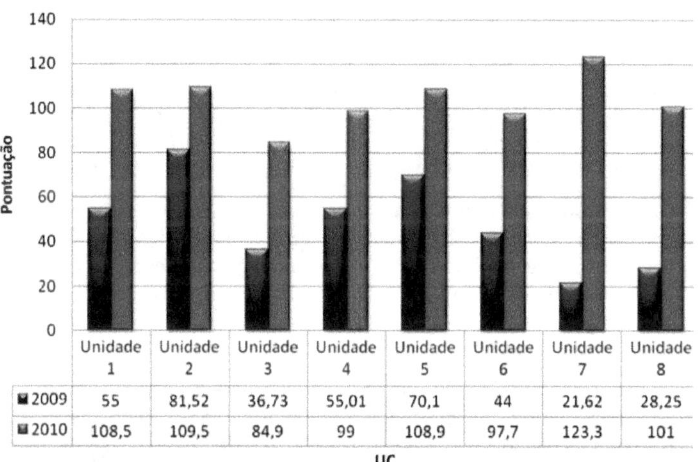

	Unidade 1	Unidade 2	Unidade 3	Unidade 4	Unidade 5	Unidade 6	Unidade 7	Unidade 8
■ 2009	55	81,52	36,73	55,01	70,1	44	21,62	28,25
■ 2010	108,5	109,5	84,9	99	108,9	97,7	123,3	101

UC

Figura 12.3 Pontuação das UCs do PGR Turma II – IAGP 250 pontos – GesPública.

São classificadas na faixa média as organizações que fizeram entre 51 e 100 pontos. São elas as unidades 3, 4 e 6. O grau de maturidade do seu sistema de gestão indica que a aplicação das práticas é local, muitas em início de uso, apresentando poucos padrões de trabalho associados aos enfoques desenvolvidos. O aprendizado ocorre de forma isolada, podendo haver inovação esporádica. A integração é consequência da atuação conjunta da equipe na maioria das agendas. Ainda não existem resultados relevantes decorrentes dos enfoques implementados.

São classificadas na faixa alta as organizações que fizeram entre 101 e 150 pontos. São elas as unidades 1, 2, 5, 7 e 8. O grau de maturidade do sistema de gestão indica estágios preliminares de desenvolvimento dos enfoques, quase todos reativos.

Em uma avaliação geral, as unidades participantes tiveram uma evolução semelhante durante o PGR. Todas tiveram a oportunidade de elaborar o seu planejamento estratégico e de criar o seu sistema de medição de desempenho, aprenderam a realizar o monitoramento da estratégia e a mapear e gerenciar os seus processos.

No entanto, dentro do horizonte de tempo do Programa, não tiveram tempo suficiente para implementar essas práticas gerenciais de modo a consolidá-las no seu sistema de gestão.

Como a validação das autoavaliações pelos examinadores do Programa GesPública não foi acordada como uma obrigação das UCs no início do PGR, e não houve (e ainda não há) uma diretriz e reconhecimento por parte dos órgãos gestores para este tipo de "certificação", as unidades da 2ª turma não submeteram sua autoavaliação à validação externa pelo Programa GesPública.

Analisando comparativamente, a menor pontuação das UCs da 2ª turma em relação às unidades da 1ª turma foi atribuída à mudança na forma de avaliação do critério resultados, que passou a dar grande peso à existência de referenciais comparativos para a análise dos desempenhos. Como ainda se carece de referenciais comparativos para as unidades de conservação, elas obtiveram baixa pontuação no critério resultados.

A implementação do Programa de Gestão para Resultados em uma 2ª turma de unidades de conservação permitiu refinar o modelo de intervenção do Programa, ajustando ferramentas e aprimorando metodologias. A segunda experiência de implementação de um modelo de gestão orientado para resultados em UCs da Amazônia possibilitou ainda a identificação mais clara das potencialidades dessas iniciativas.

As principais melhorias implementadas na metodologia durante o trabalho com a 2ª turma foram:

- ♦ Prioridade no estabelecimento e no desdobramento da estratégia no curto e médio prazos, através do estabelecimento do Mapa Estratégico de Curto Prazo e do exercício de construção dos Conjuntos Consistentes (Objetivos Estratégicos + Indicadores de Desempenho + Metas + Plano de Ações) apenas para as iniciativas consideradas prioritárias pelo Mapa de Curto Prazo. Essa mudança reduziu o esforço do planejamento estratégico que era despendido quando se desdobravam todos os objetivos estratégicos e possibilitou direcionar melhor a atenção da equipe para as iniciativas mais relevantes, tornando a estratégia e o seu monitoramento mais simples.

- ♦ Melhoria na estruturação da gestão dos processos com ênfase na criação de valor, a partir da identificação dos usuários de cada processo, da identificação das suas expectativas e necessidades e da inserção dessas informações na gestão dos processos como requisitos a serem atendidos.

♦ O Programa Nacional de Desburocratização e Melhoria da Gestão Pública (GesPública) também alterou significativamente o Instrumento de Avaliação da Gestão Pública (IAGP), que foi utilizado para referenciar as melhorias na gestão das UCs participantes. A forma de descrever, avaliar e pontuar foi alterada, tornando-se mais didática e mais simplificada, apesar de ter tornado o instrumento mais rigoroso.

♦ As atividades de acompanhamento da performance, *coaching* e as intervenções realizadas junto às equipes foram intensificadas na 2ª turma e, com mais recursos para essas atividades, elas puderam ser adequadas às realidades de cada unidade e considerar as especificidades de cada uma para a construção do modelo de intervenção.

Conclusão

A experiência do PGR demonstrou que o Modelo de Excelência em Gestão Pública (MEGP) é um excelente instrumento para referenciar a melhoria na gestão das unidades de conservação. O MEGP evidenciou a importância de considerar outras dimensões para avaliar e melhorar o desempenho das UCs, revelando, dessa forma, o seu potencial para complementar, ou mesmo substituir, as atuais ferramentas de avaliação da efetividade da gestão, tais como o RAPPAM e o *tracking tool*, como será demonstrado no Capítulo 23.

A oportunidade de vivenciar intensamente durante quatro anos a gestão de um conjunto de unidades de conservação no bioma Amazônia, propiciada pelo Programa Arpa, possibilitou importantes aprendizados sobre o desafio de melhoria da gestão das UCs brasileiras.

É inegável que a garantia das condições adequadas de operacionalização das unidades – equipe, infraestrutura e estrutura logística – é um dever da sociedade brasileira e a base sobre a qual qualquer sistema de gestão deve ser estruturado. As incertezas no provimento dessas condições básicas, sejam em função de oscilações orçamentárias dos governos ou das sazonalidades do próprio Programa Arpa, representaram obstáculos à consolidação de algumas práticas de gestão e à construção de um ritmo de melhorias na gestão das UCs.

Outro aspecto extremamente relevante para a construção da cultura gerencial orientada para resultados, que se encontrava fora da governabilidade do PGR – e do próprio Arpa –, foi o alinhamento dos novos princípios, fundamentos e práticas de gestão, adotados pelas UCs participantes, junto aos seus órgãos gestores. Apesar de receptivos à proposta de melhoria nas UCs, os órgãos gestores não foram capazes de compreender a natureza estrutural das mudanças propostas pelo novo modelo e não conseguiram realizar as transformações internas necessárias para apoiar e reforçar a nova cultura gerencial em construção nas unidades.

Com isso, melhorias introduzidas localmente em uma unidade ou um conjunto de unidades não foram institucionalizadas pelos órgãos gestores, dependendo apenas de cobranças locais (gestor da UC) ou externas (Programa Arpa/PGR) para que fossem internalizadas, levando em alguns casos ao abandono das melhorias.

Entretanto, se o PGR foi incapaz de promover uma efetiva integração entre os fundamentos e práticas de gestão das UCs do Programa com os órgãos gestores, ele conseguiu despertar o interesse das instituições gestoras pela agenda da melhoria da gestão e influenciá-las positivamente para refletir sobre seus modelos de gestão e sobre as abordagens adotadas. As evidências dessas mudanças e das buscas por melhorias são os desafios de implementação de modelos de gestão orientados para resultados em desenvolvimento, em diversos órgãos gestores no país, em especial no Sistema Estadual de Unidades de Conservação do estado do Amazonas e no Instituto Chico Mendes de Conservação da Biodiversidade.

Além do despertar dos órgãos gestores para o desafio da melhoria da gestão, outro resultado importante que precisa ser reconhecido, a partir da implementação do PGR, consiste na formação gerencial sólida de um time de gestores de unidades de conservação que hoje são capazes de disseminar essa "doença" por todos os cantos do país. A metodologia utilizada no Programa propiciou oportunidades ímpares e extremamente valiosas de reunir um conjunto de gestores para refletir, questionar, propor, implementar e monitorar o desempenho das suas unidades.

Construindo sempre a partir da realidade que era vivenciada e utilizando como referência o estado da arte na administração pública, o PGR ousou na metodologia de intervenção, privilegiando sempre o desenvolvimento da capacidade de aprender.

São por essas razões que acreditamos que as sementes de uma nova era para a gestão das UCs no Brasil foram lançadas. A demonstração de que, com algum recurso, muita dedicação e com uma abordagem profissional na sua gestão, o sistema nacional de unidades de conservação se transformará, em alguns anos, em uma referência mundial na conservação, uso sustentável e produção de conhecimentos sobre a biodiversidade.

Gestão estratégica de unidades de conservação

13

Rogério F. Bittencourt Cabral
Marcos Antônio Reis Araujo
Cleani Paraiso Marques

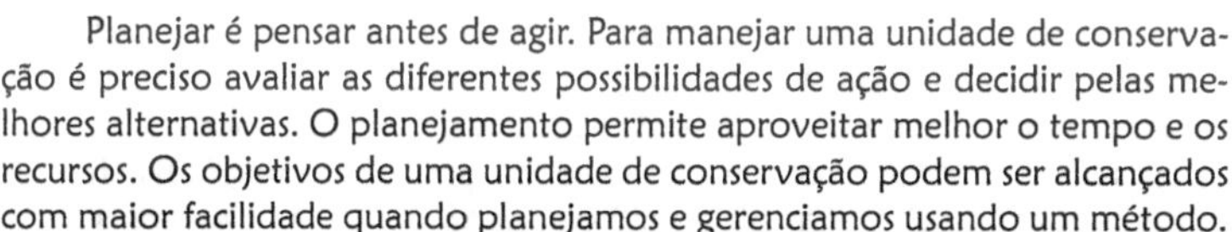

Planejar é pensar antes de agir. Para manejar uma unidade de conservação é preciso avaliar as diferentes possibilidades de ação e decidir pelas melhores alternativas. O planejamento permite aproveitar melhor o tempo e os recursos. Os objetivos de uma unidade de conservação podem ser alcançados com maior facilidade quando planejamos e gerenciamos usando um método.

O planejamento estratégico (PE) é uma técnica administrativa que procura ordenar as ideias das pessoas, de forma que se possa criar uma visão do caminho (estratégia) a ser seguido (Chiavenato & Sapiro, 2004). A equipe que compõe o Núcleo para a Excelência em Unidades de Conservação (NEXUCs) iniciou o desenvolvimento de uma metodologia para o planejamento e gestão estratégica em unidades de conservação, em 2004. Na época, trabalhavam em parceria com a Cooperação Técnica Alemã (GTZ) na implementação do Programa Parque Modelo no Parque Nacional do Caparaó, em Minas Gerais (Araujo et al., 2007).

A partir da premissa de que a conservação da biodiversidade não pode prescindir das mais modernas tecnologias gerenciais disponíveis, a equipe encarregada de implementação do Programa Parque Modelo ousou incorporar, no processo de planejamento estratégico do Parque Nacional do Caparaó, a metodologia do *Balanced Socrecard* e as ferramentas propostas por Kaplan & Norton (1997; 2000; 2004), cientes das necessidades de ajustes na metodologia e dos riscos inerentes às inovações ou mudanças de abordagem – falta de compreensão e críticas. Essa foi a primeira iniciativa de utilização do BSC e do Mapa Estratégico no apoio ao planejamento de unidades de conservação que se tem registro.

Posteriormente, em 2006, o Programa Áreas Protegidas da Amazônia (ARPA), sob a coordenação da Secretaria de Biodiversidade e Florestas (SBF) do Ministério do Meio Ambiente (MMA), demandou e apoiou a implementação do Programa de Gestão para Resultados (PGR). A metodologia de gestão estratégica adotada pelo PGR também incorporou o BSC e o Mapa Estratégico como mecanismos de apoio ao direcionamento, desdobramento, monitoramento e aprendizado estratégicos.

Abordagem metodológica para a gestão estratégica em UCs

As diferentes abordagens existentes para a definição dos rumos de uma organização constituíram, ao longo da história da ciência da administração, uma grande diversidade de metodologias para orientar o planejamento e a gestão estratégica. Essas diferentes metodologias ou escolas de planejamento estratégico (Mintzberg, 2000), mais do que se refinarem e se consolidarem em uma metodologia perfeita e única, precisam ser compreendidas como um amplo leque de enfoques para diferentes contextos.

A compreensão de que as escolhas estratégicas podem ser orientadas, tanto por elaboradas ferramentas de planejamento (escola de planejamento) quanto por um complexo processo de negociação (escola de poder), deve ser encarada pelos interessados, no tema estratégia, como uma rica paleta de cores que precisa ser habilmente combinada para possibilitar a integração com o objeto organizacional de estudo.

A metodologia adotada pelo NEXUCs para a orientação dos esforços de gestão estratégica das UCs procurou considerar a complexidade do ambiente social, político e institucional no qual estão inseridas as unidades de conservação e alguns padrões de comportamentos organizacionais identificados na experiência, com diversas instituições no país, tais como:

- adesão à causa ambiental e às missões institucionais;
- imaturidade gerencial das equipes;
- formação técnica dos profissionais;
- natureza conflituosa das relações;
- consideração do território como um eixo determinante;
- necessidade de uma estrutura para monitoramento dos resultados; e, principalmente
- falta de foco crônica (miopia estratégica) que afeta os órgãos ambientais brasileiros.

Foi a partir dessas premissas que o NEXUCs apostou em uma metodologia que combinasse elementos de diferentes escolas ou linhas de planejamento estratégico para se adequar às realidades das UCs brasileiras. A metodologia utilizada pelo NEXUCs procura reunir a estrutura das escolas de planejamento e design, com o estímulo a uma negociação coletiva e otimista, em relação ao futuro da UC das escolas de empreendedorismo, poder e cultural, com a crença firme na possibilidade e na necessidade de aprender constantemente com os efeitos das escolhas realizadas das escolas de aprendizado e ambiental (Mintzberg, 2000).

Longe de se constituir em uma metodologia de gestão estratégica pronta ou plenamente adequada à realidade das UCs brasileiras, a intenção do NEXUCs é inaugurar uma discussão propositiva sobre a estratégia de gestão das áreas protegidas.

Metodologia de gestão estratégica

A melhor maneira de apresentar uma metodologia é a partir de um modelo. Uma representação simples e geral das partes e das suas interações que integram a lógica, o raciocínio. O modelo apresentado na Figura 13.1 foi adaptado de Kaplan & Norton (2008) para demonstrar o método proposto pelo NEXUCs para gerenciar estrategicamente uma UC, integrando várias ferramentas de gestão, como Plano de Manejo, Planejamento Operativo Anual (POA), Programas de Manejo, dentre outros.

Desenvolver a estratégia

A metodologia parte da construção de um imaginário convocante e coletivo para o futuro da UC com o envolvimento de representantes das partes interessadas (Toro, 1997). Esse imaginário é simbolizado em um conjunto de diretrizes estratégicas, constituído pela Missão, a Visão de Futuro e os Valores da UC. Cada um desses símbolos possui um papel importante na construção do imaginário da organização, a saber:

- ♦ Missão: razão de ser da unidade de conservação que compreende as necessidades de conservação e sociais a que ela atende e o seu foco fundamental de atividades.

- ♦ Visão de Futuro: estado ou situação que a UC deseja alcançar no futuro. A explicitação da visão propicia o direcionamento e cria uma tensão necessária à construção dos resultados.

- ♦ Valores organizacionais: entendimentos e expectativas que descrevem como os profissionais da organização se comportam e nos quais se baseiam todas as relações organizacionais.

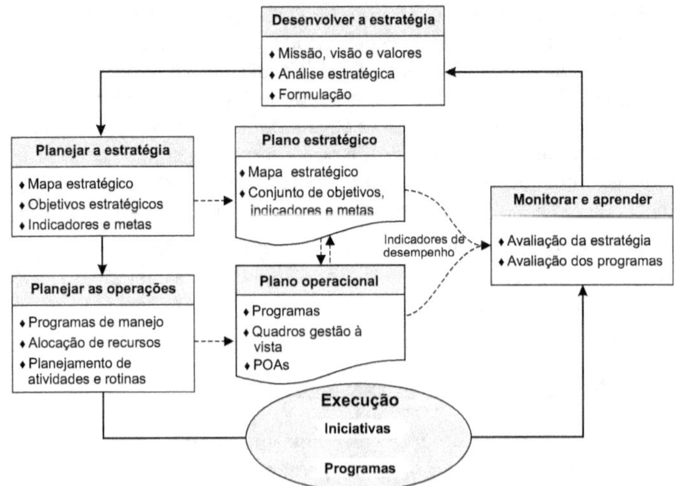

Figura 13.1 Modelo de gestão estratégica de unidade de conservação adaptado de Kaplan & Norton (2008).

Após a definição das diretrizes estratégicas (Missão, Visão de Futuro e Valores), o imaginário que elas simbolizam é, então, submetido a uma análise de consistência e viabilidade, com a consideração dos fatores internos e externos que potencialmente impulsionarão ou restringirão o seu alcance.

A análise da ambiência, como é chamada pela escola de planejamento, é operacionalizada pela metodologia do NEXUCs de uma forma muito objetiva e pouco estruturada, considerando o histórico de diagnósticos que as UCs brasileiras possuem, desde a sua criação, passando pelo hercúleo trabalho de elaboração dos planos de manejo. Ou seja, a metodologia de planejamento estratégico considera os levantamentos, estudos e diagnósticos já realizados para a criação ou implementação da unidade, e a partir dessas informações provoca a reflexão dos gestores para os resultados a serem priorizados.

Planejar a estratégia

Inicia-se, assim, a definição dos objetivos estratégicos da unidade de conservação. Eles representam declarações expressas do que se pretende e se necessita realizar no horizonte temporal de aproximadamente cinco (5) anos.

Para elaboração dos Mapas Estratégicos das unidades de conservação, os grandes resultados a serem alcançados pelas UCs (objetivos estratégicos) são distribuídos em cinco (5) perspectivas: **ambiente/sociedade, usuários, processos internos, aprendizado e recursos.**

Para uma discussão mais aprofundada sobre elaboração de Mapas Estratégicos para as UCs ver Capítulo 14.

Após a definição dos objetivos estratégicos da UC e a sua disposição em um conjunto integrado, constituindo o Mapa Estratégico, o processo de desdobramento da estratégia prossegue, a partir da construção dos conjuntos consistentes. Um conjunto consistente é o resultado do detalhamento de um objetivo estratégico através da identificação de uma forma de medição (indicador), do estabelecimento de um alvo (meta) e do planejamento das ações necessárias para o seu alcance (plano de ação) (Figura 13.2).

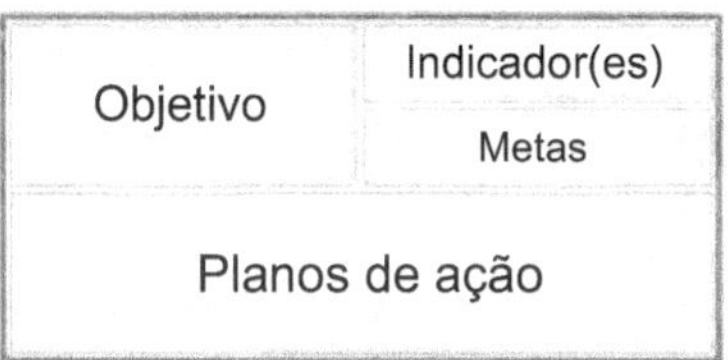

Figura 13.2 Modelo de conjunto consistente.

A ênfase no estabelecimento de um conjunto de métricas e metas equilibradas e integradas à estratégia da UC constitui um dos grandes diferenciais da metodologia do NEXUCs.

Planejar a operação

A vinculação das escolhas estratégicas com o dia a dia da unidade de conservação é a razão de ser da estratégia. Conectar as prioridades da UC com a sua rotina é um exercício permanente de disciplina e aprendizado.

Algumas ferramentas e um entendimento genuinamente sistêmico das suas aplicações podem contribuir muito para que a estratégia seja utilizada na operação da unidade de conservação.

♦ **Plano de Manejo:** instrumento de gestão previsto na Lei nº 9.985 (18/ 7/2000) e regulamentado pelo Decreto nº 4.340 (22/8/2002) – documento equivalente ao planejamento estratégico que identifica as principais escolhas, as apostas, os resultados prioritários e identifica os principais meios e como serão organizados para alcançar os objetivos em um horizonte determinado. Infelizmente, os avanços demonstrados nos últimos anos no país, em relação à quantidade de UCs com seus Planos de Manejo, não é compatível com a consistência desses documentos. Extensos, onerosos e pouco aplicáveis, os Planos de Manejo em uso no Brasil precisam tornar-se, desesperadamente, estratégicos.

♦ **Programas de Manejo:** consistem nos meios e em como estes serão organizados para alcançar os resultados propostos. Na literatura gerencial, os Programas de Manejo são os Processos ou Macroprocessos organizacionais, ou seja, um conjunto de atividades inter-relacionadas que transformam entradas em saídas. Na lógica estratégica cada UC, em cada contexto, precisa configurar um conjunto de Programas de Manejo adequados à sua realidade e ao tipo de interação que estabelece. Fixar ou engessar essa possibilidade de a UC adaptar-se ao contexto organizacional é condená-la.

♦ **POAs (Planejamento Operativo Anual):** em uma escala hierárquica, o POA é a diretriz mais próxima da ação por alocar no curto prazo (ano corrente) as atividades, responsabilidades e recursos, permitindo uma conexão muito próxima com o dia a dia. Vinculado à estratégia de longo prazo (5 anos) e às orientações técnicas dos Programas de Manejo, as atividades planejadas no POA, juntamente com os procedimentos e regras descritos nos padrões de trabalho, consistem na partitura que deve reger a operação da UC, principalmente quando visceralmente conectado ao orçamento da unidade e do órgão gestor.

♦ **Painéis de Gestão à Vista:** As equipes são orientadas a tornarem visíveis os desempenhos relevantes através da elaboração de gráficos de acompanhamento de metas (Figura 13.3) e da montagem de painéis de gestão à vista (Figura 13.4). Parte-se da premissa de que os desempenhos relevantes, sejam eles satisfatórios ou insatisfatórios, devem ser vistos para que possam incomodar os gestores e provocar as necessárias ações. Mais do que o efeito estético dos gráficos coloridos, buscamos responsabilizar as pessoas pelos desempenhos e democratizar as informações relevantes e pertinentes a todos os envolvidos, aumentando assim a probabilidade de encontrar e de implementar as soluções.

A Figura 13.3 demonstra o modelo de gráfico de acompanhamento de metas adotado pelo NEXUCs e descrito no Capítulo 10. Periodicamente, a meta planejada é confrontada com o valor realizado, o que determina a tomada ou não de ações corretivas.

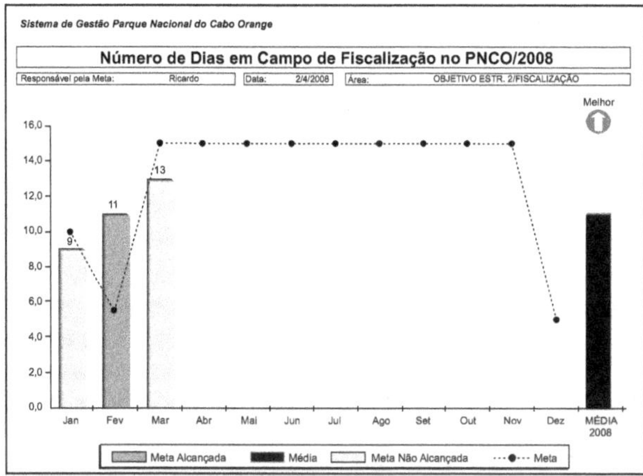

Figura 13.3 Exemplo de um gráfico de acompanhamento de metas do Parque Nacional do Cabo Orange no ano de 2008 (ICMBio/AP).

A Figura 13.4 apresenta um exemplo de painel de gestão à vista.

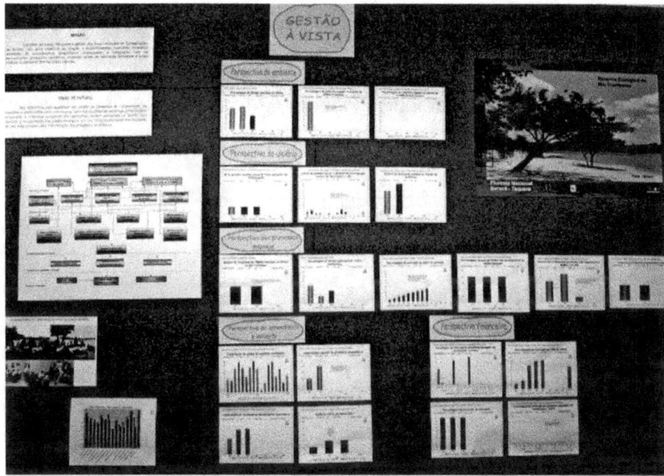

Figura 13.4 Painel de Gestão à Vista construído para a Reserva Biológica do Rio Trombetas (ICMBio/PA).

Monitorar e aprender

A intenção da metodologia NEXUCs, com a ênfase na construção de um conjunto de indicadores, é a promoção do aprendizado organizacional que decorre do ato de medir. A possibilidade de comparação de uma situação desejada e planejada com a situação obtida representa uma oportunidade única de problematizar o desempenho da UC, submetendo-o às perguntas e às reflexões que nos ajudarão a melhor compreendê-lo.

A avaliação coerente, aberta e honesta dos resultados obtidos em relação aos resultados planejados exige da equipe maturidade para "girar o PDCA", analisar as causas e atuar de forma planejada e contínua para a melhoria do desempenho (veja o Capítulo 10). A capacidade de aprendizado de uma equipe gestora de UC é o mais valioso ativo para o alcance da sua efetividade, e esse aprendizado é mobilizado e provocado por um sistema de medição de desempenho coerente e consistente.

É a partir dessa aposta metodológica, ênfase na medição e na prontidão da equipe para dar conta dela, que o NEXUCs ousa oferecer às UCs mais do que apoio no planejamento estratégico: apoio à gestão estratégica. É no momento em que o plano encontra a ação, que o exercício do planejamento precisa ser humilde para encarar os fatos, aprender com eles e se reposicionar, sem perder o foco, para continuar a cumprir a Missão e construir a Visão de Futuro.

A gestão estratégica da UC consiste, portanto, na experiência de testar as hipóteses assumidas sobre o futuro e incorporar os aprendizados decorrentes em novos ciclos de planejamento. Planejar, executar, monitorar, aprender e planejar novamente. Isso é uma forma de implementar o manejo adaptativo descrito no Capítulo 7.

A gestão estratégica, independente da metodologia ou das ferramentas utilizadas, deve oportunizar um processo de reflexão sobre o desempenho da UC e das pessoas que a gerenciam, no qual nos permitimos e nos obrigamos a questionar continuamente:

- ◆ Estamos cumprindo dignamente a nossa Missão?
- ◆ Estamos construindo a nossa Visão de Futuro?
- ◆ Estamos alcançando os objetivos a que nos propomos?
- ◆ Para isso estamos utilizando os recursos de forma eficiente?

As pontes entre a estratégia e a execução das unidades de conservação

14

Rogério F. Bittencourt Cabral

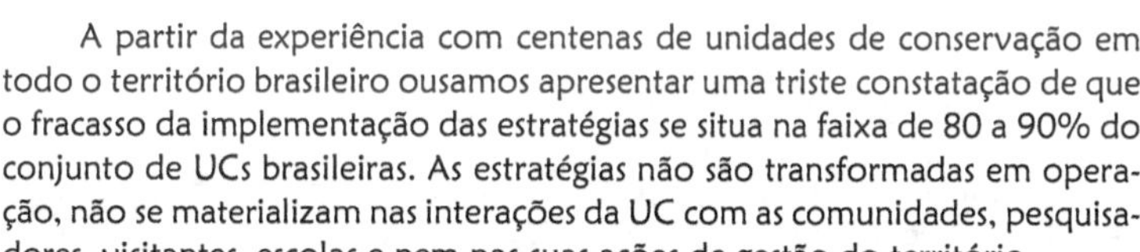

A partir da experiência com centenas de unidades de conservação em todo o território brasileiro ousamos apresentar uma triste constatação de que o fracasso da implementação das estratégias se situa na faixa de 80 a 90% do conjunto de UCs brasileiras. As estratégias não são transformadas em operação, não se materializam nas interações da UC com as comunidades, pesquisadores, visitantes, escolas e nem nas suas ações de gestão do território.

Esta constatação não é privilégio da área ambiental brasileira. Robert Kaplan e David Norton, no seu segundo livro sobre a metodologia *Balanced Scorecard* (Kaplan & Norton, 2000), apresentam uma fotografia bem semelhante da capacidade de execução das empresas americanas.

Em princípios da década de 1980, uma pesquisa entre consultores gerenciais revelou que menos de 10% das estratégias formuladas com eficácia foram implementadas com êxito (Walter Kiechel, "Corporate Strategies under Fire", *Fortune*, p.38, 27 de dezembro de 1982). Em 1999, uma reportagem de capa da *Fortune*, sobre casos de fracasso de eminentes CEOs (Chief Executive Officer – presidentes), concluiu que a ênfase na estratégia e na visão dava origem à crença enganosa de que a estratégia certa era a condição necessária e suficiente para o sucesso. "Na maioria dos casos – estimamos em 70% – o verdadeiro problema não é má estratégia, e sim má execução", asseveram os autores (R. Charan e G. Golvin, "Why CEOs Fail", *Fortune*, 21 de junho de 1999). Assim, com índices de fracasso na faixa de 70 a 90%, percebemos por que investidores sofisticados chegaram à conclusão de que a execução é mais importante do que a visão.

A pergunta que decorre dessas constatações, tanto no âmbito das maiores empresas americanas quanto das unidades de conservação brasileiras, é: por que é tão difícil executar as estratégias?

Alguns dos aprendizados realizados pela administração de empresas nos últimos trinta anos decorrentes dos diversos exercícios e tentativas de melhorar a execução e promover a aproximação da estratégia com a operação podem, ou melhor devem, ser assimilados pela gestão de UCs.

Este capítulo propõe reflexões sobre dois aspectos do conhecimento produzido sobre as pontes entre a estratégia e a execução.

O primeiro deles decorre das constatações de que a qualidade da estratégia é menos determinante do que sua execução e, portanto, o mantra da simplicidade deve cadenciar o exercício de formulação da estratégia, contaminando o conteúdo da estratégia e as metodologias e ferramentas que a apoiam.

O segundo aspecto é a necessidade de conectar os componentes da gestão em um conjunto lógico e integrado que privilegie o aprendizado organizacional.

Primeiro aprendizado – simplicidade

A primeira grande lição a ser compreendida pelos técnicos, gestores e servidores envolvidos com a gestão de UCs no país é que, quando o assunto é o planejamento desses territórios, menos é melhor. A inalcançável e singela simplicidade deve ser o grande balizador para as escolhas metodológicas que precisam ser realizadas para definir os instrumentos de planejamento das UCs.

As diferentes realidades nas quais as unidades de conservação estão inseridas não nos permitem outras generalizações que não a de princípios que norteiem a sua implementação e operacionalização. E um dos princípios que defendemos insistentemente é a simplicidade.

Como lembra André Comte-Sponville, "a simplicidade é o contrário da duplicidade, da complexidade, da pretensão. Por isto é tão difícil". O desafio que o princípio da simplicidade coloca para o exercício de pensar e refletir sobre os resultados de uma unidade de conservação é o de desconsiderar inúmeros aspectos da sua existência, para se concentrar na sua essência.

Ainda de acordo com Comte-Sponville (1995):

> "Intelectualmente, talvez (*a simplicidade*) não seja diferente do bom senso, que é o julgamento reto, quando não é estovado por aquilo

que sabe ou crê, mas aberto primeiro ao real, à simplicidade do real, e como sempre, novo em cada uma de suas operações.

Inteligência é a arte de reduzir o mais complexo ao mais simples, não o inverso. (...) Há coisa mais simples do que $E=mc^2$? Simplicidade do real, mesmo que complexo; clareza do pensamento, mesmo que difícil."

A simplicidade dos acordes de João Gilberto, dos toques de Pelé, dos traços de Portinari ou dos versos de Drummond que conseguem expressar no mínimo a complexidade do real.

É esta essência que precisa ser buscada quando da reflexão estratégica de uma unidade de conservação. Este mantra da simplicidade, mesmo que distante da genialidade dos mestres, obriga os gestores de UCs a fazer escolhas difíceis e com isto refletir e discutir muito as apostas da unidade para cumprir a sua missão.

A simplicidade como diretriz para a gestão estratégica das unidades de conservação envolve tanto o conteúdo simples da estratégia quanto forma e ferramentas também simples.

Conteúdo simples da estratégia significa poucas escolhas, porém vitais. Estas apostas precisam se apresentar de maneira absurdamente clara e compreensível para toda a equipe da UC. Ousamos defender que a estratégia de uma UC deve selecionar de um a três resultados expressivos para o ambiente e para a sociedade como norteadores da sua atuação, e só.

Forma e ferramentas simples dizem respeito às escolhas metodológicas que precisam ser feitas acerca de qual metodologia e quais instrumentos de gestão devem ser adotados para apoiar a estratégia. Neste aspecto, em que pesem as determinações legais que definem os instrumentos, Plano de Manejo e Conselho Gestor, as possibilidades de aumentar o uso dessas ferramentas e promover a efetiva execução da estratégia no dia a dia das UCs são gigantescas.

É necessário registrar a existência de um engano crônico e estrutural nas diretrizes para a elaboração dos Planos de Manejo utilizados e em uso no país. As etapas de diagnóstico e levantamento de dados (secundários e/ou primários), normalmente subsidiadas pelas pesquisas, avaliações em campo, amostragens, são executadas, via de regra, sem a clara orientação estratégica.

A exagerada ênfase, durante os esforços de planejamento, na composição do diagnóstico e da caracterização da unidade de conservação pode até representar avanços para o conhecimento da biodiversidade brasileira, mas não representa contribuições efetivas para as questões cruciais com as quais a gestão da UC precisa se deparar.

A existência, a sobrevivência e o sucesso da unidade de conservação dependem de algumas poucas, porém cruciais, apostas que definem a maneira pela qual a UC criará valor de forma sustentada para a sociedade. E são nestas questões essenciais que a gestão, e toda a alocação dos escassos recursos, deve se concentrar.

O difícil ato de desconsiderar vários aspectos do território que é gerenciado, para se concentrar em poucas e vitais questões, exige abnegação, inteligência e capacidade de visão sistêmica. E só com muita reflexão e muito trabalho que esta simplicidade pode ser alcançada.

Estas apostas e as perguntas que nos ajudam a compreendê-las precisam estar claras para a equipe gestora, para que só assim os dados e informações que validem ou invalidem as lógicas propostas sejam objeto de esforço (e muito investimento) para ser coletados.

É comum nos depararmos com equipes de pesquisadores em esforços de campo para levantamento de dados para a unidade sem o adequado conhecimento das questões cruciais daquele território. E, muitas das vezes, estudando e diagnosticando temas que não são prioritários nem relevantes para o contexto atual ou o horizonte do planejamento.

Em um caso hipotético, temos uma unidade de conservação de proteção integral situada na mata atlântica que selecionou o combate à caça e o uso irregular do fogo como os grandes desafios a serem superados nos próximos anos. Durante a revisão do seu Plano de Manejo, a UC selecionou um grupo de temas para o estudo considerando as lacunas de conhecimento e as potencialidades da área, e com isto alocou recursos para que equipes de ornitólogos, limnólogos, herpetólogos, botânicos e zoólogos (mastofauna) realizassem uma Avaliação Ecológica Rápida (AER) em duas campanhas de campo (chuva e seca). A intenção é das melhores: levantar dados e informações que possibilitem produzir um Plano de Manejo completo e detalhado para a unidade.

Apesar da boa intenção, a lógica está errada.

As equipes de pesquisadores precisam ir, sim, para campo, mas para contribuir com respostas às perguntas cruciais da unidade. Seus dados e informações serão importantíssimos para validar ou invalidar as hipóteses que a UC precisa assumir na sua gestão:

♦ A caça será eliminada no interior da UC por meio de ações de educação ambiental nas comunidades do entorno e pela adoção de estratégias inteligentes de fiscalização;

- Quais os impactos da caça na fauna da UC?
- Como monitorar as populações mais afetadas?
- Como monitorar as atividades?
- Quais os hábitos e perfil dos caçadores?

♦ O uso irregular do fogo também será combatido com ações de conscientização e educação ambiental no entorno e com a disponibilização, por meio das instituições parceiras, de técnicas alternativas para os produtores da região:

- Quais os impactos do fogo?
- Qual o perfil do fogo na região?
- Quais alternativas ao uso do fogo?

São nessas perguntas que os estudos e diagnósticos prévios à revisão, ou mesmo elaboração, do Plano de Manejo precisariam se concentrar, no nosso exemplo hipotético. E é por este conjunto de informações que as UCs e os órgãos gestor devem se orientar para manejar a unidade.

A hipertrofia e a inutilidade (para a gestão, na maioria dos casos) dos estudos prévios que subsidiam a elaboração dos Planos de Manejo fortalecem a difusão de uma cultura equivocada sobre a gestão no meio das unidades de conservação – a mitificação do plano. O plano passa a ser sobrevalorizado e transformado em um personagem de Dante, vivendo o céu e o inferno. O preciosismo técnico, a dedicação e empenho demonstrados quando da sua elaboração normalmente contrastam com o abandono quando da sua execução.

Incrível como Kaplan e Norton utilizaram este mesmo argumento – a sobrevalorização do Plano – para abrir os primeiros parágrafos do seu segundo livro sobre BSC (Kaplan & Norton, 2000) e justificar a fundação da metodologia.

> "Pesquisa entre 275 gestores de portfólio mostrou que a capacidade de executar a estratégia é mais importante do que a qualidade da estratégia em si ("Measures That Matter", Ernst & Young, Boston, 1998). Esses gerentes citaram a implementação da estratégia como o fator mais importante na avaliação da gerência e da corporação. Essa descoberta parece surpreendente, pois nas últimas duas décadas os teóricos em gestão, os consultores gerenciais e a imprensa especializada se concentraram em como desenvolver estratégias capazes de gerar desempenho superior. Aparentemente, a formulação da estratégia nunca foi tão relevante.
>
> No entanto, outros observadores concordam com a opinião dos gestores de portfólio no sentido de que a capacidade de executar a estratégia pode ser mais importante do que a estratégia em si."

Reconsiderar a função do Plano no contexto da gestão das UCs, tornando-o o mais simples que a nossa inteligência for capaz de conceber, é um passo fundamental na direção de aproximar a estratégia da execução.

Não é nosso objetivo prescrever um roteiro ou formato para os Planos de Manejo, mas alertar para a necessidade de que os estudos prévios se concentrem nas questões cruciais da UC e que o seu formato privilegie sempre a interação amigável e fácil para quem os utiliza – os gestores.

E não é demais lembrar que a simplificação da forma só se justifica se acompanhada da simplificação do conteúdo. O conteúdo simples, além de facilitar a compreensão da estratégia pelos envolvidos, obriga os gestores a se concentrarem no que realmente interessa, quando tratamos de estratégia: um ou no máximo três desafios relevantes para o futuro da unidade de conservação.

Segunda lição – monitorar para aprender

Um aprendizado vivenciado pelo segmento empresarial sobre a implementação das estratégias precisa ser atentamente observado pelos interessados em gestão de UCs. A consciência de que a estratégia precisa ser compreendida e executada em todos os níveis da organização, mudando comportamentos e adotando novos valores. De que a chave para a transformação é inserir a estratégia no centro do processo gerencial.

Esta inserção só é possível com a ressignificação do processo de medição de desempenho nas UCs. O exercício de estabelecer um conjunto de métricas (indicadores) estrategicamente provoca os gestores de UCs a estabelecerem resultados desafiadores e mensuráveis para o seu trabalho, buscando contribuir para a quebra do paradigma de que é impossível medir os resultados de uma unidade de conservação.

A máxima da gestão de que aquilo que não pode ser medido não pode ser gerenciado é desafiadora e provocante para as equipes das UCs e é utilizada para inspirar todos os envolvidos no exercício permanente de estabelecer, construir e utilizar métricas consistentes para avaliar o desempenho das unidades. Entendemos que este exercício não está finalizado, mas em construção nos diversos cantos do país. A construção de um conjunto de métricas de gestão adequadas ao conjunto de UCs é condição para uma efetiva gestão do sistema de UCs.

As experiências, acumuladas ao longo dos últimos anos no estabelecimento e utilização de indicadores de desempenho em UCs do país, sinalizam para um grande desafio de conectar definitivamente a gestão com o monitoramento da biodiversidade. A fragilidade demonstrada pela incipiência e inexistência de dados confiáveis e relevantes para avaliar o desempenho das UCs brasileiras está diretamente ligada às dificuldades históricas de estabelecer um sistema de monitoramento da biodiversidade.

Avançamos significativamente no estabelecimento de indicadores de esforço para os diferentes processos ou programas de manejo executados pelas UCs que nos permitem acompanhar a performance destes conjuntos de atividades. Entretanto, quando procuramos responder às perguntas que realmente interessam (Estamos efetivamente conservando a biodiversidade? Estamos promovendo o uso sustentável?), emudecemos e culpamos a complexidade do nosso objeto de trabalho – a sociobiodiversidade – pela nossa incompetência em encontrar as respostas.

Para que possamos responder às questões que realmente interessam, a partir de fatos e dados e não de achismos, é fundamental que o monitoramento da sociobiodiversidade (sistemas, métodos, técnicas, ferramentas, critérios, protocolos e todo o aparato técnico disponível) seja humilde o suficiente para se colocar a serviço da gestão da UC.

Esta transformação cultural que as empresas, as organizações públicas e as unidades de conservação vêm buscando não é mágica, rápida nem fácil. Mas, novamente, deve ser simples. Por ser uma mudança na cultura gerencial ela exige tempo e desejo, nas suas mais diversas formas – poder, vontade política, pressão externa, necessidade. Por isto não pode ser obtida a partir de fórmulas miraculosas, não pode ser construída em alguns meses e com certeza as mudanças deixarão marcas.

Mas como esta transformação precisa ser feita, principalmente nas organizações públicas e nas unidades de conservação, então precisamos reestruturar os processos gerenciais destas organizações, adotando critérios que assegurem que o raciocínio estratégico será considerado nos principais processos decisórios.

Os aprendizados reunidos pelas empresas privadas neste tema dão conta de que o ponto cego do processo gerencial não é o planejamento, a execução ou o monitoramento, mas a conexão entre estas dimensões da gestão. Mais importante do que desenvolver novas e modernas ferramentas de planejamento ou de monitoramento é assegurar que uma lógica coerente integre as diferentes etapas do manejo.

Neste sentido, uma das inovações metodológicas surgidas nas últimas décadas é o *Balanced Socrecard (BSC)* proposto por Kaplan e Norton, que a partir de uma proposta coerente de um sistema de medição equilibrado de desempenho desenvolveram um método simples e consistente de gestão estratégica.

O *Balanced Scorecard* (BSC) é um conjunto equilibrado de medidas que se orientam para os resultados mais prioritários da organização, permitindo o desdobramento da estratégia em resultados mensuráveis e o seu acompanhamento através dos indicadores e metas.

Esta metodologia e as ferramentas vêm sendo desenvolvidas e aprimoradas, desde 1992, por Robert Kaplan e David Norton (Kaplan & Norton, 1997; 2000; 2004). Elas surgiram em resposta aos desafios que os gestores de diversas organizações em todo o mundo enfrentavam na medição do desempenho organizacional e na execução das estratégias planejadas.

O desempenho das organizações era avaliado somente pelas métricas financeiras, que apesar da sua (in)questionável precisão não consideravam outras dimensões do desempenho relevantes para o sucesso das organizações e também não conseguiam representar a conversão dos ativos intangíveis – conhecimento, inovação, pessoas – em resultados para as organizações. Para que uma metodologia seja capaz de contribuir com a mudança da cultura gerencial é essencial que ela seja genérica para abranger os mais diversos tipos de negócios e simples para que possa ser entendida e adequada às mais diversas realidades.

O BSC no contexto das organizações públicas

O BSC oferece um modelo genérico e simples para descrever como as organizações criam valor a partir da sua estratégia (Figura 14.1). O modelo para criação de valor adequado ao setor público e às organizações sem fins lucrativos contém os seguintes elementos, de acordo com Kaplan & Norton (2004):

♦ Diferentemente das empresas privadas, em que sucesso é lucro, o critério de sucesso para as organizações públicas é o desempenho no cumprimento da sua missão institucional. Os impactos sociais, econômicos e ambientais constituem o valor que precisa ser criado por estas organizações, e a estratégia deve descrever como este valor será criado de forma sustentável para a sociedade.

♦ A interação produtiva com os usuários e beneficiários da organização é o principal componente da criação de valor e da busca dos impactos desejáveis. O pressuposto aqui assumido é de que os impactos sociais, econômicos e ambientais só são possíveis quando a interação com os usuários e beneficiários é saudável.

♦ A interação com os usuários e beneficiários é determinada pela forma como a organização estrutura e executa seus processos internos (programas de manejo). São estes conjuntos de atividades que organizam as interações com os públicos das organizações e, portanto, possibilitam a construção de valor.

♦ Os ativos intangíveis são a fonte definitiva de criação de valor sustentável. A maneira como a organização conjuga pessoas, tecnologia e clima organizacional para sustentar a estratégia é determinante para a criação de valor no longo prazo.

Figura 14.1 Modelo de mapa estratégico para o setor público proposto por Kaplan & Norton (2004).

O BSC quebra de forma simples, porém definitiva, o paradigma da medição de desempenho nas organizações. Incomodados com a insuficiência e a "obsolescência" dos indicadores financeiros como únicos termômetros, Kaplan e Norton propuseram a utilização de um modelo mais equilibrado e coerente, que fosse vinculado às escolhas e posicionamentos estratégicos da organização.

Umas das ferramentas utilizadas na metodologia do BSC é o mapa estratégico, que consiste em uma representação gráfica que demonstra a hipótese (ou aposta) estratégica da organização através da construção de relações causais entre os diferentes objetivos existentes nas dimensões ou perspectivas estratégicas (Kaplan & Norton, 2004).

O mapa estratégico no contexto das unidades de conservação

O mapa estratégico foi desenvolvido para apoiar a implementação da metodologia BSC, contribuindo com a construção, comunicação, compreensão, monitoramento e implementação da estratégia. Kaplan e Norton relatam que no início dos anos 90, quando iniciavam a formulação do BSC, utilizavam folha de papel em branco, deixando que a estratégia "emergisse espontaneamente" nas quatro perspectivas a partir de entrevistas com os executivos. Com a aplicação da metodologia em milhares de organizações em todo o mundo, alguns padrões estratégicos foram identificados e uma arquitetura genérica foi desenvolvida para as empresas privadas e organizações públicas.

Independente da abordagem adotada para formular (desenvolver) a estratégia, o mapa estratégico fornece uma maneira consistente de descrever a estratégia, facilitando a definição e o gerenciamento dos objetivos, indicadores e metas estratégicos.

Como os próprios autores (Kaplan & Norton, 2004), de forma pouco humilde, defendem em suas publicações, "o mapa estratégico representa o elo perdido entre a formulação e a execução da estratégia".

Para que possam cumprir este nobre papel de conectar a formulação com a execução, os mapas estratégicos precisam se orientar por alguns princípios, que aqui são apresentados considerando o contexto das unidades de conservação:

- ♦ **A estratégia equilibra forças contraditórias:** os esforços para aumentar, no médio e longo prazo, a conscientização das comunidades do entorno sobre a importância da UC normalmente conflitam e competem por recursos com os investimentos para fiscalizar e proteger os recursos naturais da unidade no curto prazo. Assim, o ponto de partida da descrição da estratégia é deixar claro como serão equilibradas as expectativas legítimas de desenvolvimento e conservação no mesmo espaço territorial.

- ♦ **A essência da estratégia é a proposição de valor para os clientes ou cidadãos-usuários:** a estratégia exige a definição do público-alvo prioritário para atuação da unidade e a formulação de uma proposta de valor a ser oferecido a estes cidadãos. Importante ressaltar que a escolha de um público-alvo não viola o princípio constitucional da impessoalidade do serviço público, mas orienta a adequação dos produtos e serviços para os cidadãos-usuários. Como nos relacionaremos com estes públicos de forma a atender às suas necessidades e expectativas e ao mesmo tempo cumprir a missão institucional? Kaplan &

Norton (2004) sinalizam que " a clareza dessa proposição de valor é a dimensão mais importante da estratégia".

♦ **A criação de valor é operacionalizada pelos processos internos da UC**: a perspectiva dos cidadãos-usuários no mapa estratégico e no BSC descreve os resultados que a UC pretende alcançar junto a este público, entretanto, a forma como estes resultados serão obtidos e as orientações para as interações com os segmentos de cidadãos-usuários são estabelecidas pelos processos internos da UC. A importância e a ênfase que o processo (programa) de educação ambiental assumirá na estratégia da unidade estão relacionadas aos resultados que nos propomos a construir junto aos seus públicos. Esta conexão – processos internos com proposição de valor para os cidadãos – constitui, na nossa avaliação, o verdadeiro elo perdido da integração da estratégia com a rotina das UCs.

♦ **A estratégia compõe-se de temas complementares e simultâneos**: os conjuntos de processos internos (programas de manejo) contribuem – ou deveriam contribuir – de maneiras diferentes e em momentos diferentes para o cumprimento da missão da unidade. Este pressuposto estratégico, que será detalhado quando da discussão da Perspectiva de Processos Internos, reconhece que cada UC precisa estruturar um mix diferente de competências que se complementem para cumprir a sua finalidade básica.

♦ **O alinhamento estratégico determina o valor dos ativos intangíveis**: os ativos intangíveis de uma unidade de conservação são constituídos pelo seu capital humano (experiência, conhecimentos e habilidades da sua força de trabalho), capital da informação (bancos de dados, sistemas de informação e tecnologias) e o capital organizacional (cultura, liderança, alinhamento, trabalho em equipe, comprometimento). A mobilização e a sustentação do processo de mudança, necessário para executar a estratégia, dependem de como a unidade alinha estes ativos intangíveis com a sua estratégia, a chamada prontidão estratégica. Em síntese, o mapa estratégico, adequado à realidade de cada organização, descreve como os ativos intangíveis impulsionam melhorias nos processos internos da organização para que estes promovam a desejada alavancagem na entrega de valor para os cidadãos-usuários e desta forma construir os impactos positivos para a sociedade.

A utilização do BSC e do mapa estratégico no contexto das UCs

A adaptação da metodologia BSC e da ferramenta mapa estratégico para o contexto das unidades de conservação brasileiras não é e não foi um processo simples nem tão pouco concluído.

Iniciamos a adoção do BSC e do mapa estratégico durante a implementação do Programa Parque Modelo, que foi uma iniciativa da Cooperação Técnica Alemã (GTZ) dentro do Projeto de Conservação e Manejo dos Recursos Naturais na Mata Atlântica de Minas Gerais (Projeto Doces Matas) junto ao Parque Nacional do Caparaó (ICMBio – ES/MG) em 2004.

Nesta mesma época começava a se popularizar no Brasil a utilização do BSC e do mapa estratégico para apoiar a gestão estratégica nas empresas privadas e instituições públicas. Conscientes de que a conservação da biodiversidade precisa desesperadamente produzir e comunicar resultados expressivos para a sociedade, a equipe encarregada da implementação do Programa Parque Modelo decidiu que iriam incorporar no processo de planejamento estratégico do Parque Nacional do Caparaó a metodologia do *Balanced Socrecard* e as novas ferramentas propostas por Kaplan e Norton. Cientes das necessidades de ajustes na metodologia e dos riscos inerentes às inovações ou mudanças de abordagem, principalmente relacionados à falta de compreensão e às críticas precipitadas.

Esta foi a primeira iniciativa de utilização do BSC e do mapa estratégico no apoio à gestão de unidades de conservação que se tem registro.

Mais tarde, em 2006, o Programa Áreas Protegidas da Amazônia (Arpa), sob a coordenação da Secretaria de Biodiversidade e Florestas (SBF) do Ministério do Meio Ambiente (MMA), demandou e apoiou a implementação do Programa de Gestão para Resultados (PGR) já descrito no Capítulo 12. A metodologia de gestão estratégica adotada pelo PGR também incorporou o BSC e o mapa estratégico como mecanismos de apoio ao direcionamento, desdobramento, monitoramento e aprendizado estratégicos.

A adequação da metodologia e das ferramentas precisou considerar inicialmente o caráter público da maioria das unidades de conservação brasileiras e, em um segundo momento, as especificidades relacionadas ao negócio da conservação e uso sustentável da biodiversidade.

Adequação da ferramenta mapa estratégico para o contexto das UCs

Como todo mapa precisa de um norte, o mapa estratégico é orientado para os resultados maiores, mais agregados e mais nobres, simbolizados normalmente pela visão de futuro e a missão da unidade de conservação. O mapa representa o conjunto de resultados intermediários que levam ao rumo estratégico. Este conjunto de resultados intermediários – os objetivos estratégicos – precisa ser equilibrado, relevante e suficiente para o alcance da visão ou o cumprimento da missão.

A utilização de perspectivas ou camadas sequenciais para organizar estes resultados intermediários facilita a representação, a compreensão e o equilíbrio do conjunto. A seleção das dimensões ou perspectivas que formam o mapa e que demonstram a lógica estratégica adotada para o negócio é o espaço de flexibilização e adaptação que a metodologia e a ferramenta oferece para que sejam coerentes com as realidades que se propõem a representar.

A adaptação do mapa estratégico consistiu, essencialmente, na adequação da lógica estratégica por meio dos ajustes nas relações de causa-efeito entre as perspectivas ou camadas de resultados representados, redefinindo uma arquitetura genérica que se propõe a representar a maioria das apostas estratégicas de uma unidade de conservação.

O desenho dos mapas estratégicos de UCs vem evoluindo desde o início da sua utilização:

1. Inicialmente foi realizada uma simples inversão das perspectivas financeira e clientes nos mapas utilizados pela iniciativa privada. A primeira versão do mapa estratégico do Parque Nacional do Caparaó apresentava esta configuração (Figura 14.2).

2. Em um segundo momento do processo evolutivo da adaptação da ferramenta, a perspectiva de clientes foi renomeada como usuários, buscando representar mais adequadamente o público-alvo dos serviços e produtos de uma organização pública, em especial unidade de conservação. Foi também reposicionada a perspectiva financeira, como sendo uma condição e um *driver* (direcionador) de resultados e não o resultado em si. Esta alteração estrutural revela uma abordagem para o acesso a recursos pelas UCs que não pode ser aceita sem as reflexões e críticas (Figura 14.3):

   a. Os recursos (principalmente financeiros) representam as condições necessárias para que a UC, aprenda, inove, melhore seus processos e assim satisfaça seus usuários.

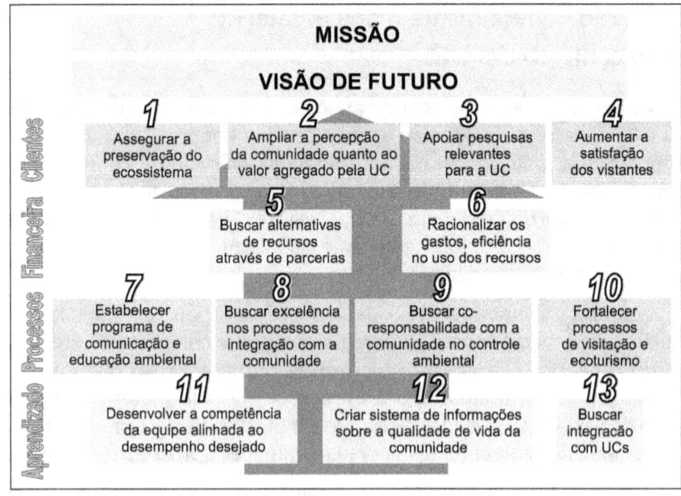

Figura 14.2 Mapa estratégico do Parque Nacional do Caparaó, construído em 2004.

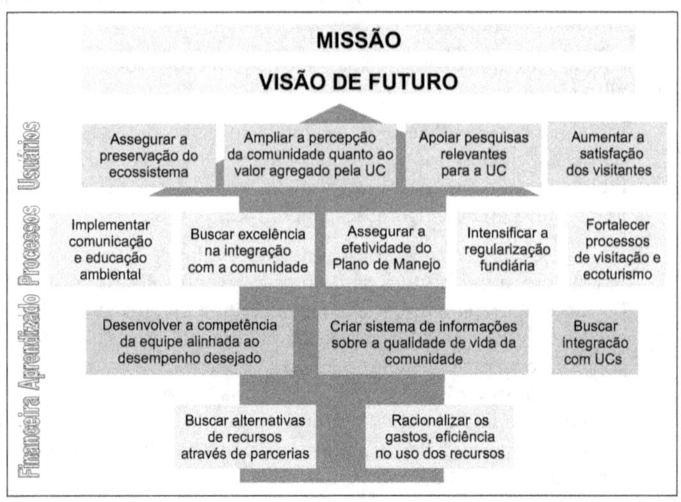

Figura 14.3 Mapa estratégico do Parque Nacional do Caparaó, construído em 2006.

b. Os recursos entendidos como condições e não como resultantes traduzem um raciocínio de que as UCs precisam ser subsidiadas, de que sua autossustentação pode até ser alcançada, mas não deve ser o objetivo principal. A sociedade, nas suas formas de organizações políticas e econômicas (governos, empresas, etc.), precisa assumir a responsabilidade por garantir as condições para que as UCs sejam efetivamente implementadas.

3. A terceira grande alteração no desenho dos mapas estratégicos para unidades de conservação foi a identificação de mais uma perspectiva de resultados: Ambiente e Sociedade – em alguns casos ao longo deste caminho esta camada também foi chamada de Governo. A partir do entendimento de que os usuários (cidadãos) são parte da sociedade, mas eles não são a sociedade, e esta tem expectativas e necessidades diferentes em relação à UC, e também a partir do entendimento de que grupos de usuários podem ter expectativas e necessidades que muitas vezes conflitam com o interesse da sociedade e da conservação, foi proposta a distinção entre estes grupos de resultados. Nesta fase da adequação da ferramenta a perspectiva financeira/fiduciária foi renomeada para recursos, procurando representar melhor este grupo de resultados intermediários (Figura 14.4).

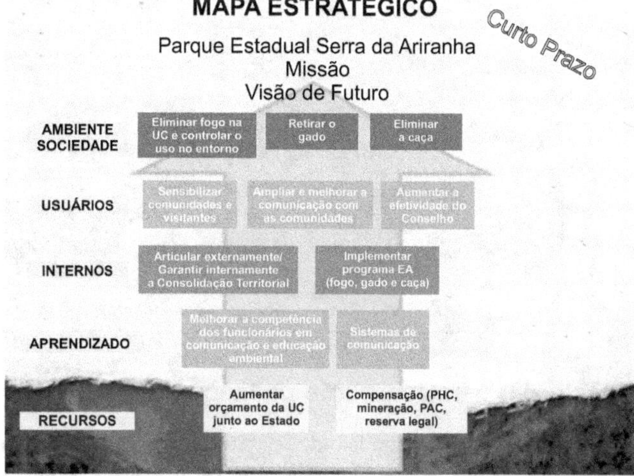

Figura 14.4 Mapa estratégico de uma UC hipotética adotando a perspectiva Ambiente e Sociedade.

4. Depois de termos adaptado a ferramenta para o contexto das unidades de conservação tivemos a oportunidade de apoiar a construção de centenas de mapas estratégicos e de conhecer outras iniciativas de utilização do instrumento. A partir destas experiências, temos constatado que o modelo genérico proposto vem conseguindo traduzir com fidedignidade as estratégias das UCs. Uma alteração sutil, porém significativa, que temos experimentado mais recentemente é o reposicionamento da perspectiva Recursos, elevando-a para um status mais de resultante do que de direcionador de resultados (Figura 14.5). Influenciada por uma abordagem mais proativa para a gestão das UCs, que as coloca em uma posição de maior responsabilidade pelo acesso e captação de recursos para sua estratégia, esta alternativa se mostra adequada ao contexto de alguns sistemas de UCs.

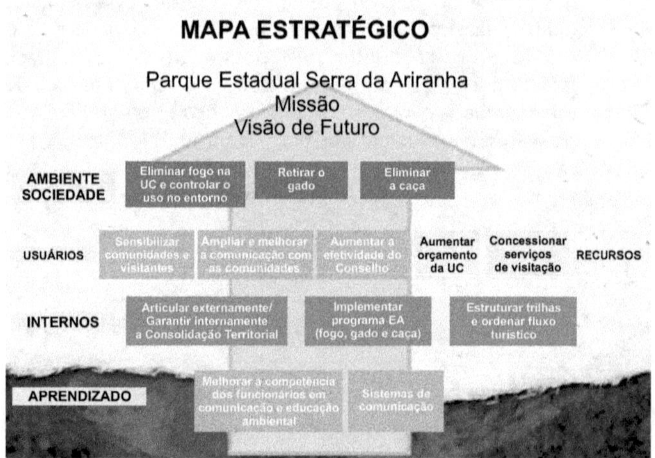

Figura 14.5 Mapa estratégico com a perspectiva Recursos reposicionada.

Orientações para construção de mapas estratégicos para UCs

A utilização de um modelo de referência para a gestão estratégica que permita flexibilidade para representar as diversas realidades das UCs e que utilize uma lógica que, considerando um conjunto consistente de variáveis, privilegie a aprendizagem estratégica em detrimento do controle estratégico nos parece bastante adequada à realidade das UCs brasileiras.

A compreensão da ferramenta mapa estratégico pressupõe a compreensão da lógica que integra os conjuntos de variáveis – as perspectivas. A competência para construir e utilizar os mapas estratégicos é, na essência, a capacidade de estabelecer as conexões entre as causas e os efeitos desejados da estratégia e representá-las ao longo das camadas do mapa.

As perspectivas são distribuídas ao longo de um gradiente de mandato sobre os resultados propostos, agrupando em uma perspectiva um conjunto semelhante de resultados. As camadas se organizam desde os vetores do processo de mudança organizacional, aqueles elementos da organização que precisam ser ativados para produzir os resultados até os conjuntos de resultados relacionados aos públicos, e aqueles mais distantes e mais nobres, no caso das unidades de conservação, relacionados à sociedade e ao ambiente.

As perspectivas utilizadas na aplicação da ferramenta no contexto das unidades de conservação revelam um conjunto de pressupostos organizacionais importantes sobre os propósitos e funcionamento deste tipo de organização.

Perspectiva Ambiente e Sociedade

A consideração da perspectiva Ambiente e Sociedade como a mais alta, próxima da visão/missão e por vezes considerada mais nobre, caracteriza a natureza predominantemente pública das unidades de conservação brasileiras e sua finalidade maior de acordo com os marcos legais que orientam o SNUC.

Os resultados a serem buscados nesta perspectiva estão relacionados às questões "existenciais" da unidade de conservação, aquelas provocadas pela Teoria do Negócio (ver Capítulo 24), aquelas que realmente importam: para que a UC foi criada? Qual seu principal atributo? O que a Sociedade espera da unidade?

A resposta a estas questões devem necessariamente apontar um, dois ou no máximo três grandes desafios para o futuro da unidade de conservação. Estes resultados a serem alcançados normalmente se apresentam de forma agregada – eliminar o desmatamento, a caça, a pesca, recuperar o manguezal, contribuir para o desenvolvimento local, melhorar a qualidade de vida da região –, traduzindo a complexidade de um resultado que normalmente só pode ser construído de forma sistêmica.

Para identificar os objetivos estratégicos nesta perspectiva é sugerida a seguinte pergunta:

Para cumprir a Missão e realizar a Visão de Futuro, quais resultados devem ser alcançados em relação à conservação da biodiversidade e em relação à sociedade? Como devemos cuidar do ambiente e da sociedade?

Perspectiva Cidadãos-Usuários

Fundamental ressaltar que diferentes segmentos da sociedade (grupos de interesse) têm relevâncias diferentes ao longo da vida de uma unidade de conservação e, desta forma, apesar de existirem grupos de interesse típicos como comunitários, pesquisadores, visitantes, estudantes, voluntários, e tantos outros, a análise e identificação dos grupos de interesse mais estratégicos devem ser atualizadas periodicamente.

O tipo e a qualidade da interação construída pela unidade de conservação com seus grupos de interesse são determinados pela proposição de valor ofertada, ou seja, o conjunto de benefícios – na percepção deles – que é oferecido pela UC.

A lógica é simples e direta: selecionar os públicos prioritários, identificar suas necessidades e expectativas, adequar os produtos e serviços ofertados e acompanhar a satisfação destes usuários.

Por mais que a subjetividade influencie todas as interações que a UC estabelece com seus usuários, o relacionamento com seus grupos de interesse estratégicos se concretiza mediante a disponibilização de produtos e serviços oriundos de processos internos. E estes produtos e serviços precisam estar adequados às necessidades e expectativas dos principais públicos.

> *Para identificar os objetivos estratégicos nesta perspectiva é sugerida a seguinte pergunta:*
>
> *Para realizar a Visão de Futuro e cuidar do ambiente e da sociedade, como devemos cuidar dos usuários (comunidades, visitantes, pesquisadores, estudantes, poder público...)?*

Perspectiva Processos Internos

Nesta perspectiva começamos a descrever como a estratégia deverá ser executada para que os usuários sejam satisfeitos e os impactos na sociedade e na biodiversidade alcançados.

Os chamados *drivers* da estratégia reúnem aqueles poucos aspectos da gestão que serão rigorosamente exigidos em função das escolhas que foram realizadas e que precisarão ser excelentes.

Utilizamos a analogia dos corredores para ilustrar a importância do alinhamento dos processos internos com os resultados que um sistema busca. O tipo de resultado – maratona ou 100 metros rasos – é determinante para a definição da estrutura dos atletas. O organismo e, obviamente, o treino selecionam músculos, ligamentos, estruturas, posturas e atitudes mais adequadas ao tipo de resultado que é almejado. E fica nítido, para qualquer observador, que os organismos acabam por se modificar inteiramente em função da sua orientação – maratonista ou velocista.

Da mesma forma, as unidades de conservação se estruturam e se definem em função dos resultados que buscam. Com isto, um processo de proteção/fiscalização para uma Estação Ecológica localizada em uma frente de desmatamento é definitivamente diferente deste mesmo processo de proteção em uma Reserva Extrativista. Este alinhamento do conjunto de programas de manejo nos quais a UC precisa ser excelente constitui uma condição para o seu desempenho e uma consciência de que nenhuma unidade consegue e precisa ser excelente em todos os programas.

Além do alinhamento do conjunto de processos internos, a definição da sua importância depende do momento e da situação vivenciada pela UC. O modelo apresentado na Figura 14.6 foi desenvolvido a partir da lógica proposta por Kaplan e Norton para os processos empresarias, considerando a realidade das UCs brasileiras.

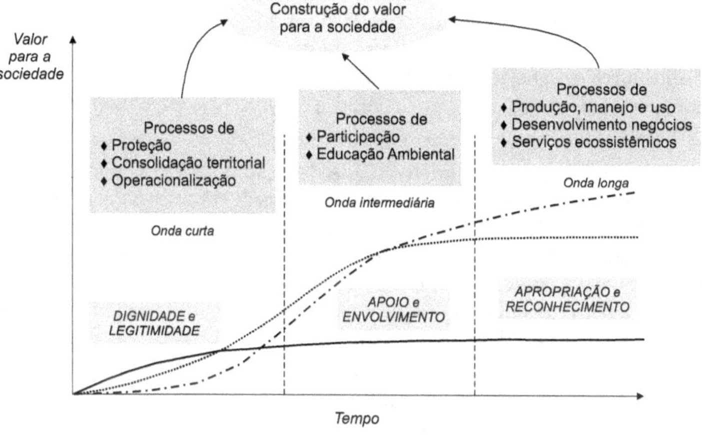

Figura 14.6 Modelo de criação de valor pelos Programas de Manejo de uma UC.

Como a finalidade precípua de uma unidade de conservação é criar valor de forma sustentada para os grupos de interesse e para a sociedade, e o *lócus* de criação de valor são os processos ou programas de manejo, as estratégias das UCs devem priorizar conjuntos de processos que sejam coerentes e adequados à fase da vida da unidade de conservação.

O primeiro conjunto de processos (programas de manejo) caracteriza a chamada onda curta de criação de valor por atuar no curto prazo e com isto apresenta maior relevância no início da implementação de uma unidade de conservação. Considerando que valor para a sociedade nesta fase significa a proteção da biodiversidade e dos atributos que justificaram a criação da UC, a regularização da situação fundiária e a criação de condições adequadas de operacionalização da unidade, como logística, comunicação, infraestrutura e equipamentos. Esta fase busca assegurar a dignidade da organização e legitimá-la minimamente perante a sociedade e as comunidades.

O valor criado por este conjunto de processos, representado na Figura 14.5 como a linha contínua, não se encerra nas demais fases. Significando que as atividades de proteção, consolidação territorial e operacionalização são permanentes na vida de uma UC, assumindo outras abordagens e representando relevância relativamente menor nos outros momentos da vida da UC.

A segunda onda de criação de valor na vida de uma UC (linha pontilhada) busca garantir apoio e reconhecimento perante a sociedade e as comunidades por meio de um conjunto de processos que viabilizem a participação da sociedade e dos grupos de interesse na gestão da UC (conselhos gestores, diagnósticos e planejamentos participativos) e que promovam o aumento da consciência destes públicos em relação à importância da conservação e da própria UC.

Considerada a onda intermediária de criação de valor, o investimento neste conjunto de programas de manejo oferece retorno para a sociedade somente no médio prazo. O envolvimento das comunidades na gestão e a integração da UC ao processo educacional da sociedade não oferecem resultados imediatos, mas contribuem com a construção de uma rede social que se articula a partir de um território protegido – e isto faz toda a diferença para o futuro da unidade e destas comunidades.

Representada na Figura 14.5 pela linha pontilhada, este conjunto de processos normalmente inicia sua contribuição ainda nas primeiras fases da vida da UC, mas demonstram o maior potencial de contribuição com a criação de valor para a sociedade no médio prazo (onda intermediária), quando o envolvimento da sociedade e dos grupos de interesse na gestão alcançam um estágio avançado de interação.

A terceira onda de criação de valor, denominada onda longa (linha serrilhada), representa o auge de uma UC quando a sociedade se apropria da gestão da unidade por reconhecer o seu benefício e a sua importância. Nesta fase da vida da UC, os programas de manejo voltados para a produção, uso e manejo sustentável dos recursos naturais passam a assumir papel relevante para a criação de valor. A criação de condições adequadas para o desenvolvimento de negócios a partir de produtos (visitação, madeira, biotecnologia, imagem, etc.) e serviços, inclusive os ecossistêmicos, constitui a oportunidade de perenizar a criação de valor pela unidade e de aumentar o seu reconhecimento e valorização pela sociedade.

Representado na Figura 14.5 como a linha serrilhada, a criação de valor pelos programas de manejo da onda longa também ocorrem nas outras fases da vida da UC, mas apresentam o maior potencial e reconhecimento quando a unidade alcança a maturidade e também a sociedade e os grupos de interesse assumem outra postura e atitude perante a área protegida.

Como já foi mencionado, cada unidade de conservação precisa construir um arranjo único de processos (programas de manejo) adequado à sua realidade e alinhado aos seus desafios. "A arte da estratégia consiste em identificar e buscar excelência nos poucos processos críticos que mais reforçam a criação de valor" para a sociedade (Kaplan & Norton, 2004). "Todos os processos devem ser bem gerenciados, mas os poucos processos estratégicos críticos devem receber atenção e foco, pois são fundamentais."

Mesmo com a ênfase em alguns programas de manejo críticos, todas as UCs precisam desenvolver uma estratégia "balanceada" investindo na melhoria de programas de manejo dos três grupos, pois dessa maneira equilibra-se o processo de criação de valor no curto, médio e longo prazo.

Para identificar os objetivos estratégicos nesta perspectiva é sugerida a seguinte pergunta:

Para nos relacionarmos com nossos usuários e cuidar do ambiente e da sociedade, em quais processos internos (programas de manejo) devemos ser excelentes?

Perspectiva Recursos

A perspectiva Recursos descreve como a unidade de conservação irá acessar, captar e utilizar os recursos financeiros para viabilizar a implementação da aposta estratégica.

> *Para identificar os objetivos estratégicos nesta perspectiva é sugerida a seguinte pergunta:*
>
> *Como acessaremos, captaremos e cuidaremos dos recursos necessários para viabilizar a estratégia da UC? Como e onde podemos melhorar a eficiência da UC?*

Em se tratando das unidades de conservação precisamos considerar inicialmente, nesta perspectiva, a sua capacidade em acessar os recursos governamentais alocados para a sua gestão via orçamentos. Aprimorar a capacidade para solicitar e negociar recursos orçamentários requer planejamento competente, articulação política e habilidade de negociação. Em um cenário de escassez de recursos orçamentários disponíveis para a gestão das áreas protegidas brasileiras e de alta demanda em função da quantidade e das necessidades de implementação do conjunto de UCs, a melhoria do desempenho de uma UC individualmente neste aspecto – acesso a orçamento – pode representar um desequilíbrio no sistema como um todo e em alguns casos, quando mal gerenciado, favorecer uma competição pouco saudável.

Neste aspecto, a contribuição da gestão é possível, mas será sempre limitada considerando o cenário de escassos investimentos no Sistema Nacional de Unidades de Conservação. Estudos (Medeiros et al., 2011) demonstram que o orçamento por hectare destinado às áreas protegidas no Brasil, comparativamente a outras nações, é de cinco a vinte cinco vezes menor do que os valores investidos por outros países na manutenção dos seus sistemas. Em que pese que a gestão estratégica pode contribuir para o aumento da efetividade, é fundamental que a sociedade brasileira e seus representantes políticos federais e estaduais reconheçam a importância das áreas protegidas e aloquem recursos minimamente dignos à sua existência.

Outro vetor estratégico orientado para a provisão de recursos que precisa ser equilibrado nesta perspectiva é a potencialidade de algumas UCs para captar recursos e gerar receitas relacionadas ao conjunto de programas de manejo denominados de onda longa (produção, uso e manejo de recursos, desenvolvimento de negócios, serviços ecossistêmicos).

Apesar de ainda existirem tabus relacionados à geração de receita e captação de recursos pelas UCs consideramos inaceitável a desconsideração deste potencial. É socialmente injusto e economicamente condenável desperdiçarmos os potenciais de geração de recursos que as UCs possuem. Desde que respeitados os princípios da conservação e assegurados o envolvimento e a participação dos principais grupos de interesse, as unidades de conservação podem e devem assumir um papel de agente de desenvolvimento local e regional em bases sustentáveis.

Estes dois vetores estratégicos – acesso a orçamento e geração de receita/captação de recursos – precisam atuar concomitantemente para suprir as UCs com condições adequadas para a sua existência e para o cumprimento da sua missão.

O outro viés estratégico da perspectiva Recursos que equilibra os dois vetores de provisão de recursos é o desafio permanente de melhorar a eficiência no uso destes recursos. A busca incansável da produtividade na alocação dos recursos precisa ser considerada na estratégia de qualquer unidade de conservação por dois motivos principais:

♦ Em um cenário de escassez, a capacidade de utilizar eficientemente os recursos representa, em muitos casos, uma questão de sobrevivência. Usar criatividade e rigor na busca de soluções que não privilegiem o corte de custos a qualquer custo, mas os ganhos de produtividade advindos da capacidade de fazer mais com menos recursos.

♦ O segundo aspecto da melhoria da eficiência está relacionado à responsabilidade ambiental pelo uso adequado dos recursos. A atitude perdulária com os recursos configura um dos piores tipos de poluição que uma organização pode produzir e deve ser evitada.

Perspectiva Aprendizado

A quinta perspectiva do mapa estratégico descreve os ativos intangíveis da unidade de conservação e o seu alinhamento com a estratégia.

> *Para identificar os objetivos estratégicos nesta perspectiva é sugerida a seguinte pergunta:*
>
> *Para sermos excelentes nos processos internos (programas de manejo) considerados críticos pela estratégia, quais competências e aprendizados nossa equipe deve buscar? Quais tecnologias e conhecimentos precisamos acessar? Como e em quais campos precisamos inovar?*

Por serem intangíveis, estes ativos são de difícil mensuração e até mesmo reconhecimento, mas representam a grande capacidade de alavancagem de uma organização e para serem melhor compreendidos podem ser organizados em três categorias:

♦ **Capital humano:** reúne as habilidades, talentos e conhecimentos (competências estratégicas) da força de trabalho para desempenhar as atividades requeridas pela estratégia (programas de manejo críticos).

♦ **Capital da informação:** disponibilidade de dados e informações, infraestrutura, sistemas e aplicativos que oferecem suporte à implementação da estratégia, principalmente no apoio às tomadas de decisões.

♦ **Capital organizacional:** capacidade da unidade de conservação de mobilizar e sustentar o processo de mudança organizacional imprescindível para a implementação da estratégia. Envolve a liderança, a cultura, clima organizacional e o trabalho em equipe.

Embora seja um consenso de que as unidades de conservação e os órgãos gestores precisam capacitar suas equipes, investir em tecnologia e gerenciar o clima organizacional, a maioria não implementa estas melhorias de forma integrada e alinhada com a sua estratégia.

Segundo Kaplan & Norton (2004), a chave para promover esse alinhamento denomina-se "granularidade", que significa ir além das generalidades. Estratégias e objetivos do tipo desenvolver o pessoal são nobres mas não nos dizem muito a respeito do que exatamente é essencial para a estratégia – quais funções, quais habilidades, conhecimentos e/ou atitudes precisam ser desenvolvidos? O mapa estratégico cria condições para que os gestores identifiquem os elementos específicos dos capitais humano, da informação e organizacional que são exigidos pela estratégia e por esta razão precisa ser priorizado.

Contribuições à implementação das estratégias em UCs

Ousamos apresentar ao longo deste capítulo uma contribuição para aproximar o planejamento da execução no manejo das unidades de conservação brasileiras a partir de duas reflexões.

A escolha da simplicidade como diretriz para o exercício de planejamento requer, como foi demonstrado, humildade e inteligência por parte dos gestores, técnicos e servidores envolvidos com o desafio de planejar as UCs. Nosso desejo e desafio de conhecer mais sobre a biodiversidade brasileira e nossa vontade de avançar em vários aspectos na implementação das áreas protegidas se transformam, muitas das vezes, em obstáculos para a escolha dos caminhos mais simples e a adoção de soluções criativas para orientar a gestão destes territórios.

A utilização da metodologia BSC e da ferramenta mapa estratégico procura contribuir forjando uma nova cultura gerencial para as áreas protegidas (e para o setor público), onde as escolhas estratégicas contaminam todo o processo decisório, todas as atividades da UC e todas as pessoas envolvidas na sua gestão.

Desejamos que estas reflexões não sejam entendidas como receitas ou soluções prontas para o desafio da efetividade das UCs brasileiras, que está vinculada a decisões políticas maiores e mais estruturais que a sociedade brasileira, um dia – que desejamos que seja logo –, precisará enfrentar.

A aproximação do planejamento à execução por meio do estabelecimento de pontes representa, no fundo, uma oportunidade ímpar de demonstrar a coerência do discurso ambiental com a prática, evidenciando a partir de resultados a importância de um Sistema Nacional de Unidades de Conservação para a sociedade brasileira.

O desafio da execução: liderança e método

Cleani Paraiso Marques
Rogério F. Bittencourt Cabral
Marcos Antônio Reis Araujo

Os esforços e recursos despendidos por organizações de todos os tipos na elaboração de planejamentos que traduzam as intenções das lideranças, em relação aos resultados pretendidos, é prática conhecida e difundida no cotidiano das organizações. Nas unidades de conservação (UCs), o planejamento é considerado, inclusive, um passo obrigatório para sua implementação. O Plano de Manejo, concebido como uma sistematização de proposições do manejo dos recursos naturais da unidade, é previsto na Lei n° 9.985 de 18 de julho de 2000, que instituiu o Sistema Nacional de Unidades de Conservação (SNUC) como uma condição para sua operacionalização e um dispositivo essencial para garantir a efetividade da gestão de uma unidade de conservação.

Diante da constatação de que os Planos de Manejo não funcionavam na prática como direcionadores da gestão de uma unidade de conservação, começaram a ocorrer diversas tentativas de adaptação metodológica que conferissem ao Plano de Manejo características mais gerenciais. Os Planos Estratégicos começaram a surgir como uma tentativa de propor foco ao trabalho a ser executado, sistematizando o conjunto de objetivos, metas e indicadores, que orientassem o esforço dos funcionários e a operacionalização dos processos da unidade de conservação.

Sem dúvida, o emprego de tais técnicas tem contribuído de forma significativa para a fixação de um norte que serve de referência ao trabalho a ser desenvolvido. Porém, é importante compreender que a sistematização do

Planejamento Estratégico não implica necessariamente a implementação daquilo que chamamos de prática da Gestão Estratégica.

A identificação dessa diferença é necessária para que possamos compreender por que muitas vezes, apesar do esforço em formular estratégias e sistematizar planos, a lacuna entre promessas de desempenho e os resultados efetivos persiste. A lacuna é aquela existente entre aquilo que a organização se propõe a atingir e a competência da organização para fazer acontecer. Essa lacuna não é preenchida pelos refinados planejamentos, pelos complexos indicadores de desempenho ou pelos coloridos gráficos de gestão à vista. A menos que se traduzam as grandes ideias em passos e atitudes concretas, elas serão inúteis!

A prática da Gestão Estratégica depende não só de pensar estrategicamente, mas também de agir! Sem execução, a estratégia formulada não se traduz em ações e resultados. A execução da estratégia depende de liderança legitimada que mobilize de fato a ação das pessoas para o foco pretendido e de um modelo de organização do trabalho que opere no dia a dia da organização, privilegiando rotinas que garantam tais resultados.

O pressuposto aqui defendido é de que as dificuldades na execução da estratégia se devem muito menos à qualidade dos planejamentos do que à falta de ênfase nas condições para sua implementação. Mais importante do que a formulação de estratégias complexas e mirabolantes é o cuidado que precisamos ter com a sua compreensão pelos executores e com o ambiente organizacional em que será executada.

A cultura gerencial brasileira peca exatamente em um pilar da boa execução: a disciplina. Esse é o outro lado da moeda da aclamada flexibilidade do executivo tupiniquim, que é reconhecido internacionalmente como criativo e inovador na busca de soluções. Entretanto, carecemos, tanto no segmento privado quanto no segmento público, de cultivar a disciplina como hábito de gestão. Perseguir obstinadamente os objetivos e metas, executar seriamente as ações planejadas e se responsabilizar pelos resultados obtidos – sejam eles satisfatórios ou não –, esses são os desafios da cultura gerencial nacional para diminuir o hiato existente entre o plano e a ação.

As lideranças não podem se furtar a essa responsabilidade. A elas, mais do que a quaisquer outros, cabem as críticas em relação aos planos maravilhosos que nunca foram executados, aos objetivos desafiadores que nunca foram perseguidos e aos sistemas de gestão – muitas vezes reconhecidos ou certificados – que não possuem nenhuma aderência ao dia a dia das organizações.

A disciplina dos líderes não pode ser ensinada de outra forma que não seja através das ações. Responsabilizar as pessoas pelos resultados discutidos e acordados abertamente, conscientizá-las do seu papel no fazer acontecer e reconhecer os esforços e, principalmente, os resultados alcançados são tarefas indelegáveis das lideranças que precisam ser conduzidas de forma inspiradora e muito disciplinada.

A sistematização do projeto estratégico é um passo importante, mas ainda insuficiente para assegurar a construção dos resultados. Exatamente por reconhecer que o desafio da execução não pode ser vencido somente com o aprimoramento das técnicas de planejamento, é que os gestores de unidade de conservação precisam considerar o desenvolvimento das lideranças, o comportamento da equipe e o modelo da organização do trabalho como aspectos críticos de sucesso para a implementação da estratégia formulada.

A disponibilização de ferramentas para a formulação e o desdobramento da estratégia precisa ser acompanhada por um conjunto de ações que permitam à equipe da unidade de conservação refletir e corrigir fatores que representem obstáculos à execução da estratégia. *Coaching* para fortalecimento das lideranças, seminários de desenvolvimento da equipe e reflexões sobre o modelo de organização do trabalho – alocação de responsabilidade, processo de comunicação, acordo de expectativas sobre os resultados do trabalho – são algumas das intervenções possíveis a fim de melhorar a capacidade de execução das unidades de conservação.

Ao girar o ciclo PDCA (Planejar, Desenvolver, Monitorar e Aprender), a equipe da unidade de conservação formula sua hipótese estratégica e constrói um plano de ação para implementar e monitorar essa hipótese.

A execução, obviamente acompanhada do monitoramento, é a única oportunidade de testar a hipótese estratégica formulada. Se não executamos não temos como comprovar se nossas apostas sobre o futuro da unidade de conservação são válidas ou não. Quando executamos, impulsionamos a roda da gestão (ciclo PDCA) na direção dos passos seguintes – monitorar e agir corretivamente – e retornamos aos planos mais experientes, com mais informação e mais conscientes dos desafios que nos colocamos. A esse giro se sucederão inúmeros outros, infinitamente, rumo à melhoria contínua, efeito da aprendizagem que o trabalho de execução crítica proporciona.

Planejar, executar, monitorar e agir corretivamente demanda um conjunto de conhecimentos, habilidades e atitudes dos gestores para que a organização possa ser efetiva na sua gestão, ou seja, para que a organização possa enfrentar problemas novos e cada vez mais complexos. A Tabela 15.1 destaca algumas dessas competências.

Tabela 15.1 Competências necessárias no giro do PDCA.

PDCA	Atividades	Competências
Planejar	• Acordar prioridades e resultados essenciais para a UC • Identificar a disponibilidade de recursos • Identificar a capacidade de execução da equipe	• Visão externa e de futuro • Percepção acurada do ambiente organizacional • Senso de prioridade • Capacidade de síntese • Comunicação • Negociação
Desenvolver (fazer)	• Disseminar a estratégia por toda a organização • Negociar e distribuir metas a todos os colaboradores • Liderar com disciplina a execução dos planos e metas acordados	• Liderança inspiradora e apoiadora • Empreendedorismo • Foco e determinação • Delegação • Disciplina • Sociabilidade • Comunicação assertiva • Controle emocional
Checar	• Monitorar a execução dos planos e o alcance das metas • Reuniões de monitoramento com frequência previamente determinada • Tomar como ponto de partida metas negociadas e indicadores estabelecidos	• Criar um ambiente de geração de informações válidas e úteis • Negociação • Assertividade • Competência inter e intrapessoal • Prontidão para aprendizagem • Flexibilidade (e não labilidade) • Controle emocional
Agir corretivamente	• Rever os planos e as metas estabelecidas • Rever os métodos de planejamento • Aprender com os acertos e erros	• Liderança inspiradora e apoiadora • Empreendedorismo • Proatividade • Criatividade

Portanto, a aquisição dessas competências, pela equipe da unidade de conservação, é fator crítico de sucesso para a execução da estratégia. Mas como garantir que a prática de Gestão Estratégica seja implementada?

Mais do que garantias é necessária muita determinação e compromisso das lideranças. Os obstáculos são muitos: instabilidade política, falta de recursos, as demandas burocráticas institucionais, excesso ou falta de autonomia e uma ampla lista de outros obstáculos. O maior obstáculo, entretanto, é a dificuldade de mudar os hábitos de trabalho arraigados que são reforçados pela cultura do imediatismo e da (pseudo)solução de problemas no curto prazo: a famosa "rotina que engole a gente!".

A objetividade, o pragmatismo e a proatividade, tão valorizados atualmente, podem esconder um perverso jogo de mentiras no qual os problemas parecem resolvidos, os planos parecem executados, as metas e objetivos parecem alcançados, mas apenas nos relatórios e nos números que são apresentados. Esse é o grande obstáculo e, por consequência, o desafio. Para enfrentar os obstáculos e vencer os desafios, obviamente não há receita nem garantias de sucesso. Algumas técnicas poderão ajudar, mas o item que fará a maior diferença será o fator "pessoas". Esse fator subjetivo que, inexplicavelmente, acredita na possibilidade e, com isso, impulsiona as mudanças necessárias e mantém as apostas na direção de um futuro melhor.

Gestão de pessoas orientada para resultados

16

Cleani Paraiso Marques

A experiência do Programa de Gestão para Resultados (PGR), que no período de 2006 a 2009 envolveu quinze unidades de conservação participantes do Programa Áreas Protegidas da Amazônia (Arpa) em um desafio de desenvolvimento da capacidade gerencial e modelagem de um sistema de gestão orientado para resultados, destacou a gestão de pessoas como um dos temas mais relevantes na execução do trabalho gerencial das unidades de conservação.

Para além das especificidades dos modelos de gestão dos órgãos gestores (Instituto Chico Mendes de Conservação da Biodiversidade – ICMBio, Instituto Natureza do Tocantins – Naturatins, Secretaria de Estado do Desenvolvimento Ambiental de Rondônia – Sedam, Secretaria de Estado do Meio Ambiente e Desenvolvimento Sustentável do Amazonas – SDS) relativas às suas políticas e práticas de Gestão de Pessoas, pretende-se aqui discutir aspectos que em certa medida estão sob a governabilidade da chefia e coordenações das unidades de conservação.

A capacidade das organizações em transformar os valiosos ativos intangíveis existentes na sua força de trabalho em resultados tem sido identificada por gerentes em diversos segmentos de negócio como uma dimensão crítica da gestão e reconhecida amplamente como uma competência organizacional essencial para o sucesso de qualquer organização. Não são raros os relatos que destacam a dificuldade de se gerenciar esse recurso tão complexo e crítico de sucesso para os resultados: as pessoas.

Como controlar e prever o comportamento das pessoas no trabalho? Como garantir que as pessoas se dedicarão conforme o planejado?

Diferente de outros recursos (financeiros, materiais e tecnológicos), as pessoas incluem no contexto da gestão a dimensão da subjetividade. Taylor, considerado o pai da Administração Científica, destacava como um problema relevante a ser enfrentado pelos gerentes a questão da dificuldade de controle dos recursos humanos e seu "caráter indolente e preguiçoso". Portanto, Taylor já inseria no campo da administração a problemática da vontade própria do ser humano. As pessoas muitas vezes não trabalham, simplesmente, porque não têm vontade de fazê-lo. Daí, na primeira metade do século XX, a dedicação de diversos pesquisadores do campo da administração em buscar na psicologia suporte para compreender essa variável comportamental que atravessava de maneira crítica o trabalho gerencial.

Dentro de uma primeira perspectiva de propor uma saída para a questão de como colocar sob controle o comportamento das pessoas no trabalho, é que o conceito da motivação foi destacado e valorizado. A pergunta sobre o que é que motivava as pessoas a trabalharem bem, a produzirem mais, determinou uma busca incansável pela "pedra filosofal" da motivação.

Dinheiro? Condições físicas e condições materiais oferecidas ao trabalhador? O ambiente de relacionamento no trabalho? O estilo de liderança a que o trabalhador está submetido? Que tipo de recompensa seria mais eficaz? Na verdade, os estudos sobre motivação converteram-se em estudos sobre os estímulos e recompensas para o trabalhador. Se descoberta, a tal "pedra filosofal" da motivação, seria possível controlar o comportamento do trabalhador. Infelizmente, a realidade, como sempre, mostrou-se mais complexa do que se previa!

A teoria contingencial da motivação acabou por identificar que o processo motivacional é singular. Ele ocorre de maneira específica em cada sujeito. Um estímulo que mobiliza a subjetividade de um trabalhador poderá ser irrelevante para outro ou poderá até ser considerado uma ameaça. A motivação é, sobretudo, um processo intrínseco a cada sujeito.

Ninguém motiva ninguém. A ação gerencial poderá simplesmente, a partir da observação do comportamento individual, oferecer estímulos que possam mobilizar a subjetividade do trabalhador. A percepção positiva de elementos como tarefa, instituição, ambiente de trabalho, missão a ser realizada, entre outros, é que poderá mobilizar a vontade das pessoas na direção do bom desempenho. Dentro dessa perspectiva, o gestor não atua como motivador e sim como um mobilizador dos interesses de seus subordinados.

Mas, afinal, o que isso representa para o trabalho gerencial?

É vital que o gestor crie espaços no dia a dia do trabalho, em que seja possível alinhar os objetivos individuais dos membros da equipe aos objetivos organizacionais. Sua liderança será mais consistente à medida que suas orientações e seus direcionamentos fizerem sentido para todos os envolvidos. Fazer sentido, neste contexto, pressupõe uma postura franca e honesta diante dos desafios assumidos pela organização, e uma clara compreensão dos papéis, responsabilidades e contribuições de cada indivíduo com os resultados coletivos.

Mais do que treinar e capacitar as pessoas da equipe, o gestor precisa desafiá-las a compreenderem o rumo da organização e a contribuírem de forma significativa na construção dos resultados propostos.

Estratégia, processos e pessoas

O modelo da Excelência em Gestão (MEGP), utilizado pelo Programa de Gestão para Resultados (PGR) para orientar os esforços de melhoria da gestão, identifica a necessidade de sistematizar, tanto a estratégia como os processos organizacionais, para que possam ser gerenciados. Porém, a sistematização e a efetiva implementação de tais práticas dependem do aperfeiçoamento do processo de liderança e, consequentemente, da Gestão de Pessoas (Brasil, 2009).

O trabalho de desenhar a estratégia, disseminá-la e monitorá-la é uma oportunidade para que as pessoas envolvidas na consecução dos resultados possam compreender para que a organização existe, aonde ela quer chegar e qual a parte que cabe a cada um neste resultado. O conjunto de diretrizes, constituído pela Missão, Visão de Futuro, Valores e Objetivos Estratégicos – acompanhados de metas, indicadores e planos de ação –, cria condições para que o trabalho faça sentido para cada membro da equipe.

Monitorar é essencial, pois é exatamente nesse momento que os gestores poderão, além de conferir desempenhos, identificar oportunidades de melhoria. Estas podem dizer respeito a erros de concepção da própria estratégia, a problemas na organização do trabalho e também ao comportamento das pessoas envolvidas. É o momento de perceber a mobilização da equipe para o trabalho. A maneira como cada um lida com o êxito e com o insucesso, a disponibilidade ou a falta desta para examinar o processo de trabalho buscando as causas dos maus resultados, revelando a subjetividade das pessoas, indicando insatisfações, desejos e expectativas. É um momento ímpar de avaliar e negociar o desempenho.

Já na gestão de processos, o que está em jogo é a organização do trabalho. Os processos precisam, necessariamente, viabilizar as escolhas estratégicas. Se houver um desalinhamento entre as duas dimensões, estaremos desperdiçando recursos em processos não prioritários, comprometendo os resultados, e as pessoas envolvidas tenderão à insatisfação e desmobilização, pois não perceberão como as tarefas que realizam podem trazer resultados significativos para a organização.

O esforço de alinhamento entre estratégia e processos é essencial para obtenção de resultados, mas o fator RH novamente deverá ser considerado. Estabelecer padrões para os processos, sem debatê-los com os envolvidos, pode impactar a mobilização destes para a execução. As pessoas envolvidas precisam conhecer, contribuir e perceber o padrão de maneira positiva. O padrão deve ser percebido como a melhor maneira, dentro das condições atuais, para obter os resultados. Se a maneira pela qual o processo está organizado não fizer sentido para as pessoas e se estas não perceberem sua relação com o resultado, dificilmente sentirão vontade de executá-lo da maneira prevista, e aí o farão a sua maneira.

A gestão de processos precisa ser compreendida também como uma oportunidade de gerenciar um dos principais ativos de qualquer organização: o conhecimento. É que a análise crítica dos processos, pelas equipes que os executam, permite a transformação do conhecimento tácito das pessoas, oriundo da vivência e da experimentação ao longo de anos, em conhecimento explícito: acessível, passível de disseminação e utilização.

A explicitação do conhecimento tácito torna-se ainda mais relevante, quando tratamos das unidades de conservação que padecem das instabilidades estruturais dos governos e sofrem com os sintomas da alta rotatividade de funcionários.

Liderança e engajamento no trabalho

Bergamini (1994), em sua publicação *Liderança: a administração do sentido*, propõe que o Líder é aquele que consegue apoiar o liderado a perceber sentido naquilo que faz e ainda completa afirmando que "(...) *uma pessoa intrinsecamente motivada é líder de si mesma* (...)".

Refere-se a uma perspectiva de controle e motivação que vem de dentro e não proveniente de uma chefia.

No PGR, o esforço de implementação das práticas de Gestão Estratégica e de Processos fortalece a perspectiva administrativa da UC, mas cria também oportunidade para o desenvolvimento da liderança, através da participação de toda a equipe no planejamento da estratégia e dos processos, nas atividades de disseminação do projeto de trabalho e principalmente nas práticas de monitoramento que criam condições para que o gerente identifique o desempenho de seus subordinados, conceba junto com sua equipe ações corretivas e negocie novos patamares de desempenho. É a gestão atuando para que o trabalho faça sentido, criando assim condições de engajamento e automotivação para todos os envolvidos.

Portanto, é preciso que os gestores estejam atentos a algumas condições para gerir pessoas para resultados:

- ♦ diretrizes estratégicas concebidas e disseminadas por toda a equipe;
- ♦ metas e indicadores compreendidos e negociados com todos os envolvidos em sua consecução;
- ♦ organização do trabalho que viabilize os resultados previstos na estratégia e negociados com a equipe;
- ♦ processos adequada e coletivamente planejados para entregar os resultados acordados;
- ♦ monitoramento sistemático da estratégia e dos processos;
- ♦ empenho e sensibilidade da liderança em identificar as diferenças (aspirações e insatisfações) entre subordinados, não para descartá-las ou manipulá-las, mas para conviver produtivamente com elas;
- ♦ apoio da liderança para que os liderados enfrentem a si mesmos na lida com o ambiente e os desafios do trabalho.

Uma leitura psicossociológica das organizações ambientais 17

Ana Maria Valle Rabello

Apresentação

Este texto traz algumas reflexões sobre a abordagem psicossociológica das organizações ambientais, pautada na psicossociologia francesa. Além das reflexões de cunho teórico, será feito um relato sintético de uma pesquisa aplicada em oito unidades de conservação da Região Norte do país, que teve por objetivo ajudar os servidores de tais organizações a refletirem e a compreenderem a atividade que eles desenvolvem, como também, as dimensões institucionais da organização a que pertencem. Assim, o texto foi estruturado em três partes: a primeira reporta-se ao referencial teórico, que utilizou os principais autores da psicossociologia francesa (Enriquez, Barus-Michel, Gaulejac, Araujo e Carreteiro); a segunda traz os resultados da pesquisa qualitativa aplicada junto aos trabalhadores das unidades de conservação; e a terceira e última faz as considerações finais.

A abordagem psicossociológica das organizações

Lançar um olhar psicossociológico sobre as organizações do trabalho exige, antes de tudo, que se admita o seu caráter conflitivo. Para isso, faz-se necessário abrir mão de uma visão funcionalista e instrumental das práticas e políticas de recursos humanos nessas organizações. Não se pode considerá-las como espaço de harmonia social por natureza, em que se possa operar apenas com conceitos racionais e universais para se obter seu completo entendimento, garantidor de uma gestão eficaz e inequívoca das mesmas (Rabello & Araujo, 2010).

O que a psicossociologia elege como seu material de trabalho são as crises que surgem no contexto organizacional e institucional e os efeitos que elas provocam nos sujeitos. Trata-se de tomar o indivíduo em uma dada situação, não separando o coletivo e o individual, o afetivo e o institucional, os processos inconscientes e os sociais, ou seja, levar em conta a irredutibilidade entre o psíquico e o social (Gaulejac, 2001).

Enriquez (1997) estuda as organizações a partir de suas dimensões cultural, simbólica e imaginária. Como sistema cultural, a organização cria um conjunto de valores e normas, ou seja, maneiras de pensar e agir que modelam comportamentos estereotipados, rituais, costumes ou maneiras próprias de se viver dentro dela. Tal sistema supõe, em alguns casos, a criação de mitos fundadores ou figuras heróicas, cuja função é a sustentação intelectual, afetiva e a identificação entre os membros da organização, com o fim de dar coerência aos discursos ali construídos. Caso a organização não consiga criar esses mitos, uma ideologia desempenhará as suas funções.

Para o autor, o sistema simbólico se estrutura a partir da elaboração de práticas e símbolos, por meio dos quais as organizações buscam ser reconhecidas e, ao mesmo tempo, levar seus membros a se reconhecer neles. Seu objetivo é induzir a criação de laços afetivos entre os atores, de modo que a atribuição de sentido a tais símbolos e práticas funcione a favor da organização. Essa cria também ritos análogos aos de iniciação e de passagem, a fim de legitimar a ação de seus membros e, no fim das contas, dar algum sentido às suas próprias vidas. Assim, através do sistema simbólico, a organização tenta persuadir seus membros a mover-se com orgulho em torno do trabalho e das práticas institucionais.

O sistema imaginário é o espaço da construção dos projetos, que dá consistência aos sistemas cultural e simbólico. Ele atua como força propulsora dos grupos e instituições. Enriquez (1997) comenta que, no âmbito das organizações, esse sistema busca fazer com que as necessidades dos indivíduos se articulem às necessidades funcionais. Assim, as organizações tentam apresentar-se aos indivíduos como um espaço de plenitude, em que eles possam representar-se como sujeitos sem falta, sem fragmentação, sem clivagem psíquica. Nesse caso, trata-se de um *imaginário enganador*, forjado pelo discurso organizacional. Seu objetivo é, justamente, substituir o imaginário individual, a fim de anular as diferenças entre os sujeitos e ocupar todo o seu espaço psíquico, com suas promessas de realização pessoal e coletiva.

Esse autor considera, no entanto, que nas organizações há lugar também para o *imaginário motor*. Esse supõe a imaginação criativa, introduz a diferença entre os sujeitos, suscita práticas sociais inovadoras e favorece novas dinâmicas no trabalho e nas relações sociais, dando lugar à capacidade individual e coletiva de questionar, pois aumenta o potencial reflexivo dos sujeitos. Isso, no entanto, pode gerar resistências, da parte da organização, ameaçada em sua estabilidade, já que as regras de funcionamento tornam-se objeto de interrogação e de transgressão.

Enriquez (1997) propõe sete instâncias para o estudo das organizações: mítica, social-histórica, institucional, organizacional, grupal, individual e pulsional, esta última perpassando todas as outras. Não vamos nos deter na análise dessas instâncias, mas observamos que a instância institucional fornece elementos essenciais que desvelam os fenômenos de poder. Esse está subjacente nas leis escritas, nos regimentos, nas normas explícitas ou implícitas de conduta, que têm força de lei e se apresentam como verdades. Atreladas aos mitos, crenças e tradições, elas buscam a adesão intelectual e afetiva dos sujeitos, forjando consensos, mascarando conflitos. Estes, no entanto, irão emergir, mais cedo ou mais tarde, gerando crises no funcionamento da organização, que tentará inibir a contestação e a palavra. Mas nem sempre consegue fazê-lo, pois os indivíduos ou grupos, ainda que parcialmente, podem romper com tal projeto gerencial alienante e perverso.

Ao estudar o poder nas organizações, Enriquez o problematiza:

> "(...) o poder é uma relação de caráter sagrado de tipo assimétrico, que se estabelece, de um lado, entre um homem ou um grupo de sujeitos que formam um conjunto ou um aparelho específico que define os fins e as orientações da sociedade, dispondo do uso legítimo da violência, e, de outro lado, um grupo mais ou menos amplo de indivíduos que dão seu consentimento às normas editadas. Este consentimento pode ser obtido pela interiorização dos valores societais, pela adesão ativa às orientações propostas, pela fascinação ou sedução exercida pelos dominadores ou pelo medo das sanções" (Enriquez, 2001, p. 54).

O autor comenta ainda que, se todo grupo social se estrutura em torno de relações de poder, esse recebe significações múltiplas e até contraditórias, sendo um elemento central na análise dos fenômenos sociais e organizacionais (Enriquez 2001a; 2001b). O estudo sobre o poder nos leva necessariamente a tentar compreender o conflito que nasce das relações de poder. Araújo & Carreteiro (2005) propõem uma abordagem interdisciplinar para o estudo do conflito, que compreende aspectos psicológicos, políticos e socioeconômicos, entre outros. Apontam duas concepções distintas de relações entre sujeitos, grupos e instituições, apoiadas em visões de mundo que se opõem, em função do lugar que atribuem ao conflito: de um lado, a concepção funcionalista e autoritária, segundo a qual as organizações devem ser harmônicas e equilibradas e os conflitos signifiquem apenas a disfunção do sistema; de outro, a concepção de que os conflitos são intrínsecos e necessários a todo funcionamento social, sendo essenciais à dinâmica das sociedades, grupos ou organizações. No primeiro caso, o conflito aparece como uma anormalidade, uma perturbação do sistema. No segundo, ele é desejável, provoca o debate, é o grande motor de mudanças. Evidentemente, os conflitos não geram apenas um embate criativo, liberando as energias instituintes, impulsionando mudanças. Eles podem também desembocar numa guerra aberta entre indivíduos e grupos, dando lugar a violências e rupturas, sem espaço para o debate democrático ou para a negociação entre as partes.

A pesquisa e a análise dos dados

Esta pesquisa foi parte integrante do Programa de Gestão para Resultados (PGR), turma 2, desenvolvido pelo NEXUCs, e teve por objetivo ajudar os servidores das unidades de conservação que fizeram parte do programa a refletirem e compreenderem a atividade que eles desenvolvem, como também as dimensões institucionais da organização a que pertencem. A realização da pesquisa foi proposta a partir do desenvolvimento do primeiro módulo do programa, que consistiu em traçar o perfil gerencial de alguns servidores das UCs, destacando-se as potencialidades e os pontos a serem desenvolvidos. Na entrevista devolutiva foram feitos relatos que se referiam aos aspectos institucionais das unidades de conservação, principalmente no que dizia respeitos aos órgãos gestores (federal e estaduais). Foi proposta então a realização da pesquisa. Para a coleta de dados foi utilizado um questionário com perguntas fechadas e abertas. A análise dos dados teve como referência básica as dimensões institucionais, funcionais e relacionais, envolvendo as diversas categorias de servidores das UCs.

Uma vez que em ciências sociais pesquisam-se, na maioria das vezes, o pensamento dos sujeitos, suas representações e as representações coletivas, esta pesquisa foi efetuada de forma essencialmente qualitativa, ainda que haja tenham nela também dados quantitativos.

Segundo Barus-Michel (2004), uma grade de leitura das instituições e organizações supõe, entre outros aspectos, a compreensão de seu contexto sócio-histórico, os ambientes interno e externo nos quais elas operam, suas estruturas visíveis e invisíveis de funcionamento, os sistemas de poder, suas crises e conflitos. Ajuntemos também as práticas e valores que configuram a chamada cultura organizacional.

A autora formula três dimensões que caracterizam uma instituição: o instituído, o funcional e o relacional. Essas dimensões foram as categorias utilizadas em nossa análise das unidades de conservação.

O instituído

A primeira dimensão, o instituído, corresponde ao que é de domínio público, à exterioridade e à normatividade da instituição. Trata-se da enunciação, daquilo que se afirma sobre o que deve ser a instituição. São, *a priori*, as inscrições de suas origens, que buscam definir a finalidade e o dever institucional.

Reconhecimento positivo: a grandeza da causa ambiental e o desafio da sustentabilidade

Refere-se ao reconhecimento social da missão das UCs. Destaque para a imagem da excelência dos serviços das UCs, associada à "grandeza" de sua finalidade.

> "Usuário vê a reserva e a instituição como aliado para a resolução do problema ambiental e social, acreditando firme no projeto da UC" (analista ambiental, nomeado em 2005).

> "A UC é vista como uma oportunidade de buscar melhorias para as populações do entorno" (educador ambiental).

Outro aspecto que se refere ao reconhecimento positivo é o sentimento de serem "salvadores do planeta" trabalhando na UC. Muitos deles moram longe de suas cidades natais e se submeteram a concurso público para a Amazônia por acreditarem que estariam dessa forma contribuindo com a causa ambiental, que é transnacional. A própria Amazônia é uma região que abrange cinco países da América Latina e merece destaque nas agendas internacionais que se dedicam ao meio ambiente.

Reconhecimento negativo

Por outro lado, percebe-se também um "reconhecimento negativo" por parte da sociedade em geral e das comunidades em particular em relação à missão das UCs e a atuação dos servidores.

Muitas vezes a UC é vista como um órgão repressor, cerceador das atividades das comunidades, "avesso ao progresso e ao crescimento".

Os usuários, a exemplo dos pescadores, não veem a reserva como uma coisa boa. Há, às vezes, uma visão policialesca do trabalho nas UCs.

O funcional

A segunda dimensão que caracteriza uma instituição, para Barus-Michel (2004), refere-se ao aspecto funcional. Este corresponde à organização.

Refere-se ao cotidiano da organização, determinado pela estrutura burocrática e pela racionalidade da gestão. Se, por um lado, o funcional põe em prática o instituído, por outro, as práticas cotidianas o traem e o reduzem, privilegiando os objetivos concretos, pragmáticos.

Os aspectos positivos do funcionamento das unidades de conservação

Os fatores tidos como impulsionadores, relacionados à dimensão funcional, foram, de uma maneira geral, ligados à natureza do trabalho e também ao ambiente natural.

O reconhecimento, tanto interno (por parte da chefia e dos pares) quanto externo (vindo da sociedade e das comunidades do entorno), também aparece como fator positivo do dia a dia dos trabalhadores.

Aspectos limitadores do funcionamento

Pode-se dizer que os atores percebem a organização do trabalho como deficitária. Os pesquisados revelaram a falta de prescrições, aliada a normatizações não consensuais e aplicações não regulares, sobrecarga de trabalho e um nível insatisfatório de autonomia. Também, dificuldade de se comunicar com o órgão gestor.

Faltam critérios de promoção e/ou remoção dos servidores das unidades de conservação. Ainda que alguns reconheçam que a gestão dos órgãos está evoluindo, eles não se sentem devidamente ouvidos e acolhidos em suas necessidades.

O programa Arpa

O programa Áreas Protegidas da Amazônia (Arpa) aparece como suporte ou sustentação para a gestão das unidades. Há um forte reconhecimento, por parte dos entrevistados, da importância do aporte de recursos vindos do Programa. É notória a diferença das condições de funcionamento das unidades que são contempladas com o programa daquelas que não o são.

O relacional

A terceira dimensão é a relacional. Refere-se ao funcionamento espontâneo, às relações informais, que escapam ao instituído e ao funcional, sem opor-se a eles, mesmo incluindo certas doses de transgressões criativas. Isso permite aos trabalhadores um nível de autonomia e satisfação, por imaginarem e reinventarem novos sistemas de comunicação, novos modos de partilhar a execução das tarefas e o exercício das funções, caracterizando um jeito de agir em que eles investem e assumem.

Nessa dimensão aparece a união da equipe, o apoio mútuo entre os participantes. Aparece também uma desunião e conflitos de autoridade e poder e falta de reconhecimento por parte de algumas chefias.

O fato de morarem em lugares isolados faz que com os membros de algumas equipes estabeleçam com seus colegas afetividades familiares, o que pode minimizar o sentimento de isolamento.

Algumas unidades são muito isoladas, o que aproxima os trabalhadores das UCs, muitas vezes cidadãos brasileiros vindos de outras regiões do país. A palavra família apareceu em todos os relatos e em vários questionários respondidos.

Podemos localizar esta "família" como uma formação Intermediária, tal como proposta por Käez, segundo Sá (2001), que facilita o vínculo grupal. No caso desses servidores, é visível a necessidade desse vínculo grupal que consiga tirá-los do isolamento, do desamparo, da solidão.

Considerações finais

Pensando o meio ambiente como uma instituição, esta aparece com uma força especial, dada a importância que o mesmo vem assumindo no planeta.

A relevância da instituição meio ambiente na agenda nacional e internacional, e seu grande desafio frente às múltiplas dimensões da sustentabilidade, geram a necessidade institucional de se trabalhar de forma transversal ao lado de outros órgãos dos setores público e privado.

Não se pode falar em desenvolvimento, saúde e educação sem se levar em conta a questão ambiental. Essa realidade imprime um senso de responsabilidade muito grande nos atores que atuam nas UCs e uma necessidade de estabelecimento de um diálogo forte e efetivo com a sociedade em geral.

Um dos princípios da GesPública (Brasil, 2010) é a valorização das pessoas, definida da seguinte forma: as pessoas fazem a diferença quando o assunto é o sucesso de uma organização. A valorização das pessoas pressupõe dar autonomia para atingir metas, criar oportunidades de aprendizado e de desenvolvimento das potencialidades e reconhecer o bom desempenho. Esse princípio foi um dos norteadores do PGR, proposto e desenvolvido pelo NEXUCs, que apostou no empoderamento e na valorização dos servidores das unidades de conservação, atores responsáveis pela geração dos resultados e do alcance dos objetivos organizacionais.

É preciso, portanto, a criação, tanto nos órgãos gestores quanto dentro das suas unidades de conservação, de espaços para reflexões sobre os conflitos existentes para que possam ser apontados novos caminhos que contribuam tanto para a autonomia e criatividade de seus atores quanto para uma dimensão funcional mais consistente que dê suporte ao seu *devir* (vira a ser) institucional. E também ajude na produção de um sentido para os seus atores, gerando, nos mesmos, o desejo de crescer junto com a instituição, proporcionando, assim, os chamados fatores de atração e retenção de talentos na organização.

A experiência da implantação da gestão para resultados na Reserva Biológica do Rio Trombetas e na Floresta Nacional Saracá-Taquera

18

Carlos Augusto de Alencar Pinheiro

Introdução

Unidades de conservação (UCs) abrigam uma parte significativa da biodiversidade e da sociodiversidade do planeta. A gestão adequada de UCs assume, assim, um papel fundamental para possibilitar que os objetivos de criação dessas áreas sejam atingidos, garantindo a proteção do patrimônio (natural e cultural) para as futuras gerações.

Estudos recentes demonstram que a maioria das UCs no Brasil apresenta uma gestão deficiente (Araújo, 2004; 2007; WWF-Brasil, 2009a; 2009b; 2009c). Na atual conjuntura de crise econômica mundial e da necessidade de ajuste fiscal por parte dos diversos governos, os recursos destinados à criação e manutenção de áreas protegidas deverão ser cada vez mais escassos (Rezende & Tafner, 2005). Por outro lado, o impacto dos investimentos em conservação começa a ser questionado por doadores e políticos. Nesse contexto, uma boa gestão das áreas protegidas é estratégica para o futuro da conservação no Brasil.

A Reserva Biológica (Rebio) do Rio Trombetas e a Floresta Nacional (Flona) Saracá-Taquera estão localizadas na região oeste do Pará e, juntas, possuem

837.000 hectares, abrangendo parte dos municípios de Oriximiná, Terra Santa e Faro. Sua importância é revelada na diversidade de paisagens, de espécies e nos modos de vida das comunidades da região. São unidades contíguas que, desde 2002, são administradas em conjunto, como forma de otimizar os recursos disponíveis (humanos, físicos e financeiros) no desenvolvimento e no atendimento das demandas.

A Rebio do Rio Trombetas é uma das unidades de conservação beneficiadas pelo Programa Áreas Protegidas da Amazônia (Arpa), que, desde 2003, através da disponibilização de recursos financeiros e programas de capacitação, vem contribuindo para o desenvolvimento de atividades importantes para a consolidação da unidade. Em 2006, a Rebio do Rio Trombetas, juntamente com mais seis unidades de conservação da Amazônia, foi selecionada para participar do Programa de Educação Continuada, propiciado pelo Arpa e pela Cooperação Alemã para o Desenvolvimento (GIZ), cujo objetivo está centrado na adoção do Programa de Gestão para Resultados (PGR). Como relatado, o PGR utiliza como referência o Modelo de Excelência em Gestão Pública (MEGP), proposto pelo Programa Nacional de Gestão Pública e Desburocratização – GesPública (Brasil, 2009).

A implementação da metodologia e das ferramentas do PGR na Rebio do Rio Trombetas teve início em 2007, consolidando-se em 2008, ano em que também foram aplicadas para a Flona Saracá-Taquera. Este estudo de caso objetiva demonstrar a experiência e os resultados já alcançados durante o processo de adoção das ferramentas de gestão para resultados nessas UCs.

Metodologia de trabalho

Em um primeiro momento, as ferramentas de gestão do PGR foram adotadas para a Rebio do Rio Trombetas, posteriormente foram expandidas e incorporadas também pela Flona Saracá-Taquera. O processo foi acompanhado pela consultoria do Programa, que forneceu assistência técnica no local, através de reuniões com a equipe da unidade, e também apoio a distância. O processo de construção do novo modelo de gestão também envolveu a troca de experiências entre as equipes das unidades participantes desse programa. Nesse sentido, foram realizados quatro encontros: o primeiro sediado na Estação Ecológica Anavilhanas, AM, o segundo na própria Rebio do Rio Trombetas, o terceiro no Parque Estadual do Cantão, TO, e o quarto na Rebio Uatumã, AM.

Paralelamente às etapas de implementação do PGR, foi realizada pelos consultores a avaliação do perfil da equipe, através da apreciação do perfil individual das lideranças e pesquisa de clima organizacional com os analistas e agentes ambientais.

Gestão estratégica

Inicialmente, a equipe da unidade de conservação se mobilizou para a autoavaliação da gestão, estabelecendo um parâmetro inicial para o acompanhamento da implementação do programa. Em um processo coletivo e fundamentado nos objetivos de criação da UC, no seu Plano de Manejo, em suas especificidades e competências legais, a equipe definiu a missão, a visão de futuro, objetivos estratégicos e os valores que iriam nortear o trabalho na unidade.

A construção dos objetivos estratégicos e indicadores da Rebio exigiu um longo debate entre as coordenações dos principais processos da unidade, que são: Gestão, Pesquisa, Proteção, Educação Ambiental e Desenvolvimento Comunitário. A partir dessa discussão foi construído o mapa estratégico (Figura 18.1) de acordo com a metodologia preconizada por Kaplan & Norton (2008).

Os indicadores foram escolhidos seguindo os critérios: formulação simples, fácil entendimento por parte dos envolvidos no processo, representativos, baseados em dados fáceis de serem obtidos, se referirem às principais etapas dos processos e ter estabilidade ou duração ao longo do tempo. A definição das metas foi feita de acordo com a capacidade de execução de cada coordenação, considerando recursos financeiros e humanos disponíveis. Os indicadores são atualizados trimestralmente – com base nos resultados alcançados – e apresentados e discutidos em reuniões da equipe.

Para dar maior visibilidade ao processo, foi elaborado o Painel de Gestão à Vista (Figura 18.2). Nesse painel, os indicadores e metas foram representados em gráficos, facilitando o acompanhamento e a avaliação das atividades prioritárias para que a UC cumpra os objetivos de sua criação. O painel também deu visibilidade à missão da UC, além de contemplar o mapa estratégico com suas respectivas perspectivas: financeira, de aprendizado e inovação, dos processos internos, do usuário e do ambiente.

A definição de valores, missão e visão de futuro têm contribuído para que se tenha clareza de como atuar sobre os pontos críticos da gestão, dando foco aos objetivos da criação das unidades, aos Planos de Manejo e ao estabelecimento de prioridades. Os indicadores, baseados nos objetivos estratégicos, levaram à revisão de algumas práticas que não nos permitiam atingir as metas estabelecidas. Entretanto, determinados indicadores precisam ser revistos a fim de se tornarem realmente efetivos, pois alguns ainda possuem caráter de índice de verificação e medição de esforços.

Visando integrar a Flona Saracá-Taquera nesse processo, no ano de 2008, as ferramentas também foram adotadas para essa unidade. O painel de gestão à vista foi reformulado e ampliado, contemplando os objetivos estratégicos, perspectivas, missão e visão de futuro e gráficos de acompanhamento de metas para as duas unidades, respeitando-se, contudo, suas especificidades e distintos objetivos de criação e manejo.

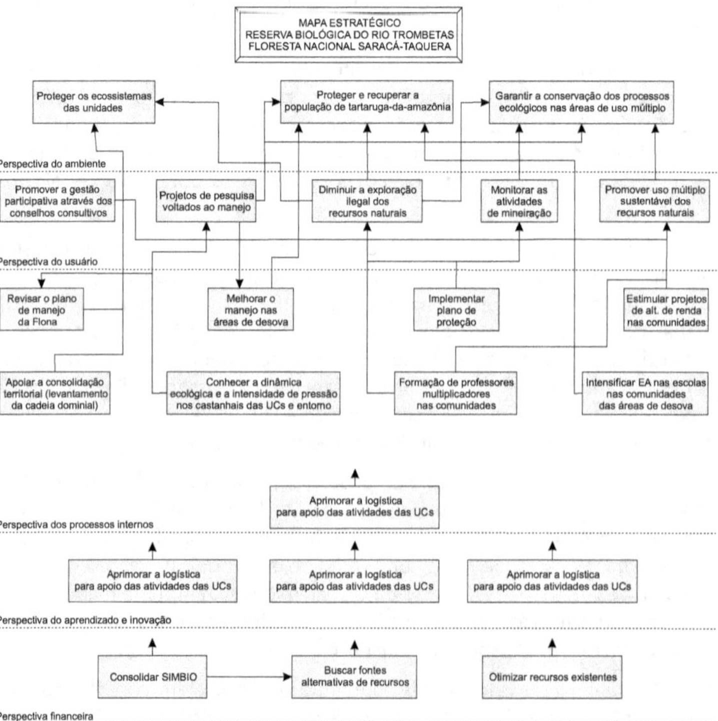

Figura 18.1 Mapa estratégico da Rebio do Rio Trombetas e da Flona Saracá-Taquera.

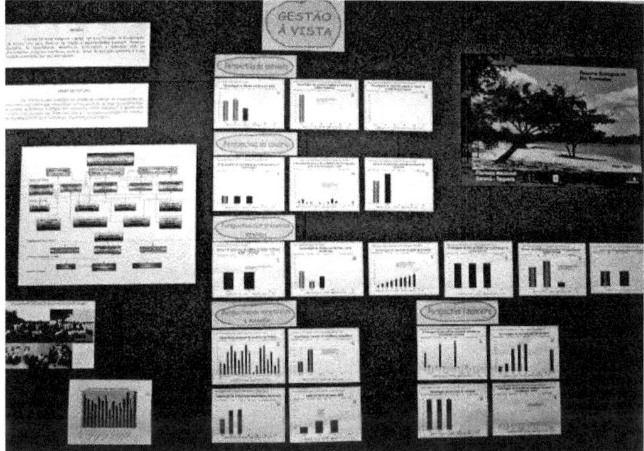

Figura 18.2   Painel de Gestão à Vista da Rebio Trombetas.

Gestão dos processos

O mapeamento dos processos foi feito a partir da construção de fluxogramas (Figura 18.3), visando padronizar as principais atividades da unidade, através de uma linguagem mais fácil e acessível. A elaboração dos fluxos exigiu, primeiramente, reuniões internas de cada coordenação e, posteriormente, de toda a equipe de analistas ambientais. Alguns fluxogramas foram construídos em conjunto com os funcionários terceirizados, pois, além de envolvê-los diretamente, a experiência do pessoal de campo, ou dos demais funcionários do escritório, foi imprescindível. Os fluxogramas também são uma forma de registrar o conhecimento adquirido com a experiência ao longo dos anos.

Gestão de pessoas

Em relação aos recursos humanos, foi realizada a avaliação do perfil individual dos gestores e a pesquisa de clima organizacional. Essas duas ferramentas foram importantes para avaliar o grau de satisfação da equipe e para a proposição de melhorias. Por fim, o envolvimento dos agentes ambientais nesse programa, proporcionado pela pesquisa de clima e pelo curso de capacitação, foi uma oportunidade para que a equipe das bases fosse envolvida de fato nos processos de gestão das unidades. A inclusão no processo pode aumentar, ainda, o grau de reconhecimento e satisfação desses funcionários.

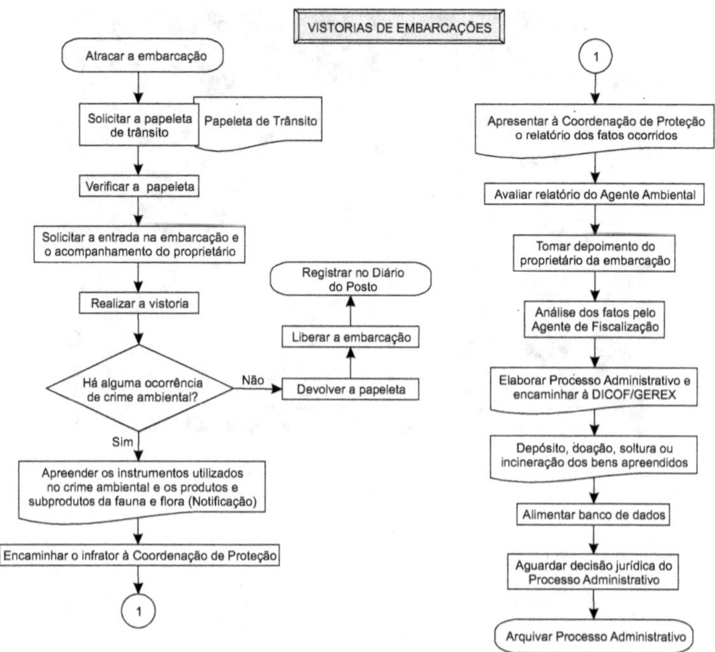

Figura 18.3 Exemplo de um fluxograma construído para a vistoria de embarcações.

Buscando disseminar as novas práticas e ações gerenciais, levando-as ao conhecimento da equipe como um todo, o "Curso de Agentes Ambientais" de 2008, evento realizado desde 2005, teve como tema central o PGR. Os funcionários terceirizados foram envolvidos no processo – antes mais restrito aos analistas ambientais do ICMBio – a partir do conhecimento de como ler, interpretar e construir algumas ferramentas, tais como os gráficos de acompanhamento de metas, os fluxogramas, os planos de ação e Painel de Gestão à Vista. No curso foram discutidas, sobretudo, as ferramentas que envolviam ações relacionadas diretamente ao trabalho dos agentes ambientais e incentivada a adoção de algumas dessas ferramentas para auxiliar na organização e planejamento das atividades de rotina das bases. O curso de agentes também foi um momento propício para discussão dos valores, missão e visão de futuro das unidades, de conceitos como eficiência e eficácia e para o retorno da pesquisa de clima organizacional realizada pelos consultores.

Figura 18.4 Atividade de construção de fluxogramas pelos agentes ambientais na Rebio do Rio Trombetas.

O maior ganho na disseminação desse conhecimento foi o fortalecimento do trabalho em equipe dos agentes ambientais, pois com a adoção das ferramentas de gestão, como os fluxogramas, puderam adaptá-las ao seu dia a dia de trabalho com base na missão e visão de futuro das unidades. Com isso pode-se mensurar os resultados alcançados por cada base avançada em campo e parabenizar as equipes que alcançaram suas metas e agir corretivamente nas metas não atingidas.

Resultados alcançados com a aplicação do PGR

A adoção das ferramentas de gestão para resultados contribuiu para o aumento da efetividade da gestão. Tomando-se por referência o instrumento de 250 pontos do GesPública, na autoavaliação da unidade de 2007 para 2008, houve um significativo aumento da pontuação, passando de 99 para 221,5 pontos (Figura 18.5). Nessa segunda autoavaliação foram identificadas oportunidades de melhoria, tais como gestão de suprimentos e comunicação interna, contempladas no "Plano de Melhoria de Gestão" elaborado para implementação em 2009 e nos anos subsequentes.

A pontuação alcançada na última autoavaliação (221,5 pontos no instrumento de 250 pontos) (Figura 18.5) classificou as UCs nos primeiros estágios de desenvolvimento e implementação do Modelo de Excelência em Gestão Pública, aparecendo já os primeiros resultados decorrentes das práticas de gestão implementadas, com tendências favoráveis. Dessa forma, as unidades aderiram formalmente ao GesPública, e a meta para 2009 era implantar o instrumento de 500 pontos, já na nova versão do instrumento de autoavaliação, que avalia organizações que são proativas em suas práticas, em um estágio mais desenvolvido de gestão.

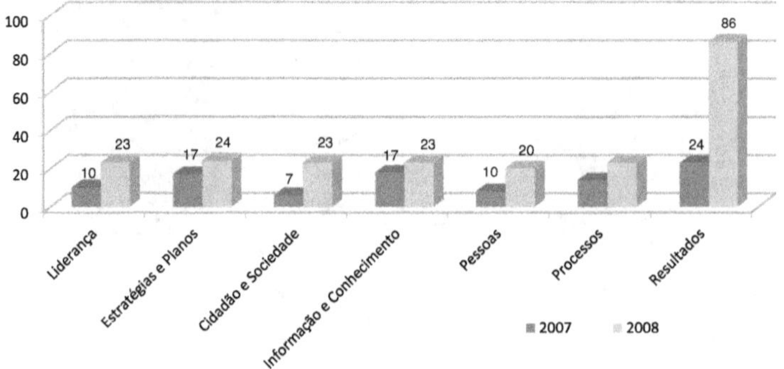

Figura 18.5 Evolução da pontuação das unidades no Instrumento de Avaliação da Gestão Pública entre 2007 e 2008.

Podem-se pontuar, na prática, as melhorias advindas da ferramenta de gestão pela qualidade, tanto para atividades de apoio como para as finalísticas. A seguir são demonstrados alguns exemplos que constam do relatório de atividades das unidades referentes a 2010.

Resultados para os processos de apoio: manutenção de embarcações, veículos e equipamentos

Assegurar a disponibilidade dos equipamentos produtivos por meio da manutenção preventiva continua sendo uma das nossas metas prioritárias, não permitindo que, por falta de cuidados, aconteçam danos aos bens, deixando-os em condições de uso seguro na ocasião de suas operações. Os equipamentos mais manuseados e que frequentemente necessitam de manutenção nessas unidades são: os grupos geradores dos postos de fiscalização, o sistema de informática do escritório e os motores de popa das voadeiras. Trata-se de bens essenciais que garantem a execução das atividades das equipes.

Deve-se mencionar também o sistema de radiofonia, que faz a integração entre o escritório e os postos de fiscalização.

Nossos equipamentos em uso atualmente estão ultrapassados, e o custo de suas manutenções aumenta a cada ano, apesar do cronograma montado de manutenção preventiva. A ausência de prestadores de serviços profissionais e a escassez da mão de obra local tornam o custo para mantê-los ainda maior. Em 2010 deu-se a substituição de todo o sistema de radiocomunicação, melhorando as nossas atividades em campo e promovendo uma assistência aos agentes. O acréscimo das manutenções é proporcional ao aumento de sua utilização durante os trimestres que coincidem com o período seco, que na Amazônia é quando as atividades ilícitas tendem a aumentar.

Para que se possa entender o esforço da gestão da unidade em manter os equipamentos e veículos em disponibilidade de uso, nas Figuras 18.6, 18.7 e 18,8 há uma sequência gráfica que mapeia, por ano, a sua disponibilidade média.

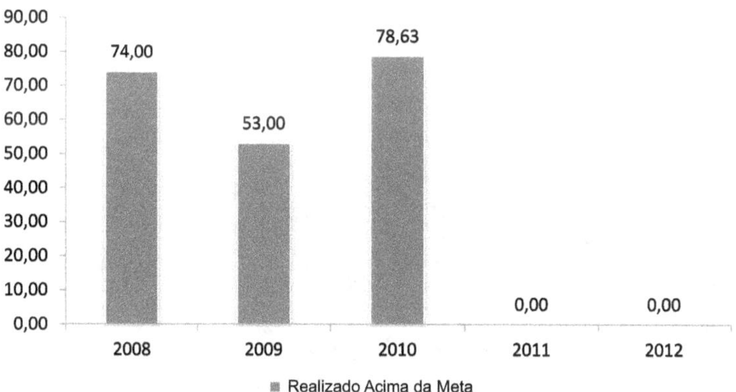

Figura 18.6 Percentagem de disponibilidade das embarcações das unidades.

O gráfico reafirma a necessidade de se encontrar um nível adequado de disponibilidade do conjunto das seis embarcações (voadeiras, lancha e barco recreio), e um custo razoável da manutenção.

Dentre os veículos terrestres, aquele que mais ficou fora de uso foi a Toyota Bandeirantes, ano 2000. Isso se deveu ao fato de a oficina em Porto Trombetas apresentar dificuldades para finalizar a sua manutenção. Em 2010, não se alcançou a meta planejada, que era de 80% de disponibilidade. Para tentarmos sanar esse problema foram realizadas, por várias vezes, reuniões com o técnico da referida oficina, sem sucesso. Esse é um problema recorrente na região.

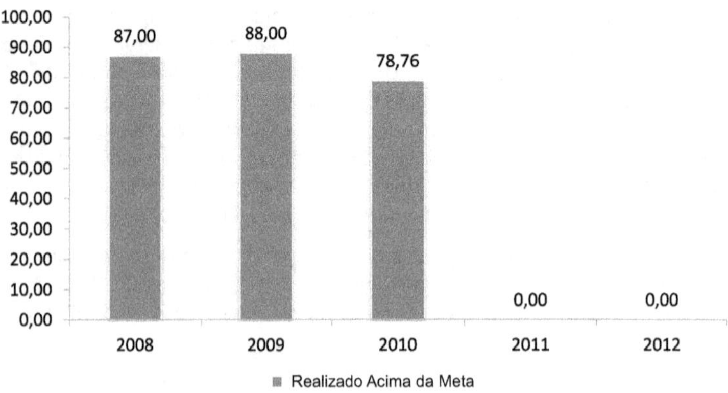

Figura 18.7   Percentagem de disponibilidade de veículos.

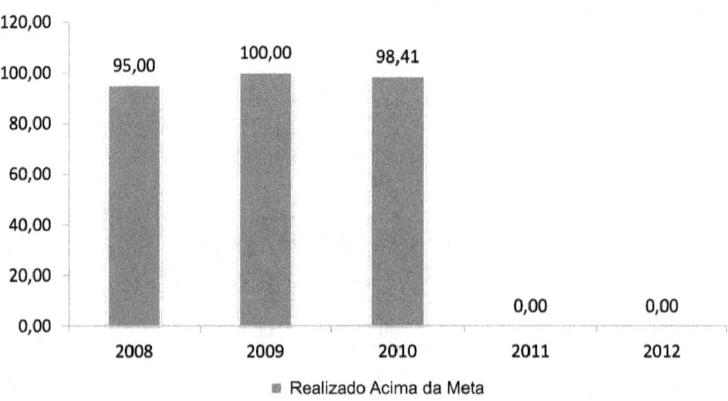

Figura 18.8   Percentagem de disponibilidade dos grupos geradores.

Como supracitado, os grupos geradores são essenciais para a manutenção das atividades das bases operativas, por isso é necessário tê-los com altas percentagens de disponibilidade. É fundamental ainda estabelecer o momento adequado de substituição dos mesmos, em função do aumento dos seus custos de manutenção para as UCs.

Resultados para os processos finalísticos: recuperação da população de tartarugas-da-amazônia

O esforço para a recuperação da população de tartaruga é um dos objetivos prioritários da unidade, e sua avaliação define a eficiência do processo de manejo e proteção. O gráfico da Figura 18.9 é uma estimativa do percentual de filhotes que nascem em relação ao total esperado. Do total de ninhos, a perda é atribuída aos ninhos furtados, afogados e aos ovos que não eclodem. Portanto, mede a eficiência da proteção, que evita o roubo de ninhos; do manejo, que impede que os ninhos sejam afogados; e do zelo com que é feita a transferência, que reduz o número de ovos perdidos durante o processo de transferência.

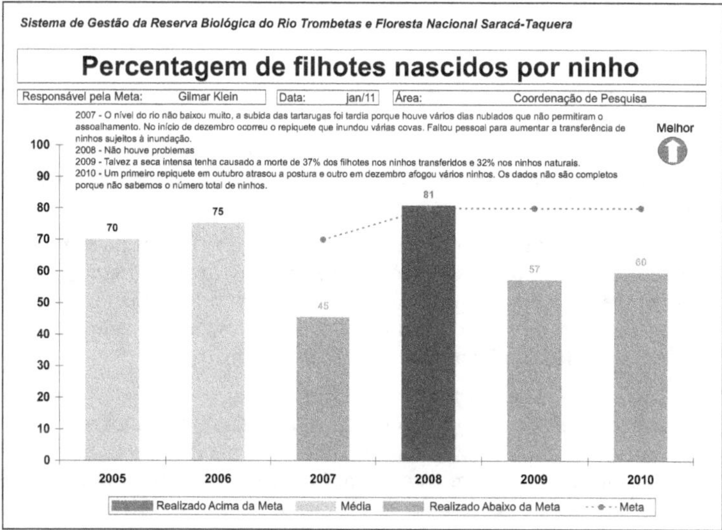

Figura 18.9 Percentagem de filhotes nascidos por ninho.

Desde o início do monitoramento para o Programa Gestão para Resultados (PGR), os dados oscilam. Em 2007, o nível do rio não baixou muito; a subida das tartarugas foi tardia porque ocorreram vários dias nublados que não permitiram o assoalhamento (termo utilizado quando as tartarugas da amazônia sobem as praias de desova para exporem-se aos raios solares, permitindo troca de calor no seu período reprodutivo). No início de dezembro ocorreu a subida das águas, que inundou várias covas que não foram transferidas por questões gerenciais. Em 2008, não houve problemas com o nível da água, com o que se conseguiu uma grande proporção de filhotes nascidos. Em 2009, 37% dos filhotes nos ninhos transferidos e 32% nos ninhos naturais morreram sem emergir, o que talvez seja motivado pela seca intensa que se registrou no período; em 2009 também não houve problemas de alagamento de ninhos.

Em 2010, foram registrados três repiquetes: um no período de postura, em outubro, o que talvez tenha motivado o atraso, e dois em dezembro, que resultou no afogamento de alguns ninhos identificados e outros cujo número é desconhecido, pois sequer foram encontrados para se tentar a transferência.

Todos os anos, algumas tartarugas nidificam nos tabuleiros do Leonardo, Uerana, Jauari e Abuí. Esses ninhos são transferidos imediatamente. Os ninhos encontrados nos locais muito baixos também são transferidos de pronto. Entretanto, há os ninhos que ficam sujeitos ao alagamento, cuja transferência pode ou não ser necessária. Esses foram deixados, em 2010, para transferir o mais tarde possível. Assim, transferindo no primeiro dia ou o mais tarde possível, conseguiu-se aumentar a eficiência da transferência, como mostra o gráfico da Figura 18.10.

Foram feitas duas atividades de soltura de quelônios, uma na comunidade do Erepecu e outra no Tabuleiro. Elas foram consecutivas, visando facilitar a participação de conselheiros das unidades e de outros convidados oriundos de locais distantes de onde ocorreram os dois eventos. No Tabuleiro a soltura ocorreu no dia 16 e no Erepecu, no dia 17 de dezembro.

Como o nascimento dos filhotes de tartarugas foi tardio, a soltura foi realizada com cerca de 800 filhotes, poucos em relação aos anos anteriores. Todavia, a praia ainda estava com os ninhos e os pesquisadores do projeto quelônios ainda estavam presentes. Também as escolas ainda estavam em atividade, de modo que o período foi adequado a várias atividades na praia, além da tradicional corrida de filhotes.

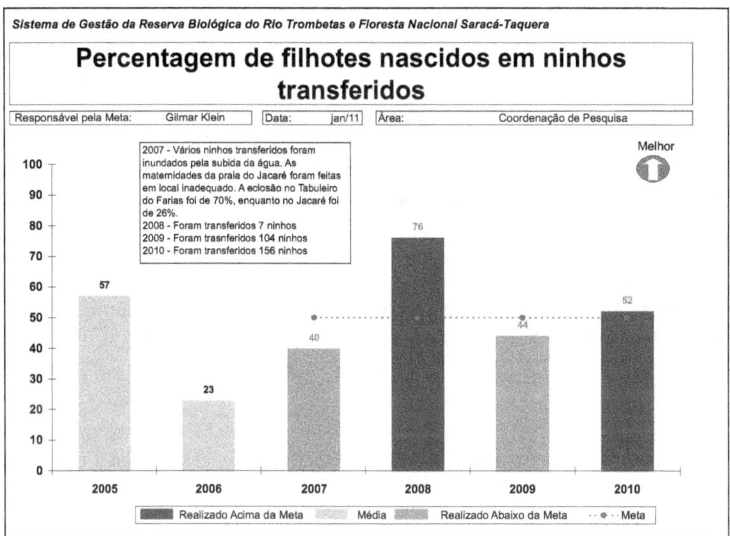

Figura 18.10 Percentagem de filhotes nascidos em ninhos transferidos.

Discussão

O processo de construção das ferramentas de gestão para resultados tem proporcionado momentos importantes de reflexão e discussão sobre as UCs, colaborando para a integração da equipe e permitindo que o conhecimento seja compartilhado. Esse processo estabeleceu uma rotina de reuniões para planejamento, avaliação e direcionamento de atividades, que se consolidou como valor permanente na organização.

A definição de valores, missão e visão de futuro têm contribuído para que se tenha clareza de como atuar, direcionando aos pontos críticos da gestão, dando foco aos objetivos da criação das unidades, aos Planos de Manejo e ao estabelecimento de prioridades.

Os indicadores, baseados nos objetivos estratégicos, levaram à revisão de algumas práticas que não nos permitiam atingir as metas estabelecidas. Entretanto, determinados indicadores precisam também ser revistos a fim de tornarem-se realmente efetivos.

Por sua vez, o mapeamento dos processos permitiu a padronização das atividades, uma vez que os fluxogramas possibilitam que não haja descontinuidade nos programas e projetos, mesmo com mudanças na equipe ou do gestor.

Em relação aos recursos humanos, a avaliação do perfil de gestão e a pesquisa de clima organizacional também foram importantes ferramentas adotadas para avaliar o grau de satisfação da equipe e propor melhorias em sua gestão. Por fim, o envolvimento dos agentes ambientais nesse programa, proporcionado pela pesquisa de clima e pelo curso de capacitação, foi uma oportunidade para que a equipe das bases fosse envolvida de fato nos processos de gestão das duas unidades. A inclusão no processo pode aumentar, ainda, o grau de reconhecimento e satisfação desses funcionários.

Depois do planejamento e vinculação a um plano operacional abrangente, a unidade começou a executar seus planos estratégicos e operacionais, a monitorar os resultados do desempenho e a agir para melhorar as operações e a estratégia, com base nas novas informações e no aprendizado contínuo (Kaplan & Norton, 2008).

Os órgãos gestores das unidades (Ibama, a partir de 2003, e ICMBio, a partir de 2007) passaram a adotar programas de remoção interna, que possibilitam a transferência dos analistas entre as unidades organizacionais da Instituição. A equipe que estava engajada no processo de melhoria da gestão foi sendo removida por causa da vontade dos analistas lotados nas duas unidades em sair da Amazônia e ir para outras unidades de conservação próximas a áreas urbanas. Essa rotatividade anual chegou a 66% da equipe em 2010, prejudicando a execução das atividades e fazendo com que houvesse escolhas dentro de atividades essenciais para serem executadas em detrimento de outras também prioritárias, além do tempo gasto para treinar a nova equipe. Todas essas dificuldades na gestão trouxeram desânimo e desgaste na equipe.

Embora o processo de melhoria da gestão tente assegurar que o capital intelectual da equipe não seja perdido, a alta rotatividade aliada ao baixo comprometimento com a gestão para resultados, por parte dos novos analistas que entraram, dificultaram a continuidade do processo de melhoria.

A falta de uma política clara de gestão de pessoas que ordene, de forma saudável, a rotatividade das pessoas e assegure que os analistas ambientais possam participar de um processo de remoção, depois de um período nas regiões mais distantes do país; que propicie uma gratificação pela interiorização; e, por fim, que valorize o servidor, identificando, através do seu perfil, suas potencialidades a fim de lotá-lo em posições com as quais ele possa contribuir efetivamente para a missão institucional, são essenciais para o sucesso, em longo prazo, de um programa como o PGR.

Para que o ICMBio possa de fato ser inovador e dar um passo importante na gestão pela qualidade deverá fazer, antes de mais nada, a avaliação do perfil individual de seus gestores e uma pesquisa de clima organizacional, pois são importantes ferramentas para avaliar o grau de satisfação da equipe e propor melhorias para adoção de uma política de gestão de qualidade de pessoas.

Conclusões

A aplicação das ferramentas de gestão pela qualidade, propostas pelo Programa de Gestão para Resultados, já tem proporcionado alguns benefícios relevantes à gestão da Rebio do Rio Trombetas e da Flona Saracá-Taquera, auxiliando na efetivação de uma cultura organizacional que prioriza as reuniões de discussão e reflexão entre toda a equipe, a organização do trabalho, estabelecimento de prioridades, planejamento, registro e padronização de processos, avaliação e redirecionamento.

A equipe ainda está em fase de aprendizado, e muitas das mudanças e benefícios proporcionados pela adoção do programa serão sentidos posteriormente. O processo de implementação do PGR exige dedicação e tempo, sobretudo no início. O número reduzido de funcionários, sobrecarga de atividades e muitas demandas internas e externas têm sido os principais problemas encontrados pelo grupo. Nesse sentido, internalizar o PGR na rotina das unidades ainda é um desafio. O problema decorrente do alto índice de rotatividade de pessoal, que também é um dos agravantes para a consolidação de uma gestão pela qualidade, é minimizado pela implementação de ferramentas que proporcionam o registro, padronização e disseminação das atividades.

Atualmente, a equipe das UCs passa por um momento de avaliação das ferramentas, principalmente no que diz respeito aos indicadores e às metas inicialmente propostos. A escolha de indicadores efetivos (representativos da realidade e fáceis de medir) para as unidades ainda é, em algumas situações, um desafio que poderá ser solucionado gradativamente, através de avaliações, identificação de oportunidades de melhorias e aprendizado contínuo da equipe.

Pode-se analisar que o maior desafio na gestão das unidades diz respeito às pessoas que assumem a responsabilidade por sua gestão. Sem ter seu perfil analisado e sua alocação dentro do órgão gestor conforme suas potencialidades e necessidades da instituição, e sem a adoção de uma gratificação para trabalho em ambientes inóspitos, fica difícil a implementação da gestão para resultados. Esses temas são peças-chave para que realmente a instituição dê um "choque" de gestão em seus servidores, fazendo com que os mesmos se comprometam de forma homogênea em todo o território nacional.

Os resultados obtidos até o momento demonstram que a adoção das ferramentas de gestão pela qualidade em unidades de conservação são importantes para direcionamento e priorização das ações e otimização dos recursos disponíveis, imprescindíveis para o enfrentamento do atual cenário de restrições orçamentárias e questionamento sobre a efetividade das ações de conservação da biodiversidade.

A experiência da implantação da gestão para resultados na Reserva Biológica do Lago Piratuba

19

Patricia Ribeiro Salgado Pinha

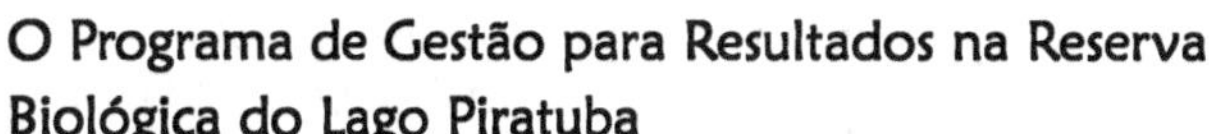

O Programa de Gestão para Resultados na Reserva Biológica do Lago Piratuba

No âmbito do Programa Áreas Protegidas da Amazônia (Arpa),[1] foi desenvolvido o Programa de Gestão para Resultados (PGR), concebido pelo Consórcio Brasileiro para Excelência em Unidades de Conservação (NEXUCs) em parceria com a Cooperação Técnica Alemã (GTZ), atualmente Cooperação Alemã para Desenvolvimento (GIZ), conforme relatado no Capítulo 12. Foram selecionadas sete unidades de conservação apoiadas pelo Arpa e, entre elas, a Reserva Biológica (Rebio) do Lago Piratuba. Os critérios para seleção envolve-

---

1. O Arpa é um programa do governo federal brasileiro, implementado por meio de uma parceria técnico-financeira com governos estaduais, Fundo Brasileiro para a Biodiversidade (Funbio), Banco Nacional de Desenvolvimento Econômico e Social (BNDES), Fundo para o Meio Ambiente Global (GEF), WWF-Brasil, Banco de Desenvolvimento Alemão (KfW) e Cooperação Alemã para Desenvolvimento (GIZ), com o objetivo de apoiar a proteção de, pelo menos, 60 milhões de hectares de florestas na Amazônia por meio do suporte à consolidação de unidades de conservação já existentes e à criação, implementação e consolidação de novas unidades.

ram o tamanho da equipe, o estágio de implantação do plano de manejo e do conselho consultivo e a execução do Plano Operativo Anual do Arpa.

O Programa foi implantado de acordo com as seguintes etapas: diagnóstico, gestão estratégica, gerenciamento da rotina, acompanhamento da *performance* e ciclo de melhoria da gestão. A etapa de diagnóstico resultou na mobilização inicial da equipe para os esforços de melhoria, na avaliação do nível de amadurecimento do sistema gerencial, na identificação do conjunto de informações disponíveis sobre a operacionalização e realidade da unidade de conservação e na adaptação das ferramentas e metodologias à unidade.

O trabalho teve início com uma autoavaliação da unidade de conservação no Instrumento de Avaliação da Gestão Pública (IAGP) de 250 pontos do Gespública[2] – que consistiu na identificação das práticas de gestão já implementadas na unidade em relação a cada um dos critérios estabelecidos pelo modelo e estabeleceu o marco zero para o processo de melhoria da gestão. Após a autoavaliação, foram priorizadas melhorias nos critérios de estratégias e planos, gestão de processos e gestão de pessoas (que impacta todos os critérios do modelo de excelência).

A gestão estratégica compreendeu a formulação das diretrizes estratégicas; definição de objetivos estratégicos alinhados com a aposta estratégica da unidade; planejamento das ações estratégicas; elaboração do sistema de medição global de desempenho; e implementação do sistema de gestão à vista. Nessa etapa foi desenvolvida a competência para pensar e agir estrategicamente; o rumo e as prioridades da unidade foram compartilhados; a utilização dos recursos disponibilizados para a unidade foi alinhada; e o desempenho da unidade foi acompanhado através de indicadores estrategicamente posicionados.

O primeiro passo foi o estabelecimento das diretrizes estratégicas para a unidade de conservação, através da constituição da missão, da visão de futuro e dos valores da organização. A missão foi definida com base na razão de existência da unidade, nos resultados que deveriam ser buscados e para quem (interessados) e nas ações a serem realizadas para a sociedade voluntariamente, além das responsabilidades legais. A visão de futuro foi estabelecida a partir dos grandes resultados a serem alcançados no horizonte de cinco anos, sendo um desdobramento da missão. Os valores foram definidos por meio da escolha daqueles mais críticos para o alto desempenho da unidade, com base nas seguintes perguntas desenvolvidas por Collins (2004):

---

2. O Gespública desenvolveu três instrumentos de avaliação que apresentam grau crescente de complexidade, a saber: 250 pontos, 500 pontos e 1000 pontos. As organizações com resultados próximos ou superiores a 700 pontos são consideradas como de "classe mundial".

♦ Que valores fundamentais você introduz no trabalho – valores que você considera tão fundamentais que os conservaria independentemente de serem ou não recompensados?

♦ Quais os valores fundamentais que você defende no trabalho e que espera que seus filhos defendam em suas vidas profissionais?

♦ Se você acordasse amanhã com o dinheiro necessário para se aposentar, você continuaria a defender esses valores?

♦ Você é capaz de visualizar esses valores conservando sua importância daqui a cem anos?

Em seguida, foi estabelecido um sistema de medição do desempenho estratégico, através da identificação de objetivos estratégicos necessários à consecução da visão de futuro, bem como a definição de indicadores de desempenho e suas respectivas metas e a elaboração de planos de ação. Para tanto, utilizou-se a metodologia do *Balanced Scorecard* – BSC (Kaplan & Norton, 2004), que estabelece cinco perspectivas: ambiente, sociedade/usuários, processos internos, inovação/aprendizado e recursos. Entre essas perspectivas existe uma relação de causa e efeito e uma lógica que sintetiza a aposta estratégica da organização.

A fim de desdobrar a estratégia da unidade nas cinco perspectivas, os seguintes questionamentos foram conduzidos:

Para alcançar nossa visão de futuro e realizar nossa missão...

1. Como devemos cuidar do ambiente?

2. Como devemos cuidar dos nossos usuários?

3. Para cuidar do ambiente e satisfazer nossos usuários, em quais processos devemos ser excelentes? Quais devem ser priorizados ?

4. O que devemos aprender e melhorar? Quais competências e tecnologias são essenciais?

5. Como acessaremos os recursos necessários?

A definição dos objetivos estratégicos também se apoiou em uma análise do ambiente da unidade de conservação focada nos impactos significativos para a realização da missão e visão de futuro no curto, médio e longo prazos, bem como na metodologia para Avaliação de Pressões e Ameaças proposta por Margolis & Salafsky (1991) e na Avaliação Rápida e Priorização do Manejo de Unidades de Conservação – Rappam. As pressões e ameaças que se destacaram nos aspectos "área da unidade afetada", "impacto", "urgência de atuação" e "tendência" foram objeto de ações no planejamento estratégico da unidade.

Com o objetivo de subsidiar a etapa de monitoramento dos resultados, foram elaborados gráficos padronizados de acompanhamento dos indicadores estabelecidos com suas respectivas metas (sistema de gestão à vista). Além disso, o gerenciamento da rotina foi realizado por meio da abordagem por processos a fim de estruturar a gestão e a melhoria das atividades críticas da unidade de conservação. Foram identificados os processos finalísticos e de apoio da unidade, e mapeados os processos críticos para fins de padronização e controle.

O acompanhamento da *performance* foi realizado por meio da análise criteriosa do perfil individual dos integrantes da equipe da unidade, com identificação dos pontos fortes e aspectos de desenvolvimento inerentes ao papel fundamental de multiplicador e implementador das práticas de gestão. A avaliação do perfil dos integrantes da equipe enfocou as habilidades estratégicas (visão sistêmica e visão externa e de futuro), de relacionamento (sociabilidade, controle emocional, comunicação, negociação, assertividade e trabalho em equipe), de liderança (estilo gerencial, planejamento, organização e tomada de decisão), para lidar com mudanças (flexibilidade) e capacidade empreendedora (energia para o trabalho e empreendedorismo).

Durante o programa, a *performance* individual foi acompanhada a fim de propiciar condições de mobilização e compromisso pessoal, bem como prontidão para o processo de desenvolvimento. A *performance* da equipe também foi monitorada por meio da avaliação de clima organizacional e de treinamentos gerenciais específicos para a equipe, incluindo todos os colaboradores, inclusive os terceirizados.

O ciclo de melhoria da gestão compreendeu a adoção do método PDCA (detalhado no Capítulo 10) e a inserção da unidade no Gespública por meio de uma validação externa dos resultados obtidos depois da implantação do Programa de Gestão para Resultados.

Resultados alcançados com a aplicação do PGR

1. Gestão estratégica

1.1 Diretrizes estratégicas

A missão da unidade seguiu a orientação do Sistema Nacional de Unidades de Conservação da Natureza (SNUC) e foi assim definida: *"Conservar e recuperar o equilíbrio natural, a diversidade biológica e os processos ecológicos naturais de uma amostra significativa da região dos lagos e dos manguezais do estado do Amapá, bem como os demais atributos existentes em seus limites, através da realização de programas de proteção e monitoramento, incentivo à realização de pesquisas, educação ambiental e visitação pública com objetivos educacionais, integrando a população da região nos esforços de conservação e atuando como indutora de desenvolvimento regional".*

A missão foi desdobrada na seguinte visão de futuro: *"Tornar-se referência no manejo e administração de unidades de conservação com relação à utilização de tecnologias apropriadas e na integração da população da região nos esforços de conservação, controlar a população de búfalos, eliminar a ocorrência de incêndios em seu interior e incentivar a realização de pesquisas adequadas para subsidiar a recuperação de seus ecossistemas alterados".*

Os principais valores da organização definidos pela equipe gestora foram os seguintes: honestidade, confiança, compromisso, organização, responsabilidade, abertura ao diálogo, comunicação, bom humor, cooperação e respeito.

1.2 Objetivos estratégicos

Os objetivos estratégicos geraram um mapa estratégico (Figura 19.1), cuja consecução viabilizará o alcance da visão de futuro da unidade de conservação. Além disso, como já dito, os objetivos foram desdobrados em planos de ação com indicadores de desempenho e metas para acompanhamento (Tabelas 19.1 a 19.5).

Figura 19.1 Mapa estratégico da Reserva Biológica do Lago Piratuba.

Tabela 19.1 Desdobramento dos objetivos estratégicos da Rebio do Lago Piratuba na perspectiva ambiente.

PERSPECTIVA: AMBIENTE	
OBJETIVO ESTRATÉGICO: Controlar a população de búfalos no interior da Rebio do Lago Piratuba	
INDICADOR	**META**
Número de búfalos no interior da unidade por ano	Indicador de acompanhamento (não foi fixada meta)
Nº de búfalos retirados por ano e por operação	Retirar 2.500 animais em 2011 (a definir nos demais anos)
Nº de operações de retirada por ano	Realizar 3 operações de retirada por ano
% da extensão total de cercas a serem construídas em km por ano	Cercar 50% da km total de cercas a serem construídas em 2011 e 100% em 2012
% de imóveis da região do Araguari cercados por ano	Meta a ser definida
OBJETIVO ESTRATÉGICO: Eliminar incêndios no interior da Rebio do Lago Piratuba	
INDICADOR	**META**
Nº de registros de incêndios no interior da unidade por ano	Nennhum registro de incêndio
Nº de focos de calor no interior e no entorno de 5 km da unidade por ano	Reduzir em 20% o número de focos de calor em relação ao ano anterior
Área queimada por ano	Nenhum registro de área queimada acima de 1 ha

Tabela 19.2 Desdobramento dos objetivos estratégicos da Rebio do Lago Piratuba na perspectiva sociedade/usuários.

PERSPECTIVA: SOCIEDADE/USUÁRIOS	
OBJETIVO ESTRATÉGICO: Assinar e monitorar a implantação de termos de compromisso com as populações residentes e usuárias dos recursos naturais da Rebio do Lago Piratuba	
INDICADOR	**META**
Nº de famílias com termos de compromisso assinados por ano	Assinar 100% dos termos de compromisso até fevereiro de 2011
% de participação dos pescadores nas reuniões de avaliação do termo de compromisso	50% de participação dos pecadores cadastrados por reunião
Produção total (em kg) de manta seca salgada de pirarucu por ano	Indicador de acompanhamento (não foi fixada meta)
% das roças georreferenciadas por ano	Georreferenciar 100% das roças realizdas por ano
% de captura de pirarucus/estoque adulto nos lagos do cinturão oriental por ano	Capturar até 30% do estoque de pirarucus adultos dos lagos do cinturão oriental
OBJETIVO ESTRATÉGICO: Consolidar a gestão participativa e a atuação do Conselho Consultivo da Rebio do Lago Piratuba	
INDICADOR	**META**
% das reuniões ordinárias previstas no regimento interno realizadas por ano	Realizar 100% das reuniões
% das propostas do conselho encaminhadas por reunião e por ano	Encaminhar e acompanhar 100% das propostas do conselho a cada reunião
% do nível de satisfação dos conselheiros por reunião e por ano	Atingir 80% de satisfação (excelente ou ótima) em cada reunião
% do quórum das reuniões do conselho por reunião e por ano	Atingir 70% de quórum em cada reunião
% do quórum por segmento por reunião e por ano	Atingir 70% de quórum em cada reunião

Tabela 19.3 Desdobramento dos objetivos estratégicos da Rebio do Lago Piratuba na perspectiva processos internos.

PERSPECTIVA: PROCESSOS INTERNOS	
OBJETIVO ESTRATÉGICO: Implementar Plano de Proteção	
INDICADOR	**META**
Quantidade de ações de fiscalização nos lagos orientais por trimestre	Realizar 1 ação de fiscalização nos lagos orientais por trimestre
Quantidade de ações de fiscalização nos lagos meridionais por trimestre	Realizar 1 ação de fiscalização nos lagos meridionais por trimestre
Nº de rondas realizadas nos lagos meridionais por mês	Realizar 4 rondas nos lagos meridionais por mês
% de denúncias atendidas por trimestre	Atender 30% das denúncias
Índice de pressão (nº de ocorrências/esforço de fiscalização x 100) por ação de fiscalização realizada	Indicador de acompanhamento (não foi fixada meta)
Nº de autos de infração aplicados/ação de fiscalização realizada	Indicador de acompanhamento (não foi fixada meta)
OBJETIVO ESTRATÉGICO: Consolidar a infraestrutura física	
INDICADOR	**META**
% das instalações físicas construídas ou adquiridas por ano	50% da adequação das instalações em 2011; 75% em 2012; e 100% em 2013
OBJETIVO ESTRATÉGICO: Promover a consolidação territorial	
INDICADOR	**META**
% dos processos de indenização instruídos por ano	Instruir 10% dos processos em 2011; 50% em 2012; e 100% em 2013
% dos pontos estratégicos da unidade sinalizados	Sinalizar 100% dos pontos estratégicos em 2011
OBJETIVO ESTRATÉGICO: Apoiar e incentivar pesquisas relevantes para a gestão	
INDICADOR	**META**
Nº de pesquisas realizadas por ano	Indicador de acompanhamento (não foi fixada meta)
% de pesquisas relevantes realizadas por ano	70% de pesquisas relevantes por ano
% de relatórios encaminhados das pesquisas realizadas por ano	100% de relatórios encaminhados por ano
OBJETIVO ESTRATÉGICO: Implementar Programa de Educação Ambiental	
INDICADOR	**META**
% de implementação do programa por ano	Implementar 10% do programa por ano a partir de 2012

Tabela 19.4 Desdobramento dos objetivos estratégicos da Rebio do Lago Piratuba na perspectiva aprendizado/inovação.

PERSPECTIVA: APRENDIZADO/INOVAÇÃO	
OBJETIVO ESTRATÉGICO: Desenvolver a competência técnica e gerencial da equipe	
INDICADOR	**META**
Nº de horas de capacitação da equipe por ano	80 horas de capacitação para terceirizados e técnicos e 160 horas para analistas ambientais
Pontuação no instrumento de 250 pontos do Gespública	Aumentar a pontuação em 20% em relação à validação anterior
Índice de rotatividade de servidores do ICMBio por ano	Manter em zero o índice de rotatividade
Índice de satisfação da equipe da unidade por ano	Atingir 4 pontos no índice de satisfação

Tabela 19.5 Desdobramento dos objetivos estratégicos da REBIO do Lago Piratuba na perspectiva financeira.

PERSPECTIVA: FINANCEIRA	
OBJETIVO ESTRATÉGICO: Executar e ampliar a receita anual	
INDICADOR	**META**
% de execução do planos operativos anuais do programa Arpa	100% de execução dos recursos disponíveis por POA
% de execução da conta vinculada por POA unidade por ano	100% de execução dos recursos disponíveis da conta vinculada por POA
Quantidade de recursos financeiros (R$) do orçamento da União aplicados na unidade por ano	Indicador de acompanhamento (não foi fixada meta)
Quantidade de recursos de doação (R$) aplicados na unidade por ano	Indicador de acompanhamento (não foi fixada meta)
OBJETIVO ESTRATÉGICO: Reduzir custos de operacionalização	
INDICADOR	**META**
Custo mensal (R$) de manutenção por equipamento (veículos e motores de popa)	Indicador de acompanhamento (não foi fixada meta)
Consumo mensal de gasolina em litros	Indicador de acompanhamento (não foi fixada meta)
Consumo mensal de diesel em litros	Indicador de acompanhamento (não foi fixada meta)
Nº de veículos e motores de popa em condições de uso por mês	Manter 80% dos veículos e motores de popa em condições de uso
Consumo médio de combustível por hora de uso	Manter o consumo médio de combustível de acordo com o modelo dos veículos e motores de popa

1.3 Sistema de medição global de desempenho e implementação do sistema de gestão à vista

Principais resultados relativos aos cidadãos-usuários

♦ Quórum das reuniões do Conselho Consultivo

Os conselheiros têm mantido frequência regular e o quórum tem sido favorável em todas as reuniões. A média de frequência nas quatro reuniões realizadas no ano de 2010 (65,83%) foi menor do que nos anos anteriores, contrariando a tendência de aumento desde a criação do Conselho (em 2007 foi de 67,50%, em 2008, 69,53% e em 2009, 72,50%, quando a meta de 70% para a média de frequência estabelecida pela equipe da unidade foi atingida) (Figura 19.2).

♦ Encaminhamento de propostas deliberadas em reunião do Conselho Consultivo

O acompanhamento do encaminhamento das propostas apresentadas nas reuniões é uma maneira de avaliar o grau de atuação do conselho. A cada nova reunião, registra-se a quantidade de propostas deliberadas na reunião anterior que tiveram algum tipo de encaminhamento. A meta é que 100% das propostas sejam encaminhadas até a realização da reunião seguinte.

No ano de 2007, a média de encaminhamentos foi de 90%. Em 2008, a quantidade de propostas deliberadas nas reuniões do Conselho aumentou consideravelmente (de 8, em 2007, para 24, em 2008), mas o encaminhamento até a reunião seguinte diminuiu para 82%. Em 2009, a quantidade de encaminhamentos continuou aumentando (31), mas a média de encaminhamentos novamente diminuiu (71,53%). Em 2010, a quantidade de propostas diminuiu (20), mas a média de encaminhamentos aumentou para 95,83%, uma vez que apenas um encaminhamento não foi realizado (Figura 19.3).

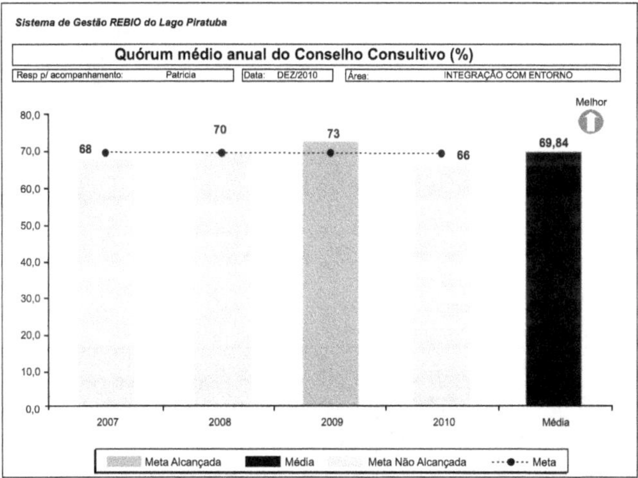

Figura 19.2 Quórum médio anual das reuniões do Conselho Consultivo da Reserva Biológica do Lago Piratuba.

♦ Satisfação dos conselheiros

Em 2010, aprimorou-se o sistema de avaliação da satisfação dos conselheiros com relação às reuniões. O nível de satisfação foi detalhado com relação à organização das reuniões, pauta discutida e participação dos conselheiros, mantendo o alcance da meta de 80% de satisfação em todas as reuniões e em todos os quesitos (Figura 19.4). O maior nível de satisfação foi registrado na organização das reuniões (94,78%), seguido da participação dos conselheiros (91,29%) e da pauta discutida (86,24%).

Apesar de em todas as reuniões o nível de satisfação médio ter sido superior à meta de 80%, em 2010, o nível de satisfação diminuiu para 91% (em

2008, atingiu 94% e, em 2009, 98%) – Figura 19.4, – o que reforça a utilização das sugestões, solicitações e reclamações para a promoção de ações de melhoria.

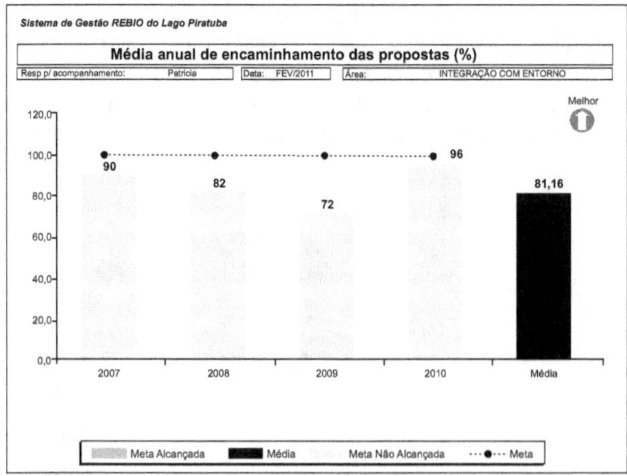

Figura 19.3 Média anual de encaminhamento de propostas do Conselho Consultivo da Reserva Biológica do Lago Piratuba.

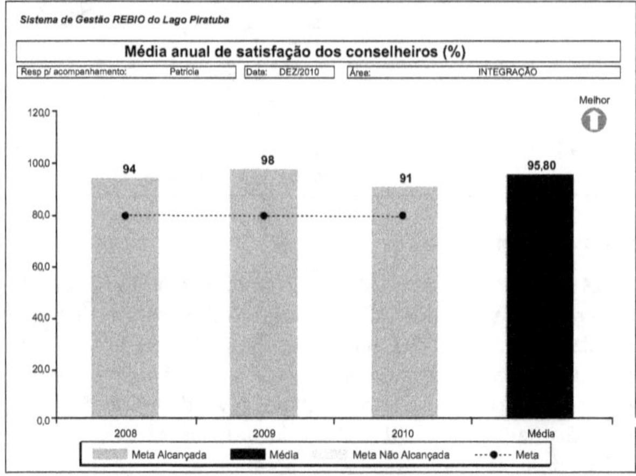

Figura 19.4 Média anual de satisfação dos conselheiros da Reserva Biológica do Lago Piratuba.

Principais resultados relativos à sociedade

♦ Famílias com termos de compromisso assinados

Na Reserva Biológica do Lago Piratuba existem cinco populações tradicionais residentes, com as quais devem ser assinados termos de compromisso a fim de compatibilizar a presença e o uso da área com a conservação da unidade até resolução definitiva da situação fundiária.

Em 2006, na Rebio do Lago Piratuba, foi assinado com a comunidade do Sucuriju o primeiro termo de compromisso em uma unidade de conservação federal. A meta da equipe gestora da unidade seria assinar, em 2008, outro termo de compromisso envolvendo as demais populações residentes. Entretanto, tal ação só foi realizada em 2011, em função, principalmente, da demora das análises técnicas e jurídicas a respeito da minuta acordada com as comunidades (Figura 19.5).

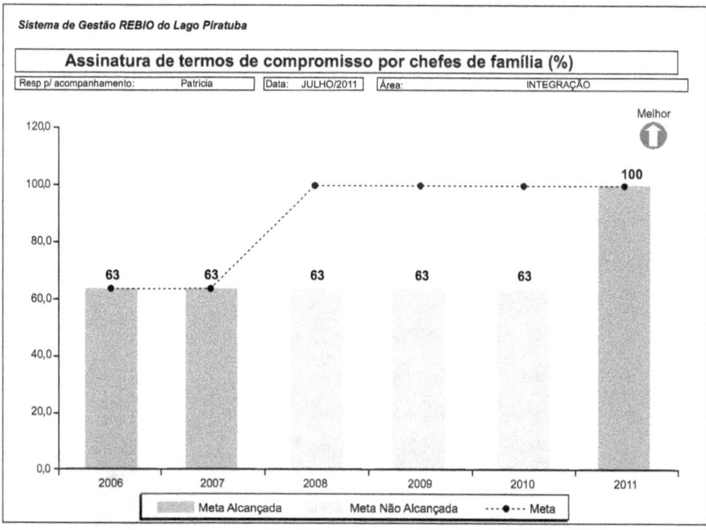

Figura 19.5 Percentual de assinatura anual de termos de compromisso por chefe de família das populações residentes na Reserva Biológica do Lago Piratuba.

♦ **Participação de pescadores cadastrados nas reuniões de avaliação do termo de compromisso**

No termo de compromisso assinado com a comunidade do Sucuriju definiu-se a realização de reuniões semestrais para avaliação e monitoramento entre as partes. A equipe gestora da unidade estabeleceu uma meta de 50% de participação dos pescadores cadastrados em cada uma das reuniões. No entanto, apenas em 2007 a meta foi superada. A partir de 2008, a participação dos pescadores começou a diminuir, atingindo 26% em 2010 (Figura 19.6). Como o termo de compromisso deixou de ser novidade, o interesse na participação das reuniões também diminuiu, além de questões relacionadas à baixa articulação social existente na Vila do Sucuriju. O monitoramento desse indicador foi importante para o estabelecimento, em conjunto com os pescadores, de penalidades progressivas para aqueles que não participarem das reuniões de avaliação sem justificativas aceitas pela maioria.

♦ **Produção anual de pirarucu da Vila do Sucuriju**

A desmotivação dos pescadores em participar das reuniões não parece estar associada aos resultados que têm sido alcançados com o termo de compromisso, uma vez que a produção de pirarucu apresentou um significativo aumento em 2010, corroborado com as informações dos pescadores de que a quantidade de pirarucu nos lagos tem aumentado visivelmente (Figuras 19.6 e 19.7).

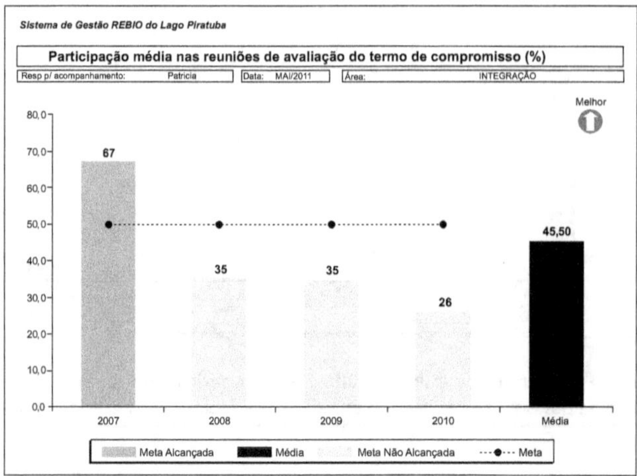

Figura 19.6 Percentual de participação média dos pescadores cadastrados nas reuniões de avaliação do termo de compromisso.

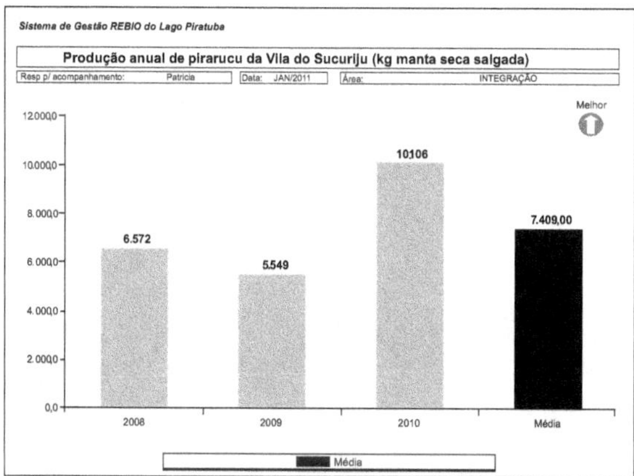

Figura 19.7 Produção anual de pirarucu da Vila do Sucuriju.

Principais resultados orçamentários e financeiros

♦ **Execução do Plano Operativo Anual (POA) e da Conta Vinculada do Programa Arpa**

A execução dos recursos do Programa Arpa, realizada pela Rebio do Lago Piratuba, sempre foi alta (Figuras 19.8 e 19.9). Apenas a execução dos recursos do POA 2006 foi comparativamente menor (82%), uma vez que o valor total de recursos previsto foi quase três vezes maior do que a média dos demais planos operativos anuais. O POA 2008 apresentou a maior execução (135%), especialmente em razão da utilização de parte dos valores planejados para obras, mesmo com o contingenciamento de recursos – o que extrapolou o teto do plano operativo como um todo. A execução da conta vinculada foi comparativamente menor no POA 2006 (84%), também em função do valor total de recursos previsto para essa modalidade ter sido maior mais de duas vezes do que a média por POA das demais contas vinculadas. No POA 2007, a conta vinculada apresentou a maior execução (170%), uma vez que esse plano operativo se estendeu por quase 18 meses, enquanto os demais tiveram a média de 12 meses de duração. Além disso, nesse período foi possível executar valores remanejados do POA 2006, contribuindo para a execução de recursos acima do inicialmente previsto.

♦ **Consumo de combustível por ano**

O consumo de combustível por ano na Reserva Biológica do Lago Piratuba é elevado em função da necessidade de deslocamentos fluviais e marítimos em seu interior e entorno. Além disso, à medida que a gestão da unidade avança, também aumenta a necessidade de utilização de combustível. Por isso, esse indicador é apenas monitorado.

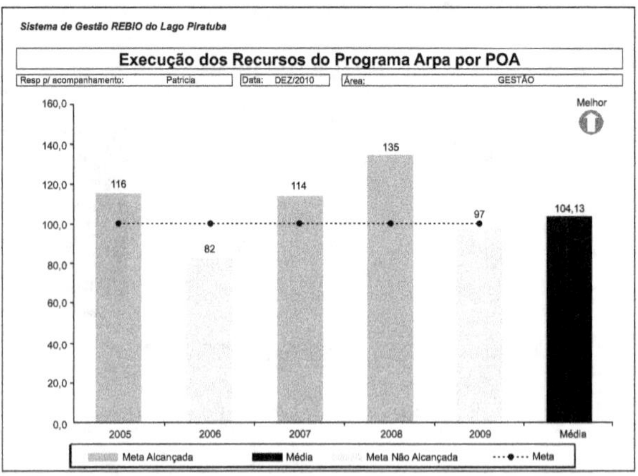

Figura 19.8 Percentual de execução do Plano Operativo Anual do Programa Arpa da Reserva Biológica do Lago Piratùba por ano.

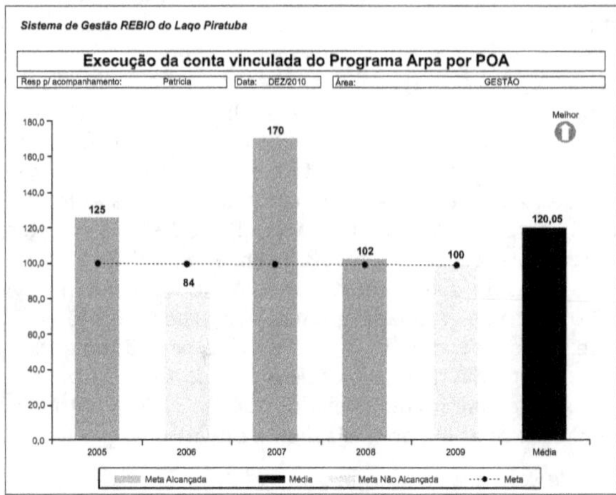

Figura 19.9 Percentual de execução da conta vinculada do Programa Arpa da Reserva Biológica do Lago Piratuba por POA.

O maior consumo de combustível ocorreu em 2006, em função da realização de duas grandes expedições científicas para subsidiar a elaboração do plano de manejo da unidade. A partir de 2009, o consumo apresentou uma significativa diminuição, em razão da inexistência de operações de combate a incêndios, do maior controle de utilização do combustível e da otimização de execução das atividades de gestão da unidade ao tamanho da equipe (Figura 19.10).

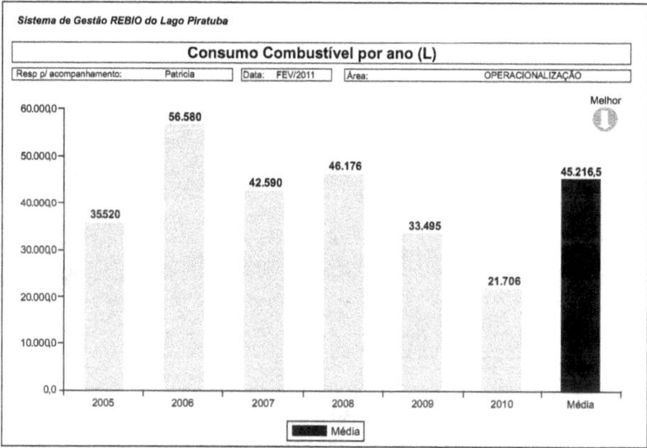

Figura 19.10 Consumo de combustível da Reserva Biológica do Lago Piratuba em litros por ano.

Principais resultados relativos às pessoas
◆ Índice de rotatividade de servidores do ICMBio

O índice de rotatividade da equipe da Reserva Biológica do Lago Piratuba foi alto nos anos de 2003 e 2004. No período de 2005 a 2006, a rotatividade diminuiu bastante, chegando a ser nula no período de 2007 a 2009 e voltando a aumentar em 2010. Em razão da baixa rotatividade, a equipe conseguiu realizar muitas ações de gestão da unidade, com destaque para a elaboração do plano de manejo, implantação do conselho consultivo, elaboração e assinatura de termos de compromisso e termos de ajustamento de conduta, entre outras (Figura 19.11).

◆ Índice de satisfação da equipe da unidade

O índice de satisfação da equipe da Reserva Biológica do Lago Piratuba é medido através da realização de uma pesquisa de clima organizacional anual, incluindo os funcionários terceirizados. Desde 2007, a satisfação da equipe tem se mantido constante e apresentado um bom resultado, apesar de ainda não ter alcançado a meta estabelecida. Em 2008, a pesquisa não foi realizada (Figura 19.12).

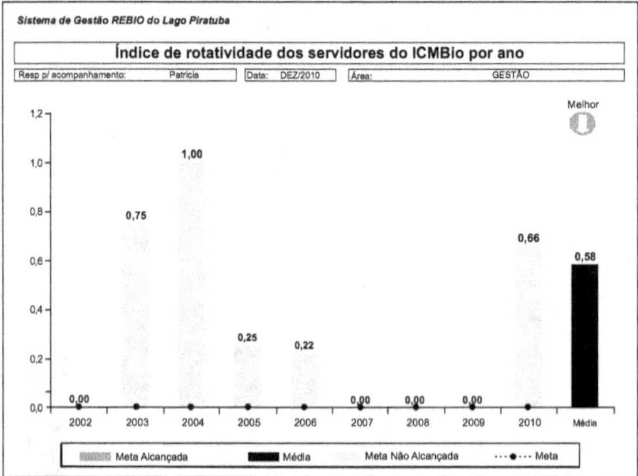

Figura 19.11 Índice de rotatividade dos servidores do ICMBio lotados na Reserva Biológica do Lago Piratuba por ano.

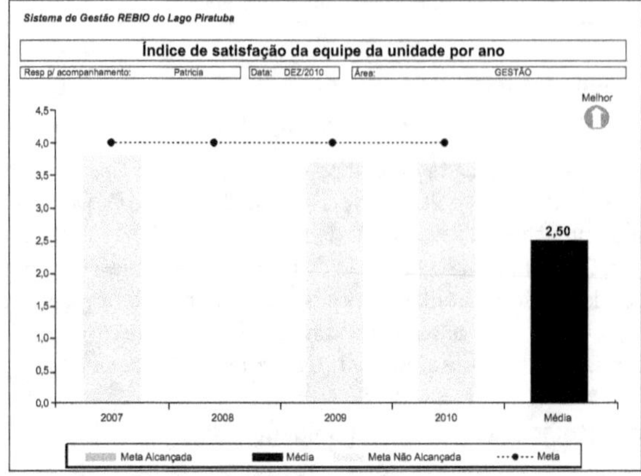

Figura 19.12 Índice de satisfação da equipe da Reserva Biológica do Lago Piratuba por ano (incluindo terceirizados).

◆ Capacitação dos servidores do ICMBio

A capacitação dos servidores do ICMBio lotados na Reserva Biológica do Lago Piratuba foi alta no período de 2006 a 2009, especialmente em função do apoio do Programa Arpa. Em 2010, a capacitação diminuiu bastante em relação aos anos anteriores, coincidindo com a diminuição das iniciativas de capacitação do Arpa (Figura 19.13).

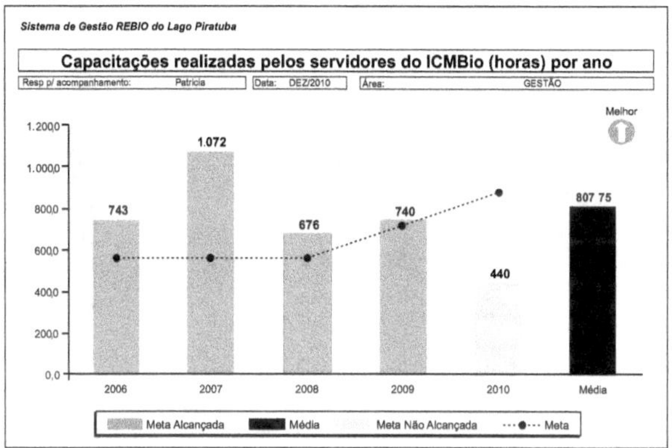

Figura 19.13 Horas de capacitação por ano realizadas pelos servidores do ICMBio lotados na Reserva Biológica do Lago Piratuba por ano.

Principais resultados dos processos finalísticos e de apoio

◆ Pesquisas relevantes para a gestão da unidade

Desde 2005 e com exceção do ano de 2009, a realização de pesquisas relevantes para a gestão da Reserva Biológica do Lago Piratuba atingiu a meta de 70%, demonstrando que, apesar do número baixo de pesquisas realizadas na unidade por ano, a relevância pode ser considerada boa (Figura 19.14).

◆ Focos de calor no interior e até 5 km no entorno e ocorrência de incêndios no interior da unidade

Os focos de calor no interior e até 5 km no entorno e os incêndios no interior da unidade têm apresentado uma significativa diminuição desde 2006, apesar do aumento registrado em 2008. Desde 2006, apenas no ano de 2008 as metas de redução de focos de calor e de inexistência de incêndios no interior da unidade não foram atingidas (Figuras 19.15 e 19.16). Esses resultados estão relacionados com os esforços de prevenção realizados pela equipe da unidade e também com os eventos climáticos regionais e globais.

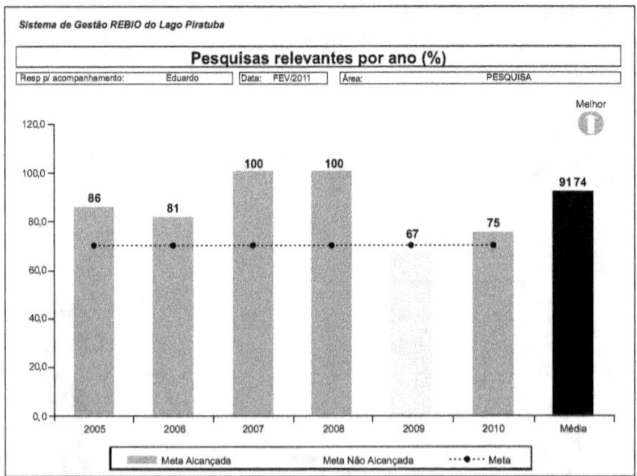

Figura 19.14 Percentual de pesquisas relevantes para a gestão da Reserva Biológica do Lago Piratuba realizadas por ano.

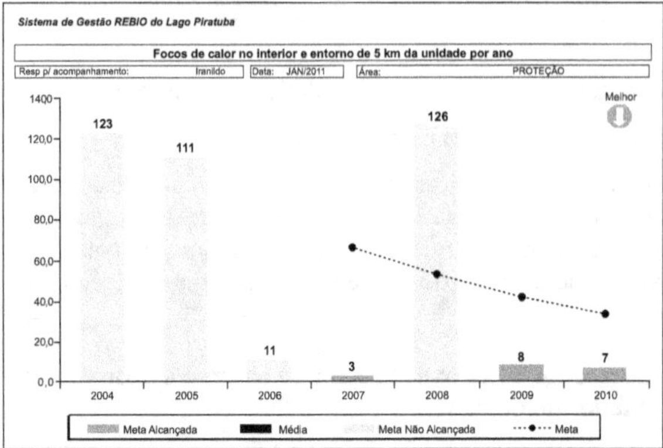

Figura 19.15 Número de focos de calor registrados no interior e até 5 km no entorno da Reserva Biológica do Lago Piratuba por ano.

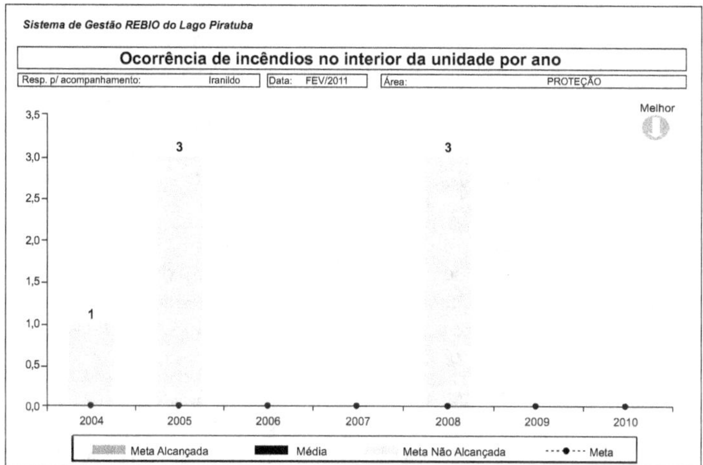

Figura 19.16 Ocorrência de incêndios no interior da Reserva Biológica do Lago Piratuba por ano.

2. Gerenciamento da rotina

Foi elaborado um manual de processos da Reserva Biológica do Lago Piratuba, no qual os processos críticos rotineiramente realizados na unidade (tais como fiscalização, contratação de brigadistas, operação de conta vinculada, manutenção de motores de popa, veículos e equipamentos, entre outros) foram descritos na forma de fluxogramas e detalhados os procedimentos operacionais padrão para cada um deles. Dessa forma, os procedimentos a serem seguidos foram internalizados pela equipe, e as informações sobre a realização das principais tarefas de apoio e finalísticas passaram a ser acessíveis a todos os funcionários, inclusive aos novos integrantes.

3. Acompanhamento da *performance*

O Programa de Gestão para Resultados teve fundamental importância ao trabalhar a formação de lideranças, o conhecimento gerencial e o desenvolvimento de equipes.

O monitoramento da *performance* da equipe e os treinamentos gerenciais específicos fizeram com que os funcionários terceirizados tivessem maior participação e uma atuação muito mais ativa na gestão da unidade. A missão da organização foi internalizada por todos os funcionários, e os terceirizados passaram a ter uma visão mais sistêmica e prospectiva do trabalho. A preocupação com a capacitação também aumentou e cursos foram realizados especialmente para os terceirizados, como manutenção de motores de popa. Além disso, na medida do possível, os terceirizados participam do curso de guardaparques organizado pela ACT-Brasil no Amapá em parceria com várias instituições públicas e são instruídos na utilização de computadores.

Com a implantação do sistema de medição global do desempenho e a necessidade de realização de um monitoramento adequado, estabeleceu-se a realização de reuniões mensais de equipe, sendo reuniões trimestrais de monitoramento apenas com os servidores do Instituto Chico Mendes e reuniões quadrimestrais com todos os funcionários.

As reuniões quadrimestrais, além de possibilitarem o encontro periódico de todos os funcionários (uma vez que a equipe trabalha em esquema de revezamento em bases diferentes), tratam de informes, do acompanhamento dos controles e dos processos críticos, da execução dos planos de ação, da socialização da gestão à vista, dos planejamentos anuais e das avaliações dos resultados alcançados.

O desempenho dos funcionários terceirizados também passou a ser sistematicamente avaliado e valorizado por meio da escolha anual do funcionário destaque com base nos valores da organização e na postura profissional desejada.

4. Ciclo de melhoria de gestão

Em novembro de 2008, a Reserva Biológica do Lago Piratuba realizou uma autoavaliação no instrumento de 250 pontos do Gespública e se preparou para a validação externa do programa. A pontuação consensual final com o examinador foi de 166,25 pontos, e a unidade passou a ter sua gestão reconhecida em nível 2 até maio de 2010, em conformidade com as diretrizes do Sistema de Avaliação Continuada da Gestão Pública.

No entanto, em 2010, apesar dos esforços empreendidos, a unidade não conseguiu se preparar adequadamente e priorizar uma nova validação externa. Assim, a participação no Gespública foi temporariamente interrompida. Entretanto, o sistema de medição global do desempenho não deixou de ser monitorado e avaliado, e a unidade manteve a implantação e retroalimentação do planejamento estratégico elaborado.

5. Plano de manejo

Além desses resultados, o Programa de Gestão para Resultados influenciou de maneira significativa a elaboração do plano de manejo da unidade. Como sugerido no Capítulo 7, a metodologia para a definição dos objetivos estratégicos foi utilizada no encarte de diagnóstico, sintetizado em um modelo que relaciona como as atividades antrópicas afetam os ecossistemas da reserva biológica. O modelo serviu de base para orientar as atividades de manejo propostas no encarte de planejamento, estabelecendo uma integração clara com o diagnóstico.

O encarte de planejamento foi escrito com grande aplicabilidade e se ateve à perspectiva estratégica. Foram definidos as estratégias, as prioridades e os objetivos para a unidade, os resultados a serem atingidos pela equipe e os planos de ação ("como fazer") com base no BSC, no gerenciamento da rotina e nos critérios de excelência do Gespública. Dessa forma, a estratégia pode ser desdobrada em ações operacionais dentro dos programas de manejo a fim de que a unidade alcance sua visão de futuro e cumpra sua missão.

Para operacionalizar o plano de manejo, muitas das ações estão sendo detalhadas em planos temáticos específicos ou desdobradas como projetos que deverão fazer parte do plano operativo anual da unidade. Assim, os planos temáticos ou projetos serão um elo entre o plano de manejo e o Plano Operativo Anual (POA).

Além disso, o plano de manejo foi construído seguindo a lógica do PDCA. A parte de planejamento representa as etapas P e D do PDCA, e a de monitoria e avaliação, as etapas C e A. Como já abordado no Capítulo 7, o plano de manejo da REBIO do Lago Piratuba explicita a visão da unidade como organização e como um sistema socioecológico complexo, apoia-se fortemente no conceito de manejo adaptativo e no enfoque ecossistêmico, adota o modelo de excelência em gestão pública e utiliza o PDCA como método de gestão para operacionalizar o manejo.

Conclusão

O Programa de Gestão para Resultados representou uma grande inovação para as unidades de conservação da Amazônia e para programas que dependem da doação de recursos, como o Arpa. Dentre as dificuldades encontradas na implementação da gestão para resultados destacam-se o sistema de medição do desempenho e a cultura organizacional, especialmente no que se refere à gestão de pessoas.

Não existe um conjunto de indicadores quantitativos, consolidado e amplamente difundido, para se medir o desempenho das unidades de conservação. Além disso, não existem referenciais que possam ser utilizados com confiabilidade para comparar o desempenho das unidades ou, pelo menos, de parte delas. Esse contexto interfere bastante nos resultados do Sistema de Avaliação Continuada da Gestão Pública, uma vez que os instrumentos adotados valorizam apenas resultados que possuam referencial comparativo. Além disso, nem sempre os resultados alcançados pelas unidades de conservação possuem tendência favorável, reduzindo as possibilidades de pontuação no programa.

Com relação à cultura organizacional, dentre os requisitos para uma gestão eficaz das unidades de conservação destacam-se: internalização da missão; adoção de uma estrutura compatível com a missão; visão sistêmica e prospectiva dos funcionários; autonomia gerencial e descentralização das decisões; agilidade dos trâmites burocráticos; lideranças assertivas, motivadoras e éticas; capacitação de pessoal e formação de lideranças; acompanhamento sistemático do desempenho do pessoal e da efetividade da gestão; retroalimentação da gestão com base em informações válidas e úteis; captação e geração de recursos; parcerias em todos os níveis; planejamento setorial; programas de trabalho e resultados (Adaptado por Faria et al., 2007). No entanto, no Brasil, esses requisitos ainda estão muito distantes da realidade gerencial das unidades de conservação e dos órgãos gestores aos quais estão vinculadas. No caso da Reserva Biológica do Lago Piratuba, a estrutura é incompatível com a missão, especialmente no que se refere ao tamanho da equipe, às instalações e aos meios de transporte. Além disso, ainda é baixa a autonomia gerencial e a valorização da efetividade da gestão.

No elemento gestão de pessoas, em função das dificuldades estruturais existentes, os servidores apresentam normalmente certa resistência à implantação de sistemas de medição de desempenho, especialmente no que se refere às etapas de monitoramento e avaliação dos resultados. E, ainda, além da falta de autonomia na contratação de pessoal e da desmotivação dos funcionários, não existe um corpo de guarda-parques nas unidades de conservação federais. As equipes são formadas por poucos servidores públicos e funcionários terceirizados para desempenhar principalmente atividades de vigilância patrimonial. A carência de funcionários em quantidade e com perfis adequados compromete, além da gestão efetiva, a realização das atividades essenciais ao funcionamento da unidade.

Nesse contexto, o papel da liderança torna-se fundamental para gerenciar adequadamente as pessoas. Todos os colaboradores devem se sentir parte útil na estrutura administrativa da organização, através da abertura de canais de comunicação e decisão, participação na formulação de diretrizes institucionais e resolução de problemas específicos por meio da utilização de suas capacidades individuais (Bergamini, 1997). Nesse sentido, os aprendizados do Programa de Gestão para Resultados foram muito importantes para imprimir outra dinâmica no trabalho de equipe, de gestão de pessoas e de reconhecimento profissional dos servidores e colaboradores da Rebio do Lago Piratuba.

De modo geral, as unidades de conservação estão inseridas em um contexto burocrático e de baixa autonomia, cujos regulamentos e processos, muitas vezes, geram morosidade na realização das atividades. Para reverter essa situação, faz-se necessária uma profunda mudança na cultura organizacional, conduzida por lideranças proativas e implementada por uma equipe comprometida.

As mudanças na cultura organizacional não podem se restringir apenas à unidade de conservação e devem ocorrer também no Instituto Chico Mendes, no Ministério do Meio Ambiente, na Administração Pública Brasileira e até mesmo na sociedade em geral, quando passar a exigir um melhor desempenho gerencial das instituições públicas.

Além de tudo isso, um grande desafio na gestão das unidades de conservação é fazer com que os planos de manejo incorporem o modelo de excelência em gestão pública e que sejam de fato implementados, considerando o aprendizado contínuo enquanto as condições do contexto se alteram. O paradigma de que os planos de manejo são documentos estáticos precisa mudar. Para tanto, eles estarão em constante processo de monitoramento, aprimoramento e revisão. Dessa forma, procedimentos ágeis para sua atualização deverão ser estabelecidos.

As práticas de gestão da Rebio do Lago Piratuba estão em estágios iniciais de desenvolvimento e implementação. Mesmo assim, o Programa de Gestão para Resultados possibilitou uma grande e importante mudança gerencial. Os funcionários terceirizados passaram a ter maior compreensão dos objetivos da unidade de conservação e se sentem muito mais motivados e parte fundamental do trabalho, inclusive através da atualização de alguns indicadores de monitoramento. Existe um planejamento estratégico claro e conhecido por todos os integrantes da equipe, divisão de responsabilidades e acompanhamento do cumprimento das metas. Além disso, todos sabem qual desempenho profissional esperado, o clima organizacional é bom e são realizados investimentos em capacitação para todos os integrantes da equipe.

Apesar da falta de infraestrutura adequada e do quadro reduzido de funcionários foi possível estabelecer uma capacidade mínima de gestão. Para que maiores avanços possam acontecer, é fundamental que o Instituto Chico

Mendes incorpore o gerenciamento baseado no modelo de excelência que está em processo inicial de implantação na instituição e que aumente seu corpo de funcionários.

O reconhecimento da gestão pelo programa Gespública significou apenas o começo de uma nova forma de gerenciamento para a unidade. A interrupção dos ciclos de autoavaliação e validação junto ao Programa Gespública não comprometeu o monitoramento do sistema de medição do desempenho e a utilização do método PDCA. A continuidade da melhoria de gestão do Gespública exige uma grande dedicação da equipe – a qual nem sempre é possível em função da necessidade de priorização de outras ações de gestão, tendo em vista a quantidade reduzida de funcionários, a dimensão das atividades a serem realizadas e a falta de infraestrutura operacional.

Mesmo sem a continuidade do reconhecimento do Gespública, que indubitavelmente representa um importante incentivo para a melhoria da gestão da unidade, os processos implantados por meio do Programa de Gestão para Resultados estão contribuindo para que a Reserva Biológica do Lago Piratuba avance paulatinamente em direção à gestão com base em critérios de excelência.

Ferramentas para Avaliação da Efetividade da Gestão

A efetividade da gestão de unidades de conservação

20

Marcos Antonio Reis Araujo

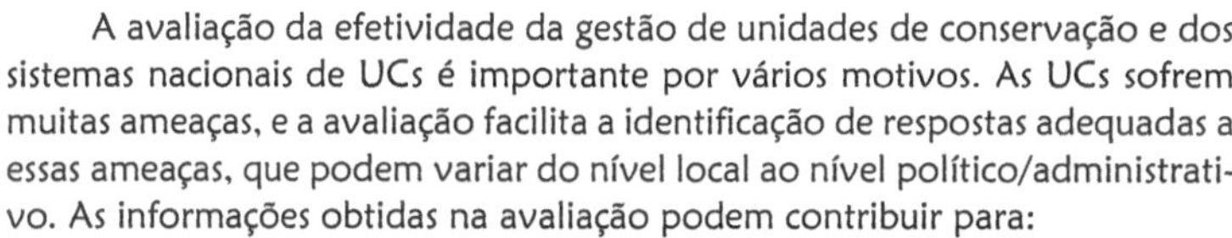

A avaliação da efetividade da gestão de unidades de conservação e dos sistemas nacionais de UCs é importante por vários motivos. As UCs sofrem muitas ameaças, e a avaliação facilita a identificação de respostas adequadas a essas ameaças, que podem variar do nível local ao nível político/administrativo. As informações obtidas na avaliação podem contribuir para:

- identificar lacunas (ecossistemas não representados) dentro dos sistemas nacionais ou regionais de áreas protegidas;
- identificar as áreas protegidas sob maior ameaça de degradação;
- identificar oportunidades para a melhoria gerencial nas UCs individuais e no sistema como um todo;
- auxiliar na priorização de esforços e investimentos para a conservação;
- acompanhar a performance das metas de conservação, tais como as estabelecidas no SNUC.

Além disso, o impacto dos investimentos em conservação começa a ser questionado por doadores e políticos. Sem objetivos mensuráveis, os conservacionistas não poderão demonstrar se os esforços de conservação da biodiversidade obtiveram real êxito (Parrish et al., 2003; Terborgh & Davenport, 2002).

Faria (1997) destaca os seguintes benefícios da avaliação da gestão das UCs:

> "Somente unidades bem geridas podem contribuir realmente para o desenvolvimento sustentável de um país. Os 'parques de papel' ser-

vem apenas ao discurso político, o que pode ser evitado a partir da iniciativa de mostrar metodologicamente as deficiências do sistema. Avaliações pontuais também podem auxiliar os órgãos de financiamento a decidir onde seus investimentos são mais necessários e serão mais eficazes para o manejo. As avaliações periódicas da gestão servem para evidenciar os pontos fortes e os pontos fracos, servindo como uma fonte de retroalimentação, para que o administrador da unidade possa melhorar ainda mais sua atuação."

Autores como Ervin (2003a), Hockings, (2003), Parrish et al. (2003) e Goodman (2003) classificam as avaliações das UCs em três grupos principais: 1) avaliação de desenho (*design*); 2) avaliação dos processos de gestão; e 3) avaliação da integridade ecológica. O primeiro grupo provê parâmetros para avaliar se o desenho de uma UC ou do sistema de UCs é apropriado e procura fornecer critérios para a criação de unidades. O segundo grupo inclui a avaliação de um grande número de elementos da gestão. O terceiro avalia aspectos como integridade, viabilidade das espécies, processos ecológicos e ameaças e pressões às quais a UC está submetida.

A avaliação de desempenho da gestão das unidades de conservação tornou-se um tema que vem despertando grande interesse. Os três últimos Congressos Mundiais de Parques enfatizaram essa temática em sua agenda. O WWF a colocou como uma de suas cinco metas principais (Ervin, 2003a). No III Congresso Mundial de Parques, realizado em Bali, na Indonésia, em 1982, e no IV Congresso, realizado em Caracas, na Venezuela, em 1992, evidenciou-se a necessidade de haver mecanismos metodológicos para avaliar e monitorar a gestão das unidades de conservação.

Em resposta a essas demandas, um vasto número de metodologias foram propostas. Um levantamento global realizado recentemente por Leverington et al. (2010) identificou cerca de 70 metodologias diferentes sendo aplicadas em mais de 100 países. Mais de 9 mil avaliações de efetividade de gestão foram efetuadas em 140 países. As principais metodologias aplicadas estão demonstradas na Tabela 20.1. O Plano de Trabalho para Áreas Protegidas da da Convenção para Diversidade Biológica (CDB) propunha atingir a meta de avaliação da efetividade de gestão em 30% de áreas protegidas do mundo.

O estudo de Leverington et al. (2010) demonstrou que se conseguiu realizar a avaliação de efetividade da gestão em apenas 6% das áreas protegidas. No entanto, os resultados foram encorajadores, pois 35 países atingiram essa meta e 63 países já avaliaram mais de 15% de suas áreas protegidas.

Tabela 20.1 Metodologias propostas para a avaliação da gestão de UCs.

Metodologia Proposta	Organização
Rapid Assessment and Prioritization of Protected Area Management	WWF
Management Effectiveness Tracking Tool	World Bank/WWF Alliance
Enhancing our Heritage	UNESCO/IUCN/UNF
AEMAPPS: MEE with Social Participation – Colômbia	Parques Nacionales Naturales de Colombia/WWF Colombia
Degree of Implementation and the Vulnerability of Brazilian Federal Conservation Areas	WWF Brazil with IBAMA
Conservation Action Planning	TNC
How is Your MPA Doing	NOAA/National Ocean Service/ I UCNWCPA Marine, WWF
Monitoring and Assessment with Relevant Indicators of Protected Areas of the Guianas (MARIPA-G)	WWF Guianas
Belize National Report on Management Effectiveness	Forest Department Belize
Ecuador MEE: Indicadores para el Monitoreo y Evaluación del Manejo de las Áreas Naturales Protegidas del Ecuador	Ministry of Environment
Management Effectiveness Study – Finland	Metsahallitus
Manual para la Evaluación de la Eficiencia de Manejo del Parque Nacional Galápagos. SPNG	SPNG
MEE Indian	IIPA/Centre for equity studies
Peru MEE	INRENA
Tasmanian World Heritage MEE	Tasmanian PWS
Metodología de Evaluación de Efectividad de Manejo (MEMS) del SNAP de Bolivia	SERNAP
Rapid Evaluation of Management Effectiveness in Marine Protected Areas of Mesoamerica.	MBRS/PROARCA/CAPAS
NSW State of Parks	NSW DEC
Other reports: Brief summaries	
Padovan 2002	IPEMA
Parks profiles	Parkswatch
PROARCA/CAPAS scorecard evaluation	PROARCA/CAPAS
Qld Park Integrity assessment	Queensland Parks and Wildlife Service
Scenery matrix	Forestry institute (IF-SP)
Mexican System of Information, Monitoring and Evaluation for Conservation	National Commission of Protected Areas of Mexico (CONANP)
TNC Parks in Peril Site Consolidation Scorecard	TNC/USAID

Tabela 20.1 Metodologias propostas para a avaliação da gestão de UCs (*continuação*).

Metodologia Proposta	Organização
Valdiviana Ecoregion Argentina	WWF
Venezuela Vision	DGSPN – INPARQUES
Victorian State of Parks	Parks Victoria
WWF/CATIE Evaluation Methodology	WWF/CATIE
WWF-World Bank MPA score card	WWF-World Bank
PAN Parks	PAN Parks Foundation
Monitoring and Evaluation of Protected Areas	C.U.E.I.M., University Consortium for Industrial and Managerial Economics on behalf of the Ministry of the Environment and Territory
West Indian Ocean Workbook	West Indian Ocean Marine Science Association
Management Effectiveness Evaluations of Egypt National Parks	Nature Conservation Sector (NCS), Egyptian Environmental Affairs
Africa rainforest study	academic/WCS
Marine Protected Area Evaluation Model (Alder)	
Central African Republic	academic/WWF
Conservation International Management Effectiveness Tracking Tool	Conservation International
Fraser Island World Heritage Area	Hockings
Korea survey on protected area management status	Korea Parks service
MEE – Congo	
PA Consolidation index	Conservation International
Qld Rapid Assessment	Queensland Parks and Wildlife Service
US State of Parks	NPCA
WARPO	WWF West Africa Regional Program Office
Wetland tracking tool	WWF

Fonte: Reproduzido de Protected Areas Management Effectiveness Information Module (www.wdpa.org/ME – Acesso: maio 2011).

Hockings et al. (2006), coordenando uma força-tarefa da Comissão Mundial de Áreas Protegidas da IUCN, propuseram um modelo conceitual composto por seis elementos a serem avaliados, a partir do qual os programas de monitoramento e avaliação da gestão devem ser estabelecidos (Figura 20.1). Esse modelo tem sido sugerido como parâmetro a ser utilizado em âmbito mundial.

Figura 20.1 Marco conceitual proposto para embasar os programas de monitoramento da efetividade da gestão de UCs (Hockings et al., 2006).

O marco conceitual proposto baseia-se na ideia de que a boa gestão de unidades de conservação segue um processo que engloba seis diferentes momentos: começa com um entendimento dos valores e ameaças existentes, avança por meio do planejamento e da alocação de recursos (insumos) e, como resultado das ações de gestão (processos), são produzidos produtos e serviços que resultam em impactos ou êxitos (resultados). Diversas metodologias fundamentadas nesse modelo conceitual foram aplicadas em unidades de conservação em todo o mundo.

Recentemente, com base nesse modelo, o WWF desenvolveu a metodologia de avaliação rápida e priorização do manejo de unidades de conservação – Rappam (Rapid Assessment and Priorization of Protected Areas Management) – e vem realizando grande esforço para aplicá-la no mundo inteiro. Seu principal objetivo é promover a melhoria do manejo do sistema de unidades de conservação (Ervin, 2003b). Ele já foi aplicado em mais de 1000 áreas protegidas em cerca de 40 países da Europa, Ásia, África, América Latina e Caribe. Outra iniciativa desenvolvida pelo WWF, em parceria com o

Banco Mundial, é a ferramenta "Como Relatar Avanços nas Unidades de Conservação", conhecida como *Tracking Tool* (Higgins-Zogib & MacKinnon, 2006). Ela foi aplicada em mais de 200 áreas protegidas, em 34 países.

Nas avaliações de efetividade de gestão que utilizam ferramentas como o *Tracking Tool*, um conjunto de indicadores avalia o desempenho da UC em relação aos elementos contexto, planejamento, insumos, processos, resultados e impactos propostos por Hockings et al (2006). Cada indicador é qualificado a partir da construção de quatro cenários: um cenário ótimo, que recebe a nota 3; o pior cenário, que recebe a nota 0; e cenários intermediários, que recebem a pontuação 1 e 2, respectivamente. A Tabela 20.2 apresenta o exemplo de um indicador de processo: existência de conselho consultivo.

Tabela 20.2 Indicador de processo: existência de conselho consultivo.

Questão	Critérios	Pontuação
Conselho	A unidade de conservação não possui conselho instituído.	0
A unidade de conservação possui conselho funcionando?	O conselho da unidade está em processo de formação.	1
	A unidade possui conselho legalmente constituído, porém a participação dos membros não é efetiva ou representa parcialmente o conjunto de atores sociais interessados.	2
	A unidade possui conselho legalmente constituído, representativo dos diferentes setores, e a participação dos membros é efetiva.	3

A efetividade da gestão, em termos percentuais, é obtida com a utilização da seguinte fórmula:

$$EG = \frac{\sum Pontuação\ obtida}{\sum Pontuação\ máxima} \times 100$$

em que *EG* = efetividade da gestão em %.

Como exemplo, em uma avaliação de efetividade da gestão que analisasse 30 indicadores, a nota máxima possível seria 90 pontos (30 x 3, que é a pontuação do melhor cenário). Se, no processo de avaliação, uma unidade de conservação obteve 45 pontos, sua eficácia de gestão é de 50% (45/90 x 100). Os resultados são interpretados de acordo com a Tabela 20.3 Outros autores utilizam intervalos diferentes para a interpretação dos resultados.

Tabela 20.3 Interpretação dos resultados obtidos.

Percentagem	Significado
> 60%	Efetividade de Gestão Alta
40 a 60%	Efetividade de Gestão Média
< 40%	Efetividade de Gestão Baixa

O Rappam diferencia-se do *Tracking Tool* por avaliar melhor as ameaças e pressões sobre a unidade de conservação e por avaliar um número bem maior de indicadores. Entretanto, a escala de valoração para cada parâmetro é mais subjetiva: sim, predominante sim (p/s), predominante não (p/n) e não. Na Tabela 20.4, tem-se um exemplo de avaliação de alguns parâmetros do elemento planejamento pela ferramenta Rappam.

Tabela 20.4 Avaliação de alguns parâmetros do elemento planejamento pela ferramenta Rappam.

OBJETIVOS

s	p/s	p/n	n		
☐	☐	☐	☐	a)	Os objetivos da UC incluem a proteção e a conservação da biodiversidade.
☐	☐	☐	☐	b)	Os objetivos específicos relacionados à biodiversidade são claramente expressos no plano de manejo.
☐	☐	☐	☐	c)	As políticas e os planos de manejo são coerentes com os objetivos da UC.
☐	☐	☐	☐	d)	Os funcionários e os administradores da UC entendem os objetivos e as políticas da UC.
☐	☐	☐	☐	e)	As comunidades locais apoiam os objetivos globais da UC.

A avaliação da efetividade de gestão de UCs no Brasil

No Brasil, já foram realizados diversos esforços para avaliar implementação, vulnerabilidade e desempenho gerencial de unidades de conservação. A primeira avaliação abrangente das unidades de conservação brasileiras foi realizada em 1966, por uma comissão nomeada pelo Ministério da Agricultura (IBDF, 1969). Em 1999, o WWF realizou um estudo para verificar a implementação e a vulnerabilidade dos parques e reservas nacionais, num esforço que envolveu 86 áreas de proteção integral geridas pelo Ibama.

Avaliações em nível estadual também têm sido realizadas: Tocantins & Almeida (2000) analisaram cinco unidades de conservação do estado do Mato Grosso, Primo & Pellens (2000) avaliaram a situação das UCs do Rio de Janeiro e Arroyo (2003) analisou a APA de Guaraqueçaba, no Paraná.

A metodologia sintetizada em Cifuentes et al. (2000) tem sido utilizada em diversas avaliações de desempenho gerencial. Faria (1997; 2002; 2004) realizou avaliações da efetividade da gestão de UCs paulistas (veja Capítulo 21); Brito (2000) analisou o nível de implementação de 19 UCs no estado do Mato Grosso; Neto & Silva (2002) realizaram a avaliação das UCs de proteção integral na Mata Atlântica de Pernambuco; Queiroz et al. (2002) e Debetir (2006) avaliaram a situação das UCs da ilha de Santa Catarina; Mesquita (2002) avaliou quatro Reservas Particulares do Patrimônio Natural (RPPNs) no Brasil; Lima (2003) analisou a efetividade da gestão de 39 UCs de proteção integral em Minas Gerais; Padovan & Lederman (2004) iniciaram uma avaliação da gestão das UCs do Espírito Santo, com possibilidade de estendê-la a todas as UCs do corredor central da Mata Atlântica; e Araujo (2004) avaliou sete parques estaduais de Minas Gerais.

O WWF vem se empenhando fortemente na aplicação do Rappam no Brasil, coordenando esforços para a aplicação dessa metodologia em UCs de São Paulo (2004), em UCs estaduais dos estados da Amazônia Legal: Mato Grosso, Acre, Amapá (WWF-Brasil, 2009a; 2009b 2009c), nas UCs federais de proteção integral de todo o Brasil em 2006 (Ibama & WWF, 2007) e em 2010 (veja Capítulo 22). Também colaborou na tradução e adaptação da ferramenta *Tracking Tool*, que foi aplicada em UCs englobadas pelo projeto Áreas Protegidas da Amazônia (Arpa) nos anos de 2005 e 2006. Posteriormente, o Arpa modificou o Tracking Tool transformando-o na Ferramenta de Avaliação de Unidades de Conservação (FAUC) que foi aplicada nos anos de 2007, 2008 e 2009.

De modo geral, todos esses estudos mostram que a maioria das UCs no Brasil apresenta uma baixa efetividade da gestão.

Avaliação do desempenho gerencial de unidades de conservação: a técnica a serviço de gestões eficazes

21

Helder Henrique de Faria

Introdução

Um estudo feito pela Organização das Nações Unidas para a Agricultura e Alimentação constatou que, no início do século XXI, existiam aproximadamente quatro bilhões de hectares de florestas cobrindo 30% da superfície terrestre do planeta, sendo que as florestas tropicais e subtropicais respondiam por 56% e as florestas temperadas e boreais, por 44% (FAO, 2001). Segundo o mesmo estudo, no decênio de 1990 houve uma variação anual líquida de 9,4 milhões de hectares negativos.

Essa diferença, entre a taxa anual estimada de desmatamento (14,6 milhões de hectares) e a taxa anual estimada de incremento da superfície de florestas (5,2 milhões de hectares), confirmava que as florestas mais ricas do mundo continuavam diminuindo em um ritmo bastante acelerado. O Brasil, que conta com 13% da área mundial de florestas, a maior extensão de floresta tropical e é o mais florestado país da América do Sul, não aparece entre os melhores na lista dos protetores florestais[1] (UNRIC, 2011).

---

1. Basta acompanhar as discussões relativas às alterações que o Poder Legislativo está impondo ao Código Florestal brasileiro.

A contínua fragmentação das florestas tropicais e a degradação de outros tipos de ecossistemas, juntamente com as alterações climáticas do planeta, são algumas das mudanças ambientais de maiores proporções da atualidade. A continuar esse cenário, a extinção de espécies representará enorme prejuízo para a civilização humana (Wilson, 1989; Dorst, 1987; Fernandez, 2000; Câmara, 2000; Fernanside, 2009; SCDB, 2010 e farta literatura sobre o tema).

O fornecimento de alimentos, fibras, medicamentos e água potável, a polinização das culturas, filtragem de poluentes, a proteção contra desastres naturais, serviços culturais, tais como os valores espirituais e religiosos, as oportunidades de conhecimento e educação, valores recreativos e estéticos estão entre os serviços ecossistêmicos potencialmente ameaçados pelo declínio e pelas mudanças na biodiversidade (SCDB, 2010).

O importante e badalado estudo "A Economia dos Ecossistemas e Biodiversidade", organizado pelo Programa das Nações Unidas para o Meio Ambiente, revelou que apenas as perdas anuais resultantes do desmatamento e da degradação florestal podem equivaler à perda monetária de até US$ 4,5 trilhões anuais, sendo que essas poderiam ser coibidas com investimento anual de apenas US$ 45 bilhões (SCDB, 2010).

Há várias maneiras de se evitar essa agonia e uma delas é a criação de áreas protegidas ou unidades de conservação (UCs), consideradas áreas de terra ou de mar, especialmente dedicadas à proteção e manutenção da diversidade biológica e dos recursos naturais e culturais a elas associados, administradas através de mecanismos legais ou outras medidas que tornem possível alcançar seus objetivos (IUCN, 1994; Brasil, 2000).

De fato, em 2003, a Lista das Nações Unidas das Áreas Protegidas registrava mais de 100 mil sítios distribuídos pelo planeta, com uma extensão total de 18,8 milhões de km^2 – quase 2 bilhões de hectares, o que representava mais de 10% da superfície do planeta. Estimava-se que 17,1 milhões de km^2 fossem terrestres (11,5%) e 1,64 milhão de km^2 marinhos (0,5%) (Chape, 2003). Hoje se sabe que as áreas protegidas atingiram mais de cento e vinte mil sítios que cobrem 14% da superfície terrestre, respondendo pela inativação de 15% do carbono terrestre (IUCN, 2011).

A meta de proteger 10% da Terra, estabelecida 20 anos antes (IUCN, 1984), fora atingida, mas esse aumento de percentual não decorreu apenas da criação de novas unidades. Ele se deveu também à ampliação do conceito de áreas protegidas adotado pela IUCN, assim como a possíveis sobreposições físicas entre diferentes categorias de áreas protegidas. Contudo, a representatividade ecológica e a eficácia de gestão não seguiram o mesmo ritmo.

Uma recente avaliação da eficácia da gestão constatou que, de 3.000 áreas protegidas pesquisadas, apenas 22% foram consideradas "sólidas", 13% "claramente insuficientes" e 65% apresentaram uma gestão "básica", com problemas relativos à falta de pessoal e recursos, envolvimento inadequado da comunidade e programas para pesquisa, monitoramento e avaliação (SCDB, 2010).

As primeiras ações visando ao estabelecimento de áreas naturais remontam à Idade Média, mas as primeiras unidades de conservação somente foram criadas no final do século XIX, tendo por finalidade a proteção de belezas naturais e o lazer da população, objetivando a perpetuidade do ambiente natural. No Brasil se reconhece que esse movimento teve início com a criação do Parque Nacional de Itatiaia, em 1937. Hoje o país apresenta um razoável conjunto de unidades de conservação, com destaque para o bioma amazônico, participando do esforço mundial com 1.278.190 km² equivalentes a 8,5% do território brasileiro (Brasil, 2010).

Recente publicação do Programa das Nações Unidas para o Meio Ambiente nos oferece um panorama atual dos benefícios que as áreas protegidas proveem à sociedade brasileira na forma de exploração direta dos recursos, como madeira, por exemplo, na forma de reservatórios de carbono, das atividades de uso público, fonte de água em qualidade e quantidade e como importante meio de partição de receitas tributárias (Medeiros et al., 2011). Faz uma importante alusão ao potencial econômico que as UCs possuem para o turismo, dado o prognóstico do incremento no setor em função da Copa do Mundo de Futebol em 2014 e das Olimpíadas em 2016, quando se espera receber mais de 10 milhões de pessoas no país. Esses turistas vêm atrás de esporte, mas certamente trarão dinheiro para passear, e os Parques Nacionais e Estaduais podem ser fortes atrativos a esse público.

Atribui-se às unidades de conservação valores que muitas vezes não são percebidos pela grande maioria da população, bem como pela quase totalidade dos que tomam decisões nos processos de desenvolvimento. São eles: suporte à vida; valores econômicos; valores recreativos; valores científicos; valores estéticos; valores de biodiversidade; valores históricos; simbolismo cultural; formação de caráter; estabilidade climática; valores dialéticos; vida; valores religiosos e filosóficos (Bernardes, 1997).

Para dignificar esses valores e aportar benefícios tangíveis e intangíveis à sociedade (Davidson, 1985; Moore & Ormazabal, 1988; Boo, 1990; Dixon & Sherman, 1990; Ledec & Goodland, 1990; IUCN/PNUMA/WWF, 1991), as UCs precisam ser gerenciadas com bons padrões de qualidade, caso contrário estarão fadadas a receber a mal forjada alcunha de "UC de papel", aquelas não implementadas e que pouco servem para justificar as políticas governamentais para o setor.

Mas gerir bem uma UC não significa dispor de sede, pessoal, dinheiro e mesmo plano de manejo. Isso também importa, mas o processo precisa ter foco, sobretudo nos objetivos específicos da área, e pode demandar tantos componentes quantos exigirem a complexidade do lugar, as relações entre e dentre os fatores socioambientais e as variáveis ecológicas presentes na paisagem.

Requerimentos da gestão de UCs

Santos (2004) discorre que a gestão ambiental incidente sobre as unidades de conservação implica que seus objetivos estarão ligados à conservação dos recursos naturais e que as palavras "recurso" e "conservação" levam ao entendimento de que os elementos naturais e ecossistemas podem e devem ser usados pelo homem para o homem. Postura diversa é a referência à "preservação dos elementos naturais", o que pressupõe uma natureza nada ou quase nada afetada pelo homem, onde as atividades do mundo moderno não são passíveis de coexistência.

O gestor ambiental e, por conseguinte, o gestor de UCs comumente trabalham na primeira perspectiva, preocupando-se em integrar a informação ecológica, social e econômica à tomada de decisões técnicas. Pois para se proteger uma dada UC são necessários poucos requisitos, tais como um diploma legal, saneamento fundiário e fiscalização sistemática, visto que na sociedade brasileira persistem comportamentos que induzem ao vilipêndio do patrimônio público. Por outro lado, para se conservar a mesma área à posteridade, novos componentes são imprescindíveis ao sistema gerencial em direção ao alcance de seus objetivos de existência.

A gestão de UCs deve buscar a visão integradora, a consorciação do desenvolvimento sustentável com alternativas econômicas e sociais com fulcro na região onde se insere, dentro dos parâmetros técnicos preconizados para cada categoria de manejo legalmente reconhecida.

A vasta literatura sobre o assunto aponta que determinados insumos são imprescindíveis à gestão de UCs: funcionários e financiamento adequados; prédios onde as pessoas possam desenvolver as atividades de administração em geral; equipamentos básicos para transporte de pessoal e escrituração; mínima organização interna do pessoal e dos procedimentos operacionais, com uma clara estrutura de tomada de decisão; demarcação dos limites da UC de modo tal que os funcionários possuam autoridade na execução das suas lides; entre outros.

Além disso, para garantir uma proteção mínima, as unidades precisam possuir a situação fundiária regularizada, assegurando assim o domínio institucional sobre os recursos que se deseja proteger, proporcionando autoridade aos funcionários e legitimando as ações para a conservação que, somados a limites bem demarcados, melhoram o nível de proteção. Entretanto, é imprescindível a implementação de programas que considerem as comunidades do entorno, ao se almejar o equilíbrio das implicações desses atores sobre a unidade, e vice-versa.

Por sua vez, para que possam ser criadas e geridas, as unidades de conservação precisam estar previstas em legislações, as quais delineiam seus horizontes vocacionais, conceituais, de manejo e desenvolvimento (Silva, 1999); principalmente quando esses diplomas são fruto de debates da sociedade, tal como foi o advento do Sistema Nacional de Unidades de Conservação.

Muitas unidades de conservação enfrentam o problema da ausência de gestores capacitados para exercer tal função, ou pior, é designada uma pessoa, só, para exercer todas as atividades inerentes aos objetivos de manejo para qual a UC foi criada, acarretando um acúmulo de funções e atividades inviáveis a um único responsável.

Por esses motivos, os dirigentes de UCs de países pobres e/ou em desenvolvimento não se limitam a campos de atuação específicos; ao contrário, eles precisam ser generalistas para tratar questões muito mais amplas que as encerradas nas áreas em si mesmo. Diferentemente dos países desenvolvidos, onde as áreas protegidas possuem boa infraestrutura e complexos organogramas de pessoal técnico e operativo, em nosso país as soluções para os problemas rotineiros precisam ser encontradas local ou regionalmente a partir de uma visão e ação interdisciplinar, ademais de muita criatividade (Figura 21.1).

Faria & Pires (2007), em um artigo de revisão. elencaram, além dos acima descritos, fatores julgados estratégicos e imprescindíveis a uma gestão eficaz de UCs: utilização de rotinas de planejamento da integralidade da UC; o monitoramento e a pesquisa científica como suportes à tomada de decisão; a gestão da informação para o manejo adaptativo; existência e implementação de diretrizes para a gestão ambiental do território no qual a UC está inserida; implementação de atividades sustentáveis que proporcionem benefícios diretos à população (ecoturismo, educação ambiental, extração regulada, etc.); e adoção de modelos de governança participativa.

Entre tantas variáveis oferecem algo novo não relacionado ao campo material, mas diretamente ao modo de ser da organização, o seu perfil gerencial manifesto em suas práticas diárias, cujos valores, estrutura e a filosofia podem alavancar ou derrocar a gestão de UCs, assim como de qualquer empreendimento, perfazendo o que se tem disseminado por cultura organizacional.

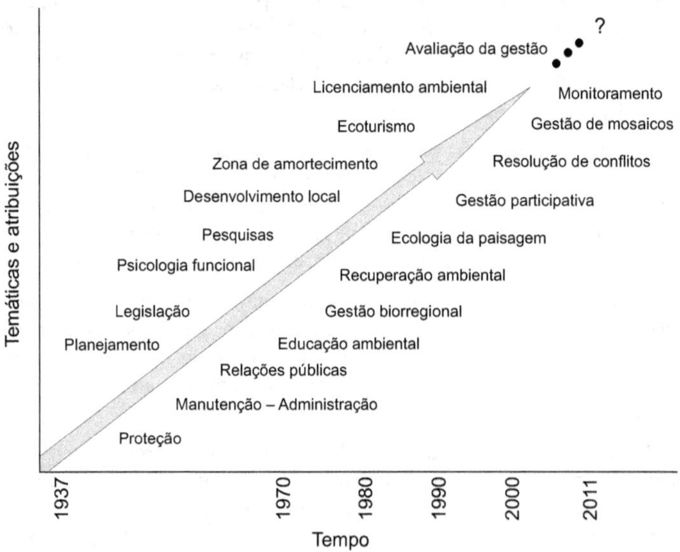

Figura 21.1 Evolução da complexidade e profissionalismo dos gestores de UCs.

A Tabela 21.1 compila a visão de autores afeitos aos estudos dessa cultura, que nos parece um alimento indispensável às organizações para uma efetiva implementação e desenvolvimento das áreas protegidas e da própria organização.

Esses e muitos outros aspectos impossíveis de abordar aqui, mas revelados por outros autores, estão envolvidos na gestão das UCs, sendo certo que a combinação dos mesmos, em distintas e diferentes proporções, configuram cenários possíveis de existir e, por conseguinte, passíveis de serem analisados e avaliados com objetividade e rigor metodológico.

Sendo a avaliação e o monitoramento uma importante ferramenta do ciclo gerencial e do aprimoramento das instituições, é relevante que as aplicações metodológicas visando mensurar a gestão se empenhem na produção de informações válidas para a tomada de decisão. Considerando esses princípios é que passamos à avaliação da gestão de UCs propriamente dita.

Tabela 21.1 Alguns parâmetros gerenciais modernos
(e antigos) para organizações gestoras de UCs.

➢ Internalização e compreensão coletiva do passado, presente e futuro da organização visando à sua melhor inserção no ambiente externo.

➢ Visão sistêmica e visão prospectiva do sistema gerencial e das políticas de governo, com definição clara da missão organizacional.

➢ Acompanhamento sistemático do desempenho do pessoal, da gestão e da eficácia gerencial nos vários níveis de decisão institucional.

➢ Adoção de estratégias que resultem na utilização das informações geradas e das novidades do setor para a retroalimentação da gestão.

➢ Adoção de esquemas administrativos nos quais impere a agilidade dos tramites burocráticos: informatização e 'internetização' dos processos.

➢ Adoção de uma estrutura institucional com fortes conexões horizontais que vise à promoção de comunicação entre disciplinas, departamentos e as organizações.

➢ Implementação de sistemas que visem à captação e geração de recursos, privilegiando a consolidação de parcerias pautadas na ética, transparência e respeito institucional.

➢ Implantação de esquemas que resultem em autonomia gerencial e descentralização das decisões (capacidade com confiabilidade).

➢ Adoção de planejamento setorial como ferramenta básica para a eliminação de erros.

➢ Estabelecimento de rotinas que valorizem a administração baseada em Programas de Trabalho.

➢ Implantação da capacitação de pessoal em todos os níveis e formação de lideranças.

Adaptado de Lucena (1992); Grumbine, apud Agee (1996); Junqueira & Vianna (1996); Bergamine (1997); Dudley & Imbach (1997).

Avaliação da efetividade[2] de gestão de UCs

Como saber se uma unidade de conservação está sendo bem gerida e em que nível se encontra sua efetividade? A melhor e mais moderna maneira de fazer isso é através da avaliação criteriosa dos diversos fatores componentes da gestão, tal como observado por IUCN (1993), Phillips (1993), Faria (1993), Cifuentes et al. (2000) e Hockings (2000).

A avaliação é o exercício da análise e do estabelecimento de modalidades de julgamento segundo critérios e/ou padrões predeterminados, funda-

---

2. Efetividade, eficácia e eficiência são conceitos dissímiles, assim como administração, manejo e gestão. Aqui são usadas como sinônimos, ainda que tenham sido distinguidos em Faria (2004, p. 33 e 57) e que ao longo deste livro também apareçam como conceitos distintos.

mental para a apreciação de um fato, de uma ideia ou de um objetivo, com resultados relevantes nas situações que envolvem escolhas (Lucena, 1992). Sem importar qual é a meta, a avaliação é necessária para alcançá-la, pois a ação e a reflexão são parte de um ciclo em que a avaliação guia a ação, e a ação informa a avaliação, alimentando o princípio do *aprender fazendo*. A avaliação e o monitoramento de atividades e projetos não são tarefas que começam e terminam, mas uma forma de pensar que permeia a estrutura e as práticas institucionais e que molda o designado *manejo adaptativo* (Imbach & Dudley, s/d; Agee, 1996; Halvorson, 1996).

No que se refere às unidades de conservação, essa inquietação apareceu originalmente em 1982, no III Congresso Mundial de Áreas Protegidas. Do evento resultou a publicação do livro *Managing Protected Areas in the Tropics* (MacKinnon et al., 1986), que contém um capítulo exclusivo sobre o assunto e estimulou as organizações e pesquisadores ao exercício prático e à experimentação.

O tema, aparentemente esquecido, reaparece no IV Congresso Mundial de Áreas Protegidas, ocorrido em 1992. A partir desse evento, produziu-se um livro que trazia um capítulo dedicado à avaliação da efetividade do manejo das áreas protegidas, com as diretrizes gerais enfatizando a importância de tal prática. Além de enumerar os componentes básicos a serem considerados (*legislação, objetivos de manejo, limites, plano de manejo, apoio local, pessoal, infraestrutura, financiamento e retroalimentação informativa*), ele destacava a necessidade de um sistema de valoração quali-quantitativa, de integração dos elementos de ameaça à integridade da área, etc. (IUCN, 1993).

Concomitantemente, proclamou-se a urgência de se desenvolver um sistema internacional para mensurar a efetividade do manejo, que i) provesse uma estrutura geral para que um país ou grupos de países desenvolvessem seus próprios sistemas; ii) possibilitasse a coleta de dados periódicos sobre a qualidade do manejo que permitissem comparações; e iii) facilitasse os esforços internacionais no sentido de reforçar o manejo de áreas protegidas através da oferta de guias claros das prioridades de assistência (Phillips, 1993).

Esses e outros trabalhos revelaram o significado dos processos de avaliação e monitoramento da gestão de UCs (Tabela 21.2), bem como a necessidade de procedimentos metodológicos adequados e provados em campo, aspectos que fomentaram vigorosas pesquisas em várias partes do mundo. Em 1996, a IUCN estruturou uma força tarefa para tratar especificamente desse assunto (*Management Effectiveness Task Force*).

Tabela 21.2 Justificativas para efetuar a avaliação da gestão de UCs.

> Permite que o pessoal envolvido no manejo aprenda a construir sobre sua própria experiência, ajustando o curso da gestão para os resultados desejáveis (manejo adaptativo).

> Ajuda a visualizar o grau de implantação e/ou desenvolvimento da área, a eficiência do uso dos recursos disponíveis e as questões que exigem maiores esforços.

> Auxilia ao gestor saber o alcance e as implicações de suas ações frente às metas e os objetivos da UC.

> É uma boa estratégia para a promoção e divisão de responsabilidades entre os participantes do processo de gestão.

> Provê os tomadores de decisão de informação condensada e de fácil visualização sobre a gestão de UCs isoladas ou de um sistema de UCs e as necessidades de mudanças nas estratégias e políticas.

> Auxilia nos processos de planejamento e priorização de ações.

> Possibilita que os organismos financiadores de projetos acompanhem as necessidades reais e as melhorias alcançadas com seu auxílio, facilitando o requerimento de futuros investimentos.

> Possibilita o monitoramento regional, continental e internacional da eficácia de gestão das áreas protegidas de modo homogêneo ao se usar uma rotina metodológica comum ou adaptável às diferentes regiões.

Adaptado de MacKinnon et al. (1990), Faria (1993), Cifuentes et al. (2000), Leverington & Hockings (2004).

Daquele momento em diante, predominou a visão sistêmica. Os indicadores e as escalas usados para a valoração quantitativa passaram a ser mais (e bem) considerados nos processos de avaliação da gestão, cujos resultados contrapõem-se aos informes técnicos volumosos que, apesar de apresentarem argumentos fidedignos a respeito de determinada questão, não traziam as informações sistematizadas e pontuais. Além de tornarem menos eficaz o *feedback* dos tomadores de decisão, esses relatórios representavam um constrangimento para quem produz os diagnósticos e, sobretudo, desperdício de tempo, dinheiro e atividade intelectual.

Indicadores são fatos de ordem qualitativa ou quantitativa, observáveis e mensuráveis, que refletem as características dos produtos e dos processos organizacionais, sendo utilizados para o controle da qualidade e do desempenho de vários tipos de empreendimento (Almeida, 1989; Takashima & Flores, 1997). Não importando a área de seu emprego, os indicadores devem ser selecionados considerando-se: critérios de importância e/ou incidência real sobre o objeto avaliado; simplicidade e clareza; abrangência; acessibilidade dos dados; comparabilidade a referenciais apropriados; baixo custo dos dados de avaliação; credibilidade; e capacidade de mensuração (Galera & Hernandez, 1997; Gandara & Kageyama, 1998; Takashima & Flores, 1997).

Há de se convir que, mesmo usando-se os modelos mais objetivos, factuais, observáveis e de possível experimentação, na avaliação sempre haverá um momento decisivo de formação de juízo, eivado pela interioridade do indivíduo, com seus idealismos ou seus egoísmos, com sua audácia ou os seus medos, com sua consciência ou a sua alienação, com seus valores e crenças ou seus preconceitos e mitos, que de uma ou outra maneira irão compor um conjunto de forças que clarificam ou deturpam a percepção real dos fatos ou situações (Lucena, 1992).

Em 1997, a Comissão Mundial para as Áreas Protegidas (CMAP) da IUCN envidou esforços para o estabelecimento de pautas de referência para medir a eficácia de gestão, visando fundamentalmente à uniformização de linguagens, de forma a facilitar a coleta e a comparação de dados de eficácia de gestão de UCs. O resultado foi a publicação do *Evaluation Effectiveness: A framework for assessing the management of Protected Areas* (Hockings et al., 2000; Hockings et al., 2006), que sugere que o processo de avaliação e monitoramento da gestão responda a algumas questões relevantes, muito bem contemporizadas por Leverington & Hockings (2004): Contexto (*Vision*) – O que somos? Qual nossa Missão? Planejamento (*Planning*) – O que desejamos e como alcançar? Entradas (*Inputs*) – Quais são as necessidades de insumos? Processos (*Processes*) – Como são conduzidas as atividades diárias na UC? Produtos (*Outputs*) – O que foi realizado e que produtos ou serviços foram obtidos? Resultados (*Outcomes*) – O que foi alcançado? Quais os impactos das ações encetadas?

Uma metodologia simples com raízes tupiniquim[3]

No terreno fértil da busca por respostas aos questionamentos sugeridos no IV Congresso Mundial de Parques, foram edificadas várias metodologias e procedimentos direcionados à avaliação e monitoramento da gestão de UCs (Leverington & Hockings, 2004). Dedicaremos-nos a expor alguns resultados de uma metodologia estruturada pioneiramente por pesquisadores brasileiros (Faria, 1993), que posteriormente foi aplicada e desenvolvida por pesquisadores da América Latina (Faria, 1994; Amador et al., 1996; Faria, 1997; Izurieta, 1997; Cayot & Cruz, 1998; Soto, 1998; Mesquista, 1999), culminando no ma-

---

3. O autor é original do estado do Espírito Santo, Brasil, onde no passado habitava esse povo indígena do tronco Tupi.

nual *Medición de la Efectividad del Manejo de Áreas Protegidas* (Cifuentes et al., 2000).

Como um dos precursores desse manual nos permitimos denominar o procedimento de **EMAP**, uma alusão às siglas iniciais do original Evaluación del Manejo de Areas Protegidas, ainda que a mesma metodologia seja conhecida também por WWF/CATIE (Hockings et al., 2006) e *Scenery Matrix* (Pavese et al., 2007).

Os princípios e passos básicos do *EMAP* são:

1. Uso de indicadores, selecionados conforme os objetivos de gestão das UCs a serem avaliadas (Tabela 21.3).

Tabela 21.3 Indicadores adotados no *EMAP* em São Paulo, Brasil (Faria, 2004).

Âmbito/Dimensão	Indicadores
Administração	Administrador; Corpo de funcionários (Quantidade, Qualidade do pessoal, Motivação do pessoal, Atitudes, Apresentação, Autoridade); Financiamento (Financiamento operativo, Financiamento extra, Regularidade do aporte); Geração de recursos; Organização (Arquivos, Organograma, Comunicação interna, Normatização); Infraestrutura (Instalações básicas, Instalações especiais, Salubridade, Segurança, Acessos); Equipamentos e materiais; Demarcação de limites.
Planejamento	Plano de manejo (Existência e atualidade, Equipe de planejamento, Método, Execução do plano); Nível de planejamento (Plano Operativo Anual); Zoneamento da área; Compatibilidade dos usos (Legais e ilegais); Programas de manejo (Existência e execução).
Político-legal	Apoio e participação comunitária; Apoio intrainstitucional Apoio interinstitucional; Diploma de criação; Situação fundiária; Respaldo ao pessoal; Capacitação; Aplicação e cumprimento de normas.
Qualidade de recursos (condições ecológicas)	Tamanho; Forma; Insularidade; Áreas alteradas; Integridade das cabeceiras das bacias; Exploração de recursos na unidade; Compatibilidade do uso do entorno com objetivos; Ameaças.
Conhecimentos	Informação socioeconômica; Informação biofísica; Informação cartográfica; Informação legal; Pesquisas e projetos; Monitoramento; e Retroalimentação.

2. Definição de cenários para cada um dos indicadores: um cenário ótimo, ou ideal, e um cenário atual ou a situação encontrada na área.

3. Articulação desses cenários, de forma a obter diferentes padrões de qualidade, cenários alternativos passíveis de ocorrer no campo.

4. Associação de cada cenário a um valor de uma escala com 5 níveis de qualidade[4] (Tabela 21.4), em que o maior valor reflete o cenário ótimo e o menor, as condições totalmente opostas ao alcance dos objetivos de gestão da área. Os cenários intermediários são associados aos demais valores.

Tabela 21.4 Escala usada para avaliar os indicadores.

Pontuação	Relação porcentual entre situação ótima e atual do indicador (%)	Padrão de qualidade
0	0-40	Padrão muito inferior
1	41-55	Padrão inferior
2	55-70	Padrão mediano
3	71-85	Padrão elevado
4	86-100	Padrão de excelência

5. Análise dos indicadores, a partir de diagnósticos realizados através de informações secundárias e primárias. A pontuação obtida para os indicadores é disposta em uma matriz e refere-se à situação atual, ou padrão de qualidade, encontrada na UC.

6. Qualificação da eficácia de gestão (EfG), por meio da comparação do "total alcançado" (somatório das pontuações alcançadas a partir da análise da situação atual dos indicadores) com o "total ótimo" (somatório das maiores pontuações possíveis de serem obtidas – 100%). A grandeza (em porcentagem) resultante é correlacionada a uma escala que classifica o padrão de qualidade da gestão, também com 5 níveis, com as mesmas amplitudes de classe da escala usada para a valoração dos indicadores.

$$EfG = \frac{Total\ alcançado}{Total\ ótimo} \times 100$$

Esse procedimento apresenta um diferencial, pois considera a construção de *cenários*, uma ferramenta oriunda do planejamento prospectivo, no qual os atores e as situações se inter-relacionam para a construção de um

---

4. Esse tipo de escala com 5 níveis de qualidade possui sensibilidade para recuperar conceitos aristotélicos da manifestação de qualidades, pois reconhece a oposição entre contrários, reconhece gradiente e reconhece a situação intermediária (Lickert, 1932 apud Pereira, 1999, p. 64).

modelo dinâmico da realidade. Tal modelo engloba os objetivos e as metas traçadas, a disponibilidade de recursos e prazos para se obter resultados, ressaltando a dinâmica espacial e temporal, já que cada cenário se refere a uma circunstância específica, em um momento e lugar determinados.

Seu emprego em biomas e contextos sociopolíticos diferentes, com maiores ou menores adaptações e ajustes, inclusão de novos e específicos indicadores e hipóteses concorrentes, aponta para as qualidades técnicas e operacionais do procedimento, seja por sua simplicidade estrutural, seja pela flexibilidade adaptativa às situações e condições de trabalho (Brito, 2000; Padovan & Lederman, 2001; Fundación Natura, 2002; Mesquita, 2002; Queiroz, 2002; Lima, 2003; Araújo, 2004; Faria, 2004; Debertir, 2006; Costa, 2007). Também inspirou outros trabalhos congêneres, elevando o nível desses estudos (Artaza-Barrios & Schiavetti, 2007; Macedo, 2008; Rubio & Filho, 2009; Pellin, 2010; Bonatto et al., s/d).

Os principais produtos do *EMAP* estão focados nas dimensões *Vision, Planning, Inputs, Process* e *Outputs* (Hockings, 2000), sem, contudo, menosprezar as demais dimensões recomendadas pela IUCN.

Aplicação do *EMAP* em UCs de São Paulo, Brasil, em 2004

Em Faria (2007), discorremos sobre a aplicação do *EMAP* sobre 59 áreas protegidas do estado de São Paulo em 2004, em decorrência de uma tese de doutoramento. Desta feita voltamos a apresentar o mesmo estudo, só que de forma mais resumida. Naquele de então participaram 28 Parques Estaduais, 12 Estações Ecológicas, 1 Reserva Estadual, 2 Florestas Estaduais, 15 Estações Experimentais e 1 Horto Florestal, abarcando 69% das unidades e 90% da superfície total sob a guarda do Instituto Florestal (IF), que à época respondia pela gestão das UCs paulistas. A totalidade dos resultados dessa pesquisa encontra-se em Faria (2004).

A coleta de informações passou por entrevistas com pesquisadores, usuários, gestores e funcionários, ademais da realização de oficinas de avaliação participativas e visitas de campo para aferir informação (Figura 21.2).

Obteve-se então uma visão aproximada do estado geral da organização quanto às suas políticas voltadas para planejamento, pesquisa, infraestrutura, recursos humanos e financeiros, fatores que se refletiam nas condições encontradas nas UCs. Havia uma inadequação dos parâmetros qualitativos e quantitativos do manejo, com carência de profissionais qualificados, inexistência de diretrizes para a capacitação continuada dos recursos humanos, insuficiência de recursos financeiros, sucateamento da frota de veículos e máquinas, ineficiente manejo das unidades de uso sustentável, até aspectos mais graves, como a expressiva fragilidade política da organização, culminando com equívocos desastrosos relativos à missão institucional.[5]

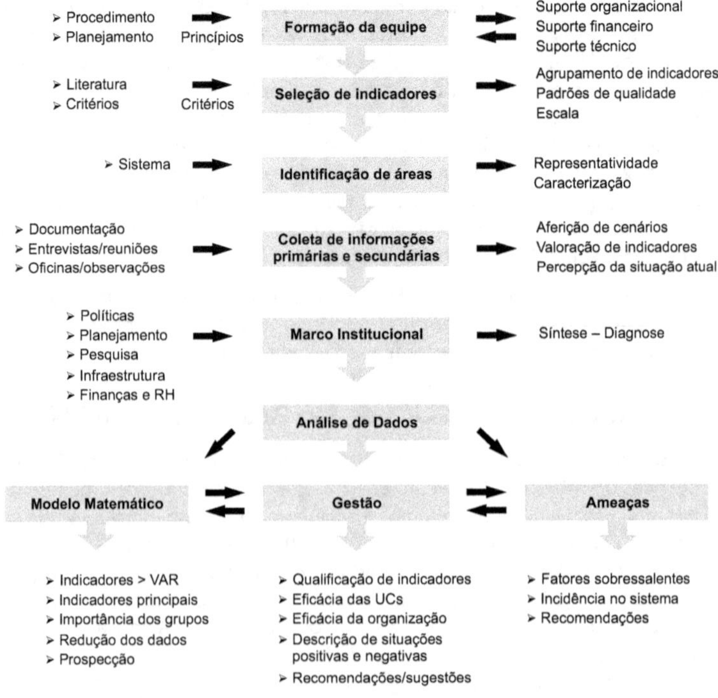

Figura 21.2 Fluxograma geral do emprego do *EMAP* em UCs do estado de São Paulo, Brasil (Faria, 2004).

A organização carecia de sistemas de planejamento de curto, médio e longo prazo e de uma real valorização enquanto responsável pela maioria das unidades de conservação que encerram a biodiversidade do Estado. A

---

5. A Missão do Instituto Florestal era: *"Proteger, pesquisar e recuperar a biodiversidade e o patrimônio natural e cultural a ela associados, na perspectiva do desenvolvimento sustentável do estado de São Paulo"*.

involução de sua economia e do seu quadro de pessoal não refletia a atual crise mundial, os efeitos da globalização ou a filosofia dos governos neoliberais, mas sim o estado a que chegam as organizações que não se preocupam em construir, no presente, as condições estruturais necessárias para 'dominar' o futuro que virá, com planos e lideranças consistentes.

Faria (2006) apresenta uma análise de regressão múltipla aplicada aos dados dos cinco grupos de indicadores incidentes apenas sobre as unidades de conservação de proteção integral (UCPI), demonstrando que o grupo 'administrativo' foi mais importante, explicando 70% dos resultados finais obtidos. O segundo grupo de indicadores mais importante foi 'conhecimentos' (Barbosa et al., 2007), que juntamente com o primeiro grupo influenciou em 89,15% os resultados finais. O terceiro lugar em importância coube ao indicador político/legal, cuja entrada soma 3,32% de explicação e resulta em um modelo matemático que tem uma influência de 92,24% sobre os resultados finais obtidos. Na sequência, vieram os indicadores de qualidade dos recursos e planejamento e ordenamento, que agregaram pouca explicação ao modelo, respectivamente 5,25% e 2,28%.

Uma análise multivariada, através da Análise de Componentes Principais, aplicada sobre os 35 indicadores incidentes apenas sobre as 41 unidades de proteção integral, mostrou que 26 deles (com asteriscos na Figura 21.3) foram os grandes responsáveis pelas diferenças entre as amostras, na medida em que apresentaram maior variabilidade na pontuação geral. Isso é uma indicação para a priorização objetiva de investimentos, já que tais indicadores servem de balizamento, tendo-se por parâmetro as UCs que alcançaram melhores pontuações para os mesmos.

As ameaças externas mais notáveis e identificáveis ainda eram oriundas da exploração ilegal dos recursos protegidos. A caça, a pesca e a extração de produtos da floresta são causadores de sérios danos à biota e, por essa razão, as administrações são levadas a tomar decisões no sentido de priorizar a fiscalização em detrimento da estruturação das unidades em termos de uso público e pesquisa, por exemplo.

Em seguida está o uso dado ao entorno, que muitas vezes isola a UC de conexões ecológicas com outros fragmentos locais. Em grande parte das UCs, a utilização do entorno se faz em total desacordo com o conceito de uso racional ou sustentado dos recursos, no limiar da completa urbanização. Relativamente à ocupação ilegal, a atenção volta-se para a falta de solução política para as invasões empreendidas por movimentos sociais (sem-terras e indígenas) em importantes áreas protegidas do Estado.

Figura 21.3 Padrão de qualidade dos indicadores de gestão para as unidades de conservação de proteção integral pesquisadas.

Nas UCs localizadas no interior paulista, submetidas a períodos maiores de estiagem, os incêndios florestais são fonte de intensos danos aos recursos biológicos. Um novo fator de ameaça, até então não explicitado pelos diretores das UCs paulistas, é a ocorrência de impactos causados por estradas de rodagem, aspecto merecedor de mais atenção, de coordenação e articulação com os organismos competentes.

A própria percepção dos diretores impõe novos paradigmas para a gestão das áreas protegidas. O uso do entorno é uma clara referência das ameaças de origem externa, confirmando que os desafios para proteger melhor as unidades de conservação estão mais fora que dentro delas e exigem ações que considerem as fontes causadoras dos problemas. O elevado porcentual de unidades que admitiram a falta de um apoio político mais consistente da sociedade confirma a necessidade de redirecionar os esforços.

Em relação às ameaças internas, ficaram claros os obstáculos a uma gestão eficaz decorrentes da inadequação dos recursos humanos e financeiros. A falta de planejamento adequado, a inexistência de plano de manejo e de programas de gestão estruturados conformam a terceira grande ameaça interna, seguida das deficiências na condução de processos, notadamente administrativos e peculiares à burocracia estatal. As UCs estão sujeitas à ociosidade da organização nas tomadas de decisão, à falta de atitude nos momentos de necessário enfrentamento e à omissão no delineamento de diretrizes e políticas para sanar as lacunas existentes. Suas debilidades se fundam na debilidade da organização, que não se modernizou para atender às demandas da sociedade e de um mundo em constantes mudanças.

Ainda que a burocracia seja inerente a toda e qualquer organização, havia fortes evidências de que os procedimentos administrativos podiam ser melhorados, pois as mesmas coisas estavam sendo feitas da mesma maneira há décadas, sem que se buscassem formas mais eficientes para tal. Os dados apontaram que havia um discernimento relativamente novo de que os maiores problemas estavam dentro da própria estrutura organizacional e de que suas soluções passavam, necessariamente, por um maior envolvimento da comunidade interna em seus desígnios e adequação da estrutura e dos processos organizacionais à realidade (Faria & Pires, 2005).

Em 2004, seis UCs alcançaram um padrão elevado de eficácia de gestão, sendo que os fatores e meios para o manejo existiam e as atividades essenciais eram desenvolvidas a contento, tendendo para o alcance dos objetivos da unidade, inclusive mediante a efetivação de programas de manejo especiais, tais como educação ambiental, ecoturismo e participação efetiva no desenvolvimento do entorno.

Em vinte e duas unidades, a gestão alcançou um padrão medianamente satisfatório, com deficiências para o desenvolvimento de todos os programas essenciais, podendo não ocorrer o atendimento de alguns dos objetivos secundários de manejo.

Vinte e sete UCs apresentaram padrão inferior de gestão; havia recursos para o manejo, mas as áreas estavam vulneráveis a fatores externos e/ou internos. Os meios disponíveis para as atividades essenciais do manejo eram mínimos, implicando o não alcance de alguns dos objetivos primários.

Quatro unidades obtiveram pontuações abaixo de 40% do total dos pontos distribuídos, caracterizando a completa falta de implementação de ações visando construir alguma base para se proceder à gestão propriamente dita. Inexistiam muitos elementos para o manejo, e essa situação não garantia a permanência da unidade no longo prazo.

O índice médio da eficácia de gestão dentre todas as 41 UCs de proteção integral englobadas nesta avaliação ficou em **55 pontos**, garantindo a esse subsistema um padrão de gestão **Mediano**, com o índice no limite inferior da classe.

Painel de Qualidade Ambiental 2009

Ainda que no mundo tenham ocorrido diversas dessas iniciativas que, segundo o WWF, somam mais de 4000,[6] é possível afirmar sobre a dificuldade de fazer com que as organizações responsáveis pela gestão de UCs internalizem a necessidade e envidem esforços para avaliar a eficácia da gestão aplicada sobre essas áreas. Não importando o modelo adotado, essas ferramentas são tão importantes quanto os planos de manejo, mas ainda não emplacaram de vez. Os motivos não são muitos, mas basta uma breve reflexão sobre os dizeres da Tabela 21.1 para se chegar a algumas conclusões. Contudo, o medo ou receio de qualquer rotina de avaliação ainda é o grande vilão neste capítulo da gestão de UCs, pois esses procedimentos são reveladores e seus desdobramentos inevitáveis e incertos. Significa dizer que o momento mais imperativo e complexo a afligir qualquer organização está no instante em que se opta pela avaliação do desempenho.

Assim sendo, de modo muito pertinente, em 2007, implantou-se no estado de São Paulo uma política ambiental não mais para a Serra do Mar ou para seu Litoral, mas para todo o território paulista, abarcando vários programas e incluindo as áreas especialmente protegidas. O elenco das ações desenvolvidas pela Secretaria de Meio Ambiente resultou no documento "Painel da Qualidade Ambiental de São Paulo" (São Paulo, SMA, 2009), no qual se dá ênfase à qualificação de indicadores associados às ações encetadas.

Sobretudo, o Painel visa tornar público as principais informações ambientais do Estado de São Paulo, retratando a situação de qualidade ambiental no estado no afã de conscientizar a população, transmitir conheci-

---

6. www.wwf.org.br/informacoes/especiais/gestao_de_unidades_de_conservacao/
efetividade_de_gestao_de_unidades_de_conservacao2/.

mento, provocar reflexões, estimular a mudança de atitudes e criar nova consciência ambiental.

Dentre os vários indicadores ambientais estabelecidos encontramos o de 'Biodiversidade', composto pelos seguintes subindicadores: Cobertura Vegetal Total, Reserva Legal Averbada e/ou Compensada, Mata Ciliar Cadastrada, Índice de Espécies da Fauna Ameaçadas de Extinção e Eficácia da Gestão de Unidades de Conservação.

Coube à Fundação Florestal[7] capitanear o processo visando mostrar à sociedade o desempenho da gestão das UCs paulistas, que em 2008 se distribuíam conforme a Tabela 21.5.

Tabela 21.5 Unidades de conservação estaduais de São Paulo em 2008.

Categoria	Quantidade	Superfície (hectares)
Proteção Integral		
Reserva Estadual	1	55
Parque Ecológico	2	378
Reserva de Vida Silvestre	1	481
Estação Ecológica	15	111.639
Parque Estadual	28	747.290
Subtotal	47	862.066,00
Uso Sustentável		
Floresta Estadual	1	2.223
Área de Proteção Ambiental	30	3.672.054
Reserva Extrativista	2	1063
Res. Desenvolvimento Sustentável	7	18061
Área de Relevante Interesse Ecológico	2	1063
Subtotal	42	3.693.969,00
TOTAL	89	4.556.035

---

7. Visando dar ao sistema das UCs paulistas uma maior eficiência e eficácia, o governo do estado reformulou a estrutura gerencial das unidades de conservação sob responsabilidade da SMA através da edição do Decreto nº 51.453, de 29 de dezembro de 2006, instituindo o Sistema Estadual de Florestas – SIEFLOR, que atribui à Fundação Florestal a gestão das UCs paulistas reconhecidas pelo SNUC.

Sob as diretivas da SMA, a Fundação precisava adotar algum método que lhe permitisse auferir dados e informações e, sobretudo, um índice simples e objetivo que demonstrasse em que medida essas áreas cumpriam com seus objetivos de criação e de manejo.

Após consultas e análises, e pelo fato de haver nos quadros da Fundação um especialista afeito ao método, adotou-se o *EMAP* em sua última versão (Faria, 2004), assumindo-se indicadores originais e construindo-se novos, porém em menor quantidade e com incidência mais pontual, pois a aplicação integral do conjunto original demandaria muito mais tempo e logísticas que os disponíveis.

O critério mais importante ao selecioná-los foi a relação com as ações que estavam sendo gestadas, de modo a avaliar o alcance de metas da gestão que se desdobrava, colocando em prática a flexibilidade defendida pelos idealizadores do método, se bem que aqui já não se contempla todas as dimensões preconizadas pela IUCN, concentrando-se em *Planning, Process* e *Outputs*.

Dessa forma, o índice *EMAP* foi composto por quatro subindicadores:

♦ Qualidade dos Recursos protegidos pretende aferir o estado atual das UCs em relação a condições biofísicas determinantes para a sua conservação e manutenção no longo prazo.

♦ Gestão visou apontar a capacidade e o suporte institucional na condução e aplicação das políticas e metas estabelecidas para as unidades.

♦ Uso Social e/ou Interação Socioambiental indica em que medida as unidades de conservação se relacionam com as comunidades vizinhas e com a sociedade como um todo, formal ou informalmente.

♦ Qualidade de Vida da população beneficiária, quando se trata das Reservas de Desenvolvimento Sustentável e Reservas Extrativistas, indicando como a criação e a gestão dessas UCs promove as melhorias requeridas pelos beneficiários.

Para cada um dos subindicadores acima, foram definidas variáveis a serem mensuradas pelos gestores das UCs. Estes receberam em seus respectivos locais de trabalho mensagens eletrônicas contendo um formulário e as devidas explicações de como respondê-lo, porém muitos deles já haviam participado de iniciativas congêneres há alguns anos (Faria, 2004; WWF-Brasil et al., 2004).

Visando contornar o problema das sobre e subavaliações, respectivamente, o profissional que deseja mostrar o que na realidade inexiste para que seu conceito se eleve ou se mantenha perante seus superiores e aquele que, apesar de trabalhar arduamente para o alcance dos objetivos da UC, se mantém numa postura incomodamente modesta, balizaram-se os resultados por meio da instituição de um grupo técnico integrado por gerentes e diretores do sistema de UCs sediados na capital do estado. Entretanto, quase nenhum acerto foi necessário nessa primeira avaliação para o Painel, corroborando a afirmativa que fizemos, ainda em 2004, de que o entendimento dos critérios metodológicos e a postura dos gestores permitiam auferir mais de 90% de concordância nas respostas (Faria, 2004, p. 135). A Tabela 21.6 explicita tais componentes.

Relativo à situação de 2008, as unidades de conservação de **Proteção Integral** gerenciadas pela Fundação Florestal apresentaram **60** pontos de Eficácia da Gestão e as unidades de conservação de **Uso Sustentável** obtiveram **49** pontos de Eficácia, respectivamente, **Padrão Mediano** e **Inferior** de qualidade de gestão.

Na pontuação obtida pelas UCs de uso sustentável está embutido o fato de essas áreas não possuírem um histórico e tradição de gestão como os parques estaduais, sendo efetivamente geridas a partir do momento que assumidas pela Fundação Florestal em 2007, portanto, com enormes desafios e obstáculos a serem transpostos pelos técnicos envolvidos nessa empreitada.

Painel de Qualidade Ambiental 2010

A iniciativa do Painel foi adotada com a intenção de ser editada anualmente, de vez que nova avaliação se processou em 2010 (São Paulo, SMA, 2010), agora não mais sob a condução de um especialista afeito ao procedimento metodológico, mas por técnicos ocupantes de cargos de direção da Fundação Florestal, implicando uma modificação conceitual e metodológica do procedimento original.

Os leitores estudiosos poderão verificar que no texto de 2010, à página 27, informa-se que, "*a partir da análise das quatro variáveis, para cada Unidade de Conservação avaliada é atribuída uma nota, que varia de 0 a 100*", um flagrante equívoco que pode desdizer a integralidade da iniciativa, posto que pelo método original as notas atribuídas às variáveis vão de 1 a 5. Somado a esse deslize, ao apresentar a valoração de 2010 referente ao período 2009, faz-se uma ressalva à página 27 de que o índice para as UCs de proteção integral na versão anterior do Painel foi 'revisado', constando como o valor correto 55 pontos, em vez de 60, sem, contudo, explicitar os porquês desse proceder.[8]

Apesar desses pontos discutíveis é digno destacar a iniciativa e sua continuidade, ainda que não se tenha avançado nas discussões sobre os indicadores, subindicadores e variáveis usadas, motivando uma maior participação dos gestores na formulação metodológico-operacional.

As UCs de proteção integral obtiveram, em 2010, **67** pontos, enquanto as unidades de conservação de uso sustentável, **54** pontos, qualificando a eficácia de gestão como de **Padrão Mediano** e **Inferior**, respectivamente, ambos próximos aos limites para galgar patamares superiores de qualificação.

Segundo esse Painel, as ações determinantes para as unidades de proteção integral obterem tal índice foram a intensificação dos trabalhos com vistas à consecução de planos de manejo; constituição de dezenas de conselhos consultivos; implantação de programas com ênfase no uso público e educação ambiental; designação de gestores para muitas UCs que não os possuíam; implantação de infraestrutura para a gestão e uso público; incremento na celebração de parcerias; incremento nas ações de fiscalização e proteção através da contratação de serviços terceirizados e de parcerias com a Polícia Militar Ambiental.

Para as unidades de uso sustentável, as ações que contribuíram para a melhoria do índice foram: formação dos conselhos gestores, as atividades necessárias à elaboração dos planos de manejo e as ações de padronização do sistema de gestão.

No geral persistiram deficiências muito pontuais que impediam que alguns dos objetivos e metas traçados não fossem atendidos com plenitude, mas em geral os índices demonstraram que as UCs possuíam as condições mínimas necessárias para o manejo efetivo, eram reconhecidas e institucionalizadas, os recursos protegidos apresentavam sinais de integridade e sustentabilidade e as áreas estavam disponíveis e a serviço da sociedade paulista.

---

8. Foram solicitadas informações a respeito, mas as mesmas não foram oferecidas até o momento de fechar o artigo. Merece reflexão essa questão, pois aqui parece haver uma subavaliação, por meio da revisão de dados anteriores, aumentando a consecução de pontos adicionais no período posterior visando melhorar a qualidade e o perfil de gestores do sistema. É necessário atentar que, no procedimento original (Faria, 1993; Cifuentes et al., 2000), quanto maior a nota de determinada UC mais difícil e árduas serão as tarefas para galgar níveis mais elevados de pontuação.

Tabela 21.6 Fatores usados na avaliação da gestão de UCs paulistas gerenciadas pela Fundação Florestal (São Paulo, SMA, 2009; 2010).

Subindicador	Variáveis
Qualidade dos Recursos Protegidos Em função dos altos índices de fragmentação da paisagem são avaliados fatores determinantes ao cumprimento dos objetivos de manejo das UCs, seja em função do design e outros fatores envolvidos. Um exemplo hipotético é ter como objetivo de uma UC a conservação de determinadas espécies, sem que sua superfície suporte, no longo prazo, a conservação da amostra de ecossistema.	➤ Tamanho ➤ Forma ➤ Insularidade ➤ Porcentagem de áreas alteradas nas UCs ➤ Integridade das cabeceiras das bacias hidrográficas ➤ Exploração de recursos naturais dentro das unidades ➤ Forma predominante de uso do entorno
Gestão Está relacionada à capacidade institucional para gerir os recursos protegidos, o que depende diretamente das condições objetivas e dos instrumentos de que as UCs dispõem para conduzir a aplicação das políticas e metas estabelecidas para a unidade. Assim, nesse grupo são inseridos componentes imprescindíveis ao processo técnico e político para uma gestão eficaz.	➤ Existência do plano de manejo ➤ Execução do plano ➤ Nível de planejamento ➤ Situação fundiária ➤ Demarcação física da UC ➤ Infraestrutura ➤ Compatibilidade dos usos com os objetivos da unidade ➤ Monitoramento e retroalimentação ➤ Ameaças à unidade ➤ Reconhecimento da UC pela população residente (UC Uso Sustentável)
Interação Socioambiental "As unidades de conservação são as únicas criações da civilização moderna dedicadas a beneficiar a humanidade como um todo." Dentro dessa filosofia, as UCs demandam ações que busquem oferecer estes benefícios, seja na participação direta na gestão, através dos conselhos consultivos e outras instâncias colegiadas, nas relações com outras organizações para dirimir conflitos e busca do desenvolvimento sustentado local, na oferta e controle do espaço para a realização de pesquisas científicas, na realização de eventos socioambientais e, sobretudo, nas relações com as comunidades do entorno.	➤ Apoio e participação comunitária ➤ Apoio e/ou relacionamento interinstitucional ➤ Programa de manejo específico ➤ Pesquisas e projetos ➤ Comunicação socioambiental
Qualidade de Vida da População RESEX e RDSs são categorias de gestão recentemente criadas em São Paulo. O manejo deve compatibilizar a conservação e manutenção dos recursos, por meio do uso sustentável, e garantir o acesso das populações tradicionais aos benefícios advindos das políticas públicas estaduais.	➤ Existência de infraestrutura básica (acessos, saneamento básico, energia, comunicação). ➤ Acesso à educação e saúde ➤ Acesso à cultura e lazer ➤ Geração de renda decorrente da criação da UC

O conjunto apresentou tendências à superação dos obstáculos revelados em função dos esforços dirigidos à estruturação e ao planejamento do sistema, à capacitação técnica e à solução de conflitos, havendo unidades de conservação com elevados padrões de eficácia, com notáveis desempenhos para as variáveis analisadas, alçando-as a modelos a serem perseguidos.

Neste ultimo Painel, a Fundação Florestal expressa a expectativa de que, a continuar os esforços para o aprimoramento da gestão das UCs, para o próximo período (2011) poderá haver uma elevação de até 7 pontos no índice, com as UCPIs chegando à gestão de Padrão Elevado e as UCUS ao Padrão Mediano. Trabalhemos para isso e que assim seja!

Enfim...

Procuramos mostrar um pouco de nossa própria experiência sobre a avaliação da efetividade de manejo de áreas protegidas, tema que, trazido a debate há quase duas décadas, apresenta-se atual, moderno e fundamental se desejamos gestões eficazes. Permitimo-nos afirmar que, dada a sua relevância para que a gestão alcance padrões de qualidade elevados, o monitoramento constitui-se em um novo desafio e paradigma para os profissionais e organizações gestoras de UCs, na medida em que seus produtos se intrincam à gestão da informação, à retroalimentação, ao planejamento e à tomada de decisão do sistema gerencial.

Muito embora o método que ajudamos a desenvolver seja objetivo e gere informações de inequívoca validade, isso só acontece se houver o perfeito entendimento e aplicação dos critérios de avaliação, seja pelos técnicos que conduzem a avaliação, seja pelas pessoas e profissionais envolvidos no processo. Ou seja, ao se proceder à avaliação ou à autoavaliação, parte-se do princípio de que não ocorrerão erros de julgamento motivados pelo não entendimento dos conceitos arrolados.

Os resultados da aplicação do *EMAP* em São Paulo podem confundir ou assustar os leitores desta obra, já que as áreas enfocadas estão localizadas no estado mais desenvolvido da União, mas apresentaram níveis de efetividade ainda baixos, mesmo que com tendência a melhorar, ademais de problemas antigos e emblemáticos.

Quem conhece um pouco o estado de São Paulo há de convir que suas UCs encerram belíssimas paisagens e rico acervo biológico e cultural, no entanto, o 'sistema' há muito requeria reformas e mudanças organizacionais para fazer frente à missão, privilegiada, de conservar e prover benefícios à sociedade, uma agenda eivada de positividade. De certo modo isso aconteceu com o advento do Sistema Estadual de Florestas em 2007.

A alteração dos índices de eficácia de gestão ocorrido no Painel de Qualidade Ambiental 2010, para o qual não houve elucidação, é o fato que corrobora a necessidade de intervenção, participação e condução do processo por parte de especialista que se mantenha apartado dos interesses pessoais e organizacionais, profissional que seja respeitado e acreditado como o 'fiel da balança' e não permita acontecer, ou minimize, as tais 'sobre' e 'sub' avaliações.

Mas se isso não é possível, que seja eleita a ética como grande parâmetro e balizador para o provimento de confiabilidade aos resultados, idoneidade à organização e lisura aos participantes dessas iniciativas. Essa questão interpõe a necessidade de um reexame procedimental para as futuras avaliações, fundamentalmente para que esta prática seja institucionalizada como rotina gerencial e não simplesmente assumida para o simples cumprimento de agendas políticas ou administrativas.

Contudo, vale ressaltar a modernização impelida pela SMA e pela Fundação Florestal na gestão das UCs paulistas após o advento do SIEFLOR, com a adoção de procedimentos administrativos e de planejamentos mais coerentes, a criação de várias UCs marinhas e terrestres, o planejamento de mosaicos de UCs, a concentração de esforços na elaboração de planos de manejo para várias categorias de gestão, a melhoria da participação e do diálogo com a sociedade civil, a batalha pelo aumento do orçamento das UCs, a captação de recursos advindos de compensações ambientais para a implantação de planos de manejo, a formulação de estratégias contra espécies exóticas invasoras, educação ambiental, dentre outras linhas.

Procede considerar, neste contexto, que a criação de novas UCs no estado de São Paulo, assim como no país, não foi acompanhada pelo aumento do orçamento para o sistema, fazendo com que o rateio dos recursos se amplie com a consequente diminuição das possibilidades de elevação do nível de eficácia de gestão. Mas, se os níveis de investimento não aumentam, é possível elevar a qualidade da gestão apenas com a modernidade da organização, com novos modelos de diagnósticos, eliminação de tempos ociosos, fomento de novas lideranças, observação do '*time*' das decisões, capacitação de seu *staff*, adequação da estrutura à missão institucional, monitoramento, etc.

Além de ser uma ferramenta para o fortalecimento institucional, avaliar e monitorar a gestão das unidades de conservação é uma 'vigília' intrínseca à manutenção do patrimônio natural e cultural protegido, pois o maior legado dessa atividade (que deveria ser uma diretriz política das organizações) é impulsionar ações que possibilitem atingir os objetivos de criação das unidades de conservação. Infelizmente, em que pese a diversidade e seriedade das técnicas destinadas à avaliação do desempenho das UCs, ademais das centenas de iniciativas congêneres pelo mundo, as instituições precisam compreender e incorporar o acompanhamento de desempenho gerencial em suas políticas se desejarem alcançar gestões mais efetivas e a excelência organizacional.

Aproveito para expressar os meus agradecimentos à MacArthur Foundation e Fundação O Boticário, à Fapesp e ao Instituto Florestal pelos suportes ao trabalho finalizado em 2004; agradeço à Fundação Florestal pela adoção do *EMAP* como modelo nas avaliações efetuadas em 2009 e 2010, sobretudo ao seu então diretor executivo José Wagner Amaral Neto pela oportunidade de me permitir participar na implantação desse processo de avaliação do desempenho gerencial das UCs paulistas. E agradeço também aos organizadores deste livro, Marcos Araújo, Cleani Paraiso Marques e Rogério F. B. Cabral pelo convite para participar desta excelente obra.

Avaliação comparada das aplicações do método Rappam nas unidades de conservação federais, nos ciclos 2005-06 e 2010

22

Marcelo Rodrigues Kinouchi • Lilian Letícia Mitiko Hangae • Mariana Napolitano e Ferreira • Giovanna Palazzi • Marisete Inês Santin Catapan • Cristina Onaga • Maria Auxiliadora Drumond • Lúcia de Fátima Lima • Silvia Luciano de Souza

Este trabalho apresenta uma síntese dos resultados da parceria desenvolvida entre o Instituto Chico Mendes de Conservação da Biodiversidade – ICMBio e o WWF-Brasil para avaliar a efetividade da gestão das unidades de conservação (UCs) federais com base na aplicação do método Rappam – *Rapid Assessment and Prioritization of Protected Area Management* (Ervin, 2003c). No texto são apresentados os resultados comparativos entre as aplicações do Rappam nos ciclos de 2005-06 e 2010, tendo por foco a análise dos *elementos* e *módulos* que estruturam a composição do índice de efetividade de gestão da UC.

Inicialmente são descritos os princípios elementares do método Rappam, relatando brevemente o seu histórico e os fundamentos das análises de efetividade de gestão em unidades de conservação. A seguir, são mostrados os resultados comparativos das aplicações do Rappam nas UCs federais, realizadas nos anos de 2005-06 (primeiro ciclo) e 2010 (segundo ciclo), apresentando-os tanto de forma consolidada, segundo os diferentes elementos e módulos que estruturam a análise de efetividade de gestão, como também detalhados, segundo as questões componentes de cada um dos módulos específicos.

O método Rappam

Histórico e fundamentos

No ano de 1995, a Comissão Mundial de Áreas Protegidas (*World Commission on Protected Areas – WCPA/UICN*) estabeleceu um grupo de trabalho para examinar diferentes questões referentes à efetividade de gestão de áreas protegidas. A partir dos resultados desses estudos, a WCPA desenvolveu um quadro referencial que forneceu a base para o desenvolvimento de diferentes ferramentas e métodos de avaliação da gestão dessas áreas (HOCKINGS *et al.*, 2000). Esse quadro referencial toma por base o ciclo de planejamento, implementação e avaliação, no qual as análises podem fornecer informações e dar subsídio para esclarecer diferentes dúvidas referentes a cada etapa do ciclo de gestão (Figura 22.1).

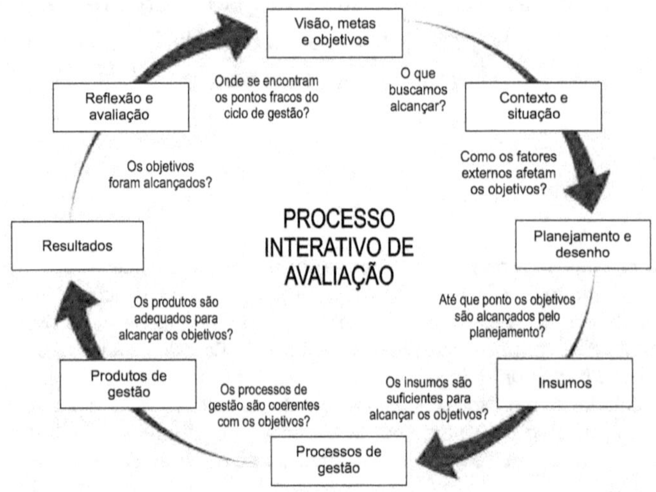

Figura 22.1 Ciclo de gestão e avaliação proposto pela Comissão Mundial de Áreas Protegidas da União Mundial para a Natureza (adaptado de Hockings et al., 2000).

A metodologia Rappam, desenvolvida pelo WWF entre os anos de 1999 e 2002, constitui um dos vários métodos de avaliação da efetividade de gestão de áreas protegidas compatíveis com o referencial proposto pela WCPA (Ervin, 2003c). Seu objetivo é oferecer aos tomadores de decisão e formadores de políticas relacionadas a unidades de conservação uma ferramenta simples para identificar as principais tendências e os aspectos que necessitam ser considerados, para se alcançar uma melhor efetividade de gestão em um dado sistema ou grupo de áreas protegidas. O método tem sido implementado em cerca de 53 países e em mais de 1600 áreas protegidas na Europa, Ásia, África, América Latina e Caribe (Leverington et al., 2010).

O Rappam foi aplicado no Brasil pela primeira vez em 2004, no estado de São Paulo, nas unidades de conservação localizadas no litoral, Vale do Ribeira, Vale do Paraíba, Serra da Mantiqueira, Alto Paranapanema e Região Metropolitana da capital. Em 2005 iniciou-se a aplicação do Rappam nas UCs federais, primeiramente da Amazônia, estendendo-se em 2006 para os demais biomas. Com a definição institucional do Instituto Chico Mendes de Conservação da Biodiversidade (ICMBio) de implementar um processo de monitoramento sistemático nessas áreas, decidiu-se pela aplicação de um segundo ciclo de avaliação.

A análise de efetividade de gestão

A avaliação da efetividade de gestão proposta no método Rappam busca indicar se as ações desenvolvidas atendem às necessidades das unidades de conservação avaliadas de modo a garantir que seus objetivos sejam alcançados. A estrutura de seu questionário baseia-se em cinco **elementos** do ciclo de gestão e avaliação (contexto, planejamento, insumos, processos e resultados), sendo cada elemento composto por temas específicos, abordados em diferentes **módulos temáticos**. A Tabela 22.1 apresenta a estrutura geral do questionário aplicado.

O elemento **contexto** busca evidenciar o cenário atual em que se encontra a unidade de conservação, considerando o seu perfil (objetivo, tamanho, equipe de trabalho, tempo de criação, etc.), as pressões e as ameaças que incidem sobre a área protegida, a sua importância biológica e socioeconômica e seu grau de vulnerabilidade.

A **efetividade de gestão** da UC é definida com base nos elementos planejamento, insumos, processos e resultados. O **planejamento** da UC é avaliado a partir de informações sobre seu objetivo, amparo legal e desenho e planejamento territorial (módulos 6, 7 e 8). O elemento **insumos** inclui a análise sobre recursos humanos, de comunicação e informação, infraestrutura e financeiros (módulos 9, 10, 11 e 12). O elemento **processos** é avaliado tomando por base o planejamento da gestão, a tomada de decisões e o desenvolvimento de pesquisas, avaliação e monitoramento realizados na UC (módulos 13, 14 e 15), e o elemento **resultados** (módulo 16) busca evidenciar as ações desenvolvidas nos dois anos anteriores à data da aplicação do questionário. Assim, a valoração da efetividade de gestão é obtida a partir da agregação de respostas das diversas questões que integram cada módulo temático, podendo ser expressa de forma consolidada segundo os elementos, os módulos ou como um índice geral para a unidade de conservação.

Tabela 22.1 Estrutura do questionário Rappam.

Elemento	Módulo temático
	1. Perfil
	2. Pressões e ameaças
Contexto	3. Importância biológica
	4. Importância socioeconômica
	5. Vulnerabilidade
	6. Objetivos
Planejamento	7. Amparo legal
	8. Desenho e planejamento da área
	9. Recursos humanos
Insumos	10. Comunicação e informação
	11. Infraestrutura
	12. Recursos financeiros
	13. Planejamento
Processos	14. Processo de tomada de decisão
	15. Pesquisa, avaliação e monitoramento
Resultados	16. Resultados

O método Rappam é adequado para comparações em ampla escala entre várias unidades de conservação. Embora seja aplicável apenas a uma unidade de conservação, o método não foi elaborado para gerar orientações específicas para cada gestor de UC. Mesmo assim, o Rappam pode também complementar as avaliações mais detalhadas das UCs, auxiliando na identificação das áreas que precisam de estudos mais detalhados e identificando programas ou questões que podem garantir análises e revisões mais completas (Ervin, 2003).

A aplicação dos questionários foi realizada em oficinas participativas integrando os gestores de unidades de conservação, membros da equipe técnica central e consultores especializados na metodologia e equipe técnica do WWF-Brasil. Nesses encontros foram discutidos todos os itens do questionário, permitindo aos participantes alinhar interpretações, visando alcançar respostas mais consistentes, minimizando possíveis erros relacionados à subjetividade das interpretações.

Os questionários aplicados continham quatro opções de respostas: *sim*, *não*, *predominantemente sim* e *predominantemente não*. Para as respostas "sim" ou "não", é preciso haver, respectivamente, total concordância ou total discordância com a afirmativa exposta na questão. Na inexistência dessa concordância, deve-se optar pelas respostas "predominantemente sim" ou "predominantemente não", respectivamente, e, nesses casos, solicitam-se justificativas para a resposta. A pontuação para análise dos módulos é apresentada na Tabela 22.2.

Tabela 22.2 Pontuação utilizada para análise dos módulos do questionário.

Alternativa	Pontuação
Sim	5
Predominantemente sim	3
Predominantemente não	1
Não	0

As informações são analisadas considerando-se os valores numéricos atribuídos às respostas, de forma que o valor de cada elemento e módulo é obtido somando-se o valor atribuído a cada uma das questões que os compõem, sendo, posteriormente, calculado o percentual em relação ao valor máximo possível. Portanto, os valores utilizados nos gráficos representam o percentual da pontuação máxima de cada módulo ou elemento, de modo a facilitar a visualização do desempenho obtido em cada um e permitir a comparação entre módulos/elementos com valores totais absolutos diferentes. Considerou-se *alto* o resultado acima de 60%, *médio* de 40% a 60% (incluindo os dois limites) e *baixo* o resultado inferior a 40% da pontuação máxima possível. Neste trabalho apresentamos as informações tratadas nos módulos *contexto, planejamento, insumos, processos* e *resultados*, procurando destacar especialmente a consolidação desses últimos quatro, os quais estruturam a formulação dos indicadores gerais de efetividade de gestão das unidades de conservação.

Aplicação do método Rappam nas unidades de conservação federais

Ciclos de aplicação do Rappam

Durante os anos de 2005 a 2006, o método Rappam foi aplicado em 246 unidades de conservação federais (Tabela 22.3), numa parceria desenvolvida entre o WWF-Brasil e o Instituto Brasileiro do Meio Ambiente e dos Recursos Naturais Renováveis (IBAMA & WWF-BRASIL, 2007). O processo teve início em outubro de 2005, com a adequação do questionário original do método à realidade do sistema nacional de unidades de conservação, e sua aplicação cobriu aproximadamente 85% das 290 UCs geridas pelo IBAMA naquele período.

No ano de 2010, um segundo ciclo desse método foi aplicado nas UCs federais, a partir de uma parceria entre o WWF-Brasil e o ICMBio (Tabela 22.4). Nesse novo ciclo foram avaliadas 292 unidades, representando cerca de 94% das 310 UCs geridas atualmente pelo ICMBio. Essa segunda avaliação teve início em março de 2010, com a revisão e ajustes do questionário, a partir das lições aprendidas no ciclo anterior.

No Quadro 1 (Anexo) são descritas as questões que integraram os módulos 3 a 16 nos dois questionários aplicados, destacando as alterações redacionais que foram incorporadas no segundo ciclo visando aperfeiçoar e adequar esses levantamentos ao contexto da gestão federal de unidades de conservação.

Tabela 22.3 Número de UCs avaliadas em 2005-06 segundo categorias de manejo.

Categoria de Manejo	Rappam 2005-06
Reserva Biológica – REBIO	28
Estação Ecológica – ESEC	30
Parque Nacional – PARNA	55
Refúgio de Vida Silvestre – RVS	3
Área de Proteção Ambiental – APA	28
Área de Relevante Interesse Ecológico – ARIE	6
Floresta Nacional – FLONA	52
Reserva de Desenvolvimento Sustentável – RDS	1
Reserva Extrativista – RESEX	43
Total	246

Tabela 22.4 Número de UCs avaliadas em 2010, segundo categorias de manejo.

Categoria de Manejo	Rappam 2010
Reserva Biológica – REBIO	29
Estação Ecológica – ESEC	31
Parque Nacional – PARNA	64
Refúgio de Vida Silvestre – RVS	5
Monumento Natural – MONA	1
Área de Proteção Ambiental – APA	29
Área de Relevante Interesse Ecológico – ARIE	9
Floresta Nacional – FLONA	64
Reserva de Desenvolvimento Sustentável – RDS	1
Reserva Extrativista – RESEX	59
Total	292

Avaliação comparada da efetividade de gestão das UCs federais nos anos 2005-06 e 2010

Índice geral de efetividade de gestão

O índice geral de efetividade de gestão do conjunto de unidades de conservação federais foi obtido pela somatória dos resultados dos elementos *planejamento, insumos, processos* e *resultados* divididos pela pontuação máxima possível para esse conjunto de respostas. O resultado dessa operação é expresso como um índice percentual, equivalente a um valor proporcional da efetividade de gestão observada em relação à efetividade máxima que poderia ser alcançada por esse conjunto de unidades.

Comparando os dois ciclos de aplicação do Rappam, observa-se, no ciclo de 2010, uma elevação no índice geral de efetividade de gestão da ordem de 7,1 pontos percentuais (Figura 22.2), o que representa um incremento de aproximadamente 18% em relação ao resultado base observado no ciclo de 2005-06.

Tomando-se por referência os intervalos [<40%], [≥40% a ≤60%] e [>60%] como definidores das respectivas classes de *baixa, média* e *alta* efetividade de gestão, observa-se uma importante mudança na distribuição das UCs federais nesse conjunto de classes. Tanto em valores absolutos (Figura 22.3) como relativos (Figura 22.4), observou-se uma expressiva redução da participação das UCs no grupo de menor efetividade, um correspondente aumento de unidades no grupo de efetividade mediana e um forte crescimento proporcional no grupo considerado de alta efetividade de gestão.

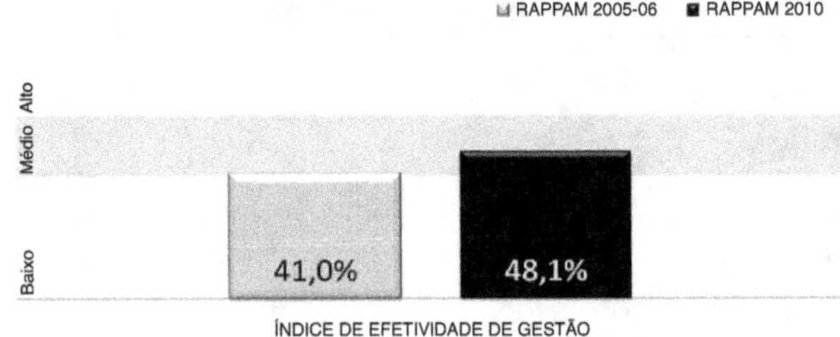

Figura 22.2 Efetividade de gestão em UCs federais: índice geral.

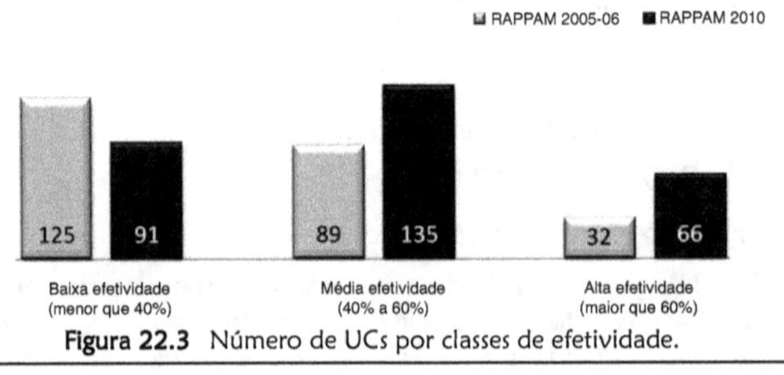

Figura 22.3 Número de UCs por classes de efetividade.

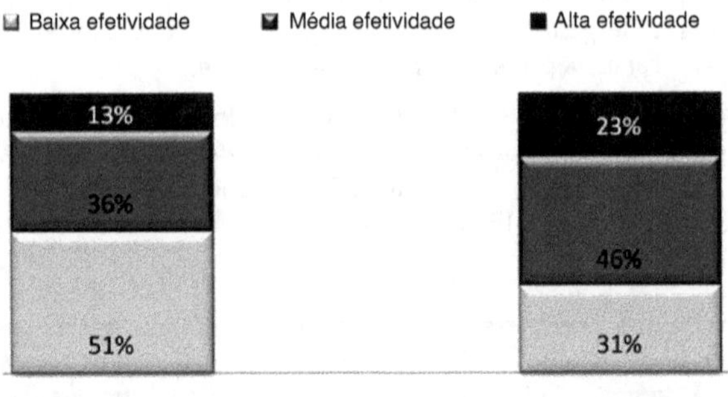

Figura 22.4 Distribuição proporcional das classes de efetividade de gestão

Efetividade de gestão segundo os elementos do ciclo de gestão e avaliação

Numa perspectiva analítica um pouco mais desagregada podemos observar a efetividade de gestão das UCs federais segundo os principais *elementos* que estruturam o ciclo de gestão e avaliação proposto pela Comissão Mundial de Áreas Protegidas (Figura 22.5). No geral, os resultados observados no ciclo 2010 sugerem uma ampliação da efetividade de gestão, com destaque para um relevante crescimento no elemento *resultados* (13,5 pontos percentuais) e uma redução na pontuação do elemento *contexto* (-4,3 p.%).

Considerando os elementos que integram o cálculo dos índices de efetividade de gestão no método Rappam (*planejamento, insumos, processos e resultados*), percebe-se uma nítida melhora, entre os ciclos avaliados, na pontuação dos indicadores associados a esses quatro elementos de gestão, embora o elemento **insumos** continue a exibir valor insatisfatório (menor que 40% do valor máximo possível).

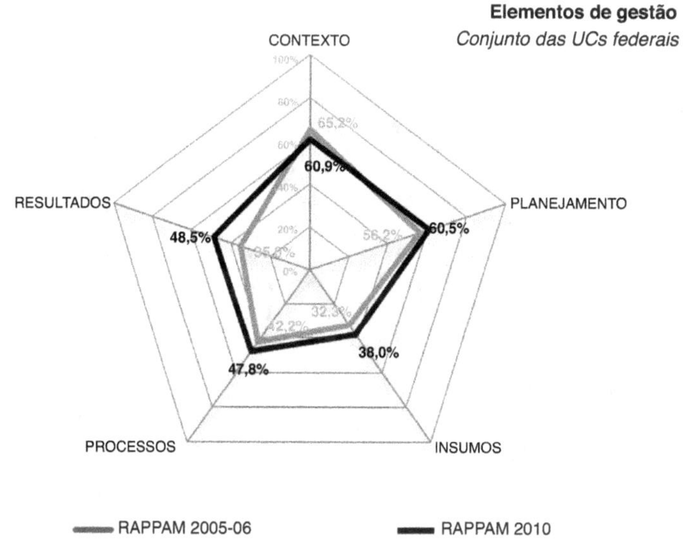

FIGURA 22.5 Efetividade de gestão segundo elementos do ciclo de gestão e avaliação.

Efetividade de gestão segundo os módulos temáticos do Rappam

Desagregando um pouco mais a avaliação comparativa entre os dois ciclos de aplicação do Rappam, podemos também observar a efetividade de gestão das UCs federais segundo os *módulos temáticos* que organizam a aplicação e análise desse método (Figura 22.6 e Tabela 22.5). Sob essa perspectiva de agregação dos dados, percebe-se que o incremento observado na efetividade de gestão não ocorreu numa mesma magnitude nos diferentes módulos avaliados. Um avanço mais perceptível pode ser observado nos módulos *resultados* (13,5 pontos percentuais), *recursos humanos* (12,1 p.%), *infraestrutura* (9,9 p.%) e *desenho e planejamento da área* (9,6 p.%). Avanços menores podem ser observados nos módulos *objetivos* (6,6 p.%), *processos* (5,3 p.%), *tomada de decisão* (5,3 p.%), *recursos financeiros* (1,8 p.%) e *comunicação e informação* (0,5 p.%).

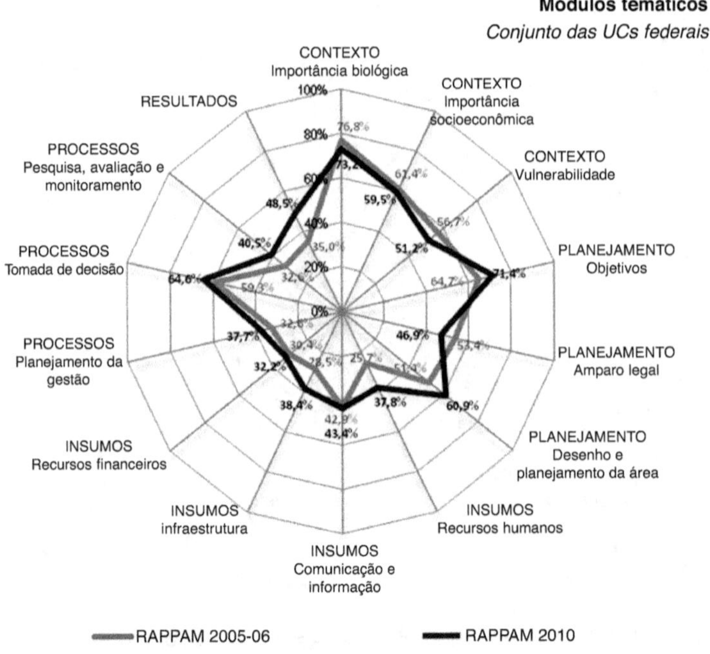

Figura 22.6 Efetividade de gestão nos módulos temáticos do método Rappam.

Tabela 22.5 Quadro síntese da efetividade de gestão segundo os módulos temáticos que estruturam o método Rappam.

Módulos temáticos	Ciclo 2005-06	Ciclo 2010	Diferença (p.%)
Importância biológica	76,8%	73,2%	-3,6%
Importância socioeconômica	61,4%	59,5%	-2,0%
Vulnerabilidade	56,7%	51,2%	-5,5%
Objetivos	64,7%	71,4%	6,7%
Amparo legal	53,4%	46,9%	-6,5%
Desenho e planejamento da área	51,4%	60,9%	9,5%
Recursos humanos	25,7%	37,8%	12,1%
Comunicação e informação	42,9%	43,4%	0,5%
Infraestrutura	28,5%	38,4%	10,0%
Recursos financeiros	30,4%	32,2%	1,8%
Planejamento da gestão	32,6%	37,7%	5,1%
Tomada de decisão	59,3%	64,6%	5,2%
Pesquisa, avaliação e monitoramento	32,6%	40,5%	7,9%
Resultados	35,0%	48,5%	13,5%

Reduções nos índices foram observadas nos módulos *importância biológica* (–3,6 pontos percentuais), *importância socioeconômica* (–1,9 p.%) e *vulnerabilidade* (–5,5 p.%), mas essas refletem o contexto geral da UC e não influenciam o cálculo da efetividade de gestão da unidade. A redução do índice de efetividade do módulo *amparo legal* (–6,5 p.%) será comentada mais adiante.

Efetividade de gestão em cada módulo temático do Rappam

A seguir, abordamos comparativamente os resultados dos ciclos 2005-06 e 2010 do Rappam nas UCs federais considerando separadamente cada um dos módulos que estruturam a aplicação e a análise dessa metodologia, comentando seus resultados quando se mostrarem pertinentes.

Importância biológica

De forma geral, as respostas às perguntas que compõem esse módulo temático variaram muito pouco, quando considerados os ciclos de aplicação 2005-06 e 2010. Vale observar que, excetuando-se a ocorrência de alto endemismo, todas as demais questões indicaram um alto nível de importância biológica para o conjunto de unidades de conservação federais (Figura 22.7).

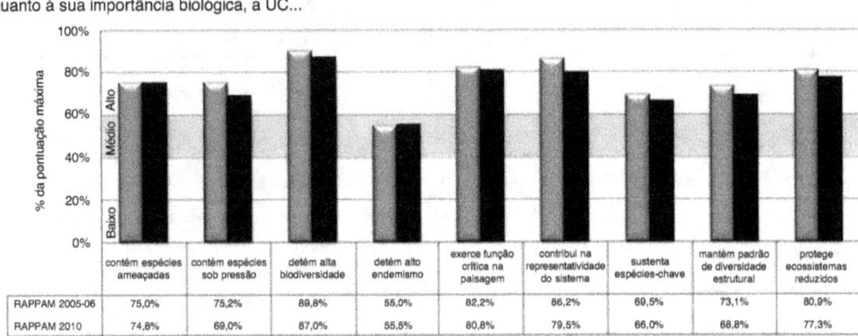

	contém espécies ameaçadas	contém espécies sob pressão	detém alta biodiversidade	detém alto endemismo	exerce função crítica na paisagem	contribui na representatividade do sistema	sustenta espécies-chave	mantém padrão de diversidade estrutural	protege ecossistemas reduzidos
RAPPAM 2005-06	75,0%	75,2%	89,8%	55,0%	82,2%	86,2%	69,5%	73,1%	80,9%
RAPPAM 2010	74,8%	69,0%	87,0%	55,5%	80,8%	79,5%	66,0%	68,8%	77,3%

Figura 22.7 Importância biológica das UCs federais.

Importância socioeconômica

De modo similar ao observado anteriormente, as respostas às perguntas que compõem este módulo variaram muito pouco quando considerados os ciclos de aplicação 2005-06 e 2010. Contudo, percebe-se uma menor valoração das UCs federais em relação à sua importância socioeconômica, com especial destaque para a pouca relevância das áreas no contexto religioso e espiritual local. Vale destacar que duas importantes questões que estão parcialmente sob a influência do ICMBio – a contribuição ao desenvolvimento local sustentável e a geração de empregos locais – pouco avançaram, ou mesmo reduziram, seus indicadores gerais (Figura 22.8).

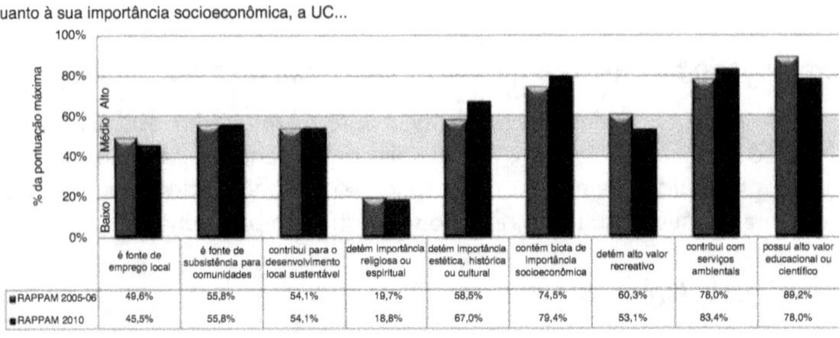

	é fonte de emprego local	é fonte de subsistência para comunidades	contribui para o desenvolvimento local sustentável	detém importância religiosa ou espiritual	detém importância estética, histórica ou cultural	contém biota de importância socioeconômica	detém alto valor recreativo	contribui com serviços ambientais	possui alto valor educacional ou científico
RAPPAM 2005-06	49,6%	55,8%	54,1%	19,7%	58,5%	74,5%	60,3%	78,0%	89,2%
RAPPAM 2010	45,5%	55,8%	54,1%	18,8%	67,0%	79,4%	53,1%	83,4%	78,0%

Figura 22.8 Importância socioeconômica das UCs federais.

Vulnerabilidade

Como comentado anteriormente, os resultados das questões associadas ao módulo *vulnerabilidade* devem ser interpretados de modo inverso. No geral, as respostas não variaram muito entre os levantamentos realizados em 2005-06 e 2010. Contudo, são destaques positivos a expressiva redução na dificuldade de contratação de funcionários e a melhoria na aplicação dos instrumentos legais. Mas permanece ainda preocupantes o fácil acesso ao interior da UC para realização de atividades ilegais, o alto valor de mercado dos recursos protegidos e sua grande demanda associada, bem como a dificuldade em monitorar atividades ilegais (Figura 22.9).

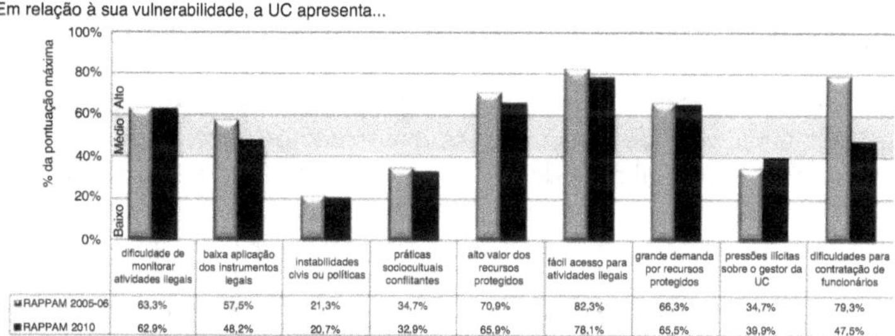

	dificuldade de monitorar atividades ilegais	baixa aplicação dos instrumentos legais	instabilidades civis ou políticas	práticas socioculturais conflitantes	alto valor dos recursos protegidos	fácil acesso para atividades ilegais	grande demanda por recursos protegidos	pressões ilícitas sobre o gestor da UC	dificuldades para contratação de funcionários
RAPPAM 2005-06	63,3%	57,5%	21,3%	34,7%	70,9%	82,3%	66,3%	34,7%	79,3%
RAPPAM 2010	62,9%	48,2%	20,7%	32,9%	65,9%	78,1%	65,5%	39,9%	47,5%

Figura 22.9 Vulnerabilidade das UCs federais.

Objetivos da UC

Destaca-se positivamente nesse módulo o maior reconhecimento de que os objetivos específicos relacionados à biodiversidade são claramente expressos no plano de manejo da UC e que os planos e projetos desenvolvidos são coerentes com os objetivos da unidade. Por sua vez, a percepção de apoio das comunidades locais aos objetivos da UC permaneceu estacionada, em nível ainda intermediário de efetividade (Figura 22.10).

Quanto aos objetivos da UC, observa-se que:

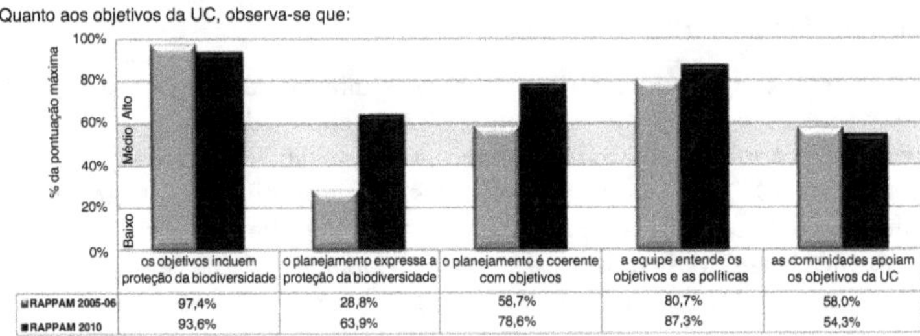

Figura 22.10 Objetivos das UCs federais.

Amparo legal

No geral, observou-se uma redução nos indicadores associados a esse módulo temático. Especialmente preocupantes são os decréscimos na pontuação sobre a adequabilidade da demarcação e sinalização dos limites da UC e sobre a existência de amparo legal para a gestão dos conflitos que envolvem a unidade. Em relação a essa última questão, vale considerar que a alteração redacional dessa pergunta no ciclo 2010 (Quadro 1 – Anexo) talvez possa ter influenciado sua compreensão e resposta. Ainda assim, excetuando-se a existência de amparo legal específico à UC, os demais parâmetros relacionados a esse módulo permanecem em níveis insatisfatórios (Figura 22.11).

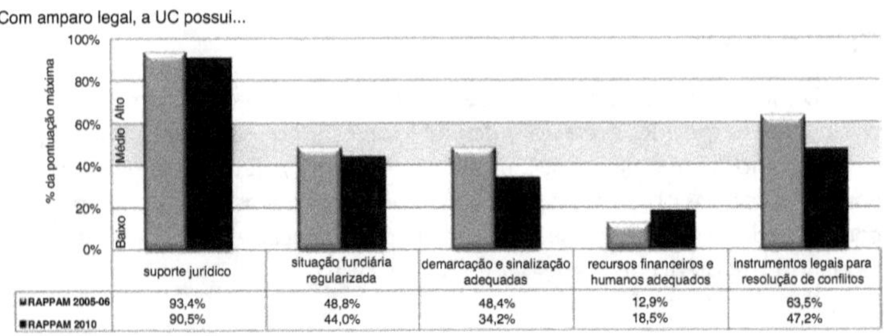

Figura 22.11 Amparo legal das UCs federais.

Desenho e planejamento da área

As respostas às questões associadas ao ***desenho e planejamento da área*** da unidade de conservação sugerem uma melhoria generalizada nessa temática. Destaca-se, positivamente, a ocorrência dos maiores incrementos justamente naqueles aspectos que, em 2005-06, exibiram situação mais crítica – a adequação do zoneamento da UC, a compatibilidade dos usos no entorno com a gestão da unidade e a participação social na definição de seu desenho e sua categoria de proteção. Mas, embora tenham melhorado, esses três aspectos permanecem ainda em níveis insatisfatórios (Figura 22.12).

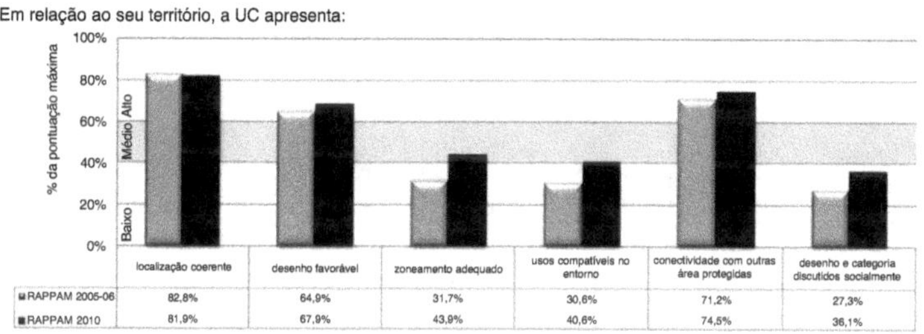

Figura 22.12 Desenho e planejamento da área das UCs federais.

Recursos humanos

O módulo ***recursos humanos*** é uma das áreas temáticas na qual se percebem maiores avanços relativos entre os dois ciclos de avaliação. Nesse conjunto, destacam-se os incrementos na presença de funcionários com habilidades adequadas para as ações de gestão e na existência de oportunidades de capacitação e desenvolvimento da equipe da UC. Contudo, os demais parâmetros que compõem esse módulo exibem ainda baixa pontuação. É preocupante a situação em relação ao quantitativo de pessoal efetivo disponível para a gestão da unidade, que, mesmo em crescimento, ainda é avaliado de modo muito insatisfatório (Figura 22.13).

Em relação ao recursos humanos, na UC...

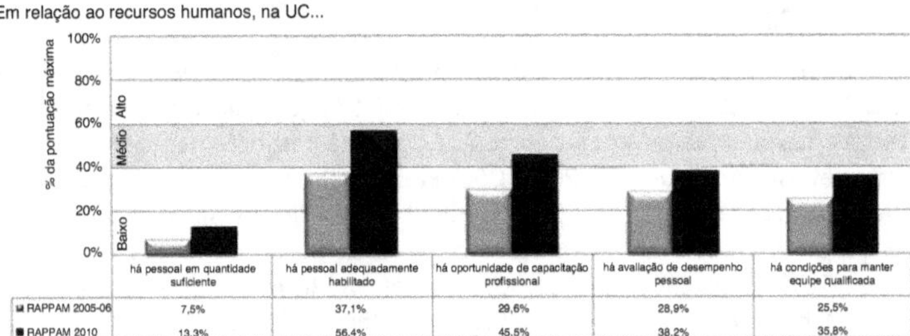

Figura 22.13 Recursos humanos nas UCs federais.

Comunicação e informação

Foram observadas poucas variações no valor médio desse módulo temático. Nota-se uma pequena melhora na estrutura da comunicação interna institucional, na adequação das informações ao planejamento da gestão e no estabelecimento de sistemas adequados para armazenagem, processamento e análise de dados. Mas, no conjunto, esses ganhos foram compensados por reduções na comunicação efetiva da UC com as comunidades locais e das comunidades entre si (Figura 22.14).

Para suporte às ações de comunicação e informação, na UC existe...

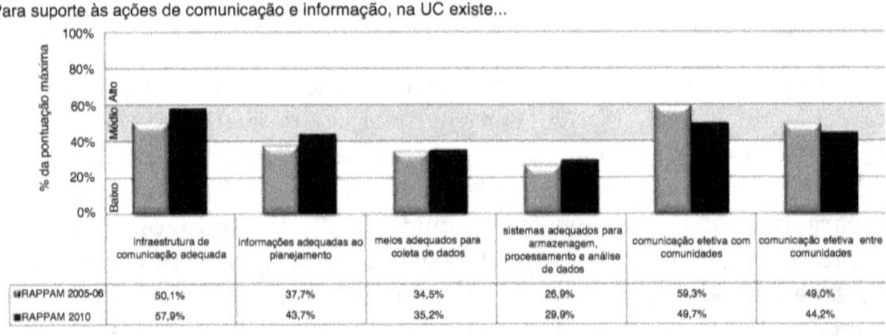

Figura 22.14 Comunicação e informação nas UCs federais.

Infraestrutura

O módulo *infraestrutura* foi outra área temática com importantes avanços relativos entre os ciclos 2005-06 e 2010. Destacam-se positivamente a acentuada melhoria no reconhecimento da adequação dos equipamentos de trabalho disponíveis para a equipe da UC, bem como a adequação da infraestrutura de transporte e de visitação aos objetivos da unidade. Ainda assim, a pontuação de todos os parâmetros que integram esse módulo de análise encontra-se em níveis insatisfatórios (Figura 22.15).

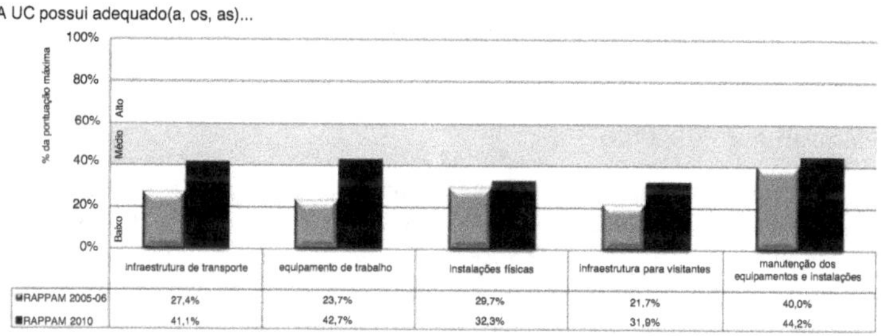

	infraestrutura de transporte	equipamento de trabalho	Instalações físicas	infraestrutura para visitantes	manutenção dos equipamentos e instalações
RAPPAM 2005-06	27,4%	23,7%	29,7%	21,7%	40,0%
RAPPAM 2010	41,1%	42,7%	32,3%	31,9%	44,2%

Figura 22.15 Infraestrutura nas UCs federais.

Recursos financeiros

Observam-se tanto avanços como retrocessos dos parâmetros relacionados aos *recursos financeiros*, fazendo com que não se perceba um avanço significativo na avaliação média desse módulo. Nota-se, contudo, uma melhoria acentuada na percepção quanto à adequação da provisão dos recursos financeiros nos últimos cinco anos, quanto à alocação adequada desses recursos e quanto à estabilidade da previsão financeira no longo prazo. Mas, no conjunto, esses ganhos foram reduzidos por uma sensível perda na capacidade de captação de recursos externos. Em geral, a pontuação dos parâmetros que integram esse módulo de análise encontra-se em níveis ainda insatisfatórios (Figura 22.16).

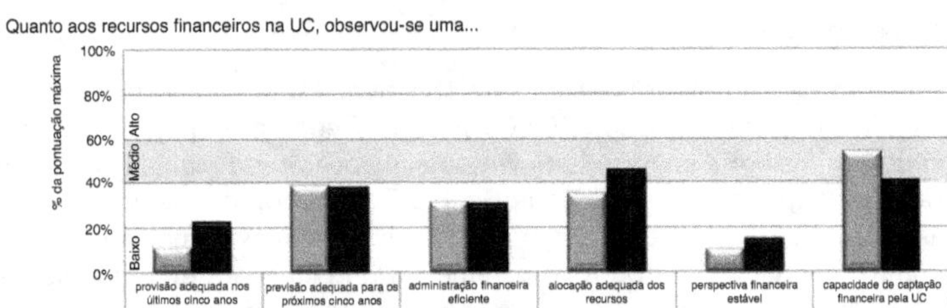

	provisão adequada nos últimos cinco anos	previsão adequada para os próximos cinco anos	administração financeira eficiente	alocação adequada dos recursos	perspectiva financeira estável	capacidade de captação financeira pela UC
RAPPAM 2005-06	11,6%	39,3%	31,5%	35,5%	10,7%	54,1%
RAPPAM 2010	22,5%	38,3%	30,6%	45,8%	15,2%	40,9%

Figura 22.16 Recursos financeiros nas UCs federais.

Planejamento e gestão

Houve um avanço no *planejamento e gestão* das UCs na maioria dos parâmetros que compõem esse módulo, com destaque para o significativo incremento quanto à existência de plano de manejo adequado à gestão da unidade. No entanto, em geral, a pontuação dos diferentes parâmetros de análise do planejamento da gestão ainda se encontra em níveis insatisfatórios (Figura 22.17).

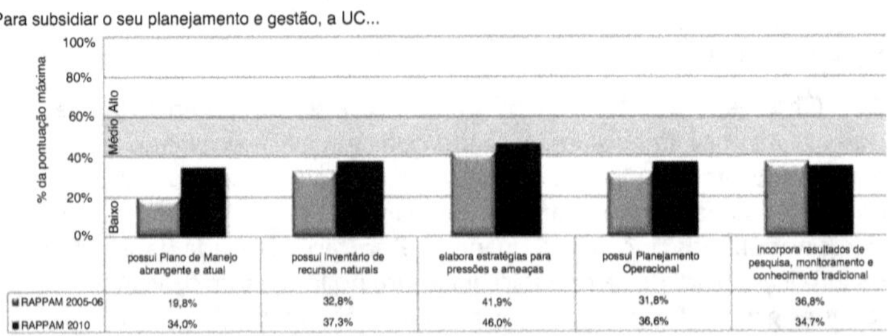

	possui Plano de Manejo abrangente e atual	possui inventário de recursos naturais	elabora estratégias para pressões e ameaças	possui Planejamento Operacional	incorpora resultados de pesquisa, monitoramento e conhecimento tradicional
RAPPAM 2005-06	19,8%	32,8%	41,9%	31,8%	36,8%
RAPPAM 2010	34,0%	37,3%	46,0%	36,6%	34,7%

Figura 22.17 Planejamento e gestão nas UCs federais.

Tomada de decisão

Observa-se uma condição geral mais satisfatória com relação aos diferentes parâmetros que estruturam o módulo ***tomada de decisão***. Destaca-se a melhor pontuação, em 2010, em relação à existência de uma organização interna mais nítida das UCs e de conselhos gestores implementados e efetivos. Especialmente preocupante é o decréscimo no reconhecimento da participação efetiva das comunidades locais na gestão da UC. Vale ressaltar que a alteração redacional dessa pergunta no ciclo 2010 (Quadro 1 – Anexo) talvez possa ter influenciado sua compreensão e resposta (Figura 22.18).

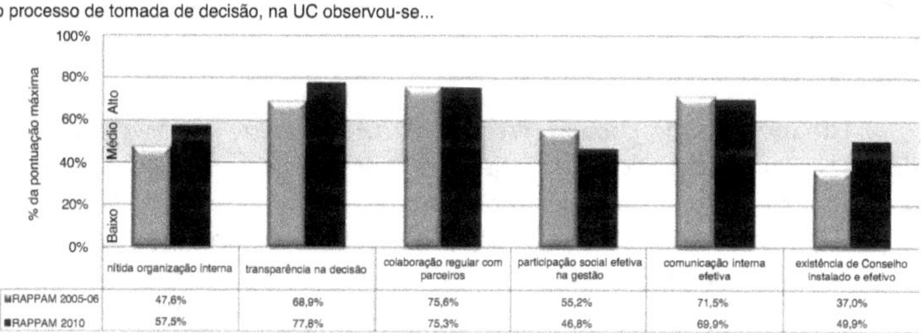

	nítida organização interna	transparência na decisão	colaboração regular com parceiros	participação social efetiva na gestão	comunicação interna efetiva	existência de Conselho instalado e efetivo
RAPPAM 2005-06	47,6%	68,9%	75,6%	55,2%	71,5%	37,0%
RAPPAM 2010	57,5%	77,8%	75,3%	46,8%	69,9%	49,9%

Figura 22.18 Tomada de decisão nas UCs federais.

Pesquisa, avaliação e monitoramento

Este módulo temático exibe uma condição geral ainda pouco satisfatória em relação aos diferentes parâmetros que estruturam sua avaliação. Destacam-se, positivamente, as melhores pontuações, no ciclo de 2010, em relação à coerência das pesquisas ecológicas e socioeconômicas com as necessidades da UC, as quais foram responsáveis por boa parte do avanço percebido neste módulo. É preocupante o decréscimo no reconhecimento do acesso da equipe e das comunidades locais aos resultados gerados com as pesquisas realizadas no interior da UC. Vale ressaltar que a alteração redacional dessa pergunta no ciclo 2010 (Quadro 1 – Anexo) talvez tenha influenciado sua compreensão e resposta (Figura 22.19).

Na pesquisa, avaliação e monitoramento realizados na UC, observou-se...

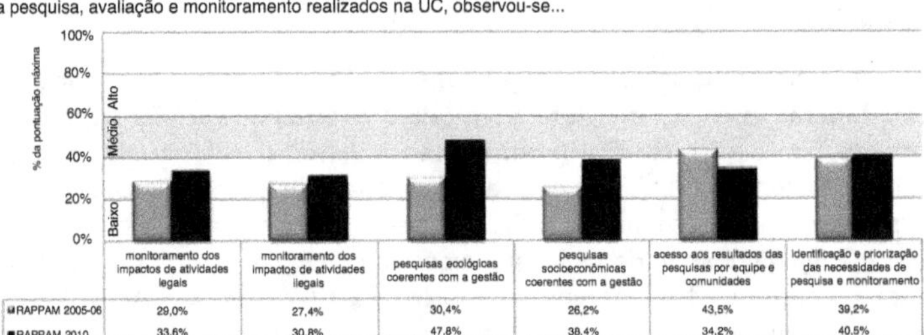

Figura 22.19   Pesquisa, avaliação e monitoramento nas UCs federais.

Resultados

Este módulo temático apresentou o maior incremento médio entre todos os módulos avaliados, sendo que todos os seus parâmetros componentes, em maior ou menor grau, exibiram variações positivas entre os ciclos 2005-06 e 2010. Entre os resultados alcançados nos dois últimos anos de gestão da UC, são destaques os avanços observados: na realização do planejamento de gestão da unidade (+21,0 pontos percentuais), na realização de ações de capacitação de seus recursos humanos (+20,9 p.%), na realização de pesquisas alinhadas aos objetivos da UC (+20,3 p.%), na realização de ações de prevenção e detecção de ameaças e aplicação da lei (+16,8 p.%), na realização de ações de recuperação de áreas e outras ações mitigatórias necessárias (+15,8 p,%), na realização de ações de controle e adequação de visitantes (+14,8 p.%) e no apoio à organização, capacitação e desenvolvimento das comunidades locais e conselhos gestores (+14,4 p.%) (Figura 22.20).

São resultados alcançados nos últimos dois anos na UC ...

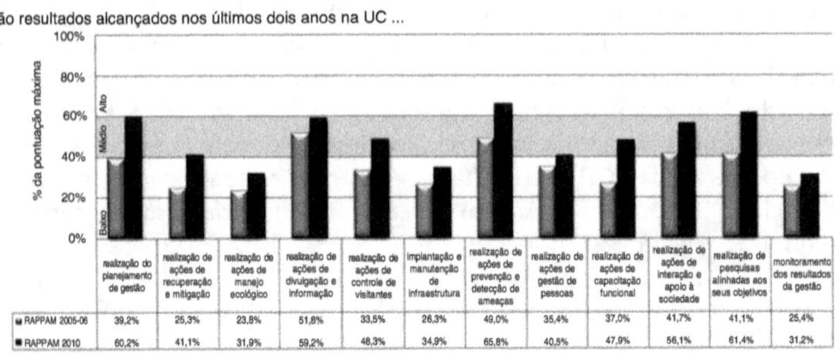

Figura 22.20   Resultados nas UCs federais.

Considerações finais

A aplicação do método Rappam na avaliação da efetividade de gestão das UCs federais proporcionou ao Instituto Chico Mendes de Conservação da Biodiversidade importantes contribuições e desafios para o aprimoramento da administração dessas áreas protegidas. A sua ampla abrangência e, especialmente, a recorrência de sua aplicação possibilitaram uma observação mais precisa do conjunto dessas unidades, apontando tendências, lacunas e áreas críticas da gestão que geralmente escapam às percepções focadas em estudos de caso.

As contribuições trazidas com esses levantamentos impõem ao ICMBio o atual desafio de interiorizá-las em seus processos internos de planejamento e de tomada de decisão, dando andamento ao ciclo de gestão e avaliação referenciado pela WCPA/UICN. Esse exercício de assimilação institucional foi iniciado em 2011, através da utilização das informações geradas pelo Rappam como subsídio ao planejamento estratégico do Instituto, o qual já sinalizou positivamente a adoção de avaliações sistemáticas da efetividade de gestão das UCs federais como ferramenta orientadora essencial ao desenvolvimento de suas ações.

Nesse contexto, novos desafios se apresentam ao ICMBio em relação à adoção de métodos de avaliação e monitoramento da efetividade de gestão nas UCs federais. Em especial está a necessidade de dar continuidade ao aperfeiçoamento do uso desse tipo de ferramenta analítica no suporte às decisões institucionais, desenvolvendo instrumentos mais focados nas particularidades que caracterizam o sistema nacional de unidades de conservação. Desse aprimoramento dependerá a capacidade de os indicadores de efetividade propostos oferecerem a precisão necessária para subsidiarem e orientarem eficientemente a ação institucional.

ANEXO

Quadro 1 Questões aplicadas nos ciclos Rappam em 2005-06 e 2010
(*redação da pergunta em 2005-06; **redação da pergunta em 2010;
redação comum sem destaque).

MÓDULO 3 – IMPORTÂNCIA BIOLÓGICA	
3.a	A UC contém um alto número de espécies que constam da lista brasileira e/ou das listas estaduais de espécies ameaçadas de extinção
3.b*	A UC contém um alto número de espécies cujas populações estão reduzindo por pressões diversas
3.b**	A UC contém um número significativo de espécies cujas populações estão sobre-explotadas, ameaçadas de sobre-explotação e/ou reduzidas por pressões diversas
3.c*	A UC tem níveis relativamente altos de biodiversidade
3.c**	A UC tem níveis significativos de biodiversidade
3.d*	A UC possui um nível relativamente alto de endemismo
3.d**	A UC possui níveis significativos de endemismo
3.e	A UC exerce uma função crítica para a paisagem
3.f	A UC contribui significativamente para a representatividade do sistema de UCs
3.g	A UC sustém populações mínimas viáveis de espécies-chave
3.h*	A diversidade estrutural da UC é coerente com os padrões históricos
3.h**	A UC mantém os padrões históricos de diversidade estrutural
3.i*	A UC inclui os ecossistemas cuja abrangência tem diminuído bastante
3.i**	A UC protege ecossistemas cuja abrangência tem diminuído significativamente
3.j**	A UC conserva uma diversidade significativa de processos naturais e de regimes de distúrbio naturais (somente 2005-06)
MÓDULO 4 – IMPORTÂNCIA SOCIOECONÔMICA	
4.a	A UC é uma fonte importante de emprego para as comunidades locais
4.b*	As comunidades locais dependem de recursos da UC para a sua subsistência
4.b**	As comunidades locais subsistem do uso dos recursos da UC
4.c	A UC oferece oportunidades de desenvolvimento da comunidade mediante o uso sustentável de recursos
4.d*	A UC é de importância religiosa ou espiritual
4.d**	A UC tem importância religiosa ou espiritual
4.e*	A UC possui características inusitadas de importância estética
4.e**	A UC possui atributos de relevante importância estética, histórica e/ou cultural
4.f*	A UC possui espécies de plantas de alta importância social, cultural ou econômica
4.g*	A UC contém espécies de animais de alta importância social, cultural ou econômica
4.f**	A UC possui espécies de plantas e animais de alta importância social, cultural ou econômica
4.h*	A UC possui um alto valor recreativo
4.g**	A UC possui um alto valor recreativo

4.i*	A UC contribui com serviços e benefícios significativos do ecossistema às comunidades
4.h**	A UC contribui significativamente com serviços e benefícios ambientais
4.j*	A UC possui um alto valor educacional e/ou científico
4.i**	A UC possui um alto valor educacional e/ou científico
MODULO 5 – VULNERABILIDADE	
5.a	As atividades ilegais na UC são difíceis para monitorar
5.b*	A aplicação da lei é baixa na região
5.b**	A aplicação dos instrumentos legais é baixa na região
5.c	A unidade de conservação está sofrendo distúrbios civis e/ou instabilidade política
5.d	As práticas culturais, as crenças e os usos tradicionais estão em conflito com os objetivos da UC
5.e	O valor de mercado de recursos da UC é alto
5.f	A unidade de conservação é de fácil acesso para atividades ilegais
5.g*	Existe uma grande demanda por recursos vulneráveis da UC
5.g**	Existe uma grande demanda por recursos naturais da UC
5.h*	O gerente da UC sofre pressão para gerir ou explorar os recursos da UC de forma indevida
5.h**	A gestão da UC sofre pressão para desenvolver ações em desacordo com os objetivos da UC
5.i*	A contratação e a manutenção de funcionários são difíceis
5.i**	A contratação de funcionários é difícil
5.j**	A permanência da equipe na UC é difícil (somente 2010)
MÓDULO 6 – OBJETIVOS	
6.a	Os objetivos da UC incluem a proteção e a conservação da biodiversidade
6.b	Os objetivos específicos relacionados à biodiversidade são claramente expressos no plano de manejo
6.c*	As políticas e os planos de ação são coerentes com os objetivos da UC
6.c**	Os planos e projetos são coerentes com os objetivos da UC
6.d	Os funcionários e os administradores da UC entendem os objetivos e as políticas da UC
6.e*	As comunidades locais apoiam os objetivos globais da UC
6.e**	As comunidades locais apoiam os objetivos da UC
6.f**	Os membros do conselho gestor da UC entendem os objetivos e as políticas da UC (somente 2010)
MÓDULO 7 – AMPARO LEGAL	
7.a*	A UC possui o amparo legal
7.a**	A UC e seus recursos naturais possuem amparo legal
7.b	A situação fundiária está regularizada
7.c*	A demarcação de fronteiras é adequada para o conhecimento dos limites da unidade
7.c**	A demarcação e sinalização dos limites da UC são adequadas
7.d*	Os recursos humanos e financeiros são adequados para realizar as ações críticas à implementação da lei
7.d**	Os recursos humanos e financeiros são adequados para realizar as ações críticas de proteção
7.e*	Os conflitos com a comunidade local são resolvidos de forma justa e efetiva
7.e**	Há amparo legal para a gestão de conflitos

MÓDULO 8 – DESENHO E PLANEJAMENTO DA ÁREA

8.a*	A localização da UC é coerente com os objetivos da UC
8.a**	A localização da UC é coerente com os seus objetivos
8.b*	O modelo e a configuração da UC otimiza a conservação da biodiversidade e/ou aspectos socioculturais e econômicos
8.b**	O desenho da UC favorece a conservação da biodiversidade e/ou aspectos socioculturais e econômicos
8.c*	O sistema de zoneamento da UC é adequado para alcançar os objetivos da UC
8.c**	O zoneamento da UC é adequado para alcançar os objetivos da UC
8.d*	O uso da terra no entorno propicia o manejo efetivo da UC
8.d**	Os usos no entorno propiciam a gestão efetiva da UC
8.e	A UC é ligada à outra unidade de conservação ou a outra área protegida
8.f*	A definição do desenho e da categoria da UC foi um processo participativo
8.f**	A definição do desenho e da categoria da UC foi decorrente de um processo participativo
8.g**	A categoria da UC é adequada às características naturais e de uso da área (somente 2010)

MÓDULO 9 – RECURSOS HUMANOS

9.a*	Há recursos humanos em número suficiente para o manejo efetivo da unidade de conservação
9.a**	Há recursos humanos em número suficiente para a gestão efetiva da UC
9.b*	Os funcionários possuem habilidades adequadas para realizar as ações críticas de manejo
9.b**	Os funcionários possuem habilidades adequadas para realizar as ações de gestão
9.c*	Há oportunidades de capacitação e desenvolvimento apropriadas às necessidades dos funcionários
9.c**	Há oportunidades de capacitação e desenvolvimento da equipe, apropriadas às necessidades da UC
9.d*	Há avaliação periódica do desempenho e do progresso dos funcionários no tocante às metas
9.d**	Há avaliação periódica do desempenho e do progresso dos funcionários
9.e*	As condições de trabalho são suficientes para manter uma equipe de alta qualidade
9.e**	As condições de trabalho são suficientes para manter uma equipe adequada aos objetivos da UC

MÓDULO 10 – COMUNICAÇÃO E INFORMAÇÃO

10.a*	Há meios de comunicação adequados entre a unidade de conservação, as gerências, as diretorias e outras unidades
10.a**	Há estrutura de comunicação adequada entre a UC e outras instâncias administrativas
10.b*	Os dados ecológicos e socioeconômicos existentes são adequados ao planejamento de manejo
10.b**	As informações ecológicas e socioeconômicas existentes são adequadas ao planejamento da gestão
10.c*	Há meios adequados para a coleta de novos dados
10.c**	Há meios adequados para a coleta de dados
10.d	Há sistemas adequados para o armazenamento, processamento e análise de dados
10.e	Existe a comunicação efetiva da UC com as comunidades locais
10.f	Existe a comunicação efetiva entre as comunidades locais

MÓDULO 11 – INFRAESTRUTURA

11.a*	A infraestrutura de transporte é adequada para realizar as ações críticas de manejo
11.a**	A infraestrutura de transporte é adequada para o atendimento dos objetivos da UC

11.b*	O equipamento de campo é adequado para a realização de ações críticas de manejo
11.b**	O equipamento de trabalho é adequado para o atendimento dos objetivos da UC
11.c*	As instalações da unidade de conservação são adequadas para a realização de ações críticas de manejo
11.c**	As instalações da UC são adequadas para o atendimento dos seus objetivos
11.d	A infraestrutura para visitantes é apropriada para o nível de uso pelo visitante
11.e	A manutenção e cuidados com o equipamento e instalações são adequados para garantir seu uso em longo prazo

MÓDULO 12 – RECURSOS FINANCEIROS

12.a*	Os recursos financeiros dos últimos 5 anos foram adequados para realizar as ações críticas de manejo
12.a**	Os recursos financeiros dos últimos 5 anos foram adequados para atendimento dos objetivos da UC
12.b*	Estão previstos recursos financeiros para os próximos 5 anos para a realização de ações críticas de manejo
12.b**	Estão previstos recursos financeiros para os próximos 5 anos para atendimento dos objetivos da UC
12.c*	As práticas de administração financeira da unidade propiciam seu manejo eficiente
12.c**	As práticas de administração financeira propiciam a gestão eficiente da UC
12.d	A alocação de recursos está de acordo com as prioridades e os objetivos da UC
12.e	A previsão financeira em longo prazo para a unidade de conservação é estável
12.f	A unidade de conservação possui capacidade para a captação de recursos externos

MÓDULO 13 – PLANEJAMENTO DA GESTÃO

13.a*	Existe um plano de manejo abrangente e atual
13.a**	Existe um plano de manejo adequado à gestão
13.b*	Existe um inventário abrangente dos recursos naturais e culturais
13.b**	Existe um inventário dos recursos naturais e culturais adequados à gestão da UC
13.c	Existe uma análise e também uma estratégia para enfrentar as ameaças e as pressões na UC
13.d*	Existe um plano de trabalho detalhado que identifica as metas específicas para alcançar os objetivos de manejo
13.d**	Existe um instrumento de planejamento operacional que identifica as atividades para alcançar as metas e os objetivos de gestão da UC
13.e	Os resultados da pesquisa, monitoramento e o conhecimento tradicional são incluídos rotineiramente no planejamento

MÓDULO 14 – TOMADA DE DECISÃO

14.a	Existe uma organização interna nítida da UC
14.b*	A tomada de decisões no manejo é transparente
14.b**	A tomada de decisões na gestão é transparente
14.c*	Os funcionários da UC colaboram regularmente com os parceiros, comunidades locais e outras organizações
14.c**	A UC colabora regularmente com os parceiros, comunidades locais e outras organizações
14.d*	As comunidades locais participam das decisões pelas quais são afetadas
14.d**	As comunidades locais participam efetivamente da gestão da UC, contribuindo na tomada de decisão
14.e*	Existe a comunicação efetiva entre os funcionários e o gestor da UC
14.e**	Existe a comunicação efetiva entre os funcionários da UC e Administração
14.f	Existe conselho implementado e efetivo

14.g**	Existe a articulação efetiva da UC com órgãos e entidades relacionadas
14.h**	Há implementação de ações educativas contínuas e consistentes que contribuem com a gestão e atingimento dos objetivos da UC (somente 2010)

MÓDULO 15 – PESQUISA, AVALIAÇÃO E MONITORAMENTO

15.a	O impacto das atividades legais da UC é monitorado e registrado de forma precisa
15.b	O impacto das atividades ilegais da UC é monitorado e registrado de forma precisa
15.c*	A pesquisa sobre questões ecológicas-chave é coerente com as necessidades da UC
15.c**	As pesquisas sobre questões ecológicas são coerentes com as necessidades da UC
15.d*	A pesquisa sobre questões socioeconômicas-chave é coerente com as necessidades da UC
15.d**	As pesquisas sobre questões socioeconômicas são coerentes com as necessidades da UC
15.e*	Os funcionários da UC têm acesso regular à pesquisa e às orientações científicas recentes
15.e**	A equipe da UC e comunidades locais têm acesso regular às informações geradas pelas pesquisas realizadas na UC
15.f	As necessidades críticas de pesquisa e monitoramento são identificadas e priorizadas
15.g**	A equipe da UC tem acesso a conhecimentos científicos recentes (somente 2010)

MÓDULO 16 – RESULTADOS: Nos últimos dois anos, as seguintes ações foram coerentes com a minimização de ameaças e de pressões, os objetivos da UC e o plano de trabalho anual:

16.a*	Planejamento do manejo
16.a**	A UC realizou o planejamento da gestão nos últimos dois anos
16.b*	Recuperação de áreas e ações mitigatórias
16.b**	A UC realizou a recuperação de áreas e ações mitigatórias adequadas às suas necessidades nos últimos dois anos
16.c*	Manejo da vida silvestre ou de hábitat e de recursos naturais
16.c**	A UC realizou o manejo da vida silvestre, de hábitat ou recursos naturais adequado às suas necessidades nos últimos dois anos
16.d*	Divulgação e informação à sociedade
16.d**	A UC realizou ações de divulgação e informação à sociedade nos últimos dois anos
16.e*	Controle de visitantes e turistas
16.e**	A UC realizou o controle de visitantes adequado às suas necessidades nos últimos dois anos
16.f*	Implantação e manutenção da infraestrutura
16.f**	A UC realizou a Implantação e manutenção da infraestrutura nos últimos dois anos
16.g*	Prevenção, detecção de ameaças e aplicação da lei
16.g**	A UC realizou a prevenção, detecção de ameaças e aplicação da lei nos últimos dois anos
16.h*	Supervisão e avaliação de desempenho de funcionários
16.h**	A UC realizou a supervisão e avaliação de desempenho de funcionários nos últimos dois anos
16.i*	Capacitação e o desenvolvimento de recursos humanos
16.i**	A UC realizou capacitação e desenvolvimento de recursos humanos nos últimos dois anos
16.j*	Organização, capacitação e desenvolvimento das comunidades locais e conselhos
16.j**	A UC apoiou a organização, capacitação e desenvolvimento das comunidades locais e conselho nos últimos dois anos

16.k*	Desenvolvimento de pesquisas na UC
16.k**	Houve o desenvolvimento de pesquisas na UC nos últimos dois anos, alinhadas aos seus objetivos
16.l*	Monitoramento de resultados
16.l**	Os resultados da gestão foram monitorados nos últimos dois anos
16.m**	A UC desenvolveu ações de educação ambiental nos últimos dois anos (somente em 2010)

Utilizando o Modelo de Excelência em Gestão Pública (MEGP) para avaliar a efetividade da gestão de unidades de conservação

Marcos Antônio Reis Araujo
Rogério F. Bittencourt Cabral
Cleani Paraiso Marques

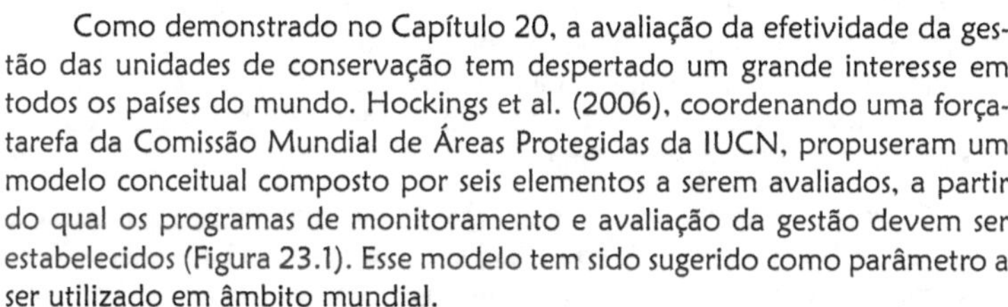

Como demonstrado no Capítulo 20, a avaliação da efetividade da gestão das unidades de conservação tem despertado um grande interesse em todos os países do mundo. Hockings et al. (2006), coordenando uma força-tarefa da Comissão Mundial de Áreas Protegidas da IUCN, propuseram um modelo conceitual composto por seis elementos a serem avaliados, a partir do qual os programas de monitoramento e avaliação da gestão devem ser estabelecidos (Figura 23.1). Esse modelo tem sido sugerido como parâmetro a ser utilizado em âmbito mundial.

O marco conceitual proposto baseia-se na ideia de que a gestão de unidades de conservação segue um processo que engloba seis diferentes momentos: começa com um entendimento dos valores e ameaças existentes, avança por meio do planejamento e da alocação de recursos (insumos) e, como resultado das ações de gestão (processos), são produzidos produtos e serviços que resultam em impactos ou êxitos (resultados). Diversas metodologias fundamentadas nesse modelo conceitual foram aplicadas em unidades de conservação em todo o mundo.

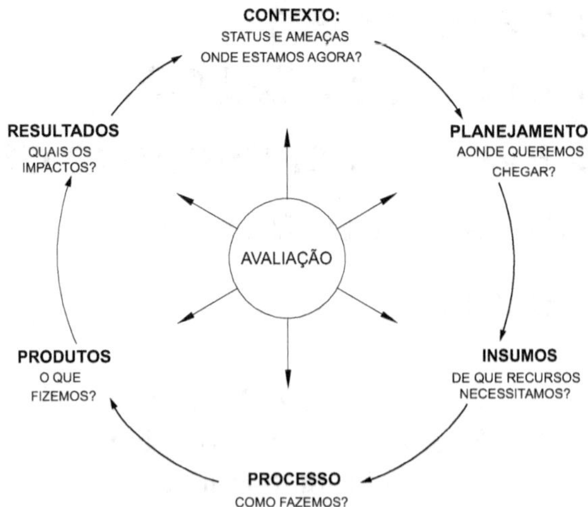

Figura 23.1 Marco conceitual proposto para embasar os programas de monitoramento da efetividade da gestão de UCs (Hockings et al., 2006).

Como já demonstrado nos capítulos anteriores, no Brasil vem sendo desenvolvido um grande esforço para a avaliação da gestão de unidades de conservação, através de instrumentos como o *Tracking Tool* (Higgins-Zogib & Mackinnon, 2006), a avaliação rápida e priorização do manejo de unidades de conservação – Rappam, e o instrumento de *Medición de la Efectividad del Manejo de Áreas Protegidas – Emap*.

O Programa Áreas Protegidas da Amazônia (Arpa) utiliza a avaliação da efetividade da gestão das UCs apoiadas para orientar a sua Estratégia de Conservação e Investimento. Em um primeiro momento utilizou o *Tracking Tool*, posteriormente adaptado à sua realidade, transformando-se na FAUC – Ferramenta de Avaliação da Efetividade das Unidades de Conservação, cuja aplicação permitiu acompanhar a progressão das UCs e dos processos de criação em relação às metas do Programa e orientou os esforços dos gestores e órgãos executores para o foco de consolidação das áreas protegidas.

Um novo modelo conceitual:
Modelo de Excelência em Gestão Pública

Com base na experiência e no conhecimento das metodologias de monitoramento e avaliação, a equipe do Núcleo para Excelência em Unidades de Conservação (NEXUCS) tem proposto um novo modelo conceitual para avaliar a efetividade de gestão das unidades de conservação que se baseia no modelo de excelência em gestão pública (MEGP). Para a equipe do NEXUCS, o MEGP apresenta algumas vantagens em relação às metodologias descritas.

Os modelos de excelência surgiram a partir da evolução do movimento pela melhoria da qualidade na indústria no início do século XIX. Desde as contribuições de Deming para o soerguimento da indústria japonesa na década de 1950 até a constituição formal do primeiro Prêmio de Excelência Empresarial, em 1987, pelo governo americano, o movimento pela qualidade evoluiu de um conjunto de ferramentas estatísticas de controle da qualidade dos produtos e serviços para um modelo abrangente, fundamentado em princípios, que orienta a melhoria da gestão e do desempenho das organizações (Walton, 1989).

O marco histórico dessa trajetória foi a constituição, em agosto de 1987, do Prêmio Malcolm Baldrige, baseado nos estudos realizados pelo Comitê Consultivo de Produtividade (National Productivity Advisory Committee) e pelo Centro Americano de Qualidade e Produtividade (APQC) para identificar os fatores comuns àquelas organizações que demonstravam desempenho acima da média ou desempenhos classe mundial. A organização desses fatores em um conjunto de fundamentos revelou a ideologia (crenças e valores) que orienta e embasa a gestão de alto desempenho. A correlação desses fundamentos aos aspectos da prática gerencial das empresas permitiu a identificação de alguns poucos, porém essenciais, critérios que são passíveis de avaliação e de utilização para orientação das melhorias da gestão. Essa iniciativa do governo americano procurava encorajar as organizações na adoção do modelo de excelência e consequentemente na melhoria da sua competitividade (Walton, 1989).

A iniciativa se expandiu rapidamente pelo mundo empresarial inspirando a criação de prêmios na Europa, Japão, Brasil e outra centena de países. No Brasil, a Fundação Nacional da Qualidade (FNQ) foi criada em 1991 e inaugurou a utilização dos modelos de excelência em gestão no país.

Em um contexto de exaustão do modelo burocrático, no qual a desconfiança gera a necessidade de controle, a proposta dos modelos de excelência de orientar as melhorias na gestão mostrou-se altamente promissora para a administração pública brasileira. Em 1996, a FNQ instituiu uma categoria de premiação para a "Administração Pública". Em 1997, o então Programa da Qualidade e Participação na Administração Pública (QPAP) apresentou ao setor público o Modelo de Excelência em Gestão Pública (MEGP).

O MEGP manteve e vem mantendo seu alinhamento aos modelos nacionais e internacionais que incorporam o "estado da arte" da gestão, permitindo o estabelecimento de comparações entre organizações ou práticas gerenciais, além de viabilizar a troca de experiências, quase sem fronteiras, entre países e organizações que o utilizam. Ele foi revisado e adequado para incorporar as terminologias e os conceitos próprios à realidade da administração pública, estabelecendo os espaços que são comuns com o setor privado, mas principalmente aqueles espaços que são exclusivos das organizações públicas (Lima, 2007). Importante constatar que o modelo não faz nenhuma concessão pelo fato de se tratar de organizações públicas, mas estabelece, apesar e por causa das leis, os fundamentos e critérios que orientam a excelência em gestão pública.

A excelência em gestão pública nada mais é do que um padrão superior de gestão, considerando o conhecimento gerencial contemporâneo, que não viola a natureza pública das organizações. Considerando como premissa e fundamento o desafio de "ser excelente sem deixar de ser público" (Lima, 2007).

A utilização do MEGP para avaliação da efetividade da gestão das UCs

O MEGP avalia e analisa os sistemas de gestão das unidades de conservação com base em critérios de excelência. Esses critérios, construídos sobre Fundamentos e Princípios que norteiam a excelência na gestão pública, agrupam requisitos necessários para se construir um sistema de gestão voltado para a sociedade e para o cidadão-usuário e orientado para a obtenção de resultados excepcionais (Brasil, 2009). O MEGP é composto pelos seguintes critérios: 1) liderança; 2) estratégias e planos; 3) cidadãos; 4) sociedade; 5) informações e conhecimento; 6) gestão de pessoas; 7) gestão de processos; 8) resultados.

A Figura 23.2, já descrita detalhadamente no Capítulo 11, representa graficamente como os oito critérios interagem para formar o Modelo de Excelência em Gestão Pública, que constitui o mais reconhecido e utilizado instrumento para avaliação, diagnóstico e orientação para a melhoria das organizações públicas.

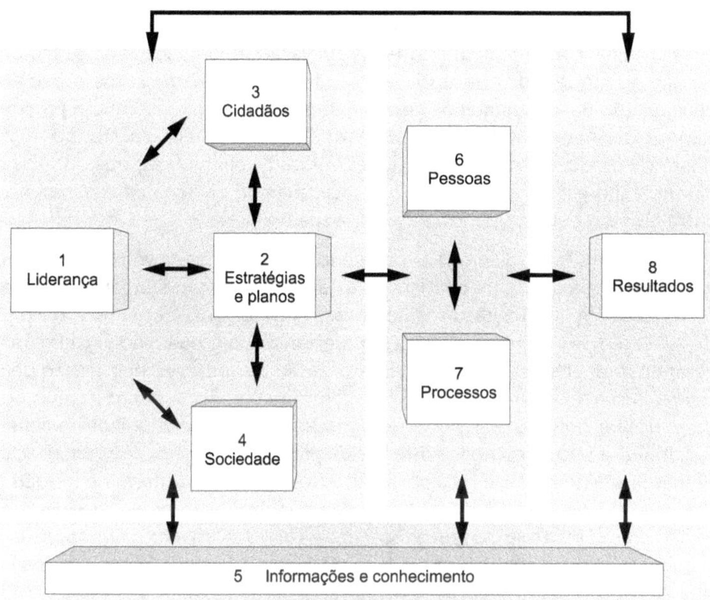

Figura 23.2 Representação gráfica do Modelo de Excelência em Gestão Pública (Brasil, 2009).

De forma simplificada, o modelo demonstra que, com base nas expectativas e necessidades dos cidadãos e da sociedade, as lideranças mobilizam a organização para a formulação de suas estratégias e planos. As estratégias e planos são executados através de uma força de trabalho mobilizada e capacitada (pessoas), com boas condições de trabalho e de processos (programas de manejo) bem desenhados e controlados. Em consequência se obtêm os resultados almejados para os cidadãos, para a sociedade e para os processos organizacionais. Todas as decisões para a gestão da UC são baseadas em informações e conhecimento que é constantemente sistematizado e disponibilizado ao sistema, realimentando-o.

Na avaliação da gestão de uma UC, realizada com o MEGP, cerca de 40% da pontuação é atribuída ao critério Resultados, daí ser denominado de um modelo de gestão orientado para resultados. Isso significa que não basta ter boas práticas de gestão, elas precisam ser competentemente convertidas em resultados mensuráveis. Ou seja, o entendimento de que a gestão não é a ciência do esforço, mas a ciência dos resultados.

Uma análise detalhada, comparando as vantagens e desvantagens, das metodologias comumente utilizadas na avaliação da efetividade da gestão em relação ao modelo de excelência em gestão demonstra que as metodologias de avaliação da efetividade da gestão, baseadas no marco referencial proposto por Hockings et al.(2006), apresentam como um de seus aspectos positivos o fato de produzir um resultado global (índice de efetividade) que sintetiza o desempenho gerencial das UCs. Isso facilita a comparação de desempenho entre UCs e o debate visando alcançar a sua melhoria.

Por outro lado, elas avaliam os efeitos ou produtos da gestão, tais como a não existência de planos de manejo, a não regularização fundiária, o conhecimento deficiente dos recursos naturais, dentre outros. É uma metodologia de avaliação dos efeitos da gestão, não deixando claro quais são as causas que geraram esses efeitos, ou seja, quais fatores são responsáveis pela gestão deficiente. Assim, essas avaliações podem gerar um comportamento passivo por parte dos funcionários e gestores de UCs. Como a baixa efetividade da gestão é atribuída a fatores como inexistência de planos de manejo, de regularização fundiária, de pessoal, de recursos financeiros, de infraestrutura, de pesquisas dos recursos naturais, dentre outros, e, na maioria das vezes, esses fatores estão fora do controle do gestor, só resta a ele o sentimento de impotência e o comportamento de lamúria. A avaliação gera a percepção equivocada de que ele pode fazer pouco para melhorar a gestão. Cabe ao órgão gestor a disponibilização de recursos para superar os fatores que estão levando à baixa efetividade de gestão. Os órgãos gestores, por sua vez, também carecem de uma compreensão mais coerente das causas que comprometem o desempenho da sua gestão, e com isso acabam caindo no autoengano de atribuir aos fatores externos a origem de todos os males e de reproduzir em uma escala maior esse ciclo de incompetência.

Outro ponto negativo é a subjetividade existente nessas metodologias. Em cada indicador, a decisão sobre qual a melhor pontuação para enquadrar a UC poderá variar muito de avaliador para avaliador, dependendo de seu conhecimento sobre a realidade da UC e sobre a gestão de unidades de conservação. No entanto, Hockings (2003) pondera que, embora haja uma subjetividade nas respostas dos gestores das UCs, como estes provavelmente apresentam uma grande experiência de campo, suas respostas podem capturar melhor a realidade e a complexidade envolvida com a gestão de UCs do que muitos programas de monitoramento baseados em dados quantitativos. A experiência, entretanto, tem demonstrado que os gestores tendem a avaliar a efetividade da gestão da unidade de acordo com a conveniência e o contexto de aplicação da avaliação.

A subjetividade presente também no MEGP é minimizada através da exigência de descrição detalhada e de comprovação das práticas de gestão e resultados referentes a cada um dos critérios de excelência do modelo. Somam-se a isso o cuidado e o rigor que o Programa Nacional de Desburocratização e Gestão Pública (GesPública) mantém com o processo de formação continuada dos avaliadores, examinadores e consultores do programa.

A avaliação da efetividade da gestão através dos critérios de excelência que compõem o MEGP também apresenta, como um de seus aspectos positivos, o fato de produzir um resultado global (pontuação) que sintetiza o desempenho gerencial das UCs. Ao contrário das metodologias discutidas anteriormente, os critérios de excelência do MEGP identificam não só os efeitos da gestão, mas também as causas responsáveis pelos efeitos mensurados. Os efeitos são avaliados através do critério resultados e as causas, através dos demais critérios que compõem o modelo. Boa parte das análises é realizada sobre as práticas de gestão que estão subordinadas aos gestores, ou seja, eles podem, de fato, implementar melhorias nas atividades de gerenciamento da UC. Desse modo, estimula-se um comportamento proativo. Pequenas melhorias realizadas de forma contínua nas práticas de gestão das UCs poderão trazer grandes resultados.

Outra vantagem é que os Modelos de Excelência estão presentes em mais de 100 países no mundo (FNQ, 2009), sendo a base dos Prêmios Nacionais de Qualidade que possuem critérios de excelência similares, o que permite a comparação do nível de desempenho da gestão entre os diversos países. Os Prêmios Nacionais de Qualidade possuem ampla rede de consultores treinados na aplicação de avaliações com base no MEG. Eles permitem que as mais promissoras tecnologias gerenciais sejam incorporadas na gestão das UCs.

No Brasil, uma das vantagens é a de que o MEGP é uma política pública oficial destinada à melhoria do desempenho das organizações públicas e oferece uma estrutura de apoio aos esforços de monitoramento e melhoria do desempenho de qualquer organização pública que faça adesão voluntária ao GesPública através dos ciclos de autoavaliação que possibilitam o reconhecimento das melhorias por meio de certificado emitido pelo Ministério do Planejamento, Orçamento e Gestão. E para aquelas organizações públicas que já se encontram em estágio avançando de implementação do MEGP existe a possibilidade de submeterem seu sistema de gestão ao processo de avaliação para o Prêmio Nacional da Gestão Pública (PQGF), cuja finalidade é destacar, reconhecer e premiar as organizações públicas que comprovem alto desempenho institucional, com qualidade em gestão.

Analisando-se o conteúdo do sistema de avaliação proposto pelo MEGP em comparação com os elementos de avaliação propostos pela Comissão Mundial de Áreas Protegidas da IUCN (Hockings et al., 2006) pode-se notar que a abrangência do MEGP é maior e que o seu enfoque é no desenvolvimento da capacidade de construção e manutenção dos resultados. A Tabela 23.1 demonstra a equivalência entre os critérios de excelência e os elementos de avaliação da efetividade da gestão de UCs propostos por Hockings et al. (2006).

Tabela 23.1 Equivalência entre os elementos de avaliação da efetividade de gestão proposto por Hockings et al. (2006) e os critérios de excelência que compõem o MEGP.

Critério de Excelência (MEGP)	Fator de avaliação (WCPA/IUCN)
1. Liderança	–
2. Estratégias e Planos	Contexto, Planejamento, Insumos
3. Cidadãos	–
4. Sociedade	Contexto
5. Informação e Conhecimento	–
6. Pessoas	–
7. Processos	Processos
8. Resultados	Produtos, Resultados

É importante salientar que na análise comparativa realizada entre as metodologias de avaliação da efetividade da gestão existem alguns pontos concordantes e, também, diferenças no enfoque adotado pelos instrumentos (Tabela 23.1). Os critérios de avaliação da efetividade da gestão que não são contemplados diretamente pelos instrumentos baseados no modelo da IUCN são liderança, cidadãos, informação e conhecimento e pessoas. Interessante perceber que são exatamente esses elementos que configuram as bases para a gestão dos ativos intangíveis de uma organização, ou seja:

♦ A forma como identifica e desenvolve seus líderes.

♦ O capital social oriundo do relacionamento equilibrado com os diversos segmentos interessados da sociedade.

♦ A imagem e o relacionamento construídos na relação com seus cidadãos-usuários (clientes).

♦ As práticas de gestão utilizadas para reunir, manter, disponibilizar e acessar as informações e o conhecimento necessários à sua atividade.

♦ A forma como cuida do seu mais importante ativo: as pessoas.

Esses aspectos relacionados à gestão dos ativos intangíveis da organização e à sua conversão em resultados tangíveis fazem muita diferença na compreensão das variáveis que afetam a efetividade da gestão das unidades de conservação. Figueiredo (2007) também demonstrou que as ferramentas de avaliação da efetividade da gestão comumente empregadas não medem fatores fundamentais para o estabelecimento de capacidade mínima de gestão, tais como liderança e clima organizacional.

Não se trata aqui de substituir os instrumentos existentes para avaliação da efetividade da gestão das UCs, mas de reconhecer suas aplicações e limitações e ousar experimentar novas abordagens para a compreensão do desempenho das áreas protegidas.

Reflexões Que Podem Fazer a Diferença

A teoria do negócio e a gestão de unidades de conservação 24

Rogério F. Bittencourt Cabral

Refletir profunda e honestamente sobre a gestão de unidades de conservação pressupõe um distanciamento que muitas vezes não conseguimos estabelecer em função do nosso envolvimento e, porque não, da nossa paixão pelo tema.

A "suspensão" necessária para nos permitir olhar criticamente para os conceitos, métodos, ferramentas, estudos de casos apresentados neste livro só é conquistada à custa de muita reflexão, como bem sabia provocar o filósofo e economista Peter Drucker, com suas perguntas simples e constrangedoras – como aquelas que nos fazem refletir sobre a essência das organizações, ou seja, sua teoria do negócio.

A reflexão aqui proposta pela utilização da teoria do negócio, no âmbito das unidades de conservação brasileiras, tem a intenção de:

- possibilitar uma reflexão sobre a gestão de unidades de conservação para aqueles que a vivenciam;
- contribuir com a re-significação do termo negócio no contexto da gestão de unidades de conservação;
- relativizar a importância e o sucesso inquestionáveis das "modernas" técnicas gerenciais adotadas sem os devidos cuidados para o contexto público e de unidades de conservação; e, principalmente,
- direcionar as atenções dos profissionais envolvidos com a gestão de unidades de conservação para as perguntas e reflexões que realmente importam.

Re-significando o termo negócio

Antes de prosseguirmos na discussão e aplicação da teoria à gestão das unidades de conservação brasileiras é necessário e justo desmitificar e "desideologizar" o termo *negócio*. Depurar esse conceito dos pressupostos e deformações ideológicas que contaminam sua adequada compreensão e utilização no contexto ambiental brasileiro é crucial para ampliar as abordagens utilizadas na gestão de unidades de conservação e na gestão ambiental no nosso país.

Em economia, negócio é referido como um comércio ou empresa que é administrado por pessoas para captar recursos financeiros a fim de gerar bens e serviços e, por consequência, proporcionar a circulação de capital de giro entre os diversos setores.

Etimologicamente, e num sentido mais lato, a palavra negócio deriva do latim (*negotium)* e quer dizer a negação do ócio. Sob essa perspectiva, negócio não trata apenas, portanto, de negócio financeiro ou comercial, mas, sim, toda a atividade humana. Uma atividade humana, ou seja, uma organização, que precisa ser administrada para acessar recursos (humanos, financeiros, materiais, naturais) e gerar bens e serviços, promovendo a troca de valor entre os diversos setores. É com essa abordagem que a palavra negócio, historicamente marginalizada e injustamente condenada, precisa ser re-significada pela gestão ambiental brasileira.

A simples menção de iniciativas como a elaboração de planos de negócio para as unidades de conservação, em determinados momentos e ambientes, já foi motivo para fortes reações ideológicas e acaloradas discussões, muitas vezes inadequadas e inoportunas.

Inadequadas e inoportunas porque as reações e discussões não se concentravam na aplicabilidade de uma metodologia ou ferramenta de gestão (o plano de negócio), mas na utilização do conceito negócio para representar uma unidade de conservação.

A essência dessa discussão é exatamente a provocação que o mestre Drucker faz com sua teoria do negócio: A organização existe para quê? Qual sua finalidade básica?

Um negócio pode ter por finalidade básica a conservação da biodiversidade de um território, ou a promoção do uso sustentável de determinados recursos, ou a produção de conhecimento sobre a biodiversidade e o seu uso.

Condenar um conceito e, por consequência, um conjunto de metodologias e ferramentas gerenciais reconhecidamente úteis para a melhoria do desempenho de organizações, a partir de preconceitos e prejulgamentos, em nada contribui para o desafio nacional e mundial de aumentar a efetividade das unidades de conservação.

A compreensão de que a utilização do termo negócio não contraria os princípios e os valores que forjam a boa gestão das unidades de conservação no país representa um grande avanço. Por reconhecer que a finalidade maior de uma organização não se altera ou desvirtua em função da utilização de uma determinada metodologia, ferramenta ou terminologia, estas constituem, essencialmente, meios à disposição dos gestores que possibilitam novas abordagens para a melhoria da efetividade desses territórios.

Defendemos, portanto, que as unidades de conservação, os órgãos públicos ambientais e as organizações não-governamentais, que atuam no setor ambiental, sejam encarados e gerenciados como negócios. Negócios com finalidades e missões muito específicas e que, principalmente pela nobreza das suas missões, necessitam ser competentemente gerenciadas para acessar recursos e convertê-los em bens e serviços para a sociedade.

É a partir dessa visão de negócio que o estudo sobre a contribuição das unidades de conservação para a economia nacional, coordenado pelas Nações Unidas (Medeiros et al., 2011) apresenta estimativas sobre a capacidade de um conjunto de unidades de conservação federais e estaduais para produzir riquezas a partir de apenas cinco tipos de bens e serviços, possíveis de serem estimados, envolvendo a produção de madeira, borracha e castanha-do-pará, a visitação, o carbono, alguns usos da água e as receitas tributárias (ICMS ecológico).

Os estudos realizados (Medeiros et al., 2011) com o conjunto de unidades estimaram uma capacidade de gerar até R$ 10,6 bilhões por ano a partir apenas desses cinco grupos de bens e serviços, ou modelos de negócios.

Além desses modelos de negócios que foram estudados por Medeiros et al. (2011), evidentemente existem muitos outros existentes e possíveis para as unidades de conservação. Cada um deles, potenciais ou reais, passíveis ou não de serem quantificados, precisa fazer jus à nobreza dos recursos que são utilizados.

O entendimento desses usos de uma unidade de conservação como negócios não nos isenta da responsabilidade de que o uso seja adequado e respeitoso e que inclua, sempre que possível, a agregação de valor, possibilitando a oferta de bens e serviços dignos aos cidadãos-usuários e à sociedade.

A teoria do negócio

Vivemos uma época de profusão de novas técnicas gerenciais. A cada ano são escolhidas novas ferramentas que são vendidas como a solução dos problemas das organizações nos mais diversos aspectos: estratégico, financeiro, logístico, gestão de pessoas, entre outros. Livros que abordam as novas soluções são transformados em *best-sellers*, consultores são aclamados como novos gurus e empresas de consultorias são coroadas como as salvadoras da pátria.

Essa onda, que é facilmente comprovada nas estantes das livrarias e nas revistas de negócio de todo o mundo, atinge inicialmente e de forma avassaladora as empresas privadas e seus bem-intencionados gerentes, ávidos por soluções prontas e rápidas para seus problemas. Com a utilização de uma abordagem cada vez mais profissionalizada para as organizações públicas e a adoção de princípios e práticas adaptados da gestão empresarial, esses modismos gerenciais começam também a assediar e atordoar os gestores públicos e, dentre eles, os gestores de unidades de conservação.

A maior parte das novas técnicas gerenciais apresentadas como as grandes soluções são na verdade variações sobre o mesmo tema, ou seja, "como fazer". Abordam de diferentes maneiras novas possibilidades de execução daquilo que as organizações já fazem: gestão por processos, gestão dos talentos humanos, custos baseados em atividades, *benchmarking*, gestão de projetos, organizações matriciais e muitos outros. E precisamos reconhecer que a maioria dessas técnicas gerenciais tem capacidade real de promover melhorias no desempenho das organizações e, por que não, das unidades de conservação.

É comum nos depararmos com organizações públicas que experimentam graves crises na sua atuação, normalmente manifestadas por alto nível de insatisfação dos cidadãos-usuários, conflitos com as comunidades e situações de desabastecimentos ou desatendimento, e mesmo com o apoio de bem-intencionadas técnicas gerenciais não conseguem superar as crises. Instituições certificadas, com prêmios de reconhecimento por sua excelência na gestão dos processos, das pessoas, e ainda assim definham diante de problemas estruturais enfrentados.

Na maior parte dos casos, essas organizações pagam o preço de estarem executando, algumas das vezes de forma correta e até bem feita, aquilo que não era para ser executado. Seria como se estivéssemos navegando de forma harmônica e eficiente na nossa embarcação, com uma equipe alinhada e feliz, porém na direção errada.

O que a teoria do negócio propõe não é simplesmente "mais uma" melhoria do "como fazer", mas a reflexão profunda e honesta sobre "o que fazer". De uma forma simples e contundente nos obriga a compreender primeiramente se o que estamos nos propondo a fazer na unidade de conservação é o que ela realmente precisa fazer.

A teoria formulada inicialmente por Peter Drucker busca identificar as hipóteses sobre as quais uma organização foi construída, que moldam o seu comportamento, definem as decisões sobre o que fazer ou não fazer. Desta forma, as perguntas de Drucker nos fazem refletir sobre o que é considerado resultado significativo para a organização, configurando inclusive como a organização se relaciona com seus parceiros, usuários e sociedade (Drucker, 1999).

A teoria se fundamenta no reconhecimento da aposta estrutural adotada pela organização para cumprir o seu papel ou sua missão. Dessa forma, oferece um modelo conceitual útil para a representação, compreensão, reflexão e intervenção num conjunto de organizações a partir do entendimento do seu processo básico de funcionamento.

Peter Drucker denominou essa abordagem de teoria do negócio e, segundo ele, toda organização, seja ou não uma empresa, tem uma teoria do negócio (Drucker, 1999).

Apresentamos a seguir uma proposta simples e objetiva para refletir sobre a teoria do negócio das unidades de conservação.

Aplicação da teoria do negócio em unidades de conservação

Uma teoria do negócio é elucidada a partir da reflexão sobre a unidade de conservação em três perspectivas:

- ◆ hipóteses sobre o ambiente;
- ◆ hipóteses sobre a missão específica; e
- ◆ hipóteses sobre as competências essenciais.

As três perspectivas se integram para revelar as apostas escolhidas pela unidade de conservação para desenvolver suas competências essenciais que a possibilitem desenvolver sua missão específica em um dado ambiente no qual a unidade se insere.

Hipóteses sobre o ambiente da unidade de conservação

Inicialmente existem hipóteses a respeito do ambiente da unidade de conservação. Essas apostas consideram o ambiente natural, social, cultural e econômico no qual a unidade se insere. Consideram, ainda, quais os grupos de usuários ou beneficiários que são prioritariamente atendidos. Essas hipóteses definem o que a unidade de conservação se propõe a oferecer como valor à sociedade ou, dito de outra forma, por que a sociedade brasileira deve apoiar e reconhecer a existência da unidade de conservação.

Toda unidade de conservação está inserida em um contexto que é determinante para sua existência, para seu funcionamento e para seu desempenho. A mudança significativa em determinadas dimensões do ambiente altera as hipóteses originais e afeta diretamente a forma pela qual a unidade de conservação deve ser gerenciada e, em alguns casos, até mesmo a sua viabilidade.

Por exemplo, quando são planejados e instalados grandes empreendimentos (hidrelétricas, minerações ou estradas) próximos às unidades de conservação, provavelmente, seu ambiente natural, social, cultural e econômico serão afetados, e uma análise e a atualização das hipóteses originais devem ser criteriosamente realizadas.

Além de mudanças minimamente planejadas como a instalação de empreendimentos precisamos considerar, na análise das hipóteses sobre o ambiente, os diferentes cenários aos quais a gestão das unidades de conservação está intrinsecamente ligada. Cenários relacionados às mudanças climáticas que alterarão substancialmente o ambiente natural originalmente protegido, cenários relacionados à demanda crescente por alimentos pela humanidade ou cenários relacionados às mudanças na percepção da sociedade brasileira sobre a conservação da biodiversidade criam um permanente estado de atenção sobre as apostas estruturais realizadas pela unidade de conservação.

Nessa perspectiva, a teoria do negócio nos convoca a questionar permanentemente as condições do ambiente no qual a UC atua e permanecermos atentos às necessidades de reposicionamento e ajustes.

Hipóteses sobre a missão específica da unidade de conservação

Segundo, há hipóteses a respeito da missão específica da organização, ou seja, quais os valores ambientais, sociais e/ou histórico-culturais que a unidade se propõe a proteger. O propósito, ou razão de ser da unidade de conservação, é estabelecido a partir de algumas apostas sobre sua capacidade de oferecer um conjunto de benefícios à sociedade e aos cidadãos-usuários.

Esses conjuntos de hipóteses, inclusive, determinam de maneira inequívoca quais resultados são significativos ou prioritários para a unidade de conservação, ou seja, qual sua contribuição única e inconfundível para a sociedade, para o meio ambiente e, por que não, para a economia.

A legislação aplicável à gestão de unidades de conservação no país estabelece (MMA, 2006), coerentemente na nossa avaliação, a necessidade de estudos técnicos preliminares à criação dessas organizações exatamente para possibilitar a formulação clara e coerentemente das hipóteses relacionadas à missão da unidade de conservação a ser criada.

Essa perspectiva da teoria do negócio se assemelha com o elemento Contexto considerado na Estrutura para Avaliação da Efetividade da Gestão desenvolvida pela Comissão Mundial de Áreas Protegidas da União Internacional para Conservação (IUCN) (Marc Hockings, 2006). Nesse elemento, assim como no teste das hipóteses relacionadas à missão específica, precisamos considerar:

♦ os valores e a significância da unidade de conservação na perspectiva ecológica, socioeconômica e cultural;

♦ as ameaças à integridade e à finalidade da unidade de conservação;

♦ os usuários ou beneficiários e demais grupos envolvidos ou afetados de alguma forma pela existência e pelo desempenho da unidade de conservação.

É fundamental reconhecer que parte dessas hipóteses relacionadas à missão específica da unidade de conservação é estabelecida formalmente e de forma pouco flexível em instrumentos como:

♦ Decreto ou instrumento legal de criação da unidade (ato do poder público).

♦ Os grupos (uso sustentável e proteção integral) e categorias definidos para a unidade.

♦ O desenho ou formato da unidade de conservação definido pela sua área e pelos seus limites.

Nessa perspectiva, o que está em jogo é que as mudanças nos valores, na significância, no conjunto de ameaças ou nas comunidades diretamente envolvidas com a unidade de conservação deveriam ocasionar, no mínimo, a possibilidade de revisão das hipóteses originais e, quando necessário, a sua atualização.

A legislação aplicável com a nobre intenção de institucionalizar e garantir a permanência das áreas protegidas criou para a gestão dessas organizações excessiva rigidez ao tornar pouco dinâmicos e, por vezes, inviáveis os ajustes e revisões das hipóteses relacionadas à missão específica, ocasionando, em algumas ocasiões, contundentes incongruências estruturais.

A reavaliação das apostas relacionadas à finalidade básica da unidade de conservação precisa considerar as possibilidades, por exemplo, de redefinição dos seus limites físicos, de reclassificação quanto ao grupo ou categoria e, até mesmo, do seu ato de criação.

Sob os argumentos de que não podemos expor indevidamente a integridade do SNUC, de que a abertura de precedentes poderia criar fragilidades no sistema ou permitir ondas oportunistas e de que o processo político vinculado é complexo e incerto, diversas unidades de conservação no país vêm sobrevivendo fragilmente em função da inconsistência das suas hipóteses relacionadas à missão específica. As mudanças decorrentes de eventos como as variações populacionais no interior e entorno, alterações significativas nas condições ecológicas, sobreposições com outros tipos de áreas protegidas ou uso do território colocam em risco não só a gestão das unidades de conservação, por melhor e mais profissionalizada que seja, mas também a sua existência.

Hipóteses sobre as competências essenciais

Terceiro, existem hipóteses a respeito das competências essenciais necessárias à realização da missão da organização. Nessa perspectiva, em função das apostas feitas sobre seus propósitos (missão) e sobre sua interação com o ambiente, devem ser escolhidas competências capazes de oferecer o valor que a sociedade e o ambiente esperam da unidade de conservação.

Os conjuntos de competências que as unidades de conservação precisam desenvolver para o cumprimento das suas missões podem ser tão diversos quanto as realidades que cada unidade vivencia. Em alguns contextos a competência da proteção e da fiscalização dos recursos naturais pode ser intensamente exigida em função dos tipos de pressão aos quais está submetida a unidade. Em outros casos ou momentos, sua capacidade de fortalecer e ativar os elementos de uma cadeia produtiva passa a ser determinante para o avanço do estabelecimento da unidade.

A clareza sobre quais as competências essenciais a cada unidade de conservação, respeitando o seu contexto e o seu momento, é crucial para que os gestores possam direcionar recursos e esforços em aspectos estratégicos da gestão da unidade.

Não são raros os casos de inadequação das competências em relação à missão ou ao ambiente da unidade de conservação, resultando em desperdícios de recursos e em baixa efetividade. Unidades de conservação que planejam, monitoram, aprimoram e fortalecem processos ou programas de manejo que não contribuem significativamente para os resultados prioritários.

Determinar coerentemente quais as competências essenciais da unidade de conservação em um dado contexto e alocar toda a energia, recurso e inteligência para tornar-se brilhantemente competente nas dimensões que importam, essa é a diretriz proposta pela teoria do negócio.

A aplicação da teoria do negócio à gestão de unidades de conservação

A teoria do negócio pode parecer enganosamente simples, no entanto, é necessário muito trabalho e muita reflexão para se construir uma teoria clara, consistente e válida do negócio da unidade de conservação.

O desenvolvimento da teoria para as unidades de conservação precisa considerar algumas especificações (Drucker, 1999):

1. **As hipóteses a respeito do ambiente, da missão e das competências essenciais precisam se encaixar na realidade.** Cada uma dessas apostas é constantemente testada pelas mudanças na realidade que cerca as unidades de conservação e, como a maioria dessas mudanças está fora da governabilidade dos gestores, estes precisam conseguir reconhecê-las e promover internamente as necessárias reflexões e, quando possível, os ajustes cabíveis.

2. **As hipóteses nas três áreas precisam se encaixar.** Além de as hipóteses precisarem se alinhar individualmente à realidade, elas precisam se alinhar mutuamente. Quando as hipóteses em relação ao ambiente, à missão específica e às competências essenciais se alinham, a unidade de conservação desenvolve um posicionamento equilibrado e aumenta sua capacidade de construir sinergias a partir das suas iniciativas.

3. **A teoria do negócio precisa ser conhecida e compreendida em toda a organização.** Isso é relativamente fácil nos momentos em que a unidade de conservação se propõe a refletir e explicitar a sua teoria do negócio, porém, à medida que essa teoria é considerada consolidada, os gestores têm a tendência de julgá-la como certa e tornam-se cada vez menos conscientes dela. A unidade de conservação torna-se descuidada, começa a tomar atalhos e escolher o que é conveniente em vez de realizar as escolhas corretas. A unidade de conservação para de pensar e de se questionar, se lembra das respostas, mas esqueceu as

perguntas. A teoria do negócio se cristaliza e começa a representar uma ameaça para o desempenho da unidade.

4. **A teoria do negócio precisa ser constantemente testada**. Ela não é gravada em pedra e, como uma hipótese sobre variáveis que estão em constante mudança – sociedade, economia, tecnologias, ambiente –, a teoria do negócio deve ter a capacidade de refletir sobre si mesma e mudar sempre que necessário.

Algumas teorias do negócio são tão poderosas que podem durar muito tempo. Porém, sendo concepções humanas, elas não são eternas. Com o passar do tempo, toda teoria do negócio torna-se obsoleta e sem valor.

A primeira reação de uma organização cuja teoria está se tornando obsoleta é quase sempre defensiva, ou seja, fingir que nada está acontecendo. A segunda reação comum é a tentativa de remendar, mas remendar não funciona. Ao contrário, quando a teoria dá os primeiros sinais de obsolescência, está na hora de começar a pensar novamente, de perguntar novamente quais hipóteses a respeito do ambiente, da missão e das competências básicas refletem com maior precisão a realidade.

Para evitar que a teoria do negócio de uma unidade de conservação fique obsoleta é importante que sejam introduzidos na cultura gerencial da UC o monitoramento e o teste sistemáticos da sua teoria.

O primeiro passo para testar a teoria do negócio é o abandono, ou seja, a cada três anos, a unidade de conservação deve questionar cada programa, processo, produto, serviço, política, interação com as comunidades com a pergunta: Se já não fizéssemos isso, nós começaríamos a fazer agora?

Questionando políticas e rotinas aceitas, a unidade de conservação se força a pensar a respeito de sua teoria, a testar suas hipóteses e a perguntar: Por que isso não funcionou, apesar de parecer tão promissor quando começamos há cinco anos? É porque cometemos um erro? Porque fizemos as coisas erradas? Ou é porque as coisas certas não funcionaram?

A segunda medida preventiva é estudar aquilo que acontece fora da unidade de conservação, especialmente com aqueles grupos de interesse não ligados diretamente à UC, pois uma organização também é movida pela sociedade. E estar atento às transformações em curso no ambiente externo da unidade contribui para que sejam identificados, o mais precocemente possível, os sinais de envelhecimento da teoria do negócio.

Esse diagnóstico precoce é fundamental. Repensar uma teoria que está estagnada e tomar providências efetivas para mudar políticas e práticas, alinhando o comportamento da organização às novas realidades do seu ambiente, a uma nova definição da sua missão e às novas competências essenciais a serem desenvolvidas e adquiridas.

Existem dois sinais claros de que uma teoria do negócio de uma unidade de conservação não é mais válida. Um é o sucesso inesperado, e o outro o fracasso inesperado, tanto da unidade de conservação em análise quanto de outras unidades de conservação integrantes do sistema. É importante desenvolvermos a capacidade da visão periférica, intensamente prejudicada quando nos propomos a focar a gestão das UCs, para que possamos perceber sinais de obsolescência na teoria do negócio da UC, não só quando ela se transforma, mas quando outras organizações similares passam por processos de mudanças.

Uma teoria do negócio sempre se torna obsoleta quando uma unidade de conservação alcança seus objetivos originais, ou seja, atingir os objetivos não é motivo para comemorações, mas para novas reflexões. Uma unidade que consegue recuperar a população de uma determinada espécie, considerada ameaçada e uma das principais razões para a sua criação, por exemplo, precisa empreender um novo exercício de reflexão sobre suas apostas para que ela possa novamente encontrar um sentido para sua existência e, consequentemente, novos desafios.

Conclusões sobre a teoria do negócio aplicada à gestão das unidades de conservação

Historicamente temos a tendência de buscar os feitos milagrosos que salvam e encaminham magicamente a gestão de uma unidade de conservação. No entanto, a realidade demonstra que a construção de uma teoria do negócio consistente e adequada não é resultado do trabalho pontual e genial de algum supergestor, mas fruto de muita reflexão e trabalho duro.

Para que os gestores de unidades de conservação sejam capazes de conduzir essas organizações a patamares de desempenho superiores, eles precisam assumir uma postura permanente de análise e questionamento diante das realizações e das não realizações, não minimizar ou relegar um fracasso inesperado como se fosse ocasionado pela incompetência de um colaborador ou um acidente, mas tratá-los sempre como um fracasso dos sistemas e a partir de uma visão sistêmica procurar compreendê-los. Da mesma forma, os gestores não devem assumir os créditos pelos sucessos inesperados e sim tratá-los como desafios às hipóteses assumidas.

De acordo com Drucker, os gestores precisam compreender que "a obsolescência de uma teoria é uma doença degenerativa e mortal. E precisam também reconhecer o princípio adotado pelos médicos-cirurgiões, um dos mais antigos princípios para tomada efetiva de decisões: uma doença degenerativa não será curada com procrastinação, ela exige medidas decisivas e estruturais".

A forma de garantir que a teoria não ficará obsoleta é conectá-la à prática de gerenciamento da unidade de conservação, reconhecendo a validade da famosa frase de Kurt Lewin: "não há nada mais prático do que uma boa teoria".

Desvendando o papel dos gestores de unidades de conservação e as diretrizes para sua formação

25

Cleani Paraiso Marques

"Gerenciar não é ciência, muito menos profissão... é, sobretudo, vocação"...
Henry Mintzberg

Este capítulo pretende compartilhar com o leitor algumas reflexões dos membros do NEXUCS sobre o processo de formação de gestores de unidades de conservação. Nossa experiência tem demonstrado que a figura do gestor é, via de regra, variável crítica de sucesso para o desempenho da unidade. Não se trata aqui de colocar sobre o gestor todo ônus ou bônus dos resultados, mas de reconhecer tratar-se de variável que impulsiona ou restringe desempenho. Nossa observação em trabalho de campo, nos últimos 10 anos, junto a unidades de conservação em diversas regiões do Brasil, nos proporcionou contato com inúmeras situações nas quais pudemos assistir a cenários diversos de performance. Como em situações extremamente adversas em termos de recursos e de complexidade dos desafios em que o gestor conseguiu superar obstáculos e produzir resultados expressivos e, ao contrário, situações marcadas por oportunidades e abundância de recursos, desperdiçadas por incapacidade de gestão. Dentro dessa perspectiva nossas indagações, neste capítulo, recaem sobre a figura do gestor, o que nos remete inicialmente a três questões orientadoras:

♦ Por que falar de gestão?

♦ Qual é a dinâmica do papel gerencial?

♦ Como se forma um gestor?

Por que falar de gestão?

No Capítulo 8, ao indicarmos certa confusão existente entre os termos manejo e gestão, retratamos o foco que é dado no setor ambiental à perspectiva eminentemente técnica do manejo dos recursos naturais em contraposição a uma perspectiva que considere as unidades de conservação como espaços organizacionais e que, portanto, demandam um portfólio mais amplo de atividades e competências (ver Figura 9.1, Capítulo 9).

A premissa de que unidades de conservação são espaços organizacionais define nosso escopo de análise, introduz o campo da gestão e define uma equação de desempenho, a qual chamaremos aqui de equação gerencial, conforme a Figura 25.1.

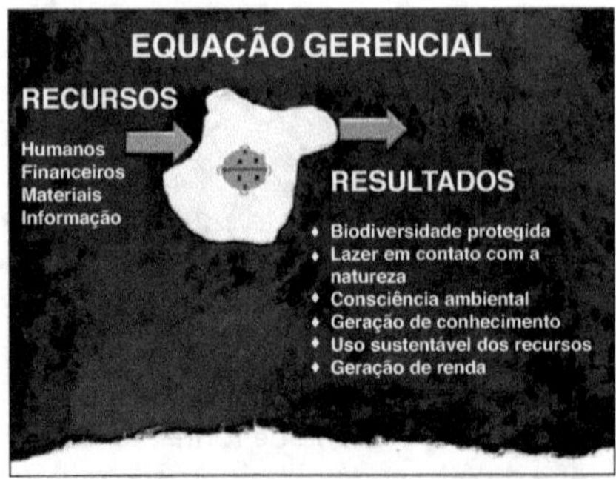

Figura 25.1 Equação gerencial que ordena uma unidade de conservação.

A gestão de unidades de conservação trata de um processo de agregação de valor, em que recursos aportados devem ser transformados em resultados que variam dentro de um leque limitado de acordo com a categoria de manejo.

Os **resultados** a serem alcançados são definidos pela sociedade, inclusive previstos em lei (SNUC), e em última instância justificam a existência dessas organizações. O decreto de criação acaba por dar maior peso e foco a alguns desses resultados, explicitando o sentido singular da existência daquela unidade.

Quanto aos **recursos**, todo aquele que convive minimamente com unidades de conservação sabe tratar-se de um negócio em que a sociedade, embora reconheça como uma causa nobre e essencial para o desenvolvimento sustentável do país, ainda não está pronta e decidida a aportar recursos suficientes para viabilizar os resultados pretendidos.

As unidades de conservação, dentro da perspectiva de gestão, têm uma uma equação gerencial que estruturalmente propõe a produção de resultados complexos, a partir de um cenário de recursos escassos. Não nos referimos apenas aos aspectos financeiros, materiais e de pessoal, mas também a dimensão das informações e conhecimento (*know-how*) pouco sistematizados. O gestor, nesse sentido, conta também com pouco direcionamento sobre o que é gerenciar uma unidade de conservação e investe em seu ambiente numa dinâmica de ensaio e erro, tendo como referência suas próprias experiências.

Na realidade, nossa equação dificilmente poderia ser representada de acordo com a Figura 25.1. O que ocorre de maneira geral é que esses recursos insuficientes são convertidos não nos resultados pretendidos, mas também em perdas (Figura 25.2).

Figura 25.2 Relação perdas e resultados obtidos nas unidades de conservação.

Muitos acreditam que investir na gestão das unidades de conservação é um esforço importante, mas não prioritário, dado o cenário de recursos escassos. A concepção é de que a melhoria da gestão representa um investimento supérfluo. É como se admitíssemos que o tema gestão só é relevante num cenário de recursos suficientes. O engano se revela imediatamente se examinamos a quantidade de programas que aportam recursos de forma fragmentada e pontual, priorizando infraestrutura ou até mesmo instrumentos de gestão como planos de manejo e conselhos de UCs, sem perceber que a ausência de um sistema de gestão e de capacidade gerencial alocada implica decisões erradas, perda de recursos e resultados inexpressivos. É exatamente diante de cenários de escassez que a ausência da gestão determina uma realidade ainda mais caótica.

Investir em Gestão no âmbito das unidades de conservação é criar condições de êxito. É criar condições de definição de foco de trabalho, de tomada de decisão sobre alocação de recursos no sentido de maximizar os objetivos prioritários e de aprender com essa experiência sistematizando e compartilhando *know-how* sobre como esses resultados foram produzidos, para que se possa ajudar o sistema a decidir melhor, a gerenciar melhor.

Consideramos o aspecto da transmissão da aprendizagem gerada pela experiência fundamental para o segmento das unidades de conservação, por se tratar de um setor jovem, no qual os órgãos gestores, ainda frágeis em seu processo de gestão, tentam estruturar-se referenciados mais no conhecimento científico que permeia a formação de seus especialistas do que em experiências consistentes de gestão de suas realidades.

Temos de reconhecer que estamos lidando com um setor iniciante que, embora já exista há 60 anos, apenas nos últimos 11 anos investiu de forma mais concreta na organização de sua gestão, não possuindo ainda indicadores de resultados consistentes, contando com experiências bem-sucedidas pouco disseminadas e compartilhadas e, até mesmo sua história pouco contada.

Nesse sentido, estamos diante de um círculo vicioso que precisa ser rompido, cuja ausência de indicadores de resultados consistentes e experiências pouco disseminadas, fruto de um sistema frágil de gestão, criam dificuldades para demonstrar para a sociedade a necessidade de aporte de recursos às unidades de conservação, que, por sua vez, não se estruturam adequadamente, pois não contam com recursos suficientes para fazê-lo.

Fortalecer o sistema de gestão e investir na qualidade dos gestores nos parece um passo fundamental para romper o ciclo vicioso, iniciando a instalação de um ciclo virtuoso no qual avanços significativos e necessários ocorram. Mais que um tema, o NEXUCS entende que o investimento em gestão é condição para para a consolidação do negócio unidades de conservação no Brasil.

A dinâmica do papel gerencial

Qual é o trabalho de um gerente? O que ele faz? Como gasta seu tempo? Essas são questões levantadas por Henry Mintzberg em seu último livro *Managing – desvendando o dia a dia da gestão* (Mintizberg, 2010). Em busca de compreender a dinâmica do trabalho gerencial, o autor, a partir da observação do cotidiano de gerentes que atuam em contextos de negócio diferenciados (inclusive de um gestor de um Parque Nacional canadense), faz constatações que nos parecem bastante pertinentes e semelhantes a nossas observações no convívio com gestores de unidades de conservação:

♦ O ritmo implacável e frenético da gestão.

♦ A brevidade e variedade de suas atividades.

♦ A fragmentação e descontinuidade do trabalho.

♦ A orientação para ação.

♦ A preferência por modos informais e orais de comunicação.

♦ A natureza lateral do trabalho (com colegas e nas relações externas).

♦ O problema complexo de exercitar o controle sem estar totalmente no controle da situação.

"(...) O trabalho de gestão é sempre uma maldita coisa depois da outra (...)"

A frase ilustra o desabafo de um gerente sobre seu ritmo de trabalho. O motivo é a natureza aberta intrínseca ao trabalho gerencial. Todos os gerentes são responsáveis pelo sucesso de sua unidade de trabalho, mas não existem marcos tangíveis nos quais podem parar e dizer: "agora meu trabalho está encerrado!"

O engenheiro completa o projeto de uma ponte em certo dia, o advogado ganha ou perde uma causa em certo momento, o gerente, por outro lado, sempre precisa continuar sem nunca ter certeza de quando o sucesso realmente está garantido ou se tudo pode desandar (Mintzberg, 2010). O trabalho gerencial implica um processo contínuo de solução de problemas em que cada saída encontrada abre perspectiva de uma série de novos problemas a serem resolvidos.

Outra característica observada é a grande quantidade de fragmentação no trabalho, além de muitas interrupções. As atividades mais nobres e significativas parecem estar sempre entremeadas das atividades mais mundanas, sem qualquer padrão aparente. Por isso o gerente precisa estar preparado para alterar seu humor com bastante velocidade e frequência. Toleram as interrupções, pois não querem desencorajar o fluxo de informações atualizadas e acabam desenvolvendo um senso de custo de oportunidade de seu próprio tempo: os benefícios perdidos por fazer uma coisa em vez de outra. Seja lá o que estiverem fazendo, os gerentes são sempre assombrados pelo que poderiam fazer e pelo que precisam fazer.

A orientação para ação parece ser outra característica marcante. Gerentes gostam de atividades que movem, mudam, fluem, são tangíveis e aplicáveis à realidade atual. Não gostam de discutir questões abstratas no trabalho e costumam encarar essas situações como perda de tempo. A maioria prefere se concentrar no que há de concreto a fazer.

O autor ressalta a preferência por mídias informais de comunicação, especialmente as orais (telefonemas e reuniões) e as eletrônicas (e-mails). Enfatiza que o gerente, ao contrário de outros trabalhadores, não abandona o telefone, a reunião ou o e-mail para retornar ao trabalho. Esses contatos são o trabalho. O resultado produtivo de um gerente deve ser medido em termos do volume de informações que transmite oralmente e por e-mail. O tipo de informação que os gerentes preferem parece ser aquela que é armazenada no cérebro humano. Apenas quando escritas podem ser armazenadas em cérebros eletrônicos, mais isso demora, e os gerentes são pessoas ocupadas. Mesmo em e-mail a resposta curta tende a ser preferida a explicações extensas. Por consequência, conclui o autor, o banco de dados estratégicos das organizações parece estar armazenado na cabeça dos gerentes em vez de nos computadores. A ampla utilização desse tipo de informação por parte dos gerentes parece explicar a dificuldade que muitos têm de delegar tarefas, pois para isso teriam de transmitir ao outro sua memória, ou seja, contar para a pessoa tudo que sabem sobre o assunto e isso pode demorar muito. Então simplesmente pode ficar mais fácil executar ele mesmo a tarefa.

Outro aspecto destacado é que os gerentes passam grande parte de seu tempo em contato com uma ampla variedade de pessoas externas a sua unidade de trabalho (*stakeholders*), além de todo tipo de colegas em sua organização com os quais não têm nenhuma relação direta de subordinação. Assim, Mintzberg caracteriza o cargo de gerente como o gargalo de uma ampulheta, posicionado entre uma rede de contatos externos e a unidade a ser administrada.

Por fim, aborda o mito de que o gerente mantém controle rígido sobre seu tempo, suas atividades e sua unidade de trabalho. Existe uma metáfora (Drucker, 1954) bastante conhecida na gestão de que o gerente é como o maestro de uma orquestra, posicionado no pódio, regendo os músicos com sua batuta. Mintzberg contrapõe essa metáfora ao sentimento expresso por gerentes de que se sentem como marionetes em um teatrinho com centenas de pessoas puxando as cordinhas e forçando-os a agir dessa ou daquela maneira. Conclui, ponderando que o gerente eficaz, na verdade, não é nem maestro, nem marionete. Eles exercem controle apesar das limitações. Eles tomam uma série de decisões iniciais que definem muitos de seus compromissos subsequentes (por exemplo, começar o projeto de formação do conselho da unidade, que, uma vez iniciado, exigirá seu tempo e dedicação), e também adaptam, para seus próprios fins, atividades que são obrigados a fazer (ir a uma reunião institucional na sede do órgão gestor que não faz sentido para ele e aproveitar para encontrar o diretor da instituição e discutir o problema de ampliação dos limites da unidade ou a remoção de um servidor). O autor conclui propondo que

> "(...) Os gerentes eficazes parecem não ser aqueles com maiores níveis de liberdade, mas sim aqueles que tiram vantagem de todo e qualquer nível de liberdade que encontram. Em outras palavras, essas pessoas não só fazem o trabalho, mas criam o trabalho. Todos os gerentes parecem marionetes, mas alguns decidem quem puxará as cordinhas e como, então tiram vantagem de todo movimento que são obrigados a realizar. Outros incapazes de chegar a esse nível são sobrepujados pelos altos níveis de exigência no trabalho (...)" (Mintzberg, 2010 p.46).

Não há como entrar em contato com o estudo de Mintzberg sobre o dia a dia dos gerentes sem imediatamente fazer conexões com a rotina dos gerentes de unidades de conservação. Durante o Programa de Gestão para Resultados – PGR (Capítulo 12) tivemos o privilégio de observar o cotidiano das UCs e seus gerentes. Não podemos, como nos filmes, dizer que qualquer semelhança é mera coincidência. Se, por um lado, o estudo de Mintzberg sugere o universo gerencial como caótico, gerador de stress, por outro, acolhe a realidade da prática, da "gestão normal", da gestão inevitável. Não é o retrato da má gestão. É o retrato da gestão que ocorre da gestão possível. Certamente menos ordenada que os modelos didáticos e as listas de características do gerente eficaz, que habitualmente encontramos nos livros de gestão e que, muitas vezes, nos deixam com certa sensação de culpa por percebermos que, na prática, a teoria é outra.

Mintzberg chama a atenção para o fato de que essas características são normais apenas dentro de limites e de que o excesso pode implicar prática de gestão disfuncional. A internet, por exemplo, pode acirrar esse problema (amplia exponencialmente o volume de demandas e de possibilidades de respostas), mas o mesmo vale para características pessoais do gerente. O gerente excessivamente frenético, em um dia, pode ser confundido com proativo, determinado e ágil, no outro, pode tornar-se um perigo. De fato, a gerência não é um trabalho fácil, mas muitos encontram maneiras (*know-how*) de enfrentar a pressão e produzir resultados significativos. Atuam no "caos calculado" e na "desordem controlada", em contraposição aos "gerentes ingênuos", que atuam no "caos confuso" (Sayles, 1979). Como ajudá-los a sair da ingenuidade?

As listas sobre características do gerente ideal e receitas sobre o que é gerenciar com eficácia, fartamente fornecidas na literatura sobre gestão, muitas vezes são utilizadas como ponto de partida e não como referências para ajudar a compreender contextos e situações. Criam a ilusão do gerente ideal que obtém sucesso em qualquer situação.

Certamente, a realidade se mostra mais complexa. A ideia de que a dinâmica gerencial comporta certo caos, de que não existe a melhor maneira de gerenciar e de que tudo depende de um bom encontro, entre um contexto e alguém portador de qualidades e defeitos, que efetivamente ajuda esse contexto a avançar, talvez complique nossa intenção de domar a realidade do trabalho gerencial. Mas, por outro lado, cria a oportunidade de refletirmos com mais propriedade sobre como apoiar gestores a se desenvolverem e a produzirem melhores resultados. Compreender o contexto de atuação, a dinâmica do trabalho do gestor de unidade de conservação e considerar sua experiência prática, que vem sendo desenvolvida de forma solitária e, de maneira geral, desassistida, nos parece ser a única saída.

A impossibilidade de identificar um modelo que dê conta de representar o que é que faz um gerente eficaz, capaz de ser transmitido a outros que, se seguirem corretamente os passos do modelo, darão conta de também serem eficazes, está certamente ligada ao fato de que gestão não é uma ciência, nem mesmo uma ciência aplicada. Gestão é uma prática.

Gerenciar é, sobretudo, uma prática e não uma ciência, pois o método científico envolve o desenvolvimento de conhecimento sistemático por meio de pesquisa, e esse está longe de ser o objetivo da gestão. O propósito da gestão é ajudar a realizar objetivos dentro da organização. É por isso que, muitas vezes, vemos bons especialistas naufragarem ao assumirem um posto gerencial. Atuar na posição gerencial como um especialista ou cientista certamente fracassará. Embora a gestão aplique ciência, pois os gerentes precisam de todo conhecimento que puderem para análise (método científico), isso ocorre mais para checar evidências do que para fazer a descoberta científica. No contexto das unidades de conservação, de maneira geral os processos de seleção atraem especialistas com um histórico de formação universitária com foco nas ciências naturais ou sociais. Temos um grande volume de biólogos, agrônomos, engenheiros florestais, geógrafos, cientistas sociais, antropólogos, turismólogos que sonham em chegar às unidades de conservação e aplicar métodos científicos para abordar os objetos de pesquisa com os quais mais se identificam. A frustração é imediata ao perceberem que o mais próximo da pesquisa e do trabalho especialista que chegarão é a coordenação de tais projetos. O espaço de trabalho disponível é eminentemente gerencial. O leque de resultados a serem alcançados é amplo e variado: fiscalização, combate aos incêndios, relação com entorno, educação ambiental, representação institucional em conselhos e instâncias municipais e estaduais, consolidação territorial, pesquisa, uso público, manutenção de veículos e embarcações, dentre outros. Sem contar que, como a maior parte dos contratos de trabalho é fruto de concurso público, via de regra os gestores nomeados vêm de outras localidades, o que implica o desconhecimento físico e cultural das regiões sob sua responsabilidade.

Por outro lado, os órgãos ambientais responsáveis pela gestão dos sistemas federal e estaduais ainda não oferecem assistência aos gestores no sentido do desenvolvimento dessas competências essenciais, pois não possuem práticas de Gestão de Pessoas bem estabelecidas. Em sua maioria as práticas mais consolidadas são de departamento pessoal, lidando apenas com rotinas exigidas por lei.

É verdade que algumas iniciativas que estão sendo empreendidas poderiam ser destacadas, como as do Instituto Chico Mendes para Conservação da Biodiversidade, que estruturou um espaço de formação para seus servidores, a Academia Nacional de Biodiversidade (Acadebio), que vem há dois anos construindo experiências de formação, sobretudo para servidores que ingressam na instituição. Mas, de maneira geral, se o trabalho gerencial é eminentemente prático e caótico, os gestores de unidades de conservação têm historicamente enfrentado esse contexto de maneira bem desassistida. Como no caso relatado por um gerente recém-nomeado para um Parque Nacional no interior do estado do Amazonas:

> "(...) *Cheguei do Sul recém nomeado e queria conhecer o Parque. Fui até Novo Airão e tentei pegar um barco que me levasse até a unidade. Quando tentei arrumar a embarcação todos me desestimulavam e diziam... O que você vai fazer lá?... Lá não tem nada!... Ninguém vai lá!... É melhor ficar em Manaus (...)*"

A desassistência não diz respeito apenas à introdução dos novos servidores em seu ambiente de trabalho, mas à disponibilização de meios físicos, formação, ferramentas gerencias e, sobretudo, foco para o trabalho a ser executado. Os gerentes e suas equipes não têm indicações de quais são os resultados com os quais aquela unidade deve contribuir para o sistema de unidades de conservação.

Se gestão é uma prática e, como diz Mintzberg, uma prática frenética, no âmbito das unidades de conservação as condições a tornam especialmente mais complexa em função da:

♦ Assistência precária dos órgãos gestores que sofrem com gestão precária e também com orçamentos insuficientes.

♦ Grande número de *steakholders* (grupos de interesse) que encaminham demandas diversas e complexas, com os quais é preciso negociar.

♦ Variedade de temas com os quais o gestor deve lidar para gerar resultados, exigindo que seja um generalista e não um especialista.

♦ Dispersão geográfica das unidades, que cria dificuldade para que gestores troquem experiências e compartilhem dificuldades, *know-how* e angústias; além de prejudicar a visão sistêmica, o que muitas vezes induz o gestor a investir naquilo que ele entende como melhor resultado para o local, em detrimento dos resultados do sistema de UCs.

♦ Como os membros das equipes, em geral, estão longe de suas localidades de origem, as relações de trabalho, muitas vezes, são o principal laço de convivência, o que determina que os servidores estabeleçam laços quase familiares. Quando as equipes vivem conflitos, a repercussão é grande para todos os membros e os resultados costumam ser muito afetados. Essa situação exige muito da figura do gerente que precisa encontrar meios de encaminhar bem a situação.

Nos capítulos anteriores dissemos que o NEXUCs tem atuado no sentido de propor metodologias que ajudem o gestor a domar o caos inerente à prática gerencial, contribuindo para que os "gerentes ingênuos" coloquem-se diante de um "caos controlado ou calculado". Porém, nós consultores que olhamos de fora e que muitas vezes vislumbramos muitas oportunidades de melhoria temos de reconhecer que, entre oferecer ajuda e ajudar efetivamente, existe um passo gigante.

Como se forma um gestor?

Edgar Schein, um dos autores que mais produziu sobre o tema consultoria, afirmava que o trabalho do consultor implica desenvolver um conjunto de atividades que ajudam o cliente a perceber, entender e agir sobre fatos inter-relacionados que ocorrem em seu ambiente. Para Schein (1972), o verdadeiro trabalho do consultor não é fazer belos diagnósticos e recomendações sobre a realidade do outro, mas ajudar o outro a ser mais eficaz em sua realidade. Portanto, o desafio do NEXUCs sempre foi o de observar as unidades de conservação, lançando mão de conceitos e instrumentos, mas, sobretudo, dedicando-se a pensar numa maneira de disponibilizar de forma útil essas ideias a quem de fato as gerencia e pode produzir melhorias nos resultados. Em outras experiências já havíamos aprendido que ensinar gestão era tarefa impossível. Sendo gestão uma prática, em que o gestor costuma interessar-se apenas por aquilo em que vislumbre possibilidades reais de solução de problemas em sua realidade, e considerando que, sendo uma prática, a gestão permite somente aqueles que seguirem em frente, encarando os desafios efetivamente, tivessem muitas oportunidades de aprendizado e de desenvolvimento de *know-how*. Não havia como apostarmos em metodologias de intervenção que não levassem em consideração algumas premissas:

♦ **Gestão é prática e, portanto, não pode ser ensinada numa sala de aula como uma ciência ou profissão.** Não se cria um gerente em sala de aula. O acesso ao conhecimento contribui para que novas conexões possam ser feitas, para que informações sejam geradas e possíveis sensibilizações ocorram, mas em geral não tem repercussão na eficácia gerencial. Nesse sentido existem inclusive aqueles que confundem a formação gerencial com a formação técnica, e nomeiam como programas de formação gerencial cursos com cargas horárias exaustivas e com uma grade fragmentada que trata de diversos conteúdos técnicos, como legislação ambiental, combate a incêndios florestais, fiscalização, etc. Embora certamente sejam conteúdos pertinentes para o negócio unidade de conservação, não podem ser considerados como formação gerencial, pois a gestão é composta por outros elementos, como: estratégia, processos, liderança, relação com beneficiários, planejamento, gestão de pessoas, mensuração, etc.

♦ **Os gerentes não são eficazes, a combinação gerente-contexto (unidade) é que o é.** Não existe bom marido nem boa mulher, existem bons casais. O mesmo vale para gerentes e suas unidades. No Capitulo 24, "A teoria do negócio e a gestão de unidades de conservação", dissemos que:

"(...) *Os conjuntos de competências que as unidades de conservação precisam desenvolver, para o cumprimento das suas missões, podem ser tão diversos quanto as realidades que cada unidade vivência. Em alguns contextos, a competência da proteção e da fiscalização dos recursos naturais pode ser intensamente exigida, em função dos tipos de pressão aos quais está submetida a unidade. Em outros casos ou momentos, sua capacidade de fortalecer e ativar os elementos de uma cadeia produtiva passa a ser determinante para o avanço do estabelecimento da unidade (...)*"

Portanto, seria difícil pensarmos em um perfil gerencial que desse cabo de todo e qualquer desafio. Certamente, existem perfis com maior potencial de eficácia para realidades mais exigentes em determinados temas, categorias de manejo, ou até mesmo em UCs em determinadas faseologias de gestão. Uma unidade em fase de criação exige, pela característica de seus desafios, competências de seu gestor bem diferenciadas das que se encontram na faseologia de implementação ou consolidação. O gerente será mais ou menos eficaz de acordo com suas potencialidades e experiências.

♦ **A gestão é apreendida no trabalho. É aperfeiçoada e apreendida por uma ampla variedade de experiências e desafios.** A maioria das pessoas vive uma série de acontecimentos que se tornam experiências quando são digeridos, refletidos e relacionados aos padrões gerais e sintetizados.

Os programas de desenvolvimento gerencial devem ajudar os gerentes a compreenderem suas experiências (tácitas) e refletirem sobre elas com a contribuição de seus colegas. Atribuir sentido às experiências significa fazer com que gerentes ocupados deem um passo atrás para refletir sobre suas experiências, junto com outros que enfrentam problemas semelhantes. Só assim a experiência poderá ser explicitada e transmitida. É importante perceber que muitos que ocupam a posição gerencial podem não estar prontos (prontidão) para o processo de aprendizagem e negam-se ao processo de reflexão e de "teorização" da própria prática. Têm dificuldade em aprender com a própria experiência e, sobretudo, com a experiência dos outros. Esse talvez seja o único traço que realmente descredencie um indivíduo à posição gerencial.

♦ **Levar a aprendizagem de volta ao lugar de trabalho, para impactar a organização.** Um grande problema na concepção dos programas de formação gerencial é que eles ocorrem de modo isolado. Não têm nenhuma intenção de repercussão organizacional. O gerente é desenvolvido e talvez até mude, apenas para voltar ao lugar de origem inalterado, sem ter nenhuma demanda de aplicação. A formação gerencial deveria, sobretudo, tratar do desenvolvimento organizacional; deveríamos esperar que os gerentes impulsionassem mudanças dentro de sua própria organização. Por isso, nossa opção tem sido sempre por programas que denominamos de educação continuada, nos quais nosso papel é de apresentar ideias, conceitos e ferramentas; debater com os gestores a aplicação; construir a customização desses com os gestores, adequando-os à singularidade dos contextos, tutorando e animando a aplicação, moderando a análise dos resultados junto ao grupo de gerentes-alvo e sistematizando as aprendizagens. Nossas experiências vêm demonstrando que qualquer assimilação de uma nova prática deverá provocar o interesse do gerente, ser aplicada, criticada e adaptada ao seu contexto e suas necessidades de resultado, caso contrário, será descartada.

Considerações finais

No NEXUCS, temos dedicado grande parte do nosso tempo a refletir sobre a arquitetura de nossas intervenções que, via de regra, propõe a concepção e implementação de práticas de gestão que ajudem os gerentes de unidades de conservação e, também, de órgãos gestores a fortalecer o processo gerencial, seja ele de cunho estratégico, na gestão de pessoas, processos ou em outras funções gerenciais. Os conceitos, ferramentas e técnicas que utilizamos estão acessíveis na vasta literatura de gestão disponibilizada pelo mercado editorial. A customização desses conteúdos à luz do conhecimento gerencial, já constituído no setor ambiental, tem sido nosso desafio. Não é tarefa fácil retirar um gerente de unidade de conservação de sua rotina frenética e conseguir que escute os primeiros dez minutos. É preciso rapidamente traduzir conceitos e abstrações em questões palpáveis e que façam sentido em sua realidade concreta de trabalho. Senão teremos apenas corpos presentes (principalmente se a internet estiver acessível). Se essa barreira for ultrapassada é preciso convidá-los a dar testemunho de sua própria experiência, dentro do foco proposto, e ajudá-los a explicitar suas aprendizagens. Entendemos nosso papel como mediadores entre a habilidade prática desses gestores e o conhecimento sistematizado. Atuamos como mobilizadores, e nessa obra convivemos com comportamentos muito diferenciados: o interesse, a empolgação, a autodescoberta que advêm da superação, assim como o desconforto e a relutância daqueles que não querem ser incomodados em sua solidão heroica, ou em seu isolamento confortável no qual a ineficiência é permanentemente justificada. Reconhecemos que os momentos mais espetaculares que testemunhamos foram aqueles em que grupos de gestores descreviam suas experiências e demonstravam aos outros como foram capazes de atender a demandas complexas, de resolver problemas inusitados, de como enfrentavam limitações institucionais absurdas, de como foi que se apropriaram das práticas que sugerimos de uma maneira absolutamente singular. É ali que estava o processo de formação gerencial em sua essência. Discutindo o fracasso ou o sucesso das práticas que foram experimentadas (sugeridas pelo PGR), esses gestores, diante de um universo limitado de recursos, encontraram a possibilidade de inventar saídas, de inovar. Como é surpreendente que alguns têm colocado ordem no caos?

Nossas propostas visam ajudá-los, mas temos de admitir que os verdadeiros professores são esses alguns, que, infelizmente, não são ainda todos! Para esses, com baixa prontidão para aprendizagem, o desafio ainda é "aprender a aprender". O processo de ampliação da prontidão para a aprendizagem pode ser provocado, mas os custos na formação desses pretendentes a gestores serão mais altos e demorados. Como dissemos antes, talvez esse seja o único traço que realmente limite alguém à posição de gestor em qualquer contexto.

> "(...) *Entendo que um gerente deve desenvolver a capacidade de enxergar a si mesmo como envolvido em um grande processo de autodesenvolvimento. Seu dever é aprender a capitalizar sua aprendizagem no trabalho, o que exige um compromisso com a aprendizagem contínua, autodiagnóstico e autogestão (...)*" (Mintzberg 2010).

O desafio das instituições é repensar as diretrizes de formação, criando condições para que possam efetivamente favorecer o surgimento desse gerente capaz de refletir sobre sua habilidade prática e transmiti-la a outros. A mentoração e a aprendizagem mediada por facilitadores que proponham temas e práticas aplicativas, para serem trabalhadas por pequenos grupos de gerentes, nos parecem um passo inevitável. Transformar a desassistência institucional em formação de gerentes em seu sentido pleno, considerando a gestão como uma prática, é o grande desafio.

Braços adicionais para conservação: o papel estratégico das parcerias com o setor privado

26

Ana Luisa Da Riva
Renata Loew Weiss
Instituto Semeia

Frente às dificuldade de gestão de Unidades de Conservação no Brasil, como exemplos de outros países e setores podem nos inspirar?

O Brasil é mundialmente reconhecido pela biodiversidade do seu patrimônio natural. Em nossas paisagens destacam-se a maior floresta tropical do globo, mais de oito mil quilômetros de litoral, além de cenários singulares, como o Pantanal, as Serras Sulinas e os Lençóis Maranhenses. Tanta beleza nos alçou ao primeiro lugar no ranking do Fórum Econômico Mundial (Blanke & chiesa, 2011) no quesito existência de recursos naturais, como uma das dimensões na influência da competitividade de um país no setor turístico.

Não por coincidência, quase a totalidade desses espaços territoriais onde a conservação da biodiversidade e de outros atributos naturais e culturais é considerada essencial está protegida sob a forma de unidades de conservação (UC).[1]

---

1. Definidas como "espaço territorial e seus recursos ambientais, incluindo as águas jurisdicionais, com características naturais relevantes, legalmente instituído pelo Poder Público com objetivos de conservação e limites definidos, sob regime especial de administração ao qual se

Sob a guarda do Sistema Nacional de Unidades de Conservação (SNUC), o Brasil protege cerca de 1,5 milhão de quilômetros quadrados de seu território e integra, sob o mesmo marco legal, 1641 áreas protegidas federais, estaduais, municipais e particulares, protegendo um total de 16,75% do território continental e 1,46% da área marinha.

A criação de unidades de conservação é uma das principais estratégias da Política Nacional do Meio Ambiente. E está espelhada no fato de que em todo mundo o estabelecimento dessas áreas é uma das mais efetivas iniciativas para a conservação da biodiversidade biológica e sociocultural.

Sob essa perspectiva, o Brasil destaca-se no cumprimento das metas de conservação da Convenção sobre Diversidade Biológica (CDB) das Nações Unidas. Segundo o estudo "Expansion of the Global Terrestrial Protected Area System", publicado na edição 142/2009 da revista *Biological Conservation*, fomos responsáveis por 74% do aumento na área global protegida desde 2003.

Mas não basta apenas criar UCs. Há uma grande lacuna que separa a criação da capacidade de implementação. Para que a implementação de Ucs no Brasil prospere, precisamos enfrentar e superar vários desafios, assunto intensamente discutido ao longo dos capítulos deste livro.

Um dos desafios é romper a aparente dicotomia que afasta o público e o privado nesta agenda, e articular modelos de gestão que incluam a iniciativa privada como parceira do Governo na implementação e gestão de UCs. O Semeia acredita que somente com a inclusão de agentes privados nesta agenda será possível conciliar, nas UCs brasileiras, conservação e oportunidades de desenvolvimento para o país e para as pessoas. Na parte 1, compartilharmos nossas reflexões com o leitor e, nas partes 2 e 3, fazemos uma reflexão sobre (i) as condições alarmantes do quadro atual de gestão de Ucs no Brasil e (ii) bons exemplos mundo afora.

PARTE I – POSSÍVEIS CAMINHOS

Gestão de UCs: romper a dicotomia público-privada

As parcerias entre o público e o privado

Para muitas pessoas, a participação do setor privado nas terceirizações gera desconfiança e a falsa ideia de que o setor privado só visa ao lucro. Contudo, experiências recentes de parcerias entre o público e o privado, espe-

---

(*continuação*) aplicam garantias adequadas de proteção" pelo art. 2º, I da Lei 9.985, de 18 de julho de 2000, que instituiu o Sistema Nacional de Unidades de Conservação (SNUC).

cialmente no setor de sáude, têm mostrado que o lucro do privado pode ser um grande aliado do governo na provisão de bens e serviços públicos. O setor privado dispõe de recursos, conhecimentos e instrumentos de gestão que, uma vez adaptados ao contexto das UCs, podem vir a contribuir para a efetividade da conservação.

É preciso vencer o sentimento de que obter lucro é um problema para a conservação. O lucro pode ser a solução, por exemplo, quando os compromissos do privado com a conservação, travados em edital, são adequadamente cumpridos.

Por exemplo, a extensão do conceito das parcerias público-privadas (PPPs) para as unidades de conservação é algo inovador no Brasil. As PPPs são uma modalidade de terceirização útil nos casos onde há limitações dos fundos públicos para cobrir os investimentos necessários, e quando se busca aumentar a qualidade e a eficiência dos serviços públicos. PPP não é privatização, como explica o economista Celso Toledo em entrevista no site do Semeia. As quatro principais contribuições do esquema de PPP são:

♦ providenciar capital adicional;

♦ fornecer capacidades alternativas de gestão e implementação;

♦ acrescentar valor ao consumidor e à sociedade em geral;

♦ melhorar a identificação das necessidades e a otimização dos recursos.

Há uma crescente conscientização de que a cooperação com o setor privado é capaz de oferecer uma série de vantagens, incluindo:

♦ **Aceleração da disponibilização da infraestrutura**: As parcerias possibilitam ao setor público transpor as despesas de capital inicial num fluxo contínuo de pagamentos do serviço ao longo do contrato. Isso permite que os projetos possam avançar mesmo quando a disponibilidade de capital público seja restringida.

♦ **Rapidez na execução**: A atribuição da responsabilidade de concepção e construção para o setor privado, combinada com pagamentos relacionados à disponibilidade de um serviço, oferece importantes incentivos para o setor privado entregar projetos em um espaço de tempo de construção mais breve.

♦ **Melhor alocação de risco**: Um princípio fundamental de qualquer PPP é a atribuição de risco para o lado da relação com melhores condições para a sua gestão, pelo menor custo. O objetivo é otimizar, em vez de maximizar, a transferência de riscos, garantindo que o melhor valor seja atingido.

♦ **Melhores incentivos para realizar:** A atribuição de um projeto de risco deve incentivar o setor privado contratante no sentido de melhorar a sua gestão e desempenho em um determinado projeto.

♦ **Melhoria da qualidade do serviço:** A experiência internacional sugere que a qualidade dos serviços realizados no âmbito de uma PPP é melhor do que o atingido pelo modelo tradicional de contratação no setor público. Isto se reflete: numa melhor integração dos serviços com o apoio de ativos; na melhoria das economias de escala; na introdução de inovação na prestação de serviços; e no incentivo ao desempenho e sanções normalmente incluídas no âmbito de um contrato PPP.

♦ **Geração de receitas adicionais:** O setor privado pode ser capaz de gerar receitas adicionais provenientes de terceiros, reduzindo assim o custo de qualquer entidade pública. As receitas adicionais podem ser geradas através da utilização da capacidade da reserva ou da eliminação de excedente ativos.

♦ **Reforço da gestão pública:** Ao transferir a responsabilidade pela prestação de serviços públicos, o governo irá funcionar como regulador, incidindo o seu foco sobre o planejamento e desempenho do serviço, em vez de sobre o acompanhamento da gestão do dia a dia até a entrega do serviço.

Aspectos estratégicos

Para que uma PPP seja eficiente é preciso que cada ator tenha conhecimento dos aspectos estratégicos para o seu papel. São eles:

Aspectos estratégicos para o governo e sociedade civil

♦ conservação da biodiversidade;
♦ atração de investimentos privados de longo prazo com dinamização da economia;
♦ fortalecimento da capacidade de gestão e proteção do patrimônio nacional;
♦ geração de receitas para estados e municípios;
♦ ampliação do controle e da qualidade socioambiental das UCs.

Aspectos estratégicos para o governo e para a conservação

♦ redução da necessidade de investimentos e imobilização de capital;
♦ ampliação da visibilidade e fomento à geração de receitas;
♦ adoção de referenciais e boas práticas gerenciais no universo das UCs;

♦ oportunidade para qualificar as operações das empresas concessionárias;

♦ oportunidade de compartilhamento de investimentos e infraestrutura;

♦ integrar o parque e as cadeias produtivas visando ao desenvolvimento de ações cooperadas e a valorização da unidade de conservação;

♦ estimular o acesso ao mercado, com ações de promoção e marketing cooperado;

♦ aumentar a competitividade dos destinos.

Aspectos estratégicos para a iniciativa privada

♦ a possibilidade de explorar roteiros turísticos de relevante beleza cênica;

♦ a percepção de que o turismo no Brasil e no mundo tem aumentado consideravelmente nos últimos anos e é um setor com grande potencial;

♦ a garantia fundiária e contratual;

♦ as compensações financeiras pelo alcance de metas socioambientais.

Desafios para a participação da iniciativa privada via PPP

Além dos aspectos estratégicos, a iniciativa privada deve superar alguns desafios para prosperar numa PPP, de modo a contornar a rejeição natural de alguns frente à idéia ideia de concessões integradas e de parcerias com o setor privado.

Segundo dados da CSU (Colorado State University), o ponto fraco das práticas recomendadas de terceirizações em UCs ao redor do mundo parece estar nas qualificações das terceirizações e nas responsabilidades jurídicas e financeiras. Já os pontos fortes constatados foram: a responsabilidade ambiental e a responsabilidade social.

Para que os pontos fortes prevaleçam é vital envolver e integrar as terceirizações nas políticas de desenvolvimento regional, estabelecendo mecanismos de gestão de contratos que garantam a transparência e os ganhos socioambientais esperados. Todas as licitações devem obedecer a uma plena concorrência, capaz de promover o atendimento a requerimentos legais e informações aos órgãos de controle. Licitações e regras claras são capazes de atrair para o país grupos estrangeiros com *expertise* no setor turístico.

Finalmente é preciso estabelecer modelos econômicos ajustados à dinâmica regional do setor turístico que permitam conciliar retorno econômico ao agente privado e conservação das UCs.

Pontos a serem compreendidos para viabilizar a implementação de um programa de Parcerias entre Público e Privado em UCs

Ao se analisarem os benefícios de uma PPP é preciso comparar outras partes da análise custo-benefício, como geração de empregos diretos e indiretos, aumento das opções de lazer e proteção de mananciais, entre outras.

O critério técnico deve incluir ao menos quatro temas para ganhar a adesão do governo: (i) maior benefício social; (ii) menor impacto ambiental; (iii) maior eficiência; e (iv) maior agregação de valor local.

A iniciativa privada deve sempre quantificar e qualificar os principais co-benefícios para melhor entendimento do poder público sobre as vantagens de se investir nesse tema.

O governo, por outro lado, deve estimular a implementação de modelos de gestão que: favoreçam o desenvolvimento de cadeias produtivas de bens e serviços oriundos das unidades de conservação e demais áreas protegidas; estabeleçam mecanismos eficazes para documentar conhecimentos e experiências existentes sobre a gestão de áreas protegidas; e, finalmente, adotem um conjunto de princípios e diretrizes para harmonizar planejamento, gestão, monitoramento socioambiental e monitoramento financeiro.

PARTE II – OS DESAFIOS ATUAIS

Carência de recursos financeiros: lacuna entre a necessidade e a realidade

Há um descompasso entre os recursos existentes e os recursos necessários para uma gestão minimamente adequada das UCs brasileiras. De 2001 a 2008, a área somada das UCs federais teve uma expansão de 78,46%, enquanto a receita do Ministério do Meio Ambiente (MMA) revertida ao SNUC aumentou, no mesmo período, apenas 16,35%. Ou seja, existe nitidamente uma grande lacuna de verbas.

E qual seria o montante necessário para que esse sistema funcione plenamente? Segundo estimativas do MMA, os custos recorrentes anuais seriam de R$ 543,2 milhões para o sistema federal e de R$ 360,8 milhões para os sistemas estaduais. Sem contar R$ 611 milhões em investimentos em infraestrutura e planejamento no sistema federal e de R$ 1,18 bilhão nos sistemas estaduais (MMA, 2009).[2]

---

2. Esses valores não incluem as Reservas Particulares do Patrimônio Natural (RPPN).

E qual o montante disponível no momento? Conforme o mesmo estudo, algo entre R$ 250 e 300 milhões anuais (aproximadamente R$ 160 milhões de recursos orçamentários, R$ 80 milhões de compensação ambiental e R$ 30 milhões de doações internacionais).

Esse modelo deficitário ocorre principalmente porque a maior parte dos fundos para a conservação brasileira se origina do orçamento público (Barcena et al., 2002 apud Young, 2005) (Tabela 26.1).

Tabela 26.1 Valores anuais projetados. Fonte: Adaptado de MUANIS (2009).

Fonte	2008	% do total
Orçamento total ICMBio (sem pessoal)	R$ 100 milhões	71%
Arpa	R$ 19 milhões	14%
Compensação ambiental (execução federal)	R$ 12 milhões	9%
Doações e compensações executadas diretamente por empresas privadas (7 UCs)	R$ 4,2 milhões	3%
Carteira fauna (multas/TACs)	R$ 3 milhões	2%
Fundos locais (Atol e Bocaina)	R$ 2 milhões	1%
Total disponível	**R$ 140,2 milhões**	

Por essa razão, há uma conexão muito próxima entre a situação macroeconômica do Brasil e os gastos ambientais, fazendo com que mudanças na política fiscal e monetária tenham consequências diretas para a conservação (Young, 2005).

Além disso, o governo tem baixa capacidade de investimento, e somente gastos com pessoal, encargos e despesas correntes consomem 95% da execução orçamentária do ICMBio.

Tomemos o ano de 2008 como exemplo, quando as UCs federais receberam aproximadamente R$ 332 milhões (Tabela 26. 2). Considerando que R$ 203 milhões foram gastos com pessoal e encargos, os recursos restantes ficaram aquém de cobrir os custos estimados para manutenção do sistema (MMA, 2009).

As UCs estaduais também apresentam esse mesmo quadro deficitário, com a maioria do orçamento dedicado a cobrir despesas correntes de pessoal, restando pouco para demais investimentos.

Esses dados comprovam a dependência atual do SNUC do orçamento público e a necessidade de buscar recursos alternativos para cobrir as despesas de capital (Muanis, 2009).

Tabela 26.2 Recursos disponíveis a Sistemas de Conservação após o pagamento de pessoal. Fonte: Adaptado de MMA (2009).

Sistema nacional/ estadual	Tamanho do sistema	Recursos financeiros disponíveis em 2008 (A)	Pagamento de pessoal (B)	A – B
		(R$ milhões)	(R$ milhões)	(R$ milhões)
Brasil	755 mil km²	332	203	129
Rio de Janeiro	3,7 mil km²	22	13	9
Espírito Santo	0,4 mil km²	16	10	6
Minas Gerais	15,7 mil km²	74	37	37
Rio Grande do Sul	3,0 mil km²	8	7	1
Paraná	17,9 mil km²	6	7	–1

Limitada capacidade de gestão

Descompasso: Apesar de o Brasil ser hoje a sexta economia mundial, ainda não conseguiu aprimorar sua competência em gestão sustentável de UCs, ficando, nessa área, atrás de países com menos recursos naturais e econômicos. O Brasil tem uma **cultura incipiente de gestão**, pouco focada em resultados.

Uma proteção adequada das UCs depende: de recursos humanos treinados e em número suficiente, da eficiência do uso de recursos financeiros e da segurança fundiária. Todos esses pontos estão ainda pouco presentes na realidade da gestão pública brasileira nas UCs.

Limitações de pessoal

Para garantir a proteção das UCs é preciso investir na qualidade e densidade de pessoal de campo (Bruner, 2000; Vreugdenhil, 2003). Atualmente, seria necessário um quadro mínimo de 19 mil pessoas em nossas UCs federais e estaduais, sendo 13 mil apenas para atividades de campo. O déficit de pessoas, incluindo pessoal de campo, é estimado em 99% do total que seria necessário para as UCs federais (ICMBio, 2008).

Esse déficit induz os órgãos ambientais a diversas manobras para encontrar formas de engajar mais pessoas nas atividades de conservação. Uma manobra comum é atrelar servidores temporários supostamente vinculados a projetos de investimento direto, na agenda rotineira de conservação de uma UC.

Se, por um lado, esse subterfúgio auxilia de sobremaneira a enorme carência do setor, por outro, apresenta sérios problemas e consequências. O fato de esse tipo de contratação ser de natureza temporária – e em geral não durar mais do que alguns anos – acaba gerando uma rotatividade grande de pessoas em funções estratégicas e, consequentemente, uma descontinuidade em programas e projetos de conservação nas UCs. Quando esses contratos chegam ao fim, acabam acarretando uma erosão no conhecimento dessas instituições.

Além disso, essa falta de pessoal faz com que o profissional dos órgãos ambientais acabe assumindo inúmeras funções, muitas vezes em áreas totalmente distintas à sua vocação. Quando isso acontece, invariavelmente restringe-se o tempo que o profissional teria dedicado efetivamente para ações de conservação de fato impactantes.

Como se não bastasse essa questão, por força do ambiente regulatório, os órgãos ambientais possuem limitada capacidade de favorecer o desenvolvimento profissional dos seus contratados. Não existe um plano de carreira para o servidor dos órgãos ambientais que permita ao mesmo optar por diferentes caminhos de desenvolvimento profissional. Dessa forma, não é incomum encontrar no cargo de gestor de UCs profissionais que não têm interesse e muito menos aptidão para um cargo que exige habilidades gerenciais.

Outro problema é o fato de que muitos profissionais do setor chegam ao cargo de gestor sem que tenham a possibilidade de receber treinamento específico sobre conceitos e ferramentas de gestão estratégica dessas áreas. A falta de treinamento direcionado gera, inclusive, alguns casos de ambivalência, como nos casos de UCs que dispõem de recursos para investimentos (por exemplo, pela compensação ambiental), mas não possuem projetos para a sua aplicação.

Uso pouco eficiente dos escassos recursos

Na área da conservação, o governo ainda centraliza muitos papéis, e não é incomum se deparar com profissionais dos órgãos ambientais sobrecarregados por múltiplas agendas. Apenas para citar um exemplo, é comum servidores tomarem as rédeas na construção de obras de infraestrutura em UCs, chegando até a erguer e operar instalações de hotelaria, com o intuito de posteriormente estabelecer algum tipo de terceirização.

Por que o governo gasta seus escassos recursos para operacionalizar atividades nas quais tem baixa eficiência se comparado com agentes privados que operam nesse mercado? O funcionário que se envolve na operacionalização de obras de infraestrutura não estaria deixando de contribuir com seu tempo para atividades mais estratégicas, que impactam de forma direta a conservação e o desenvolvimento?

Além disso, o grande tiro no pé que o governo dá, quando aloca, de forma isolada, recursos financeiros na implementação de obras de infraestutura nas UCs, é que acaba por gerar um grande passivo de manutenção, para o qual, em geral, não dispõe de recursos. Se computarmos isto ao tempo dos servidores gasto nesses processos operacionais (que pode ser entendido como tempo que deixa de ser dedicado ao monitoramento e fiscalização da conservação), o custo para o governo é ainda mais expressivo.

Será possível criar arranjos institucionais que levem a uma alocação mais eficiente dos recursos?

Insegurança fundiária

A insegurança fundiária é um dos principais obstáculos ao pleno funcionamento das UCs. Mesmo naquelas criadas há décadas, ainda não foi possível resolver o passivo fundiário, tanto pela dificuldade jurídica quanto pelos custos associados. Muitos estados têm avançado nessa agenda, mas o passivo é tão grande e as dificuldades burocráticas e operacionais tão expressivas que parece não haver luz no fim do túnel. Mas há. Em outros setores, como nas concessões de rodovias, por exemplo, grande parte da operacionalização da agenda de desapropriações é repassada ao agente privado como obrigação contratual. Será que esses mecanismos, já bem aplicados em outros setores, podem nos trazer algum ensinamento? Será possível manter o governo como agente principal no estabelecimento dos valores de indenização, nas diretrizes gerais das desapropiações e na captação dos recursos para esta agenda, e criar os incentivos corretos para que parceiros privados possam somar com sua musculatura técnica e financeira para operacionalizar a regularização fundiária nas nossas unidades de conservação?

Braços adicionais para a conservação – terceirizações atuais

Ainda que timidamente, o governo vem realizando alguns movimentos na direção de criar alternativas de gestão das UCs. Para tanto tem apostado: (i) nas terceirizações de bens e serviços nas áreas onde é permitido o uso público nas UCs e (ii) na gestão compartilhada por Organizações da Sociedade Civil de Interesse Público (Oscip).

Nesta última, o governo transfere parte das suas atribuições a organizações geralmente muito comprometidas com as questões socioambientais ou culturais, porém com limitada experiência em instrumentos de gestão e pouco pautadas pela eficiência.

As terceirizações em UCs, onde a iniciativa privada é chamada para operar bens e serviços em uma UC, já são uma realidade há bastante tempo, como no caso do Parque Nacional de Foz do Iguaçu. Contudo, os processos de terceirização em geral ocorrem de forma isolada, onde cada bem, ou serviço a ser terceirizado, é oferecido a um parceiro diferente, fragmentando o processo de concessão. Estas concessões pulverizadas dentro de uma mesma UC acabam por limitar a possibilidade de interação estratégica entre os diversos concessionários, impedindo a construção de um posicionamento orientado ao consumidor, capaz de garantir a satisfação dos visitantes e de se adaptar às necessidades do mercado na mesma velocidade que acontece mundo afora. Isto, certamente, limita o potencial de visitação turística de nossos parques.

A título de comparação, no Brasil, dos 67 parques nacionais, os 31 abertos para a visitação receberam em 2008 cerca de 2 milhões de visitantes, sendo que 72% destes se concentraram entre os parques nacionais de Foz do Iguaçu (1 milhão de visitantes) e o da Tijuca (470 mil visitantes). Nesse ano, a arrecadação nos parques nacionais foi de R$ 18 milhões, que se dividem entre ingressos (R$ 11 milhões) e concessões de serviços (R$ 7 milhões) (MMA, 2009).

Tabela 26.3 Arrecadação nos parques nacionais com visitação (2008).

Ingressos	R$ 11.470.390
Concessões	R$ 7.371.542

Apesar dos esforços do governo, dos 310 parques federais, apenas dois geram recursos significativos a partir de terceirizações: o Parque Nacional do Iguaçu e o Parque Nacional da Tijuca, onde os turistas são atraídos para ver de perto o monumento do Cristo Redentor. Em 2008, o ICMBio arrecadou nos parques nacionais abertos à visitação, incluindo recursos oriundos de ingressos e concessões de serviços, R$ 18.841.932,00. Ou seja, uma média de R$ 9 por visitante, um gasto perto da metade da média dos países não desenvolvidos, abaixo da média da América do Sul e vinte vezes menor do que a média dos países desenvolvidos (Maretti, 2001).

Vejamos o caso brasileiro de maior sucesso, o Parque Nacional do Iguaçu, cujas sete empresas concessionárias gereram em 2007 aproximadamente R$ 12 milhões com a venda de ingressos, produtos e serviços. Juntas, essas concessões são responsáveis pela manutenção de 700 empregos diretos dentro do parque e pela movimentação de cerca de R$ 100 milhões gerados indiretamente pela cadeia produtiva do turismo local (Rodrigues, 2009).

O desenho da sua terceirização atribui a um concessionário a responsabilidade de recolher o pagamento dos ingressos e fazer o controle do fluxo de visitantes. A mesma concessionária é responsável pela manutenção do centro de visitantes e pelo transporte dos visitantes até Porto Canoas (espaço de alimentação, mirante, início da trilha das Cataratas, estacionamento).

As outras atividades, como o passeio de elevador panorâmico até o Espaço Naipi, a Trilha do Poço Preto – Porto Taquara, a Trilha das Bananeiras, Percurso do Macuco (passeio de jipe, caminhada por uma trilha suspensa, passeio de barco pelo rio Iguaçu), *rafting* nas corredeiras do rio Iguaçu e passeio de helicóptero são administrados pelas concessionárias e requerem o pagamento de uma taxa cobrada à parte do ingresso para entrar no parque.

Ainda que a quantidade de atividades não influencie necessariamente a experiência da visita, a diversidade de oportunidades recreativas vivenciadas não necessariamente acontece de forma integrada. Apesar de o setor público ter tido sucesso em terceirizar atividades que não são de sua especialidade, ele acaba com diversos contratos a gerenciar e sem ter uma instituição responsável por olhar a experiência do turista como um todo.

E se o turista tiver uma excelente experiência no passeio do elevador, adorar a comida do restaurante, mas as trilhas forem mal cuidadas e o hotel tiver uma manutenção precária? Será que ele volta ou sugere este passeio? Dificilmente. Enquanto não houver uma ação integrada dos concessionários para que o turista desfrutre de uma experiencia completa e possa sentir, em cada bem e servico oferecido pelo parque, o valor de sua existência, dificilmente estaremos utilizando todo o potencial que nossos recursos naturais nos oferecem. Isto é o que, na iniciativa privada, chamamos de "valorizar uma marca".

PARTE III – OLHAR PARA OUTRAS REFERÊNCIAS

Visão de futuro: inovar na gestão de UCs

Inserir o homem na agenda da conservação

Em boa parte dos órgãos ambientais brasileiros ainda hoje persiste uma visão, a nosso ver, retrógada e equivocada, de que o turismo é um vetor de degradação – e não um parceiro – da conservação. Essa é a visão de quem considera a biodiversidade o centro da preservação.

Acreditamos que a excelência em gestão de UCs exige uma abordagem antropocêntrica, que considera o homem como parte indissociável do meio ambiente. Para nós, apenas com uma visão socioambientalista e antropocêntrica será possível girar um ciclo virtuoso entre conservação e oportunidades de renda para as pessoas e para o país. E o turismo, nesse cenário, parece uma das ferramentas mais promissoras para garantir a dinamização econômica das nossas UCs, respeitando-se, certamente, sua capacidade de suporte e sua funcao de conservação.

> **Visão biocêntrica:** Em geral há dificuldade de se conciliar conservação e desenvolvimento. É preciso romper com a visão biocêntrica que valoriza apenas os aspectos naturais e de biodiversidade destas áreas e fortalecer a visão socioambientallista e antropocêntrica. Um caminho mais estratégico passa pela inclusão do homem na agenda de conservação, compartilhando e se apropriando dos benefícios gerados, mas também assumindo responsabilidades.

Turismo como alavanca para conservação e desenvolvimento

A Secretaria de Biodiversidade e Florestas do Ministério do Meio Ambiente reconhece que o turismo é a maior fonte de recursos estrangeiros e de geração de empregos no Hemisfério Sul. Ao se associar à conservação da biodiversidade, pode também gerar alternativas econômicas sustentáveis para inúmeras comunidades no Brasil (MMA, 2009) e consolidar-se como um dos principais argumentos do governo para a criação de parques nacionais (Christ et al., 2003 apud Rodrigues, 2009).

Essa perspectiva, como destaca Creado (2005 apud Rodrigues, 2009), sugere a legitimação social e política dos parques nacionais por meio da sua transformação em espaços voltados para o turismo, manutenção de serviços ambientais e realização de pesquisas científicas (Rodrigues, 2009).

Como foi dito no início deste capítulo, ao avaliar a competitividade do turismo das economias mundiais, o Fórum Econômico Mundial constatou que o Brasil é o primeiro país do mundo no que tange a recursos naturais para o turismo.

Essa análise foi apresentada no âmbito de um relatório que avalia fatores e políticas que fazem um país mais ou menos atraente para desenvolver o turismo, baseando-se em três pilares de avaliação: (i) estrutura da regulamentação; (ii) ambiente de negócios e infraestrutura e (iii) recursos naturais, humanos e culturais. Com o balanço dos demais quesitos, a posição brasileira desce para o 52º lugar (veja Tabela 26.4) (Blanke & Chiesa, 2011), na frente de economias emergentes como Argentina e África do Sul, graças ao bom desempenho referente aos recursos naturais e culturais, mas atrás de economias avançadas como os Estados Unidos e a Nova Zelândia, em virtude dos outros quesitos.

Tabela 26.4 Ranking Mundial da Competitividade do Turismo. Fonte: Adaptado de Blanke & Chiesa, 2011.

Pilares do índice	Brasil	Outras referências			
		EUA	Argentina	Nova Zelândia	África do Sul
Total	52	6	60	19	66
1. Estrutura da regulamentação.	80	44	72	13	82
2. Ambiente de negócios e infraestrutura.	75	3	70	25	62
3. Recursos naturais, humanos e culturais.	11	1	35	22	49
3.1 Recursos humanos.	70	11	61	14	128
3.2 Afinidade com turismo.	97	104	72	18	43
3.3 Recursos culturais.	23	6	38	49	55
3.4 Recursos naturais	1	3	20	30	14
3.4.1 Número de áreas que são Patrimônio da Humanidade.	6	2	10	17	10
3.4.2 Áreas protegidas (% do território).	11	35	93	26	83
3.4.3 Qualidade do ambiente natural.	44	31	102	3	26
3.4.4 Total de espécies conhecidas.	1	11	13	128	25

Assim perguntamos: quanto do turismo mundial deixamos de aproveitar em nossas UC?

Para se ter uma ideia dessa dimensão, basta pensar que, apenas em 2004, o mercado de natureza e ecoturismo cresceu três vezes mais do que a indústria do turismo. E de que na última década 23 *hotspots*[3] tiveram mais de 100% de crescimento de visitantes. Nesse mesmo ano, somente a observação de baleias levou 13 milhões de pessoas a gastarem em 119 países um total de US$ 2,1 bilhões. E, nos Estados Unidos, atividades como pescar, caçar e observar a natureza geram US$ 122 bilhões ao ano, o que equivale a quase 1% do PIB do país (Teeb, 2010 apud Blanke & Chiesa, 2011).

---

3. Áreas de relevante interesse para a biodiversidade que estão em risco.

Tabela 26.5 Estimativas do turismo. Fonte: United Nations World Tourism Organization apud Blanke & Chiesa, 2011.

País	PIB Bruto	Indústria do Turismo[4]			Economia do Turismo[5]		
	2009	2010		2020**	2010		2020**
	(bilhões de USD)	(milhões de USD)	(% do PIB)	(% c/a*)	(milhões de USD)	(% do PIB)	(% c/a*)
EUA	14.119,1	501.854	3,4	3,6	1.350.880	9,6	3,7
Brasil	1.574,0	44.906	2,9	4,4	109.739	7,0	5,6
Argentina	310,1	8.291	2,7	4,5	23.332	7,5	5,0
Nova Zelândia	117,8	7.003	5,9	5,4	16.243	13,8	4,8
África do Sul	287,2	10,085	2,9	4,5	26,446	7,7	4.6

Empregos

País	Indústria do Turismo			Economia do Turismo		
	2010		2020**	2010		2020**
	(1.000 empregos)	(% do total)	(% c/a*)	(1.000 empregos)	(% do total)	(% c/a)
EUA	5.070	3,4	3,6	13.697	9,9	2,1
Brasil	2.209	2,3	2,9	5.333	5,6	3,9
Argentina	625	3,6	2,6	1.492	8,6	2,9
Nova Zelândia	112	5,2	2,9	273	12,7	2,2
África do Sul	372	2.9	2.2	869	6.9	2.4

Receita com turistas internacionais

País	Chegadas internacionais a turismo – 2009 (em milhares de pessoas)	Receitas internacionais a turismo – 2009 (em milhões de dólares)	Gastos médios com turistas (em mil dólares)
EUA	54.884,2	93.917,0	1,71
Brasil	4.802,2	5.304,6	1,10
Argentina	4.312,7	3.916,3	0,91
Nova Zelândia	2.458,4	4.585,8	1,87
África do Sul	7.011,9	7.542,8	1,08

---

4. Entende-se por "Indústria do Turismo" a parte da cadeia produtiva cuja atividade turística é diretamente impactada.

5. A "Economia do Turismo" tem uma perspectiva mais abrangente que a "Indústria do Turismo", incluindo também a parte da cadeia produtiva que é indiretamente impactada. Mais detalhes sobre esta metodologia podem ser obtidos em: http://www.wttc.org/eng/Tourism_Research/.

As economias emergentes apresentam resultados cada vez mais ousados. Entre 2000 e 2010, tiveram um aumento médio de 5,5% ao ano nas chegadas internacionais, enquanto as economias avançadas tiveram um crescimento na ordem de 1,7% ao ano. Estima-se que, nos próximos cinco anos, os destinos emergentes atraiam mais chegadas internacionais do que as economias avançadas. De fato, há uma perspectiva de crescimento na indústria principalmente quando observado o "BRIC" (Brasil, Rússia, Índia e China), que representa 42% da população mundial e possui o turismo como aspiração (Blanke & Chiesa, 2011).

Ao comparar o Brasil com os outros países-referência, destaca-se o seu potencial de aumentar o ritmo da economia e da empregabilidade em torno do turismo. Mas os nossos números ainda são pequenos. Em 2010, a chamada "economia do turismo" representou 7,0% do PIB e dos empregos gerados para o país.

A "economia do turismo" leva em conta o impacto direto e o impacto indireto exercidos sob os fornecedores da indústria do turismo (Blanke & Chiesa, 2011). Vale ressaltar que o turismo é uma das atividades que menos demandam investimentos para gerar empregos, e a prestação de serviços associados à visitação em unidades de conservação gera um efeito multiplicador na economia local, permeando diversos setores da cadeia turística (MMA, 2009).

Um estudo realizado pelo Funbio considerou a arrecadação de cinco anos passados e projetou-a para o futuro, levando em conta hipóteses de incremento desses valores (Tabela 26.6). No que diz respeito a atividades do turismo, o estudo estima que em 2013 a arrecadação com visitação/ingressos em parques nacionais aumentaria para R$ 23,6 milhões e as concessões de serviço para R$ 16,5 milhões.

Na realidade, porém, poucas são as UCs que de fato exploram a oportunidade de aliar conservação à geração de renda através de um turismo ordenado. Isso faz com que elas sejam muitas vezes apontadas pela população como "unidades de restrições ao crescimento econômico".

A pouca valorização das UCs reduz a motivação da sociedade em mantê-las adequadamente. Esse fato conduz a um ciclo perverso de carência de recursos governamentais: técnicos, financeiros e humanos – por pura falta de interesse econômico nessas áreas. Não existe um planejamento que garanta a conservação e a criação de oportunidades de desenvolvimento ao país.

Tabela 26.6 Arrecadação atual e projeções anuais para o 6º ano.

Fontes	Arrecadação (2007)	Arrecadação potencial projetada	Hipóteses
Visitação/ingressos em parques nacionais	R$ 7,2 milhões	R$ 23,6 milhões	Aumento anual de 15% na visitação e R$ 4 por ingresso.
Concessão de serviços	R$ 2,9 milhões	R$ 16,5 milhões	Aumento anual de 15% na visitação e concessões em quatro parques nacionais.
Concessões florestais * (28% para o ICMBio)	R$ 1,0 milhão	R$ 46,2 milhões	Meta de concessão para 4 milhões de ha.
Penalidades pecuniárias (multas)	R$ 5,3 milhões	R$ 190 milhões	Estima-se que 10% das infrações ocorram em UCs.
Total	R$ 16,5 milhões	R$ 276,3 milhões	

* Concessão florestal é o mecanismo criado pela Lei 11.284/06 (Lei de Gestão de Florestas Públicas), que permite aos governos federal, estadual e municipal concederem a particulares o direito de explorar, de forma econômica e ambientalmente sustentável, bens e serviços em florestas públicas.

Buscar referência em outros países e outros setores

O Brasil já possui exemplos inspiradores de terceirização em setores, como saúde, que podem servir como norte para as UCs brasileiras, uma vez que tanto a saúde quanto a educação podem ser considerados bens de natureza pública.

Esse olhar inovador pode ajudar numa busca de soluções para a gestão das áreas protegidas. Dessa maneira, podemos recorrer: (i) a benchmarks de parcerias entre o público e o privado de outros setores no Brasil, (ii) a experiências internacionais bem-sucedidas, e (iii) ao permanente estímulo e à aplicação de projetos pilotos de gestão.

Turismo em UCs: olhando para outros países

Na Tabela 26.7, podemos conferir o exemplo de dois países – EUA e África do Sul – que podem lançar algumas luzes sobre como o turismo nos parques nacionais pode, aliado à conservação, trazer resultados mais expressivos para a economia e para o Sistema Nacional de Unidades de Conservação.[6]

---

6. *Ressalva*: a utilização dessas economias como exemplo não significa que elas não tenham suas próprias dificuldades a serem superadas na gestão e financiamento da conservação.

Tabela 26.7 Dados gerais sobre os parques abordados no capítulo.
Fontes: África do Sul: dados de 2011 – SANParks (2012); Estados Unidos:
dados de 2011 – NPS (2012).

País	Instituição pública responsável pelos parques deste estudo	Número de parques nacionais	Número de visitantes/ano
África do Sul	South African National Parks (SANParks)	19	4,5 milhões
Estados Unidos	National Parks Service (NPS)	58	62,6 milhões

África do Sul

A SANParks

Criada em 1998, a SANParks tem 75% do seu orçamento independente do governo, graças à receita proveniente do turismo com: (i) taxas de concessão (*concession fees*) e (ii) investimentos privados recebidos. Em 2011, as concessões para lodges, lojas e restaurantes geraram uma receita em torno de 55 milhões de dólares (428 milhões de Rand sul Africanos), além de investimentos em torno de 44 milhões de dólares (340 milhões de Rand sul Afrianos) revertidos em ativos para a SANPArks (SANParks, 2012).

Visitantes nos parques

Somente cinco parques geram recursos significativos para o sistema, concentrando 90,2% dos visitantes em 2011. O Table Moutain National Park, que é um parque urbano situado na Cidade do Cabo, concentra sozinho 48,9% das visitas, seguido do Kruger, que oferece a experiência de safári e concentra 30,6% das visitas (Rodrigues, 2009; SANParks, 2012).

Tabela 26.8 Número de visitantes em cinco parques nacionais
sul-africanos (2008). Fonte: SANParks, 2008.

Parques	Número de visitantes	% do total de visitantes
Table Mountain	2.220.332	48,9
Kruger	1.386.287	30,6
West Coast	214.772	4,7
Tsitsikamma	145.229	3,5
Addo	125.816	2,8
Total	4.092.436	90,2

Modelo e princípios no turismo

Em 1999, a SANParks desenvolveu o conceito da "comercialização como estratégia para conservação", que concede o direito exclusivo de uso comercial de áreas de lodges no entorno dos parques. Desde 2000 as parcerias entre os setores público e privado são regulamentadas pelo "Public Finance Management Act" (Ato de Financiamento Público, na tradução livre), provendo um modelo claro e transparente sobre como estas transações podem ser benéficas comercialmente e para a sociedade.

Parcerias com a iniciativa privada mostraram que podem incrementar os serviços por meio da administração profissional e do marketing, reduzir a dependência de subsídios públicos e mobilizar capital para investimento na infraestrutura dos parques e na conservação da biodiversidade.

As parcerias podem ocorrer de duas formas:

♦ Parcerias tradicionais no turismo: o setor privado utiliza a propriedade pública para promover serviços e gerar rendimentos por meio de serviços de alimentação, hospedagem, lojas de souvenirs.

♦ Parcerias para o manejo da biodiversidade: o setor privado representa uma função pública em nome do governo, como a conservação dos bens naturais públicos localizados nas áreas protegidas. Conta com parcerias para administrar e financiar as áreas protegidas, incluindo funções como proteção, fiscalização e manutenção de infraestrutura mínima (Saporiti, 2006, p. 1 apud Rodrigues, 2009).

Esse formato constitui uma das principais estratégias para levantar recursos para financiar o manejo e a infraestrutura de apoio ao turismo nos parques nacionais sul-africanos. Segue os fundamentos estabelecidos no "Plano Estratégico para Comercialização (2006-2011)",[7] elaborado pelo próprio SANParks.

De 1999 a 2007, foram realizadas as terceirizações de 12 lodges, 19 lojas, 17 restaurantes e 4 áreas para piquenique a parceiros privados, distribuídos principalmente em 4 parques nacionais. A maioria dos contratos de terceirização nos parques sul-africanos tem a duração de 20 anos. Nos casos em que não há grandes investimentos por parte da iniciativa privada, os contratos são de 10 anos (CDB, 2007).

As concessionárias da SANParks pagam uma taxa anual por contratos de terceirização de 20 anos (sem direito à renovação ou de preferência quando

---

7. "Strategic Plan for Commercialization (2006-2011)".

expirados) para os lodges, que incluem obrigações ambientais e sociais, assim como penalidades no caso de não cumprimento (CDB, 2007).

As obrigações relativas à delegação dos serviços são determinadas pelos concorrentes, com 20% do mecanismo de escolha baseado nesses compromissos. O concorrente vencedor é obrigado a cumprir esses compromissos, que fazem parte do contrato. O MET (Ministério do Meio Ambiente e Turismo) fornece incentivos financeiros e fiscais, além de dar preferência às parcerias entre a comunidade e o setor privado e/ou empreendimentos com participação nas receitas.

Resultados em conservação e desenvolvimento

A estratégia da SANParks repercutiu entre seus *stakeholders*: reduziu taxas de desemprego em comunidades vizinhas e criou oportunidades econômicas para grupos étnicos anteriormente em desvantagem econômica. Como resultado de sucesso, o governo nacional tem visto cada vez mais os parques nacionais como uma ferramenta para o desenvolvimento econômico e avança em compromissos financeiros com a SANParks (CDB, 2007).

Dessa forma, frente ao desafio de outras fontes de receita para a manutenção de áreas que não recebem um elevado fluxo de turistas, a SANParks legitimou no governo que os parques nacionais são uma ferramenta para o desenvolvimento econômico, de forma a favorecer o aporte de recursos orçamentários para essas áreas (SANParks, 2006 apud Rodrigues, 2009).

Na África do Sul, se o financiamento de uma concessão for proveniente de uma subvenção, esta pode estipular algumas condições relativas à capacitação e à delegação de serviços. Por exemplo, uma subvenção do Fundo de Redução da Pobreza pode dispor de um orçamento de capacitação de US$ 45 mil. Em cada projeto junto a um privado a SANParks estabelece um conjunto de critérios balanceado para promover a inclusão de pessoas e comunidades classificados como "historicamente em desvantagem", por meio do incentivo ao empreendedorismo. Os parceiros privados devem incluir critérios para que estas pessoas sejam as sócias de empresas que possuam ou a própria concessionária ou empresas das quais a consessionária irá usufruir de produtos e serviços. São realizadas atividades de assistência técnica e capacitação, o fortalecimento de micro, pequenas e médias empresas e o estabelecimento de projetos em parceria com as organizações de base comunitária. Serviços e atividades que não necessitam de grandes investimentos devem ser viabilizados por diferentes acordos que favoreçam a participação dos grupos historicamente em desvantagem (Rodrigues, 2009; SANParks, 2012, p.20).

A prestação de contas do relatório de atividades da SANParks (SANParks, 2008) foca nos resultados relevantes para a sociedade e no diálogo com o privado. Apresenta informações detalhadas sobre a ocupação dos leitos, os rendimentos dos concessionários e do parque. Fornece também uma análise do aumento do número de visitantes negros nos parques nacionais, o que reforça a contradição presente na dinâmica do turismo nos parques nacionais sul-africanos, rompendo com a lógica de 'incluídos' e 'excluídos' (Rodrigues, 2009; SANParks, 2011).

É possível refletir que, se por um lado o turismo pode engendrar uma nova forma de colonização das populações 'menos favorecidas' se incentivar a implementação de projetos dissociados do contexto histórico e social local, por outro pode funcionar como uma ferramenta para fortalecer a autonomia, a autogestão e a liderança local no processo de desenvolvimento (Rodrigues, 2009).

Estados Unidos

NPS

O Sistema de Parques Nacionais (NPS, em inglês) é um departamento do Ministério do Interior. Os 58 parques nacionais norte-americanos fazem parte do NPS, que gerencia um total de 392 unidades, como campos de batalhas e memoriais, 23 trilhas cênicas e históricas e 58 rios cênicos. Muitas vezes, os dados de todas as unidades são contabilizados juntos sob a categoria também chamada de "National Parks", o que dificulta algumas análises de dados.

O NPS apresenta números surpreendentes, como (NPS, 2011B):

♦ Receitas comerciais
  ♦ Taxas de recreação (Recreation Fees): US$ 190 milhões por ano.
  ♦ Taxa de franquia de concessão: US$ 60 milhões por ano.
  ♦ Taxa para uso especial de filme e fotografia: US$ 1,2 milhão por ano.

♦ Receita bruta dos concessionários de cerca de US$ 1 bilhão por ano, com valores aproximados divididos entre:
  ♦ Mercadorias e varejo (25%).
  ♦ Lodging (20%).
  ♦ Alimentação e bebida (20%).

♦ 575 contratos de terceirização:
  ♦ Cerca de 60 destes gera 85% do total de receitas brutas (uma média de US$ 14 milhões por concessionário).
  ♦ Cerca de 75% dos contratos são inferiores a 500 mil dólares.

♦ Todos os contratos incluem uma taxa sobre a venda, que gira em torno de 5%.

♦ 6 mil autorizações de uso comercial.

Visitantes nos parques

Os Parques Nacionais receberam 63 milhões visitantes em 2011, o equivalente a 23% do total de visitantes em todas as unidades do NPS (279 milhões). A unidade do NPS que mais recebeu visitantes, 14 milhões (ou 5%) do total, foi a Blue Ridge Parkway.

Todos os 58 Parques Nacionais americanos recebem visitantes, mas apenas 8 concentram 52% deles.

Tabela 26.9 Número de visitantes dos Estados Unidos (2011). Fonte: NPS, 2012.

	Parque Nacional	Visitantes 2010		Estado
1	Great Smoky Mountains	9.008.830	15%	Tennessee
2	Grand Canyon	4.298.178	7%	Arizona
3	Yosemite	3.951.393	6%	Califórnia
4	Yellowstone	3.394.326	6%	Wyoming
5	Rocky Mountain	3.176.941	5%	Colorado
6	Olympic	2.966.502	5%	Washington
7	Zion	2.825.505	5%	Utah
8	Grand Teton	2.587.437	5%	Wyoming

Modelo e princípios no turismo

♦ Os parques nacionais americanos já nasceram com uma visão antropocêntrica, refletida em seu propósito: "conservar o cenário, seus objetos culturais e naturais e a vida selvagem, e prover para a apreciação/ deleite de forma a não enfraquecer a mesma apreciação/ deleite para as futuras gerações."[8]

♦ Em 1872, o primeiro diretor da NPS, Stephen T. Mather, já enxergava a necessidade de um trabalho integrado de qualidade de serviços, pois

---

8. Tradução livre de: "The fundamental purpose of NPS is is to conserve the scenery and the natural and historic objects and the wild life therein and to provide for the enjoyment of the same in such manner and by such means as will leave them unimpaired for the enjoyment of future generations." (http://www.nps.gov/news/upload/NPS-Overview-2011_5-20.pdf).

acreditava que somente um turista descansado e bem alimentado seria capaz de apreciar plenamente as maravilhas de um parque nacional. Desde essa época, empresas privadas promovem os parques e servem os visitantes.

♦ Em 1998, o Ato para a Melhoria da Gestão das Concessões (Concessions Management Improvement Act) estabeleceu as seguintes categorias de concessão:

  ♦ Categoria I: o concessionário constrói melhorias no parque.
  ♦ Categoria II: o concessionário opera em determinada área ou instalação governamental (sem investimento em melhorias).
  ♦ Categoria III: o concessionário opera, mas não é designado a uma área ou instalação.

  Selecionadas principalmente de acordo com os seguintes critérios e pesos:

  ♦ Proteção dos recursos do parque (0-5).
  ♦ Qualidade dos serviços prestados (0-5).
  ♦ Histórico de experiências (0-5).
  ♦ Capacidade financeira (0-5).
  ♦ Taxa de franquia (0-4).
  ♦ Gestão ambiental (como reciclagem, economia de luz e água) (0-3).
  ♦ Critérios opcionais específicos do parque (0-3).

♦ O perfil dos concessionários varia de pequeno negócio familiar até multinacionais, que providenciam acomodação, transporte, alimentação, mercadorias, etc.

♦ Instituído também a partir do Ato para a Melhoria da Gestão das Concessões de 1998, o conselho consultivo independente (Management Advisory Board) formado por sete membros representantes de indústrias relacionadas ao turismo exemplifica o esforço do governo norte-americano para se aproximar da iniciativa privada.

Resultados para conservação e desenvolvimento

♦ "Todo dólar despendido pelo governo em parques nacionais resulta em mais de quatro dólares do visitante em comunidades dentro de um raio de 50 milhas (ou 80 km) do parque", disse Mary A. Bomar a diretora do NPS (de 2006 a 2009). "Nosso orçamento total, incluindo recursos vindos dos contribuintes por meio de apropriações do congresso, ingressos de entrada, taxas para camping e doações somaram US$ 2,65 bilhões em 2007. No mesmo ano, visitantes gastaram

US$ 11,79 bilhões em viagem, alimentação, acomodação e souvenirs em comunidades próximas aos parques nacionais." Segundo Bomar, 275,6 milhões de pessoas visitaram os parques nacionais em 2007. "A maior parte deles precisou de um lugar para passar a noite. Todos precisaram se alimentar e a maioria levou algo para casa para lembrar da experiência. Essa noção de impacto econômico em parques nacionais por todo país é relevante."

♦ O NPS estima que a manutenção da vida selvagem, dos rios, das florestas, dos desertos, dos parques e de floresta nativa permite apoiar quase 6,5 milhões de empregos e gerar US$ 88 bilhões em tributações anuais. Também estima que:

♦ Nos parques nacionais californianos Sequoia e Kings Canyon, os visitantes gastam US$ 74 milhões anualmente, apoiando 2 mil empregos locais.

♦ Municípios em parques nacionais e áreas de floresta nativa no oeste americano têm maior empregabilidade e aumento de renda individual do que municípios que não possuem essas instalações.

♦ O Parque Nacional Shenandoah, no estado da Virginia, apoia mais de mil empregos locais (não funcionários do parque).

♦ De 1970 a 2003 as regiões em torno dos parques nacionais Glacier, North Cascades, Yellowstone e Yosemite ultrapassaram a taxa média nacional de crescimento, empregabilidade e aumento de renda per capita.

Estes dois exemplos ajudam a ilustrar que, ao redor do mundo, a estratégia dos órgãos públicos responsáveis por áreas naturais protegidas tende a incluir a participação da iniciativa privada.

Conclusão

Muitos podem argumentar que trazer o privado enfraquece a participação do governo na agenda da conservação. O setor público tem funções importantes e indelegáveis: regulamentar bem, monitorar bem, olhar o desempenho do setor privado e nunca tentar substituir o privado naquilo que ele faz bem. O privado traz gestão com menor custo e mais eficiência, investimento financeiro, objetividade no tratamento das questões, desburocratização, criação da marca "unidade de conservação do Brasil" como fator de atração de gente do mundo inteiro e aceleração do processo de geração de riqueza para a sociedade, entorno e setor turístico. (Instituto Semeia, 2012).

Entendemos que, na medida em que o privado é chamado para operacionalizar com mais eficiência serviços e atividades que, ou não existem, ou estão sendo operadas pelo governo, o mesmo reorienta a sua atuação para o papel de direcionador, monitorador e fiscalizador, participando ainda mais da agenda de conservação.

Para o Brasil aumentar o retorno econômico e ambiental dessas áreas é essencial que haja uma abordagem voltada a parcerias. Que elas possam promover um ambiente que congregue as terceirizações em torno de um posicionamento orientado ao consumidor.

O primeiro passo é compreender o papel que cada setor pode ter na agenda de conservação. Olhar para os bons exemplos do mundo e adequá-los às especificidades da realidade brasileira. Nossos marcos regulatórios devem estar melhor definidos (com a maior clareza possível). E, por fim, o governo deve estar disposto a experimentar (os riscos) e assumir um novo papel (de executor para fiscalizador/monitorador).

Precisamos também nos instigar e fazer perguntas "fora da caixa", como: Será que não é possível internalizar no modelo dos agentes privados os custos de conservação, especialmente onde o governo tem dificuldade de contar com recursos? Isso inclui, por exemplo, gastos correntes associados à manutenção de obras de infraestrutura, contratação de guarda-parques e de colaboradores, dentre outros.

Um modelo de terceirização que internalize custos de conservação deve:

♦ Incluir a perspectiva de todos os atores relevantes no processo: governo, iniciativa privada e sociedade civil.

♦ Manter a perspectiva de retorno do agente privado. Se não houver um retorno compatível com o mercado, não há incentivo.

As possibilidades para aliar o uso público à conservação das áreas protegidas são diversas. Ainda que todos os sistemas de gestão dessas áreas tenham pleno espaço para melhoria, é possível aprender com soluções que visem conciliar todos os interesses. Conciliar os interesses dos gestores dessas áreas na conservação, da iniciativa privada nos resultados econômico-financeiros, das comunidades locais em seus valores sociais e ambientais e, finalmente, no interesse dos turistas em busca de uma experiência de vida positiva.

Devemos sempre nos perguntar. Como foi possível gerar nos Estados Unidos uma cultura de valorização dos parques nacionais e estaduais? Como a África do Sul conseguiu somar esforços com a iniciativa privada e promover a inclusão econômica em seus parques? E no Brasil, o que podemos fazer?

Quando as UCs brasileiras se tornarem destinos de sonho, presentes no imaginário de lazer, turismo e conhecimento da sociedade brasileira e mundial, será possível para o indivíduo identificar as oportunidades que essas áreas podem trazer para o desenvolvimento.

A iniciativa privada, com os incentivos corretos, pode ser um grande parceira para ir ao encontro deste sonho.

Referências

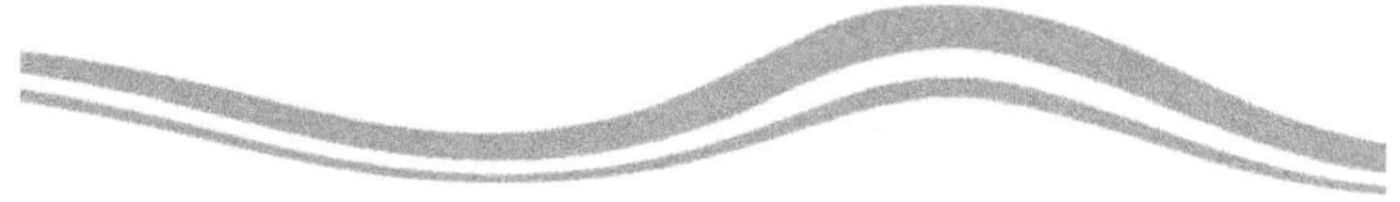

Ab'Sáber, A. N. *Os domínios de natureza no Brasil: potencialidades paisagísticas.* São Paulo: Ed. Ateliê, 2003. 160 p.

Acot, P. *História da ecologia.* Rio de Janeiro: Ed. Campus, 1990. 212 p.

Agee, J. K.; Johnson, D. R. *Ecosystem management for Parks and Wilderness.* Seattle: University of Washington Press. 1988. 237 p.

Agee, J. K. Ecosystem management: an appropriate concept for parks? *In:* Wright, R. G. (Ed.). National parks and protected areas: their role in environmental protection. Cambridge: Blackwell Science. cap. 3.

Aguiar, S. *Integração das ferramentas da qualidade ao PDCA e ao Programa Seis Sigma.* Belo Horizonte: Ed. DG, v.1, 2002. 229 p.

Aidar, M.; Brisola, A.; Motta, F. P.; Wood Jr., T. Cultura organizacional brasileira. *In:* Wood, T. (Ed.). Mudança Organizacional. São Paulo: Atlas, 1995.

Almeida, J. A. Escalas de mensuração. In: *Pesquisa em extensão rural: um manual de metodologia.* Brasília: MEC/ABAS. p.145-158, 1989.

Alves, K. R. Uma visão geral das unidades de conservação no Brasil. In: Ramos, A.; Capobianco, J. P. (Org.). *Unidades de Conservação no Brasil: aspectos gerais, experiências inovadoras e a nova legislação* (SNUC). São Paulo: Documentos ISA n. 1, 2006.

Allegretti, M. H. *A construção social de políticas ambientais: Chico Mendes e o Movimento dos Seringueiros.* 827 f. Tese (Doutorado Desenvolvimento Sustentável – Gestão e Política Ambiental). Universidade de Brasília, Brasília. 2002.

Amador et. al. Plan de manejo del Parque Nacional Galápagos. INEFAN. Quito Ecuador. 1996. 146 p.

Amend, S.; Amend, T. *National Parks without people? The South American experience.* Quito, Equador. 1995. 480 p.

Andrade, A. *Contribuição à história administrativa do Brasil: na república, até o ano de 1945.* Rio de Janeiro: José Olympio Editora, v. I, 1950.

Andrade, A. L.; Seleme, A.; Rodrigues, L. H.; Souto, R. *Pensamento Sistêmico: caderno de campo: o desafio da mudança sustentada nas organizações e na sociedade.* Porto Alegre: Bookman, 2006. 488 p.

Antongiovanni, M.; Nigro, C.; Diego, Q; Ricardo, F. Monitoramento das unidades de conservação brasileiras: uma avaliação da situação atual. Congresso Brasileiro de Unidades de Conservação, III, Fortaleza. *Anais...* Fortaleza: Rede Nacional Pró-Unidades de Conservação, p. 338-347, 2002.

Araújo, J. N. G.; Carreteiro, T. C. Conflito. In: Barus-Michel, J.; Enriquez, E.; Lévy, A. (Orgs.). *Dicionário de Psicossociologia.* Lisboa: Climepsi, p. 53-64, 2005.

Araújo, J. N. G.; Rabello, A. M. V. Dimensões Institucionais de uma organização. In: Lat. Am. *Journal of Fund. Psychopath.* Online, v. 7, n. 2, p. 86-101, nov. 2010.

Araujo, M. A. R. *Subsídios para o planejamento do Sistema Estadual de Unidades de Conservação: tamanho, representatividade e gestão de parques em Minas Gerais.* 253 f. Tese (Doutorado em ECMVS). – Instituto de Ciências Biológicas, Universidade Federal de Minas Gerais, Belo Horizonte. 2004.

Araujo, M. A. R. *Unidades de Conservação no Brasil: da República à gestão de classe mundial.* Belo Horizonte: SEGRAC Editora e Gráfica, 2007. 272 p.

Araujo, M. A. R.; Paraíso, C. M.; Cabral, R. F. B.; Fonseca, E. J. M. Programa Parque Modelo: a primeira experiência de implementação da excelência em gestão em unidades de conservação no Brasil. In: *Unidades de conservação no Brasil: da República à gestão de classe mundial.* Belo Horizonte: 1 ed., SEGRAC, p. 215-228, 2007.

Archard, F.; Eva, H. D.; Stibig, H. J. et. al. Determination of deforestation rates of world´s Humid Tropical Forests. *Science, 297*:999-1002. 2002.

Armitage, D.; Berkes, F.; Doubleday, (eds.). N. *Adaptative Co-Management: collaboration, learning, and multilevel governance.* Vancouver: UBCPress, 2007. 344 p.

Artaza-Barrios, O. H.; Schiavetti, A. *Análise da Efetividade do Manejo de duas Áreas de Proteção Ambiental do Litoral Sul da Bahia, Brasil.* UESC – Universidade Estadual de Santa Cruz (BA). Revista da Gestão Costeira Integrada, 7(2): 117-128. 2007.

Arroyo, P. Estudo de caso de consolidação de sítio: Área de Proteção Ambiental, Brasil. In: TNC. *managing conservation areas: tools for setting priorities, measuring success, and building local conservation capacity.* (CD-ROM). 2003.

Ayres, M.; Fonseca, G. A. B.; Rylands, A. et al. *Os corredores ecológicos das florestas tropicais do Brasil.* Belém: Sociedade Civil Mamirauá, 2005. 256 p.

Barbosa, L. *Igualdade e meritocracia: a ética do desempenho nas sociedades modernas.* 3 ed. Rio de Janeiro: Ed. FGV, 2001. 216 p.

Barbosa, O.; Faria, H. H. de; Pires, A. S. Eficácia de gestão de unidades de conservação de São Paulo, Brasil, desde a ótica dos seus chefes sobre a produção e uso de conhecimentos. *Anais do V CBUC.* Foz do Iguaçu, Brasil. p. 43 c/ CD Roon. ISSS 1677-1486. 2007.

Barrett, N. E.; Barrett, J. P. Reserve design and the new conservation theory. In: Pickett, S. T. A.; Ostfeld, R. S.; Shachak, M; Likens, G. E. (Eds.). *The ecological basis of conservation: heterogeneity, ecosystems, and biodiversity.* New York: Capman; Hall. cap. 19. 1997.

Barros, W. D. *Parques Nacionais do Brasil.* Itatiaia, 1952. 88 p.

Barros, B. T; Prates, M. A. S. *O estilo brasileiro de administrar.* São Paulo: Ed. Atlas, 1996. 148 p.

Barros, B. T e Prates, M. A. S. O estilo brasileiro de administrar: sumário de um modelo de ação cultural brasileiro com base na gestão empresarial. In: Motta, F. C. P.; Caldas, M. P. (Org.). *Cultura Organizacional e cultura brasileira.* São Paulo: Ed. Atlas, cap.3, 1997.

Barus-Michel, J. *O sujeito social.* Belo Horizonte: Editora PUC Minas, 2004.

Becker, B. K. *Amazônia: geopolítica na virada do III milênio.* Rio de Janeiro: Ed. Garamond. 2004.168 p.

Becker, B. K.; Egler, C. A. G. *Brasil: uma nova potência regional na economia-mundo.* 6 ed. Rio de Janeiro: Bertrand Brasil, 2010. 268 p.

Belovsky, G.E. Extinction models and mammalian persistence. In: Soulé, M.E. (Ed.). *Viable Populations for Conservation.* Cambridge: Cambridge University Press. p. 35–57, 1987.

Belt, M. van den. *Mediated modelling: a system dynamics approach to environmental consensus building.* Washington: Island Press. 2004. 339 p.

Bensusan, N. Os pressupostos biológicos do sistema nacional de unidades de conservação. In: Benjamim, A. H. (Coord.). *Direito Ambiental das áreas protegidas.* Rio de Janeiro: Ed. Forense Universitária, p. 164-189, 2001.

Bennett, A. F. *Linkages in the landscape: a role of corridors and connectivity in wildlife conservation.* Vitória, Austrália: IUCN, 2003. 254 p.

Bergamini, C. W. *Liderança:* administração do sentido. São Paulo: Ed. Atlas, 1994.

Bergamini, C. W. *Motivação nas Organizações.* 4 ed. São Paulo: Ed. Atlas, 1997. 214 p.

Berkes, F.; Folke, C. (Eds). *Linking social and ecological systems: management practices and social mechanisms for building resilience.* Cambridge: Cambridge University Press, 2000. 460 p.

Berkes, F.; Colding, J.; Folke, C. (Eds.). *Navigating social-ecological Systems: Building resilience for complexity and change.* Cambridge: Cambridge University Press, 2006. 460 p. 394 p.

Bernardes, A T. Valores Sócio-Culturais de Unidades de Conservação: Herança Natural e Cultural do Homem. In: 1º CONGRESSO BRASILEIRO DE UNIDADES DE CONSERVAÇÃO. 15 a 23 de novembro de 1997, Curitiba. *Anais...* Curitiba: UNILIVRE, (2): 22-31, 1997.

Bermingham, E.; Dick, C. W.; Moritz, C. *Rainforest: past, present; future.* Chicago: The University of Chicago Press, 2005. 745 p.

Bierregaard-Jr., R.O. *et al.* The biological dynamics of tropical rain forest fragments. *BioScience, 42*:859-866. 1992.

Bierregaard, Jr. R. O.; Gascon, C.; Lovejoy, T. E.; Mesquita, R. (Eds.). *Lessons from Amazonia: the ecology and conservation of fragmented forest.* Ann Arbor, Michigan: Yale Universty, 2001. 478 p.

Bissonette, J. A.; Storch, I. (Eds.). *Landscape ecology and resource management: linking theory with practice.* Washington, D. C.: Island Press, 2003. 463 p.

BNDES-Banco Nacional de Desenvolvimento Econômico e Social. *Fundo Amazônia: Doações.* Disponível em: <www.fundoamazonia.gov.br>. Acesso em: maio. 2011.

Bocking, S. *Nature's Experts: Science, Politics and the Environment.* New Jersey: Rutgers University Press, 2004. 298 p.

Boecklen, W. J; Gotelli, N. J. Island biogeographic theory and conservation pratices: species-area or specious-area relationships? *Biological Conservation, 29*:63-80, 1984.

Bonato, F.; Ferreira, M. N.; Figueroa, F. H. V. Sd. *Efetividade de gestão da Área de Proteção Ambiental Jalapão.* Sd. Disponível em: <www.pequi.org.br/Bonatto_&_Ferreira.pdf>. Acesso em: 15 maio. 2011.

Boo, E. *Ecoturismo: potencial y escollos..* Maryland, USA: World Wildlife Fund y The Conservation Foundation/U.S. Agency for International Development. 1990. 220 p.

Bossidy, L.; Charam, R. *Execução a disciplina para atingir resultados.* Rio de Janeiro: Elsevier. 2005.

Botkin, D. B. *Discordant harmonies: a new ecology for the twenty-first century.* New York: Oskfor university Press. 1992.

Brandon, K. Colocando os parques certos nos lugares corretos. In: Terborgh, J.; van Schaik, C.; Davenport, L.; Rao, M. (Org.). *Tornando os Parques Eficientes: Estratégia para a Conservação da Natureza nos Trópicos. Tradução de Maísa Guapyassu. Curitiba: Ed. UFPR; Fundação Boticário de Proteção a Natureza, p. 475-500. Original inglês. 2002.

Brandon, K., Redford, K. and Sanderson, S. *Parks in Peril: people, politics and protected areas*. Washington – D. C: The Nature Conservancy; Island Press. 1998. 512 p.

Brasil. Lei n. 9.985 de 18 de julho de 2000. Regulamenta o art. 225, § 1º, incisos I, II, III e VII da Constituição Federal, institui o Sistema Nacional de Unidades de Conservação da Natureza e dá outras providências. *Diário Oficial da República Federativa do Brasil*. Brasília, 19 de jul. 2000. Seção I. p. 12026-12027. 2000.

Brasil. Ministério do Planejamento, Orçamento e Gestão. Secretaria de Gestão, Programa Nacional de Gestão Pública e Desburocratização – Prêmio Nacional de Gestão Pública – PQGF: *Instrumento para Avaliação da Gestão Pública* – Ciclo 2006. Brasília: MP, GesPública, SEGES. 2006.

Brasil. Ministério do Planejamento, Orçamento e Gestão. Secretaria de Gestão, Programa Nacional de Gestão Pública e Desburocratização – GesPública: *Instrumento para Avaliação da Gestão Pública – 250 pontos*. Brasília: MP, GesPública, SEGES. 2009.

Brasil. Ministério do Meio Ambiente, dos Recursos Hídricos e da Amazônia Legal. *Biodiversidade Brasileira: avaliação de áreas e ações prioritárias para a conservação, utilização sustentável e repartição dos benefícios da biodiversidade nos biomas brasileiros.* Brasília. Atualização – Portaria MMA Nº 09/2007. 2 ed, 2007. 327 p.

Brasil. Ministério do Meio Ambiente. Secretaria de Biodiversidade e Florestas. Departamento de Áreas Protegidas. *Pilares para a Sustentabilidade Financeira do Sistema Nacional de Unidades de Conservação*. 2 ed. Atualizada e Ampliada. Série Áreas Protegidas do Brasil, 7. 2009.

Brasil. Ministério do Meio Ambiente. Diretoria do Programa Nacional de Conservação da Biodiversidade – DCBio. *Quarto Relatório Nacional para a Convenção sobre Diversidade Biológica*. Brasília: Ministério do Meio Ambiente, 2010. 241 p.

Brito, M. C. W. *Unidades de conservação: intensões e resultados*. São Paulo: Annablume; FAPESP, 2000. 230 p.

Brito, M. A. Avaliação do nível de implementação das unidades de conservação do Estado do Mato Grosso. Congresso Brasileiro de Unidades de Conservação, II, Campo Grande. *Anais...* Campo Grande: Rede Nacional Pró-Unidades de Conservação. p. 645-653, 2000.

Brito, F. A.; Câmara, J. B. D. *Democratização e gestão ambiental: em busca do desenvolvimento sustentável*. Petrópolis: Ed. Vozes, 2002. 322 p.

Brooks, T. M.; Fonseca, G. A. B; Rodrigues, A. S. L. Protected áreas and species. *Conservation Biology, 18*:616-618, 2004.

Brose, M; Pereira, O. Projetos de longo prazo como estratégia de aprendizado organizacional que supere a lógica político-partidária do setor público. *Anais do Encontro da Associação Nacional de Pós-Graduação e Pesquisa em Administração*: POP 174. 2001. 13 p. Disponível em: <www.anpad.org.br>. Acesso em: jan. 2004.

Bruner, G. A.; Gullison, R. E.; Rice, R. E.; Fonseca, G. A. B. Effectiveness of park in protecting tropical biodiversity. *Science, 291*:125-128. 2001.

Bush, M. B.; Oliveira, P. E. *The rise and fall of the Refugial Hypothesis of Amazonian Speciation: a paleoecological perspective*. Biota Neotropica, *6* (1). 2006. 17 p.

Cabeza, M.; Moilanen, A. Design of reserves network and the persistence of biodiversity. *TREE, 16*:242-248. 2001.

Cabeza, M.; Moilanen, A.; Possingham, H. P. Metapopulation dynamics and reserve network design. In: Hansky, I.; Gaggiotti, O. E. (Eds.). *Ecology, Genetics, and Evolution of Metapopulations*. Osford: Elservier Academic Press. cap. 2, 2004.

Cabral, N. R. A. J.; Souza, M. P. *Área de proteção ambiental: planejamento e gestão de paisagens protegidas*. São Carlos: RiMa Editora. 2002. 156 p.

Callicott, J. B. Whither conservation Ethics? *Conservation Biology*, 4:15-20. 1990.

Callicott, J. B.; Nelson, M. P. (Eds.). *The great new wilderness debate*. Athens: The University of Geórgia Press, 1998. 697 p.

Câmara, I. G. O Homem, a História e a Natureza: Há Esperança. In: 2º CONGRESSO BRASILEIRO DE UNIDADES DE CONSERVAÇÃO. 05 a 09 de novembro de 2000, Campo Grande, MS. *Anais...* Curitiba: Rede Nacional Pró-Unidades de Conservação. Fundação O Boticário de Proteção à Natureza, v. I, p. 177-188, 2000.

Camargo, A.; Capobianco, J. P. R.; Oliveira, J. A. P. Os desafios da sustentabilidade no período pós-Rio-92. In: Camargo, A.; Capobianco, J. P. R.; Oliveira, J. A. P. (Org.). *Meio Ambiente Brasil: avanços e obstáculos pós-Rio-92*. São Paulo: Estação Liberdade; Instituto Socioambiental, p. 23-48, 2002.

Campalini, M.; Schaffer, W. B. (Orgs.). *Mata Atlântica: patrimônio nacional dos brasileiros*. Brasília: MMA. Série Biodiversidade, n. 34, 2010. 408 p.

Campanhola, C.; Rodrigues, G. S.; Dias, B. F. *Agricultural biological diversity*. Ciência; Cultura. v. 50, n. 1, p. 10-13, 1998.

Campos, V. F. *Gerenciamento da rotina do trabalho do dia-a-dia*. Belo Horizonte: Editora de Desenvolvimento Gerencial, 2002. 266 p.

Campos, V. F. *Gerenciamento pelas diretrizes*. Nova Lima-MG: INDG Tecnologia e Serviços Ltda, 2004. 158 p.

Campos, V. F. *O verdadeiro poder*. Nova Lima-MG: INDG Tecnologia e Serviços Ltda, 2009. 337 p.

Capra, F. A teia da Vida. 12 ed. São Paulo: Editora Cultrix, 2010. 256 p.

Capobianco, J. P. R. Biomas Brasileiros. In: Camargo, A.; Capobianco, J. P. R.; Oliveira, J. A. P. (Org.). *Meio Ambiente Brasil: avanços e obstáculos pós-Rio-92*. São Paulo: Estação Liberdade; Instituto Socioambiental, p. 117-155, 2002.

Carey, C.; Dudley, N.; Stolton, S. *Squandering paradide? The importance and vulnerability of the world's protected areas*. Gland, Switzerland: WWF, 2000. 226 p.

Cavalcanti, V. L.; Carpilovsky, M; Lund, M; Lago, R. A. *Liderança e motivação*. Rio de Janeiro: Ed. FGV, 2005.152 p.

Cayot, L. y Cruz, F. *Manual para la evaluación de la eficiencia de manejo del Parque Nacional Galápagos*. Puerto Ayora, Isla Galapagos. Ecuador: Servicio de Parques Nacionales. Instituto Ecuatoriano Forestal e de Áreas Naturales y Vida Silvestre, 1998. 63 p.

CCAD – Comisión Centroamericana de Ambiente y Desarrollo. *El corredor biológico mesoamericano: uma plataforma para el desarrollo sostenible regional*. Serie Técnica 01, 2002. 24 p.

César, M. C. *Marina: a vida por uma causa*. São Paulo: Mundo Cristão, 2010.

Chape, S. *Vigilando un compromiso mundial*. Boletín de la UICN Gland, Suiça: Conservación Mundial, 34(2):8-9. 2003.

Chape, S; Harrison, J; Spalding, M; Lysenko, I. Measuring the extent and effectiveness of protected areas as an indicator for meeting global biodiversity targets. *Phil. Trans. R. Soc. B 360*: 443–455. 2005.

Chiarello, A. G. Density and population size of mammals in remnants of Brazilian Atlantic Forest. *Conservation Biology, 14*:1649-1657. 2000.

Chiavenato, I. *Introdução à teoria geral da administração.* 6 ed. Rio de Janeiro: Ed. Campus. Parte 8 – abordagem sistêmica da administração. 2000.

Chiavenato, I.; Sapiro, A. 2004. *Planejamento Estratégico: fundamentos e aplicações.* Rio de Janeiro: Ed. Campus. 452 p.

Chivian, E.; Bernstein, A. (Ed.). *Sustaining life: how human health depends on biodiversity.* Oxford: Oxford University Press. 2008.

Christensen Jr., N. L. Succession and natural disturbance: paradigms, problems, and preservation of natural ecosystems. In: Agee, J. K.; Johnson, D. R. (Eds.). *Ecosystem management for parks and wilderness.* Seattle: University of Washington Press. cap. 4. 1998.

Christensen, N. L; Bartuska, A. M; Brown, J. H; Carpenter, S.; et alii. *The Report of the Ecological Society of America Committee on the Scientific Basis for Ecosystem Management.* Ecological Applications, 6 (3): 665-69, 1996.

Christensen-Jr., N. L. Managing for heterogeneity and complexity on dynamic landscape. In: Pickett, S. T. A.; Ostfeld, R. S.; Shachak, M; Likens, G. E. (Eds.). *The ecological basis of conservation: heterogeneity, ecosystems, and biodiversity.* New York: Capman; Hall. cap. 13, 1997.

Christofoletti, A. *Modelagem de sistemas ambientais.* São Paulo: Edgard Blücher, 1999. 233 p.

Cifuentes, M. A.; Izurieta, A.; De Faria, H. H. *Medición de la efectividad del manejo de areas protegidas.* Serie Tecnica n. 2. Turrialba, Costa Rica: WWF, UICN; GTZ. Forest Innovations Project, 200. 100 p.

CMMAD – Comissão Mundial sobre Meio Ambiente e Desenvolvimento. *Nosso futuro comum.* Tradução. Rio de Janeiro: Ed. Fundação Getúlio Vargas. 1998. 430 p. Original inglês.

Cole, D. N.; Yung, L. (Eds.). *Beyond naturalness: rethinking Park and Wilderness Stewardship in an era of rapid change.* Washington: Island Press. 2010. cap.1.

Comte-Sponville, André. *Pequeno Tratado das Grandes Virtudes.* São Paulo: Martins Fontes, 1995.

Constanza, R. et al. The value of the world's ecosystem services and natural capital. *Nature, 387*:253-260, 1997.

Corlett, R. T.; Turner, I. M. Long-term survival in tropical forest remmants in Singapura and Hong Kong. In: Laurance, W. F. and Bierregaard, Jr. R. O. (Eds.). *Tropical forest remnants: ecology, management, and conservation of fragmented communities.* Chicago: The Universty of Chicago Press. p. 333-345, 1997.

Collins, J. *Empresas feitas para vencer.* Rio de Janeiro: Campus/Elsevier. 2004.

Cortner, H. J.; Moote, M. A. *The Politics Ecosystem Management.* Washington: Island Press. 1999.179 p.

Costa, A. L. S. *Efetividade de manejo de duas unidades de conservação de proteção integral no estado do Pará.* Dissertação de Mestrado. ESALQ-USP. Piracicaba, SP, 2007. 149 p

Courrau, J. *Strategy for monitoring the management of protected areas in Central.* America. Turrialba: PROARCA, 1999. 140 p.

Coutinho. *Administração pública voltada para o cidadão: quadro teórico-conceitual.* Brasília: Escola Nacional de Administração Pública. 2000. 36 p.

Crome, F. H. J. Researching tropical forest fragmentation: shall we keep on doing what we're doing? In: Laurance, W. F.; Bierregaard Jr. R. O. (Eds.). *Tropical forest remnants: ecology, management, and conservation of fragmented communities.* Chicago: The Universty of Chicago Press. p. 485-501, 1997.

Crooks, K. R.; Sanjayan, M (Eds.). *Connectivity Conservation.* Cambridge: Cambridge University Press. Conservation Biology 14. 2006.

Cury, A. *Organização e métodos: uma visão holística.* 6 ed. São Paulo: Ed. Atlas, 1995. 576 p.

D'Araujo, M. C.; Castro, C. *Tempos Modernos: João Paulo dos Reis Velloso, memórias do desenvolvimento.* Rio de Janeiro: Editora FGV. 2004. 388 p.

Daily, G. C. Introduction: what are ecosystem services? In: Daily, G. C. (Ed.). *Nature´s services: societal dependence on natural ecosystems.* Washington, D.C.: Island Press. cap. 1. 1997.

Dajoz, R. *Princípios de Ecologia.* Tradução: Fátima Murad. 7 ed. Porto Alegre: Artmed. cap. 20, 2005.

Dasmann, R. E. Towards a system for classifyng natural regions of the world and their representation by national parks and reserves. *Biological Conservation,* 4:247-255.1972.

Davey A. *National System Planning for Protected Areas.* Gland, Switzerland: IUCN. 1998. 75 p. Disponível em: <www.iucn.org/themes/wcpa/>. Acesso em: dez. 2001.

Davidson, J. *Economic us of tropical moist forests while maintaining biological, physical and social values.* Dorchester, GB: IUCN. 1985. 29 p.

Dean, W. *A ferro e fogo: a história e a devastação da mata atlântica brasileira.* São Paulo: Ed. Companhia das Letras, 2000. 484 p.

Debetir, E. *Gestão de Unidades de Conservação sob Influência de Áreas Urbanas – Diagnóstico e Estratégias de Gestão na Ilha de Santa Catarina, Brasil.* Tese de Doutorado. Programa de Pós-Graduação em Engenharia Civil. Universidade Federal de Santa Catarina. 2006. 247 p.

Deming, W. E. *Qualidade: A revolução da Administração.* Rio de janeiro: Marques; Saraiva, 1990.

Desouza, O. Schoereder, J. H.; Brown, V.; Bierregaard-Jr., R. O. A Theoretical overview of the processes determining species richness in forest fragments. In: Bierregaard Jr., R. O.; Gascon, C.; Lovejoy, T. E.; Mesquita, R. (Eds.). *Lessons from Amazonia: the ecology and conservation of fragmented forest.* Ann Arbor, Michigan: Yale Universty. p. 13-21, 2001.

Di Pietro. M. S. Z. *Parcerias na administração pública: concessão, permissão, franquia, terceirzação e outras formas.* São Paulo: Ed. Atlas, 2002. 395 p.

Diamond, J. M. Distributional ecology of New Guinea birds. *Science, 179:* 759-769. 1973.

Diamond, J. M. The island dilemma: lessons of modern biogeographic studies for design os natural preserves. *Biological conservation,* 7:129-146. 1975.

Diamond, J. M. Island Biogeography and conservation: strategy and limitations. *Science, 193:*1027-1029. 1976.

Diamond, J. M. The present, past and future of human-caused extinctions. *Phi. Trans. R. Soc. Lond. B, 325:*469-477. 1989.

Dias, B. F. S. A conservação da natureza. In: Pinto, M. N. (Org.). *Cerrado: caracterização, ocupação e perspectivas.* Brasília: Ed. Universidade de Brasília. 1993.

Diegues, A. C. *O mito moderno da natureza intocada.* São Paulo: Ed. Hucitec. 1994.163 p.

Diegues, A. C. Etonoconservação da natureza: enfoques alternativos. In: Diegues, A. C. (Org.). *Etnoconservação: novo rumo para a proteção da natureza nos trópicos.* 2 ed. São Paulo: Ed. Annablume; Ed. Hucitec. p. 1-46, 2000.

Dixon, J. A.; Sherman, P. B. *Economics of protected areas: a new look at benefits and costs.* Washington, USA. P. 9-48. 1990.

Dorst, J. Antes que a Natureza Morra. 3 ed. Trad. Rita Buongermino. São Paulo: Ed. Edgard Blucher Ltda, 1987. 394 p.

Dourojeanni, M. J. Análise crítica dos planos de manejo de áreas protegidas no Brasil. In: Bager, A. (Ed.). *Áreas Protegidas: conservação no âmbito do Cone Sul.* Pelotas: edição do editor. p. 1-20. 2003.

Dourojeanni, M. J.; Pádua, M. T. J. *Biodiversidade: a hora decisiva.* Curitiba: Ed. UFPR; Ed. Fundação Boticário de Proteção a Natureza. 2001. 308 p.

Drucker, P. *The practice of management.* New York: Haper&Row, 1954.

Drummond, J. A. *O sistema brasileiro de parques nacionais: análise dos resultados de uma política ambiental.* Niterói: Ed. UFF, 1997a. 38 p.

Drummond, J. A. *Devastação e preservação ambiental: os parques nacionais do Estado do Rio de Janeiro.* Niterói: Ed. UFF, 1997b. 277 p.

Dudley, E.; IMBACH, A. Sd. *Instituciones reflexivas.* Ocho caracteristicas de las instituciones que promuevem y pratican el aprender haciendo. 13 p. Disponível em: <www.iucn.org>.

Duelli, P.; Obrist, M. K. *Biodiversity indicators: the chice of values and measures.* Agriculture, Ecosystems; Environment. v. 98, p. 87-96, 2003.

Egerton, F. N. Changing concepts of the balance of nature. *Quarterly. Review of Biology, 48:* 322-350. 1973.

Ehrlich, P. R. The loss of diversity: causes and consequences. In: Wilson, E.O. (Ed.). *Biodiversity.* Wasington, D. C.: National Academy Press. p. 29-35, 1988.

Ehrlich, P. R. The scale of the human enterprise and biodiversity loss. In: Lawton, J.H.; May, R.M. (Eds.). *Extinction rates.* Oxford. Oxford University Press. p. 214-226, 1995.

Emerson, R. A. *Ensaios: Ralph Waldo Emerson: Texto Integral.* Tradução: Jean Melville. São Paulo: Editora Martin Claret, 2005. 245 p.

Enriquez, E. *A organização em análise.* Rio de Janeiro: Vozes, 1997.

Enriquez, E. O vínculo grupal. In: Machado, M. N. M. et al. (orgs). *Psicossociologia: análise social e intervenção.* Belo Horizonte: Autêntica, p. 61-73, 2001a.

Enriquez, E. Instituições, poder e desconhecimento. In: Araújo, J. N. G.; Carreteiro, T. C. (orgs.). *Cenários sociais e abordagem clínica.* São Paulo: Escuta; Belo Horizonte, Fumec, p. 49-75, 2001b.

Ervin, J. Protected area assessments in perspective. *BioScience, 53:*819-822, 2003a.

Ervin, J. Rapid assessment of protected area management effectiveness in four contries. *BioScience, 53:*833-841, 2003b.

Ervin, J. *WWF rapid assessment and prioritization of protected area management (Rappam). methodology.* Gland, Swizertland, WWF, 2003c. 70 p.

Etienne, R. S.; Heesterbeec, J. A. P. On optimal size and number reserves for metapopulation persistence. *J. theor. Biol., 203:*33-50. 2003.

Fahrig, L. Effects of habitat fragmentation on biodiversity. *Annu. Rev. Ecol. Evol. Syst.,* 34:487-515. 2003.

FAO – The Food and Agriculture Organization of the United Nations. *XI World Forestry Congress.* Antalya, Turkey, 13 to 22 October. 1997.

FAO – The Food and Agriculture Organization of the United Nations. Situación de los Bosques Del Mundo 2001. Roma: *Organización de las Naciones Unidas para la Agricultura y la Alimentación.* 2001. Disponível em <www.fao.org/docrep/003/y0900s/y0900s04.htm#P8_517>. Acesso em: 15 abr. 2007.

FAO – The Food and Agriculture Organization of the United Nations. *High Level Expert Forum – How to Feed the World in 2050.* 2009. Disponível em: <www.fao.org>. Acesso em: jan. 2011.

FAO – The Food and Agriculture Organization of the United Nations. *Principales resultadas da Evaluación de los recursos forestales mundiales.* 2010. Disponível em: < www.fao.org/forestry/fra2010>. Acesso em: maio. 2011.

Faria, H. H. *Elaboracion de un procedimento para medir la efectividad de manejo de areas silvestres protegidas y su aplication en dos areas protegidas de Costa Rica.* 167 f. Tesis (Mag. Scientiae). CATIE, Turrialba, Costa Rica. 1993.

Faria, H.H. de. *Evaluación de la efectividad de manejo de áreas protegidas.* Revista Flora, Fauna y Areas Silvestres, 8:20 (15-19). Proyecto FAO-PNUMA.1994.

Faria, H.H. de. *Procedimento para medir a efetividade de manejo de áreas silvestres protegidas.* Revista do Instituto Florestal. Instituto Florestal, 7(1):35-57. 1995.

Faria, H. H. de. Avaliação da efetividade de manejo de unidades de conservação: como proceder? Congresso Brasileiro de Unidades de Conservação, I, Curitiba. *Anais...* Curitiba: Rede Nacional Pró-Unidades de Conservação. p. 366-383. 1997.

Faria, H. H. de. Estado da Gestão de três unidades de conservação de São Paulo inseridas no domínio da Mata Atlântica: parques estaduais da Ilha do Cardoso, Carlos Botelho e Morro do Diabo. Congresso Brasileiro de Unidades de Conservação, III, Fortaleza. *Anais...* Fortaleza: Rede Nacional Pró-Unidades de Conservação. p. 289-304. 2002.

Faria, H. H. de. *Eficácia de Gestão de Unidades de Conservação Gerenciadas pelo Instituto Florestal de São Paulo, Brasil.* Tese de Doutoramento. Depto. Geografia. Faculdade de Ciência e Tecnologia. UNESP, Presidente Prudente, SP, 2004. 401 p.

Faria, H. H. de; Pires; A. S. *Unidades de Conservação Ameaçadas ou Organização com Problemas? O Caso de UCs do Estado de São Paulo.* 3º Simpósio de Áreas Protegidas. Universidade Católica de Pelotas, RS. CD room. ISSN 1679-4761. 2005.

Faria, H. H. de. *Aplicação do EMAP e rotinas estatísticas complementares na avaliação da eficácia de gestão de unidades de conservação do Estado de São Paulo, Brasil.* Revista Ciências do Ambiente. UNICAMP. Campinas, SP. 2006. Disponível em: <http://143.106.62.15/be310/sitemap.php>.

Faria, H. H. de. Avaliação do desempenho gerencial de unidades de conservação: a técnica a serviço de gestões eficazes. In: Araujo, M. A. R. *Unidades de Conservação no Brasil: da República à Gestão de Classe Mundial.* Belo Horizonte: SEGRAC Editora e Gráfica, p. 139-160. 2007.

Fausto, B. *História do Brasil.* 12 ed. São Paulo: Editora da Universidade de São Paulo, 2004. 660 p.

Fearnside, P. M, Ferraz, J. A conservation gap analysis of Brazil's Amazonian vegetation. *Conservation Biology*, 9: 1134-1147. 1995.

Fernandes, A. *Administração inteligente: novos caminhos para as organizações do século XXI.* São Paulo: Ed. Futura, 2001. 360 p.

Fernandez, F. A. S. Efeitos da fragmentação de ecossistemas: a situação das unidades de conservação. Congresso Brasileiro de Unidades de Conservação, I, Curitiba. *Anais...* Curitiba: Rede Nacional Pró-Unidades de Conservação. p. 20-36, 1997.

Fernandez, F. As ações humanas sobre a Natureza na Pré-história, ou o Poema Imperfeito. IN: 2º CONGRESSO BRASILEIRO DE UNIDADES DE CONSERVAÇÃO. 05 a 09 de novembro de 2000, Campo Grande, MS. *Anais...* Campo Grande, MS: Rede Nacional Pró-Unidades de Conservação. Fundação O Boticário de Proteção à Natureza, v. I, p. 163-173, 2000.

Ferreira, L. V. *Identificação de áreas prioritárias para a conservação da biodiversidade através da representatividade das unidades de conservação e tipos de vegetação nas ecorregiões da Amazônia brasileira.* Workshop para Avaliação e Identificação de Ações Prioritárias para a Conservação, Utilização Sustentável e Repartição dos Benefícios da Biodiversidade da Amazônia Brasileira. Macapá. 1999. 53 p.

Ferreira, L. V. Representatividade das unidades de conservação no Brasil e a identificação de áreas prioritárias para a conservação da biodiversidade nas ecorregiões do bioma Amazônia. 203 f. Tese (Doutorado). – Instituto de Pesquisas da Amazônia/ Universidade Federal do Amazonas, Manaus. 2001.

Figueiredo, C. C. M. *From paper parks to real conservation: Case studies of national park management effectiveness in Brazil.* Unpublished dissertation. The Ohio State University, Columbus, Ohio, USA. 2007.

FJP – Fundação João Pinheiro. *A cultura organizacional nas instituições públicas do poder executivo no Estado de Minas Gerais.* Belo Horizonte. Relatório não publicado. 1996. 124 p.

FNQ – Fundação Nacional da Qualidade. 2009. *Premiações Internacionais.* Disponível em: <www.fnq.org.br>. Acesso em: jun. 2009.

FNQ – Fundação Nacional da Qualidade. *Critérios de Excelência.* São Paulo: FPNQ, 2010. 64 p.

Foguel, S.; Souza, C. S. *Desenvolvimento e deterioração organizacional.* Atlas. São Paulo, 1980. 287 p.

Folke, C; Carpenter, S.; Walker, B. et alii. Regime shifts, resilience, and biodiversity in ecosystem management. *Annu. Rev. Ecol. Evol. Syst.* 35:557-581. 2004.

Fonseca, G. A. B. Fauna nativa. In: Dias, B. F. S. Alternativas ao desenvolvimento dos cerrados: manejo e conservação dos recursos naturais renováveis. Brasília: Funatura. p. 57-62. 1996.

Foresta, R. A. *Amazon conservation in the age of development: the limits of providence.* Gainenville: University of Florida. 1991. 366 p.

Forman, R. T. T. *Land mosaic: the ecology of landscape and regions.* Cambridge: Cambridge University Press. 1999. 632 p.

Forman, R. T. T.; Godron, M. *Landscape Ecology.* New York: John Wiley; Sons. 1986. 619 p.

Forzza, R. C; Baumgratz, J. F. A; Bicudo, C. E. M. et al. 2011. *Lista de espécies da Flora do Brasil 2011.* Disponível em floradobrasil.jbrj.gov.br/2011. Acessado em: 20/09/2011.

Forzza, R. C; Baumgratz, J. F. A; Bicudo, C. E. M. et al. Síntese da diversidade brasileira. In: Forzza, R. C. et al. (Org.). *Catálogo de plantas e fungos do Brasil.* v. I. Rio de Janeiro: Andrea Jakobsson Estúdio: Instituto de Pesquisas Jardim Botânico do Rio de Janeiro, 2010.

Franco, J. L. A. *Proteção à Natureza e Identidade Nacional: 1930-1940.* 281 f. Tese (Doutorado em História Social e das Ideias). Universidade de Brasília, Brasília. 2002.

Franco, J. L. A.; Drummond, J. A. *Proteção à natureza e identidade nacional no Brasil, anos 1920 – 1940.* Rio de Janeiro: Editora da Fiocruz, 2009. 272 p.

Franke, C. R.; da Rocha, P. L. B.; Klein, W.; Gomes, S. L. (Orgs.). *Mata Atlântica e Biodiversidade*. Salvador: Edufba, 2005. 461 p.

Frankham, R.; Ballou, J. D.; Briscoe, D. A. *Introduction to conservation genetics*. Cambridge: Cambridge University Press, 2002. 617 p.

Franklin, J. F. Preserving biodiversity: species, ecosystems or landscape. *Ecological Applications*, 3:202-205. 1993.

Franklin, J. F. Ecosystem management: an overview. In: Boyce, M. S.; Haney, A. (Eds.). *Ecosystem Management: applications for sustainable forest and wildlife resources*. New Haven: Yale University Press. p. 21-53, 1997.

Freitas, A. B. Traços brasileiros para uma análise organizacional. In: Motta, F. C. P.; Caldas, M. P. (Orgs.). *Cultura Organizacional e cultura brasileira*. São Paulo: Ed. Atlas, cap.2, 1997.

Freitas, H. C. *Estudo sobre a sustentabilidade econômica das UCs do IEF – MG*. Belo Horizonte, 2003. Relatório técnico não publicado.

Freitas, J. M. C. A *escola geopolítica brasileira*. Rio de Janeiro: Biblioteca do Exército Editora, 2004. 135 p.

Freitas, A.; Camphora, A. L. *Contribuição dos estados brasileiros para a conservação da biodiversidade: diagnóstico financeiro das unidades de conservação estaduais – Rio de Janeiro, Minas Gerais, espírito Santo, Paraná e Rio Grande do Sul*. Brasília: The Nature Conservancy. Série Técnica Sustentabilidade Financeira de Áreas Protegidas. v.1, 2009.

Frohn, R. C. Remote sensing for landscape ecology: new metric indicators for monitoring, modeling, and assessment of ecosystems. Boca Raton: Lewis Publishers, 1998. 99 p.

Fundación Natura. Proyecto Sangay: *Evaluación de la eficiencia de manejo del parque Nacional Sangay*. Quito, Ecuador, 2002. 66 p.

Funtowicz, S. e Ravetz, J. Ciência pós-normal e comunidades ampliadas de pares face aos desafios ambientais. *História, Ciências, Saúde — Manguinhos, IV* (2): 219-230, 1997.

Futuyma, D. J. *Biologia evolutiva*. 2 ed. Ribeirão Preto: Sociedade Brasileira de Genética, 1992. 632 p.

Galera, A. N. y Hernadez, A. M. L. *Panorama internacional de los indicadores de gestión pública: hacia una mejora en la asignación de recursos*. 1992. Boletin AECA n. 44. 1997. Disponível em: www.aeca.es/aeca/BOL44/bolind44.htm. Acessado em: 17 mar. 2001.

Game, M. Best shape for nature reserves. *Nature, 287*:630-631, 1980.

Gandara, F. B.; Kageyama, P. Y. *Indicadores de sustentabilidade de florestas naturais*. Série Técnica. Piracicaba, SP: IPEF, 12(31): 79-84, 1998.

Garcia, P. *Terras devolutas: Defesa Possessória, Usucapião e Registro Torrens*. Editora da Livraria Oscar Nicolai. 1958. 270 p.

Garay, I. E. E. G e Dias, B. F. S. (Orgs.). *Conservação da biodiversidade em ecossistemas tropicais: avanços conceituais e revisão de novas metodologias de avaliação e monitoramento*. Petrópolis: Ed. Vozes, p. 199-214, 2001.

Garlindo-Leal, C.; Câmara, I. G. Status do hotspots Mata Atlântica: uma síntese. *In:* Garlindo-Leal, C.; Câmara, I. G. (Eds.). *Mata Atlântica: biodiversidade, ameaças e perspectivas*. Belo Horizonte: Conservação Internacional. p. 3-11, 2005.

Garrard, G. *Ecocrítica*. Tradução de Vera Ribeiro. Brasília: Editora da UnB, 2006. 292 p.

Gascon, C.; Lovejoy, T.; Bierregaard, Jr. R. O. et ali. Matrix habitat and species richness in tropical remmants. *Biol. Conservation, 91*:223-229, 1999.

Gascon, C.; Laurance, W. F.; Lovejoy, T. E. Fragmentação florestal e biodiversidade na Amazônia Central. In: Garay, I. E. E. G; Dias, B. F. S. (Orgs.). *Conservação da biodiversidade em ecossistemas tropicais: avanços conceituais e revisão de novas metodologias de avaliação e monitoramento*. Petrópolis: Ed. Vozes, p. 112-127. 2001.

Gaulejac, V. Psicossociologia e Sociologia. In: Araújo, J. N. G.; Carreeiro, T. C. (Orgs.). *Cenários sociais e abordagem clínica*. São Paulo: Escuta: Belo Horizonte: Fumec. 2001.

Gilbert, F. S. The equilibrium theory os island biogeography: fact or fiction? *Journal of Biogeography*, 7:209-235. 1980.

Gilpin, M. E.; Soulé, M. E. Minimum viable populations: processes of species extinction. In: Soulé, M.E. (Ed.). 1986. *Conservation biology: the science of scarcity and diversity*. Sunderland, Massachusetts: Sinauer Associates. p. 19-34. 1986.

Gomes, A. G.; Varriale, M. C. Modelagem de Ecossistemas: uma introdução. Santa Maria: Editora UFSM, 2004. 503 p.

Gómez-Pampa, A.; Kaus, A. Taming the wilderness myth. BioScience, 42:271-279. 1992.

Goodman, P. S. Assessing management effectiveness and setting priorities in protected areas in Kwazulu-Natal. *BioScience, 53*:843-850, 2003.

Grecchi, M. Depoimento de Dom Moacyr Grecchi. In: Weiss, Z. *Vozes da Floresta*. Xapuri: Formosa, GO. p 76-79. 2008.

Groves, C. R. *Drafting a Conservation Bluepring: a practitioner's guide to planning for biodiversity*. Washington: Island Press, 2003. 455 p.

Grumbine, R. E. Viable population, reserve size, and federal lands management: a critique. *Conservation Biology, 4*:127-134, 1990.

Grumbine, R. E. What is ecosystem management? *Conservation Biology, 8*:27-38, 1994.

Gunderson L. H. Ecological resilience: in theory and application. *Annu. Rev. Ecol. Syst.* 31:425–39, 2000.

Gunderson, L.; Holling, C. S. (eds). *Panarchy: understanding transformations in human and natural systems*. Washington: Island Press, 2002. 508 p.

Gundersen, L.H.; Pritchard, L., (eds).*Resilience and the Behavior of Large-scale Systems*. Washington, DC: Island Press, 2002.

Gutzwiller, K. J. (Ed). *Applying landscape ecology in biological conservation*. New York: Springer-Verlag, 2002. 518 p.

Hakizumwami, E. Protected areas management effectiveness assessment for Central Africa: a development report. WWF/UICN/GTZ Forest Innovations Project, Gland, Switzerland, 2000. 87 p.

Haffer, J. *Speciation in Amazonian forest birds. Science* 165: 131-137,1969.

Haila, Y. *A conceptual genealogy of fragmentation research: from island biogeography to landscape ecology*. Ecol. Appl., 12:321-324, 2002.

Halvorson, W. L. Changes in landscape values and expectations: What do we want and how do we measure it? In: Wright, R. G. (Ed.). *National Parks and Protected Areas. Their Role in Environmental Protection*. Massachusetts, USA, p. 15-30, 1996.

Hannah, L.; Salm, R. Protected areas management in a changing climate. In: Lovejoy, T.; Hannah, L (Eds.). Climate change and biodiversity. New Haven: Yale University Press, cap. 22, 2005.

Hanski, I.; Gilpin, M. E. *Metapopulation biology: ecology, genetics, and evolution*. San Diego: Academic Press, 1996. 512 p.

Hanski, I; Ovaskainen, O. The metapopulation capacity of fragmented landscape. *Nature*, *404*:755-758, 2000.

Hanski, I. Habitat destruction and metapopulation dynamics. In: Pickett, S. T. A.; Ostfeld, R. S.; Shachak, M; Likens, G. E. (Eds.). *The ecological basis of conservation: heterogeneity, ecosystems, and biodiversity*. New York: Capman; Hall, cap. 17, 1997.

Herrmann, G. *Planejamento regional da Mata Atlântica*. Documento elaborado para o Workshop Avaliação e Ações Prioritárias para a Conservação do Bioma Floresta Atlântica e Campos Sulinos. Versão 2.0, 1999. 74 p.

Herrmann, G. *Incorporando a teoria ao planejamento regional da conservação: a experiência do Corredor Ecológico da Mantiqueira*. Belo Horizonte: Valor Natural, 2011. 228 p.

Heywood, V.H.; R.T. Watson (ed.). *Global biodiversity assessment*. London: United Nations Environment Programme; Cambridge University Press, 1997. 1.140 p.

Higgins-Zogib, L.; MacKinnon, K. World Bank/WWF Alliance Tracking Tool: reporting conservation progress at protected area sites. In: Hochings, M.; Stolton, S.; Dudley, N. *Evaluating Effectiveness: a framework for assessing the management of protected areas*. 2 ed. Gland, Switzerland: UICN, 2006.121 p.

Higgs, A. J.; Usher, M. B. Should nature reserves be large or small? *Nature*, *285*:568-569, 1980.

Hilty, J. A.; Lidicker-Jr, W. Z.; Merenlender, A. A. *Corridor ecology: the science and practice of linking landscape for biodiversity conservation*. Washington: Island Press, 2006.

Hobbs, J. R.; Suding, K. N. (Eds.). *New model for ecosystem dynamics and restoration*. Washington: Island Press, 2009. 352 p.

Hobbs, R. J.; Zavaleta, E. S.; Cole, D. N.; White, P. S. Evolving ecological understandings: the implications of ecosystem dynamics. In: Cole, D. N.; Yung, L. (Eds.). *Beyond naturalness: rethinking Park and Wilderness Stewardship in an era of rapid change*. Washington: Island Press, cap. 3, 2010.

Hochings, M. *Evaluating protected area management: a review of systems for assessing management effectiveness of protected areas*. Occasional paper. 55 p. Queensland, AU: School of Natural and Rural Systems Management. The University of Queensland, 7(3): 1-56, 2000.

Hockings, M. Systems for assessing the effectiveness of management in protected areas. *BioScience*, *53*:823-832, 2003.

Hochings, M.; Stolton, S.; Dudley, N. Evaluating Effectiveness: a framework for assessing the management of protected areas. Gland, Switzerland: UICN. 2000. 132 p. Disponível em: <www.iucn.org/themes/wcpa/>. Acesso em: jan. 2001.

Hochings, M.; Stolton, S.; Dudley, N. *Evaluating Effectiveness: a framework for assessing the management of protected areas*. 2 ed. Gland, Switzerland: UICN, 2006. 121p.

Holanda, S. B. *Raízes do Brasil*. 26 ed. São Paulo: Ed. Companhia das Letras, 1995. 220 p.

Holing, C. S. Resilience and stability of ecological systems. *Annu. Rev. Ecol. Syst.* 4:1-23, 1973.

Holyoak, M.; Leibold, M. A.; Holt, R. D. (Eds.). *Metacommunities: spatial dynamics and ecological communities*. Chicago: The University of Chicago Press, 2005. 513 p.

Hunter Jr., M. L. *Fundamentals of conservation biology*. Tauton: Blackwell Science Publications, 1996. 482 p.

Ibama; GTZ. Instituto Brasileiro do Meio Ambiente e dos Recursos Naturais Renováveis; Agência Alemã de Cooperação Técnica. *Guia de Chefe*. Brasília: Edições Ibama, 1996.

Ibama – Instituto Brasileiro do Meio Ambiente e dos Recursos Naturais Renováveis. *Roteiro metodológico de planejamento: Parque Nacional, Reserva Biológica, Estação Ecológica.* Brasília: Edições Ibama, 2002.

Ibama – Instituto Brasileiro do Meio Ambiente e dos Recursos Naturais Renováveis. *Corredores Ecológicos: experiências em planejamento e implementação.* Brasília: MMA, 2002. 57 p.

Ibama – Instituto Brasileiro do Meio Ambiente e dos Recursos Naturais Renováveis. *Projeto de Monitoramento do Desmatamento dos Biomas Brasileiros por Satélite (PMDBBS).* 2010. Disponível em: <siscom.ibama.gov.br/monitorabiomas/index.htm>. Acesso em: dez. 2010.

Ibama – Instituto Brasileiro do Meio Ambiente e dos Recursos Naturais Renováveis. *Monitoramento dos Biomas Brasileiros- Cerrado 2008 – 2009; Caatinga 2008 – 2009.* 2011. Disponível em: <www.mma.gov.br>. Acesso em: jun. 2011.

Ibama – Instituto Brasileiro do Meio Ambiente e dos Recursos Naturais Renováveis; WWf. *Efetividade de gestão das unidades de conservação federais do Brasil – Implementação do método RAPPAM".* Brasília: Edições Ibama, 2007. 96 p.

IBDF – Instituto Brasileiro de Desenvolvimento Florestal. *Parques nacionais e reservas equivalentes no Brasil.* Rio de Janeiro: IBRA – IBDF, 1969. 100 p.

IBDF – Instituto Brasileiro de Desenvolvimento Florestal; FBCN – Fundação Brasileira para a Conservação da Natureza. *Plano do Sistema de unidades de Conservação do Brasil: I etapa.* Brasília, 1979.

IBDF – Instituto Brasileiro de Desenvolvimento Florestal; FBCN – Fundação Brasileira para a Conservação da Natureza. *Plano do Sistema de unidades de Conservação do Brasil: II etapa.* Brasília, 1982.

IBGE – Fundação Instituto Brasileiro de Geografia e Estatística. *Mapa de Biomas do Brasil, primeira aproximação.* Rio de Janeiro: IBGE, 2004. Disponível em: <www.ibge.gov.br>. Acesso em: nov. 2010.

IBGE – Fundação Instituto Brasileiro de Geografia e Estatística. *Produção de cereais, leguminosas e oleaginosas.* 2010. Disponível em: <www.ibge.gov.br>. Acesso em: jan. 2011.

ICMBio – Instituto Chico Mendes de Conservação da Biodiversidade. *Relatório anual das atividades de 2010 da Floresta Nacional Saracá-Taquera e Reserva Biológica do Rio Trombetas.* ICMBio. Porto Trombetas, 2011.

INPE – Instituto de Pesquisas Espaciais. *Queimadas: Monitoramento de focos.* 2010. Disponível em: < sigma.cptec.inpe.br/queimadas/>. Acesso em: dez. 2010.

Ioris, E. M. Na trilha do manejo científico da floresta tropical: indústria madeireira e florestas nacionais. *Bol. Mus. Para. Emílio Goeldi. Ciências Humanas,* 3 (3): 289-309, 2008.

Ishihata, L. *Bases para seleção de áreas prioritárias para a implantação de unidades de conservação em regiões fragmentadas.* 200f. Dissertação (Mestrado em Ciência Ambiental). PROCAM, Universidade de São Paulo, São Paulo, 1999.

IUCN-International Union for the Conservation of Nature and Natural Resources. *World Conservation Strategy.* Gland, Switzerland: IUCN, 1980. 60 p.

IUCN – International Union for Conservation of Nature. The Bali Declaration. In: McNeelly, Jeffrey A.; Miller; Kenton R. (Eds). *National parks, conservation and development: the role of protected areas in sustainning society.* Washington, D.C: IUCN/Smithsonian Intitution Press, 1984.

IUCN; PNUMA e WWF. *Cuidar la Tierra. Estrategia para el Futuro de la Vida.* Gland, Suiza, 1991. 258 p.

IUCN – International Union for Conservation of Nature. *Parques e Progresso.* UICN. Ed. por Valerie Barzetti. Trad. por Leonor y Yanina Rovinski. Washington, D.C. USA. 1993. 258 p.

IUCN – International Union for Conservation of Nature. *Guidelines for Protected Area Management Categories.* Gland, Switzerland. part II, 1994. 8 p.

IUCN – *Species Survival Commission.* IUCN Red List of Threatened Species. Version 2010.4. Disponível em: <www.redlist.org>. Acesso em: maio. 2011.

IUCN – *International Union for Conservation of Nature.* IUCN's Global Protected Area Programme. 2011. Disponível em: <iucn.org/about/work/programmes/pa>. Acesso em: 01 jun. 2011

Izurieta, A. *Evaluación de la eficiencia del manejo de areas protegidas: zonas de influencia, en el Area de Conservación.* OSA, Costa Rica. Tesis de MSc. CATIE. Turrialba , Costa Rica, 1997. 126 p.

Jaguaribe, H. *Alternativas do Brasil.* Rio de Janeiro: Ed. José Olympio, 1989. 146 p.

Jenkins, C. N.; Pimm, S. L. Definindo prioridades de conservação em um hotspt de biodiversidade global. In: Rocha, C. F. D.; Bergalho, H. G.; Sluys, M. V.; Alves, M. A. S,. *Biologia da conservação: essências.* São Carlos: RiMa Editora, cap. 2, 2006.

Johann, S. L. *Gestão da cultura corporativa: como as organizações de alto desempenho gerenciam sua cultura organizacional.* São Paulo: Ed. Saraiva, 2004. 184 p.

Junqueira, L. A. C.; Vianna, M. A. F. *Gerente total: como administrar com eficácia no século XXI.* São Paulo, SP: Editora Gerente, 1996. 177 p.

Junquilho, G. S.; Melo, M. C O. L. "Traços caboclos", gestão e trabalho gerencial no setor público brasileiro: problematização, evidências e prosposta de análise. *Anais do Encontro da Associação Nacional de Pós-Graduação e Pesquisa em Administração:* AP 26, 1999. 14 p. Disponível em: <www.anpad.org.br>. Acesso em: jan. 2004.

Kageyama, P.; Lepsch-Cunha, N. M. 2001. Singularidade da biodiversidade nos trópicos. In: Garay, I. E. E. G e Dias, B. F. S. (Orgs.). *Conservação da biodiversidade em ecossistemas tropicais: avanços conceituais e revisão de novas metodologias de avaliação e monitoramento.* Petrópolis: Ed. Vozes, p. 199-214, 2001.

Kaplan, R. S.; Norton, A. P. *A estratégia em ação: Balanced Scorecard.* 13 ed. Rio de Janeiro: Editora Campus, 1997. 360 p.

Kaplan, R. S.; Norton, A. P. *Organização Orientada para a Estratégia.* Rio de Janeiro: Campus, 2000.

Kaplan, R. S.; Norton, A. P. *Mapas Estratégicos – Balanced Scorecar: convertendo ativos intangíveis em resultados tangíveis.* Rio de Janeiro: Elsevier, 2004. 410 p.

Kaplan, R. S.; Norton, A. P. *Execução Premium: a obtenção de vantagem competitiva através do vínculo da estratégia com as operações do negócio.* Rio de Janeiro: Elsevier, 2008. 323 p.

Kingsland, S. Designing natural reserve: adapting ecology to real-world problems. *Endeavour,* 26:9-14, 2002.

Kotter, J. P. *Afinal, o que fazem os líderes? A nova face do poder e da estratégia.* Rio de Janeiro: Ed. Campus, 2000. 163 p.

Kramer, R.; van Schaik, C. Preservation paradigms and tropical rain forests. In Kramer, R.; van Schaik, C. Johnson, J. (Eds.). *Last stand: protected areas; the defense of tropical biodiversity.* New York. Oxford University Press, p. 3-14, 1997.

Kuhn, T. S. *A estrutura das revoluções científicas*. Tradução. 5 ed. São Paulo, Ed. Perspectiva, 2000. 257 p. Original inglês.

Laplant, K. Is ecosystem management a postmodern science? In: Cuddington, K.; Beisner, B. (Eds.). *Ecological paradigms lost: routes of theory change*. New York: Elsevier Academic Press, cap. 17, 2005.

Laurance, W. F. Hyper-disturbed parks: edge effects and ecology of isolatged rainforest reserves in tropical Australia. In: Laurance, W. F.; Bierregaard Jr., R. O. *Tropical forest remnants: ecology, management, and conservation of fragmented communities*. Chicago: The Universty of Chicago Press, p. 71-83, 1997.

Laurance, W. F.; Bierregaard, Jr. R. O. et al. Tropical forest fragmentation: synthesis of a diverse and dynamic discipline. In: Laurance, W. F.; Bierregaard Jr., R. O. *Tropical forest remnants: ecology, management, and conservation of fragmented communities*. Chicago: The Universty of Chicago Press, p. 71-83, 1997.

Laurance, W. F.; Bierregaard, Jr. R. O. *Tropical forest remnants: ecology, management, and conservation of fragmented communities*. Chicago: The Universty of Chicago Press, 1997. 616 p.

Laurance, W. F.; Lovejoy, T. E.; Vasconcelos, H. L. et al. Ecosystem decay of Amazonian Forest Fragments: a 22-years investigation. *Conservation Biology, 16*:605-618, 2002.

Leakey, R.; Lewin, R. *The sisth extinction: biodiversity and its survival*. London, 1995.

Leal, I. R.; Tabarelli, M.; Silva, J. M. C. (Eds.). *Ecologia e conservação da Caatinga*. 2 ed. Recife: Editora Universitária da UFPE, 2005. 822 p.

Ledec, G.; Goodland, R. Wildlands. *Their protection and management in economic development*. 2 ed. Washington, USA: The World Bank, 1990. 278 p.

Ledru, M. P. Late quarternary history and evolution of the Cerrados as revealed by palynological records. *In:* Oliveira, P. S.; Marquis, R. J. (Orgs.).*The Cerrados of Brazil: ecology and natural history of a neotropical Savanna*. New York: Columbia University Press, cap. 3, 2002.

Lee, K. N. *Compass; Gyroscope: integrating science and politics for the environment*. Washington: Island Press, 1993. 243 p.

Lemos de Sá, R. Unidades de Conservação como instrumento de proteção da biodiversidade e o Projeto Áreas Protegidas da Amazônia – Arpa. In: Bensusan, N. (Org.). *Seria melhor mandar ladrilhar?* Biodiversidade como, para que, por quê. Brasília: Ed. UNB; Instituto Socioambiental, p. 55-60, 2002.

Leverington, F.; Hockings, M. Evaluating the effectiveness of protected area management. The challenge of change. In: Barber, C.V., Miller, K.R.; Boness, M. (Eds). *Securing Protected Areas in the Faces of Global Change*. Issues and Strategies. IUCN, Gland, Switzerland and Cambridge, UK, 2004.

Leverington, F.; Costa, K. L.; Courrau, J.; Pavese, H. et alii. *Management effectiveness evaluation in protected areas – a global study*. 2 ed. Brisbane – Australia: The University of Queensland, 2010. 100 p.

Lewinsohn, T. M.; Prado, P. I. Síntese do conhecimento atual da biodiversidade brasileira. In: Lewinsohn, T. M. (Org.). *Avaliação do estado do conhecimento da biodiversidade brasileira – v. I*. Brasília: MMA, cap. 1, 2005.

Lima, G. S. *Criação, implantação e manejo de unidades de conservação no Brasil: estudo de caso em Minas Gerais*. 85 f. Tese (Doutorado em Ciência Florestal). Universidade Federal de Viçosa, Viçosa, Minas Gerais. 2003.

Lima, P. D. B. *Excelência em Gestão Pública: a trajetória e a estratégia do GesPública*. Qualitymark. Rio de Janeiro, 2007.

Lindenmayer, D. B.; Franklin, J. F. *Conserving forest biodiversity: a comprehensive multiscaled approach*. Washington: Island Press, 2002. 328 p.

Lindenmayer, D. B; Fischer, J. *Habitat fragmentation and landscape change: an ecological and conservation systhesis*. Washington: Island Press, 2006. 328 p.

Lomolino, M. V. A call for new paradigm of island biogeography. *Global Ecology: Biogeofraphy, 9*: 1-6. 2000.

Lourenço, J. S. Amazônia: trajetória e perspectivas. In: Sachs, I.; Wilhem, J.; Pinheiro, P. S. (Org.). *Brasil: um século de transformações*. São Paulo: Companhia das Letras, cap. 11, 2005.

Lovejoy, T. E.; Bierregaard Jr., R. O. et al. Edge and other effects of isolation on Amazon Forest fragments. In: Soulé, M.E. (Ed.). *Conservation biology: the science of scarcity and diversity*. Sunderland, Massachusetts: Sinauer Associates, 1986. 585 p.

Lucena, M. D. S. Avaliação de desempenho. São Paulo, SP: Ed. Atlas, 1992. 159 p.

Luz, R. *Gestão do clima organizacional*. Rio de Janeiro: Ed. Qualitymark, 2003. 144 p.

MacArthur, R. H.; Wilson, E. O. An equilibrium theory of insular zoogeography. *Evolution, 17*:373-387, 1963.

MacArthur, R. H.; Wilson, E. O. *The Theory of Island Biogegraphy*. Princeton: Princeton University Press, 1967. 110 p.

Macêdo, J. A. C. Avaliação da gestão participativa dos parques estaduais da Bahia. Centro de Desenvolvimento Sustentável, Universidade de Brasília. Brasilia, DF, 2008. 188 p.

Machado, A. An index of naturalness. Journal for Nature Conservation. v. 12, p. 95-110, 2004.

Machado, A. B. M., Drummond, G. M.; Páglia, A. (Ed.). *Livro vermelho da fauna brasileira ameaçada de extinção*. Brasília: MMA, v. I, 2008.

Machado, R. B.; Neto, M. B. R.; Harris, M. B.; Lourival, R.; Aguiar, L. M. L. Análise de lacunas de proteção da biodiversidade no Cerrado – Brasil. Congresso Brasileiro de Unidades de Conservação, IV, Curitiba. v. II Seminários, *Anais...* Fortaleza: Rede Nacional Pró-Unidades de Conservação. p. 29 -38, 2004.

MacKinnon, J.; MacKinnon, K.; Child, G.; Thorsell, J. *Manejo de áreas protegidas en los trópicos*. Gland, Switzerland: IUCN, 1990. 316 p.

MacKinnon, K. The ecological foundations of biodiversity protection. In: Kramer, R.; van Schaik, C. Johnson, J. (Eds.). *Last stand: protected areas; the defense of tropical biodiversity*. New York. Oxford University Press, p. 36-63, 1997.

Maddock, A.; Plessis, M. A. Can species data only appropriately used to conserve biodiversity? *Biodiversity and Conservation, 8*: 603-615, 1999.

Magnanini, A. *Políticas e diretrizes dos Parques Nacionais do Brasil*. Brasília: Ministério da Agricultura – Instituto Brasileiro de Desenvolvimento Florestal, 1970. 42 p.

Margules, C. R.; Pressey, R. L. Systematic conservation planning. *Nature, 405*:243-253, 2000.

Mariante, A S.; Sampaio, M. J. A.; Inglis, M. C. V. *The state of Brazil's plant genetic resources: second national report*. Brasília: Embrapa Technological Information, 2009. 236 p.

Margoluis, R; Salafsky, N. *Is our project succeeding? A guide to threat Reduction Assessment for conservation*. Washington, D.C.: Biodiversity Support Program, 2001. 52 p.

Martins, H. F. A ética patrimonialista e a modernização da administração pública brasileira. In: Motta, F. C. P. e Caldas, M. P. (Orgs.). *Cultura Organizacional e cultura brasileira.* São Paulo: Ed. Atlas, cap. 10, 1997.

Matos, C. M. *Geopolítica e Destino.* Rio de Janeiro: Biblioteca do Exército Editora, 1975.

Maximiano, A. C. A. *Introdução à administração.* 6 ed. São Paulo: Ed. Atlas, 2004. 434 p.

May, R. M. Island biogeography and the design of wildlife preserves. *Nature, 254:*177-178. 1975.

May, R. M.; Lawton, J. H; Stork, N. E. Assessing extinction rates. In: Lawton, J.H.; May, R.M. *Extinction rates.*Oxford: Oxford University Press, p. 1-24, 1995.

McCoy, E. D. The application of Island-Biogeographic Theory to patchs of habitat: how much land is enough? *Biological Conservation, 25:*53-61, 1983.

McNeely, J. (Ed.). *Parks for life: Report of the IVth World Congress on National Parks and Protected Areas.* Gland, Switzerland: IUCN, 1993. 600 p.

McNeely, J. A.; Miller, K. R. (Orgs.). *National Parks, conservation, and development: the role of protected areas in sustaining society.* Washington, D. C.: Smithsonian Institution Press, p. 756-764, 1994.

Medeiros, E. L. *A história da evolução sócio-política de Rondônia.* 1 ed. Porto Velho: Rondoforms Editora e Gráfica Ltda, 2004. 274 p.

Medeiros, C. B., Rodrigues, I. A; Buschinelli, C. C. de A.; Mattos, L. M. de; Rodrigues, G. S. *Avaliação de serviços ambientais gerados por Unidades de Produção Familiar participantes do Programa Proambiente no Estado do Pará.* Jaguariúna: Embrapa Meio Ambiente, Documentos 68, 2007. 73 p.

Medeiros, R; Young, C. E. F.; Pavese, H. B.; Araújo, F. F. S. (Eds). *Contribuição das unidades de conservação brasileiras para a economia nacional: Sumário Executivo.* Brasília: UNEP-WCMC, 2011. 44 p.

Meffe, G. K.; Carroll, R. C. Conservation Reserves in heterogeneous landscape. In: Meffe, G. K.; Carroll, C. R. (Eds.). *Principles of Conservation Biology.* 2 ed. Sauderland: Sinauer Associates, p. 305-343, 1997.

Meffe, G. K.; Nielsen, L. A.; Knight, R. L.; Schenborn, D. A. *Ecosystem Management: Adaptive Community-Based Conservation.* Washington: Island Press, 2002. 313 p.

Mendonça, M. G.; Pires, M. C. *Formação econômica do Brasil.* São Paulo: Pioneira Thonson Learning, 2002. 374 p.

Mercadante, M. Uma década de debate e negociação: a história da elaboração da Lei do SNUC. In: Benjamim, A. H. (Ed.). *Direito Ambiental das áreas protegidas.* Rio de Janeiro, Ed. Forense Universitária, p.190-231, 2001.

Mesquita, C. A. B. *Caracterización de las reservas naturales privadas en America Latina.* Tesis Mag. Science. CATIE. Turriaba, Costa Rica, 1999. 88 p.

Mesquita, C. A. B. Efetividade de manejo de áreas protegidas: quatro estudos de caso em Reservas Particulares do Patrimônio Natural, Brasil. Congresso Brasileiro de Unidades de Conservação, III, Fortaleza. *Anais...* Fortaleza: Rede Nacional Pró-Unidades de Conservação, p. 500-510, 2002.

Mesquita, R. C. G.; Delamônica, P.; Laurance, W. F. Effect of surrounding vegetation on edge-related tree mortality in Amazonian forest fragments. *Biological Conservation, 91:*129-134, 1999.

Metzger, J. P. Estrutura da paisagem e fragmentação: análise bibliográfica. *Anais da Academia Brasileira de Ciências, 71:*445-463, 1999.

Milano, M. S. *Unidades de conservação: conceitos e princípios de planejamento e gestão.* Brasília: MHU – Sema, Secretaria Adjunta de Ecossistemas. Apostila, 1988. 60 p.

Milano, M. S. Planejamento de unidades de conservação: um meio e não um fim. Congresso Brasileiro de Unidades de Conservação, I, Curitiba. *Anais...* Curitiba: Rede Nacional Pró-Unidades de Conservação, p. 150-165, 1997.

Milano, M. S. Mitos no manejo de unidades de conservação no Brasil, ou a verdadeira ameaça. Congresso Brasileiro de Unidades de Conservação, II, Campo Grande. *Anais...* Campo Grande: Rede Nacional Pró-Unidades de Conservação, p. 11-25, 2000.

Milano, M. S. Unidades de conservação – Técnica, Lei e Ética para a Conservação da Biodiversidade. In: Benjamim, A. H. (Ed.). *Direito Ambiental das áreas protegidas.* Rio de Janeiro, Ed. Forense Universitária, p. 3-41, 2001.

Milano, M. S. Apresentação. In: Terborgh, J.; van Schaik, C.; Davenport, L.; Rao, M. (Orgs.). *Tornando os Parques Eficientes: Estratégia para a Conservação da Natureza nos Trópicos.* Tradução de Maísa Guapyassu. Curitiba: Ed. UFPR; Fundação Boticário de Proteção a Natureza, p. 9-10, 2002. Original inglês.

Miller, K. R. *Planificación de parques nacionales para o ecodesarrolo em latinoamerica.* Espanha. Fundación para la Ecologia y la Proteción de Medio Ambiente, 1980. 500 p.

Miller, K. R. The Bali Action Plan: a framework for the future of protected áreas. In: McNeely, J. A.; Miller, K. R. (Orgs.). *National Parks, conservation, and development: the role of protected areas in sustaining society.* Washington, D.C.: Smithsonian Institution Press, 1984.

Ministério del Medio Ambiente del Colombia. *Diagnóstico regional y estrategias de desarrollo de las áreas protegidas de América Latina.* Primer Congreso Latinoamericano de Parques Nacionales y otras Áreas Protegidas. Santa Marta, Colombia, 1998. 235 p.

Mintzberg, H. *Safari de estratégia: um roteiro pela selva do planejamento estratégico.* Porto Alegre: Bookmam, 2000. 299 p.

Mintzberg, H. Managing: desvendando o dia a dia da gestão. Porto Alegre: Bookman. 2010. 304 p.

Miranda, H. S.; Bustamante, M. M. C; Miranda, A. C. The fire factor. In: Oliveira, P. S.; Marquis, R. J. (Orgs.).The Cerrados of Brazil: ecology and natural history of a neotropical Savanna. New York: Columbia University Press, cap.4, 2002.

Mittermeier, R.A., N. Myers; C.G. Mittermeier. *Hotspots: earth's biologically richest and most endangered terrestrial ecoregions.* Mexico: CEMEX; Conservation International, 1999. 431 p.

Miyamoto, S. *Geopolítica e poder no Brasil.* Campinas: papyrus – (Coleção Estado e Política). 1995. 257 p.

Moilanen, A.; Hanski, I. Connectivity and metpopulation dynamics in highly fragmented landscape. In: Crooks, K. R.; Sanjayan, M (Eds.). *Connectivity Conservation. Cambridge: Cambridge University Press.* Conservation Biology 14, cap. 3, 2006.

Montagnini, F.; Jordan, C. F. *Tropical forest ecology: the basis for conservation and management.* Berlin: Springer. 2005. 295 p.

Moore, A.; Ormázabal, C. *Manual de planificacion de Sistema Nacionales de Areas Silvestres Protegidas en America Latina.* Santiago: Oficina Regional FAO, 1988. 138 p.

Moran, E. F.; Ostrom, E. (Org.). *Ecossistemas florestais: interação homem-ambiente.* Tradução de Diógenes S. Alves e Mateus Batistela. São Paulo: Editora Senac; São Paulo: Editora EDUSP, 2009. 544 p

Moreira, C. A. A. Análise da presença de traços da cultura brasileira no Sistema de Saúde Pública de Campinas. *Anais do Encontro da Associação Nacional de Pós-Graduação e Pesquisa em Administração*: TEO 478, 2001. 15 p. Disponível em: <www.anpad.org.br>. Acesso em: jan. 2004.

Moresi, E. A. D. O contexto organizacional. In: Tarapanoff, K. (org.). *Inteligência organizacional e competitiva*. Brasília: Ed. UNB, p. 51-58, 2001.

Morgan, Gareth. *Imagens da organização*. São Paulo: Ed. Atlas, 1996.

Moro, J. *Caminhos de liberdade: a luta pela defesa da selva*. Tradução: Sandra Martha Dolinsky. São Paulo: Editora Planeta do Brasil, 2011. 460 p.

Morsello, C. *Áreas protegidas públicas e privadas: seleção e manejo*. São Paulo: Ed. Annablume; Fapesp, 2001. 344 p.

Moura, L. R. *Qualidade simplesmente total*. Rio de Janeiro: Ed. Qualitymark, 2003. 187 p.

Mota, E. V. R. *Identificação de novas unidades de conservação no Espírito Santo utilizando o sistema de Análise Geo-Ambiental /SAGA*. 139 f. Disseratação (Mestrado em Ciência Florestal). Universidade Federal de Viçosa, Viçosa, 1991.

Muanis, M. M; Serrão, M.; Geluda, L. *Quanto custa uma unidade de conservação federal? Uma visão estratégica para o financiamento do Sistema Nacional de Unidades de Conservação (SNUC)*. Rio de Janeiro: Funbio, 2009. 52 p.

Muir, J. *Our National Parks. San Francisco: Sierra Clube Books*, 1991. 278 p.

Murcia, C. Edge effects in fragmented forests: implications for conservation. *TREE, 10*:56-62, 1995.

Myers, N. Threatened biotas: "Hot Spots" in tropical forests. *The Environmentalist*, 8: 187-208, 1988.

Myers, N. Conservation of biodiversity: how are we doing? *The Environmentalist, 23*:9-15, 2003.

Myers, N.; Mittermeier, R. A.; Mittermeier, C. G. *et al.* Biodiversity hotspots for conservation priorities. *Nature, 403*:853-858, 2000.

Nash, R. F. *The rights of nature: a history of environmental ethics*. Madson: The University of Wisconsin Press, 1988. 290 p.

Nash, R. F. *Wilderness and the American mind*. 4ª ed. New Haven: Yale University Press, 2001. 413 p.

Nash, R. F.; Hendee, J. C. Historical roots of wilderness management. In: Hendee, J. C.; Dawson, C. P. (Eds.). *Wilderness management: stewardship and pretection of resources and values*. 3 ed. Golden: The Wild Fundation; Fulcrum Publishing. cap. 2, 2001.

Nelson, B. W., Ferreira, C. A. C., Silva, M. F., Kawasaki, M. L. Endemism centres, refugia and botanical collection density in Brazilian Amazonia. *Nature, 345*: 714-716, 1990.

Neto, C. A. M. U.; Silva, M. A. M. Integridade e grau de implementação das unidades de conservação de proteção integral na floresta atlântica de Pernambuco. Congresso Brasileiro de Unidades de Conservação, III, Fortaleza. *Anais...* Fortaleza: Rede Nacional Pró-Unidades de Conservação. p. 268-277, 2002.

Newmark, W. D. The land-bridge island perspective on mammalian extinctions in western North American parks. *Nature, 325*:430-432, 1987.

Newmark, W. D. Extinction of mammal populations in Western North American National Parks. *Conservation Biology, 9*:512-526, 1995.

Nogueira-Neto, P. *Uma trajetória ambientalista: diário de Paulo Nogueira-Neto*. São Paulo: Empresa das Artes, 2010. 880 p.

Norberg, J.; Cumming, G. (Eds.). *Complexity Theory for a sustainable future*. New York. Columbia University Press, 2008. 315 p.

Norton, B. G. *Sustainability: a philosophy of adaptative ecosystem management*. Chicago: The University of Chicago Press, 2005. 607 p.

Noss, R. F. Protected areas: how much is enough? In: Wright, R. G. (Ed.). National parks and protected areas: their role in environmental protection. Cambridge: Blackwell Science. cap. 6, 1996.

Noss, R. F.; Cooperrider, A. Y. *Saving Nature's Legacy*. Washington, D.C.: Island Press, 1994. 418 p.

Noss, R. F.; O'Connell, M. A.; Murphy, D. *The science of conservation planning: habitat conservation under the Endangered Species Act*. Washington, D. C.: Island Press, 1997. 250 p.

Noss, R. F.; Scott, J. M. Ecossystem protection and restoration: the core of Ecosystem Management. In: Boyce, M. S.; Haney, A. (Eds.). Ecosystem Management: applications for sustainable forest and wildlife resources. New haven: Yale University Press. p. 239-264, 1997.

Noss, R. F; Dinerstein, E.; Gilbert, B. et ali. Core Areas: where nature reigns. *In*: Soulé, M.E.; Terborgh, J. (Eds.). *Continental Conservation: scientific foundations of regional reserve networks*. Washington, D.C: Island Press. p. 99-128, 1999.

Novacek, M. *Terra: our 100-million-year-old ecosystem – and the threars that now put it a risk*. New York: Farrar, Straus and Giroux. 2007. 451 p.

Nunes, E. *A gramática política do Brasil: clientelismo e insulamento burocrático*. Rio de Janeiro: Ed. Jorge Zahar; ENAP, 1997. 146 p.

Nyberg, B. *An introductory guide to adaptive management for Project Leaders and Participants*. Vitória: Canadá, 1999. 24 p.

Odum, E. P. *The strategy of ecosystem development*. Science, v. 164, p. 262-270, 1969.

Odum, E. P. *Ecologia*. Rio de Janeiro: Ed. Guanabara. 1986. 434 p.

Oelschlaeger, M. *The idea of wilderness: from prehistory to the age of ecology*. New Haven: Yale University Press. 1991. 477 p.

Oliveira, A. E. Ocupação humana. In: Salati, E.; Shubart, H. O. R.; Junk, W.; Oliveira, A. E. (Org.). *Amazônia: desenvolvimento, integração e ecologia*. São Paulo: Editora Brasiliense e Brasília: Conselho de Desenvolvimento Científico e Tecnológico, 1983.

Oliveira, P. S.; Marquis, R. J. *The Cerrados of Brazil: ecology and natural history of a neotropical Savanna*. New York: Columbia University Press, 2002. 398 p.

Orians, G. H. Endangered at what level. *Ecological Applications, 3*: 206-208, 1993.

Ormazábal, C. *Sistemas Nacionales de Areas Protegidas en America Latina*. Santiago: Oficina Regional FAO, 1988. 266 p.

Padovan, M. P. *Formulacion de un estandar y un procedimiento para la certificacion del manejo de areas protegidas*. 230 f. Tesis (Mag. Scientiae), CATIE, Turrialba, Costa Rica, 2001.

Padovan, M. P. *Certificação de unidades de conservação*. São Paulo: Conselho Nacional da Reserva da Biosfera da Mata Atlântica. Caderno n· 26, 2003.

Padovam, M. P.; Lederman, M. R. Análise da situação do manejo das unidades de conservação do Espírito Santo, Brasil. Congresso Brasileiro de Unidades de Conservação, IV, Curitiba. *Anais...* Curitiba: Rede Nacional Pró-Unidades de Conservação, p. 316-325, 2004.

Pádua, J. A. *Um sopro de destruição: pensamento político e crítica ambiental no Brasil Escravista (1786-1888)*. Rio de Janeiro: Ed. Jorge Zahar, 2002. 318 p.

Pádua, M. T. J. Do Sistema Nacional de Unidades de Conservação. In: Medeiros, R. & Araújo, F. F. S. (Org.). Dez anos do Sistema Nacional de Unidades de Conservação da Natureza: *lições do passado, realizações presentes e perspectivas para o futuro*. Brasília: MMA, 2011. Cap. 2.

Pádua, M. T. J. Sistema Brasileiro de Unidades de Conservação: de onde viemos e para onde vamos? Congresso Brasileiro de Unidades de Conservação, I, Curitiba. *Anais...* Curitiba: Rede Nacional Pró-Unidades de Conservação, p. 147-166, 1997.

Pádua, M. T. J.; Quintão, A. T. B. A System of National Parks and biological reserves in the Brazilian Amazon. In: McNeely, J. A.; Miller, K. R. (Orgs.). *National Parks, conservation, and development: the role of protected areas in sustaining society.* Washington, D.C.: Smithsonian Institution Press, p. 565-571, 1984.

Páglia, A.; Paese, A.; Bedê, L.; Fonseca, M.; Pinto, L. P.; Machado, ê, L.; Fonseca, M.; Pinto, L. P.; Machado, R. *Lacunas de conservação e áreas insubstituíveis para vertebrados ameaçados da Mata Atlântica.* Congresso Brasileiro de Unidades de Conservação, IV, Curitiba. v. II Seminários, *Anais...* Fortaleza: Rede Nacional Pró-Unidades de Conservação, p. 39-50, 2004.

Paraíso, C. M.; Araújo, M. A. R. e Cabral, R. F. B. Programa de Gestão para Resultados – PGR: uma estratégia inovadora de capacitação para implementação do Modelo de Excelência em Unidades de Conservação participantes do ARPA. Ministério do Meio Ambiente, *Programa Áreas Protegidas da Amazônia*, v.1. Pp. 16–19. Brasília, 2007.

Pardini, R.; Bueno, A. de A.; Gardner, T. A.; Prado P. I.; Metzger, J. P. *Beyond the fragmentation threshold hypothesis: regime shifts in biodiversity across fragmented landscapes.* PLoS ONE. v. 5, (10).2010. Available in: <www.plosone.org, e13666. doi:10.1371/journal.pone.0013666>. Accessed in: may, 2011.

Parrish, J. D.; Braun, D. R.; Unnasch, R. S. Are we conserving what we say we are? Measuring ecological integry within protected areas. *BioScience, 53*:851- 860, 2003.

Pavese, H. B.; Leverington, F.; Hockings, M. Estudo Global da efetividade de manejo de unidades de conservação: A perspectiva brasileira. Natureza; Conservação. Curitiba, PR. Brasil. 5(1): 65-77, 2007.

Pellin, A. Avaliação dos aspectos relacionados à criação e manejo de reservas particulares do patrimônio natural no Estado do Mato Grosso do Sul, Brasil. Tese de Doutoramento. Escola de Engenharia de São Carlos. Universidade de São Paulo. São Carlos, SP. 2010. 245 p.

Pereira, O. D. *Direito florestal brasileiro*. Rio de Janeiro: Editor Borsoi. 1950. 573 p.

Pereira, J. C. R. *Analise de dados Qualitativos – estratégias metodológicas para as ciências da saúde, humanas e sociais.* Editora da USP. São Paulo, Brasil, 1999. 157 p.

Pereira, J. M.; Lino, J. S.; Buschinelli, C. C. de A.; Barros, I. De; Rodrigues, G. S. *Integrated farm environmental management and biodiversity conservation: a study in the Caratinga Biological Station (Minas Gerais, Brazil).* Pesquisa Agropecuária Tropical. v. 40, n. 4, p. 401-413, 2010.

Phillips, A. Talking the same language: an international review system for protected areas. In: *4o CONGRESO MUNDIAL DE PARQUES NACIONALES Y AREAS PROTEGIDAS.* 10 a 21 de febrero de 1992, Caracas, Venezuela Actas. Gland, Switzerland: IUCN, p. 265-269, 1993.

Phillips, A. The history of the international system of protected área management categories. *Parks*, 14: 4-14, 2004.

Phillips, A. A modern paradigm. *World Conservation*, 2: 6-7, 2003.

Pickett, S. T. A.; Thompson, J. N. Patch dynamics and the design of nature reserves. *Biological Conservation,13*: 27-37, 1978.

Pickett, S. T. A.; Parker, V. T.; Fiedler, P. L. The new paradigm in ecology: implications for conservation biology above the species level. In: Fiedler, P. L.; Jain, S. (Eds.). *Conservation Biology: the theory and practice of nature conservation, preservation and management.* New York: Chapman and Hall. cap. 4, 1992.

Picket, S. T. A.,; Rogers, K. H. Patch dynamics: the transformation of landscape structure and function. In: Bissonette, J. A., (Ed.). *Wildlife and landscape ecology.* New York, Springer-Verlag. p. 101-127, 1997.

Pimentel, D.; Stachow, U.; Takacs, D. A.; Brubaker, H. W.; Dumas, A. R.; Meaney, J. J.; O'Neal, J. A. S.; Onsi, D. E.; Corzilius, D. B. *Conserving biological diversity in agricultural / forestry systems.* BioSciences, v. 42, p. 354-362, 1992.

Pimm, S.L.; P. Raven. Extinction by numbers. *Nature, 403*:843-845, 2000.

Pires, A. M. Z. C. R.; Santos, J. E.; Pires, J. S. R. Conservação da biodiversidade: análise da situação de unidades de conservação de Proteção Integral (Parques Estaduais e Estações Ecológicas) do Estado de São Paulo. Congresso Brasileiro de Unidades de Conservação, II, Campo Grande. *Anais...* Campo Grande: Rede Nacional Pró-Unidades de Conservação. p. 618-627, 2000.

Prado-Jr., C. *História econômica do Brasil.* 35 ed. São Paulo: Editora Brasiliense, 1987. 364 p.

Pressey, R. L. Ad hoc reservations: forward or backward steps in developing representative reserve systems? *Conservation Biology, 8*:662-668, 1994.

Pressey, R. L.; Humphries, C. J.; Margules, C. R. et al. Beyond opportunism: key principles for systematic reserve selection. *TREE, 8*:124-128, 1993.

Preston, F. W. The Canonical distribution of commonness and rarity. Part I. *Ecology, 43*:185-215, 1962.

Primack, R.B. *Essencial of conservation biology.* 2 ed. Sunderland, Massachusetts: Sinauer Associates. 1992. 660 p.

Primo, P. B. S.; Pellens, R. A situação atual das unidades do Estado do Rio de Janeiro. Congresso Brasileiro de Unidades de Conservação, II, Campo Grande. *Anais...* Campo Grande: Rede Nacional Pró-Unidades de Conservação. p. 628-637, 2000.

Puettmann, K. J.; Coates, K. D.; Messier, C. *A critique of silviculture: managing for complexity.* Washington: Island Press, 2009. 189 p.

Quammen, D. *O canto do Dodô.* Tradução Carlos Afonso Malferrari. São Paulo: Companhia das Letras, 2008. 789 p.

Queiroz, M. H.; Mendonça, E. N.; Silva, M. et al. Avaliação do grau de implementação das unidades de conservação da ilha de Santa Catarina. Congresso Brasileiro de Unidades de Conservação, III, Fortaleza. *Anais...* Fortaleza: Rede Nacional Pró-Unidades de Conservação. p. 405-414, 2002.

Quintão, A. T. B. Evolução do conceito de Parques Nacionais e sua relação com o processo de desenvolvimento. *Brasil Florestal, 54*:13-28, 1983.

Rambaldi, D. M.; Oliveira, D. A. S. (Org.). *Fragmentação de ecossistemas: causas, efeitos sobre a biodiversidade e recomendações de políticas públicas.* Brasília: Ministério do Meio Ambiente, 2003. 508 p.

Raup, D. M. Mass extinctions in the marine fossil record. *Science, 215*:1501-1502, 1982.

Resilence Alliance. *Assessing and managing resilience in social-ecological systems: a practitioners workbook.* Vesion 1.0, 210. 135 p.

Rezende, F. C. *Por que falham as reformas administrativas?* Rio de Janeiro: Ed. FGV, 2004. 132 p.

Rezende, F.; Tafner P. (eds.). Brasil: estado de uma nação. Rio de Janeiro: IPEA, 2005.

Ricklefs, R. E. *A economia da natureza.* 5 ed. Tradução Pedro P. Lima-e-Silva; Patrícia Mousinho. Rio de Janeiro: Ed. Guanabara Koogan, cap. 23, 2003.

Rocha, L. G. M. *Os parques nacionais do Brasil e a questão fundiária: o caso do Parque Nacional da Serra dos Órgãos.* 205 f. Dissertação (Mestrado em Ciência Ambiental), Universidade Federal Fluminense, 2002.

Rocha, C. F. D.; Bergalho, H. G.; Sluys, M. V.; Alves, M. A. S. *Biologia da conservação: essências.* São Carlos: RiMa Editora, 2006. 588 p.

Rodrigues, G. S. *Conceitos ecológicos aplicados à agricultura.* Revista Científica Rural, v. 4, n. 2, p. 155-166, 2009.

Rodrigues, J. E. R. *Sistema Nacional de Unidades de Conservação.* São Paulo: Editora Revista dos Tribunais, 2005. 205 p.

Rodrigues, G. S. Impacto das atividades agrícolas sobre a biodiversidade: causas e conseqüências. In Garay, I.; Dias, B (Orgs.). *Conservação da Biodiversidade em Ecossistemas Tropicais: avanços conceituais e revisão de novas metodologias de avaliação e monitoramento.* Petrópolis: Editora Vozes, p. 128-139, 2001.

Rodrigues, G. S.; Campanhola, C. *Sistema integrado de avaliação de impacto ambiental aplicado a atividades do Novo Rural.* Pesquisa Agropecuária Brasileira, v. 38, n. 4, p. 445-451, 2003.

Rodrigues, A. S. L.; Andelman, S. J.; Bakar, M. I. et al. *Global Gap Anaysis: towards a representative network of protected áreas.* Advances in Applied Biodiversity Science 5. Washington DC: Conservation International, 2003. 98 p.

Rodrigues, G. S.; Campanhola, C.; Rodrigues I. A.; Frighetto, R. T. S.; Ramos-Filho, L. O. *Gestão ambiental de atividades rurais: estudo de caso em agroturismo e agricultura orgânica.* Agricultura em São Paulo, v. 53, n. 1, p. 17-31, 2006.

Rodrigues, G. S.; Rodrigues, I. A.; Buschinelli, C. C. de A.; Queiroz, J. F. de; FRIGUETTO, R. T. S.; Antunes, L. R.; Marcon-Neves, M. C.; Freitas, G. L. de; Rodovalho, R. B. *Gestão ambiental territorial na área de proteção ambiental da Barra do Rio Mamanguape (PB).* Jaguariúna: Embrapa Meio Ambiente, Boletim de Pesquisa e Desenvolvimento 50, 2008. 90 p.

Rodrigues, G. S.; Rodrigues, I. A.; Buschinelli, C. C. de A.; Ligo, M. A.; Pires, A. M. *Local productive arrangements for biodiesel production in Brazil – environmental assessment of smallholder's integrated oleaginous crops management.* Journal of Agriculture and Rural Development in the Tropics and Subtropics. v. 110, n. 1, p. 61-73, 2009.

Rodrigues, G. S.; Rodrigues, I. A.; Buschinelli, C. C. A.; Barros, I. *Integrated farm sustainability assessment for the environmental management of rural activities.* Environmental Impact Assessment Review, v. 30, n. 4, p. 229-239, 2010.

Roma, J. C. Mapas de Cobertura Vegetal dos Biomas Brasileiros. Brochura, 2007.16 p. Disponível em: <www.mma.gov.br>. Acesso em: dez. 2010.

Rossetto, A. M. Estrutura organizacional pública como um entrave à adoção de inovações em tecnologia de informações. *Anais do Encontro da Associação Nacional de Pós-Gradu-*

ação e Pesquisa em Administração: AP 32, 1999. 15 p. Disponível em: <www.anpad.org.br>. Acesso em: jan. 2004.

Rubio, R. A. G.; Filho, C. de B. R. Avaliação do progresso físico do programa de manejo da floresta estadual Edmundo Navarro de Andrade, um estudo de caso. REVISTA BIOCIÊNCIAS, UNITAU. v.15, n. 1, 2009. Disponível em: <periodicos.unitau.br>.

Runte, A. *National Parks: the americam experience.* Lincoln: University of Nebraska Press. 3 ed, 1997. 335 p.

Sá, M. C. *Subjetividade e projetos coletivos: mal-estar e governabilidade nas organizações de saúde.* Ciência; Saúde Coletiva, Rio de Janeiro, v.6, n.1, p.151-64, 2001.

Sachs, I. Do crescimento econômico ao ecodesenvolvimento. In: Camargo, A.; Raud, C.; Sekiguchi, C. et al. (Org.). *Desenvolvimento e meio ambiente no Brasil: a contribuição de Ignacy Sachs.* p. 161-172, 1998.

Salgado-Labouriau, M. L. *História ecológica da terra.* São Paulo: Editora Edgard Blücher Ltda, 2 ed, 1994. 307 p.

Sano, S. M.; Almeida, S. P.; Ribeiro, J. F (Eds.). *Cerrado: ecologia e flora.* Brasília: Embrapa Informações Tecnológicas, v. 1, 2008. 406 p.

Santilli, J. *Socioambientalismo e novos direitos.* São Paulo: Ed. Peirópolis, 2005. 303 p.

Santos-Filho, P. S. Fragmentação de habitats: implicações para a conservação *in situ.* *Oecologia Brasiliensis,* 1:365-393, 1995.

Santos, R. F. Planejamento ambiental: Teoria e prática. Editora Oficina de Textos. São Paulo, SP, 2004. 184 p.

São Paulo. Secretaria de Meio Ambiente. *Painel da Qualidade Ambiental 2009.* Coord. Casemiro Tércio dos Reis Lima de Carvalho e Marcia Trindade Jovito. Vários autores. Secretaria de Meio Ambiente. São Paulo, SP, 2009. 97 p.

São Paulo. Secretaria de Meio Ambiente. *Painel da Qualidade Ambiental 2010.* Coord. Casemiro Tércio dos Reis Lima de Carvalho e Marcia Trindade Jovito. Vários autores. Secretaria de Meio Ambiente. São Paulo, SP, 210.111 p.

Saunders, D. A.; Hobbs, R. J.; Margules, C. R. Biological consequences of ecossystem fragmentation: a review. *Conservation Biology,* 5:18-32, 1991.

Savi, M. Sistemas Estaduais de Unidades de Conservação: componentes ou complementos do Sistema Nacional – o estudo de caso do Paraná. Congresso Brasileiro de Unidades de Conservação, I, Curitiba. *Anais...* Curitiba: Rede Nacional Pró-Unidades de Conservação, p. 245–261, 1997.

Sayles, L. R. Leadership. *What effective Managers really do...and how they do.* New York: MacGraw-Hill, 1979.

SBSTTA – Órgão Subsidiário de Assessoramento Científico, Técnico e Tecnológico. *Enfoque por ecosistemas: elaboración ulterior, directrices para su aplicación y relación con la ordenación sostenible de los bosques.* Nota del Secretario Ejecutivo, 2003.

SCDB – Secretariado da Convenção sobre Diversidade Biológica. *Panorama da Biodiversidade Global 3.* Brasília: Ministério do Meio Ambiente, Secretaria de Biodiversidade e Florestas (MMA). Tradução: Eliana Jorge Leite, 2003. 94 p.

Scarano, F. R. Prioridades para a conservação: a linha tênue que separa teorias e dogmas. *In:* Rocha, C. F. D.; Bergalho, H. G.; Sluys, M. V.; Alves, M. A. S. *Biologia da conservação: essências.* São Carlos: RiMa Editora. cap. 1. 2003.

Schein, E. *Consultoria de procedimentos e seu papel no desenvolvimento organizacional.* São Paulo: Editora Edgard Blucher, 1972.

Schrader, O. L. Parques Nacionais na América. *Revista Agronomia, 10*: 141-166, 1951.

Sellars, R. W. *Preservaing nature in the National Parks: a history.* New Haven: Yale University Press. 380 p.

Senge, P. M. *A quinta disciplica: arte, teoria e prática da organização de aprendizagem.* São Paulo: Editora Best Seller, 1995.

Senge, P. M. *A quinta disciplica: Caderno de campo.* Rio de Janeio: Editora Qualitymark, 1995. 592 p.

Shafer, C. L. *Nature reserves: Island Theory and conservation pratice.* Washington: Smithsonian Institution Press, 1990. 192 p.

Shafer, C. L. Values and shortcomings of small reserves. *BioScience, 45*:80-88, 1995.

Shafer, C. L. History of selection and system planning for US natural area national parks and monuments: beauty and biology. *Biodiversity and Conservation, 8*: 189-204, 1999.

Shafer, M. L. Minimum population sizes for species conservation. *BioScience, 31*:131-134, 1981.

Skidmore, T. E. *Brasil: de Castelo a Tancredo, 1964-1985.* 8 ed. Rio de Janeiro: Ed. Paz e Terra, 1981. 608 p.

Skidmore, T. E. *Uma história do Brasil.* 3 ed. São Paulo: Editora Paz e Terra, 2000. 356 p.

Silva, C. E. F. da. *Desenvolvimento de metodologia para a análise da adequação e enquadramento de categorias de manejo de unidades de conservação.* Dissertação (Mestrado). Universidade Estadual Paulista/Centro de Estudos Ambientais. Rio Claro, SP, 1999. 186 p.

Silva, M. As dimensões Culturais da Qualidade: Um Estudo em Empresas Ganhadoras do Prêmio Nacional da Qualidade. *Anais do Encontro da Associação Nacional de Pós-Graduação e Pesquisa em Administração*: ESO 1965. 2002. 16 p. Disponível em: <www.anpad.org.br>. Acesso em: jan. 2004.

Silva, J. M. C.; Tabarelli, M. Tree species impoverishment and the future flora the Atlantic forest of nortjeast Brazil. *Nature, 404*:72-74, 2000.

Silva, J. M. C.; Dinnout, A. *Análise de Representatividade das Unidades de Conservação Federais de Uso Indireto na Floresta Atlântica e Campos Sulinos.* 2001. Disponível em: <www.conservation.org.br>. Acesso em: out. 2003.

Silva JR., A. P. da.; Pontes, A. R. M. The effect of a mega-fragmentation process on large mammal assemblages in the highly-threatened Pernambuco Endemism Centre, north-eastern Brazil. Biodiversity and Conservation, v. 17, n. 6, p. 1455–1464, 2008.

Simberloff, D. Designs of nature reserves. In: Usher, M. B. (Ed.). Wildlife conservation evaluation. London: Chapman and Hall. p. 315-337, 1986.

Simberloff, D. The contribution of population and community biology to conservation science. *Ann. Rev. Ecol. Syst., 19*:473-511, 1988.

Simberloff, D.; Abele, L. G. Island biogeography theory and conservation pratice. *Science, 191*:285-286, 1976.

Simberloff, D.; Abele, L. G. Refuge design and island biogeography theory: effects of fragmentation. *The American Naturalist, 120*:41-50, 1982.

Smith, R. D; Maltby, E. *Using the Ecosystem Approach to Implement the Convention on Biological Diversity: Key Issues and Case Studies.* IUCN, Gland, Switzerland and Cambridge, 2003. 118 p.

Sinclair, A R. E.; Packer, C.; Mduma. S. A. R.; Fryxell, J. M. *Serengeti III: Human impacts on ecosystem dynamics.* Chicago: University Chicago Press, 2008. 522 p.

Soto, J. *Validación del procedimiento para medir la efectividad del manejo de áreas protegidas, aplicada en áreas protegidas de Guatemala.* Tesis de Licenciatura en Ingenieria Forestal. Universidad de San Carlos. Guatemala, 1998. 146 p.

Soulé, M. E.; B. A. Wilcox (Eds.). *Conservation biology: an evolutionary-ecological perspective.* Sunderland, Massachusetts: Sinauer Associates, 1980. 395 p.

Soulé, M.E. (Ed.). *Conservation biology: the science of scarcity and diversity.* Sunderland, Massachusetts: Sinauer Associates, 1986. 585 p.

Soulé, ME (Ed.). *Viable Populations for Conservation.* Cambridge: University Cambridge Press, 1987.

Soulé, M. E; Simberloff, D. What do genetics and ecology tell us about the design of nature reserves? *Biological Conservation, 35*:19-40, 1986.

Soulé, M. E.; M. A. Sanjayan. Conservation targets: do they help? *Science, 279*:2060-2061, 1998.

Soulé, M. E.; Terborgh, J. The policy and science of regional conservation. In: Soulé, M. E.; Terborgh, J. (Ed.). *Continental Conservation: scientific foundations of regional reserve networks.* Washington, D.C.: Island Press. p 1-17, 1999.

Sousa, W. P. The role of disturbance in natural communities. *Ann. Rev. Ecol. Syst.,* 15:353-391, 1984.

Souza, P. F. *Contribuição ao estudo do problema dos parques nacionaes.* Ministério da Agricultura, Conselho Florestal Federal. Publicação, n. 2, 1936.

Souza, R. L. Nacionalismo e autoritarismo em Alberto Torres. *Sociologias, 7*(13): 302-323, 2005.

Sprugel, D. G. Disturbance, equilibrium, and environmental variability: what is "natural" vegetation in a change environment? *Biological Conservation, 58*: 1-8, 1991.

Tabarelli, M.; Pinto, L. P.; Silva, J. M. C.; Costa, C. M. R. Espécies ameaçadas e planejamento da conservação. In: Garlindo-Leal, C.; Câmara, I. G. (Eds.). *Mata Atlântica: biodiversidade, ameaças e perspectivas.* Belo Horizonte: Conservação Internacional, p. 86 – 94, 2005.

Takashima, N. T.; Flores, M. C. X. *Indicadores da qualidade e do desempenho.* Rio de Janeiro, RJ: Qualitymark Editora, 1997. 100 p.

Talbot, L. M. The linkages between ecology and conservation policy. In: Pickett, S. T. A.; Ostfeld, R. S.; Shachak, M; Likens, G. E. (Eds.). *The ecological basis of conservation: heterogeneity, ecosystems, and biodiversity.* New York: Capman; Hall, cap. 31, 1997.

Taylor, F. W. *Princípios de administração científica.* São Paulo: Atlas, 1972.

Terborgh, J. Preservation of natural diversity: the problem of extinction prone species. *BioScience, 24*:715-722, 1974.

Terborgh, J. Faunal Equilibria and design of wildlife preserves. In: Golley, F. B.; Medina, E, (Eds.). *Tropical ecological systems: trends in terrestrial and aquatic research. New York: Springer-Verlag.* p. 369-380, 1975.

Terborgh, J. Island Biogeography and conservation: strategy and limitations. *Science, 193*: 1029-1030, 1976.

Terborgh, J. Maintenance of diversity in tropical rain forests. *Biotropica, 24*:283-292, 1992.

Terborgh, J. *Requiem for nature.* Washington, D.C.: Island Press, 1999. 232 p.

Terborgh, J; van Schaik, C. Minimizing species loss: the imperative of protection. In: Kramer, R.; van Schaik, C. Johnson, J. (Eds.). *Last stand: protected areas; the defense of tropical biodiversity*. New York: Oxford University Press, p. 15-35, 1997.

Terborgh, J.; van Schaik, C. Porque o mundo necessita de parques. In: Terborgh, J.; van Schaik, C.; Davenport, L.; Rao, M. (Org.). Tornando os Parques Eficientes: Estratégia para a Conservação da Natureza nos Trópicos. Tradução de Maísa Guapyassu. Curitiba: Ed. UFPR; Fundação Boticário de Proteção a Natureza, p. 25-36, 2002. Original inglês.

Terborgh, J.; Davenport, L. Monitorando as áreas protegidas. In: Terborgh, J.; van Schaik, C.; Davenport, L.; Rao, M. (Org.).*Tornando os Parques Eficientes: Estratégia para a Conservação da Natureza nos Trópicos*. Tradução de Maísa Guapyassu. Curitiba: Ed. UFPR; Fundação Boticário de Proteção a Natureza, p. 426-439, 2002. Original inglês.

Thelen, K. D.; Miller, K. R. *Planificacion de sistema de areas silvestres: guía para la planificación de sistemas de áreas silvestres, com una aplicación a los Parques Nacionales de Chile*. FAO/Corporación Nacional Forestal. Proyecto FAO – RLAT TF – 199. Documento Técnico de Trabajo, n.16, 1976.

Thoreau, H. D. *Walden, ou, A vida nos bosques*. Tradução: Astrid Cabral. 7 ed. São Paulo: Editora Ground, 2007. 288 p.

Thrall, P. H; Burdon, J. J.; Murray, B. R. The metapopulation paradigm: a fragmented view of conservation biology. In: Young, A. G.; Clarke, G. M. Genetics, demography and viability of fragmented populations. England: Cambridge University Press, cap. 5, 2000.

Tocantins, N.; Almeida, A. F. As unidades de conservação federais: uma analise da realidade matogrossense. Congresso Brasileiro de Unidades de Conservação, II, Campo Grande. *Anais...* Campo Grande: Rede Nacional Pró-Unidades de Conservação, p. 638-644, 2000.

Toro, J. B. A. *Mobilização social: Um modo de construir democracia e participação*. Brasília: Ministério do Meio Ambiente, Secretaria de Recursos Hídricos, Associação Brasileira de Ensino Agrícola Superior – ABEAS, UNICEF, 1997. 104 p.

Townsend, C. R.; Begon, M.; Harper, J. L. *Fundamentos em Ecologia*. Tradução: Gilson Rudinei Pires Moreira et al. Porto Alegre: Artmed, cap. 10, 2006.

Turner, M. G. Landscape ecology: the effect of pattern on process. *Annu. Rev. Ecol. Syst., 20*:171-197, 1989.

Turner, M. G; Gardner, R. H.; O'Neill, R. V. *Landscape ecology in the theory and practice: pattern and process*. New York: Springer-Verlag, 2001. 401 p.

Turner, I. M. Species loss in fragments of tropical rain forest: a review of the evidence. *Journal for Applied Ecology, 33*:200-209, 1996.

Turner, I. M.; Corlett, R. T. The conservation value of small, isolated fragments of lowland tropical rain forest. *TREE, 11*:330-333, 1996.

Udvardy, M. D. F. A biogeographical classification system for terrestrial environments. In: McNeely, J. A.; Miller, K. R. *National Parks, conservation, and development: the role of protected areas in sustaining society*. Washington, D. C.: Smithsonian Institution Press, p. 756-764, 1982.

UNRIC – Centro Regional de Informações das Nações Unidas. Bruxelas, Bélgica. Disponível em: <www.unric.org>. Acesso em: 31 maio. 2011.

Urban, T. *Saudade do matão: relembrando a história da conservação da natureza no Brasil*. Curitiba: Ed. UFPR, 1998. 374 p.

Vanzolini, P. *Zoologia sistemática, geografía e a origem das espécies*. Inst. Geográfico. São Paulo. Série Teses e Monografias 3, 1970. 56 p.

Veríssimo, A.; Rolla, A.; Vedoveto, M.; Futada, S. M. (Org.). *Áreas Protegidas na Amazônia brasileira : avanços e desafios.* Belém: Imazon; São Paulo: Instituto Socioambiental, 2011. 87 p.

UNEP – United Nations Environment Programme; WCMC – World Conservation Monitoring Centre. 2011. *World Database on Protected Areas.* Disponível em: <www.wdpa.org>. Acesso em: abr. 2011.

UNESCO – Organização das Nações Unidas para a Educação, a Ciência e a Cultura. *Resolviendo el rompecabezas del enfoque por ecosistemas. Las Reservas de Biosfera en Acción.* UNESCO: París, 2000. 32 p.

Waltner-Toews, D. Ecosystem sustainability and health: a practical approach. Cambridge: Cambridge University Press, 2004.

Waltner-Toews, D.; Kay, J.; Lister, N. M. E. (Eds.). The *Ecosystem approach: Complexity, Uncertainty, and Managing for Sustainability.* Complexity in Ecological Systems Series. New York: Columbio University Press, 2008. 384 p.

Walton, M. *Método Deming de Administração.* Editora Saraiva. São Paulo. 1989. 236 p.

Weiss, Z. *Vozes da Floresta.* Xapuri: Formosa, GO, 2008. 416 p.

Wetterberg GB, Pádua MTJ, Castro CS, Vasconcellos JMC. 1976. *Uma análise de prioridades em conservação da natureza na Amazônia.* Projeto de Desenvolvimento e Pesquisa Florestal (PRODEPEF). PNUD/FAO/IBDF/BRA-45, Série Técnica 8: 63p.

Whitcomb, R. F.; Lynch, J. F.; Opler, P. A.; Robbins, C. S. Island Biogeography and conservation: strategy and limitations. *Science, 193*: 1030.1032, 1976.

Wiens, J. A. Metapopulation dynamics and landscape ecology. In: Hanski, I.; Gilpin, M. E. (Eds.). *Metapopulation biology: ecology, genetics, and evolution.* San Diego: Academic Press, cap. 3, 1996a.

Wiens, J. A. Wildlife in patchy environments: metapopulation, mosaics and management. *In*: McCullough, D. R. (Ed.). *Metapopulation and wildlife conservation. Washington,* D. C.: Island Press, cap. 4, 1996b.

Wilcox, B. A. Insular Ecology and Conservation. In: Soulé, M.E.; B.A. Wilcox (Eds.). *Conservation biology: an evolutionary-ecological perspective.* Sunderland, Massachusetts: Sinauer Associates. p. 95-117, 1980.

Willis, E. O. Population and local extinctions of birds on Barro Colorado Island, Panamá. *Ecological Monographs, 44*:153-169, 1974.

Wilson, E. O. Conservation: the next hundred years. In: Western, D.; Pearl, M. *Conservation for the twenty-first century.* Washington, D. C.: Scientific American, p. 03-07, 1989.

Wilson, E. O. Threats to biodiversity. *Scientific American,* Sept.:60-66, 1989.

Wilson, E. O.; Peter, F. M. (eds.). *Biodiversity.* Washington, D. C.: National Academy Press, 1988. 521 p.

Wilson, E. O; Willis. E. O. Applied biogeography. In: Cody, M. L.; Diamond, J. M (Eds.). *Ecology and Evolution of communities.* Cambridge: Havard University Press, 1975.

With, K. A. Metapopulation dynamics: perspectives from landscape ecology. In: Hansky, I.; Gaggiotti, O . E (Eds.). *Ecology, Genetics, and Evolution of Metapopulations.* Osford: Elservier Academic Press, cap. 2, 2004.

Wood. T.; Caldas, M. P. Importação de tecnologia gerencial no Brasil: o divórcio entre substância e imagem. *Anais do Encontro da Associação Nacional de Pós-Graduação e Pesquisa em Administração*: ORG 12, 1997. 15 p. Disponível em: <www.anpad.org.br>. Acesso em: jan. 2004.

WRI – Instituto de Recursos Mundiales. Union Mundial para la Natureza; Programa de las Naciones Unidas para o Medio Ambiente. *Estrategia global para la biodiversidad*, 1992. 244 p.

Wu, J. From balance of nature to hierarchical patch dynamics: a paradigm shift in ecology. *Quarterly. Review of Biology*, *70*: 439-466, 1995.

WWF-World Wildlife Fund. *Áreas protegidas ou espaços ameaçados?* Brasília: WWF – Série Técnica I, 1999. 12 p.

WWF-World Wildlife Fund. *Improving Protected Area Management: WWF's Rapid Assessment and Prioritisation Methodology*. Gland, Switzerland: WWF, 2001. 24 p.

WWF-Brasil; Fundação Florestal; Instituto Florestal. *Rappam – Implementação da avaliação rápida e priorização do manejo de unidades de conservação do Instituto Florestal e da Fundação Florestal de São Paulo*. São Paulo, 2004. 42 p.

WWF-Brasil. *Efetividade de gestão das unidades de conservação no Estado do Acre*. WWF–Brasil, Secretaria de Estado de Meio Ambiente do Acre, Secretaria de Estado de Floresta do Acre, Instituto Chico Mendes de Conservação da Biodiversidade. Brasília: WWF-Brasil, 2009a.

WWF-Brasil. *Efetividade de gestão das unidades de conservação no Estado do Amapá*. WWF-Brasil, Secretaria de Estado de Meio Ambiente do Amapá, Instituto Chico Mendes de Conservação da Biodiversidade. Brasília: WWF-Brasil, 2009b.

WWF-Brasil. *Efetividade de gestão das unidades de conservação no Estado do Mato Grosso*. WWF-Brasil, Secretaria de Estado de Meio Ambiente de Mato Grosso, Instituto Chico Mendes de Conservação da Biodiversidade. Brasília: WWF-Brasil, 2009c.

Yaffee, S. L.; Phillips, A. F.; Frentz, I. C. et. al. *Ecosystem Management in the United States: an assessment of current experience*. Washington: Island Press, 1996. 352 p.

Zanini, L.; Guadagnin, D. L. Conservação da biodiversidade do Rio Grande do Sul: uma análise da situação de proteção dos hábitats. Congresso Brasileiro de Unidades de Conservação, II, Campo Grande. *Anais...* Campo Grande: Rede Nacional Pró-Unidades de Conservação, p. 722-730, 2000.

Zimmerman, B. L.; Bierregaard-Jr., R. O. Relevance of the equilibrium theory of island biogeography with an example from Amazonia. *Journal of Biogeography*, *13*:133-143, 1986.

Sobre os autores

Ana Luisa da Riva – Diretora executiva do Instituto Semeia – organização que atua na articulação entre o setor público e privado para o desenvolvimento e aplicação de modelos de gestão inovadores e sustentáveis em áreas protegidas. Anteriormente, trabalhou por três anos no IFC – Banco Mundial, com gestão de projetos que conciliam conservação e desenvolvimento na Amazônia. Coordenou a implementação de Programas Coorporativos sobre "Negócios e Meio Ambiente" para a Brazilian Business School (BBS), onde se tornou professora de sustentabilidade do MBA em São Paulo e Luanda – Angola. Foi a fundadora, junto com seu esposo, da empresa Ouro Verde Amazônia, premiada pelo Ministério do Meio Ambiente pelo modelo sustentável de negócios. Foi Gerente Executiva do Ibama em Sinop – Mato Grosso e Gerente Regional da Secretaria de Estado do Meio Ambiente do Mato Grosso (SEMA), em Alta Floresta. Formada em veterinária, com mestrado em Ciências Ambientais pela Universidade de São Paulo (USP – PROCAM), seus estudos se concentraram na Escola de Economia da USP, com foco na dinâmica de expansão da fronteira agrícola amazônica brasileira.

Ana Maria Valle Rabello – Psicóloga Clínica com formação Psicanalítica, especialista em Gestão Estratégica de Recursos Humanos e mestre em Psicologia pela PUC – Minas. Atualmente é professora da Fundação Dom Cabral, lecionando disciplinas no curso de Especialização em Gestão e orientando Trabalhos de Conclusão de Curso. Coordena o Programa de Humanização da Fundação Hemominas. Atua com intervenções psicossociológicas em organizações públicas e privadas. Tem experiência na área de Psicologia Organizacional e do Trabalho, atuando principalmente nos seguintes temas: psicossociologia, psicologia organizacional e do trabalho, ergonomia e ergologia.

André Campos Botelho – Biólogo, Responsável Técnico do Centro Operacional do IEF em Curvelo (MG) e Gerente Técnico do Parque Estadual da Serra do Cabral, Buenópolis (MG). andre.campos@meioambiente.mg.gov.br

Carlos Augusto de Alencar Pinheiro – Analista Ambiental do Instituto Chico Mendes de Conservação da Biodiversidade – ICMBio. Engenheiro Florestal pela Universidade Federal Rural do Rio de Janeiro, mestrado em Ciências Ambientais e Florestais. Desenvolveu funções de gestor de unidades de conservação na amazônia, entre 2004 a 2011 na Floresta Nacional Saracá-Taquera e Reserva Biológica do Rio

Trombetas, onde em 2009 receberam a primeira certificação do Programa Nacional de Gestão Pública e Desburocratização (GesPública) de 250 pontos. Apresentou de artigos em periódicos com as experiências da adoção do modelo de excelência em Gestão Pública, voltados à conservação ambiental e ministrou palestra no Congresso Brasileiro de Unidades de Conservação e em outras plenárias difundido a aplicação desta ferramenta. Atualmente desenvolve funções dentro do ICMBio, como gestor da Floresta Nacional da Restinga de Cabedelo na Paraíba e instrutor na Academia Nacional da Biodiversidade. É judoca e adora estar com sua família. e-mail: carlos-augusto.pinheiro@icmbio.gov.br

Cláudio César de Almeida Buschinelli – Ecólogo, Doutor em Geografia. Laboratório de Gestão Ambiental, Embrapa Meio Ambiente. e-mail:buschi@cnpma.embrapa.br

Cleani Paraiso Marques – Consultora, diretora do NEXUCS e da Alínea Consultoria e Treinamento. Psicóloga pela Universidade Federal de Minas Gerais, pós-graduada em Administração e em Consultoria Organizacional. Tem sólida formação em psicanálise e é especialista em aprendizagem pela ação. Atua há 20 anos em projetos de desenvolvimento organizacional, articulando os aspectos estratégico, organização do trabalho comportamental em organizações públicas, privadas e terceiro setor, sobretudo nos setores ambiental e cooperativismo de crédito. Atuou em diversos programas de educação corporativa com significativa experiência na formação de gerentes, dirigentes e consultores internos. Consultora AdHoc do GESPÚBLICA. Responsável pela concepção e coordenação de programas de desenvolvimento organizacional e de equipes em programas/projetos no setor ambiental, especialmente no contexto das unidades de conservação. Foi uma das idealizadoras do programa de Gestão para Resultados – PGR, implementado no âmbito do Programa ARPA. Atuou nos últimos 4 anos na capacitação de mais de 20 conselhos de unidades de conservação. Desenvolveu programas educacionais junto ao SEBRAEs/MG e Nacional. Atualmente desenvolve projetos para o Ministério do Meio Ambiente, Instituto Chico Mendes de Conservação da Biodiversidade – ICMBio, Cooperação Internacional Alemã (GIZ), FUNBIO, Instituto Estadual de Florestas/ MG, INEA/RJ e no Sistema de Cooperativismo de Crédito do Brasil-SICOOB. e-mail: cleani@nexucs.com.br

Cristina Onaga – Consultora da parceria Rappam WWF/ICMBio.

Edmar Ramos de Siqueira – Engenheiro Florestal, Doutor em Ciências Florestais. Embrapa Tabuleiros Costeiros, C.P.44, Aracaju, SE, CEP 49025-040. e-mail: edmar@cpatc.embrapa.br

Eduardo Jorge Maklouf de Carvalho – Agrônomo, Doutor em Solos e Nutrição de Plantas. Embrapa Amazônia Oriental, Belém, PA. e-mail: maklouf@cpatu.embrapa.br

Geraldo Stachetti Rodrigues – Bacharel em Ecologia, mestre em Biologia Vegetal (UNESP-Rio Claro, 1982, 1986), Ph.D. em Ecologia e Biologia Evolutiva (Universidade Cornell, Ithaca, EUA, 1995) e pós-doutor em Políticas Ambientais (Universidade da Flórida, Gainesville, EUA, 2002). Serviu como Chefe de Pesquisa na Embrapa Meio Ambiente (2002-2005) e coordenador do tema 'Tecnologias para sustentabilidade dos agroecossistemas' junto à Embrapa Labex Europa em Montpellier (França, 2007-2009). É pesquisador do Laboratório de Gestão Ambiental da Embrapa Meio Ambiente (Jaguariúna, SP), onde se dedica ao desenvolvimento de indicadores de sustentabilidade e métodos de avaliação de impactos para gestão ambiental de atividades rurais. e-mail: stacheti@cnpma.embrapa.br

Giovanna Palazzi – Ecóloga e Gerente de Projeto no Departamento de Áreas Protegidas do Ministério do Meio Ambiente – MMA.

Helder Henrique de Faria – Formou-se em engenharia florestal pela Universidade Federal de Viçosa, Minas Gerais, em 1984. Ingressou como Engenheiro no Instituto Florestal da Secretaria de Estado do Meio Ambiente de São Paulo e em 1990 prestou concurso interno junto à Comissão Permanente do Regime de Tempo Integral para a carreira de Pesquisador Científico de São Paulo, estando hoje no 6º nível dos seis possíveis. Em 1994 obteve o título de MSc. no Centro Agronômico Tropical de Investigación y Enseñanza, o CATIE da Costa Rica, na área de planejamento e manejo de recursos naturais renováveis e unidades de conservação. Em 2004, na Faculdade de Ciências e de Tecnologia da UNESP Presidente Prudente, concluiu o doutorado em Geografia com fulcro no desenvolvimento regional e planejamento ambiental. Desenvolveu pesquisas e possui publicações nas áreas de silvicultura de essências nativas e exóticas, recuperação de áreas degradadas e de paisagens integradas ao manejo de microbacias e a gestão, manejo e planejamento de áreas naturais protegidas. É membro da Comissão Mundial de Áreas Protegidas da UICN-Brasil e professor convidado do programa de pós-graduação em Meio Ambiente e Desenvolvimento Regional da Universidade do Oeste Paulista. Gestor do Parque Estadual do Morro do Diabo da Fundação Florestal.

Herbert Pardini – Montanhista, especialista em gestão em turismo, geógrafo e turismólogo. Consultor da Fundação Themis (Organização Mundial do Turismo) para desenvolvimento de produtos turísticos no Brasil e México, coordenador de uso público na elaboração de planos de manejo de Unidades de Conservação em Minas Gerais (Parque Estadual Serra Verde, Monumentos Naturais Estaduais Peter Lund e Gruta Rei do Mato, Floresta Estadual Uaimii), responsável por diagnóstico e mapeamento da oferta turística nos Parques Nacionais de Anavilhanas, Chapada dos Veadeiros, Fernando de Noronha, Serra dos Órgãos e Aparados da Serra, consultor em diagnóstico voltado ao uso público no Parque Nacional Montanhas do Tumucumaque, entre outros trabalhos.

Izilda Aparecida Rodrigues – Geógrafa, Doutora em Demografia. Pesquisadora associada, Laboratório de Gestão Ambiental, Embrapa Meio Ambiente. e-mail: isis@cnpma.embrapa.br

Janaína Mendonça Pereira – Bióloga, Instituto Estadual de Florestas (MG), Coordenadora do Projeto de Recuperação de Áreas Degradadas do Médio Rio Doce. e-mail: janaina.pereira@meioambiente.mg.gov.br

Lilian Letícia Mitiko Hangae – Geógrafa e Analista Ambiental do Instituto Chico Mendes de Conservação da Biodiversidade – ICMBio.

Lúcia de Fátima Lima – Pedagoga, Analista Ambiental do Instituto Chico Mendes de Conservação da Biodiversidade – ICMBio.

Marcelo Rodrigues Kinouchi – Engenheiro Agrônomo, Doutor em Ambiente e Sociedade e Coordenador de Monitoramento e Avaliação da Gestão de Unidades de Conservação do Instituto Chico Mendes de Conservação da Biodiversidade – ICMBio.

Marcos Antonio Reis Araújo – Biólogo, mestre e doutor em Ecologia, Conservação e Manejo de Vida Silvestre pela Universidade Federal de Minas Gerais – com ênfase na gestão de unidades de conservação e na aplicação de modernas ferramentas gerenciais para a melhoria da gestão. É Diretor da R. A. Consultoria e Treinamento e do NEXUCs. Trabalhou no desenvolvimento de ferramentas inovadoras como o Planejamento Estratégico Plurianual das UCs do Programa Áreas Protegidas da Amazônia (Arpa), o Sistema de Gestão de Áreas Protegidas (SIGAP) para o IEF/ MG e na incorporação de ferramentas de gestão estratégica nos de planos de manejo de UCs nos Estados de Minas Gerais, Amapá e Amazonas. Foi membro da equipe do NEXUCs que desenvolveu e aplicou o Programa de Gestão para Resultados (PGR) em 15 UCs do Programa Arpa. Autor do livro *Unidades de Conservação no Brasil: da República à Gestão de Classe Mundial*. Atualmente desenvolve trabalhos para o Ministério do Meio Ambiente, para o Instituto Chico Mendes de Conservação da Biodiversidade (ICMBio), onde participa da implementação da gestão estratégica e para a Cooperação Internacional Alemã. e-mail: marcos.minas@gmail.com.

Marcos Corrêa Neves – Engenheiro Eletricista, Doutor em Sensoriamento Remoto, Embrapa Meio Ambiente. e-mail: marcos@cnpma.embrapa.br

Maria Auxiliadora Drumond – Consultora da parceria Rappam WWF/ICMBio.

Mariana Napolitano e Ferreira – Bióloga, Doutora em Ecologia e Analista de Conservação do WWF-Brasil.

Marisete Inês Santin Catapan – Especialista em áreas protegidas do WWF-Brasil.

Nelson Gabriel Domingues – Gestor Ambiental, colaborador Embrapa Meio Ambiente. e-mail: gd.nelson@yahoo.com.br

Patricia Ribeiro Salgado Pinha – Engenheira florestal pela Universidade de Brasília e especialista em Administração e Manejo de Unidades de Conservação pela Universidade Estadual de Minas Gerais. Trabalha na gestão de unidades de conservação desde 2001. Foi gestora da Área de Proteção Ambiental do Litoral Norte, no período de 2001 a 2003, quando trabalhava no Centro de Recursos Ambientais, órgão responsável na ocasião pela gestão das áreas de proteção ambiental no Estado da Bahia. Ingressou no IBAMA em 2003 e, desde então, desempenha suas funções como chefe da Reserva Biológica do Lago Piratuba, unidade de conservação federal administrada pelo Instituto Chico Mendes de Conservação da Biodiversidade desde 2007, quando foi criada a autarquia federal. Publicou vários artigos sobre gestão de unidades de conservação em periódicos e congressos. Tem experiência em gestão participativa, especialmente com conselhos gestores, termos de compromisso e processos participativos de planejamento. Em 2009, conduziu o processo de reconhecimento da gestão da Reserva Biológica do Lago Piratuba no Programa Nacional de Gestão Pública e Desburocratização (nível 250 pontos). e-mail: patricia.pinha@icmbio.gov.br

Raone Beltrão Mendes – Biólogo, Mestre em Ecologia e Conservação, Coordenador Técnico do Refúgio de Vida Silvestre Mata do Junco, Capela (SE). e-mail: raone@pitheciineactiongroup.org

Renata Loew Weiss – Formada em administração de empresas com ênfase em marketing pela Escola Superior de Propaganda e Marketing (ESPM) e pós-graduada em Gestão de Sustentabilidade pela Fundação Getúlio Vargas, em São Paulo. Coordenadora de projetos no Instituto Semeia, anteriormente integrou a equipe do Centro de Estudos em Sustentabilidade da Fundação Getulio Vargas (GVces), com foco em sustentabilidade empresarial. Participou de iniciativas como o desenvolvimento e a implementação da metodologia para o Índice de Sustentabilidade Empresarial (ISE) da Bovespa e no tema de finanças sustentáveis. Também trabalhou como pesquisadora para o INSEAD, instituto e escola de negócios na França, escrevendo estudo de caso e role play (simulação de negociação) sobre óleo de dendê na Malásia e Indonésia. Iniciou sua carreira em marketing de produtos para o consumidor, na Johnson & Johnson e na Bunge Alimentos.

Rogério Fábio Bittencourt Cabral – Consultor e diretor do NEXUCS e da LMS Consultoria. Agrônomo pela Universidade Federal de Viçosa, pós-graduado em Administração de Empresas. Ocupou funções executivas em empresas privadas do setor de siderurgia, metalurgia e automotivo. Consultor responsável pela certificação da primeira empresa da área de saúde em Sistemas de Gestão da Qualidade (ISO 9000) da América Latina. Qualificação e atuação como Auditor-Líder, desde 1991 dentro de Programas de Auditorias de Sistemas da Qualidade e Sistemas de Gestão Ambiental. Realização de Auditorias de Sistemas de Gestão em centenas de organizações (cerca de 250), apoiando a implementação e a consolidação de Sistemas de Gestão da Qualidade, Ambiental, Saúde e Segurança e Integrados. Aprovado no Curso de Examinador do Prêmio Nacional da Qualidade (FNQ®) Ciclo 2003. Consultor AdHoc do GESPÚBLICA. Responsável pela adaptação e desenvolvimento de metodologias e ferramentas de gestão adequadas ao contexto das unidades de conservação. Atua há mais de quinze anos em projetos de melhoria e avaliação da gestão em organizações privadas, públicas e do terceiro setor. Atualmente desenvolve projetos para o Ministério do Meio Ambiente, Ministério do Turismo, ICMBio, GIZ GmbH, Banco Mundial e SEBRAEs. É montanhista, canionista e apaixonado pela família e pelas montanhas. e-mail: rogério@nexucs.com.br.

Silvia Luciano de Souza – Veterinária, Analista Ambiental do Instituto Chico Mendes de Conservação da Biodiversidade – ICMBio.

Túlio Dias – Engenheiro Agrônomo, gerente socioambiental da Agropalma S/A, Tailândia, PA. e-mail: tuliodias@agropalma.com.br